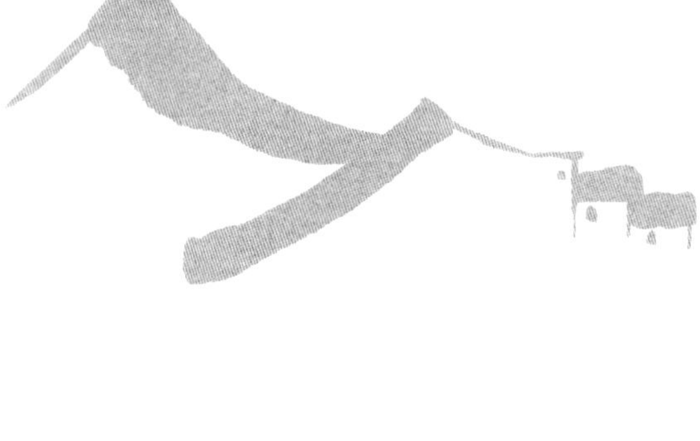

国家出版基金项目
NATIONAL PUBLICATION FOUNDATION

国家社科基金重大项目
"十四五"国家重点图书出版规划项目

中国乡村伦理研究丛书

王露璐 总主编

中国乡村道德调查

上卷

王露璐 等 著

南京师范大学出版社

图书在版编目(CIP)数据

中国乡村道德调查：上、下卷 / 王露璐等著. —
南京：南京师范大学出版社，2023.9
(中国乡村伦理研究丛书/王露璐总主编)
ISBN 978 - 7 - 5651 - 5663 - 2

Ⅰ. ①中… Ⅱ. ①王… Ⅲ. ①乡村-道德社会学-研究
-中国 Ⅳ. ①B82-052

中国国家版本馆 CIP 数据核字(2023)第 012000 号

中国乡村道德调查：上、下卷

ZHONGGUO XIANGCUN DIAODE DIAOCHA：SHANG、XIA JUAN

总 主 编 王露璐
著　　者 王露璐　等
丛书策划 徐　蕾　崔　兰
责任编辑 杨佳宜
出版发行 南京师范大学出版社
地　　址 江苏省南京市玄武区后宰门西村 9 号(邮编：210016)
电　　话 (025)83598919(总编办)　83598412(营销部)　83371351(编辑部)
网　　址 http://press.njnu.edu.cn
电子信箱 nspzbb@njnu.edu.cn
印　　刷 上海雅昌艺术印刷有限公司
开　　本 700 毫米×1000 毫米　1/16
印　　张 40
插　　页 16
字　　数 564 千
版　　次 2023 年 9 月第 1 版
印　　次 2023 年 9 月第 1 次印刷
书　　号 ISBN 978 - 7 - 5651 - 5663 - 2
定　　价 196.00 元

出 版 人 张　鹏

总　序

乡村是中国社会的基础，从一定意义上说，20世纪的中国研究始终贯穿着对中国乡村社会和乡村经济发展的关注。乡村也是中国伦理文化孕育的根基。因此，尽管这一时期学者们对中国乡村的研究大多是从社会学、人类学、经济学角度进行的，但他们在研究的过程中也开始认识到中国乡村社会独特的伦理文化对其经济和社会发展所产生的重大影响。

20世纪上半叶，一些国外学者和机构在中国不同区域进行了一些农村调查和农民研究，国内一些知识分子也开始意识到，要想改变国家内忧外患的现状，首先必须改变国人的观念，这就需要从占中国绝大多数人口的乡村做起。他们纷纷走向乡村，从农民运动、乡村建设及乡村教育等方面入手，对我国乡村伦理进行理论探究和实践改造。其中具有代表性的是李大钊和毛泽东等进行的农民运动研究和实践、梁漱溟的乡村建设理论和实践、晏阳初的平民教育理论和实践以及费孝通和陶行知等学者的相关研究。20世纪中期至80年代，一批学者相继在国外出版了关于中国乡村研究的成果。20世纪90年代后，尽管西方学术界的乡村研究因乡村的萎缩及“农民的终结”（孟德拉斯语）而呈趋冷之势，但有关中国农村和农民问题的研究仍然是国内学术界的研究热点，一些学者开始尝试从村落文化、社会心理等新的视角来透视乡村社会的发展。

总体上看，乡村研究在整个20世纪始终是我国学界的中心课题，社会学、经济学、人类学、历史学等学科对乡村问题给予了大量的学术关注，也吸引了众多国外学者的关注和探讨。比较而言，伦理视角下的乡村研究无论从深度和广度上说都显得相当薄弱，几近阙如。从一定意义上说，在整个 20 世纪，乡村似乎成了我国伦理学研究中“被遗忘的角落”。以至于从一定程度上说，在众多学科纷纷走进“乡土”的时候，与中国乡村社会本应有着最密切学术关联的伦理学却选择了一条离弃“乡土”的“现代化之路”。

自 21 世纪起，我国乡村伦理研究进入快速发展的阶段。大体而言，中国乡村伦理研究的进展和成就主要体现在两个方面。一是研究内容不断丰富，研究成果逐渐显现。在不同历史时期，我国乡村伦理的研究有着不同的侧重点。民国时期学者们针对当时中国内忧外患、积贫积弱的国情，将乡村研究的重点放在了农民运动、乡村建设以及乡村教育上。新中国成立后，尤其是改革开放以来，我国乡村面貌焕然一新，农村经济、政治、文化等都发生了巨大变化，与此同时，乡村伦理关系和道德规范也出现很多新的问题。在这一背景下，学者们开始更多地关注乡村经济伦理、政治伦理、文化伦理、法律伦理以及日常道德生活。一些学者还对国外乡村伦理和农村道德建设问题进行了研究。从研究涉及的内容、深度和成果的数量上看，21 世纪以来中国乡村伦理都进入了一个快速发展的新时期。二是研究队伍趋于多元，研究方法不断完善。从当前乡村伦理研究队伍来看，研究人员主要包括以下两个部分：一是高等院校及各类科研院所中从事伦理学、经济学、政治学、社会学、历史学等研究的学者；二是从事一线实践的乡村工作者。前者大多拥有比较深厚的理论素养，后者则能够从长期的实际工作中积累大量一手资料。研究队伍的多元必然带动研究方法的不断完善。近年来的乡村伦理研究不再是单单从某一学科切入，跨学科的研究方法越来越受到重视。学者们从自身学科特色出发，在研究过程中融合其他学科的研究方法，从而以更加全面的角度来分析、解决问题。不过，总体来看，有关中国乡村伦理的研究尚处于起步状态，关于中国乡村伦理的研究在研究领域的拓展、理论体系的构建、研究成果的系统化及实证研究的规范性等方面有待进一步发展并取得突破。

自 2004 年起，我开始聚焦于伦理视角下的中国乡村研究，并在 2008 年出版了第一部专著《乡土伦理——一种跨学科视野中的“地方性道德知识”探究》

（人民出版社，2008年版）。在该书中，我以苏南这一独特的区域为典型，管窥中国乡村社会独特的伦理关系和道德生活样式。借用费孝通先生对中国社会的“乡土性”概括，我将这种具有“乡土”特色的中国乡村伦理称为“乡土伦理”。在研究和写作过程中，我也日渐感受到中国乡村在市场经济和全球化背景下发生的巨大变化，并在一种强烈的学术兴奋感驱使下确定了自己的后续研究——将视线转向更加广阔的空间，探究转型期的中国乡村伦理问题。2011年，我以“社会转型期的中国乡村伦理问题研究”为选题，申报国家社会科学基金重点项目并获得立项。这一课题的重点放在转型期中国乡村伦理的“问题”及这些问题的解决路径的探究上，立足于对“什么问题”“问题何以产生”“问题如何解决”的思考和分析，讨论转型期中国乡村伦理关系和道德生活变化中若干值得关注的重点问题，如：乡村伦理共同体的式微与重建、农民行为选择的伦理冲突与化解、乡村分配伦理问题、乡村人际信任问题、乡村道德权威问题、乡村礼治秩序和法治秩序的关系问题、城乡公平问题等。作为课题的结项成果，2016年，我出版了《新乡土伦理——社会转型期的中国乡村伦理问题研究》（人民出版社，2016年版）。在上述问题的研究和写作中，我也萌生了一个更加宏大的研究计划：系统、全面地研究中国乡村伦理的传统特色、历史变迁和现代转型，深入探讨中国乡村伦理的历史传统和当代问题，构建具有中国特色的乡村伦理学理论体系。2015年，我以“中国乡村伦理研究”为题申报国家社科基金重大项目并获得立项。

在项目申报和研究中，我们一以贯之的基本思路是，以“中国乡村伦理”为研究对象，全面考察中国乡村社会的伦理关系、道德原则、道德规范及其在经济发展、社会治理、生态保护及日常生活中的体现，阐释中国乡村社会发展中的伦理变迁及道德在其中的重要作用。在研究思路上，我们以“中国乡村伦理的历史传统与现代建构”为总体问题，通过对中国乡村伦理的系统研究，并以乡村家庭伦理、经济伦理、生态伦理、治理伦理为重点，概括中国乡村伦理的传统特色、历史变迁和现代转型，厘清中国传统乡村伦理与现代乡村伦理的关系，把握中国乡村伦理发展的历史脉络和一般规律。在此基础上，探讨中国乡村伦理的理论和实践特质，构建既传承中国传统乡村伦理又契合当代市场经济发展要求的现代乡村伦理观念和道德规范，重塑能够促进乡村发展并回应农民诉求的乡村伦理秩序。

在课题研究的具体框架和安排上，总课题以史论结合的方式，分析中国乡村伦理发展的基本规律，同时，课题以乡村家庭关系、经济发展、生态保护及乡村治理中的伦理问题为研究重点，并与此相对应，设置了中国乡村家庭伦理、中国乡村经济伦理、中国乡村生态伦理和中国乡村治理伦理四个子课题。四个子课题研究，既是总课题研究中的四个基本方面，又始终贯彻着总课题研究的基本理路。同时，中国乡村社会的家庭关系、经济发展、生态保护和社会治理不可分割且有着密切的内在关系，这也使四个子课题的研究有着内在的逻辑关联。中国传统乡村社会的生产、生活方式，使其家庭伦理、经济伦理、生态伦理和治理伦理呈现出典型的“乡土”特色，并相互间产生密切关系。伴随着转型期乡村工业化、城市化和农民市民化、流动性的加强，传统的乡村生产、生活方式发生了巨大变化，乡村家庭结构、关系、功能的变化，乡村分配模式的改变和农民经济价值观的变化，乡村生态环境与经济发展之间的冲突，乡村秩序维系方式的改变，既是生产、生活方式变化的结果，又相互之间产生密切的关联和紧张，既带来一定的冲突与矛盾，又由此产生推动乡村发展的某种张力。因此，四个子课题在设置上的分离，并不意味着在研究中可以截然分开。相反，无论是在总论的写作还是四个子课题的研究成果中，这种内在逻辑关系都是始终强调并希望得以反映的。

课题立项以后，课题组主要从三个方面开展工作：

一是开展田野调查工作。走进乡村，贴近农民，是本课题获取真实数据和资料并据此了解和分析当前中国乡村伦理状况的基本路径，也是培养青年学者和学生的问题意识和分析能力的重要方法。2017 年 7 月—2018 年 8 月，课题组先后对湖南郴州西岭村、湖北黄冈赵家湾村、甘肃定西镳镳村、江西抚州下聂村、江苏无锡华宏村、山东济宁王杰村、广东湛江林屋村等七个典型村庄先后进行了田野调查，共收回有效问卷 805 份，并与 74 位村民进行了深度访谈。七个村庄位于我国不同区域，具备一定的典型意义。其中，江苏无锡华宏村为 2007 年首访和 2017 年再访，具有个案对比价值。田野调查分为问卷调查的定量研究和深度访谈的定性研究两个部分。问卷调查按照系统抽样方式,根据抽样比例抽取样本,采用面对面问卷访问方式,回收问卷指定专人录入并复核后,使用SPSS统计分析软件进行分析。深度访谈以半结构式的访谈方式进行,所有访谈均现场录音后整理为文字材料。参与课题调研的年轻学者和博士、硕士研究生大部分是第一次走进基层村庄,并从事规范的田野调查工作。课题组成员不仅通过田野工作获取了大量鲜活的数据和案例,更在实践中碰撞出大量的思想火花,提升了学术研究的问题意识和探究能力。正是由于课题田野调查工作的重要性,课题研究中在原有四个子课题的基础上增设了子课题"中国乡村伦理实证研究"。

二是凝聚伦理学、社会学、政治学等多学科的研究力量,吸引一批青年学者(博士、博士生)从事中国乡村伦理研究,形成一支高水平、有层次的中国乡村伦理的研究队伍,打造中国乡村伦理研究的最高学术平台。课题组与教育部人文社会科学百所重点研究基地中国人民大学伦理学与道德建设研究中心合作成立"乡村道德与文化振兴研究所",整合校内外研究力量建立的"乡村文化振兴研究中心"获批江苏省高校哲学社会科学重点研究基地。总体上看,课题组顺利达到了通过项目研究加强团队建设的目标,形成了高水平、有特色的研究平台和研究队伍。

三是产出了一系列的研究成果。包括《中国乡村伦理的历史传统与现代建构》《中国乡村家庭伦理》《中国乡村经济伦理》《中国乡村生态伦理》《中国乡村治理伦理》《中国乡村道德调查(上、下)》在内的六部七卷本《中国乡村伦理研究丛书》,正是本课题产生的标志性成果。以上六部各有侧重又有内在逻辑关系的研究成果,初步形成较为系统的中国乡村伦理理论体系,并通过系列研究成果的展现弥补当前伦理学领域关于中国乡村伦理研究的不足。此外,在研究过程中,课题组成员公开发表系列论文60余篇,其中多篇被《新华文摘》《中国社会科学文摘》转载,并形成总课题调研报告一份、子课题调研报告四份。

在课题研究中,我们尝试并初步在以下几个方面实现了一定的突破与创新:

一是伦理学的学科视角及研究方法的创新。尽管国内乡村问题的研究成果十分丰富，但是，伦理视角下的乡村研究相对薄弱，在某些领域和具体问题上，伦理学还处于“尚未进入”或“准备进入”的前理论状态。本课题试图从伦理学的学科视角对中国乡村伦理的传统特色、历史变迁、现实问题及现代乡村伦理的构建做出系统、全面的理论阐释和分析。本课题的研究以伦理学作为基本研究视角，同时以跨学科的多维视角透视和基于道德生活史的基本立场，将传统伦理学“自上而下”的、从理论出发的严密逻辑推演和论证与“自下而上”的道德社会学研究方法相结合。该成果对中国乡村伦理的现状、问题及原因的分析将基于对若干典型村庄田野调查的一手资料基础之上，从而使成果具有较高的真实性和可信度。

二是初步形成中国乡村伦理研究的理论体系，打造体现“中国特色”的伦理学研究之“中国话语”。课题研究力图通过对中国乡村伦理全面、系统和深入的研究，全面地概括中国乡村伦理的传统特色、历史变迁和现代转型，深化对中国乡村伦理的传统、发展、嬗变和转型的研究，从而初步形成一个比较全面系统的中国乡村伦理研究体系。因此，从学术思想的理论层面上说，作为课题研究成果的本丛书具有一定的开创性价值，能够打造体现“中国特色”的伦理学研究的“中国话语”。

三是在建构具有中国特色的现代乡村道德规范体系和伦理秩序上提出具有实践操作价值的对策思路。乡村是中国社会的基础，也是中国伦理文化的重要源泉。探究并努力建构具有中国特色的现代乡村道德规范体系和伦理秩序，是实施乡村振兴战略的题中应有之义，也是一项具有国家战略意义的宏伟工程。本丛书在中国乡村伦理的现代建构问题上提出总体思路，并着力在乡村家庭关系、经济发展、生态保护及乡村治理等方面提出具有实践操作性的对策，以更好地体现中国伦理学学科建设面向实践、服务社会的基本路向。

当然，在研究中，我们也遇到了一些困难和问题。一是学术资源梳理和整合工作的繁杂。课题的研究内容时间跨度大，涉及领域和问题多，关于中国乡村研究的文献资料散见于社会学、政治学、民俗学、历史学、经济学、伦理学等学科领域，因此，全面掌握、细致梳理、正确使用和有效整合相关学术资源，一直是课题研究中一个技术操作性的难点。二是田野调查的个案选择和样本配合。中国乡村伦理研究应选择地处不同区域的多个不同规模、类型的村庄开展田野调查，并在此基础上进行比较研究。但是，考虑到实地调查工作在时间、人员、精力等各方面的可行性，课题研究只能选择具有代表性的典型村庄为研究个案。同时，在选择个案后的田野调查实施过程中，也遇到了包括抽样操作、样本配合、访谈语言等技术性困难。三是现代乡村伦理建构的实践操作性。实现中国乡村伦理的现代转型，建构具有中国特色的现代乡村伦理，关键在于在“历史之根”与“现代之源”、“地方性知识”与“普适性价值”两对冲突中找到平衡点。然而，由于中国不同地区乡村在地理位置、生产方式、经济水平、文化传统、基层治理等方面存在的差异性，无论是乡村伦理的“历史之根”与“现代之源”的成功嫁接，还是“地方性知识”与“普适性价值”的有效整合，在实践操作层面都存在着诸多困难。

鉴于此，作为国家社科基金重大项目结项成果的七卷本《中国乡村伦理研究丛书》，与其说是课题的完成，毋宁说是我们在课题研究进行到预定时间时的一个阶段性总结。2020 年 12 月底，课题组向国家哲学社会科学规划办公室提交了结项材料，并于 2021 年 3 月接受会议鉴定，2021 年 5 月顺利结项。结项后，课题组根据专家意见对书稿内容再次进行了修改，并提交南京师范大学出版社申报国家出版基金项目。在此，特别感谢南京师范大学出版社张志刚社长、徐蕾总编辑和崔兰主任在申报国家出版基金过程中付出的心血。坦率地说，没有他们的策划、运作和不断联络、催促，此套七卷本丛书难以成功入选国家出版基金项目，也不会这么快呈现在专家和读者面前。

丛书是重大项目课题组全体成员的集体智慧结晶和成果，衷心感谢子课题负责人和主要成员们。五年来，我们共同分享了田野工作的辛苦与忙碌、研究写作的紧张与焦虑、成果完成的喜悦和快乐，感谢他们宽容我“黄世仁”般的不断催促和逼迫，感谢所有人“杨白劳”似的辛苦与努力。我也要特别感谢田野工作中的所有问卷样本和访谈对象，感谢协助我们完成田野工作的当地联系人和村干部。我记得辘辘村村委会办公室对面山头上那片麦田的风吹麦浪，记得村主任儿媳妇挺着大肚子给我们做的手擀面；我记得 40℃高温的下聂村，记得大伙伴和小伙伴全体“湿身”却依然投入地坚持工作的样子；我记得十年后再访华宏村时的相同与不同，记得小伙伴被熟悉的面孔认出时的激动；我记得王杰村每一户村民门口堆成小山等待着被以几毛钱一斤的价钱收走的蒜头，记得一位受访大爷送了几粒蒜头给我并拉着我的手说：“不值钱，但我挑了几个最好的给你”……每一次田野工作，我都觉得他们给了我们很多，问卷的数据、访谈的资料、思想的火花，以及无数感动的瞬间。有时，我甚至困惑，我们的研究成果又能带给他们什么呢？但无论如何，我会永远记得，我们会一直努力！

王露璐

2022 年 6 月 7 日于南师茶苑

总目录

上卷目录

第一章

调研报告

第一节
总报告：中国乡村伦理研究调研报告

乡村是中华文化的主要发源地，承载着中华民族的道德情感、风俗惯习、价值规范等精神内核。在中国传统社会，“所有文化，多半是从乡村而来，又为乡村而设”①。传统村庄以自给自足的生产方式和相对封闭的生活方式为基础，孕育出独特的乡土文化。伴随近代以来西方工业文明的入侵和乡村工业化、城市化的发展进程，乡村社会进入从“传统”到“现代”的转型期。在此过程中，乡村社会的伦理关系和农民的道德观念也发生了相应变化。

一、改革开放以来中国乡村道德的基本状况

我国的改革发端于乡村并率先在乡村取得突破。十一届三中全会以来，我国乡村社会发生了翻天覆地的变化。就乡村道德的总体发展而言，乡村社会文明程度逐渐提升，农民道德素养不断改善。与此同时，传统道德观念与现代道德意识相互交织，村庄人际交往范围与交往关系呈现出新的特征。

（一）文明乡村建设成效凸显，农民道德素质整体向好

文明乡村建设是社会主义精神文明建设在农村的具体化，也是落实乡村振兴战略、实现乡村现代化的应有之义。乡村的现代化不仅体现在基础设施的更新、物质财富的增加，更应该表现为文明程度的提升、精神文化的发展。

① 梁漱溟：《乡村建设理论》，上海人民出版社 2011 年版，第 10-11 页。

在调研过程中,面对"您认为这些年来,村里人变得如何?"这一问题,7个村庄中选择"心里全装着乡亲们,没有私心杂念""为村里事和大伙着想的人越来越多,为大家想就是为自己想""主要为自己着想,但也能适当为村里事和邻里乡亲着想"选项的居多数(详见表1-1-1),反映出村民对村庄人际关系的基本道德认同。还应看到,尽管一些村民在日常生产、生活和交往中会追求并优先考虑自身利益,但并不意味着这种行为可以与片面追求个人利益甚至损害集体利益和他人正当利益的行为画上等号。对个人合法利益的正当追求,不能成为否定其道德素质的理由,相反,追求个人正当利益的主体道德自觉,可以促进农民更好地关心村庄共同体和村庄成员的利益,这恰恰是提升道德素质、培育文明乡风的必要前提。

表1-1-1　您认为这些年来,村里人变得如何?

	选项	西岭村	赵家湾村	辘辘村	下聂村	华宏村	王杰村	林屋村
有效百分比/%	越来越会为自己算计,各家自扫门前雪	17.8	19.6	24.8	14.0	21.9	22.1	21.5
	主要为自己着想,但也能适当为村里事和邻里乡亲着想	20.0	36.4	29.5	20.4	32.8	15.0	20.2
	为村里事和大伙着想的人越来越多,为大家想就是为自己想	28.9	25.2	11.4	37.6	18.0	29.2	19.0
	心里全装着乡亲们,没有私心杂念	11.1	7.5	8.6	8.6	7.0	8.8	10.4
	没什么太大变化	11.1	4.7	20.0	6.5	11.7	16.9	21.5
	不知道/说不清	11.1	6.6	5.7	12.9	8.6	8.0	7.4
	总计	100.0	100.0	100.0	100.0	100.0	100.0	100.0

与此同时,在子女教育方面,父母也更加关心对子女的思想道德教育,注重良好家风的养成。关于"您认为农村小孩的家庭教育应重视哪些方面的内容?"这一问题,7个村庄的大部分村民将家庭教育的重点落脚在"思想品德教育,懂道理孝敬父母"这一选项(详见表1-1-2)。

表 1-1-2 您认为农村小孩的家庭教育应重视哪些方面的内容?

	选项	西岭村	赵家湾村	辘辘村	下聂村	华宏村	王杰村	林屋村
有效百分比/%	思想品德教育,懂道理孝敬父母	34.5	35.5	35.4	39.0	30.9	31.0	40.4
	学习习惯培养,爱学习	15.0	14.1	23.6	18.5	11.3	15.5	13.7
	生活技能教育,自立自强	19.4	23.5	17.0	15.9	21.6	19.0	19.9
	安全教育,不做危险事	13.1	9.0	8.5	8.7	8.8	15.5	6.2
	心理情感教育,培养好性格好心态	7.3	9.4	5.2	8.2	12.7	8.6	10.2
	生活行为习惯培养,没有恶习和不良嗜好	10.7	8.1	9.4	7.7	14.7	10.4	7.1
	不知道/说不清	0	0.4	0.9	2.0	0	0	2.5
	总计	100.0	100.0	100.0	100.0	100.0	100.0	100.0

此外,在职业生活领域,村民也表现出强烈的责任感,体现了淳朴的民风。当被问及"您对工作的基本态度是什么?"时,超过半数的村民选择了"既然做了,就要认认真真做好"这一选项,明显高于选择"得过且过,混口饭吃而已""单位有纪律,想不认真也不行"等消极、被动的选项的人数(详见表 1-1-3)。

表 1-1-3 您对工作的基本态度是什么?

	选项	西岭村	赵家湾村	辘辘村	下聂村	华宏村	王杰村	林屋村
有效百分比/%	得过且过,混口饭吃而已	6.7	9.4	23.8	15.6	3.9	10.0	6.7
	既然做了,就要认认真真做好	58.4	55.7	52.4	52.1	56.7	67.3	45.1
	单位有纪律,想不认真也不行	2.2	4.7	2.9	1.0	2.4	0.9	7.9
	工作让人感觉充实,是一件很快乐的事	11.2	10.4	5.7	13.5	13.4	8.2	17.1
	认真工作就能取得成绩,从中可以获得成就感	10.1	15.1	8.6	5.2	15.0	9.1	16.5
	其他	2.2	0.9	1.9	2.2	3.1	2.7	3.0
	不知道/说不清	9.2	3.8	4.7	10.4	5.5	1.8	3.7
	总计	100.0	100.0	100.0	100.0	100.0	100.0	100.0

在访谈过程中，人们也对近年来村庄精神文明建设、村民道德素养的提升表示了肯定：

> 不仅物质生活方面提高了，精神风貌也有很大变化。以前的时候，邻里之间经常会因为一些琐碎的事情发生摩擦，甚至吵架，房屋地界谁多了、谁少了，粮食谁掉了、谁捡了，等等；婆媳关系也处理不好，经常听到哪家媳妇儿又被打了，哪家婆婆又骂人了，等等。这些状况现在很少见了，我觉得首先是大家的生活水平都提高了，很多事情都不那么计较了，再就是精神文明建设也越来越受重视，电视、电影等各种教育宣传形式也多了，人们素质自然也提高了，广场舞等一些娱乐活动也能增加人与人之间的感情交流，生活都充实了，自然也就没那么多心思了。
>
> ——2018 年 6 月 1 日 14:54—15:36 在王杰村村委会图书室与原村书记 WZW 的访谈

（二）传统道德观念得到一定传承，现代道德意识日渐增强

乡村能够“保存国家和民族自己源远流长的优良传统、习俗人文和历史文化，具有文明传承的功能”①。在乡村社会转型过程中，尽管农民的生产和生活条件发生了改变，但根植于乡土社会的道德观念仍在一定程度上得以传承。与此同时，和市场经济相契合的现代道德意识日渐生成并不断增强。由此，乡村社会呈现出传统道德观念和现代道德意识共同对农民家庭生活、经济行为、生态活动、治理习惯等产生影响的基本态势。

基于“恋土重农”的价值倾向和“熟人社会”的生产生活环境，“勤劳”和“诚信”成为传统乡土社会的重要道德规范。一方面，在农耕社会，依靠土地的辛勤劳作是农民获取生活资料的主要来源，“这种‘劳’与‘得’之间的直接对应关系，使勤劳被视为农民应具备的基本素质。”②另一方面，乡土社会因熟悉而对

① 陈锡文、罗丹、张征：《中国农村改革 40 年》，人民出版社 2018 年版，第 487 页。
② 王露璐：《新乡土伦理——社会转型期的中国乡村伦理问题研究》，人民出版社 2016 年版，第 5 页。

诚信尤为看重，人与人之间的信任“发生于对一种行为的规矩熟悉到不假思索时的可靠性”①，是一种由内而外的价值表现。通过调研发现，传统乡土社会“勤劳”和“诚信”的道德观念在当代获得了良好传承。当前，地处不同区域、发展状况迥异的受访者，都在众多选项中将“勤劳”和“诚信”视为最重要的美德（详见表 1-1-4）。

表 1-1-4 在下面的几种美德中，您认为哪个最为重要？

	选项	西岭村	赵家湾村	辘辘村	下聂村	华宏村	王杰村	林屋村
有效百分比/%	勤劳	33.3	48.6	37.5	37.5	21.1	26.4	34.1
	节俭	2.2	7.5	11.5	11.5	6.3	6.4	5.5
	诚信	32.2	18.7	23.1	25.0	50.0	47.3	39.6
	宽容	4.4	2.8	3.8	2.1	4.7	10.9	6.7
	公正	7.8	4.7	8.7	9.4	7.8	3.6	6.1
	无私	0	0	1.0	0	0.8	0	1.2
	其他	1.1	0.9	1.0	2.1	0.8	1.8	0.6
	不知道/说不清	19.0	16.8	13.4	12.4	8.5	3.6	6.2
	总计	100.0	100.0	100.0	100.0	100.0	100.0	100.0

与此同时，农民思想观念也不断受到乡村现代化进程的影响，权利意识、契约意识、法律意识等现代道德意识不断彰显。调研中，对于“当村干部的决策损害您和大多数村民利益时，您通常会怎样？”这一问题，7 个村庄中分别有 55.2%、60.8%、32.7%、29.7%、44.9%、64.9%、42.5%的村民选择“直接向村干部提出”，位居各选项之首，展现了强烈的权利意识（详见表 1-1-5）。与此同时，村民的日常生产和生活也更加注重契约意识。当被问及“如果急需数目较大的一笔钱，您会怎么办？”时，仅有少数村民表示会“向亲戚朋友借，不打欠条，不付利息”，大多数村民选择了“向亲戚朋友借，打欠条，付利息”“向农村信用社或银行借贷”等具有契约意识的选项（详见表 1-1-6）。此外，在上述问题中，选择“借高利贷”这一不受法律保护的选项的村民寥寥无几。有村干

① 费孝通：《乡土中国》，人民出版社 2015 年版，第 7 页。

部在访谈中表示：

法律在地方基层有很大影响，人们有权利意识，法律意识也强了，讲究人人平等。以前弱的被强的欺负，人们会认为正常，现在就算再弱，别人也不敢欺负，都要摆着公正、公平的态度。

——2017 年 7 月 26 日 20:45—21:42 在下聂村聂氏宗祠与村主任 NYB 的访谈

表 1-1-5　当村干部的决策损害您和大多数村民利益时，您通常会怎样？

	选项	西岭村	赵家湾村	辘辘村	下聂村	华宏村	王杰村	林屋村
有效百分比/%	主动联合其他村民，制造舆论给村干部施压	16.1	10.8	7.7	23.4	6.3	3.5	23.9
	观望一段时间，有人反对就一起加入，没人反对就默默忍受	17.2	22.5	27.9	18.1	22.0	14.0	15.3
	上访	1.1	0	6.7	12.8	4.7	1.8	6.1
	向新闻媒体反映	2.3	2.0	5.8	4.3	4.7	3.5	5.5
	始终不管不问	6.9	3.9	17.3	11.7	17.4	12.3	6.7
	直接向村干部提出	55.2	60.8	32.7	29.7	44.9	64.9	42.5
	不知道/说不清	1.2	0	1.9	0	0	0	0
	总计	100.0	100.0	100.0	100.0	100.0	100.0	100.0

表 1-1-6　如果急需数目较大的一笔钱，您会怎么办？

	选项	西岭村	赵家湾村	辘辘村	下聂村	华宏村	王杰村	林屋村
有效百分比/%	向亲戚朋友借，不打欠条，不付利息	16.1	16.2	24.8	30.2	18.1	23.9	15.3
	向亲戚朋友借，打欠条，不付利息	21.8	16.2	24.8	8.3	6.3	8.8	15.3
	向亲戚朋友借，打欠条，付利息	16.1	24.8	12.4	20.8	33.9	13.3	17.8

（续表）

	选项	西岭村	赵家湾村	镳镳村	下聂村	华宏村	王杰村	林屋村
有效百分比/%	借高利贷	0	1.0	0	5.2	0	0	0.6
	向农村信用社或银行借贷	25.3	37.1	24.8	16.7	22.8	38.1	22.1
	其他	3.4	1.0	6.6	12.5	10.2	9.7	13.5
	不知道/说不清	17.3	3.7	6.6	6.3	8.7	6.2	15.4
	总计	100.0	100.0	100.0	100.0	100.0	100.0	100.0

（三）农民交往范围逐渐扩大，村庄伦理关系日趋复杂

在传统乡村社会，“世代定居是常态，迁移是变态”①，人们大多终老是乡，缺少流动。在这种背景下，农民的交往范围和交往关系都相对固定且简单。伴随着乡村工业化和市场化进程的加快，人们的流动性大大增强，越来越多的村民走出村庄，其交易、交往范围日益突破以往的地域限制，不断在空间上获得延展。这一过程中，农民逐渐萌生了公共领域与私人领域的边界意识，并在不同领域中依据不同价值标准维系人际关系，乡村伦理关系呈现出更加复杂的状况。

从调研结果来看，当前村庄中仅有少数村民没有出村经历，大部分村民都有过镇外、市外的出村经历，甚至有不少村民有省外和国外的出村经历（详见表 1-1-7）。

表 1-1-7 您是否有出村的经历?

	选项		西岭村	赵家湾村	镳镳村	下聂村	华宏村	王杰村	林屋村
有效百分比/%	村外	从来没有	2.2	9.3	12.5	9.3	3.9	4.4	3.7
		偶尔有	37.8	21.5	36.5	27.8	24.4	28.9	29.9
		经常有	58.9	69.2	50.0	58.8	71.7	66.7	62.8
		将来会有	1.1	0	1.0	1.0	0	0	2.4
		说不清	0	0	0	3.1	0	0	1.2
		总计	100.0	100.0	100.0	100.0	100.0	100.0	100.0

① 费孝通:《乡土中国》，人民出版社 2015 年版，第 3 页。

（续表）

	选项		西岭村	赵家湾村	辘辘村	下聂村	华宏村	王杰村	林屋村
有效百分比/%	镇外	从来没有	3.4	10.3	21.9	12.4	2.4	7.9	2.4
		偶尔有	55.1	35.5	49.5	34.0	38.6	42.1	34.8
		经常有	41.5	53.3	26.7	51.6	59.0	49.1	57.9
		将来会有	0	0.9	1.9	1.0	0	0.9	2.4
		说不清	0	0	0	1.0	0	0	2.5
		总计	100.0	100.0	100.0	100.0	100.0	100.0	100.0
	市外	从来没有	14.4	19.6	46.7	16.5	7.1	14.9	5.6
		偶尔有	67.8	54.2	42.9	45.4	48.0	61.4	46.9
		经常有	10.0	24.3	5.7	33.0	44.1	21.1	43.2
		将来会有	4.4	0.9	4.7	3.1	0.8	1.8	1.9
		说不清	3.4	1.0	0	2.0	0	0.8	2.4
		总计	100.0	100.0	100.0	100.0	100.0	100.0	100.0
	省外	从来没有	30.0	36.4	61.2	21.9	17.3	35.1	19.8
		偶尔有	55.6	42.1	28.2	45.8	54.3	51.8	50.6
		经常有	7.8	19.6	1.0	28.2	26.0	9.6	18.5
		将来会有	3.3	0.9	6.8	3.1	2.4	2.6	8.6
		说不清	3.3	1.0	2.8	1.0	0	0.9	2.5
		总计	100.0	100.0	100.0	100.0	100.0	100.0	100.0
	国外	从来没有	80.0	92.3	90.3	69.9	62.2	82.3	60.7
		偶尔有	1.1	0	1.0	1.1	14.2	1.8	10.4
		经常有	1.1	1.9	0	4.3	0.8	0	4.9
		将来会有	10.0	1.0	5.8	14.0	18.1	12.4	17.2
		说不清	7.8	4.8	2.9	10.7	4.7	3.5	6.8
		总计	100.0	100.0	100.0	100.0	100.0	100.0	100.0

伴随着农民交易、交往范围的不断扩大，村庄伦理关系也日趋复杂。在私人生活领域，村民将他人“人品如何”作为是否与其交往的准则，而在公共生活领域，则更多地关心其能否给自身带来经济利益。例如，在调研中，当村民回答“您与他人交往时最看重的是什么？”时，大部分村民都选择“看他的人品如何”（详见表1-1-8）。然而，当评价“您认为一个好的村干部在哪个方面最重要？”时，村民又将标准着重放在“能带动村里的经济发展，带领村民致富”，而

不是“工作热情卖力，勤勤恳恳”“为人正直，大公无私，乐于奉献”等道德品质（详见表1-1-9）。甚至有村民在访谈中坦言，村干部只要能够带领村民致富，即便道德上存在瑕疵也是可以容忍的。

我希望我们的村干部能够更好地带我们致富，只要他们能带我们致富，他们从中捞一点儿钱也是无所谓的。

——2017年7月20日15:00—15:50在辘辘村村委会会议室与普通村民BHZ的访谈

表1-1-8　您与他人交往时最看重的是什么？

	选项	西岭村	赵家湾村	辘辘村	下聂村	华宏村	王杰村	林屋村
有效百分比/%	看他的人品如何	77.5	75.2	58.1	46.8	75.6	86.8	74.4
	看他是否和自己投缘	2.2	13.3	17.1	33.0	11.8	7.0	11.3
	看他是否有权有势	1.1	1.0	2.9	0	0	0	3.8
	看他是否很有钱	0	1.0	1.9	1.1	0.8	1.8	0.6
	看他今后是否对自己有用	0	0	4.8	1.1	3.1	0	1.3
	是不是对自己好	6.7	1.0	8.6	5.3	1.6	1.8	1.9
	其他	1.1	1.0	0	1.0	0	0.9	1.9
	不知道/说不清	11.4	7.5	6.6	11.7	7.1	1.7	4.8
	总计	100.0	100.0	100.0	100.0	100.0	100.0	100.0

表1-1-9　您认为一个好的村干部在哪个方面最重要？

	选项	西岭村	赵家湾村	辘辘村	下聂村	华宏村	王杰村	林屋村
有效百分比/%	能带动村里的经济发展，带领村民致富	64.4	47.6	44.8	46.4	55.1	66.7	57.1
	工作热情卖力，勤勤恳恳	4.4	10.5	6.7	7.2	3.9	6.3	4.3
	为人正直，大公无私，乐于奉献	22.2	38.1	33.3	32.0	22.8	23.4	27.0
	能协调好上下级的关系	0	1.9	1.9	0	4.0	0.9	0.6
	不知道/说不清	9.0	1.9	13.3	14.4	14.2	2.7	11.0
	总计	100.0	100.0	100.0	100.0	100.0	100.0	100.0

二、乡村道德图景的成因分析

改革开放40多年来，我国乡村道德在整体上不断发展进步，村庄精神风貌逐渐改善，农民道德素质显著提升。与此同时，传统规范与现代价值之间的矛盾在乡村社会开始显现，农民在道德评价、道德判断等方面也存在着一些矛盾和冲突。基于伦理视角，当前乡村道德状况可以从顶层设计的价值引领、乡土文化的道德蕴涵、“现代性”的伦理冲突等方面进行分析。

（一）顶层设计的价值引领

习近平总书记强调：“办好农村的事情，关键在党。党管农村工作是我们的传统。”①中国共产党从顶层设计的高度进行价值引领，是乡村道德建设不断推进的关键。具体而言，党的价值引领主要体现在以下三个方面：

第一，保护农民创造性，激发内生动力。农民是乡村的主体，只有充分发挥农民主体的首创精神，不断激发其内生动力，乡村道德建设才会产生持久成效。农村改革之所以能够在全局改革中率先取得突破，正是得益于党对农民“包产到户”行为采取“不争论、允许试，让实践来检验”的原则，保护农民的创造性，最大限度地激发农民内生动力。“政社分开”“村民委员会”等来自基层农民群众的创举，在得到党中央肯定后逐渐在全国范围内推广，有效缓解了当时基层组织涣散、村庄公共事务无人负责的尴尬处境，为提升乡村文明、缓和村庄矛盾奠定了基础。实践证明，在党的领导下，农民的智慧和创新得到了最大限度的保护，他们为乡村道德建设不断注入鲜活的实践创造能量。

第二，改善农村民生，尊重农民切身利益。改善农村民生是党领导乡村道德建设的重点。改革开放以来，党中央多次以农村工作为中心发布中央一号文件，尤其2004年以来，连续17年将“三农”工作作为中央一号文件的主题，“中央一号文件”已然成为我们党重视农村问题的专有名词。从历年中央一号文件的内容来看，党中央始终“着力强化强农惠农富农政策，着力提升农村民

---

① 习近平：《在农村改革座谈会上的讲话》（2016年4月25日），《论坚持全面深化改革》，中央文献出版社2018年版，第264页。

生保障能力，着力办一些顺民意、惠民生的好事实事，为农民群众带来实实在在的利益和实惠，使发展成果更多更好更公平地惠及农民群众”①。在这期间，农村基础设施的更新换代、农村电网改造升级、“两不愁三保障”的有序推进等工作，都将维护农民利益放在首位，决战决胜脱贫攻坚，为文明乡村建设提供了坚实的物质基础。在党的领导下，村党支部（党委）和村民委员会得到了村民的广泛认可，日益成为解决村民矛盾、维护村民利益的关键力量。调研中，当被问及“如果与他人发生了经济纠纷，您会怎么办?”时，7 个村的受访对象中选择“找村委员或村党支部解决”的比例均为各选项中最高（详见表 1-1-10）。

表 1-1-10　如果与他人发生了经济纠纷，您会怎么办?

	选项	西岭村	赵家湾村	辘辘村	下聂村	华宏村	王杰村	林屋村
有效百分比/%	忍了算了	21.1	27.1	19.0	26.3	15.6	20.9	20.7
	托熟人解决	7.8	13.1	16.2	14.7	10.9	10.0	6.7
	通过打官司解决	11.1	5.6	11.4	12.6	25.8	11.8	19.5
	找村委员或村党支部解决	36.7	50.5	34.3	29.5	25.8	42.8	31.1
	带上一帮人来硬的	1.1	0.9	1.0	2.1	0.8	0	1.2
	上访	1.1	0	0	1.1	0	0	1.2
	其他	3.3	0.9	3.8	2.1	9.4	2.7	7.3
	不知道/说不清	17.8	1.9	14.3	11.6	11.7	11.8	12.3
	总计	100.0	100.0	100.0	100.0	100.0	100.0	100.0

第三，移风易俗，倡导乡村社会新风尚。风俗蕴含着人们的行为惯习、伦理观念、心理结构等内容，一经形成就具有相对的独立性和稳定性，能够对人们的日常生产和生活产生有效的规范和调节作用。乡村文化传承在潜移默化中受到传统风俗的影响。然而，风俗具有两重性，既有精华也不乏糟粕，二者共同作用于乡村社会。因此，在乡村道德建设过程中，党中央高度重视移风易俗工作，注重以党风引领农村新风，要求党员干部发挥先锋模范带头作用，在移风易俗工作中走在前列。通过反对天价彩礼、反对铺张浪费、反对婚丧大操

① 陈锡文、罗丹、张征：《中国农村改革 40 年》，人民出版社 2018 年版，第 501 页。

大办、抵制封建迷信等移风易俗的具体实践，打造文明乡风。在马庄①文明乡村建设过程中，党员干部身先士卒，带头迁坟，为乡村发展提供空间。

我们村搞开发，但需要迁坟头。二三十还好说，但一下就几百，工作开展困难。我们村采取的办法就是党员干部带普通党员，党员带群众。我们孟书记，千说万说，自家先迁。一带二、二带三……事情就完成了，前后不到一个月时间。

——2019 年 1 月 25 日 13:52—15:11 在马庄村村委会与大学生村官 WH 的访谈

（二）乡土文化的道德蕴涵

乡土文化生成于传统乡村社会，是村民生活方式、价值观念、道德心理的集中展现，反映着村民之间的伦理关系，并常常体现为一种极具特色的"地方性道德知识"。当前，乡村道德状况之所以能够取得较好发展，一定程度上得益于乡土文化在凝聚村庄共识、提供有效约束、提升村民认同等方面的道德蕴涵。

首先，乡土文化能够凝聚村庄价值共识。乡土文化是村民集体人格的体现，蕴含着村庄共同体成员的价值共识和利益需求。传统乡村社会里，村民在相对固定的区域范围内从事同质化的生产和生活劳动，易于产生相似的价值判断和伦理观念。同时，在"生于斯，死于斯"的传统乡村社会，"每个孩子都是在人家眼中看着长大的，在孩子眼里周围的人也是从小就看惯的"②，村民之间有着因"熟悉"而形成的心理和价值认同。尽管现代乡村社会中同质化的劳动和"熟悉"的环境已然发生了改变，但基于村庄共同利益的乡土文化，仍然能够有效地指导村民形成共同的价值目标和思想观念，从而凝聚村庄价值共识。在传统理念和现代意识的冲突中，虽然一些村民并不完全接受乡土文化传递的价值标准，但他们仍会在潜移默化中受到这种村庄价值共识的引领。

---

① 课题负责人曾带领团队对浙江丽水的乡村春晚、江苏徐州马庄村的基层文化建设进行专项调研。
② 费孝通：《乡土中国》，人民出版社 2015 年版，第 6 页。

其次，乡土文化能够为村庄成员提供有效的道德约束。“乡土社会是‘礼治’的社会”①，乡土文化中蕴含的村规民约、风俗惯习等“礼治”因素是维系传统乡村社会秩序的基础。在乡村社会转型过程中，“礼治”虽然受到一定的冲击，但依然对村民日常行为规范、生产生活秩序有着重要的影响。一方面，乡土文化中的“礼治”因素历经长期的社会继替而延续至今，已然成为解决乡村问题的一种“路径依赖”。较之“法治”的规范性而言，“礼治”能够运用说服、劝导等更加灵活的方式化解村庄矛盾、调节村民关系。另一方面，“法治”的普遍性为“礼治”的特殊性留出了作用空间。尽管以普适性的法律条文和政策文件为基础的“法治”能够最大限度地维护公平正义，但面对不同乡村的地方性特色，法治秩序难以高效地管控村庄事务，由此，根植于乡土文化的礼治秩序仍然为村庄成员提供了不可或缺的道德约束。

最后，乡土文化能够提升村民道德认同。借助于乡村春晚、道德讲堂、祠堂议事等各种具有村庄特色的文化活动，乡土文化传递文明乡风，有效提升了村民对村庄共同体的道德认同。例如，下聂村基于村民根深蒂固的宗族观念，在村庄修建祠堂，并以此为契机，创新村庄传统文化，开展乡村文化建设，提升村民精神文明境界，促进村民道德认同。

> 可能受传统文化的影响，老百姓对修祠堂很重视，自发祭祖。现在要搞好农村新文化建设，祠堂是一个重要的平台，老百姓易于接受。因为老百姓对祠堂有敬畏感，对祖宗有敬畏感。舞龙这种传统文化老百姓也易于接受。我们这个村是一个望族，风俗保存多，历史悠久，老百姓对村庄有荣誉感。老百姓虽然在道德伦理（水平）上有所下降，但对历史文化风俗很认同，对祖宗留下来的传统还是很重视。我们搞精神文明建设一定要接地气，要和村里的历史文化接起来，这样老百姓才易于接受。村里的“帐篷节”是后来搞起来的，吸引了外面的人。“帐篷节”搞了三届，老百姓就接受了，最初老百姓根本就不知道。当时搞“帐篷节”是为了改变人们的观念，让他们接受新的东西。这些年搞伦理文化建设起到了一

① 费孝通：《乡土中国》，人民出版社 2015 年版，第 60 页。

些作用，人们开始自发跳广场舞，（不会跳的）还找人教他们跳舞，村里也会播放电影。

——2017年7月26日9:24—10:50在下聂村聂氏宗祠与临川区文化局退休干部NJB的访谈

（三）“现代性”的伦理冲突

“现代性”是社会转型过程中的突出问题，“至少包含四种基本元素或基本方面，即：市场经济、民主政治、科学理性和以现代进步主义为基本价值取向的历史目的论和文化价值观”①。“现代性”引发的伦理冲突对乡村社会的伦理关系、道德评价和权威结构产生了重要影响。

第一，在伦理关系方面，公共关系压缩私人关系。传统乡村以“差序格局”为基础，个人与他人之间的关系“好像把一块石头丢在水面上所发生的一圈圈推出去的波纹”②，村庄社会在本质上是一种由私人关系构建而成的网络。而现代社会越来越成为一个日益公共化的开放社会。原先熟悉的村庄变得逐渐陌生，以往村庄的私人领域不断退守到更为狭窄的范围，乡村社会更多的空间被公共领域占有，村庄社会关系开始从纯粹私人领域构建的网络转变到私人领域与公共领域并存的状态。由此，正如前文述及，不同领域中维系人际关系的不同价值标准出现了，乡村伦理关系愈加复杂。

第二，在道德评价方面，经济评价削弱道德评价。传统乡村作为“伦理本位的社会”③，道德评价保持着对经济评价的优先性。换言之，村民对他人的评判主要以其德行为依据。然而，现代市场经济的发展以及资本不断向村庄的涌入，使得经济成就逐渐在乡村评价标准中获得了正面意义。“伴随着资本大规模‘进入’乡村，资本逻辑以其扩张性、同质化和意识形态化特征不断强化对乡村生产、生活、交往和文化的影响”④，个体的经济成就日益得到充分肯定，甚

① 万俊人：《信仰危机的“现代性”根源及其文化解释》，《清华大学学报》（哲学社会科学版）2001年第1期。

② 费孝通：《乡土中国》，人民出版社2015年版，第28页。

③ 梁漱溟：《乡村建设理论》，上海人民出版社2011年版，第25页。

④ 王露璐：《资本的扩张与村落的“终结”——中国乡村城市化进程中的资本逻辑及其伦理反思》，《道德与文明》2017年第5期。

至能够因此弥补道德方面的缺陷。由此,乡村社会的道德评价逐渐弱化,经济评价的优先性地位更为显现。在调研中发现,当前经济价值的宰制性地位已经渗透到乡村社会的多个方面,对村民家庭关系、村庄发展方向等产生重要影响,凸显了经济评价的优先性。

> 夫妻矛盾主要是经济上的,家里的男性如果赚不到钱,就会导致夫妻吵架,其他人家也是如此,丈夫有钱,矛盾就少。如果妻子自己会赚钱,她对男的的要求就高,就会要求丈夫温柔点儿,多给安全感,多陪陪,多照看小孩,上升到精神层面了。
>
> ——2017 年 7 月 9 日 14:40—16:00 在西岭村村委会办公室与村书记、"赤脚医生"LH 的访谈

> 我对美丽的家乡更向往,但是我同意有污染的工厂迁入我们村,我认为先是要发展经济,解决我们村的交通问题,对于环境污染问题可以放在后面。
>
> ——2017 年 7 月 20 日 16:50—17:20 在辘轆村村委会会议室与原岷县交警大队协警 MPK 的访谈

第三,在权威结构方面,"能人"治村取代"长老"统治。在缺少变化的传统乡村社会,知识的获得以"爸爸式"(paternalism)的教化为基础,德高望重的长老成为权威的中心。[①] 然而,现代性价值主张与过去的决裂,其中以现代进步主义为基本价值取向的历史目的论和文化价值观"刻意突显着一种现在时(at present)的时代精神和价值目的论的精神气质(ethos)"[②],以此"将自身规定为一个根本不同于过去的时代"[③]。由于现代性更加强调"现在"的价值,能够适应现代社会发展需要的各种"能人"逐渐获得了权威地位。其中既有精通致富之道的"经济能人",也有掌握众多社会资源或具备专业技能的"新乡贤",他们

① 参见费孝通:《乡土中国》,人民出版社 2015 年版,第 79-85 页。
② 万俊人:《信仰危机的"现代性"根源及其文化解释》,《清华大学学报》(哲学社会科学版)2001 年第 1 期。
③ 唐文明:《何谓现代性?》,《哲学研究》2000 年第 8 期。

逐渐成为当前治理乡村的主要力量。课题组调研的下聂村、马庄村和丽水等，在“文化能人”的带动下，组织帐篷文化节、举办乡村春晚、组建农民乐团，通过形式多样的文化活动，丰富村民的精神世界，提升村庄的凝聚力；华宏村、林屋村等，则在“经济能人”的带领下，依托在村企业解决村民就业问题，增加村民物质财富，发展村庄经济。

三、加强乡村道德建设的路径

乡村社会的全面进步需要不断加强乡村道德建设。通过对不同村庄道德现状及其成因的分析，我们认为，社会主义核心价值观引领“地方性知识”融入和村庄伦理共同体重建，应当成为当前加强乡村道德建设的主要路径。

（一）以社会主义核心价值观为引领，建设文明乡村

社会主义核心价值观是全国各族人民共同认同的价值观的“最大公约数”。在文明乡村建设过程中，积极培育和践行社会主义核心价值观，对于激发农民群体积极性、主动性、创造性，不断提升农民道德素养、完善乡村伦理状况具有重大理论和现实意义。具体而言，在乡村培育和践行社会主义核心价值观，应当特别重视完善基层党组织建设、发挥党员干部的道德示范引领作用和加强对广大农民的道德教化。

第一，完善基层党组织建设。在田野调查中，我们发现，党的基层组织不仅是确保党的路线方针政策和决策部署贯彻落实的基础，也是乡村道德建设得以有效推进的重要保证。新时代文明乡村建设，必须始终坚持农村基层党组织的领导地位，充分动员和调动全体村民的力量，将社会主义核心价值观贯穿到村民日常生产生活之中，在村庄形成学习和践行社会主义核心价值观的良好氛围。课题组在马庄村调研时得知，自 20 世纪 80 年代末起，该村每月初定期举行升国旗仪式并开设党课、每月 25 日开展党员党日活动，近 30 年来从未间断。如今，马庄村党委还建立了党员联系户制度，全村 600 多户家庭，户户有党员联系，实现了小矛盾不出党员联系人、大矛盾不出党小组的矛盾协调机制，形成了“党风正、民风淳、

人心齐”的良好局面，为社会主义核心价值观在村庄的广泛宣传和充分普及奠定了基础。

第二，发挥党员干部的道德示范和引领作用。农村基层党员是乡村社会的骨干力量，对村庄道德建设具有模范带头作用。课题组通过调研了解到，一些基层党员干部以身作则，用高尚的道德情操感染和带动群众，凝聚村庄价值共识，促进乡村精神风貌的提升。访谈中有村民提道：

> 我觉得我们村的凝聚力这么强，是因为村里面出了老孟书记这个好的带头人和好的班子人员。在他们的带动下，我们也被他们感动了。我们老百姓的思想意识为什么那么高？因为我们有一个好的“当家人”。
>
> ——2019 年 1 月 23 日 10:03—11:26 在马庄村村委会与村民 LXJ 的访谈

不难看出，在文明乡村建设过程中，党员干部作为道德示范者和引领者，自身良好的言行举止对村民道德水平的提升和精神境界的升华具有积极的推动力量。党员干部发挥道德示范作用，以实际行动践行社会主义核心价值观的“三个倡导”要求，能够有效促使群众践行社会主义核心价值观。

第三，加强对广大农民的道德教化。道德教化是培育道德主体自觉，提升个体道德素养的重要手段。要采取多种途径提升道德教化的实效，推动社会主义核心价值观在基层村庄入脑入心，从而培育具有良好道德素养的村民。课题组在调研中发现，不同村庄结合自身特色，有针对性地将社会主义核心价值观的内容融入乡村道德建设。浙江丽水借助乡村春晚这一平台，在村民自导自演的节目中潜移默化地宣传社会主义核心价值观，让村民在休闲的同时加深对社会主义核心价值观的理解和认同。王杰村将社会主义核心价值观与王杰精神相结合，深入挖掘王杰精神中能够反映社会主义核心价值观的感人事迹，用身边人、身边事影响和教化村民。

（二）以“地方性知识”[①]的融入为特色，创新乡土文化

“任何一种道德知识或者道德观念首先都必定是地方性的、本土的，甚或是部落式的。”[②]乡土文化集中反映着某一区域的道德知识和道德观念，其创造性转化和创新性发展不能消解“地方性”特色，而是要在充分把握“地方性知识”的基础上，与时俱进地丰富自身的内容，不断打造具有当地特色的公共道德平台，逐步完善“自治”“法治”“德治”的关系。

首先，不断丰富乡土文化内容。改革开放以来，伴随乡村生产、生活方式的不断改变，文化领域也出现了许多新特点、新变化、新元素。面对这些改变，乡村道德建设应当准确把握时代脉搏，积极探索与当地自然和人文环境相契合的现代文化价值，努力将传统乡土文化中的优秀基因与现代文化价值有机结合。在调研中，我们看到，基层农民既对生于斯、长于斯的乡土文化依然具有较高的认可度，又渴求受到现代文化的熏染。因此，乡土文化的不断丰富，可以尝试从历史性与现实性、特殊性与普遍性两个维度共同切入，实现伦理文化“历史之根”与“现代之源”的成功嫁接、“地方性知识”与“普适性意义”的有效整合。[③]

其次，打造乡村特色公共道德平台。公共道德平台是指“在公共生活中形成的具有道德评价、道德传播和道德约束等功能的特定场所、空间或活动”[④]。村庄公共道德平台要与当地村民的生产、生活方式相适应，与其物质和精神需要相契合，才能够有效发挥作用。在调研中，我们看到，一些村庄根据本村实际和村民需求，打造了具有当地乡村特色的公共道德平台，受到了村民的极大欢迎。湖北黄冈赵家湾村根据村民喜爱跳广场舞的现实，在村委会门前修建广场，打造村庄广场舞平台，以此起到服务村民、凝聚共识的作用；江苏徐州马庄村将村民集中到“香包大院”从事传统香包生产，既能形成规模经济，提高村

---

① “地方性知识”是共同体内的人群在长期的生产生活中自觉形成的，体现着共同体内的价值观念、社会风俗、生活方式等内容，具有鲜明的地域性特色和丰富的文化内涵。这一概念最早由美国学者克利福德·格尔茨(Clifford Geertz)提出，其后引发诸多学科的高度关注和热烈探讨。

② 万俊人：《道德谱系与知识镜像》，《读书》2004 年第 4 期。

③ 参见王露璐：《新乡土伦理——社会转型期的中国乡村伦理问题研究》，人民出版社 2016 年版，第 8-9 页。

④ 王露璐：《从“熟人社会”到“熟人社区”——乡村公共道德平台的式微与重建》，《湖北大学学报》(哲学社会科学版)2020 年第 1 期。

民收入，也能为村民搭建交流平台，在村庄形成有效的道德约束机制，营造良好道德氛围。

最后，完善“自治”“法治”“德治”的关系。传统乡土文化以“礼治”为特征，与现代社会的“法治”特色形成对比。创新乡土文化，需要立足村庄特色，处理好“礼治”与“法治”的关系，从而实现乡村“自治”“法治”“德治”的有机融合。新时代的乡村治理应抵制传统“礼治”中的愚昧落后因素，在操作过程中要遵守“法治”规范，充分发挥“地方性知识”的补充作用，运用说服、劝导等村民易于接受的方式，增强村民的主体参与和自我认同，使乡村治理获得更加坚实的伦理根基。课题组通过调研了解到，虽然大部分村民遇到纠纷，尤其是经济纠纷时，会选择“找村委员或村党支部解决”（详见表 1-1-10），但村委会和村党支部在调解纠纷过程中大多以法律为基准，在法律允许的范围内，利用村庄既有风俗惯习、道德规范等化解矛盾，从而形成了以“三治”融合为基础，协调村庄关系的新型乡土文化。

（三）以重建村庄伦理共同体为切入点，创设“熟人社区”

传统中国乡村社会是一种典型的“熟人社会”，村庄形成了自身稳定而日常化的道德生活形态。伴随着“乡土中国”向“新乡土中国”的转变，乡村社会正在从传统的“熟人社会”转变为“半熟人社会”。通过重建村庄伦理共同体，加强村民之间的接触、交流和交往，从而使村庄成为一种新型的“熟人社区”，是乡村道德建设的有效路径。

第一，培育经济理性，强化公共精神。在乡村工业化、市场化的进程中，农民经济理性意识的增强是正当且合理的，但是，如何引导农民运用经济理性合理追求利益，尤其是如何处理好与村庄成员及村庄集体利益的关系，避免乡村发展中的“原子化”和“陌生化”，是当前乡村道德建设不可或缺的重要方面。马克思曾以“一袋马铃薯中的一个个马铃薯”比喻法国小农缺乏交往的社会关系，以及由此形成的封闭、狭隘、保守的道德观。这也提示我们，伴随着农民交往范围和对象的扩张，应当不断强化村庄共同体成员公共精神的培育。在重建村庄伦理共同体实践中，要通过构建村民个体与村庄成员之间的利益关系、精神纽带等形式，让个体在村庄共同体中增强与他人的“熟悉感”和“亲切感”

以及对公共事务的认同感，以此激发村民公共精神的养成，使村庄成为一种新型的“熟人社区”。浙江丽水通过举办乡村春晚等活动，促使村民在乡村春晚的准备、演出和观看中进行交流、交往与协调，大大增进了相互之间的熟悉程度和了解深度，也增强了共同记忆的强度和乡村社会的关联度，降低了村庄成员个体的孤独感和彼此的陌生感。在华宏村村民集中居住的华宏世纪苑小区，村民将楼房一楼原先规划为车库的地方改为厨房，从而能够边做饭吃饭，边与邻居拉家常，增进邻里之间的交流。

> 我们这里（华宏世纪苑小区）的人把一楼车库改为吃饭的地方，这样可以经常串门，方便吃过晚饭之后转转。村里的人相互都认识，大家交往都很好。
>
> ——2017 年 8 月 20 日 14:40—15:30 在华宏村村委会与华宏汽饰厂管理人员 BHR 的访谈

第二，打造“复合型权威”，引领村庄发展。权威是人们发自内心认同并自愿服从的权力，能够在乡村伦理共同体建设过程中，起到凝聚人心、统一价值、研判是非等作用。传统乡村以德高望重的长者为权威基础，是一种基于“个人人格与道德威望”而形成的“魅力型权威”。改革开放以来，基层村庄更多涌现出的“能人治村”，是基于为村庄发展作出特殊贡献的“经济权威”、通过上级任命而取得的“政治权威”和回报村庄共同体福利的“道德权威”的有机结合。[①] 如果“能人”仅掌握丰富的资源或拥有生产经营特长，但缺少为村庄共同体投入和奉献的道德品质，很可能成为村庄利益的攫取者；而仅有良好道德品质但不具备经济和资源运营能力的治理者，也难以为村庄带来实际的发展空间。因此，在重构村庄伦理共同体的实践中，打造“复合型权威”变得尤为必要。在调研中，课题组也发现，一些强村或近年来脱贫成果显著的村庄，往往都有一个具有较高权威的“核心人物”。以江苏为例，地处苏南全国百强县市江阴的华宏村，村书记是当地最大的企业、上市公司华宏集团董事长；苏北脱

---

① 参见王露璐：《新乡土伦理——社会转型期的中国乡村伦理问题研究》，人民出版社 2016 年版，第 112 页。

贫致富成果显著的马庄村，由村里第一位“万元户”做村书记。一南一北，虽然地域环境不同、人文背景迥异、经济状况有别，但二者的“核心人物”都具有典型的复合型权威特征，并得到村民的普遍认可。

> H书记很多年来一直是带头人、领头人。我们村从落后发展起来，H书记功劳很大，他很有能力，村民很信服他……H书记靠能力带动村庄发展，他德高望重，很受人尊重，非常容易亲近，总是很热心地帮大家的忙。
>
> ——2017年8月20日14:40—15:30在华宏村村委会与华宏汽饰厂管理人员BHR的访谈

> 大家关系一直都挺好的，这都多亏了老书记做的好榜样，这个没得说的，他各方面都做得特别好。
>
> ——2019年1月22日9:00—9:43在马庄村村委会与村民YSM的访谈

通过这种“复合型权威”的引领，村庄不仅能够产生显著的经济发展成效，道德建设也取得了长足的进步，从而构建了“经济—伦理”相互促进、共同提升的良好发展态势。

执笔人：杨义芹、刘昂

第二节
专题一：中国乡村家庭伦理研究调研报告[①]

改革开放以来，乡村社会经济、政治、文化等各方面均发生深刻变革，乡村家庭伦理也发生变化，家庭出现一些问题，如留守儿童家庭教育缺失、留

① 本节部分内容已发表，参见李桂梅、贺智慧：《当代中国乡村家庭伦理现状调查——基于七省七村的调查数据》，《伦理学研究》2019年第5期。

守老人养老困境、农民工非婚性行为频发和出现“临时夫妻”等,反映出乡村家庭面临严峻考验,乡村家庭伦理状况堪忧。由于中国乡村发展不平衡不充分,地域文化差别较大,为了真正了解当前乡村家庭以及家庭伦理状况,中国乡村伦理研究课题组对我国湖南、湖北、甘肃、江西、江苏、山东和广东七省七村进行了实证调查,以期对当前乡村家庭伦理变化作出准确、全面的科学分析。

一、当代中国乡村家庭伦理现状

改革开放40多年来,我国乡村家庭的外部环境发生了天翻地覆的变化,经济的飞速发展正不断提高乡村家庭的生活水平,同时也使其面临巨大的风险、压力和挑战。社会竞争的激烈、社会流动的频繁、生活节奏的加快及家庭外诱惑的增多,使家庭成员的职业不稳定、工作压力大、夫妻分居两地成为常态,加强乡村家庭伦理道德建设已成为理论界关注的热点问题。本节基于对七省七村调查的数据,发现我国当代乡村家庭伦理呈现以下现状:良好家庭关系依然是当前我国乡村家庭伦理的主流;乡村婚恋伦理多元并存;乡村亲子伦理失衡;家庭道德教育实践弱化与缺失;乡村性伦理开放宽容和乡村生育伦理新旧交织;等等。

(一)乡村家庭伦理总体状况良好

乡村家庭伦理总体状况良好主要表现为家庭关系和谐。乡村家庭关系主要包括夫妻关系、亲子关系、婆媳关系和邻里关系等,村民家庭关系和谐可以从村民对生活的满意度中看出。从课题组对七省七村的调查结果来看,农民的家庭幸福指数较高,对自己目前生活状况比较满意(详见表1-2-1)。在回答“总的来说,您对自己的生活状况是否满意?”这一问题时,39.6%的村民表示对自己目前的生活基本满意,24.7%的村民比较满意,7.7%的村民非常满意,三者合计为72.0%。由此可见,大多数村民对自己的生活状况感觉较好。

表 1-2-1 总的来说,您对自己的生活状况是否满意?

选项		数量/人次	有效百分比/%
有效问卷	很不满意	76	9.4
	不太满意	130	16.2
	一般	318	39.6
	比较满意	199	24.7
	非常满意	62	7.7
	不知道/说不清	8	0.9
	拒绝回答	12	1.5
	总计	805	100.0

家庭关系的和谐程度主要体现在深度访谈中。我们共深度访谈了 74 例,其中女性 25 例,男性 49 例。访谈中,绝大多数已婚被访者对自己的夫妻关系都满意或非常满意。在江西抚州下聂村,一位有情有义的丈夫 N 跟我们聊起他瘫痪在床的妻子的情况时神情恳切,令我们印象深刻:

> 我老婆得了脑梗塞(脑梗死),中风 11 年了。这 11 年来都是我照顾她穿衣吃饭,做护理工作。冬天要洗脚,夏天要洗头洗澡。我觉得,这就是我的命,一切事情只能靠自己。我自己也有风湿性关节炎,但每天还要给老婆按摩,因为不按摩肌肉就会萎缩。我这一辈子就是栽在老婆手上,就当上辈子欠她的。她病了,我不能逃跑掉,那不是人,逃避不是人。去照顾老婆,这是作为丈夫应尽的责任和义务。
>
> ——2017 年 7 月 26 日 20:20—20:50 在下聂村聂氏宗祠与普通村民 NJW 的访谈

从村民的家庭关系来看,访谈中大多数村民明确表示对自己的家庭关系比较满意。西岭村一位 60 岁的老人,跟我们谈到她的亲子关系和婆媳关系时说:

> 我对儿子儿媳比较满意,和儿子住一起我没帮他们做事,他们倒

帮我们做。我喜欢跳广场舞，晚上吃完晚饭我就去跳广场舞，(跳完)回去洗澡洗头，儿媳早上6点钟起床就帮我们把衣服洗好。她8点钟上班，还帮我做事。饭菜是儿子做，儿子做早餐、中餐，我有腰椎间盘突出，他们不要我做家务……我儿子煮好饭，都会打电话给我说："妈妈，你回来吃饭。"有时我出去打牌，儿媳在家煮饭，煮好后她打电话问我在哪里打牌，说要顶替我让我回去吃饭，好多人羡慕我。我从不与儿媳妇吵，儿媳妇也不跟我吵，那么好的儿子儿媳，很难找到的，我得珍惜。

——2017年7月9日11:10—12:10在西岭村村委会办公室与老村书记夫人、原村妇女主任、计生专干村干部FYJ的访谈

从访谈中可以看出，中国乡村的邻里关系也总体和谐。邻里关系和谐可以大大地提升村民的幸福感。林屋村一位78岁高龄的退休老教师跟我们聊到他比较喜欢住在村子里，环境好，人际关系也比较融洽，没事串串门，跟同事、自己以前的学生聊聊天，日子过得挺开心。华宏村一位71岁的老人也神情满足地说：

我们村这十年变化很大，以前居住比较分散，2006年并村后都住到华宏世纪苑，居住更集中了，农民收入也高了。总体来说，我是满意的。居住卫生条件比以前更好，以前就是脏乱差。现在午饭后会到活动中心打打麻将，下午打麻将，晚上跳跳舞……现在村里人与人关系越来越好。以前生产队有打架的，现在邻居大多很友好，一道门四户，家家和和气气……人的思想观念也改变了，父母子女没有矛盾，每个老年人自己都有点儿养老钱。村民都能尊老爱幼，大多数关系都挺好的，子女常给父母买衣服。

——2017年8月20日9:40—10:30在华宏村村委会与原村委会主任LYF的访谈

（二）乡村婚恋伦理多元并存

改革开放以来，中国乡村婚恋伦理观念以现代社会主义婚恋伦理为主导，呈现多元并存的发展态势，主要体现为婚恋动机多元和择偶标准多元，从此次调查数据中可得以印证。如，调查中七个村的村民在回答“您认为恋爱结婚的主要目的是什么?”时，他们主要选择“有自己的家”(33.1%)、“相亲相爱一辈子”(29.8%)、“生娃”(10.2%)、“生活有依靠”(10.6%)和“实现父母愿望”(4.3%)等。可以看出，“生娃”“生活有依靠”和“实现父母愿望”均体现我国部分村民较传统的婚恋动机。然而，62.9%的村民婚恋动机更现代，他们更注重自己内心的满足，选择“有自己的家”和“相亲相爱一辈子”。

中国乡村婚恋伦理多元还体现在村民们的择偶标准多样化。部分村民选择婚姻多以两人是否有感情为标准，更多考虑个人价值观，注重个体因素。但也有部分村民在选择结婚对象时，会考虑对方的物质条件、外貌长相等非感情因素。如，村民在回答“您在选择结婚对象时会主要考虑哪些因素?”这一问题时，我们设置了“家庭条件”“两个人的感情”“个人外在条件”“人品”“是否有手艺”“是否志同道合”“其他”和“不知道/说不清”这八个选项，所得到的回答情况如图 1-2-1 所示。“两个人的感情”“人品”和“是否志同道合”是村民在择偶时考虑最多的三个因素。选择“两个人的感情”的占 37.6%，选择“人品”的占 30.8%，“是否志同道合”的占 10.1%，三者合计占比 78.5%。由此可见，绝大多数村民认为两个人的感情是婚姻的基础，也是婚姻的首要价值，没有感情就

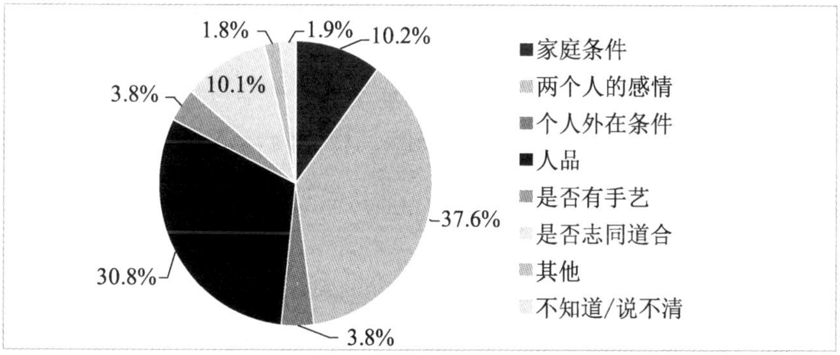

图 1-2-1　您在选择结婚对象时会主要考虑哪些因素?（最多选三项）

不会结婚，部分村民强调婚姻是爱情的升华，是相爱的两个人心灵的结合，也是爱情最神圣的象征。村民认为要想婚姻家庭幸福美满，夫妻双方的“人品”是不可忽视的因素。夫妻是否志同道合、是否有相似的价值观、是否志趣相投等也被村民看重。

具体而言，男性和女性在选择结婚对象时主要考虑的因素也不尽相同，女性村民在选择结婚对象时主要考虑的因素比男性村民更现实。除“两个人的感情”和“人品”是男女两性在选择结婚对象时共同考虑的主要因素外，男性还会考虑“是否志同道合”，而女性则更多考虑对方的“家庭条件”。

村民婚恋观多元并存还体现在对婚前性行为的看法上，在回答“您如何看待婚前性行为?”这一问题时，部分村民明确表示“反对”(24.9%)，但有不少村民选择“双方愿意无可厚非”(17.9%)、“可以理解，但不会做”(12.5%)、“属于个人隐私不做评论”(18.4%)、“满足感情需要可以理解”(8.0%)等。特别是认为“属于个人隐私不做评论”的比率较高，仅次于“反对”选项(详见图 1-2-4)。由此可以看出，村民的思想不再像以前那么刻板，更愿意尊重别人的隐私。

(三) 乡村亲子伦理失衡

“百善孝为先”，这是中国传统古训，此观念在农村更是影响深远。从此次调研情况来看，村民对以“孝”为核心的养老敬老伦理观念非常熟悉，对“孝”的认知十分明确。然而，在实际生活中却出现家庭关系以儿孙为轴心、对孩子关爱有加、轻视冷落老人等现象，村民的认知与实际行为脱节，导致乡村亲子伦理失衡。如，村民在回答“您觉得尽孝要做到哪些?”这一问题时，我们一共设置了“不打骂父母”“让父母有安身之处”“必要时提供物质和生活照料”“经常探望和关心”“让父母感到有面子”“自立自强”和“不知道/说不清”七个选项，要求村民最多可选三项。调研结果表明，选择“经常探望和关心”(28.5%)、“让父母有安身之处”(21.4%)和“必要时提供物质和生活照料”(19.6%)三项的村民最多(详见图 1-2-2)。

由此可见，村民对如何尽孝，在认知上非常清楚。但纵观所有被访家庭，在代际关系上，村民大多更关心和爱护子孙，而轻视和忽略老人，还有部分村民视老人为包袱、累赘，兄弟姊妹之间相互推诿，不愿尽赡养义务，认为老人只

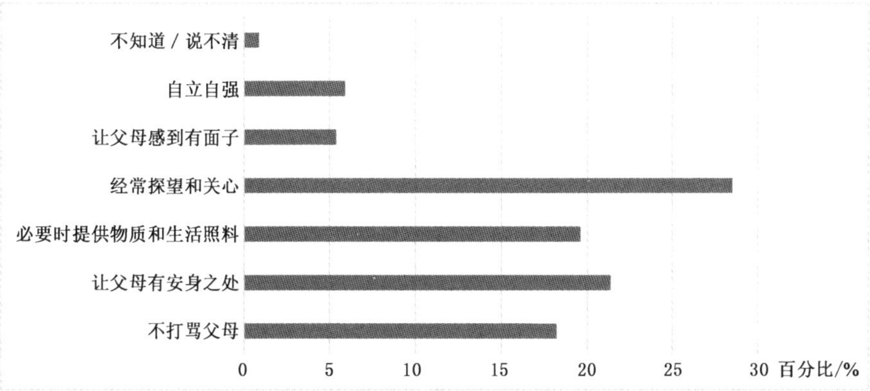

图 1-2-2 您觉得尽孝要做到哪些？（最多选三项）

要不冻不饿就行，未能进一步关心老人的情感需求。而子女进入婚配阶段，为了准备婚事，父母节衣缩食地为子女盖房和完婚。郭俊霞在其调查中表明，“婚嫁”和“盖房”是绝大多数中国农民主要的也是重大的支出，①家庭财富和经济资源出现明显向子代倾斜的趋向。徐安琪等对此问题也有过类似的论述，她们认为人们这种观念上“重老轻小”和行为上“重小轻老”的现象恰好证明在当前中国家庭，虽然父母权威有所下降，但代际关系依然保持了传统的“合作社模式”的特征。而这一模式是最符合家庭未来利益的家庭策略②。

部分乡村老人自己没有退休金，国家发放的养老金十分有限，子女的经济条件不好，自己又没有谋生的能力，日子过得异常艰难。访谈中一位老年女性村民谈道：

> 我儿子结过两次婚，第一个儿媳妇嫌我们家里穷，就跟别人跑了，后来法院判了离婚。我儿子就跟现在的老婆结婚了，现在这个儿媳妇厉害得很，她不愿意跟我们两个老人一起生活，所以我们就分开住，我儿媳妇从来不来看我们，也不让儿子给我们钱，儿子家的钱都

① 郭俊霞：《农村家庭代际关系的现代适应性——以赣、鄂的两个乡镇为例》，山东人民出版社 2015 年版，第 175 页。

② 徐安琪等：《转型期的中国家庭价值观研究》，上海社会科学院出版社 2013 年版，第 199-200 页。

是儿媳妇管着的。我这个儿媳妇嫁过来的时候带着一个儿子，然后跟我儿子又生了个女儿。后来她就不想再生了，但是因为我是我们家的独生女，总觉得还是应该让我儿子再生一个男孩，所以我就让儿媳妇又生了一个男孩，但是儿媳妇不愿意养，就扔给我们老两口养，她从来不来看孩子也不给孩子生活费。我们老两口也很不容易的，我丈夫做过手术，不能干重活儿，小孙子还小要喝奶粉。

——2017 年 7 月 21 日 10:40—11:30 在辘辘村村委会会议室与普通村民 BEH 的访谈

近年来，我国农村频现不正常的“逆反哺”现象，即青年子女成家以后，不对父母施以“反哺”之义，不给父母赡养费，反而对父母进行“代际剥削”，以各种名义套取父母积攒的养老存款，榨取他们的劳动力，如要父母帮忙带小孩、干农活儿等，又以各种借口不赡养父母，或加上“霸王条款”，逃避属于自己的赡养责任。这种“逆反哺”现象在我国农村非常普遍，这严重干扰了农村家庭伦理秩序，加剧了农村养老困境，造成亲子关系紧张。从调查中得知，我国部分农村老人选择跟一个已婚子女过，也有选择“空巢”或“单过”的，有此选择大多出于不愿打扰子女生活，同时透露出老人孤独凄凉的味道。从被访村民中得知，几乎所有村民都是居家养老，即儿女养老和自主养老，他们希望政府的养老政策力度更大一些，以减轻农村孝亲养老的压力。

（四）乡村家庭道德教育实践弱化与缺失

乡村家庭成员的思想道德素质和家庭道德教育水平是衡量农村教育发展和教育整体发展的标准之一。传统中国乡村非常重视家庭道德教育，大量教育内容都体现在家训族规、乡规民约中。虽然近年来乡村社会发生了一些变化，但是家庭道德教育仍处于重要的地位。从本次调查来看，几乎每位深度访谈对象都谈到了教育的重要性，愿意尽最大努力送自己的孩子到县城或镇上接受更优质的教育。受访村民大多数认为应该重视孩子的道德教育，对其认知程度很高，但实践中却忽视家庭道德教育，导致乡村家庭道德教育实践弱化与缺失。

村民在回答“您认为农村小孩的家庭教育应重视哪些方面的内容？”时，七个村村民选择"思想品德教育,懂道理孝敬父母"选项的比率达36.4%,在所有选项中最高(详见图1-2-3)。

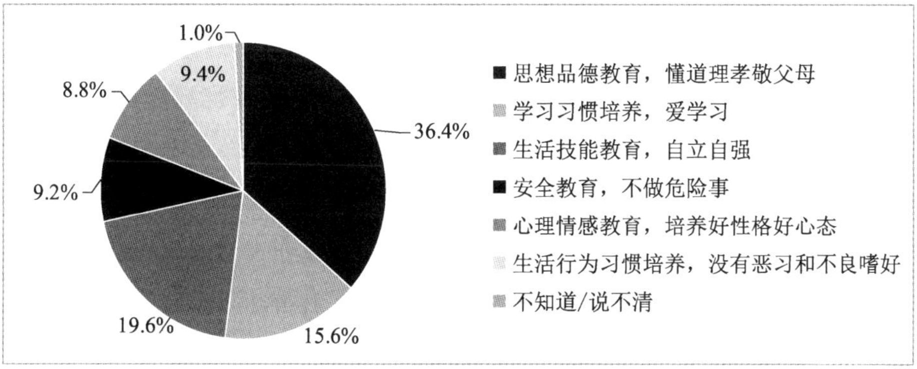

图1-2-3 您认为农村小孩的家庭教育应重视哪些方面的内容?

由此可见,村民都认识到家庭道德教育应放在首位。然而由于村民生活水平不高,农活负担重,为了增加家庭收入,大多数村民一年忙到头,几乎没有空闲的时候。即使父母有时间,他们更关注的是孩子的成绩和升学,很少涉及孩子的道德教育。村民对孩子的思想品德教育的重要性仅仅停留在认知上,在实际行动中并没有时间和精力顾及。此现象从深度访谈中也得到印证,辘辘村有村民表示:

> 我们这边的家长对孩子的教育问题关注不多,尤其是在外打工的父母,他们都不怎么管孩子,我们老师也会给他们打电话沟通,但是他们通常都以工作忙为理由将责任推卸到爷爷奶奶身上。我们这里的家长也不怎么关注孩子的素质教育,很少去上舞蹈、画画等兴趣班。
>
> ——2017年7月20日16:00—16:30在辘辘村村委会会议室与幼儿园教师LHX的访谈

由此可以看出,这一类被送到"学生之家"托管和父母在外务工、完全留守在家的孩子,平时几乎缺乏家庭道德教育。因忽视孩子的道德教育,我国家庭和社会已经付出了沉重的代价。2018年12月,湖南接连发生两起未成年人因父母未能满足自己的要求而杀害亲生父母的案例,造成恶劣影响。孩子出问题,责任更多在家长。这两起案件的发生有多种原因,但有一个重要且不容忽视的原因就是家长对孩子缺少真正的陪伴与心灵的沟通,父母或溺爱或暴力,平时教育最多停留在问问学习成绩层面,很少与孩子进行思想情感交流。接二连三发生的未成年孩子凶残弑亲的惨案,已敲响了警钟,家庭道德教育实践乏力,遗祸无穷,为避免悲剧再次上演,加强乡村家庭道德教育势在必行。

(五)乡村性伦理开放宽容

中国传统乡村社会村民对“性”问题一般避之不谈,他们认为其不可登大雅之堂,故意避讳,老一辈人更是“谈性色变”。当今社会改革开放,各种思潮涌入中国,农民同样受到影响,村民的思想发生变化,这也表现在对“性”问题的看法上。从总的趋势看,村民对于婚前性行为和婚外性行为均呈现出开放宽容的态度,但两者有区别。村民们对婚前性行为更宽容,七个村的村民对其反对的比率为 24.9%;而对于婚外性行为,村民的态度较严苛,反对比率为 56.6%,比前者高出一倍多。村民在回答“您如何看待婚前性行为?”时,有 18.4% 的村民认为“属于个人隐私不做评论”,17.9%的村民认为“双方愿意无可厚非”,8.0%的村民觉得“满足感情需要可以理解”,12.5%的村民选择“可以理解,但不会做”,4.9%的村民认为“确定结婚可以”,共计有 61.7%的村民认为可以理解,即大多数村民已默认婚前性行为的合理性(详见图 1-2-4)。

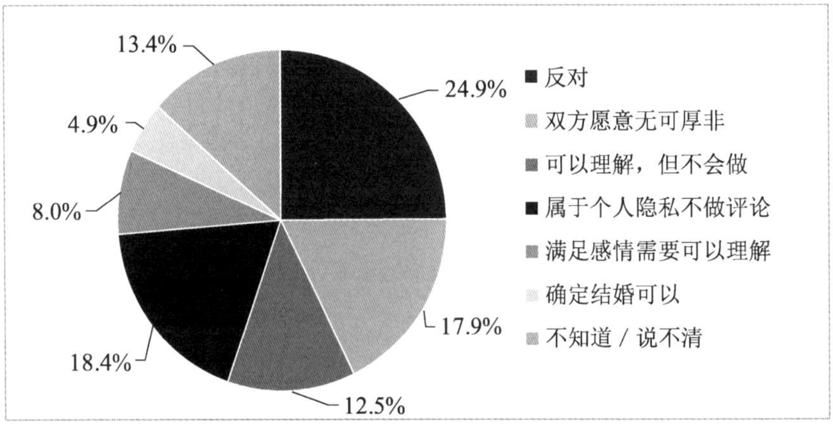

图 1-2-4　您如何看待婚前性行为?

从年龄上看,18—35 岁的年轻村民更能接受婚前性行为,认为"属于个人隐私不做评价"的比率在三个年龄段中最高,达到 26.9%;36—55 岁的中年村民认为"属于个人隐私不做评价"的比率为 16.9%;而 56 岁以上的村民最不能接受婚前性行为,他们中认为"属于个人隐私不做评价"的比率仅为 4%,而反对的比率最高,达到 35.4%。由此可以看出,年龄越小的村民对婚前性行为越宽容。

在调查村民"您如何看待婚外性行为?"时,七个村村民也持较宽容的态度(详见表 1-2-2)。选择"属于个人隐私不做评论"(11.9%)、"互相愿意无可厚非"(5.7%)、"满足感情需要可以理解"(4.8%)、"可以理解,但不会做"(6.6%)等选项的村民也占一定比例,但宽容度不及"婚前性行为"。

表 1-2-2 您如何看待婚外性行为?

选项		数量/人次	有效百分比/%
有效问卷	反对	456	56.6
	互相愿意无可厚非	46	5.7
	可以理解,但不会做	53	6.6
	属于个人隐私不做评论	96	11.9
	满足感情需要可以理解	39	4.8
	不知道/说不清	115	14.3
	总计	805	99.9*

* 统计数据时对百分号前的数值进行了四舍五入,仅保留 1 位小数,从而造成各选项数值之和大于或小于 100%的现象。

从性别上看,男性对婚外性行为的态度比女性更开放宽容,女性表示完全反对的比率为 61.4%,而男性表示反对的占 51%。从年龄上看,18—35 岁的年轻村民更能接受婚外性行为,认为"属于个人隐私不做评价"的比率在三个年龄段中最高,达到 23%;36—55 岁的中年村民认为"属于个人隐私不做评价"的比率为 12%;而 56 岁以上的村民最不能接受婚外性行为,他们中认为"属于个人隐私不做评价"的比率也是 12%,但反对的比率最高,达到 67.5%。由此可以看出,年龄越小的村民对婚外性行为也越宽容。这可能与他们受西方性自由的思想影响比年长者更大有关。我们的调查结果与徐安琪等的调查结果一致，他们的结论也表明年龄与婚前性行为的宽容程度呈显著负相关，年纪越轻的被访者态度越宽容①。

村民性伦理开放宽容也体现在对女性离婚和老人再婚的看法上。传统社会女性没有离婚自由，社会要求女性“守贞节”，所谓“一女不事二夫”。如今村民对女性离婚的态度已悄然改观。访谈中，赵家湾村的一位村民告诉我们：

> 我们这里大男子主义不严重，没有家暴现象。村子里如果女性离婚了，很少会有人说闲话，现在社会离婚比较正常。离婚后也有再重新组合家庭的，还比较好。
>
> ——2017 年 7 月 14 日 11:00—11:20 在赵家湾村村委会办公室二楼与村委会委员 HDF 的访谈

访谈中发现大部分村民可以接受女性离婚和老人再婚，村民对“性”问题要求不及以前严苛，更显开明。

（六）乡村生育伦理新旧交织

生育伦理，即夫妻繁衍后代行为观念的道德要求及其道德评价。② 不同社会有不同的生育伦理。重男轻女、多子多福、传宗接代和养儿防老是传统生育伦理的核心内容。对于传统中国农民来说，孩子是一生奋斗的动力。贺雪峰认为对于普通人而言，婚姻的本体价值即“不孝有三，无后为大”的传宗接代，就是上对得起祖宗，下对得起子孙。③ 在问卷调查中，对于“您认为生养孩子的首要目的是什么?”问题的回答，部分村民选择了“老了有依靠”(30.4%)和“生男孩以传宗接代”(10.7%)。访谈中，赵家湾村一位村民告诉我们：

> 农村跟城市不一样，很多人想生个儿子，就是代代相传，把香火

① 徐安琪等：《转型期的中国家庭价值观研究》，上海社会科学院出版社 2013 年版，第 147 页。

② 朱贻庭：《应用伦理学辞典》，上海辞书出版社 2013 年版，第 581 页。

③ 贺雪峰：《农民价值观的类型及相互关系——对当前中国农村严重伦理危机的讨论》，《开放时代》2008 年第 3 期。

传下去，生两个女儿，没有继承人，女儿出嫁了，有时候闹起矛盾来，人家骂你没有儿子要绝代。

——2017 年 7 月 14 日 10:00—11:05 在赵家湾村村委会办公室二楼与低保户 LJL 的访谈

这些都是传统生育伦理的真实体现。由此说明时至今日，在部分村民心中"传宗接代""养儿防老"的传统思想还很严重，传统的乡村生育观对村民的影响仍然非常大，要改变传统的生育观还有相当漫长的路要走。

但从整体上而言，我国现代社会的生育伦理发生了变化，其核心内容为适度生育、男女平等和优生优育等。从调查结果不难看出，村民对于"您认为生养孩子的首要目的是什么?"问题选择最多的是"家庭完美"(34.3%)，其他依次为"活着有意义"(7.3%)、"为社会尽义务"(6.9%)和"感情的寄托"(6.2%)等选项。由图 1-2-5 可以看出，七个村的村民选择"生男孩以传宗接代"的比率并不高，说明村民的生育伦理观念悄悄发生了改变，很多村民已接受"生男生女都一样，女儿也是传后人"等进步的生育观，他们认为生育孩子的主要目的不再是为了续接香火，而是可以给自己的生活带来情趣和精神意义。当然，还是有部分村民把是否生儿子、传宗接代看得很重要，说明传统生育伦理在乡村还占一定比例，不可能在短时期内消失，但正在逐步弱化。因此，我国乡村生育伦理呈现出新旧交织的状况。

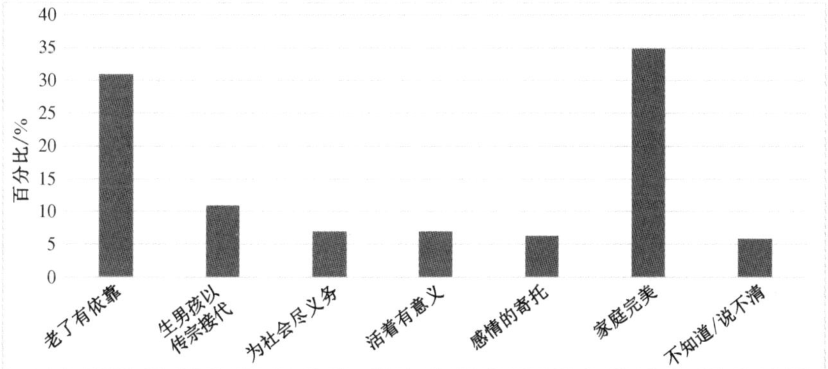

图 1-2-5 您认为生养孩子的首要目的是什么?

二、影响当代乡村家庭伦理的成因

当前乡村家庭伦理现状由家庭财富重心和话语权、社会调控力量、村民自身素质三个方面的因素共同制约而成。因此,对家庭伦理现状进行原因分析,需要从这三个维度进行阐释。

(一)乡村家庭财富重心和话语权转移

改革开放以后,青年农民大多进城务工,部分村民掌握了专业技能,在村里发展规模种植或养殖,他们正逐步摆脱小农经济的束缚,乡村社会也向开放、现代和多元急速转变。乡村家庭关系逐渐由伦理本位向经济本位转变,无论在夫妻之间还是亲子之间,出现“谁对家庭的经济贡献大,谁的话语权就多”的现象,导致乡村家庭财富重心和话语权转移。主要表现在以下两个方面:

第一,乡村家庭财富重心和话语权下移。近年来,随着乡镇工业的发展以及农民涌入城市,乡村家庭收入结构已发生显著变化。一些农村流行“在家种田,不如外出挣钱;要想奔小康,必须背井离乡”等观念,说明传统农业的生产经营理念已不能跟上时代的要求,具有丰富生产经验和社会经验的老辈人对农业生产的指导意义基本丧失,他们难以具备现代工业生产所需的能力。年轻一辈由于受到较好的学校教育,思想观念相对超前,能够更好地适应社会,他们可以凭借自己健壮的体力和灵活的头脑参与到城市的各项生产和建设中,快速增加家庭收入。子女财富的增多,势必促使子女在家庭中话语权增大,逐渐主导家庭话语权。而父辈的农事经验价值丧失,且观念陈旧,不易接受新生事物,导致年轻一辈对老一辈不够尊重。

第二,乡村家庭财富重心和话语权平移。主要体现为女性家庭经济地位和决策权的上升,婚姻家庭中女性从属地位发生巨大变化。近年来,农民务工潮的兴起,使得男性村民走出家门,家庭事务全权交给妻子,进一步增强女性在家庭经济和家庭决策权中的地位,乡村妇女的权益和家庭地位得到较大提升。绝大部分农村地区妇女在家庭中管钱管物,妇女当家成为普遍现象。甚至有农民说妇女不只是顶半边天,而是整个天空。加之农村婚姻市场中的女性数量不足，再一次增加了女性在婚姻家庭中的筹码。随着现代婚姻家庭观念的树立，夫妻感情成为婚姻维系的主要因素，这些都不同程度地增强了女性在婚姻家庭中的话语权，重大家庭事务由夫妻共同商量的比例不断上升，夫妻共同参与已成主流。这在第三期中国妇女社会地位调查数据中也可得到印证：在“家庭投资或贷款”的决策上，由夫妻共同商量及主要由妻子决定的比例达 74.7%，在“从事什么生产/经营”和“买房、盖房”的决策上，妻子参与决策的比例为 72.6%和 74.4%。① 女性经济地位的提升和话语权的增强势必会促使婚姻家庭伦理关系出现新的动向和要求，女性渴求自身个性的解放，追求个人情感和个人价值的实现，希望在家庭中获取平等地位，由此导致乡村生育伦理出现新变化和亲子伦理失衡等现象。

（二）社会道德调控力量弱化

中国乡村家庭伦理领域出现各种不和谐状况，还有一个重要原因即社会道德调控力量弱化，这主要表现在两个方面：

一是国家行政力量对社会道德的调控弱化。新中国成立初期，我国政府的社会治理模式高度集中和统一，此时社会调控力量很强，个人感情和家庭生活完全服从于国家的需要，人们的家庭生活出现政治化、革命化的趋势，婚姻家庭稳定性较高。改革开放之后，国家对婚姻家庭的政治化干预日趋弱化，婚姻家庭领域逐步摆脱革命化的倾向，归于个人私生活领域，这使得婚姻家庭领域的自由度提高，国家的行政调控力量减弱，加之个人自律能力不强，导致乡村婚姻家庭中一些不道德现象涌现。

二是社会舆论对道德调控的弱化。传统的中国乡村家庭以扩大家庭或联合家庭为主，村民的行为受家规族训和乡村舆论的约束，社会舆论调控力量较强。改革开放以来，成年子女结婚成家后，从主干家庭中分家出去单过，村民大多只关心自己的小家，很少管别人家的事情，大家族成员“家族”“家产”和“祖业”等观念正在淡化，家族及社会舆论的调控力量已基本丧失。再加上村民外出务工较多，大多数村民几乎未生活在同一舆论氛围中，传统乡村熟人社

① 第三期中国妇女社会地位调查课题组：《第三期中国妇女社会地位调查主要数据报告》，《妇女研究论丛》，2011 年第 6 期。

会的监督无法进行，也使一些不道德现象有了滋生的环境。

（三）部分村民自身道德素质低下

我国乡村家庭伦理领域出现各种道德问题，究其根本原因是村民自身道德素质低下。一是由于部分村民一直以来受困于地域条件，生活在相对封闭的环境中，很难接触到新思想，而且村民文化水平有限，导致固守传统落后的家庭伦理观念，跟不上新时代的步伐。从本次调查数据来看，调查对象当中从未受过正式教育的村民占13.5%，小学文化程度的占27.4%，最多的是初中文化程度309人，占36%，初中及以下文化程度者合计占比76.9%。由于受教育水平低，他们分辨不清哪些是需提倡的先进家庭伦理思想，哪些是该摒弃的落后观念。如，部分村民的生育伦理带有较重的封建色彩，有强烈的男孩偏好，千辛万苦生育男孩，仅仅为了“传宗接代”和“养儿防老”。

二是村民受市场经济的负面效应和错误思想的影响。随着市场经济的发展，我国农村也被卷入市场经济的浪潮中，部分村民外出进城务工，智能手机和网络的普及使村民受到错误思潮的侵蚀。具体表现在亲子伦理中，村民更注重权利，忽视义务，出现代际剥削，亲子关系失衡；婚恋伦理方面，选择恋爱对象时注重对方的外在物质条件和社会地位，忽略个人品德，婚姻生活中责任意识淡薄，个人主义增长；家庭道德教育方面，重视孩子的学业和成绩，忽视对其进行思想品德教育。我们认为，要促进农村家庭伦理的进步，提升村民个体自身的道德素质是关键。

三、完善乡村家庭伦理的道德实践

家安则国顺。良好的乡村家庭伦理道德实践是多方协调运作的结果，完善乡村治理离不开家庭伦理建设。针对当前乡村家庭伦理现状及其成因，可以从加强乡村婚姻家庭伦理制度化建设，推行“德治”以形成良好的乡村社会舆论氛围，加强教育培训、提升村民道德自律能力三个方面着手，推进中国现代乡村家庭伦理建设，促进村民建设美满婚姻和幸福家庭。

（一）加强乡村婚姻家庭伦理制度化建设

我国现行的婚姻家庭制度对个人在婚姻家庭中的权利保护不够，维护婚姻家庭伦理实体地位的制度条款相对不足，仍有一些不完善的地方。因此，给予婚姻家庭伦理制度化保障，是现代乡村家庭伦理建设的必然要求。从目前来看，农村养老力量太过单薄，养老的社会福利机制、老人互助和自助组织缺乏，政府需要加强乡村养老伦理制度建设，这是当前乡村家庭伦理制度化建设的首要任务。

首先，需健全乡村养老保险制度。健全乡村养老保险制度对乡村老人十分重要，老人们只有在其老年生活有所保障的情形下，才能安享晚年。养老保险制度主要是由国家和社会承担的养老项目，虽然农村社会养老保险制度已经普及，并且加大了保障的金额，但是这种福利养老与家庭养老之间缺乏内在的沟通，要促进家庭孝养伦理的践行，还应将养老保险金发放额度与家庭孝养行为结合起来，通过物质和荣誉的激励，促使养老保险金成为支撑家庭孝养伦理的经济力量。①

其次，建立乡村失能老人照料制度。农村失能老人照料制度，是农村老人养老的最后屏障。从调查中得知，不少农村老人最大的忧虑是担心自己失能后无人照顾。设立农村失能老人照料制度可让失能老人得到最起码的道义关怀，也能在一定程度上解除老人和家庭的后顾之忧。设立失能老人照料制度，可从三个方面做出努力。一是完善农村敬老院制度。完善农村敬老院的运行制度，既能缓解农村敬老院的人口压力、经济压力，又能缓解家庭养老压力。二是设立村委养老互助制度。当前村委养老只是个别村庄正在探索实施的，绝大多数村委还没有建立起相应的制度和组织。村委养老便于对老年人的服务管理和半失能老人的照顾，村委制定和设立养老制度和机构是农村养老的必然趋势，这是乡村社会治理的必然要求。三是完善家庭照料失能老人补贴制度。不少农村家庭因为失能老人出现照料贫困，需要给予一定程度的支助。

最后，完善农村老人社会服务机构体系。要提高家庭养老质量，政府和社会团体组织应提供相应的服务，需健全村委老人健康医疗保障服务、创建老年

① 张翠莲、李桂梅：《试论当代乡村家庭伦理制度化建设》，《道德与文明》2017 年第 5 期。

人活动协会和加强老年人的技能文化服务培训等。农村老人健康知识缺乏，健康观念淡薄，应加强村委健康保障咨询服务，为农村老人提供健康指导，提高其健康意识。创建老年人活动协会，可促进老人之间的联系和交流。乡村建设中可以充分发挥老年人的力量，给其提供相应的培训服务，使其为乡村建设发挥余热，增强老年人的自信、自尊、自立、自强。

总之，建立以政府为主体、家庭为基础、村委为平台、老人自助为补充的农村养老社会资源网，实行家庭、村委和社会相结合的综合养老模式，能较大程度地解决乡村老人的养老生活问题。此外，政府还可通过行政手段，加大对乡村不孝行为的惩戒力度，将不孝子女纳入个人品德考核评价体系，对其未来职业晋升实行一票否决，使其与档案管理和全国法院失信人员名单挂钩，从法治层面约束不孝行为。

（二）推行“德治”以形成良好的乡村社会舆论氛围

我国建设现代乡村婚姻家庭伦理，仅靠制度不能达到良好的效果，因为制度过于刚性，在农村中实施有其局限性。因此，还需在农村推行“德治”以形成良好的乡村社会舆论氛围。“德治”主要依靠培育农民的社会主义核心价值观，提高农民的思想道德素质，树立乡村道德模范，传承优秀家规家训和乡规民约等中华优秀传统文化。我国建设现代乡村婚姻家庭伦理体系，首先需传承良好家规家训。优秀家规家训蕴含人生智慧和道德精神，是儒家经典思想的诠释，是家族成员在各种家族活动中应遵守的行为规范，也是家族祖先或长辈对晚辈后人的训示，在本家族内具有较强认同基础，可以对家族成员进行有效约束。我国古代有《朱子家训》《颜氏家训》和《曾国藩家训》等，这些名人家训内容丰富，说理性强，对家庭成员有实际的教育意义。引导家族成员时刻谨记良好家风家训，长期受其浸润、习染，形成良好品行，这已成为家庭伦理传承的有力支撑。

其次，设立村规民约，融入村民生活。村规民约虽不如国家法律的强制性，但在乡村社会却是村民在行为规范方面所达成的共识，村民如果违背乡规民约，就背离了乡村的公序良俗。村规民约必须维护家庭的人伦情义，捍卫家庭伦理的底线。村规民约要求必须给予父母基本的生存保障，禁止对父母辱骂、嘲讽,禁止伤害父母尊严;规定夫妻相互忠诚,相互扶持,共同维护家庭和谐;规定禁止打骂虐待未成年子女,禁止对年幼子女不管不问,要求父母尽心尽责履行好职责,为子女创造良好的教育条件。村规民约在惩恶扬善、移风易俗、推进家庭伦理建设中有着独特的作用。

(三)加强教育培训,提升村民道德自律能力

加强教育培训,是提升村民道德自律能力的重要手段。近年来,村民深受各种思潮影响,加之文化水平有限,对现代婚姻家庭伦理的规范和要求缺乏正确认识,导致农村婚姻家庭伦理出现各种问题。通过教育培训,引导村民树立正确的婚姻家庭伦理观,家庭关系将会得到改善。对村民的教育培训,可从以下两个方面入手:

一方面,在乡村开展文明家庭创建活动,营造崇德向善的社会风气。乡镇政府和村委是建设乡村家庭伦理的组织力量,可以借助其资源和优势,邀请专家和文明家庭模范代表人物来村里的“道德讲坛”开讲,为村民宣讲现代家庭伦理,使村民受到现代家庭伦理观念的熏陶。定期组织村里或乡镇进行“十大孝贤”“好媳妇”“五好家庭”和“孝文化村”等评选活动,让村民在这些实践活动中自我反思、自我激励和自我调节,使他们在活生生的现实图景中受到极大感染,接受正确的家庭伦理观念,并使之逐步内化为自身的道德品质。

另一方面,通过网络载体,构建乡村网络家庭教育平台。网络载体的特点是覆盖面广、传递迅速、时效性强、其影响具有增殖力。网络载体可使村民在广泛接触社会信息的同时,接受婚姻家庭伦理教育,让先进的文化占领思想阵地。当今中国乡村大多数村民都是网络和智能手机用户,可通过这一载体快捷地向村民宣传家庭伦理道德规范,播放有正能量的家庭伦理剧,传播积极向上、有教育意义的家庭伦理节目,形成积极强大的家庭伦理教育“舆论场”,从而为婚姻家庭伦理教育营造良好的氛围。还可在线上对村民进行免费的婚姻家庭伦理、婚姻家庭法律及其他相关知识的咨询和培训,让村民学习家庭经营理念和技巧,接受进步的家庭伦理思想,摒弃错误观念,提升村民的道德自律能力。

执笔人:李桂梅、贺智慧

第三节
专题二：中国乡村经济伦理研究调研报告

中国传统社会是一个农业主导型社会，费孝通曾经指出："从基层上看，中国社会是乡土性的。"[①]从这个意义上讲，处于传统社会中的中国就是一个大乡村。随着现代工业的迅速成长，中国形成了以城市为主导、城乡二元并进的基本发展格局，中国乡村曾经沦为中国城市发展的背景。在现代化浪潮中，中国乡村开始了非常痛苦也非常神奇的发展之旅。一方面，中国乡村为城市现代化提供了巨大的人力物力支持，不仅仅是剩余的农产品和各种物质资源，更重要的是城市工业不可或缺的、数量庞大的劳动力资源。另一方面，中国乡村也开启了从传统乡村走向现代乡村的艰难旅程，一个个自给自足的封闭村庄逐步发展成接轨现代市场的美丽乡村。可以说，在当前的现代化浪潮中，中国乡村已经重新崛起，已经形成与中国城市既相互区别又相互支持的独特力量和别样风景。在这样的背景下，研究中国乡村经济伦理，对于中国乡村乃至整个中国社会的经济发展和道德建设都具有非常重要的意义，对于世界现代化发展也具有非常重要的启示价值。

一、田野调查的基本情况

国家社会科学基金重大招标项目"中国乡村伦理研究"课题组于2017—2018年先后对湖南郴州西岭村、湖北黄冈赵家湾村、甘肃定西辘辘村、江西抚州下聂村、江苏无锡华宏村、山东济宁王杰村、广东湛江林屋村进行了田野调查。此次调查分为问卷调查的定量研究和深度访谈的定性研究两个部分，共收回有效问卷805份，并与74位村民进行了深度访谈。

① 费孝通：《乡土中国》，人民出版社2015年版，第1页。

二、乡村经济及其伦理困境

（一）振兴乡村：要道德还是要经济

振兴乡村是一个全面目标，它要求乡村在经济、政治、文化、社会和生态等每一个方面都得到快速提升。对于乡村经济伦理来说，一个非常重要的问题就是：振兴乡村到底是要提升道德还是要发展经济？在一次访谈中，一位村干部说：

> 社会风气方面，准确地说从经济方面考虑的会多一些，功利性强一点儿。以前大家都差不多，现在差距大了，交际圈变了，经济搞得好的愿意与那些搞得好的人交往，有他们的圈子，你没达到他们的收入水平，走入他们的圈子很难。
>
> ——2017 年 7 月 9 日 14:30—15:55 在西岭村村委会办公室与乡镇基层公职人员 LXH 的访谈

在改革开放之初，随着市场经济的全面发展和私营成分的不断增加，“个人正当利益”概念得到社会普遍认可，我国曾经出现过一种道德“代价论”观点，认为“经济的发展必然要付出道德堕落的高昂代价”①。当乡村开始步入现代化进程之后，这个问题再度在乡村出现：乡村发展到底要更重视“经济”还是更重视“道德”？对于这个问题，学界早已给出了定论，国家也早已明确了思想。从“科学发展观”到“新发展理念”，已经非常明确地指出：社会发展不能是“片面发展”，而应该是“全面发展”“协调发展”。所谓“全面发展”就是不能只发展一个方面，而牺牲其他很多方面。从这个意义上讲，“以经济建设为中心”并不是“唯经济论”，更不是“唯 GDP 主义”，而是指在社会发展的特殊阶段，五大建设任务中的经济建设是中心，是关键，相对其他建设来说更为迫切。经济建设搞上去了，可以为推动其他建设提供非常重要的基石。邓小平同志

---

① 谢洪恩：《对道德适应关系的辩证思考》，《哲学研究》1990 年第 3 期。

的“两手抓、两手都要硬”就已经把这个问题说得非常清楚了。习近平同志在说明“全面共享”时指出:“共享发展就要共享国家经济、政治、文化、社会、生态各方面建设成果,全面保障人民在各方面的合法权益。”①试问:没有全面发展,哪里能够实现全面共享?

在全面建成小康社会的今天,这个问题的答案已经更清楚了。小康社会意味着什么?至少意味着基本的物质生活需求都能得到基本的满足。城市如此,乡村如此,每一个人都如此。在基本物质生活需求已经能够得到全面满足的今天,经济建设已经远远不如改革开放之初那么紧迫,经济、政治、文化、社会和生态建设更有条件全面发展。从这个意义上说,当今中国乡村经济伦理既不要“唯经济论”,也不要“唯道德论”,而是既要经济又要道德,要实现经济与道德的共同发展。

(二)商品经济下农民的致富欲望

改革开放之后,中国农民经济生活最根本的变化就是从自然经济转向了商品经济。千百年来,中国农民的“重利”本性没有发生根本性的改变,不过这种本性在自然经济中受到了一定程度的抑制,在商品经济中却得到了彻底的解放。在生存导向的自然经济中,从事生产活动的根本目的是满足家庭的生存需要,“利”体现为由各种生活资料构成的“物”,对“物”的追求极限就是所有生存需要的全部满足。但在市场导向的商品经济中,从事生产活动的根本目的是满足市场的消费需求,“利”体现为可以转化成一切财富的“钱”,对“钱”的追求则没有极限。在访谈中,当问及“现在你们农村的彩礼是多少?”时,一位村民详细地向我们讲述了他们村彩礼的风俗以及不成文的礼金要求:

我们这里也有彩礼,男方要得多,女方也要得多,有老板家女儿结婚给80多万的,不过一般是给十几万,这要根据自家条件。现在也讲门当户对,老板找当老板的。结婚出份子要看情况,一般1 000到2 000元,大家还是看重礼轻情意重。频繁出礼也觉得压力

① 习近平:《习近平谈治国理政》第2卷,外文出版社2017年版,第215页。

大，我弟兄姊妹多，一年要10万多出礼。人送给我，我送给人，礼尚往来。

——2017年8月20日14:30—15:30在华宏村村委会与退休教师ZYS的访谈

在市场经济中，“货币伦理”是这一阶段的基本行为准则。[①] 也就是说，在自然经济中，中国农民的重利欲望被束缚在有限的生存需求上；而在商品经济中，生存需求的束缚被解除了，越多越好的财富观解放了中国农民的致富欲望。当被问及“如果有可能赚钱的机会，您会如何做？”这一问题，七个村庄中选择“想尽一切办法去赚，但会遵纪守法”的人数比例明显多于选择其他选项的（详见表1-3-1）。

表1-3-1 如果有可能赚钱的机会，您会如何做？

	选项	西岭村	赵家湾村	辘辘村	下聂村	华宏村	王杰村	林屋村
有效百分比/%	只要赚到钱就行，其他的暂不考虑	5.6	13.2	8.7	13.8	9.4	2.6	9.8
	想尽一切办法去赚，但会遵纪守法	66.7	57.5	48.1	64.9	65.4	68.4	62.8
	赚钱往往有风险，还是安稳点好	21.1	23.6	29.8	10.6	20.5	23.8	17.1
	其他	3.3	1.9	4.8	2.1	3.1	2.6	5.5
	不知道/说不清	3.3	3.8	8.6	8.6	1.6	2.6	4.8
	总计	100.0	100.0	100.0	100.0	100.0	100.0	100.0

由此可见，从自然经济跨入商品经济，中国农民的追求对象从“物”换成了“钱”，其结果是：千百年来受到抑制的重利欲望得到了极大解放，中国农民对金钱、财富的欲望不断膨胀。中国农民致富欲望的解放具有双重意义：一方面，它在一定程度上解决了中国的“韦伯问题”，致富欲望被解放的中国农民具有类似韦伯所说的天职精神，这种劳动天职精神为我国的经济发展提供了巨

① 徐勇、邓大才：《社会化小农：解释当今农户的一种视角》，《学术月刊》2006年第7期。

大动力;另一方面,它带来了新的“贪婪问题”,致富欲望被解放的中国农民也会像资本家一样,“一旦有适当的利润,资本就胆大起来”①,既有可能打碎传统道德的束缚,也有可能无视现代法律的约束。

(三)致富欲望下的生态意识

从自然经济进入市场经济,“物”变成了“商品”,变成了“货币”,乡土世界的意义也随之发生变化。在传统社会中,自然(乡和土)具有双重功能:既是农民生存的依靠,又是农民栖居的家园。由于生产力相对落后,农民支配和改造自然界的能力相对有限,这两种功能在农民的生活中能够和谐共存。但进入市场经济之后,得益于工业社会发达的科技手段和通畅的商业网络,农民征服和改造自然界的能力迅速提升,自然作为致富工具的意义被急剧突出,远远超过了它作为栖居家园的意义。在致富欲望被极大激发的农民看来,原来作为栖居家园的自然界越来越呈现出财富的外貌,绿水青山变成了金山银山,乡土变成了发家致富的重要资源。

调研中,对于“您认为环境保护和经济发展哪个更加重要?”这一问题,七个村庄中除下聂村和王杰村外,选择“都很重要”的比例最高,分别是西岭村59.6%、赵家湾村41.9%、辘辘村42.9%、华宏村46.9%、林屋村35.8%(详见表1-3-2)。这说明农民会不自觉地把生态和经济联系到一起,即把绿水青山变成金山银山,把乡土变成发家致富的重要资源。

表1-3-2　您认为环境保护和经济发展哪个更加重要?

	选项	西岭村	赵家湾村	辘辘村	下聂村	华宏村	王杰村	林屋村
有效百分比/%	环保更重要	24.7	40.0	18.1	40.2	44.5	45.1	28.4
	经济发展更重要	13.5	14.3	22.9	23.7	3.9	10.6	25.3
	都很重要	59.6	41.9	42.9	29.9	46.9	37.2	35.8
	都不重要	0	0	1.0	0	0.8	0	0.6
	不知道/说不清	2.2	3.8	15.1	6.2	3.9	7.1	9.9
	总计	100.0	100.0	100.0	100.0	100.0	100.0	100.0

① 《马克思恩格斯文集》第5卷,人民出版社2009年版,第871页。

在农民将环境保护与经济发展联系在一起的同时，他们原有的家园意识却在不断削弱。在传统社会里，家园的概念很广泛，既包括自己的家居和村落，也包括村落之外的田园和山水。但进入市场经济之后，家园的范围缩小了，原来诗意家园的一大部分现在变成了赚钱的工具。曾经的山水变成金山银山，不再是用来栖居的，而是用来致富的；出产商品的田野不再是真正的“衣食父母”，而仅仅是提供货币的源泉。于是，原有的家园被分割成两个不同的区域：一方面是笼罩在财富之光下的山水田地，农民们一度“以牺牲生态环境换取一时一地经济增长”①；另一方面是仍然保持家居功能的房舍，农民们始终在拓展住房的实用性、美观性和现代性。从总体上看，中国农民的家园意识在不断萎缩，现代生态意识还没有真正建立起来。

三、乡村经济现状的伦理成因

（一）小农经济的延续

两千多年来，中国乡村始终维持着自给自足的小农经济。除了租田佃地、赋税劳役之外，家家户户都过着自给自足的生活。生产力低下，生产工具落后，只能依靠基本的人力和畜力，迫使中国村民只能本着“生存至上”“安全第一”的经济原则，努力“以稳定可靠的方式满足最低限度的人的需要”②，极尽可能地勤劳节俭，极尽可能地利用一切可以利用的资源。自给自足、自产自销，家庭成为一个封闭的经济单位，基本上不需要与其他人进行经济合作与经济交往，村民们只具有极少的经济交往经验。长期依附在土地上，在固定的土地上获取生活资料，在代代相传的土地上生存繁衍，使得村民们具有深深的恋土恋乡情结。周晓虹教授指出：“乡土性是传统中国农业文明的底色，是传统农民的重要的心理与行为特征。”③

---

① 习近平：《习近平谈治国理政》第 2 卷，外文出版社 2017 年版，第 395 页。

② ［美］詹姆斯・C. 斯科特：《农民的道义经济学：东南亚的反叛与生存》，程立显等译，译林出版社 2001 年版，第 16 页。

③ 周晓虹：《传统与变迁：江浙农民的社会心理及其近代以来的嬗变》，生活・读书・新知三联书店 1998 年版，第 46 页。

即便是在步入现代化的今天，中国乡村仍然无法摆脱传统精神的束缚。市场经济来了，新的生产方式来了，新的经济合作方式来了，这些都带来了现代社会的新变化，但是，中国乡村至少有两个东西无法被根本改变。一个无法改变的是村民对土地的依赖。现代乡村的经济活动仍然必须在土地上进行，构成农业主要内容的农林牧副渔必须依赖土地和山川；现代乡村的家庭仍然必须建筑在土地上，基本的家庭生活和社会生活都必须在土地上进行。土地是无法迁徙的，这决定了现代村民仍然具有“安土重迁”的观念。另一个无法改变的是家庭及社会结构。尽管现代乡村存在着大量市场活动，但是，家庭内部的合作仍然是乡村经济活动的主体，家庭内部的关系仍然起着非常重要的作用。在一个自然村里，大多数家庭之间仍然存在着一定的血缘关系，大多数村民往上回溯多少代都共有一个祖先。在经济交往中，村民们仍然倾向于与有血缘亲情关系的人合作。也就是说，即使在今天，土地和血缘仍然在乡村经济生活中扮演着非常重要的角色。这种血缘和地缘关系在经济互助活动中体现得非常明显，王铭铭教授曾经指出：“真正有互助行为的家户，一般有特定的关系。在地方社会互助中，通常有三类关系被卷入，它们的名称是‘堂亲’（由家族房份聚落界定的族亲关系）、‘亲戚’（由婚姻界定的关系），以及‘朋友’（或相对于‘生人’的较为亲近的‘熟人’，包含结拜关系）。”[①]在访谈过程中，一位村民告诉我们说：

> 做生意收入还可以，一年差不多有10万块钱，能过日子就行。现在好多了，经济宽松了，真正要说特别贫困的没有，“五保户”“低保户”国家都有照顾，有些人出去打工，也有钱，欠钱的少。每年欠的钱到了下半年就差不多都还清了，剩下的超不过5 000到1万块钱，都能主动送来。也有欠掉了的，欠掉了也就算了，有的人死了就讨不回来，有的人欠钱欠了五六年没有还，然后我也不再去讨要了，就算了，懒得去过问了，只是以后我们生意也是做不成的了。
>
> ——2017年7月14日在赵家湾村村委会办公室二楼与百货商店老板LTQ的访谈

① 王铭铭：《村落视野中的文化与权力：闽台三村五论》，生活·读书·新知三联书店1997年版，第179页。

与此同时，我们也发现村民在经济交往中更倾向于信任“熟人社会”。调研中，对于“如果有人向您借一万元，您会借吗？”这一问题，七个村庄中选择的前两项都是与熟人相关的。其中，选择“借，但只借熟人”的，分别是西岭村 30.7%、华宏村 38.4%、王杰村 40.7%；选择“借，但必须要打欠条，而且要找熟人担保”的，分别是辘辘村 24.8%、下聂村 20.6%（详见表 1-3-3）。

表 1-3-3 如果有人向您借一万元，您会借吗？

	选项	西岭村	赵家湾村	辘辘村	下聂村	华宏村	王杰村	林屋村
有效百分比/%	无论如何都不借	4.5	6.7	6.7	12.4	4.7	5.3	7.9
	借，但必须要打欠条	10.2	18.1	16.2	16.5	17.2	15.0	19.5
	借，但必须要到公证处公证	3.4	9.5	4.8	8.2	2.3	4.4	13.4
	借，只要熟人担保就可以，不用打欠条	11.4	17.1	14.3	11.3	14.8	11.5	7.3
	借，但必须要打欠条，而且要找熟人担保	12.5	20.0	24.8	20.6	14.8	12.4	9.8
	借，但只借熟人	30.7	20.0	23.8	16.5	38.4	40.7	17.7
	其他	11.4	3.8	5.7	8.2	3.9	7.1	11.6
	不知道/说不清	15.9	4.8	3.7	6.3	3.9	3.6	12.8
	总计	100.0	100.0	100.0	100.0	100.0	100.0	100.0

（二）市场诉求

现代化过程在很大程度上就是一个市场化过程。中国乡村的现代化过程就是从自给自足的小农经济向自由开放的市场经济发展的过程。从传统走向现代化，就是从独立封闭走向开放合作。在这一转化过程中，中国乡村重利求利的本性没有变，改变的是求利的方式。生产的导向变了，产品不再用于满足自己家庭的需求，而是用于满足市场和他人的需求。生产的关系变了，生产单位不再局限于家庭，而是开始与没有血缘关系，甚至是完全陌生的人合作。生产的能力变了，动力不再仅仅来源于自然（人力和畜力），而是更多地依靠现代科学和技术。生产的意义也变了，传统耕种纺织生活代表的就是人生，而现代经济生活更体现为赚钱的工具。可以说，从传统农村到现代乡村，从传统小农成为现代村民，从传统耕织到市场活动，以前套在村民致富头上的诸多束缚都被解除了。调研中，对于“您选择工作时主要考虑的是什么？”这一问题，七个村庄中选择人数最多的是“收入越多越好”（详见表 1-3-4）。

表 1-3-4　您选择工作时主要考虑的是什么？（最多选三项）

	选项	西岭村	赵家湾村	辘辘村	下聂村	华宏村	王杰村	林屋村
有效百分比/%	收入越多越好	21.6	30.6	32.8	26.9	24.7	30.1	28.1
	工作不能太累	9.0	12.4	8.7	12.6	5.4	10.2	12.9
	工作环境不能太差	9.0	11.5	7.1	11.4	10.9	11.0	10.4
	工作不能伤身体	17.4	12.9	19.1	18.0	13.8	12.7	11.5
	离家远近	9.0	14.8	7.7	10.2	11.3	10.6	7.2
	能否学到新本领	12.6	9.6	9.3	6.0	13.8	12.3	11.2
	有没有发展空间	15.6	5.7	7.1	7.8	18.0	7.6	14.7
	其他	1.8	0	1.6	1.1	0.8	2.1	2.5
	不知道/说不清	4.0	2.5	6.6	6.0	1.3	3.4	1.5
	总计	100.0	100.0	100.0	100.0	100.0	100.0	100.0

传统乡村经济更接近于家庭生活，而现代乡村经济更接近于市场生活。很显然，家庭生活的道德观念和伦理规则无法满足和适应市场生活的需要。传统农业依赖自然，强调经验；而现代经济更依赖科技，强调知识。这些知识并不是来自父辈或者自己的经验，而是来自农业科学家。家庭生活以血缘亲情为基础，通过血缘来区分人与人的远近亲疏；市场生活以供需关系为基础，更重视独立主体的平等权利。传统生活更重视“情”，强调以“礼”来维系各种关系；现代生活更重视“利”，强调以“法”来协调各种关系。王露璐教授总结了中国乡村治理中的“礼”与“法”，她指出：“田野调查的结果显示，

‘通过法律途径解决’所代表的法治秩序、‘找熟人解决’的传统礼治秩序和‘找村委员或村党支部解决’的新型礼治秩序，共同构成了当前我国基层农村解决利益纠纷的基本路径。”① 从传统生活一步步走向市场生活，这要求现代村民逐步形成与市场经济相适应的道德观念，熟悉与市场经济相适应的伦理规则。

（三）经济理性的限度

如果农民仍然存在，那么农民能否发展出市民的经济德性呢？答案是：中国农民能够发展出市民的部分经济德性，但不可能发展出市民的全部经济德性。一方面，农民与市民的根本区别在于其“乡”“土”性，离开了乡土性，农民就不能成其为农民。作为农民居住和劳作的乡土，其最大特点是不可流动性。也就是说，农民不同于市民，他不能自由选择自己的居住地，也不能自由选择自己的职业。他就住在不可流动的农村，就从事面向土地的农业。乡土的不可流动性构成了农民经济德性的根源：不可流动的乡土上居住着相互更为熟悉的熟人，帮助、信任、交往必然带有浓浓的熟人色彩。这些东西是无法抹灭的。另一方面，农民与市民一样，也构成了市场经济的一部分。在市场经济中，农民必然用经济理性来进行经济选择，必然要用契约精神来进行经济交往，必然要借助现代科技来推进经济活动。这些市民已经发展出来的经济德性，必然同样地在农民身上发展出来。如果说“今后农村的出路既不在于纯粹的资本主义市场经济也不在于回归到原来的计划经济”②，那么中国农民经济德性的未来必然是传统经济德性与新兴经济德性的混合，其现代化意味只在于新兴经济德性能否超过甚至压倒传统经济德性。调研中，对于“在现代社会，您认为个人成功最需要的是什么？”这一问题，七个村庄中选择占比的前三项分别是：“能力”“人品”“人际关系”。（详见表 1-3-5）

---

① 王露璐：《伦理视角下中国乡村社会变迁中的“礼”与“法”》，《中国社会科学》2015 年第 7 期。

② 黄宗智、彭玉生：《三大历史性变迁的交汇与中国小规模农业的前景》，《中国社会科学》2007 年第 4 期。

表 1-3-5　在现代社会，您认为个人成功最需要的是什么？

	选项	西岭村	赵家湾村	辘辘村	下聂村	华宏村	王杰村	林屋村
有效百分比/%	钱	19.1	13.2	9.5	8.3	5.5	8.1	13.5
	权力	2.2	2.8	1.9	3.1	3.1	4.5	6.7
	能力	24.7	40.6	28.6	34.4	40.2	42.3	36.2
	家庭背景	3.4	5.7	10.5	3.1	3.9	1.8	1.2
	人际关系	10.1	14.2	11.4	19.8	13.4	4.5	12.9
	人品	16.9	8.5	21.0	4.2	22.0	25.2	13.5
	学历	7.9	4.7	7.6	11.5	1.6	6.3	7.4
	其他	2.2	0	1.0	0	0	1.8	2.5
	不知道/说不清	13.5	10.3	8.5	15.6	10.3	5.5	6.1
	总计	100.0	100.0	100.0	100.0	100.0	100.0	100.0

四、完善乡村经济的道德实践

（一）追寻乡村美德与经济正义

中国村民的经济美德具有三个主要特征。第一个是世俗性。村民不是统治者，不是知识分子，他们的视野比较狭窄，追求的目标非常简单，就是要一个安逸舒适的生活，比如说“老婆孩子热炕头”。所以，对中国村民来说，很大程度上是利重于义，是人欲高于天理。第二个是伦理性。梁漱溟认为中国社会是一个“伦理本位的社会”①，个体都是特定伦理实体的组成部分。这个特点在乡村体现得最为明显。在大多数社会活动（包括经济活动）中，中国村民不是以个人身份出现的，而是以家庭成员身份或家族成员身份出现的。家庭中的血缘亲情关系，对中国村民的经济美德具有十分重要的影响。所以，对中国村民来说，很大程度上是家庭或家族利益高于个人利益，不顾家庭利益的人在乡村很难立足。第三个是坚韧性。因为生产力比较落后，为了维持家庭的生存，

① 梁漱溟：《乡村建设理论》，商务印书馆 2018 年版，第 28 页。

中国村民必须付出非常艰苦的努力。因此,大多数中国村民都非常能吃苦,能够忍受恶劣环境,因而造就了勤劳节俭的优秀传统美德。在生产力水平低下的时代,人们要维持个人和家庭的生存,就必须勤劳节俭。华中师范大学徐勇教授的评价是:"是勤劳而不是技术扩张了中国经济的竞争力。"①调研中,对于"在下面的几种美德中,您认为哪个最为重要?"这一问题,七个村庄的选择中有两项占比遥遥领先,分别是:"勤劳",如西岭村 33.3%、赵家湾村 48.6%、辘辘村 37.5%、下聂村 37.5%;"诚信",如华宏村 50.0%、王杰村 47.3%、林屋村 39.6%。(详见表 1-3-6)

表 1-3-6 在下面的几种美德中,您认为哪个最为重要?

	选项	西岭村	赵家湾村	辘辘村	下聂村	华宏村	王杰村	林屋村
有效百分比/%	勤劳	33.3	48.6	37.5	37.5	21.1	26.4	34.1
	节俭	2.2	7.5	11.5	11.5	6.3	6.4	5.5
	诚信	32.2	18.7	23.1	25.0	50.0	47.3	39.6
	宽容	4.4	2.8	3.8	2.1	4.7	10.9	6.7
	公正	7.8	4.7	8.7	9.4	7.8	3.6	6.1
	无私	0	0	1.0	0	0.8	0	1.2
	其他	1.1	0.9	1.0	2.1	0.8	1.8	0.6
	不知道/说不清	19.0	16.8	13.4	12.4	8.5	3.6	6.2
	总计	100.0	100.0	100.0	100.0	100.0	100.0	100.0

在中国传统社会,"经济正义"不成为一个重要问题。自给自足的小农社会中,家庭就是最基本的生产单位,家庭中的关系由血缘和亲情决定,每一个人都是家庭共同体中的一个成员,处于相对固定的家庭位置,承担一定的家庭角色。在家庭这个生产单位里,不存在经济正义问题。因为那里没有独立的个人利益,只有家庭的共同利益。所有的经济分工和合作,都以家庭为单位进行,这里几乎谈不上对个人利益的侵犯问题。此外,小农社会的自给自足性使得每一个家庭在经济方面基本上是自足的,因而在家庭与家庭之间的经济交

① 徐勇:《农民理性的扩张:"中国奇迹"的创造主体分析——对既有理论的挑战及新的分析进路的提出》,《中国社会科学》2010 年第 1 期。

往非常少，一个家庭侵犯另一个家庭经济利益的情况也很少发生，只有极少数的土地纠纷、灌溉纠纷等。所以，从这个意义上说，“各人自扫门前雪，哪管他人瓦上霜”是中国传统村民的常态，经济正义不构成乡村经济生活中的重要主题。在访谈过程中，一位村干部这样说道：

> 村民生活条件越来越好，但人际关系方面并没有太大的变化，打架斗殴一直都比较少，有些纠纷主要来自土地地界的争议，这些矛盾通过村干部协调基本都能得到解决。村民调解纠纷一般还是找村干部，有的也会找村里德高望重的人，邻里之间因纠纷打官司的从来没有。我认为，只要是村民们眼界都开阔了，打工、外出等都会学到一些规矩，素质也都有所提高了，大家生活也都比以前有规划、有目标了。但是一般能出去的人都很少回来，(20 世纪)90 年代之后，村里的大学生明显增多，大部分都不回来，家长也都不愿让他们回农村。还是嫌农村收入少，还不稳定。
>
> ——2018 年 6 月 2 日 11:38—12:26 在王杰村村委会图书室与村书记 WEG 的访谈

但进入现代社会之后，市场进来了，家庭作为封闭的经济单位被打破了。在越来越普及的经济合作与经济交往中，村民开始越来越多地以“个人”身份参与经济活动。在现代乡村经济活动中，血缘亲情的关系不再那么重要，更多没有血缘亲情关系的人成为经济合作对象。在这种经济合作中，每一个人都是独立的经济主体，都有自己独立的经济利益。每一个人都有可能侵犯他人的经济利益，也有可能被其他人所侵犯。进入市场状态的村民就像进入社会状态的自然人一样，最关心的事情就是“尽其可能地保护他的生命”①。在不需要利益分配的家庭经济中，经济正义问题几乎不存在；而需要利益分配的市场经济中，经济正义问题就成了头等重要的问题。可以说，经济正义问题构成了现代乡村经济伦理最重要的问题之一。

---

① ［英］霍布斯：《论公民》，应星、冯克利译，贵州人民出版社 2003 年版，第 8 页。

（二）以经济发展促进道德进步

历史唯物主义告诉我们：经济属于经济基础，道德属于上层建筑，经济是道德的基础，它决定道德的基本内容。马克思、恩格斯在《德意志意识形态》中明确指出："不是意识决定生活，而是生活决定意识。"①从这个意义上说，乡村道德要进步，就必须以经济发展为基础。很难想象，一个经济发展非常落后的乡村能够拥有非常高尚的道德。千百年来，中国乡村都是一种传统乡村，从生产方式到生活方式都没有发生过根本性的变化，经济生产中的人际关系与家庭生活中的人际关系基本上是一致的。但进入现代社会之后，生产单位与生活单位逐步分离，以家庭为代表的血缘亲情关系不再占据主导地位，经济生活中形成的同事伙伴关系开始扩大影响。在这种情况下，乡村经济生活中的伦理关系会逐步摆脱血缘亲情关系的限制，更多地以经济活动对人际关系的要求为基础。

调研中，对于"您家经济收入的主要来源有哪些？"这一问题，七个村庄中选择占比较大的前三项分别是："种植""离家外出打工""打短工"。（详见表1-3-7）从中我们可以发现，农民的收入来源除了来自乡村，更多的是来自乡村之外的"打工"赚钱。

表 1-3-7　您家经济收入的主要来源有哪些？（最多选三项）

	选项	西岭村	赵家湾村	辘辘村	下聂村	华宏村	王杰村	林屋村
有效百分比/%	离家外出打工	26.2	21.7	10.8	32.3	22.2	11.2	31.9
	开矿开厂	0	3.2	0.7	3.0	0	0	1.7
	做生意	7.3	10.8	3.4	10.5	11.1	12.4	20.5
	种植	32.9	21.0	63.5	22.6	16.7	32.6	6.6
	养殖动物	2.4	5.7	1.4	0.8	11.1	0	1.3
	本地企业上班	5.5	15.3	0.7	9.8	27.8	7.9	16.2
	打短工	18.3	15.3	14.9	11.3	11.1	29.2	8.3
	其他	4.3	5.1	2.6	6.0	0	6.7	10.0
	不知道/说不清	3.1	1.9	2.0	3.7	0	0	3.5
	总计	100.0	100.0	100.0	100.0	100.0	100.0	100.0

① 《马克思恩格斯文集》第1卷，人民出版社2009年版，第525页。

也就是说，在现代乡村经济生活中，是经济关系而不是家庭关系奠定了伦理关系的基础。在这个意义上，要推进乡村道德建设，就必须以搞好经济发展为前提，要在建立新型经济关系的基础上建立新型伦理关系。在访谈中，一位村民说：

现在农村人的素质比以前要高一些，经济收入也高一些，家庭也都挺和睦的。现在家里吵架的比以前少很多了。说实话以前人的素质是要差一些，眼睛看着脚背上，一点儿小事就容易引起摩擦。

——2017 年 7 月 14 日在赵家湾村村委会办公室二楼与百货商店老板 LTQ 的访谈

（三）以现代道德助推乡村经济

中国乡村正处于现代化转型之中，传统自给自足的封闭生活正在向以市场为基础的开放生活转变。当然，这个转型和转变不是纯粹自发的，在很大程度上是自上而下被推动的。要使这一转变过程更为顺利、更为快速，要使乡村社会更快、更好地融入市场经济，这就要求村民能够尽快实现价值观念的转变。这是一项需要独立展开的宣传教育工作。

调研中，对于“您对家庭支出的态度是怎样的?”这一问题，七个村庄中选择占比较大的前两项分别是：“该花的花，不该花的不花”，如西岭村 61.8%、赵家湾村 61.3%、辘辘村 52.9%、下聂村 54.7%、华宏村 68.8%、王杰村 61.1%、林屋村 57.7%；以及“要尽可能地少花”（详见表 1-3-8）。从中我们可以发现，第一项遥遥领先于第二项，可见农民的消费观念在由一味节俭向合理支出转变，这是与市场经济相适应的，体现了农民的经济理性变得更加成熟。

一方面，传统村民的部分价值观念与市场经济是吻合的，比如说重利取向、勤劳节俭都有利于村民融入市场经济；另一方面，城市社会中已经形成了成熟的、与市场经济相适应的价值观念，这些价值观念也可以从外部影响村民。从这个意义上讲，努力提升乡村道德水平，是推进乡村现代化进程的有力保障。

表 1-3-8 您对家庭支出的态度是怎样的?

	选项	西岭村	赵家湾村	辘辘村	下聂村	华宏村	王杰村	林屋村
有效百分比/%	要尽可能地少花	24.7	32.1	21.2	26.3	7.8	32.4	20.9
	该花的花,不该花的不花	61.8	61.3	52.9	54.7	68.8	61.1	57.7
	赚得多,花得多;赚得少,花得少	2.2	2.8	14.3	9.5	18.0	2.8	10.4
	有多少花多少,享受最重要	1.1	0	1.0	1.1	0.8	0	0.6
	花钱是为了赚钱	2.2	1.9	4.8	1.1	0	3.7	1.8
	其他	0	0	1.0	1.1	0.8	0	3.1
	不知道/说不清	8.0	1.9	4.8	6.2	3.8	0	5.5
	总计	100.0	100.0	100.0	100.0	100.0	100.0	100.0

执笔人:李志祥、芮雅进

第四节
专题三: 中国乡村生态伦理研究调研报告

习近平总书记关于“绿水青山就是金山银山”的科学论断,深刻揭示了经济社会发展的基本规律,揭示了经济与生态在演进过程中的相互关系。中国是农业大国,乡村占有广袤的空间和土地资源,费孝通在《乡土中国》里开篇便谈道:“基层上看去,中国社会是乡土性的。”①可以说,乡村在我国经济发展和国家战略层面占有重要地位,建设生态文明,必须优先建设乡村生态文明。没有农村生态环境的改善,就没有整个中国生态环境的改善;没有乡村生态文明建设,就没有中国生态文明建设。乡村是中国生态文明建设的重要抓手,是贯彻“绿水青山就是金山银山”理念的主要阵地。然而,随着中国工业现代化进

① 费孝通:《乡土中国》,人民出版社 2015 年版,第 1 页。

程的不断推进，乡村传统的“天人合一”的生产生活方式被逐渐打破，现代性的急速车轮驶入宁静的乡村，使这片原本不设生态伦理防护的净土遭受到污染并日趋严重。构建乡村生态伦理，从道德上明确农民对待自然环境的善与恶问题，形成乡村中人与自然和谐共生的道德规范、道德品质与道德责任，为乡村生态环境构筑伦理的盾牌就成为学术界的重要课题。

一、七个乡村生态伦理实践现状

（一）农民使用农药和化肥状况

调查显示，七个村庄的农民在使用化肥和农药上比较普遍。如图1-4-1所示，对于“请问您种地的时候是否会大量使用农药和化肥?”这一问题，除甘肃辘辘村以外的其他六个村庄都有超过半数的村民选择“会少量使用”。甘肃辘辘村由于其自然条件相对恶劣，有超过60%的村民选择“会大量使用”。

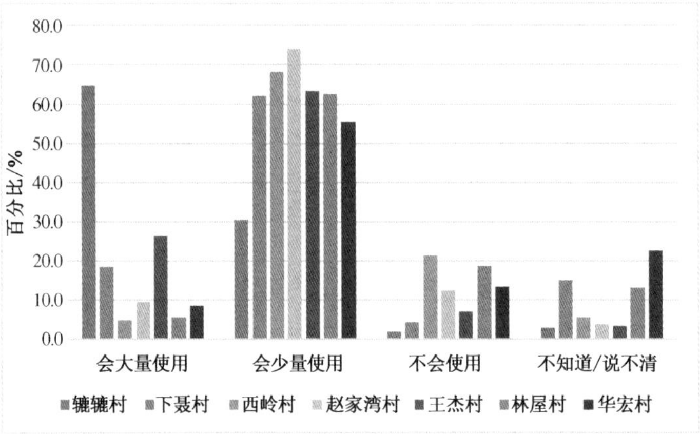

图1-4-1　请问您种地的时候是否会大量使用农药和化肥?

（二）农民的生态意识状况

在“您在从事种地或养殖的时候是否会考虑环保、生态、健康等因素?”

这一关于生态意识情况的回答中，华宏村、下聂村、赵家湾村和西岭村这些较少使用化肥和农药的村庄中绝大部分农民选择了“会考虑”，而选择“根本不考虑”的人基本都在5%以下。然而，如图1-4-2所示，虽然辘辘村的村民有绝大部分人在大量使用化肥和农药，但是依然有73.3%的村民选择了会考虑环保因素的选项。这表明，辘辘村的村民虽然迫于环境条件要大量使用工业制品从事生产，但是村民在种植的时候心中依然留有环保观念。虽然，辘辘村的村民表现出了非生态种植的表象，但事实上，其头脑中的生态意识很强。

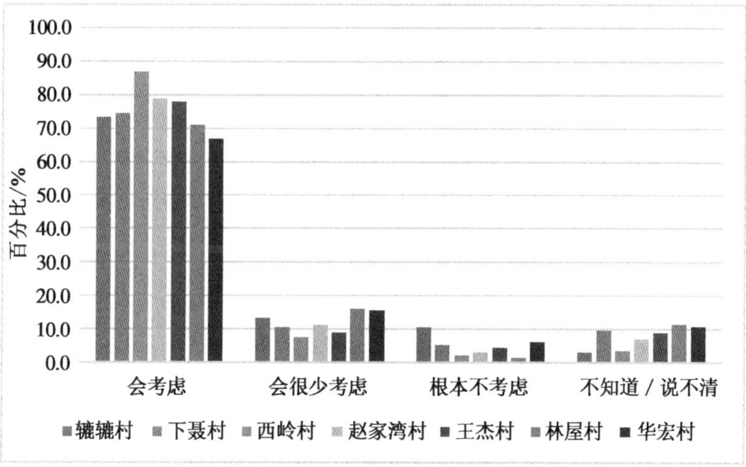

图1-4-2 您在从事种地或养殖的时候是否会考虑环保、生态、健康等因素？

（三）乡村生态制度状况

通过对七个乡村的实地调研发现，农民总体上对乡村环保制度实施情况还是比较认可的，但在舆论宣传、工作落实等方面，各地差异还比较大。在针对村民“现在乡村是否有环保法规？”的询问中（详见图1-4-3），王杰村、林屋村、华宏村、下聂村、赵家湾村和西岭村，均有超过半数的村民认为村中有环保制度，但是这其中又有大部分的村民认为，村中虽然有环保制度，但是并不完善。而辘辘村只有30%左右的村民认为有环保制度，为七个村庄中比例最小的。还应看到，辘辘村中有29.5%的村民认为虽然没有环保制度，但还是非常希望制定相应的环保制度。就七个村村民对于环保制度的需要来看,均只有比例很小的村民认为根本不需要,可见农民们对于环保制度的认可度还是很高的。

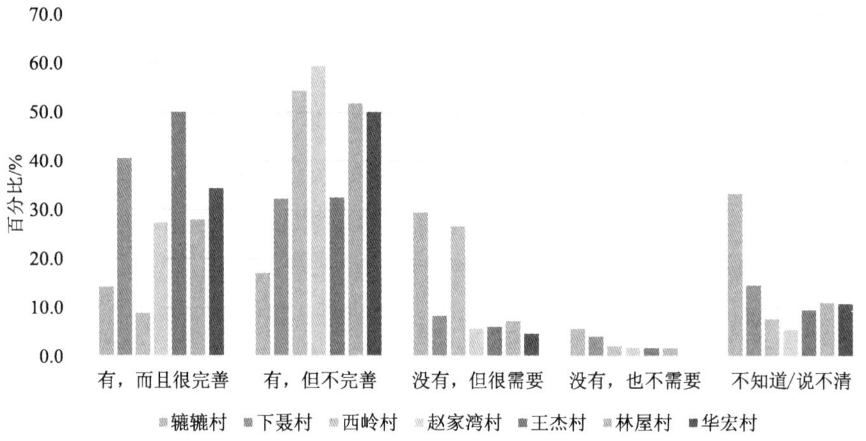

图 1-4-3　现在乡村是否有环保法规?

如图 1-4-4 所示,七个村庄的村民对于"村里是否有关于环保的宣传?"的回答显示,除辘辘村以外的其他村庄的绝大部分村民都选择了"有,也会自觉做到";辘辘村中只有 16.2%的人选择该选项,37.1%的村民认为没有环保宣

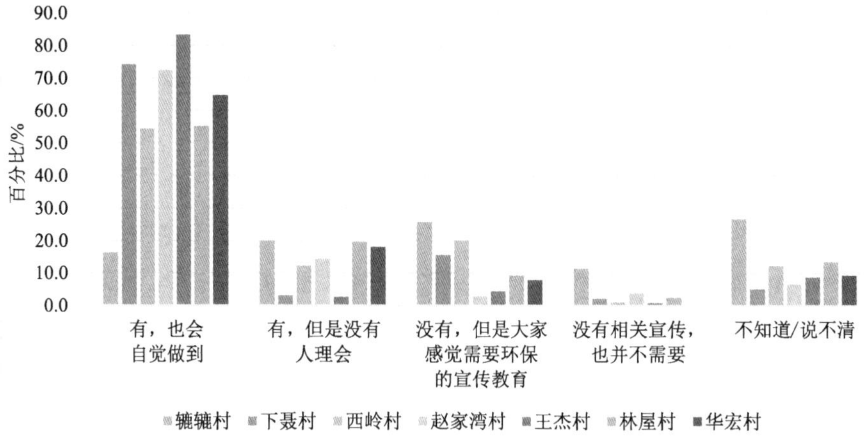

图 1-4-4　村里是否有关于环保的宣传?

传,然而大比例的村民感觉需要环保的宣传教育,这和上边该村大多数人认为缺少环保法规相一致。七个村庄的村民认为“没有环保宣传,也并不需要环保宣传”的比例均很小。这说明村民对于环境保护规定有很大的需要。

通过对七个村庄的调研数据进行相关分析,课题组发现农民的环保意识与乡村环保规范和宣传呈现正相关关系。“相关关系分析”是指对两个或多个变量元素进行分析,从而衡量两个变量因素的相关密切程度。它采用相关系数来表示,相关系数的绝对值越大,相关性越强;相关系数越接近于 1 或 -1,相关度越强;相关系数越接近于 0,相关度越弱。就村民的环保意识强弱而言,调研者选取“请问您种地的时候是否会大量使用农药和化肥?”和“您在从事种地或养殖的时候是否会考虑环保、生态、健康等因素?”两道题来进行程度测量。在“请问您种地的时候是否会大量使用农药和化肥?”这道题中,选择“会大量使用”的赋值为 1,选择“会少量使用”的赋值为 2,选择“不会使用”的赋值为 3,选择“不知道/说不清”的赋值为 0。在“您在从事种地或养殖的时候是否会考虑环保、生态、健康等因素?”这道题中,选择“会考虑”的赋值为 3,选择“会很少考虑”的赋值为 2,选择“根本不考虑”的赋值为 1,选择“不知道/说不清”的赋值为 0。然后对这两道题的赋值进行加和构成“农民环保意识”的程度值。

就乡村环保制度的成熟度而言,调研者以“现在乡村是否有环保法规?”和“村里是否有关于环保的宣传?”为题进行程度测量。在前一题中,选择“有,而且很完善”“有,但不完善”“没有,但很需要”“没有,也不需要”“不知道/说不清”的分别赋值为 4、3、2、1、0。在后一题中,选择“有,也会自觉做到”“有,但是没有人理会”“没有,但是大家感觉需要环保的宣传教育”“没有相关宣传,也并不需要”“不知道/说不清”的分别赋值为 4、3、2、1、0。然后对这两道题的赋值进行加和构成“乡村环保制度”的程度值。

如表 1-4-1 所示,农民环保意识与乡村环保制度的相关性为 0.256,且在 0.01 的水平上显著相关,呈现正向相关性。这表明,乡村对环保工作抓得紧、抓得严、抓得实,村民的环保意识就明显提高。就此而言,不断加强乡村生态伦理制度建设,对于增强村民的环保意识,引导和规范他们的环保行为,推动美丽乡村建设具有重要的意义。

表 1-4-1　农民环保意识与乡村环保制度的相关性

		环保意识	环保制度
农民环保意识	皮尔逊相关性	1	.256**
	显著性(双尾)		0.000
	个案数	822	771
乡村环保制度	皮尔逊相关性	.256**	1
	显著性(双尾)	0.000	
	个案数	771	795

** 在 0.01 级别(双尾),相关性显著。

二、调研中发现的主要问题

通过对七个村庄的实地调研,课题组发现农民对于乡村生态环境的关注,既有为家乡环境良好而表现出的骄傲,也有为家乡环境较差而表现出的担忧。面对呼啸而至的生态文明时代浪潮,农民对于乡村生态文明建设心生向往和追求,对如何把乡村生态环境优势转化为生态农业、生态工业、生态旅游等生态经济的优势,促进乡村经济发展,走出一条既保护生态环境、建成美丽家园,又使乡村农民脱贫致富的绿色发展道路,充满了憧憬和期待。调查结果分析显示,乡村农民对于“绿水青山”有着较强的乡土关切。这是建设乡村生态伦理的重要现实基础。然而实地调查研究表明,七个村庄中普遍存在着诸多践行生态伦理的迷茫和困境。这其中面临的问题主要有以下几个:

(一)各地区村民对“绿水青山”与“金山银山”重要性的认识差异较大

如图 1-4-5 所示,在“您认为环境保护和经济发展哪个更加重要?”的回答中,七个村村民认为“都很重要”的均占有相当的比例。

从总体情况看,虽然七个村的村民认为环境保护和经济发展都很重要的比例很大,但是在环境保护和经济发展哪个更重要的回答上,各地区村民的差

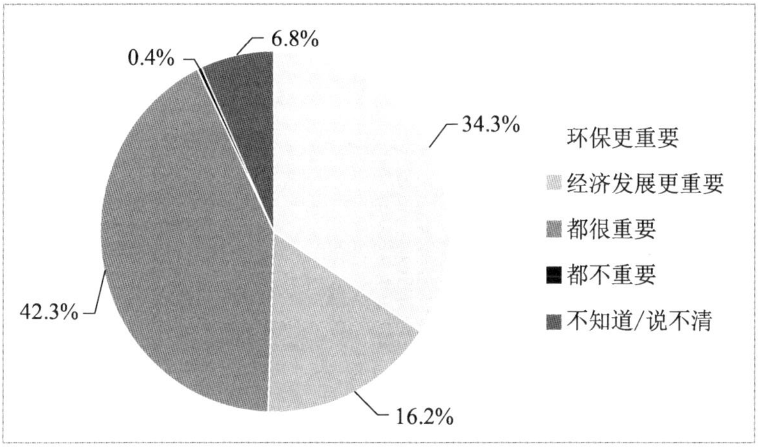

图5 您认为环境保护和经济发展哪个更加重要?

异较为明显。普遍来看,认为“经济发展更重要”的比例,根据地理位置从东到西呈现升高态势。而相应地,村庄的经济发展水平却是从东到西呈现下降态势。调查情况显示,华宏村村民认为经济发展更重要的比例是最小的,而经济条件相对较差的江西下聂村、甘肃辘辘村反而比例更大。这也可以说明,当村庄经济较为发达、村民生活条件较好的时候,村民对于环境保护更为看重;当村庄经济有待更快发展、满足村民生存需要成为最急迫的任务时,环境保护就不是村民最为看重的事情了。就此而言,建设乡村生态伦理存在着经济发展与环境保护的现实张力。

(二)“绿水青山”不能有效转化为“金山银山”

当村民被问到“您认为可以通过建设美丽乡村(比如农家乐、有机食品等)实现致富吗?”的时候,华宏村、下聂村、赵家湾村和西岭村均有超过60%的人持认可态度,但是这其中又有大部分人认为,虽然可以赚钱,但是收入很有限。上述四个村的村民不认为可以通过乡村生态建设实现致富的都在5%以下。图1-4-6所示,辘辘村村民对通过乡村生态建设实现致富的看法与上述四个村的村民不尽相同,认为办农家乐、生产有机食品会很挣钱的比例只有15%左右,另有31.4%的村民认为以生态建设促进乡村致富作用很有限。这两个数据均较其他六个村低。

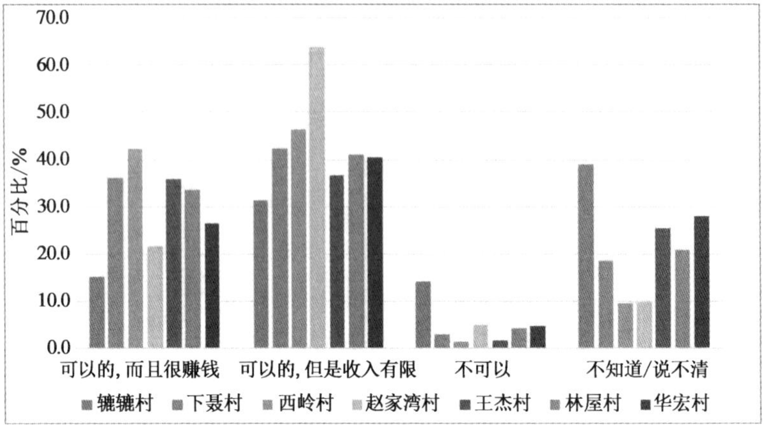

图 1-4-6　您认为可以通过建设美丽乡村（比如农家乐、有机食品等）实现致富吗？

在能否通过乡村生态文明建设实现乡村经济发展、农民增收，以乡村生态效益促进经济效益的问卷中，七个村庄中很大一部分村民均表示认可，但是在表示认可的人中，又有大部分人认为，虽然可以通过诸如办农家乐、生产生态食品而赚到钱，但是收入很有限。这表明，各村庄在利用生态环境优势转换为经济优势方面存在不足。即使是注意到利用乡村生态环境的潜力和优势，但是如何更好地使其发挥作用、形成真正的经济效益，尚存在较大的问题。辘辘村等气候相对恶劣、环境和资源禀赋相对较差的村庄中，大部分人不认为可以通过乡村生态建设促进经济发展，只有较少的人认为可以通过创造“绿水青山”赚到很多的钱。当前，如何挖掘和利用乡村的生态优势，充分发挥道德的激励作用，让乡村的“绿水青山”转化为“金山银山”是进行乡村生态伦理建设需要考量的重要课题。

（三）村民受教育程度普遍较低会制约农民环保意识的提高

对所有调研村民变量之间的相关系数研究发现（详见表 1-4-2），村民环保意识除了在工作态度、环保规范和宣传上具有相关性以外，还与其受教育程度呈正相关关系，相关系数为 0.272，且都在 0.01 的水平上显著相关。这表明，村民受教育程度对于自身环保意识具有一定的影响。

表 1-4-2 七村各变量之间的相关系数

	受教育程度	个人全年总收入	集体意识	工作态度	环保意识	环保规范与宣传
受教育程度	1	.084**	0.036	−0.033	.272**	.162**
个人全年总收入		1	.605**	0.014	0.059	−0.004
集体意识			1	−0.003	0.060	0.041
工作态度				1	.138**	0.045
环保意识					1	.125**
环保规范与宣传						1

现阶段，建设乡村生态伦理，以绿色发展引领乡村振兴，关键在于实现人的生态化。"农民是生态文明建设的主体，培养农民的生态文明意识是生态文明建设的基础。"①而受教育程度不高、文化水平较低的农民是不足以成为生态生产力的助推者的。由于受我国国情的影响，长期以来广大农民受教育的程度总体偏低，现代经济意识、生态意识普遍不强。当前，如何提高现代农民的生态思想和科学文化素质，培养农民的生态技能和生态本领，确保其为"生态人"，不仅是一个乡村生态伦理建设迫切需要解决的重要问题，也是让农民积极投身乡村生态文明建设的关键所在。

三、完善乡村生态文明建设的伦理实践

习近平总书记多次对实施乡村振兴战略作出重要指示，强调要"尊重广大农民意愿，激发广大农民积极性、主动性、创造性，激活乡村振兴内生动力，让广大农民在乡村振兴中有更多获得感、幸福感、安全感"②。这表明，农民是乡村振兴的主体，农民的主体作用发挥是乡村振兴中各项事业的根本动力。就乡村生态伦理建设而言，应充分挖掘并培育农民的内生力量，激发他们建设乡村的自觉性和创造性，使农民对美丽家乡建设有着共同的思维和情怀。建设

① 黄正泉：《农村生态文明建设的目标与路径》，《湖南农业大学学报》（社会科学版）2010 年第 5 期。

② 《习近平对实施乡村振兴战略作出重要指示强调 把实施乡村振兴战略摆在优先位置 让乡村振兴成为全党全社会的共同行动 李克强作出批示》，《人民日报》2018 年 7 月 6 日。

乡村生态伦理，实现农民与乡村自然环境的共生共荣，应当让农民能够在生态伦理的指引下，借助乡村自然生态优势获得更多的物质财富、更好的社会地位和更高的道德尊严。当农民以成为农民而感到自豪时，农民就会以积极的热情投身乡村生态文明建设。为此，应当着重抓好以下五点：

（一）加强生态观念引领作用

七个乡村生态实践状况显示，乡村环保宣传以及农民受教育水平与农民环保意识有正相关的关系。从根本上说，建设生态文明必须要实现人的生态化。调研情况表明，七个村的农民受教育程度普遍不高于初中。当前，如何提高农民的教育文化素质，培养农民的生态观，确保其为“生态人”，不仅是迫切需要解决的问题，也是让农民认可自身职业、积极投身生态文明建设的关键所在。通过对七村农民的访谈可以看出，农民具有一定的生态观念，很多农民把乡村的“绿水青山”看得格外珍重。在辘辘村，纵使该村土地相对贫瘠，种地不使用化肥和农药就很难有较好收成，但是辘辘村村民生态意识并没有因此而降低，反而在较大的脱贫致富压力下，村民们的生态意识普遍增强了。一位村民表示，乡村环境不能因为要赚钱就要被污染：

> 我不会同意有污染的工厂到我村里来，哪怕再赚钱也不行，总之有污染就不行，我们既要能通过劳动获得经济收入，又要保护环境，因为我们还有下一代。
>
> ——2017 年 7 月 20 日 14:10—15:00 在辘辘村村委会会议室与普通村民 BZA 的访谈

另一位村民明确表示不同意有污染的工厂进入村里来：

> 我认为家乡变得更美比变得更富裕要好，所以我不愿意有污染的工厂到村里来，尽管它可以赚钱，但我也不愿意它在我们村子。我觉得有机、绿色食品非常好……我们村村民还是有环保意识的。
>
> ——2017 年 7 月 20 日 15:00—15:40 在辘辘村村委会会议室与普通村民 LMY 的访谈

在下聂村，村民们也认为乡亲们的环保意识普遍得到了提高：

> 我希望村里能办工厂，但如果由于办工厂产生了污染那我不支持，这样宁可不办厂，因为环境比较重要，要办就办没有污染的。环境好了什么都可以，城市空气就没有乡下好。
>
> ——2017年7月26日19:50—20:27在下聂村聂氏宗祠与家庭妇女ZXL的访谈

为此，乡镇各级政府应当凝聚各方力量，发挥各方优势，充分发挥农民重视生态环境的现实有利因素，努力构建多渠道、全方位的生态教育体系，以确保进一步有效增强农民的生态意识和整体能力，使其能够以符合生态文明要求的生产及生活方式行事，真正以亲近自然、顺应自然的理念建成人与环境之间和谐相处的新型人与自然的关系。对此，一要引导和教育广大农民自觉坚持“绿水青山就是金山银山”的理念。习近平总书记关于“绿水青山就是金山银山”的科学论断，表明在生态文明新时代，“绿色生态是最大财富、最大优势、最大品牌”①。应使农民感悟到坚持人与自然和谐共生的重要性，充分认识保护乡村生态环境就是推动经济社会发展、良好的生态环境就是老百姓的民生福祉，克服把生态环境仅仅作为低价的生产要素或者支撑发展的一个承载条件而不是作为经济社会发展的第一资源的错误观念，改变牺牲生态环境换取经济利益的传统思维方式，像保护眼睛一样保护环境，像珍惜生命一样珍惜生态，切实将经济活动和生活行为限制在自然资源和生态环境能够承受的限度内，打造生态环境“升级版”，让乡村天更蓝、山更绿、水更清、环境更优美。二要强化生态观念对农民的引领作用。农民树立了生态观念和环保意识有助于树立尊重自然、顺应自然、保护自然的理念，增强参与乡村生态文明建设的积极性和自觉性，促进生产方式、生活方式、消费方式的转变，推动绿色发展、循环发展、低碳发展；同时，也有助于农民参与环境保护和生态治理，珍惜和节约自然资源，爱护乡村一山一水一草一木，抵制和纠正破坏自然资源和生态环境的不良行为。在绿色发展的推动下，农民的生态观念和环保意识得到增强，生

① 《习近平关于社会主义生态文明建设论述摘编》，中央文献出版社2017年版，第33页。

态生活习惯逐渐养成，生态生产技能不断提高，他们的获得感、幸福感、安全感亦能切实得到提升。

（二）加强乡村生态德治建设

党的十九大报告指出，要“加强农村基层基础工作，健全自治、法治、德治相结合的乡村治理体系”①。生态德治是加强乡村生态文明建设、完善乡村生态治理的重要手段之一。生态德治是乡村农民依靠舆论宣传、文化力量、社会风俗、传统习惯、内心信念等，引导自身形成一定的思想观念、道德认知和价值取向，进而影响和作用于生态环境行为。著名经济学家厉以宁先生认为，要形成优良的社会风尚，良好的道德是必不可少的，否则社会肯定是无序的，经济生活肯定是紊乱的。② 建设乡村生态文明的关键一点是要让乡村社会中的人在面对自然界的时候，能够以文明的方式而非野蛮的方式，以生态伦理的态度而非粗暴的态度对待自然环境。乡村生态德治是一种旨在挖掘生态环境治理中的道德力量，促进乡村形成关爱自然、保护环境、崇尚文明、维护乡村生态平衡的良好生态道德风尚，营造和传承文明乡风民俗的生态治理过程。当前，在加强乡村生态德治方面，应建立健全以下几项制度。其一，建立乡村生态伦理道德评判机制，明确乡村生态伦理道德观念和规范，同时广泛开展“环保道德模范”“最美家庭”等评选活动，发挥榜样的示范带动作用，引导农民向上向善。其二，强化乡村生态伦理道德宣传机制，深入地开展乡村生态伦理道德宣传，弘扬社会主义核心价值观，强化农民的生态道德意识和法治观念，为促进乡村生态德治创造有利条件，促使广大农村形成讲文明、树新风、爱家园、美环境的良好氛围，让生态道德观逐步在广大农民的生产生活中建立起来。其三，完善乡村生态伦理道德教育体制，在发展农村环境教育事业和实施新型职业农民培育工程中，注重加强对农民生态文明意识素养的培育，强化生态意识，增强生态自觉，形成崇尚生态文明的新风尚，努力改变农民根深蒂固的传统观念和思维定式，使生态文明理念和技术内化于农民心里，外化于农民日常行动之中。

---

① 习近平：《决胜全面建成小康社会 夺取新时代中国特色社会主义伟大胜利——在中国共产党第十九次全国代表大会上的报告》，人民出版社 2017 年版，第 32 页。

② 参见厉以宁：《超越市场与超越政府：论道德力量在经济中的作用（修订版）》，经济科学出版社 2010 年版，第 26 页。

（三）塑造乡村生态文化氛围

以崇尚自然、保护环境、促进资源永续利用为特征的乡村生态文化，是农民在生产活动实践中形成的价值取向和价值追求，渗透在解决人与自然关系问题所体现的思想、观念、意识之中。在乡村营造一种生态文化气氛和生态伦理环境，使生活于其中的人们不自觉地受到社会主义生态文明的文化气氛的影响和熏陶，有益于农民自觉履行农村生态文明建设义务，有助于对违背农村生态伦理道德规范者形成一种强大压力，使其不敢或不愿破坏自然环境。个人道德上的完善只有在良好的社会政治文化环境中才能得以实现，良善的政治文化环境建设不到位，难免造成优良道德的“流产”。基于此，乡村生态伦理建设必须谋划和建设“保护环境，人人有责”的农村生态文化氛围，以解决和克服目前农村生态文化空白、生态文明建设氛围不足等问题。对此，一要建立健全乡村生态伦理规范，通过社会舆论、风俗习惯、内心信念等方式，对农民的生态环境意识进行调节和规范，包括合理保护与开发使用自然资源、指导自然生态活动、维护生态平衡与生物多样性、对自然生态活动进行科学决策的道德品质与道德责任等，引导农民强化生态意识，培育生态理念，提升生态认知，增强生态自觉，形成崇尚生态文明的思想观念和行为方式，充分发挥乡村生态伦理规范在美丽乡村建设中的保障与促进作用。二要积极营造乡村生态文化的浓厚氛围，通过广播电视、报纸杂志、手机通信软件、互联网等媒体，以及举办专题讲座、研讨交流、成果展示、典型剖析、道德讲堂和印发宣传材料等形式，大力弘扬社会主义核心价值观和新发展理念，积极传播绿色食品、有机食品、无公害食品、绿色建材、生态建筑等生态物质文化以及生态信息、生态旅游、生态媒介等生态形式文化。三要大力宣传介绍有关环境保护的法律法规、政策措施、制度规定、纪律约束等生态制度文化以及体现生态价值理念和行为方式要求的观念、准则、规范、心理状态等生态观念文化，以春风化雨、润物无声的方式，引导农民对土地、对生态、对环境讲道德、遵道德、守道德，为激发农民内生主体力量营造良好的生态文化环境。

（四）推动乡村生态产业发展

生态文明时代，农业的生态价值凸显，农业不仅提供传统的农产品，也在绿色能源提供、生物多样性保存、资源与环境保护、旅游休闲服务等方面发挥重要作用。[①] 乡村应立足于人们对绿色、循环、低碳生活的追求和健康诉求，依托城市难以寻找，也难以替代的生态优势和自然资源，走乡村特色转型之路。在王杰村，村民认为生态优势和文化优势是王杰村的突出特色，应该紧紧围绕这个做文章以求发展：

有些干部只想着引进大项目、大企业、建工厂，为此不惜污染环境、破坏传统，我们村的发展不能走这条道路，我们村的发展有属于自己的资源和特色，那就是红色资源与生态旅游，在加强文化和生态建设的同时也能够推动经济的发展。我们村有一定规模的大蒜、辣椒以及其他蔬菜、水果种植，我们以此建立生态园、采摘园，进而与红色文化和生态湿地建设联系在一起，这样一来，吸引的受众人群就可以从党员干部扩展到老年人、青年人、儿童等不同群体。但是，文化、生态等基础性建设是不能一蹴而就的，需要一点点地积累，然而这给村民带来的各方面益处却是持久而广泛的。

——2018 年 6 月 2 日 13:42—14:41 在王杰村村委办公室与第一驻村书记 MRH 的访谈

在下聂村，一位文化局的干部谈到工业的发展方式不太适合乡村现状：

村办企业引进外资，我不赞同。村规民约规定不允许办企业，我们的宗旨是绿以兴村、文以立族、注意生态。办企业、办工厂在其他村可能比较合适，但在我们村不合适。……我的目标是建立文化休闲村，通过产业化的休闲生态文化，建设好生态旅游，这样人们还是可能回来的。

——2017 年 7 月 26 日 9:24—10:50 在下聂村聂氏宗祠与临川区文化局退休干部 NJB 的访谈

---

① 参见林卿等:《生态文明视域中的农业绿色发展》，中国财政经济出版社 2012 年版，第 15 页。

在赵家湾村，一位村干部也认为，乡村的发展应该充分发掘生态优势，致力于绿色经济：

如果我们乡村想要有更好的发展，未来我们应该着力于发展绿色经济。在山区只能靠山吃山，我们这些山都是土山，林木资源都挺丰富的。发展旅游业也有前景，但是景点比较少，如果有资金的投入，还是能发展起来的，隔壁村准备建造一个生态公园，预测投资在16亿元左右，由本村的一个富豪邀请十来个个人投资，同时也争取一下政府投资支持。

——2017年7月14日11:10—12:25在赵家湾村村委会办公室与退休教师TYQ的访谈

新时代，乡村应转变乡村经济发展方式，促进提升农村产业发展质量，培育农村发展新动能，推动乡村空间布局方式、资源利用方式、生产管理方式的变革，大力发展生态产业、生态农业、生态服务业，以生态效益优先实现乡村经济的生态转型、生态发展、生态振兴。首先，牢固树立生态文明发展理念，明确生态职能定位，变工业逻辑的经济效益优先为生态绿色的生态效益优先，积极采取措施，实现乡村产业结构调整升级和生态经济发展，大力支持乡村生态产业，发展无公害、生态环保和有机食品产业，积极培育特色、优质农产品品牌，壮大经济实力，努力增加农民收入。著名经济学家黄宗智认为，随着中国改革开放进程的深入，中国人的食物消费结构将发生变革，除了更多的肉、鱼和蔬菜消费外，还应包括更高比例的精品蔬菜、鲜奶、绿色食品等的需求。[①] 绿色产品、有机产品因其具有绿色环保、健康卫生的生态价值，能够满足人们对于食品的生态需求。其次，坚持可持续发展战略，科学制定乡村产业结构调整升级规划，避免"一窝蜂"的现象。我国国土面积辽阔，地区之间水土、地域、气候等自然条件区别较大，而此次七个村庄的实地调研表明，全国各地区村庄的自然环境禀赋差异也较明显。对此，应当因地制宜地制定乡村产业结构调整升级

① 参见[美]黄宗智：《经验与理论：中国社会、经济与法律的实践历史研究》，中国人民大学出版社2007年版，第490页。

规划，明确各地乡村生态农产品种植和乡村生态工业发展，形成乡村生态特色建设的区域化，突出本地特色，避免重复建设。再次，通过税收、金融、价格等政策，给予乡村绿色产业税收优惠和补贴等，鼓励企业发展生态产业，生产生态产品，促进产业结构升级，实现乡村经济可持续发展，并以财政支付的方式，稳定农副产品价格，确保农民的利益不受损害。最后，加大对乡村生态产业的投入，引导金融企业参与乡村生态产业的发展，利用财政和金融工具，构建生态农业产业体系、生产体系、经营体系，支持和引导乡村生态农业、生态工业与生态服务业的发展，提高生态农业、生态工业和生态服务业的创新力和竞争力，指导乡村把“绿水青山”转化为“金山银山”，切实把乡村生态优势转化为经济效益和社会效益。

（五）完善乡村生态法治

近年来，我国制定(修订)并实施了《中华人民共和国环境保护法》《中华人民共和国水污染防治法》《中华人民共和国防沙治沙法》《中华人民共和国农业法》《中华人民共和国节约能源法》等一系列环保法律法规，表明我国环境法律制度框架体系已基本形成。但对于乡村生态治理来讲，环境保护各个领域尚未完全能够做到有法可依，各环境要素监管领域尚没有得到全面覆盖。习近平总书记强调，要修订与环境保护有关的法律法规，“完善法律体系，以法治理念、法治方式推动生态文明建设”①。推进乡村生态治理现代化，应建立健全系统完善、与实际情况相适应的环境资源保护法律和制度规定，为乡村生态治理提供可靠保障。具体来讲，应建立和完善以下几项制度。一要考虑生态环境受到破坏以后农民利益受损的情况，同时考虑农民中的一部分人是社会弱势群体的问题，建立健全农民环境权利保障制度，明确农民的环境知情权、环境监督权和相关诉讼权利，制约污染企业破坏环境的行为。二要加强对重要生态系统保护，加强农业面源污染防治，严控农业用水总量，严管农业污染物排放，严格化肥和农药的使用，提高农村环境治理和监管能力。三要扩大乡村环保法律范围，将农产品产销的每一环节，不论是种植业、养殖业、畜牧业，还是生产加工业、流通运输业、销售服务业，切实把每个食品流动的环节都纳入动

① 《习近平关于社会主义生态文明建设论述摘编》，中央文献出版社 2017 年版，第 110 页。

态法律法规监管之中。此外,还要明确每一种生产要素的责任人,并在技术上能够做到从末端追查到前端,使责任主体对违法行为形成惩罚的预期,进而表现在行动上,切实做到不能、不敢、不愿违法。四要加强乡村环保法治宣传教育,普及环保法律知识,开展普及法律与送戏下乡相结合的活动,推动普法活动进田野、进社区、进学校、进家庭,引导农民学会用法律手段保护自身的合法权益。

执笔人:张月昕

第五节 专题四:中国乡村治理伦理研究调研报告[①]

党的十九届四中全会开辟了"中国之治"新境界,为国家治理体系和治理能力现代化设定了总体目标和重点任务。乡村是中国社会的基础,乡村治理状况将直接影响国家治理体系和治理能力现代化的进程。伴随社会转型的持续深入,乡村在得到逐渐发展的同时,其治理主体、机制和目标不断受到传统与现代的交互影响,亟待伦理价值的规范和指引。

一、乡村治理实践及其伦理困境

在社会转型过程中,乡村治理呈现出不同于以往的伦理状况。课题组围绕谁来治理、如何治理、治理成效等问题,对乡村治理的主体、机制、目标进行了田野调查。

(一)以乡村干部为主力,村民主体性价值彰显不足

谁来治理是治理能否取得成效的关键。在中国历史上,乡村很长一段时间由村庄内部力量把持,依靠家族族长和乡绅处理村庄事务。在传统乡村社会,"家族和乡绅是主导性力量,负责农业生产的安排、生活纠纷的协调、文化

① 本节内容部分已发表,参见刘昂:《中国乡村治理的伦理审视》,《道德与文明》2021年第1期。

教育的开展、公共设施的建设以及乡村治安的维护等事务"①。在血缘和地缘因素的调配下，家族族长和乡绅作为村庄的道德权威，能够有效凝聚村庄力量，调动村民参与乡村建设的积极性。

与此不同，当前乡村社会主要依靠具有政治权威的村干部进行治理。调研中，对于"您认为在乡村日常事务中谁的影响力最大?"这一问题，七个村庄中选择"村干部"的人数明显多于选择"德高望重的人"的人数。(详见表1-5-1)

表1-5-1 您认为在乡村日常事务中谁的影响力最大?

	选项	西岭村	赵家湾村	辘辘村	下聂村	华宏村	王杰村	林屋村
有效百分比/%	村干部	43.3	64.4	52.4	39.2	50.8	68.5	51.2
	经济上有实力的人	15.6	12.5	13.3	9.3	16.4	3.6	26.2
	大的家族势力	7.8	1.9	3.8	10.3	3.9	0.9	2.4
	德高望重的人	12.2	12.5	14.3	24.7	11.7	21.6	6.1
	黑社会势力	0	0	1.0	3.1	2.3	0	1.2
	不知道/说不清	21.1	8.7	15.2	13.4	14.9	5.4	12.9
	总计	100.0	100.0	100.0	100.0	100.0	100.0	100.0

当被问及"如果与他人发生了经济纠纷，您会怎么办?"时，七个村庄的村民将答案集中到"找村委员或村党支部解决"，而选择"托熟人解决"等其他选项的村民相对较少。(详见表1-5-2)

表1-5-2 如果与他人发生了经济纠纷，您会怎么办?

	选项	西岭村	赵家湾村	辘辘村	下聂村	华宏村	王杰村	林屋村
有效百分比/%	忍了算了	21.1	27.1	19.0	26.3	15.6	20.9	20.7
	托熟人解决	7.8	13.1	16.2	14.7	10.9	10.0	6.7
	通过打官司解决	11.1	5.6	11.4	12.6	25.8	11.8	19.5
	找村委员或村党支部解决	36.7	50.5	34.3	29.5	25.8	42.8	31.1

① 李建华:《国家治理与政治伦理》,湖南大学出版社2018年版,第203页。

（续表）

	选项	西岭村	赵家湾村	辘辘村	下聂村	华宏村	王杰村	林屋村
有效百分比/%	带上一帮人来硬的	1.1	0.9	1.0	2.1	0.8	0	1.2
	上访	1.1	0	0	1.1	0	0	1.2
	其他	3.3	0.9	3.8	2.1	9.4	2.7	7.3
	不知道/说不清	17.8	1.9	14.3	11.6	11.7	11.8	12.3
	总计	100.0	100.0	100.0	100.0	100.0	100.0	100.0

乡村干部作为政府与村民之间的桥梁，既肩负着完成上级任务的责任使命，也具有维护村民正当利益的价值要求，在乡村治理过程中发挥了关键性作用。在访谈中，有村民提道：

我对村干部是满意的，他们能处处为老百姓着想。做好事、做对村民有益的事就是好的村干部，村干部修一条水泥路，我们有好水泥路走就是好事，没有不好的村干部，那种不干实事还贪财的村干部我们村没有。

——2017年7月26日19:50—20:27在下聂村聂氏宗祠与家庭妇女ZXL的访谈

然而，值得注意的是，在乡村治理实践中，村庄内生性动力并没有得到充分激发，村民的主体性价值尚未完全凸显。课题组通过调研了解到，一些地方村民参与乡村事务的程度大多仅限于民主选举，他们对相关政策缺乏相应的了解，也难以真正完全出于自觉自愿参与乡村治理。

在调研问卷中，有题目提到“您认为国家三农政策在村庄得到落实了吗?”，西岭村、辘辘村、下聂村、华宏村分别有45.0%、51.4%、44.4%、50.8%的村民选择“不知道/说不清”，位居各选项之首。与此同时，在“有关乡村发展的事情，你们村一般如何解决?”这一问题中，七个村庄选择“由村民主动提出意见或建议”这一选项的村民仅占少数（详见表1-5-3）。此外，在调研中有村民直接表示：

我对村子里的村务信息不怎么关注，村干部选举会参加，也都是村民自己选，涉及切身利益的、有钱给的会关心点儿，对村子里发生的一些不好的事就很少管，私下里偶尔会跟朋友、邻居讨论一下。

——2018 年 8 月 14 日 16:42—17:50 在林屋村便利店与便利店店主 LSD 的访谈

表 1-5-3　有关乡村发展的事情，你们村一般如何解决？

	选项	西岭村	赵家湾村	辘辘村	下聂村	华宏村	王杰村	林屋村
有效百分比/%	召开村民（代表）会议讨论决定	50.6	55.0	20.0	39.2	34.6	56.1	58.5
	村干部到村民家中征求意见后决定	9.0	22.0	14.3	14.4	10.2	18.4	15.2
	村干部自己决定	14.6	9.0	26.7	30.9	16.6	11.4	9.1
	由村民主动提出意见或建议	3.4	5.0	8.6	7.2	8.7	5.3	4.9
	不知道/说不清	22.4	9.0	30.4	8.3	29.9	8.8	12.3
	总计	100.0	100.0	100.0	100.0	100.0	100.0	100.0

（二）以政策法规为主导，“地方性道德知识”难以凸显

如何治理是治理能否取得成效的核心。传统乡村是“伦理本位的社会”①，注重同乡情谊之间的义务关系，以软性的、自由的情理约束为主导，家族族长和乡绅大多依据村庄固有的村规民约和风俗惯习进行治理。然而，课题组在调研中发现，当前乡村治理实践中，以村规民约为载体的传统礼治在乡村治理中发挥的效用受到破坏，“地方性道德知识”的约束效力逐渐减弱，村庄主要根据成文的政策文件和法律规范进行治理。

近年来，大多数村庄虽然都有村规民约，但其约束力逐渐减弱，甚至沦落为一种可有可无的规矩。在调研中，一些村民无论是对粉刷在墙上，还是分发

① 梁漱溟：《乡村建设理论》，上海人民出版社 2011 年版，第 25 页。

到手中的村规民约都熟视无睹。调查问卷中涉及“您村的村规民约对村民有约束力吗?”这一问题,选择“有村规民约,并且对村民有很强的约束力”这一选项的村民在七个村庄中均居于少数,大部分村民选择了“没有村规民约”“有村规民约,但完全没有用”“有村规民约,但只有很少作用”或者“不知道/说不清”等,表示村规民约在乡村治理过程中缺乏真正实效的选项。(详见表1-5-4)与此同时,在访谈过程中,一些村干部也表达了村规民约在现实乡村治理中的尴尬处境:

> 自然的村规民约能够发挥的效力比较小,虽然大家也会请一些有威望的人出面,但主要的制约还是依靠村委会。
>
> ——2018年8月14日13:35—14:58在林屋村公共服务中心大厅与村书记LH的访谈

表1-5-4 您村的村规民约对村民有约束力吗?

	选项	西岭村	赵家湾村	辘辘村	下聂村	华宏村	王杰村	林屋村
有效百分比/%	没有村规民约	27.0	11.5	32.4	21.6	9.4	10.5	20.9
	有村规民约,但完全没有用	9.0	14.4	3.8	13.4	5.5	6.1	15.3
	有村规民约,但只有很少作用	13.5	31.7	5.7	13.4	20.3	8.8	19.0
	有村规民约,基本能起到约束作用	18.0	14.4	11.4	26.8	25.8	32.5	21.5
	有村规民约,并且对村民有很强的约束力	3.4	13.5	3.8	13.4	9.4	16.7	8.0
	不知道/说不清	29.1	14.5	42.9	11.4	29.6	25.4	15.3
	总计	100.0	100.0	100.0	100.0	100.0	100.0	100.0

与“可有可无”的村规民约相比,政策文件和法律规范在乡村治理的实际工作中具有无可替代的价值规范意义。其中,政策文件作为“顶层设计”的产物,能够为乡村发展提供价值指引,帮助村民解决现实问题;法律规范作为法

治社会的基本要件，能够有效维护村庄基本秩序，促进公平正义的实现。在访谈过程中，有村干部提道：

> 村里变化太大了，从我记事起，318国道还是石子路，全村没有一寸水泥路。以前田里两季的产量相当于现在一季的产量。现在大家都盖了楼房。政策也好，“五保户”生病都不要钱，政府出钱。教育方面，我们以前读书是在那种土砖盖的祠堂，老师也是村里的。现在政府全部盖成三层的抗震房，师资也是县里教育局统一安排。
>
> ——2017年7月14日在赵家湾村村委会二楼与村书记兼主任LXC的访谈

> 现在是法治社会，依靠国家政府给你解决问题，讲究公平公正。法律在地方基层有很大影响，人们有权利意识，法律意识也强了，讲究人人平等。以前弱的被强的欺负，人们会认为正常，现在就算再弱，别人也不敢欺负，都要摆着公正、公平的态度。
>
> ——2017年7月26日20:45—21:42在下聂村聂氏宗祠与村主任NYB的访谈

（三）以经济成效为主宰，伦理道德价值逐渐式微

良好的治理成效是乡村治理的价值追求。20世纪末期，乡村治理的有效性曾伴随“三农”问题的出现而受到质疑。进入21世纪，我国乡村治理出现了重大变革，“治理有效”作为乡村振兴战略的总目标之一，对乡村治理提出了更高要求。通过调研了解到，虽然不同地区的乡村对治理成效的具体要求有着不同界定，但大部分村庄都将经济发展状况作为衡量乡村治理成效及其村干部治理能力的重要指标。

面对调查问卷中“您认为一个好的村干部在哪个方面最重要？”这一问题，七个村庄中选择“能带动村里的经济发展，带领村民致富”这一选项的村民，位居各选项之首（详见表1-5-5）。甚至有村民在访谈中表示：

我希望我们的村干部能够更好地带我们致富，只要他们能带我们致富，他们从中捞一点儿钱也是无所谓的。

——2017 年 7 月 20 日 15:00—15:50 在辘辘村村委会会议室与普通村民 BHZ 的访谈

表 1-5-5 您认为一个好的村干部在哪个方面最重要?

	选项	西岭村	赵家湾村	辘辘村	下聂村	华宏村	王杰村	林屋村
有效百分比/%	能带动村里的经济发展，带领村民致富	64.4	47.6	44.8	46.4	55.1	66.7	57.1
	工作热情卖力，勤勤恳恳	4.4	10.5	6.7	7.2	3.9	6.3	4.3
	为人正直，大公无私，乐于奉献	22.2	38.1	33.3	32.0	22.8	23.4	27.0
	能协调好上下级的关系	0	1.9	1.9	0	4.0	0.9	0.6
	不知道/说不清	9.0	1.9	13.3	14.4	14.2	2.7	11.0
	总计	100.0	100.0	100.0	100.0	100.0	100.0	100.0

与此同时，在经济发展与环境保护之间，也有村干部愿意牺牲环境而发展经济，有人说：

我个人认为保护环境和发展经济是相互矛盾的，如果环境受到破坏能够换来村里经济的发展，我可以接受。

——2017 年 7 月 21 日 11:40—12:50 在辘辘村村委会会议室与原辘辘村原村委会主任 BYA 的访谈

除此之外，谈到对未来的期望时，大多数村民也都是以经济状况作为衡量标准，希望经济待遇有所提高，并且将家庭矛盾的解决寄托于经济水平的提升。诸如有村民表示：

经济没问题，家里也不会有什么矛盾。

——2017 年 8 月 20 日 13:00—14:10 在华宏村村委会与原华宏宾馆经理、村妇女主任 CYF 的访谈将经济发展作为乡村治理有效性的重要指标毋庸置疑,然而,一些乡村在追求经济效益的同时,在某种程度上忽视了村庄伦理共同体的建设,放松了对村民的道德要求,致使道德权威的影响力和道德评价的约束性出现了不同程度的下降。

在上述提到的“您认为在乡村日常事务中谁的影响力最大?”和“您认为一个好的村干部在哪个方面最重要?”两个问题中,选择有关道德选项的村民仅占少数。(详见表 1-5-1、表 1-5-5)与此同时,在访谈过程中,也有人表示:

> 这两年经济发展了,人们生活水平提高了,但是我感觉村里的社会风气有所倒退。以前一家老小能够和和睦睦地生活在一起,而现在儿子和儿媳妇不孝顺的就多了。以前大家都能够相互帮助,而现在人际关系就疏远了一些,而且村民们现在除了村里的红白喜事,大家一般都不会聚在一起,都是待在家中各忙各的。
>
> ——2017 年 7 月 21 日 11:40—12:50 在辘辘村村委会会议室与原辘辘村原村委会主任 BYA 的访谈

通过上述调研不难发现,当前乡村治理实践中既有值得肯定的一面,也存在亟待解决的问题。一方面,村干部能够主动承担职责,依靠政策法规治理乡村、发展村庄经济。另一方面,村民的主体性价值发挥不足、村庄“地方性道德知识”的独特作用未被充分重视、乡村伦理道德价值受到忽视。

二、乡村治理现状的伦理成因

当前乡村治理的伦理现状由村民个体、乡村社会、国家政权三个方面的因素共同制约而成。因此,对这一伦理现状进行原因分析,需要从“个体—社会—国家”三维视角进行阐释。

(一)小农伦理的延续

小农伦理产生于农业社会,在我国已有数千年的历史,对社会生产和生活曾产生过重要影响。当前,在社会化大生产的背景下,小农伦理产生的物质条件虽有所改变,但其作为一种道德观念和道德惯习仍具有一定影响。小农伦理中的自私狭隘、随意散漫等道德缺陷,不利于村民主体性价值的发挥,对乡村治理具有消极的阻碍作用。

小农伦理的出现与村民生产生活方式密不可分,一般是指“在农业社会里,人们被局限在狭小的生产和生活范围内,进行小规模的生产劳动时所形成的一些道德观念和道德习惯”①。基于马克思主义唯物史观的理解,小农“不仅仅在于其耕种土地面积之‘小’,更在于其缺少市场交换的生产方式之‘小’和缺乏人际交往的生活世界之‘小’”②,从而导致其伦理观念中必然带有某些自私狭隘、随意散漫的缺陷。

一方面,小农作为小生产者,他们的生产方式较为单一、社会交往较为简单,容易形成自私、狭隘的伦理观念。“他们进行生产的地盘,即小块土地,不容许在耕作时进行分工、应用科学,因而也就没有多种多样的发展,没有各种不同的才能,没有丰富的社会关系。每一个农户差不多都是自给自足的,都是直接生产自己的大部分消费品,因而他们取得生活资料多半是靠与自然交换,而不是靠与社会交往。”③农民最直接的依靠是自家土地,只要自己的土地收成好,生活就总能过下去。至于别人家的土地,在他们看来,既没义务也没权利去照看。“他们所追求的最重要的是自己的‘实惠’,即个人的眼前实在利益,所思所想到的总是自己,是自己的个人得失,甚至在行动中奉行‘个人利益第一’的原则”④。农民的这种观念导致其不能正确认识自身利益与他人利益、集体利益以及国家利益之间的关系,不能准确把握个人现实利益与长远利益之间的联系。因此,在乡村治理实践中,一些农民当暂时看不到自身参与治理活动所带来的益处时,便会选择退出,主动放弃其作为治理主体的地位。

另一方面,生产和生活环境的分散,导致小农道德行为中的自由和散漫。

---

① 陈瑛:《改造和提升小农伦理——再读马克思的〈路易·波拿巴的雾月十八日〉》,《伦理学研究》2006年第2期。

② 王露璐:《从“理性小农”到“新农民”——农民行为选择的伦理冲突与“理性新农民”的生成》,《哲学动态》2015年第8期。

③ 《马克思恩格斯文集》第2卷,人民出版社2009年版,第566页。

④ 陈瑛:《改造和提升小农伦理——再读马克思的〈路易·波拿巴的雾月十八日〉》,《伦理学研究》2006年第2期。

"小农人数众多,他们的生活条件相同,但是彼此间并没有发生多种多样的关系。他们的生产方式不是使他们相互交往,而是使他们互相隔离。"①春种秋收、夏耘冬藏,"一个在乡土社会里种田的老农所遇着的只是四季的转换"②,他们只需要掌握祖祖辈辈流传下来的经验,便足以应付日常生活,无须按照某种固定的纪律或章程从事生产。与此同时,"一小块土地,一个农民和一个家庭;旁边是另一小块土地,另一个农民和另一个家庭"③的分散生活环境,使得农民可以根据自身习惯安排生活,而不用考虑他人的需要。这种自由而散漫的道德行为,使得农民不习惯于被规章制度管束,以至其难以适应乡村治理对主体的规范化要求。

值得注意的是,小农伦理并非完全是一种负面评价,其中还蕴含着勤劳节俭、艰苦朴素等伦理思想,至今仍具有现实意义。与此同时,小农伦理既不是农民的专属,也不是农民的必然特征。中国作为传统农业大国,每一位国人都与农业、农村、农民有着不可分割的联系,人们的伦理观念和道德惯习在某种程度上也都或多或少地留有小农伦理的某些印记。此外,自私狭隘、随意散漫等小农伦理行为也并非是时刻发生的。当村庄具有较强的伦理约束、村庄成员处在一个共同体之中时,小农伦理中的道德缺陷会被最大限度地压制,而当村民处于原子化的乡村社会时,小农伦理的负面特征则容易被进一步激发。

(二)村庄伦理共同体的式微

村庄伦理共同体建立在血缘和地缘基础之上,人们拥有共同的生活,每个人都具有特定的伦理角色,彼此守望相助、互相依存,具有共同的价值取向和道德诉求。"人们在共同体里与同伙一起,从出生之时起,就休戚与共,同甘共苦。"④当前,伴随村民共同生活环境、特定的伦理角色以及共同的价值信念不断淡化,乡村伦理共同体逐渐式微,从而消解了村规民约的效力、道德权威的地位和道德评判的价值。

---

① 《马克思恩格斯文集》第2卷,人民出版社2009年版,第566页。
② 费孝通:《乡土中国》,人民出版社2015年版,第62页。
③ 《马克思恩格斯文集》第2卷,人民出版社2009年版,第566页。
④ [德]斐迪南·滕尼斯:《共同体与社会:纯粹社会学的基本概念》,林荣远译,商务印书馆1999年版,第53页。

共同的生活是乡村伦理共同体的基础。传统乡村是安土重迁的社会，人们“生于斯、死于斯”，“每个孩子都是在人家眼中看着长大的，在孩子眼里周围的人也是从小就看惯的”[①]，人们共同生活在一种“熟悉”的环境之中。共同的生活环境能够形成共同的生活惯习和生活印记，从而促进彼此的身份认同和心理认同，为乡村治理提供“地方性道德知识”。伴随现代化进程的深入，一方面，人口的流动性不断加剧，人们不再终老是乡；另一方面，传统村庄的边界逐渐模糊，人口的异质性增加，共同的“圈子”被打破。由此，村民生活的共同性不断瓦解，“村庄成员的归属感和认同感日渐弱化”[②]，从而在治理过程中，导致乡村凝聚村民的能力愈发不足，可供调用的“地方性道德知识”日渐匮乏。

特定的伦理角色是乡村伦理共同体的关键。“一个人的特定角色是依附于特定共同体的，没有跨越社会角色之外、具有普遍性的、涵括一切的伦理。”[③]基于血缘和地缘的乡村伦理共同体中，每一个个体都具有特定的伦理角色，担当着独特的伦理使命。诸如在经济方面，“兄弟乃至宗族间有分财之义；亲戚、朋友间有通财之义”，彼此相互体恤、相互扶持，“有不然者，群指目以为不义”，[④]从而为个体维持生计提供多重保障。在现代社会，个体的特定伦理角色逐渐模糊，其所承担的伦理责任也相应消失，“分财”和“通财”被限定在极其私密的范围之内，甚至消失。在传统乡村社会可以通过共同体完成的事情，现代社会可能需要更为复杂的市场参与才能实现，从而弱化了道德约束在乡村治理中的地位，并且在无形中强化了经济效益的价值。

共同的价值标准是乡村伦理共同体的内核。共同的生活环境和特定的伦理角色，能够促使共同体成员在熟悉的基础上产生信任，“这信任并非没有根据的，其实最可靠也没有了，因为这是规矩”。这种“发生于对一种行为的规矩熟悉到不假思索时的可靠性”[⑤]的信任，进一步促进共同体内价值认同和道德判断的一致性。然而，在现代乡村社会，这种因熟悉而产生的信任，由于彼此不再熟悉而逐步消解。与此同时，村庄人际关系的梳理，进一步导致那种“把

① 费孝通：《乡土中国》，人民出版社 2015 年版，第 6 页。
② 王露璐：《乡村伦理共同体的重建：从机械结合走向有机团结》，《伦理学研究》2015 年第 3 期。
③ 万俊人：《美德伦理如何复兴？》，《求是学刊》2011 年第 1 期。
④ 梁漱溟：《乡村建设理论》，上海人民出版社 2011 年版，第 27-28 页。
⑤ 费孝通：《乡土中国》，人民出版社 2015 年版，第 7 页。

人作为一个整体的成员团结在一起的特殊的社会力量和同情"[①]受到瓦解，从而使得乡村治理实践中，原有道德权威的影响逐步减弱，价值认同和道德判断难以获得普遍认可。

（三）现代国家建构的伦理诉求

现代国家建构是国家发展的关键问题，并以"'民族国家'（nation state）的形式结构与'立宪民主'（constitutional democracy）的实质结构"[②]为主要标识。我国的现代国家建构是一个从传统到现代的历史转型过程，包含了一体化和民主化两个方面的伦理任务，由此，促进了乡村治理主体、机制以及目标的伦理转向。

行政下乡是现代国家建构一体化的重要举措。行政下乡是指"国家通过行政体系将国家意志传递到乡村，从而将分散的乡村社会整合到国家体系"[③]。在传统中国，限于官僚行政体系的能力，皇权难以将乡村社会整合到国家体系之中，从而使得乡土社会成为远离皇权的"世外桃源"，只能依靠内部成员进行自治。近代以来，多个政权为了强化自身统治，曾试图对乡村进行控制，但都以失败告终。中国共产党以"农村包围城市"的路线取得政权后，将行政体系建构与群众参与相结合，将党和国家的意志向乡村延伸。借助"乡政村治"模式，"政府的行政功能由村级的基层自治组织得以延伸和拓展至乡村的各个角落"[④]。乡村干部虽然是村民利益的代言人，但同时也是基层政权在村庄的代理者，承担着传达国家意志、落实国家政策的任务，因而在乡村治理中能够以政治权威的身份，发挥主力作用。

法治建设是现代国家建构民主化的重要内容。法治需要优良性和强制性两个基本要件共同规定，是指"已成立的法律获得普遍的服从，而大家所服从的法律又应该本身是制订得良好的法律"[⑤]。传统中国虽不缺少法律，但无论

---

① ［德］斐迪南·滕尼斯：《共同体与社会：纯粹社会学的基本概念》，林荣远译，商务印书馆1999年版，第71-72页。

② 任剑涛：《在悬而未决之际：现代国家建构技艺的理论》，《学术月刊》2017年第10期。

③ 徐勇：《"行政下乡"：动员、任务与命令——现代国家向乡土社会渗透的行政机制》，《华中师范大学学报》（人文社会科学版）2007年第5期。

④ 李建华：《国家治理与政治伦理》，湖南大学出版社2018年版，第221页。

⑤ ［古希腊］亚里士多德：《政治学》，吴寿彭译，商务印书馆1965年版，第202页。

是在优良性还是在强制性方面，法律都未得到有效实施，取而代之的是道德规范在国家建构中的普遍运用。现代社会的生产和生活方式打破了传统道德发挥机制的条件，法治建设得到了进一步加强。新中国成立以来，法治向乡村的延展，促进了乡村治理法治化水平的提升。事实上，乡村治理的发展，本身就是法治化的结果。《中华人民共和国村民委员会组织法》从试行到历次修订，为乡村治理提供了法律依据，也在无形中提升了村民的法律意识，增强了法律规范在村庄的约束效力。

发展经济是现代国家建构的必然选择。“物质生活的生产方式制约着整个社会生活、政治生活和精神生活的过程”①，现代国家无论是一体化建设还是民主化发展，都离不开经济建设。在现代国家建构过程中，将发展经济作为改善生产方式的重要一环，是乡村治理有效性的重要表现。近年来，村庄通过招商引资、项目引进、合作经济等形式，有效改善了村庄经济水平。在此过程中，经济活动改变了传统社会中“士农工商”价值序列，并被赋予了积极的正面评价，“进而使以各种数字（收入、利润等）为直接表征的经济成就获得了在个人和社会评价上的价值优先性”②。由此，经济发展在乡村社会中的地位日益凸显。

三、完善乡村治理的道德实践

乡村治，百姓安，国家稳。良好的乡村治理是多方协调运作的结果，完善乡村治理离不开道德伦理的参与。针对当前乡村治理的伦理现状及其成因，可以从构建村庄公共道德平台、提升乡村德治水平、追求村民“美好生活”三个方面着手，以此增强村庄内生性动力、完善乡村治理体系、实现村庄善治。

（一）构建公共道德平台，增强村庄内生性动力

构建公共道德平台是凝聚个体力量、发挥主体性价值的重要途径。一般而言，公共道德平台是指“在公共生活中形成的具有道德评价、道德传播和道

① 《马克思恩格斯文集》第2卷，人民出版社2009年版，第591页。

② 王露璐：《从〈百鸟朝凤〉看乡村道德评价》，《中国社会科学报》2016年6月28日。

德约束等功能的特定场所、空间或活动”①。构建乡村公共道德平台需要从内容、形式和效果切入，让村民能够参与、愿意参与、参与有所收获，以此增强乡村治理的内生性动力。

内容建设是构建村庄公共道德平台的基础。在选择建设何种公共道德平台时，既要考虑村民的认知水平和现实需求，也要注重内容的价值取向，以选择符合村民道德知识水平的健康内容为主要建设目标。传统的“电影下乡”如今在一些村庄之所以受到冷落，一定程度上是因为其背离了村民的需要。访谈中有村干部表示：

> 平时我们这里也有电影下乡的，看的也只有几个老头和我们这些干部，加在一起也不过十几二十人，几乎没人看，现在家家户户都有电脑、电视嘛。
>
> ——2017 年 7 月 14 日 10:00—11:15 在赵家湾村村委会办公室二楼与村委会副主任 WYG 的访谈

与此同时，村庄中的棋牌室等虽然能够满足一部分人的需求，但其伴随的赌博风险容易对村民生产生活造成不良影响，不利于村庄内生性动力的提升。

形式建设是构建村庄公共道德平台的关键。村庄应选取村民喜闻乐见的形式包装内容，让村民愿意参与公共道德平台建设。在调研过程中，大部分村庄的村民和村干部都提到了广场舞，他们表示广场舞是一种能够有效聚集村民的形式。

> 最近两年兴起的一些活动，比如搞那个广场舞，搞得也挺好。条件好一点儿的家庭的儿媳，买个一二百块钱的小音响，下载几首歌，放在一个地方，大家就开始跳广场舞，活动到晚上 9 点，我们规定最晚不能到 9 点半，大家都要休息……包括我爱人在内，晚饭一吃，碗啊之类的还在桌上，也不收拾了，就赶去跳广场舞，跳到 9 点钟结束

① 王露璐：《从“熟人社会”到“熟人社区”——乡村公共道德平台的式微与重建》，《湖北大学学报》（哲学社会科学版）2020 年第 1 期。

了，才恋恋不舍地回家。

——2017 年 7 月 14 日 10:00—11:15 在赵家湾村村委会办公室二楼与村委会副主任 WYG 的访谈

参与有所收获是村庄公共道德平台建设的目标。村民能够参与、愿意参与是公共道德平台建设的前提，而村庄公共道德平台最终要发挥“道德评价、道德传播和道德约束”功能，培养村民的公共精神。公共道德平台的建设应为个体参与公共活动提供良好的环境，使其通过与他者之间的良性互动，有效提升对群体的认同感和归属感，从而增强道德价值的影响力，促进公共精神的培育，提升参与乡村治理的积极性和主动性。

（二）提升乡村德治水平，完善乡村治理体系

党的十九大报告提出，要“健全自治、法治、德治相结合的乡村治理体系”，为德治参与乡村治理提供了重要政治依据。提升乡村德治水平，既要加强村庄道德资源建设，也要重塑村庄道德权威，从而“以德治滋养法治、涵养自治，让德治贯穿乡村治理全过程”①，不断完善乡村治理体系。

“在乡村社会治理中借助德治之力，充分发挥道德的规范和引领作用，不仅是以德治国的现实需要，也是承继礼治社会优良传统的历史必然。”②德治作为我国传统乡村社会的主要治理方式，在此过程中形成了较为丰富的道德规范内容。这其中既有值得继承的优秀传统道德知识，也有需要摒弃的封建迷信活动。当前加强村庄德治内容建设，需要对传统道德资源进行梳理。以“取其精华、去其糟粕”的态度，深入开展移风易俗活动，“遏制大操大办、相互攀比、‘天价彩礼’、厚葬薄养等陈规陋习”③。在此基础上，村庄还要充分挖掘“地方性道德知识”。“任何一种道德知识或者道德观念首先都必定是地方性的、本土的，甚或是部落式的。”④我国幅员辽阔，不同地域之间、不同经济发展水平之间的村庄，基于自身生产和生活方式，形成了各具特色的“地方性道德知

① 《乡村振兴战略规划（2018—2022 年）》，人民出版社 2018 年版，第 71 页。
② 孙迪亮：《论乡村社会治理的系统性》，《齐鲁学刊》2019 年第 4 期。
③ 《乡村振兴战略规划（2018—2022 年）》，人民出版社 2018 年版，第 72 页。
④ 万俊人：《道德谱系与知识镜像》，《读书》2004 年第 4 期。

识”,“这些‘活着的’乡村道德文化传统,已然内化为村民日常生活交往中的行为规则”[①]。在乡村治理实践中,应该充分利用这些“特殊”的道德资源,发挥地方性优势,“科学把握乡村的差异性和发展走势分化特征,做好顶层设计,注重规划先行、因势利导,分类施策、突出重点,体现特色、丰富多彩”[②]。

良好的德治水平离不开道德权威的参与。传统乡村社会对道德权威具有强烈的价值认同和道德依附,他们以自身德行和人格魅力为基础,对村民日常言行及其关系作出道德评价和道德判断,以此维护村庄良好秩序。伴随社会的转型,道德权威在乡村治理中的地位逐渐式微,村庄德治也受到严重影响。当前,发挥德治在乡村治理中的优势,必须重塑村庄道德权威。第一,培养个体道德水平。道德权威自身首先需要良好的道德知识和素养,离开了必备的道德支撑,道德权威将难以存在。第二,营造村庄道德文化氛围。良好的道德文化氛围是道德权威生成的沃土,乡村应主动发掘村庄好人好事、宣传村民善义之举,“注重以文化人、以文养德,建立道德讲堂、文化主题公园、文化礼堂等阵地,引导人们讲道德、守道德,用道德理念滋养乡村社会”[③]。第三,提供必要的制度保障。道德权威的获得虽不以制度保障为前提,但良好的制度支持有利于道德权威持久效果的发挥。村庄可以通过建立道德评议制度、失信惩戒机制、道德听证会等形式,为道德权威的效用保驾护航。

(三)追求村民“美好生活”,实现村庄善治

实现村民的美好生活是乡村治理的价值旨归,其内含着村民对经济、政治、文化、社会、环境等各方面的期待与诉求。追求村民的美好生活,一方面要促进个体“全面而自由的发展”[④],克服小农伦理的道德缺陷;另一方面要提升乡村整体实力,破除经济在村庄发展中的宰制性地位。

人的“全面而自由的发展”是马克思在批判资本主义基础之上,对新社会中个体状态的描述。新时代村民美好生活的实现首先是个体的自由发展。自

① 刘昂:《乡村治理制度的伦理思考——基于江苏省徐州市JN村的田野调查》,《中国农村观察》2018年第3期。

② 《乡村振兴战略规划(2018—2022年)》,人民出版社2018年版,第13页。

③ 陈锡文等:《中国农村改革40年》,人民出版社2018年版,第151页。

④ 《马克思恩格斯文集》第5卷,人民出版社2009年版,第683页。

由并不是无所欲为，而是在生产力不断发展、生产关系逐渐完善的背景下，个体素质得以提升，旧的社会分工得以打破，人们可以根据需要、兴趣和特长作出选择，“追求美好事物时受到较少的限制”①。拥有美好生活的村民可以自由选择成为农民还是工人抑或是其他，可以自主决定生活在城市还是乡村，从而使农民成为受到尊重的职业，乡村成为人们自愿选择的栖息地。其次，个体的全面发展，内含着“人的各项素质和能力的全面养成和提高”②。在追求美好生活的过程中，需要不断完善村民的社会关系，进一步丰富个体活动，促使村民自身追求进步的欲望日益强烈，综合素质得以提升。最后，克服小农伦理的道德缺陷。村民在追求美好生活的过程中，“全面而自由的发展”也是逐渐摆脱自私狭隘、保守散漫的消极伦理因素的过程。个体不再囿于小块土地和简单的社会交往，以主体的姿态有序参与到乡村治理之中。

美好生活的实现还需要村庄的综合治理。党的十九大报告提出乡村振兴战略，指出要按照“产业兴旺、生态宜居、乡风文明、治理有效、生活富裕”的总要求发展村庄，为乡村治理指明了方向。村民美好生活的实现并不是某一方面的美好，而是经济、政治、文化、生态、社会综合方面的美好。“资本的本性是追逐利润，如果让资本成为乡村社会的主宰，乡村振兴就会成为资本的盛宴。”③面对当前一些乡村将经济发展作为宰制性目标的现状，村庄应尽快调整方向，“以产业兴旺为重点，以生态宜居为关键，以乡风文明为保障，以治理有效为基础，以生活富裕为根本”，④综合治理村庄，促进乡村全面振兴，实现村民美好生活。

执笔人：刘昂

---

① ［美］德尼·古莱：《发展伦理学》，高铦、温平、李继红译，社会科学文献出版社 2003 年版，第 53 页。

② 秋石、陈志尚：《人的自由全面发展论》，《求是》2003 年第 19 期。

③ 吴重庆、张慧鹏：《以农民组织化重建乡村主体性：新时代乡村振兴的基础》，《中国农业大学学报》（社会科学版）2018 年第 3 期。

④ 参见《乡村振兴战略规划（2018—2022 年）》，人民出版社 2018 年版，第 4-5 页。

第二章

调研方案与组织实施

2017年7月—2018年8月，课题组先后对湖南省郴州市西岭村、湖北省黄冈市赵家湾村、甘肃省定西市辘辘村、江西省抚州市下聂村、江苏省无锡市华宏村、山东省济宁市王杰村和广东省湛江市林屋村7个村庄进行了田野调查。在选定作为个案的上述村庄后，实际调研工作大体分为调研方案的制订、问卷访谈的设计、田野调查的实地实施、访谈录音资料的整理及问卷数据处理与统计分析3个阶段。课题组在抽样方案设计、问卷题目设计、调查组织实施及调查数据处理各个环节采取了一系列措施，防止或减少了各环节可能出现的问题，尽最大努力保证调研数据和结果的真实可靠。7个村庄的调研共收回有效问卷805份，与74位村民进行了深度访谈。

一、方案制订及问卷设计

（一）村庄基本情况

课题组选取了位于全国不同地区的7个典型村庄，其中华宏村为2007年首访，2017年再访，具有一定的对比研究意义。7个村庄的基本情况如下：

西岭村位于湖南省宜章县莽山瑶族乡西部。该村有5个村民小组，共2个自然村，农户230户，农业人口794人，其中瑶族人口占总人口60%以上，大部分村民在村庄从事农业生产，以种植茶叶为主，外出务工人员仅有60人左右。

赵家湾村隶属于湖北省罗田县骆驼坳镇。全村版图面积5.8平方公里，山林面积6 850亩，耕地面积11 685亩，其中水田868.5亩、旱地1 300亩。全村分14个村民小组，共有468户，共计1 518人。村民分散居住在27个自然村落，人口分布极不平均，“三一八”沿线20%的土地居住着80%的人口。村民的生产生活除传统农业、畜牧业外，新发展了板栗、西瓜、蔬菜等种植业，大部分青壮年劳动力在外务工。

镰镰村隶属于甘肃省岷县梅川镇，地处西秦岭末端向北部黄土高原过渡区，地形为浅山河谷川区，海拔 2 530 米左右。根据镰镰村村委会提供的户籍花名册，截至 2017 年 7 月，全村共有 284 户、1326 人，其中 98%的村民为药材种植户。

下聂村位于江西省抚州市中心城区南郊，距市行政中心约 9 公里，是一个行政隶属于上聂村的自然村，现有常住人口 600 余人。村中地少人多，青年村民在外（本市以及外市、外省）打工，常居人口较少。村中白天留守的多为老人、幼儿和带孩子的妇女，傍晚在本市（附近）打工的中青年村民会返回村中，而在外市和外省打工的村民一般只在春节假期返回本村。

华宏村位于江苏省无锡市江阴市周庄镇西南镇村结合部，距镇区约 2.5 公里，东邻三房巷村，西接周西村。全村共有耕地面积 2 100 亩，下辖 14 个自然村，66 个村民小组，共有农户 2 210 户，村民 8 650 人。该村辖区共有工业企业 90 余家，厂区占地 150 公顷，村级经济总量列全市第七。

王杰村原名华堌村，是英雄王杰的故乡，1968 年当地人民为纪念王杰将村名改为“王杰村”。该村由 4 个自然村组成，位于山东省济宁市金乡县城以北 2 公里，东临 105 国道，西邻王杰湿地公园风景区，北依新万福河，南接开发区，区位优势明显。王杰村现共有 420 户、1 400 余人。

林屋村位于广东省湛江市吴川市黄坡镇西南部，共有 7 个村民小组、13 个自然村庄。全村总人口为 7 200 余人，人均耕地面积 0.6 亩，拥有 1 所中学、3 所小学、2 所幼儿园，2006 年被评为“中国十大魅力乡村”。

（二）方案设计

本次调研拟定采用问卷调查、深度访谈和现场观察相结合的研究方法。课题组在对前期资料进行整理和分析的基础上，根据研究主题，从中国乡村家庭伦理、中国乡村经济伦理、中国乡村生态伦理和中国乡村治理伦理四个维度设计了调查问卷和访谈提纲，并初步拟定了调研的基本思路。

问卷调查遵循系统抽样的方法，依照村委提供的户籍花名册，根据确定的样本容量进行等距抽样，根据各村在村人数的多少，确立以每隔几人次为距离，最终抽取出样本。为保证各抽样地点选取的样本量有足够代表性和统计意义，课题组在样本量和抽取方法上充分考虑了不同调研区域的实际情况和组织实施的可操作性。

访谈工作以半结构式的深度访谈（semi-structured depth interview）①方式进行。受访对象或由村委工作人员根据课题组提出的兼顾年龄、性别、职业、收入的原则安排和联络，或由课题组成员直接联系。受访对象的选择兼顾年龄、性别、职业、收入等各个方面的条件。访谈过程由 2—3 位调研人员合作完成，访谈人员根据事先部分准备的有关受访对象的个人背景信息、乡村家庭伦理、乡村经济伦理、乡村生态伦理和乡村治理伦理五个方面的问题与受访者进行深度访谈。访谈过程中需要访谈人员根据受访者的具体情况对问题进行具体的修改，并从受访者的日常生活史切入，从其经验图式，即生平经验中理解其处境、行动和态度。

除问卷调查和深度访谈之外，课题组成员还深入当地村民的现实生活，进行了细致的现场观察。课题组成员提前做好准备，熟知此次调研的具体目标，设计、制订需要观察的事项，以便系统地观察、记录有关现象。在各村实地观察时，课题组成员随时随地观察当地村民的生活习惯、行为方式、人际关系、心理状态等。同时，在观察的过程中避免过分感情投入，确保对观察的现象进行更为理性的分析。

二、田野调查的实地实施

（一）西岭村

西岭村实地调研时间为 2017 年 7 月 8 日—7 月 12 日。

---

① 汤姆 · 文格拉夫（Tom Wengraf）指出，半结构式深度访谈具有两个最重要的特征。第一，它的问题是事先部分准备的（半结构的），要通过访谈员进行大量改进。但只是改进其中的大部分：作为整体的访谈是你和你的被访者的共同产物（joint production）。第二，要深入事实内部，获取更多的细节知识，并了解表面上简单、直接的事情在实际上是如何更为复杂的。参见 T. Wengraf：*Qualitative Research Interviewing — Biographic Narrative and Semi-structured Methods*，London：SAGE Publication，2001. //杨善华、孙飞宇：《作为意义探究的深度访谈》，《社会学研究》2005 年第 5 期。

1. 问卷调查

根据西岭村村委会提供的选举名册（该名册已经预先排除了年龄低于18周岁的人口），截至2017年7月，西岭村在籍选民总数共569人，除去全村常年在外打工人口和年龄高于70周岁的人群后，调查总体为343人。因该村实际可调查的总体人数较少，设定50%的抽样比例。遵循系统抽样的方法，依照村委会提供的户籍花名册，根据确定的样本容量进行等距抽样（343/171≈2.01），确立以每隔1人次为距离，最终共抽取出171个样本。

考虑到该村地处山区，地形复杂，且课题组成员对瑶族的民俗习惯也了解不多，为避免过多打扰村民生活和减少无意冒犯，根据实际情况，课题组讨论决定放弃入户调查方式，采取分时段、相对集中地进行问卷调查的方式。问卷实施主要地点定在西岭村村委会活动中心，在西岭村村委会的大力支持下，西岭村DSM支委专门留守活动中心负责协助我们的调研工作。D支委携第一至第四村民小组组长通知各个被抽取到的调查对象来西岭村村委会活动中心集中参加问卷调查。因第五村民小组离活动中心路程比较远，山中也没有公共交通工具，考虑村民前来进行问卷调查的方便性与实际可操作性，我们在最靠近第五村民小组集中居住的西岭村跳石子莽山黑豚饭店设立了问卷实施点，派两名工作人员驻守跳石子莽山黑豚饭店实施点进行问卷调查，由第五村民小组组长负责通知被抽取到的调查对象。在调查中，课题组把受过一定程度教育、有自行答题能力的调查对象集中到一个时段，一人一座，由访问员按照统一要求逐题读卷，调查对象独立作答，并统一收回问卷；把另一部分文化程度相对较低、不能自行答题的调查对象集中到另一时段，由访问员一对一地按照统一要求逐题读卷，并协助调查对象记录所需答案。在整个读卷、做卷过程中，督导员和其余访问员协助维持现场秩序，确保调查对象在相对集中的环境下不受干扰，从而保证调查质量。实际调查后共收回147份问卷，完全有效问卷90份，废卷3份，剩余54份为村民代替被抽取家人进行答卷以及主动要求进行答卷的部分。

2. 深度访谈

此次调研一共对西岭村的十名村民进行了深度访谈，包括4名男性和6名女性，其中年龄最大的60岁，最小的20岁。访谈对象涵盖了村委会委员、村书记、基层公职人员、大学生、人民教师、“致富能手”、普通家庭妇女，均具有典型性。访谈名单确定后，由村委会支委协助课题组通知村民到村委会活动中心参加访谈（第五村民小组另行安排）。访谈分两组在村委会办公室进行，一位组员主导谈话，另外一位组员负责记录，每例访谈时间从 0.5—2 小时不等。访谈过程中，访谈者根据受访者的文化水平、职业、年龄等适当调整访谈内容，消除了受访者的戒备之心，访谈双方语言沟通顺畅，村民热情回应，较好地完成了访谈任务。十例访谈均在征得受访者同意后进行了录音。

3. 现场观察

在调研期间，课题组成员深入西岭村的田间山头，也走进莽山瑶族乡茅庵村街道、莽山瑶族乡政府、黑豚养殖农场等地，系统观察了当地人民的生活习惯、行为方式、人际关系以及当地的治理现状和风土人情等。西岭村后山上山间小路两旁的野草、蔬菜、茶园、竹林，不禁让人感叹乡村风光之美。西岭村村委会外墙上的大型横幅“我最牵挂的还是困难群众”“绿化美化净化，靠你靠我靠他——提高环保意识，建设美好家园”，则体现了乡村治理伦理和乡村生态伦理的发展要求。与之形成鲜明对比的是莽山瑶族乡茅庵村街道一处山坡上的垃圾堆，这引起了课题组成员对“山村的生活垃圾到底该如何处理？村民们的环境保护意识到底如何？这种污染对他们的影响又有多大？”等问题的思考。夜晚莽山瑶族乡政府前热闹的广场舞、球类运动、跳皮筋比赛，充分体现了居民的生活幸福感。

（二）赵家湾村

赵家湾村实地调研时间为 2017 年 7 月 13 日—7 月 17 日。

1. 问卷调查

根据赵家湾村村委会提供的户籍花名册，截至 2017 年 7 月，赵家湾村在籍居民总数共 1 518 人，除去全村年龄低于 18 周岁和高于 70 周岁的人群后，调查总体为 892 人。根据课题组设定的 5%的抽样比例，样本容量应是 44.6。考虑到外出打工的人数相对较多，为保证实际能访问到的样本量充足，故课题组决定把样本容量放宽到 200。遵循系统抽样的方法，依照村委会提供的户籍花名册，根据确定的样本容量进行等距抽样（892/200≈4.46），确立以每隔

4 人次为距离，最终共抽取出 223 个样本。

调查过程中，根据实际情况课题组讨论决定采取相对集中的方式进行问卷调查，问卷实施点定在赵家湾村村委会三楼会议大厅。在赵家湾村村委会的大力支持下，负责人和村书记提前通知各个被抽取到的调查对象于 7 月 15 日上午来赵家湾村村委会三楼会议大厅集中。在调查前，课题组子课题负责人李志祥教授首先用家乡话向调查对象介绍了调查人员的身份和来意，随后由调查人员向调查对象说明调查的基本内容，尤其强调了调查结果不会对调查对象产生任何负面影响的实际情况，从而有效地降低了调查对象的抵触心理和思想顾虑。在调查中，调查员巡视，调查对象遇到不明白意思的地方举手示意，调查员做出解释，调查对象独立作答，问卷统一收回。针对一部分不太懂也不会讲普通话的调查对象，调查人员专门请当地人员用方言逐一读给他们听，并做出相应的解释，确保意思表达正确，从而保证调查质量。实际调查最终共收回 107 份有效问卷。

2. 深度访谈

在赵家湾村，课题组进行了 13 例深度访谈，访谈对象包括大学生、村委会经部委员、村委会妇女主任、村书记兼村委会主任、村委会副主任、退休教师、保险业务员、挖掘机操作人员、百货商店老板、桃园园主、低保户及其他普通农民，年龄从 20—64 岁不等，男性 10 名，女性 3 名，均具有典型性。为确保访谈顺利进行，课题组子课题负责人李志祥教授提前一天与村书记协商，确定了代表各个方面的访谈名单，村书记当场与受访对象取得联系，确保其在次日能顺利接受访谈。

访谈地点安排在村部二楼的小办公室或会议室中，分为 3 组进行。由于多位受访者普通话不太好，基本只能用湖北罗田方言交流，所以在分配受访者时，普通话较好的受访者由一组（该组成员均不懂罗田方言）进行访谈，普通话一般甚至不会使用普通话的受访者由二组和三组（二组、三组各有一人懂罗田方言）进行访谈。访谈过程为：先由访问者简单介绍来意和具体流程，再请访谈对象介绍自己的成长经历和现在的基本状况，然后就访谈者所感兴趣的问题进行深入的交流。从总体来说，交流非常顺利，每例访谈用时 0.5—2 小时不等。所有访谈均在征得受访者同意后进行了录音。

3. 现场观察

在做问卷和访谈之余，课题组成员走进赵家湾村在各个地方，系统地观察、记录了村民的日常生活和乡村建设的具体情况。在党员群众服务中心，课题组成员观察并收集了党群活动建设的相关资料，发现该村党员群众服务中心在基础设施保障方面较为完善。在对老李桃园的走访观察中，课题组成员观察、记录了村民老李自创的桃树和番鸭混养的生态种养模式，体会到生态农业对农民生活的切实影响，更感慨于农业技术指导对农业发展的重要性。在与村民一起跳广场舞的过程中，课题组成员了解到相比于政府组织的电影下乡活动，村民们更喜欢广场舞这种形式的活动。以广场舞为载体的“百姓大舞台”为村民提供了一个互相倾诉的场所，使得村民能够在交流中对日常乡村生活中发生的事情形成相对一致的价值判断，逐渐形成新时期的道德共识，增强乡村凝聚力，发挥伦理共同体的独特优势。

（三）辘辘村

辘辘村实地调研时间为2017年7月19日—7月23日。

1. 问卷调查

根据辘辘村村委会提供的户籍花名册，截至2017年7月，辘辘村在籍居民总数共1 326人，除去全村年龄低于18周岁和高于70周岁的人群后，调查总体为886人。根据调查组设定的5%的抽样比例，样本容量应是44.3。考虑本地区在外打工的人数相对较多，而且辘辘村本地村民文化程度较低，所以为保证实际能访问到的样本量充足和调研的顺利性和有效性，故课题组讨论决定把样本容量放宽到150。遵循系统抽样的方法，依照村委会提供的户籍花名册，根据确定的样本容量进行等距抽样（886/150≈5.91），确立以每隔6人次为距离，最终共抽取出148个样本。

实地调查中，由村书记通知各村组长识别抽中名单中的本组成员，再由村组长协助通知各个被抽取到的调查对象来辘辘村村委会集中。在调查中，受过一定程度教育、有自行答题能力的调查对象独立作答，访问员做必要的疑问解答，调查对象作答后由访问员统一收回问卷。文化程度相对较弱、不能自行答题的调查对象由访问员一对一地按照统一要求逐题读卷，并协助调查对象记录所需答案。在整个读卷、做卷过程中，督导员和其余访问员协助维持现场秩序，确保调查对象在相对集中的环境下不受干扰，从而保证调查质量。因为辘辘村村民文化水平和普通话水平较低，有相当数量的调查对象不识字且与访问员不能有效沟通，因而在实地调查中，课题组发动了一部分当地受过良好教育的青年人作为“编外访问员”，由他们担当“语言中介”帮助课题组完成跟调查对象的访问和沟通工作。访问员严格把控、监督整个问答过程，确保意思表达正确、调查对象的真实想法可以落实到问卷上。最终共收回 105 份有效问卷。

2. 深度访谈

在辘辘村，课题组对包括幼儿园教师、原村委会主任、原岷县交警大队协警、原村委会会计、外出务工人员以及以种植当归为生的普通村民进行了 11 例访谈。其中，男性 8 名，女性 3 名，年龄从 19—55 岁不等。

调研正式开始当天上午，课题组在村书记家确定好访谈对象名单，并由村书记电话通知受访者到村委会办公室进行访谈。访谈于当日下午正式开始，分两组在村委会会议室进行。每组访谈由一位组员主导谈话，另外一位组员负责记录，每例访谈时间用时 0.5—2 小时不等。在访谈过程中，访谈者根据村民的实际情况，有针对性地调整访谈内容，得到了受访者的热情回应。由于部分受访者普通话表达能力不够好，而访谈者又不懂当地方言，因此在访谈过程中有时会出现交流不畅的情况，但最终访谈都较为顺利地完成了。11 例访谈均在征得受访者同意后进行了录音。

3. 现场观察

在辘辘村的现场观察中，课题组深入村民的生活当中，与他们聊天交心。村民们虽然声称重视教育，也希望自己的孩子能够接受更好的教育，然而课题组成员观察到的现实情况却是八九岁的孩子还没有开始接受小学教育，家长任由他们在田间地头玩耍。因此，实际上在村民心中，教育是学校的事情，与家庭家风无关。山路崎岖狭窄、旱厕蚊蝇环绕、没有自来水设施，这些都是村民在访谈和问卷当中提到的贫困问题的切实印证。经观察发现，大山阻隔了一切，阻隔了人际交往也妨碍了辘辘村村民的视野，辘辘村的贫困不仅仅是由于自然资源的匮乏，更多还在于村民思想的保守和封闭。

（四）下聂村

下聂村实地调研时间为2017年7月25日—7月28日。

1. 问卷调查

村中的行政事务由本村宗祠的理事长兼职打理，无法提供完整的村民信息，仅能提供本村的户籍信息。因此在保证抽样样本量有足够代表性和统计意义的前提条件下，从调研的实际操作性出发，课题组决定改为考虑不同年龄段，由村祠堂理事从不同年龄段中抽取在村的人口作为样本。与此同时，下聂村由于白天留守的多为老人、幼儿和带孩子的妇女，傍晚在本市（附近）打工的中青年村民才会返回村中，而在外市和外省打工的村民一般要在过年才会返回本村，在综合考虑不同人群的作息时间以及大致的流动情况的前提下，课题组确定以定点抽样和入户抽样两种形式进行调查。

定点抽样由村祠堂理事从不同年龄段中抽取在村的人口作为样本，集中在村祠堂填写问卷。入户调查在晚上进行，采取随机方式，排除已参与定点调查的村民，仅对该家庭的中青年村民进行调查。调查共抽取了120个样本，最终共收回97份有效问卷。

2. 深度访谈

在下聂村，课题组共对九位村民进行了深度访谈，其中包括3名女性、6名男性，年龄从21—69岁不等。受访者的职业分别为原临川区文化局局长、建筑工人、家庭妇女、村主任和普通农民等，均具有典型性。

在了解课题组希望访谈对象兼顾职业、收入、年龄、性别等方面要素之后，嵩湖乡乡长和协助工作的一位年轻村干部表示，村里20—50岁的年轻劳动力基本上全部在外打工，这一年龄段的样本几乎无法前来参加访谈。同时，村里有一部分年轻人白天在抚州市打工，晚上才会回到村里。因此，在村主任的建议下，课题组成员上午先进行部分访谈，晚上再次返回村里，由村干部帮助课题组成员入户寻找20—50岁的中青年样本进行访谈。访谈分两组在聂氏宗祠进行，由两位组员合作进行访谈，一位组员负责主导谈话，另外一位组员主要负责记录，每例访谈时间0.5—2小时不等。访谈双方语言沟通顺畅，受访者热情回应，较好地完成了访谈任务。所有访谈均在征得受访者同意后进行了录音。

3. 现场观察

在下聂村，课题组成员深入聂氏宗祠、津达书院等地进行系统的观察和走访，村庄中每一户人家的正门上方都有一块牌匾，牌匾内容是乡政府为了弘扬传统礼治，根据各家实际状况和夙愿，为村庄的每户人家所题写的。在津达书院，课题组成员收集了书院成立和发展的相关资料，也亲自参与了正在书院举行的支教活动。种种所见所闻，都反映出礼治等传统文化在村庄中的影响。

（五）华宏村

华宏村实地调研时间为 2017 年 8 月 19 日—8 月 22 日。

1. 问卷调查

本村籍居民相对集中于华宏世纪苑小区，外来人口多聚集于农贸市场和华宏集团。在保证各个抽样地点选取的样本量有足够代表性和统计意义的前提条件下，课题组充分考虑了不同调查区域的实际情况和调查组织实施的可操作性，按照户籍人口和流动人口这一特征指标，来具体分配样本量。调查共抽取了 220 个样本，其中本地人员样本 140 个，外来人员样本 80 个。本地人员样本量具体按照户籍人口的实际分布情况制订了相应的样本采集方案，外来人员样本量根据人口的流行性和作息时间等实际情况制订了相应的样本采集方案。

在调查中，课题组成员以中立研究者的身份说明了来意及基本的调查内容，以了解民意为调查目的进行了访问，从而有效地降低了调查对象的敏感度和思想顾虑。调查使用入户面对面式问卷访问的方式，采用访问员读录法，即由访问员读出问卷上的问题，由调查对象回答，访问员在问卷上填答案。最终共收回 128 份有效问卷，其中本地人员的 76 份，外来人员的 52 份。

2. 深度访谈

此次调研一共对华宏村的 12 名村民进行了深度访谈，其中男性 8 名、女性 4 名，年龄最大的 71 岁，最小的 21 岁。受访者涵盖了治安管理者、原建筑工人、退休教师、村干部、宾馆经理、会计、农贸市场经理、华宏集团领导等，均具有典型性。

村委会委员按照事先的沟通，为课题组联系了访谈对象。访谈对象的选择兼顾了职业、收入、年龄、性别，其中既有 2007 年 1 月课题组在华宏村开展为期近十天的田野工作时曾访谈过的对象，也有此次新安排的访谈对象。由于部分受访者不愿或不方便集中到村委会进行访谈，因此访谈地点安排在华宏村村委会、华宏世纪苑活动中心和华宏集团大楼。访谈过程进行得十分顺利，访谈双方语言沟通顺畅，受访者热情回应，每例访谈用时 0.5—2 小时不等。所有访谈均在征得受访者同意后进行了录音。

3. 现场观察

在华宏村的走访观察中，由于华宏村城市化程度高，村民对于陌生人的防备心比较强，课题组成员在融入村民当中与他们交流谈心时，很多村民不愿意与之交流，这给系统观察和了解村民真实的生活状况和心理状态造成了一定的困难。但是，在参观村委会办公楼、走访村企业的过程中，课题组成员还是收集到了大量关于该村发展的重要资料。

（六）王杰村

王杰村实地调研时间为 2018 年 5 月 31 日—6 月 3 日。

1. 问卷调查

本地居民相对集中于村内，外出打工的流动人员较少。在综合考虑了不同人群的作息时间以及大致的流动情况的前提下，课题组以王杰村村委会为中心积极展开了调查。在保证选取的样本量有足够代表性和统计意义的前提条件下，充分考虑调查区域的实际情况和调查组织实施的可操作性，课题组按户籍人口这一特征指标具体分配样本量。根据王杰村村委会提供的户籍花名册，遵循系统抽样的方法，根据抽样比例，每隔一定间距抽取 1 个个人样本，共抽取了 236 个样本，全为本地人员样本。

在调查中，课题组成员以中立研究者的身份说明了来意及基本的调查内容，以了解民意为调查目的进行了访问，从而有效地降低了调查对象的敏感度和思想顾虑。调查使用入户面对面式问卷访问的方式，采用访问员读录法，即由访问员读出问卷上的问题，由调查对象回答，访问员在问卷上填答案。最终共收回 114 份有效问卷。

2. 深度访谈

在王杰村，课题组一共进行了 12 例深度访谈，访谈对象包括小学教师、保洁员、卫生院医生、村书记、信用社业务员、热力公司门卫及普通村民，其中男性 9 名，女性 3 名，年龄最大的 79 岁，最小的 28 岁，均具有典型性。为确保访谈顺利进行，课题组提前与王杰村村书记、村委会主任等主要干部见面，确定了具体的访谈名单，并由村干部通知受访对象，确保其能顺利接受访谈。

访谈地点安排在村委会图书室和村委会办公室。访谈由两位组员合作完成，一位主导谈话，另一位山东籍组员负责“翻译”和记录工作。虽然部分受访者由于年龄较大，无法用普通话进行沟通，但是在山东籍组员的“翻译”下，访谈工作进行得非常顺利。访谈过程中，访谈者根据受访者自身的特点，从不同角度切入话题，消除了受访者的戒备之心，访谈双方语言沟通顺畅，村民热情回应，每例访谈用时 0.5—2 小时不等。12 例访谈均在征得受访者同意后进行了录音。

3. 现场观察

在王杰村走访观察的过程中，村内笔直且纵横交错的马路、每家每户都有的小院子、村口的自助银行取款机、村里可以送外卖的小饭馆等，无不反映了王杰村较高的经济发展水平和生活条件。村口最显眼的位置张贴着“让王杰精神绽放新时代光芒”的标语；村庄路上随处可见摘录于王杰日记中的警句——“当兵是为人民、为党、为祖国而来的，不管任何工作，党指到哪里就冲到哪里，就是需要献上青春也没有怨言”“在平凡的工作岗位上，只要像雷锋一样全心全意地为人民服务，做一颗永不生锈的螺丝钉，同样会做出伟大的事业”；村委会到处张贴着王杰“二不怕三不伸手”精神的海报，这些内容都时刻提醒着人们不忘王杰精神，向王杰烈士学习，也体现了该村精神文明建设做得非常不错。在走访观察过程中，每家每户门口所堆放的大量成捆成袋的大蒜使观察者深感欣慰，认为这一定可以换来可观的收入，但通过与村民交流后得知，目前大蒜收益并不好，基本上卖不出去，更谈不上有什么收益。村民纷纷表达以后再也不想种蒜了。

（七）林屋村

林屋村实地调研时间为 2018 年 8 月 13 日—8 月 17 日。

1. 问卷调查

在林屋村村干部无法提供相对完整的村庄花名册的情况下，课题组通过综合考虑样本结构、村民聚散状况和村庄实际情况，遵循“村—样本个人”的程序对林屋村村民进行多阶段抽样。第一阶段，根据测算和实地考察，课题组从全村抽取林屋村公共服务站、李姐便民服务店、林屋机械厂、农贸市场 4 个典型人群聚集地作为第一阶段样本；第二阶段，从第一阶段抽取的人群聚集地中选取不同性别、不同年龄层的村民进行问卷调查。与此同时，在兼顾样本全面性和代表性的基础上，课题组对部分自然村庄进行入户抽样。此次田野调查共收回 164 份有效问卷。

在田野调查过程中，课题组成员在村干部和“李姐”的带领下，利用村庄“熟人关系”对村民进行问卷调查，从而有效降低了调查对象的敏感度和思想顾虑。与此同时，在充分考虑村民的文化程度并保证调查结果客观性的前提下，此次问卷调查采用“访问员访问”的方式进行。访问员事先经过统一培训，按照培训要求，以统一口径为被调查者读出问卷题目，然后记录调查对象的答案。利用这种方式，一方面，可以通过访问员与调查对象的直接交流，避免不必要的误解，进而达到较为理想的效果；另一方面，由访问员按照统一要求读出问卷上的问题，并记录下调查对象所选择的答案，能够有效地规范访问员的访问行为，保证每一位访问员提供的信息和资料都是按照统一口径获得的，从而减少因个人行为而导致的误差。

2. 深度访谈

在林屋村，课题组对包括村书记、中学退休教师、便利店店主、公司退休员工、公司在职员工及普通村民在内的 7 人进行了深度访谈。其中，男性受访者 4 名，女性受访者 3 名，年龄从 30—78 岁不等。

由于林屋村无法提供具体的花名册，在访谈对象的选择上，课题组以林屋村公共服务站、李姐便民服务店、林屋机械厂、农贸市场 4 个典型人群聚集地作为取样地点，观察并挑选合适的访谈对象。同时，抽样的访谈对象因各种原因无法前往村委会服务站进行访谈，有的是忙于家务、照看孩子，有的是工作繁忙无法抽身，因此访谈地点也频频更换，从林屋村公共服务站到林屋村便利店，再到林屋村粤凯机械有限公司会晤室。对于实在不便外出接受访谈的村民，课题组成员对其进行了上门访谈。由于部分受访者普通话表达不好，而访谈者又不懂当地吴川方言，因此在访谈过程中有时会出现交流不畅的情况。每例访谈用时 0.5—2 小时不等。所有访谈均在征得受访者同意后进行了录音。

3. 现场观察

在到林屋村公共服务站、李姐便民服务店、林屋机械厂、农贸市场等地挑选问卷和访谈的样本时，课题组成员得以对整个林屋村的基本面貌和村民的真实生活进行细致入微的观察。通过观察，三层小楼是大多数人家住房的“基本配置”，最高的甚至达到五层。家中的装修、家具、家电也都与城市几乎没有差别，反映出了村民较高的居住条件和日常消费水平。课题组成员在与村中小朋友玩耍时得到了他们的喜爱。通过观察可以发现，孩子们表达喜欢的方式十分独特，“骂‘死’你”“打‘死’你”等口头禅是其中一种，这显然是缺乏家长的正确教育引导所致。村民对孩子散养的方式也使得这群孩子缺乏足够的家庭教育。孩子的教育不能单单依靠学校，而在这里，家庭教育的缺失或是造成孩子“独特”表达方式的原因。在入户调查时，课题组成员起初得到了一户人家的热情招待，后又遭到对方质疑。在课题组成员看来，他们最初之所以热情招呼大家应该是出于好客的习惯，而冷言拒绝接受调查则是出于对自身利益的保护。这两者虽然表现形式不同，但本质上都是对“安全第一”这种生存伦理的追求。

三、访谈资料整理和问卷数据处理与统计分析

在完成实地调查工作后，访谈录音资料由记录员结合访谈笔记全部整理为文字材料。为更加清晰地呈现访谈内容，在保持访谈者叙述原意的同时，记录和整理人员对少量过于口语化和方言化的内容进行了适当删改。同时需要说明的是，访谈记录仅仅是对访谈内容的呈现，课题组并未对叙述内容的真伪进行核实。

问卷调查结果采用 SPSS（Statistical Product and Service Solutions）高级统计分析软件进行数据处理及统计汇总分析。具体过程为：

1. 在全部问卷收回后，由专人录入相关信息，并进行条目编码；

2. 指派专人对初次录入数据表进行两次复核，尽可能减少人为操作失误造成的登记误差；

3. 使用最新 SPSS 高级统计分析软件进行数据查错工作，以确保统计数据的质量，为最终完成数据汇总分析工作打好基础；

4. 使用最新 SPSS 高级统计分析软件进行抽样调查高级统计分析工作，最终完成数据处理及统计汇总分析工作。

四、质量控制

（一）访问工作的奖惩机制

为了调动访问员工作的积极性，并能有效监控访问员的工作质量，课题组在调查过程中设定了严格的奖惩机制，坚决反对任何在问卷填写过程中的弄虚作假、粗制滥造行为，奖励在访问中诚实、认真、负责等表现良好的访问员。

（二）质量过程控制

此次调查的质量过程控制贯穿整个调查执行过程当中，多道监督、复核程序确保了问卷数据的科学性和准确性。在问卷设计过程中，课题组聘请专家、学者及当地行政管理部门的官员，多次讨论，针对调查问卷多次易稿，确保了问卷设计、调查方案的制订都具备高水平、高质量的特点。在调查实施过程中，督导员负责解答访问员在访问过程中发现的任何关于问卷内容和抽样方法的问题，督导员不定时地进行入户陪访，负责调查对象的确认、配额检查、现场访问工作的指导和访问质量的监控。督导员负责每天对该地访问员交回的所有访问问卷进行至少两次卷面审查，卷面不符合规定要求的及时返工，确保问卷的有效性和完整性。

在全部问卷收回后，录入所有的数据信息并派专人对初次录入数据表进行两次复核，尽可能减少人为操作失误造成的误差。对初次复核过的数据，使用最新 SPSS 高级统计分析软件再次进行数据查错工作和统计分析工作，以确保统计数据的质量，最终完成数据汇总分析工作。

需要说明的是，为了更为直观地体现村民对调研问题的反映，调研数据最终以饼图的形式呈现。系统在生成饼图过程中，对百分号前的数值进行了四舍五入，仅保留 1 位小数，从而可能造成部分饼图各选项数值之和大于或小于 100%的现象。

第三章

调研问卷与基本数据

第一节
调 研 问 卷

编号：________

中国乡村伦理研究调查问卷

国家哲学社会科学基金重大项目“中国乡村伦理研究”课题组

（问卷首页）

1. 调查地点

________省________市________区（市、县）________镇（乡）________村

2. 调查员（签名）________

3. 初　检（签名）________

　复　检（签名）________

　终　检（签名）________

尊敬的女士/先生：

您好！

我是国家哲学社会科学基金重大项目“中国乡村伦理研究”课题组的调查员，我们正在进行一项关于乡村生活和乡村伦理的社会调查。依据系统抽样方法，选中了您进行调查。本次调查是匿名的学术调查，旨在了解我国当前乡村伦理的现状与问题，调查的最终结果表现为统计数据形式，并且完全用于学术研究。我们将严格按照《中华人民共和国统计法》对您的回答情况保密。因此，本次调查既不会泄露您的个人隐私，也不会给您带来任何方面的不良影响。您的合作与支持对我们的研究非常重要，在此向您表示衷心的感谢！

“中国乡村伦理研究”课题组

2017年7月

个人调查表(主卷)

请调查员先翻到问卷最后一页填写调查开始时间。

A部分　个人基本情况

A1. 您的性别：________。

1. 男　　2. 女

A2. 您现年多少周岁？________周岁。

A3. 您当前的婚姻状况是________。

1. 未婚　　2. 初婚有配偶　　3. 再婚有配偶
4. 离婚　　5. 丧偶

A4. 您的户口是________。

1. 城镇户口　　2. 农村户口　　3. 其他

A5. 您的受教育程度是________。

1. 未受过正式教育　　2. 小学　　3. 初中
4. 职高、技校、中专　　5. 高中　　6. 大专
7. 本科　　8. 研究生及以上　　9. 私塾
10. 其他

A6. 您的政治面貌是________。

1. 群众　　2. 中共党员(含预备党员)
3. 民主党派　　4. 共青团员　　5. 其他

A7. 您的宗教信仰是________。

1. 基督教　　2. 佛教　　3. 伊斯兰教
4. 其他　　5. 无宗教信仰

A8. 您的籍贯地在本地吗?

1. 在　　2. 不在

A9. 您的户口所在地在本地吗?

1. 在　　2. 不在

A10. 您目前的职业是________。

1. 国家机关、党群组织、企业、事业单位人员
2. 专业技术人员
3. 办事人员和有关人员
4. 商业、服务业人员
5. 农、林、牧、渔、水利业生产人员
6. 生产、运输设备操作人员及有关人员
7. 军人
8. 不便分类的其他从业人员
9. 离退休(下面回答离退休前的单位状况)
10. 失业/下岗(下面回答失业下岗前的单位状况)
11. 在校学生跳答 A14 题

A11. 您去年全年的个人总收入大约在________。(单位:元)

1. 3 000 以下　　2. 3 000—7 999　　3. 8 000—19 999
4. 20 000—49 999　　5. 50 000—99 999　　6. 100 000 及以上
a. 不知道/说不清　　b. 拒绝回答

注:总收入是指包括工资、各种奖金、补贴、分红、股息、经营性纯收入、银行利息、馈赠等所有收入。(A12、A13 题同)

A12. 您今年全年的个人理想总收入大约是________。(单位:元)

1. 5 000—9 999　　2. 10 000—29 999　　3. 30 000—59 999
4. 60 000—99 999　　5. 100 000 及以上　　a. 不知道/说不清
b. 拒绝回答

A13. 您家去年全年家庭各种收入大约在________。(单位:元)

1. 3 000 以下　　2. 3 000—7 999　　3. 8 000—19 999
4. 20 000—49 999　　5. 50 000—99 999　　6. 100 000 及以上
a. 不知道/说不清　　b. 拒绝回答

A14. 总的来说,您对目前家庭的收入水平是否满意?

1. 很不满意　　2. 不太满意　　3. 一般
4. 比较满意　　5. 非常满意　　a. 不知道/说不清
b. 拒绝回答

A15. 总的来说,您对自己的生活状况是否满意?

1. 很不满意　2. 不太满意　3. 一般
4. 比较满意　5. 非常满意　a. 不知道/说不清
b. 拒绝回答

B部分　中国乡村伦理研究

B1. 在下面的几种美德中,您认为哪个最为重要?

1. 勤劳　2. 节俭　3. 诚信
4. 宽容　5. 公正　6. 无私
7. 其他　a. 不知道/说不清

B2. 您与他人交往时最看重的是什么?

1. 看他的人品如何　2. 看他是否和自己投缘
3. 看他是否有权有势　4. 看他是否很有钱
5. 看他今后是否对自己有用　6. 是不是对自己好
7. 其他　a. 不知道/说不清

B3. 在现代社会,您认为个人成功最需要的是什么?

1. 钱　2. 权力　3. 能力
4. 家庭背景　5. 人际关系　6. 人品
7. 学历　8. 其他　a. 不知道/说不清

B4. 您认为这些年来,村里人变得如何?

1. 越来越会为自己算计,各家自扫门前雪
2. 主要为自己着想,但也能适当为村里事和邻里乡亲着想
3. 为村里事和大伙着想的人越来越多,为大家想就是为自己想
4. 心里全装着乡亲们,没有私心杂念
5. 没什么太大变化
a. 不知道/说不清

B5. 您对工作的基本态度是什么?

1. 得过且过,混口饭吃而已
2. 既然做了,就要认认真真做好

3. 单位有纪律，想不认真也不行
4. 工作让人感觉充实，是一件很快乐的事
5. 认真工作就能取得成绩，从中可以获得成就感
6. 其他
a. 不知道/说不清

B6. 您选择工作时主要考虑的是什么？（最多选三项）

1. 收入越多越好　2. 工作不能太累　3. 工作环境不能太差
4. 工作不能伤身体　5. 离家远近　6. 能否学到新本领
7. 有没有发展空间　8. 其他　a. 不知道/说不清

B7. 您认为最理想的职业是什么？（最多选三项）

1. 公务员　2. 企业管理者　3. 教师、医生等专业技术人员
4. 个体工商业者　5. 商业、服务业人员　6. 农民
7. 工人　8. 军人　9. 其他
a. 不知道/说不清

B8. 您觉得孩子读书有用吗？

1. 非常有用　2. 有用　3. 有一点用
4. 没有用　5. 其他　a. 不知道/说不清

B9. 您打算继续在本村住下去吗？

1. 是的，因为在这里生活得很好
2. 是的，因为住这里时间长了，习惯了
3. 不是的，如果有更好的环境就离开
4. 不是的，只是由于一些特殊的原因才留在这里
a. 不知道/说不清

B10. 您平日里闲时都干些什么？（最多选三项）

1. 一年四季忙到头，没有闲的时候　2. 和人聊天交流
3. 看电视、报纸、杂志　4. 棋牌活动
5. 电脑或手机上网　6. 睡觉
7. 其他　a. 不知道/说不清

B11. 您在选择结婚对象时会主要考虑哪些因素？（最多选三项）

1. 家庭条件　2. 两个人的感情　3. 个人外在条件
4. 人品　5. 是否有手艺　6. 是否志同道合
7. 其他　a. 不知道/说不清

B12. 您认为恋爱结婚的主要目的是什么?

1. 生娃　2. 实现父母愿望　3. 生活有依靠
4. 有自己的家　5. 相亲相爱一辈子　6. 其他
a. 不知道/说不清

B13. 您认为影响夫妻感情的主要因素是哪些?(最多选三项)

1. 是否忠诚有责任心　2. 收入高低　3. 思想观念是否一致
4. 性生活是否和谐　5. 家庭暴力　6. 子女问题
7. 与对方家人相处是否融洽　a. 不知道/说不清

B14. 您认为理想的婚姻家庭是怎样的?(最多选三项)

1. 不为吃穿发愁　2. 夫妻感情好
3. 家庭成员身体健康,相处和谐　4. 孩子懂事有出息
5. 夫妻没有长久的两地分居　6. 父母和子女经常沟通交流
a. 不知道/说不清

B15. 您如何看待婚前性行为?

1. 反对　2. 双方愿意无可厚非
3. 可以理解,但不会做　4. 属于个人隐私不做评论
5. 满足感情需要可以理解　6. 确定结婚可以
a. 不知道/说不清

B16. 您如何看待婚外性行为?

1. 反对　2. 互相愿意无可厚非
3. 可以理解,但不会做　4. 属于个人隐私不做评论
5. 满足感情需要可以理解　a. 不知道/说不清

B17. 您认为生养孩子的首要目的是什么?

1. 老了有依靠　2. 生男孩以传宗接代
3. 为社会尽义务　4. 活着有意义
5. 感情的寄托　6. 家庭完美

a. 不知道/说不清

B18. 您认为农村小孩的家庭教育应重视哪些方面的内容？（最多选三项）

1. 思想品德教育，懂道理孝敬父母
2. 学习习惯培养，爱学习
3. 生活技能教育，自立自强
4. 安全教育，不做危险事
5. 心理情感教育，培养好性格好心态
6. 生活行为习惯培养，没有恶习和不良嗜好

a. 不知道/说不清

B19. 您觉得尽孝要做到哪些？（最多选三项）

1. 不打骂父母　　2. 让父母有安身之处
3. 必要时提供物质和生活照料　　4. 经常探望和关心
5. 让父母感到有面子　　6. 自立自强

a. 不知道/说不清

B20. 您家经济收入的主要来源有哪些？（最多选三项）

1. 离家外出打工　　2. 开矿开厂　　3. 做生意
4. 种植　　5. 养殖动物　　6. 本地企业上班
7. 打短工　　8. 其他　　a. 不知道/说不清

B21. 如果与他人发生了经济纠纷，您会怎么办？

1. 忍了算了　　2. 托熟人解决
3. 通过打官司解决　　4. 找村委员或村党支部解决
5. 带上一帮人来硬的　　6. 上访
7. 其他　　a. 不知道/说不清

B22. 您家主要的经济支出是什么？（最多选三项）

1. 住房　　2. 子女教育　　3. 子女结婚
4. 穿衣吃饭　　5. 人情往来　　6. 医疗
7. 其他　　a. 不知道/说不清

B23. 您对家庭支出的态度是怎样的？

1. 要尽可能地少花

2. 该花的花,不该花的不花
3. 赚得多,花得多;赚得少,花得少
4. 有多少花多少,享受最重要
5. 花钱是为了赚钱
6. 其他
a. 不知道/说不清

B24. 如果有可能赚钱的机会,您会如何做?
1. 只要赚到钱就行,其他的暂不考虑
2. 想尽一切办法去赚,但会遵纪守法
3. 赚钱往往有风险,还是安稳点好
4. 其他
a. 不知道/说不清

B25. 如果有人向您借一万元,您会借吗?
1. 无论如何都不借
2. 借,但必须要打欠条
3. 借,但必须要到公证处公证
4. 借,只要熟人担保就可以,不用打欠条
5. 借,但必须要打欠条,而且要找熟人担保
6. 借,但只借熟人
7. 其他
a. 不知道/说不清

B26. 如果急需数目较大的一笔钱,您会怎么办?
1. 向亲戚朋友借,不打欠条,不付利息
2. 向亲戚朋友借,打欠条,不付利息
3. 向亲戚朋友借,打欠条,付利息
4. 借高利贷
5. 向农村信用社或银行借贷
6. 其他
a. 不知道/说不清

B27. 您对个人收入差距的看法是什么？

1. 不公平，收入应该人人平等
2. 不公平，富人可能采用了不正当的手段
3. 很正常，做得多拿得就应该多
4. 很正常，收入有差距才能激发人通过努力去赚钱
5. 可以有差距，但差距不能太大
6. 其他

a. 不知道/说不清

B28. 请问您种地的时候是否会大量使用农药和化肥？

1. 会大量使用　2. 会少量使用　3. 不会使用

a. 不知道/说不清

B29. 您在从事种地或养殖的时候是否会考虑环保、生态、健康等因素？

1. 会考虑　2. 会很少考虑　3. 根本不考虑

a. 不知道/说不清

B30. 现在乡村是否有环保法规？

1. 有，而且很完善　2. 有，但不完善　3. 没有，但很需要

4. 没有，也不需要　a. 不知道/说不清

B31. 您认为环境保护和经济发展哪个更加重要？

1. 环保更重要　2. 经济发展更重要　3. 都很重要

4. 都不重要　a. 不知道/说不清

B32. 您认为可以通过建设美丽乡村（比如农家乐、有机食品等）实现致富吗？

1. 可以的，而且很赚钱　2. 可以的，但是收入有限

3. 不可以　a. 不知道/说不清

B33. 村里是否有关于环保的宣传？

1. 有，也会自觉做到
2. 有，但是没有人理会
3. 没有，但是大家感觉需要环保的宣传教育
4. 没有相关宣传，也并不需要

a. 不知道/说不清

B34. 您能准确说出最近一次民主选举产生的村干部名字吗？

1. 能全部说出　　2. 能说出一半及以上
3. 只能说出一半以下　　4. 完全不知道

B35. 您主要通过哪些渠道了解村里的管理情况？

1. 村里会议　　2. 村务公开栏　　3. 村级广播
4. 询问村干部　　5. 上网查阅　　a. 不知道/说不清

B36. 当村干部的决策损害您和大多数村民利益时，您通常会怎样？

1. 主动联合其他村民，制造舆论给村干部施压
2. 观望一段时间，有人反对就一起加入，没人反对就默默忍受
3. 上访
4. 向新闻媒体反映
5. 始终不管不问
6. 直接向村干部提出
a. 不知道/说不清

B37. 有关乡村发展的事情，你们村一般如何解决？

1. 召开村民（代表）会议讨论决定
2. 村干部到村民家中征求意见后决定
3. 村干部自己决定
4. 由村民主动提出意见或建议
a. 不知道/说不清

B38. 您认为在乡村日常事务中谁的影响力最大？

1. 村干部
2. 经济上有实力的人
3. 大的家族势力
4. 德高望重的人
5. 黑社会势力
a. 不知道/说不清

B39. 您认为一个好的村干部在哪个方面最重要？

1. 能带动村里的经济发展，带领村民致富

2. 工作热情卖力，勤勤恳恳
3. 为人正直，大公无私，乐于奉献
4. 能协调好上下级的关系
a. 不知道/说不清

B40. 您认为国家三农政策在村庄得到落实了吗？
1. 得到了主动落实
2. 在村民的争取下基本得到落实
3. 即使在村民的争取下也得不到基本落实
a. 不知道/说不清

B41. 您村的村规民约对村民有约束力吗？
1. 没有村规民约
2. 有村规民约，但完全没有用
3. 有村规民约，但只有很少作用
4. 有村规民约，基本能起到约束作用
5. 有村规民约，并且对村民有很强的约束力
a. 不知道/说不清

B42. 人们在社会生活中总要和不同的人打交道，下列成员，您在多大程度上信任他们？

	完全信任	比较信任	一般	比较不信任	完全不信任	说不清	拒绝回答
家庭成员							
亲戚							
朋友							
邻居							
同事							
单位领导							
村长①							
同村人							
陌生人							

① 村长，即村主任，此部分按照调查表实录，未做修改（下同）。

B43. 您是否有出村的经历？

	从来没有	偶尔有	经常有	将来会有	说不清
村外					
镇外					
市外					
省外					
国外					

调查到此结束，谢谢您的合作！

调查时间

	访谈日期（月、日）	开始时间（时、分）24 小时制	结束时间（时、分）24 小时制	成功与否 1. 成功 2. 失败	未成功的原因
问卷访谈					

注：未成功的原因选项：01. 不能调查（被访者生病） 02. 被访者要求调查员稍后再来 03. 完成了部分调查，必须再来 04. 遭被访者拒绝

住户地址________________（非必填） 住户电话________________（非必填）

第二节
问卷基本数据

一、西岭村问卷调查基本数据

A1. 您的性别：________。

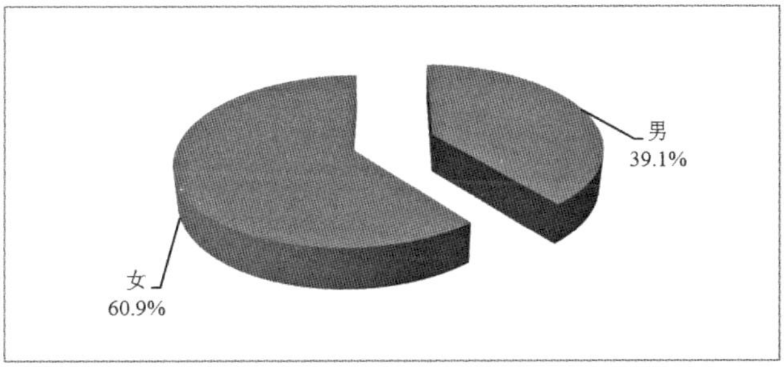

A2. 您现年多少周岁？________周岁。

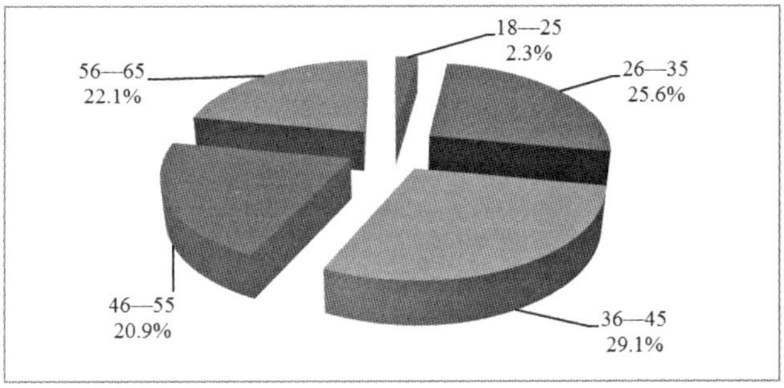

A3. 您当前的婚姻状况是________。

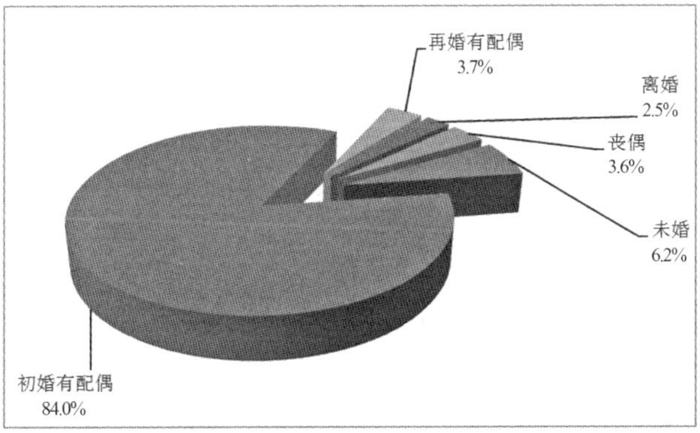

A4. 您的户口是________。

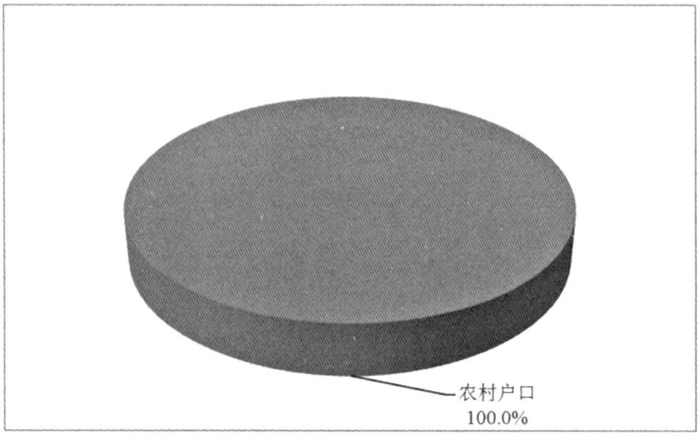

A5. 您的受教育程度是________。

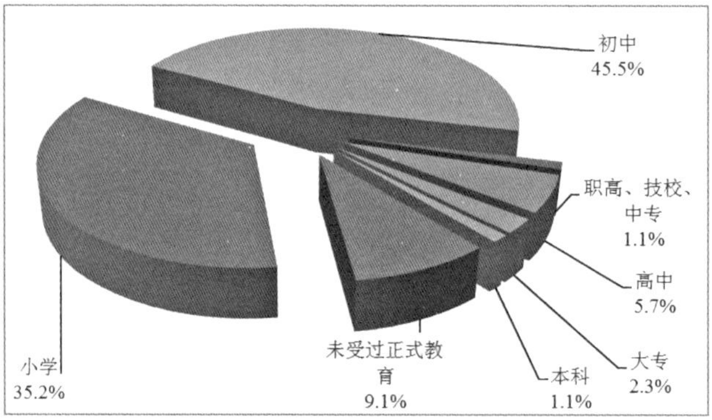

A6. 您的政治面貌是________。

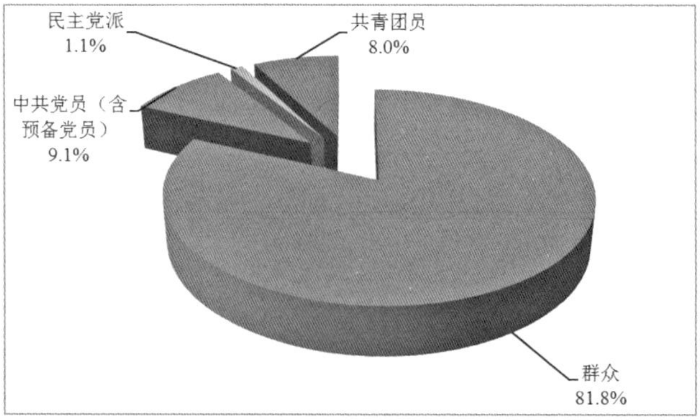

A7. 您的宗教信仰是________。

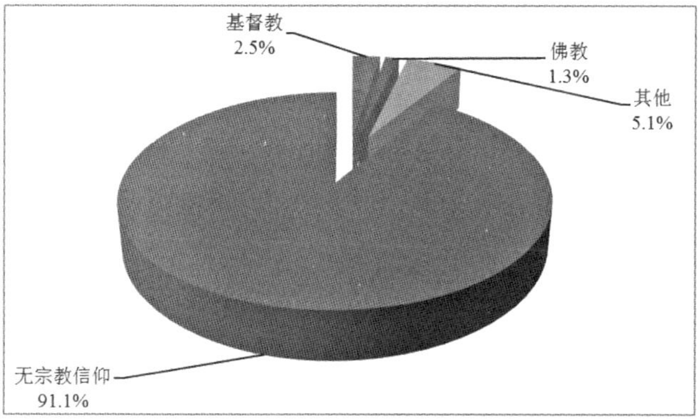

A8. 您的籍贯地在本地吗？

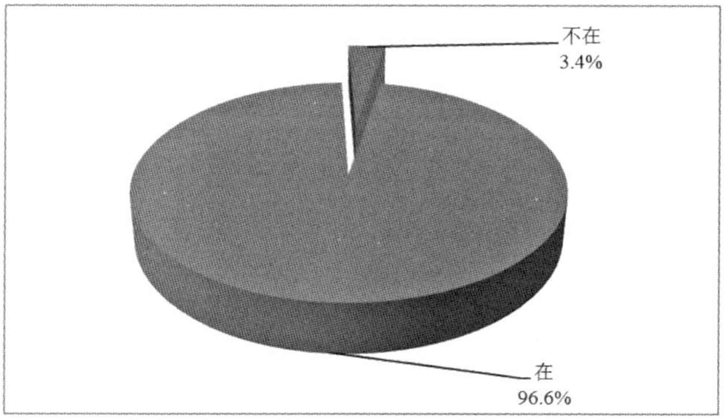

A9. 您的户口所在地在本地吗？

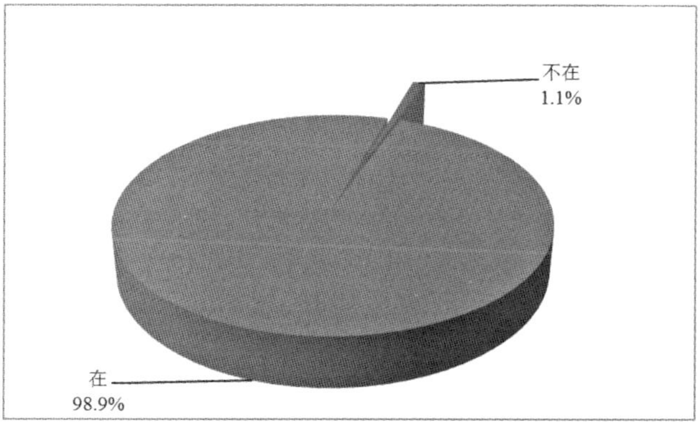

A10. 您目前的职业是________。

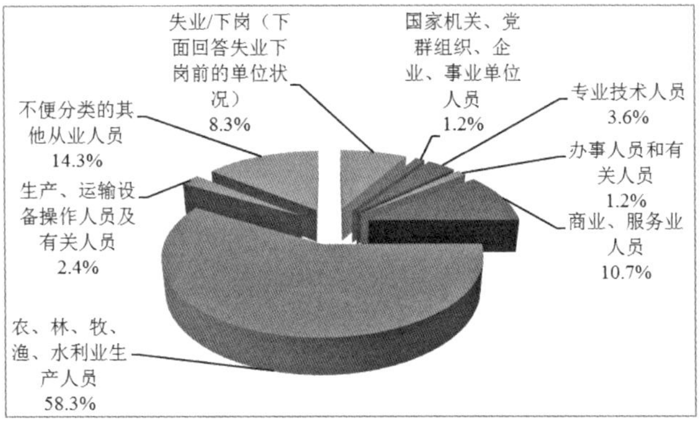

A11. 您去年全年的个人总收入大约在________。（单位：元）

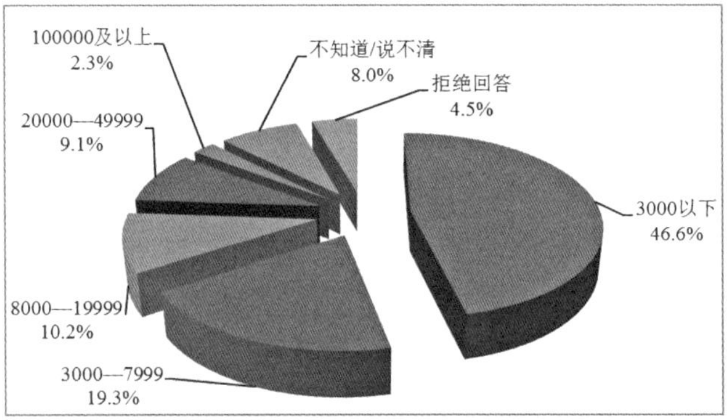

A12. 您今年全年的个人理想总收入大约是________。（单位：元）

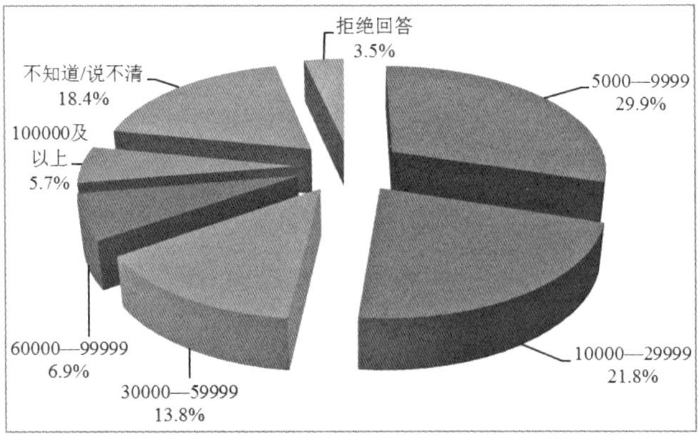

A13. 您家去年全年家庭各种收入大约在________。(单位：元)

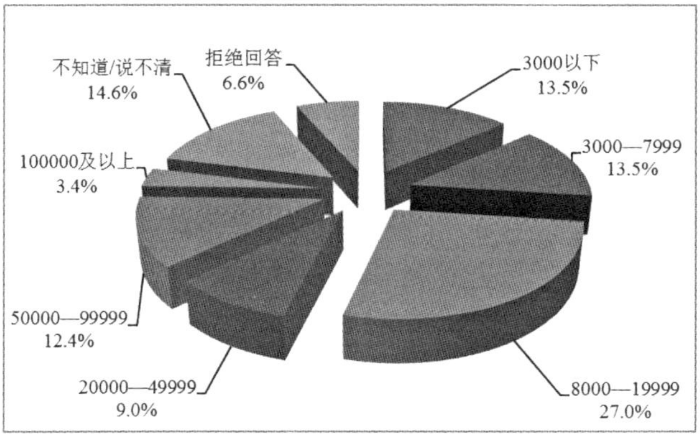

A14. 总的来说,您对目前家庭的收入水平是否满意?

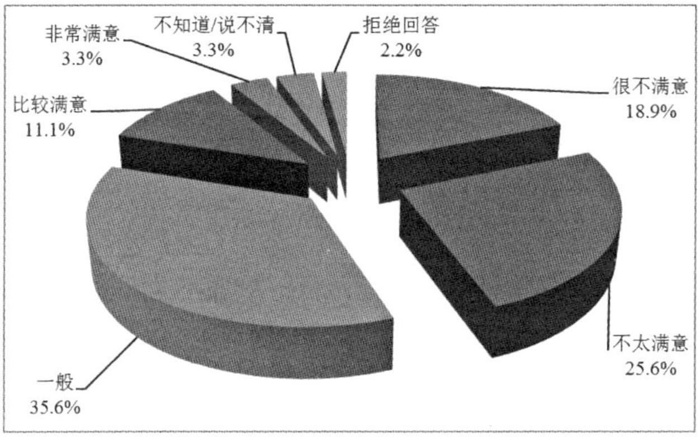

A15. 总的来说,您对自己的生活状况是否满意?

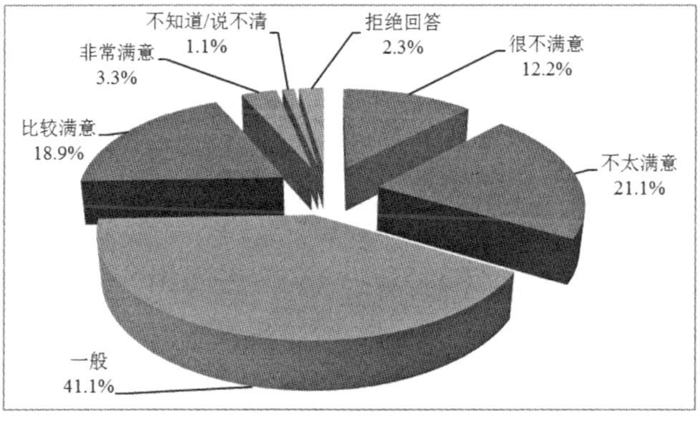

B1. 在下面的几种美德中,您认为哪个最为重要?

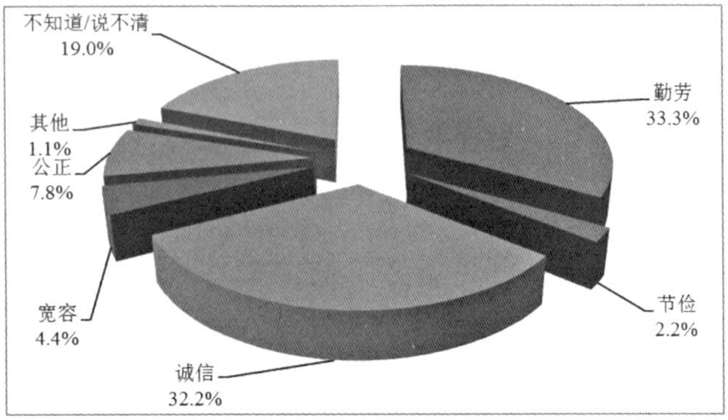

B2. 您与他人交往时最看重的是什么?

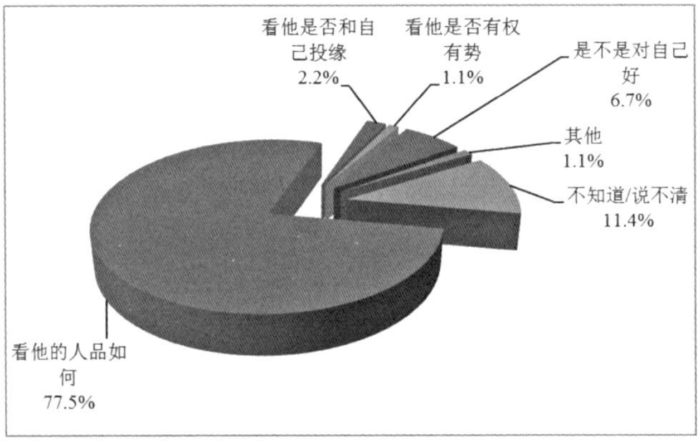

B3. 在现代社会,您认为个人成功最需要的是什么?

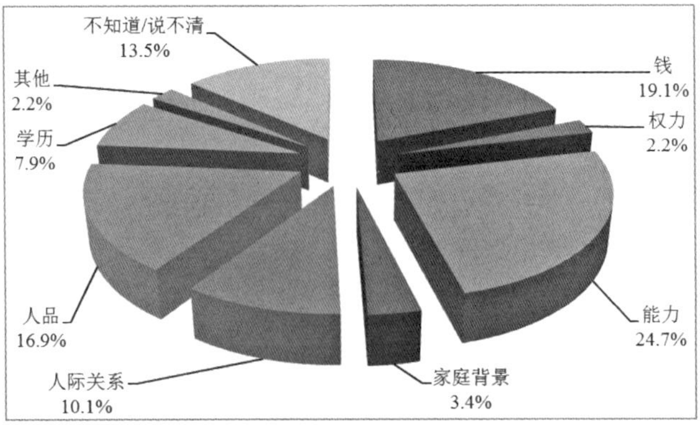

B4. 您认为这些年来，村里人变得如何？

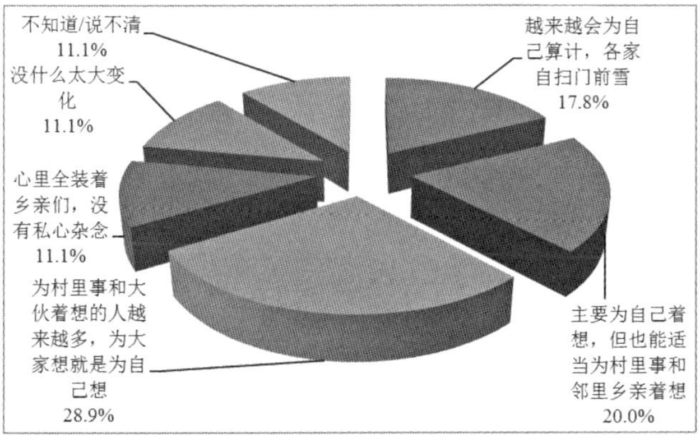

B5. 您对工作的基本态度是什么？

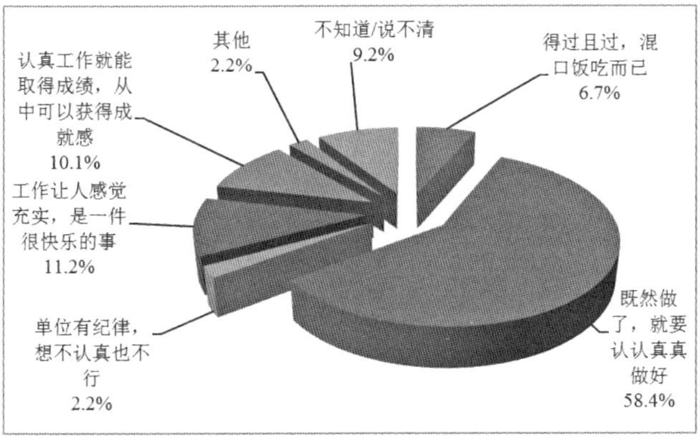

B6. 您选择工作时主要考虑的是什么？（最多选三项）

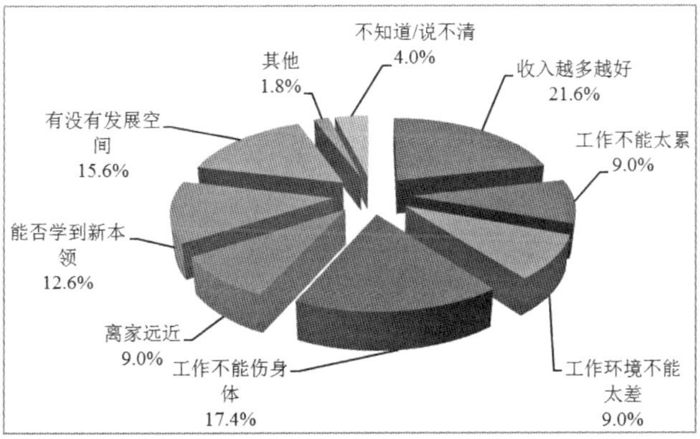

B7. 您认为最理想的职业是什么？（最多选三项）

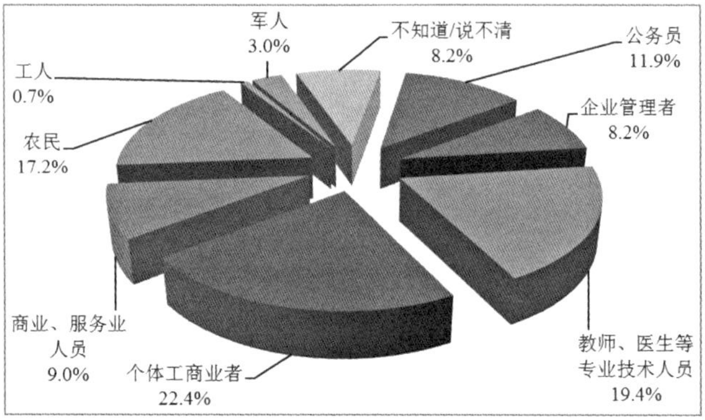

B8. 您觉得孩子读书有用吗？

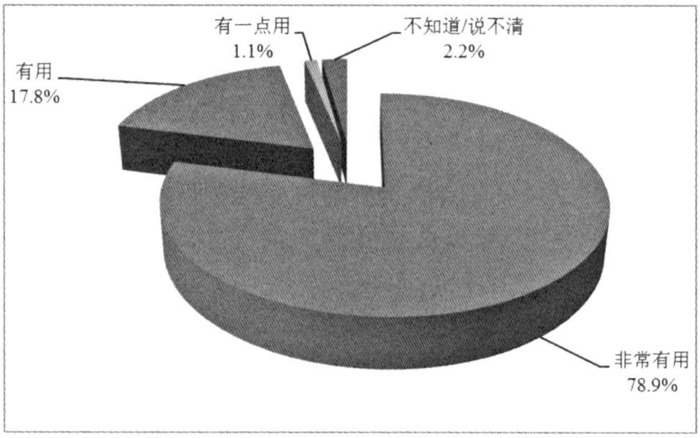

B9. 您打算继续在本村住下去吗？

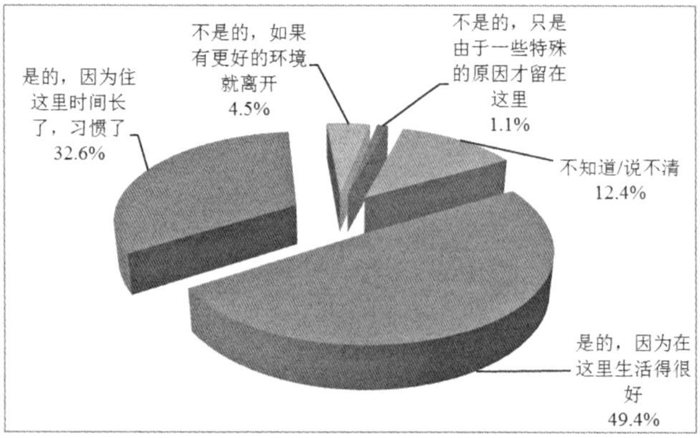

B10. 您平日里闲时都干些什么？（最多选三项）

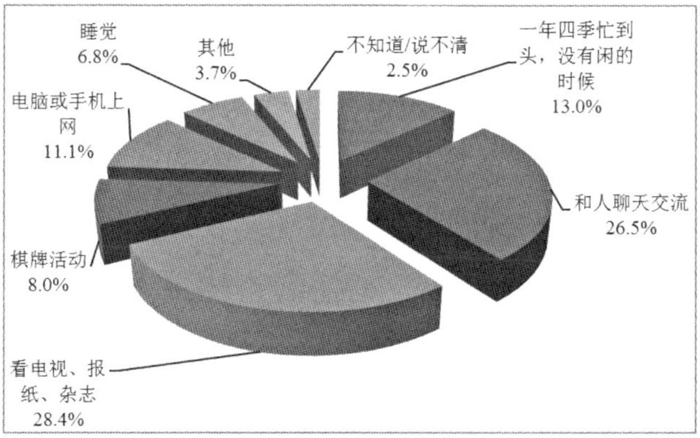

B11. 您在选择结婚对象时会主要考虑哪些因素？（最多选三项）

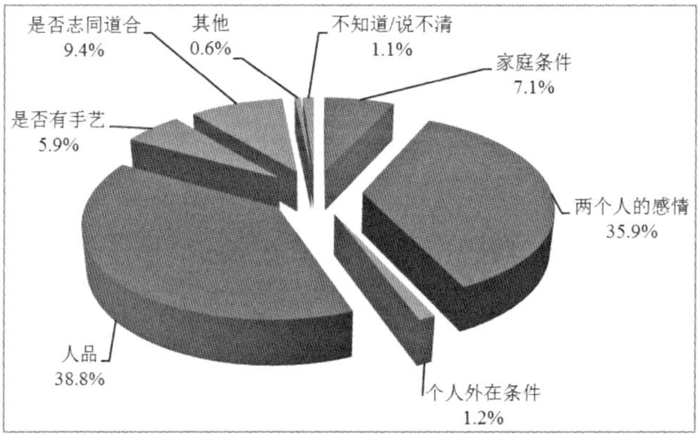

B12. 您认为恋爱结婚的主要目的是什么？

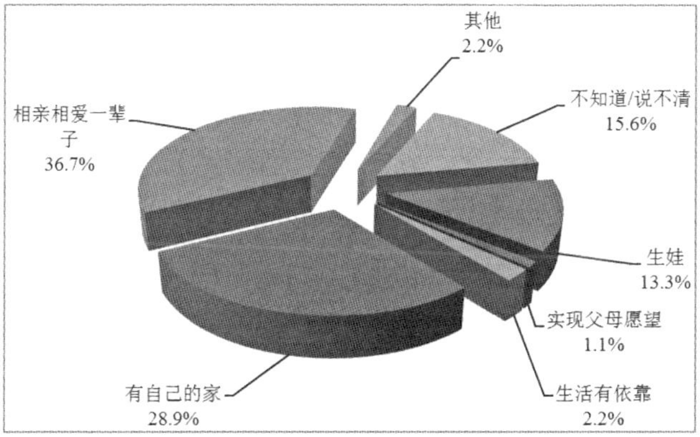

B13. 您认为影响夫妻感情的主要因素是哪些?(最多选三项)

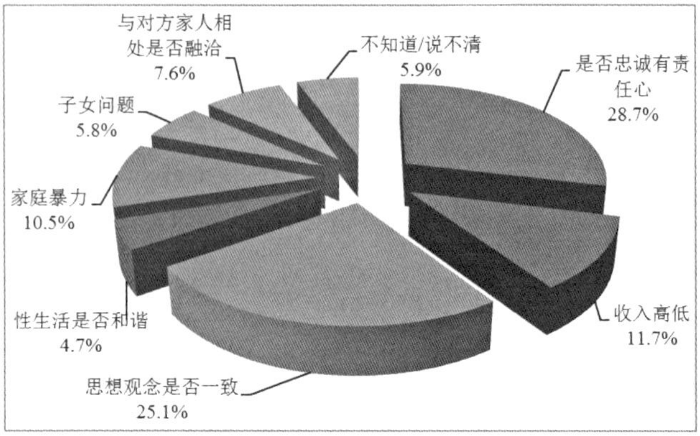

B14. 您认为理想的婚姻家庭是怎样的?(最多选三项)

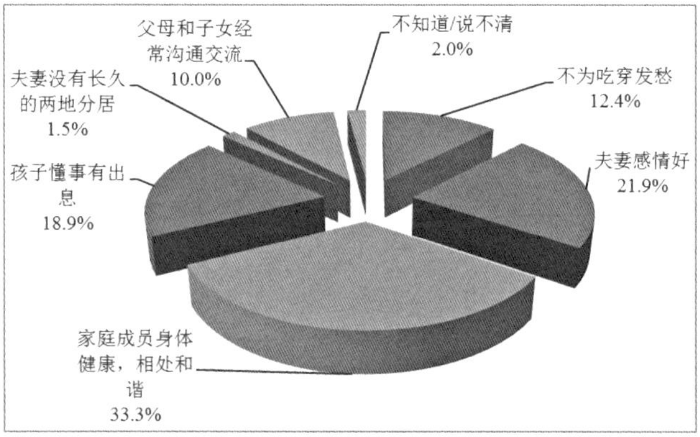

B15. 您如何看待婚前性行为?

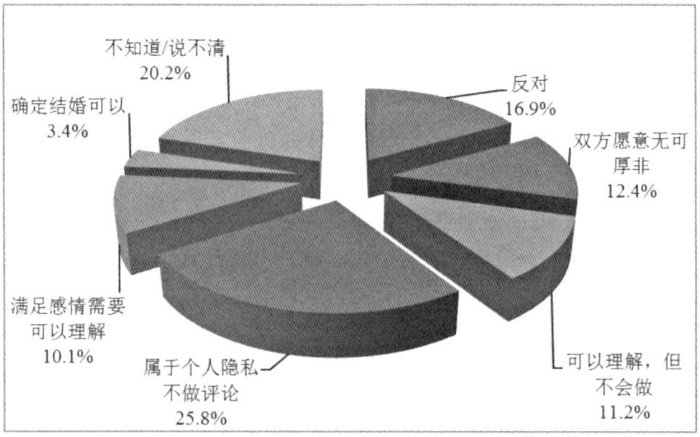

B16. 您如何看待婚外性行为？

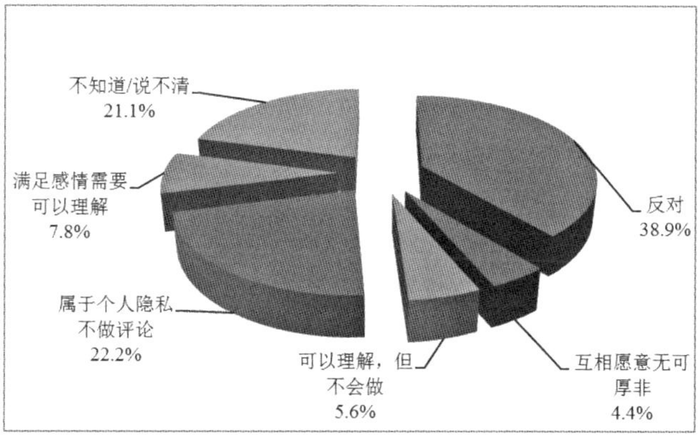

B17. 您认为生养孩子的首要目的是什么？

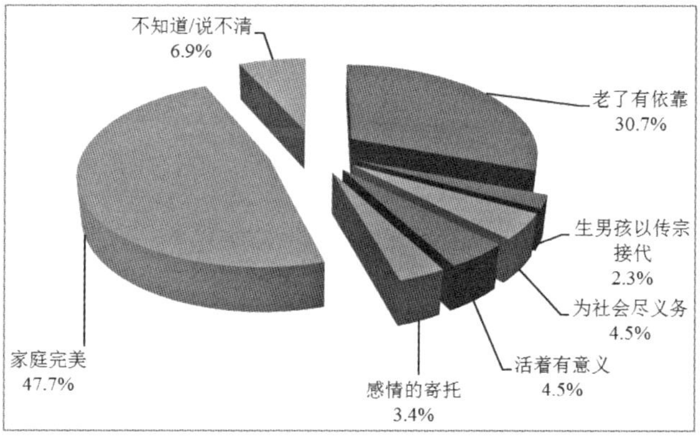

B18. 您认为农村小孩的家庭教育应重视哪些方面的内容？（最多选三项）

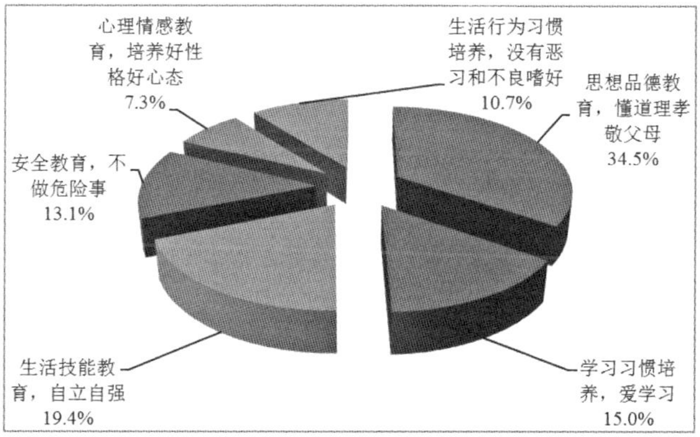

B19. 您觉得尽孝要做到哪些?(最多选三项)

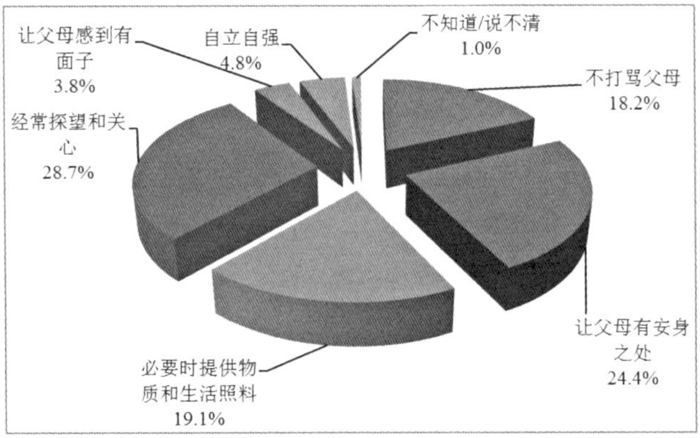

B20. 您家经济收入的主要来源有哪些?(最多选三项)

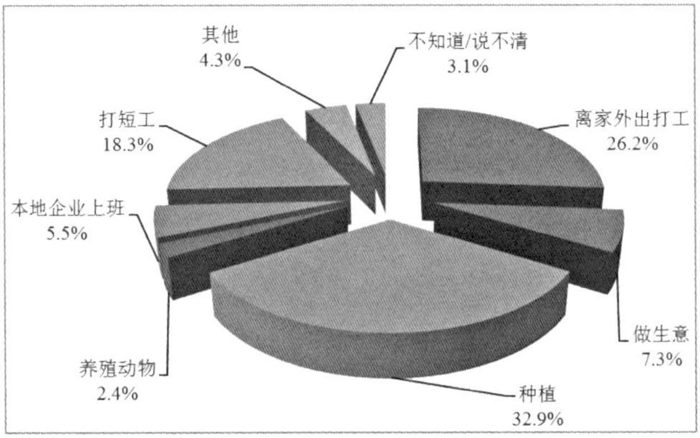

B21. 如果与他人发生了经济纠纷,您会怎么办?

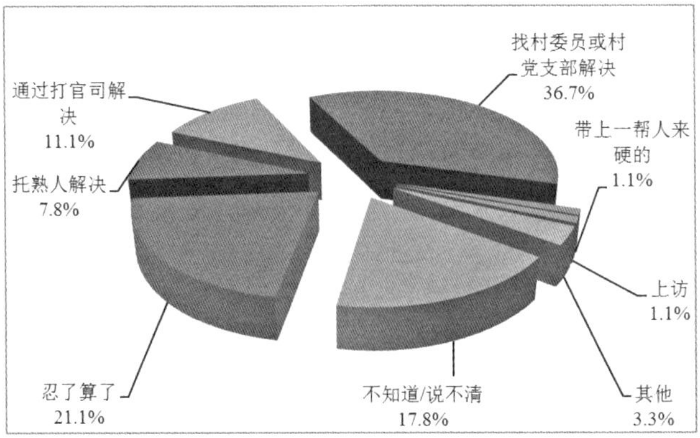

B22. 您家主要的经济支出是什么？（最多选三项）

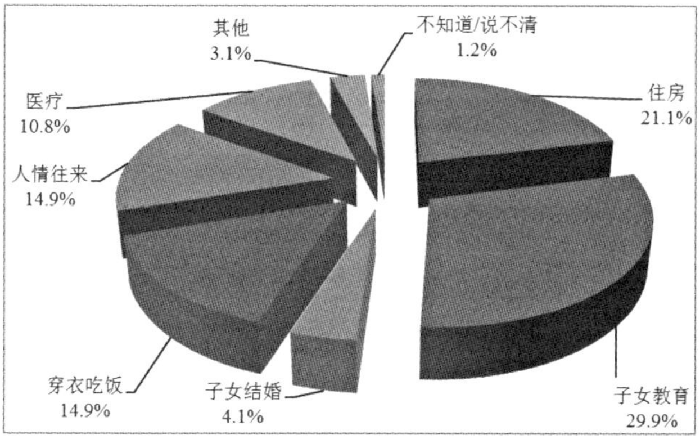

B23. 您对家庭支出的态度是怎样的？

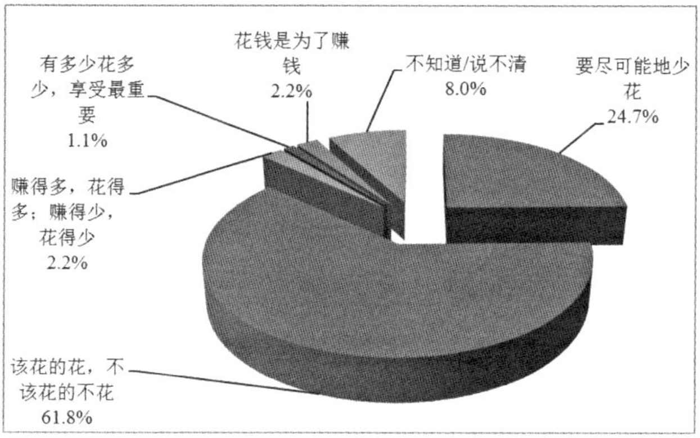

B24. 如果有可能赚钱的机会，您会如何做？

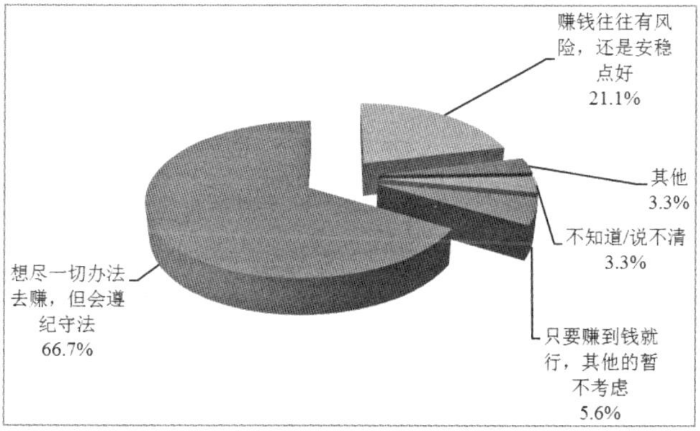

B25. 如果有人向您借一万元，您会借吗？

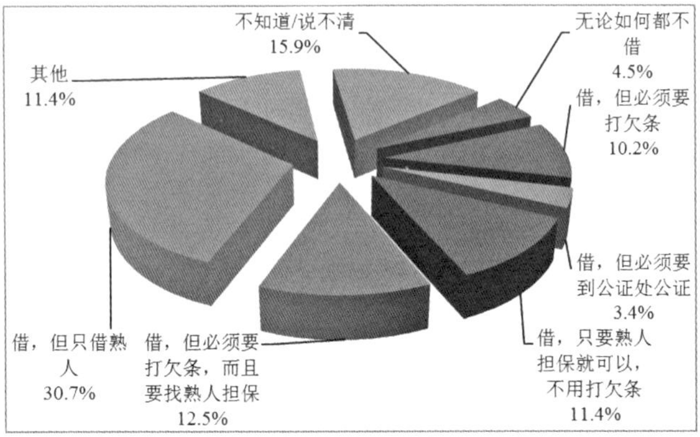

B26. 如果急需数目较大的一笔钱，您会怎么办？

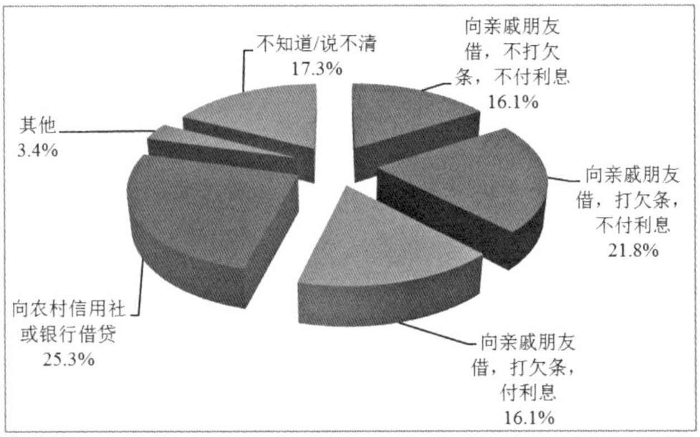

B27. 您对个人收入差距的看法是什么？

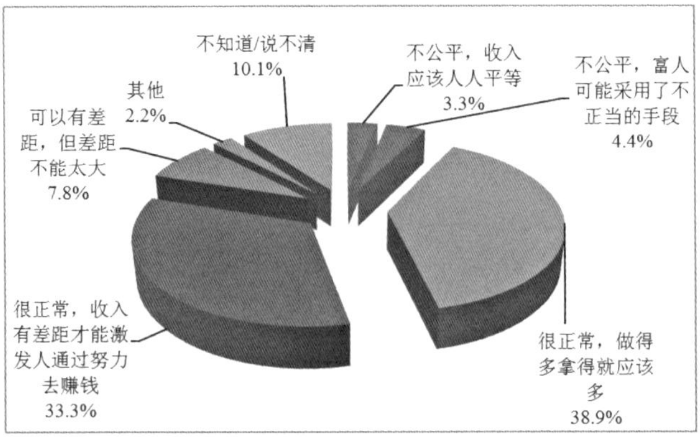

B28. 请问您种地的时候是否会大量使用农药和化肥？

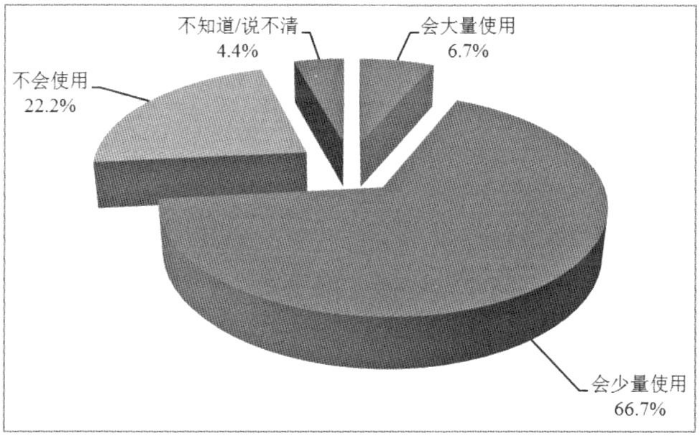

B29. 您在从事种地或养殖的时候是否会考虑环保、生态、健康等因素？

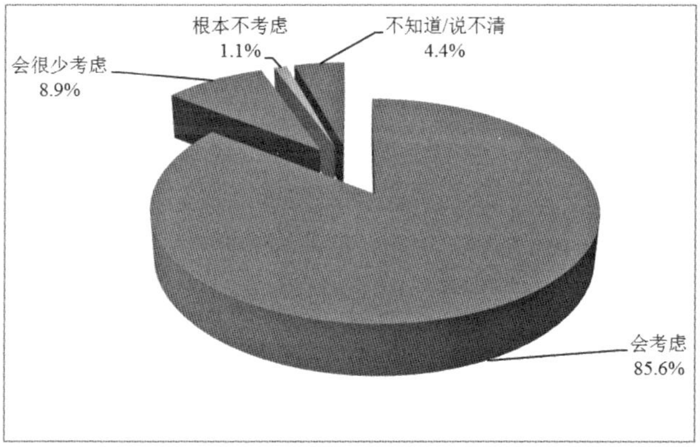

B30. 现在乡村是否有环保法规？

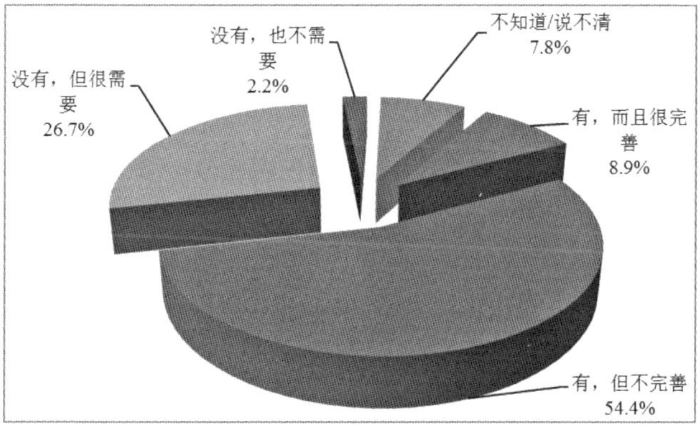

B31. 您认为环境保护和经济发展哪个更加重要？

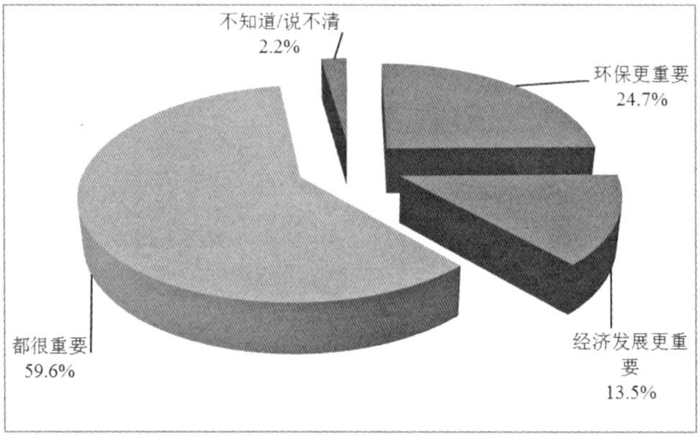

B32. 您认为可以通过建设美丽乡村（比如农家乐、有机食品等）实现致富吗？

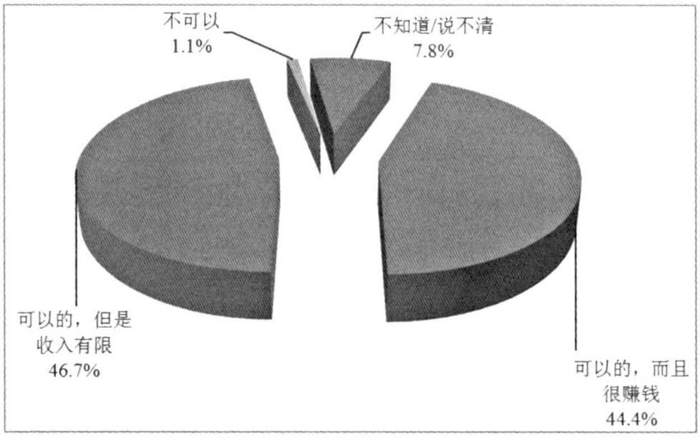

B33. 村里是否有关于环保的宣传？

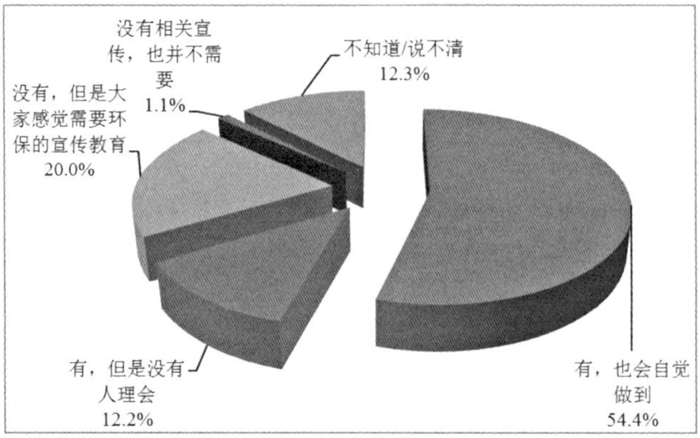

B34. 您能准确说出最近一次民主选举产生的村干部名字吗？

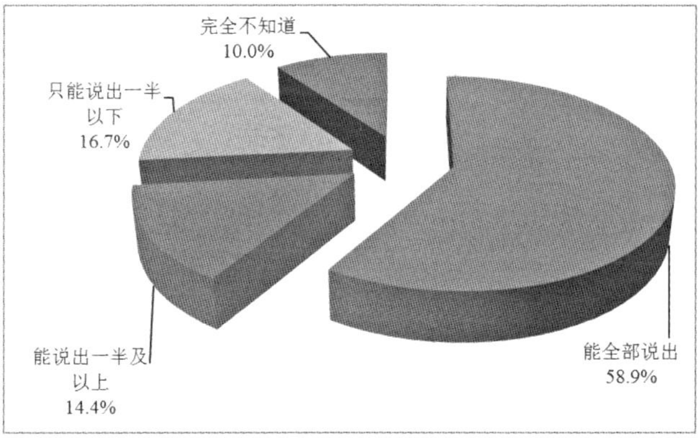

B35. 您主要通过哪些渠道了解村里的管理情况？

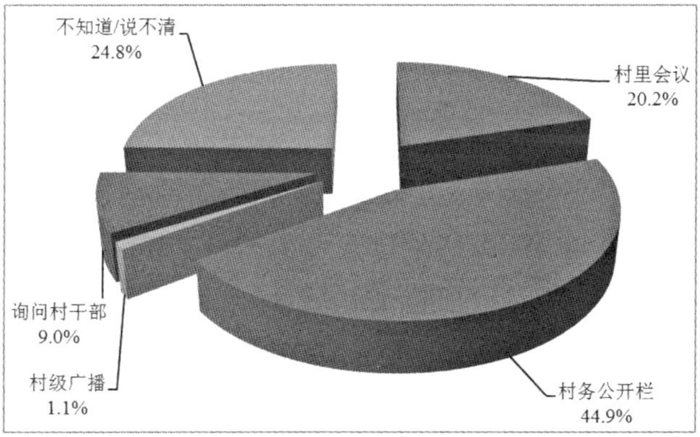

B36. 当村干部的决策损害您和大多数村民利益时，您通常会怎样？

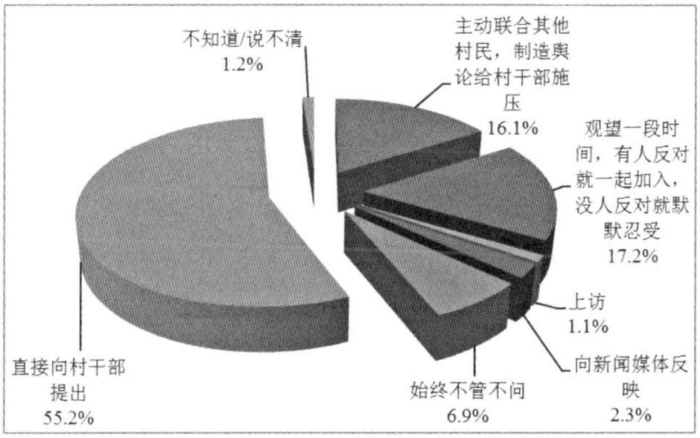

B37. 有关乡村发展的事情，你们村一般如何解决？

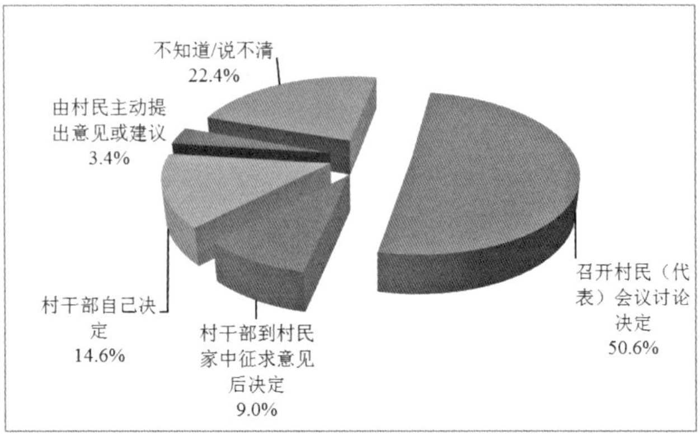

B38. 您认为在乡村日常事务中谁的影响力最大？

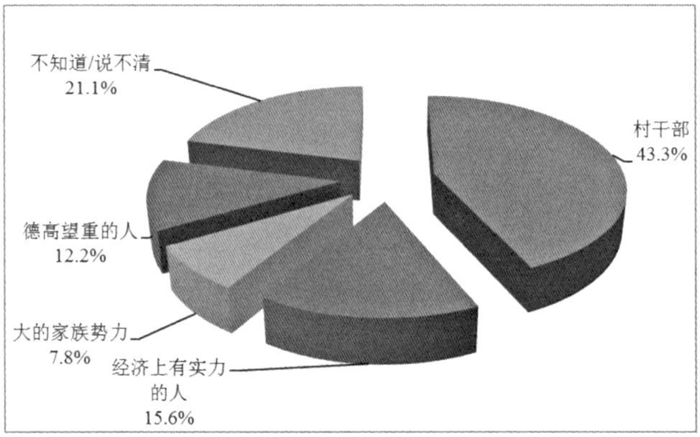

B39. 您认为一个好的村干部在哪个方面最重要？

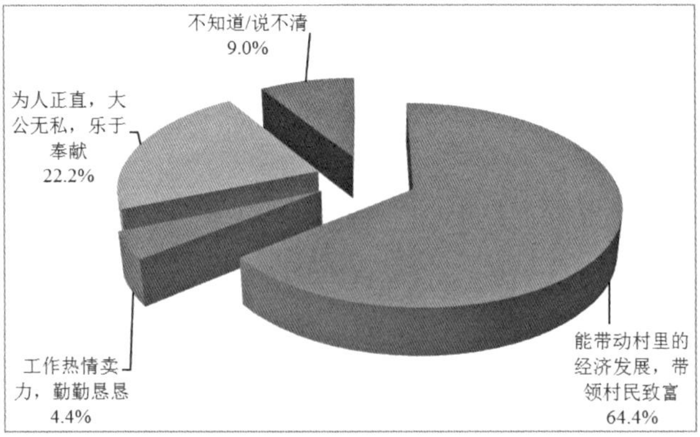

B40. 您认为国家三农政策在村庄得到落实了吗？

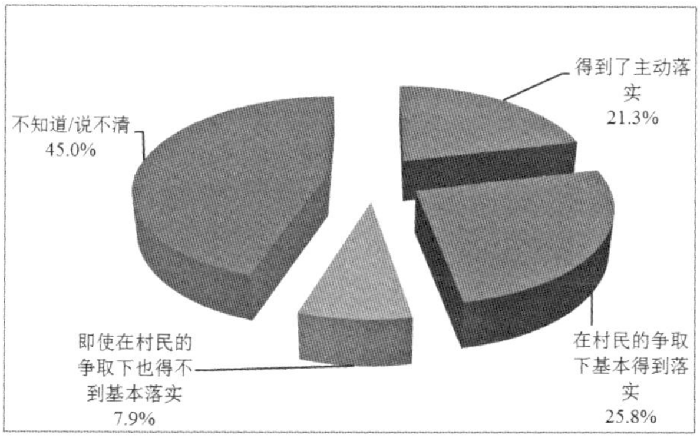

B41. 您村的村规民约对村民有约束力吗？

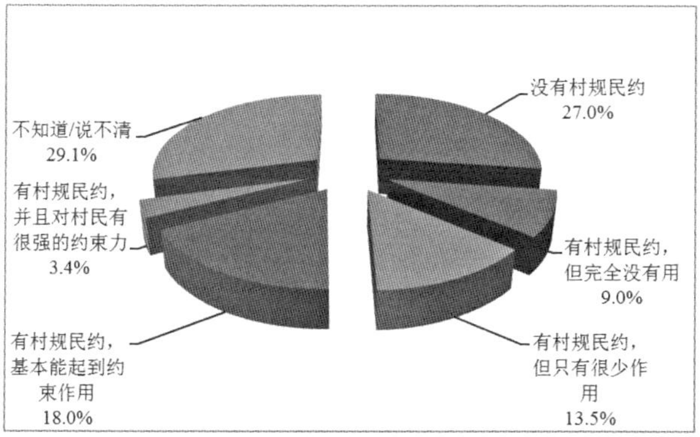

B42. 人们在社会生活中总要和不同的人打交道，下列成员，您在多大程度上信任他们？

（1）您在多大程度上信任家庭成员？

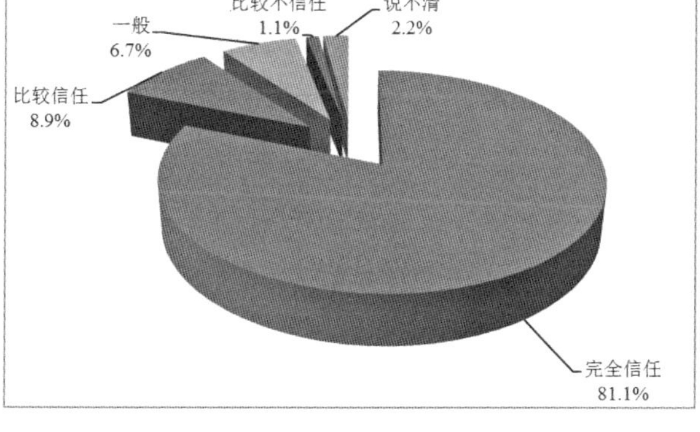

(2) 您在多大程度上信任亲戚?

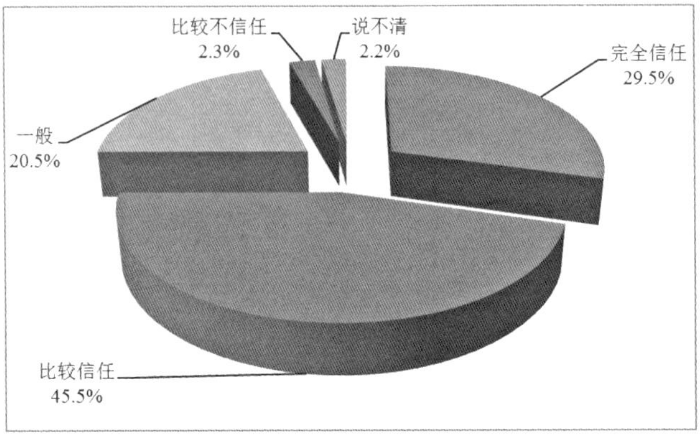

(3) 您在多大程度上信任朋友?

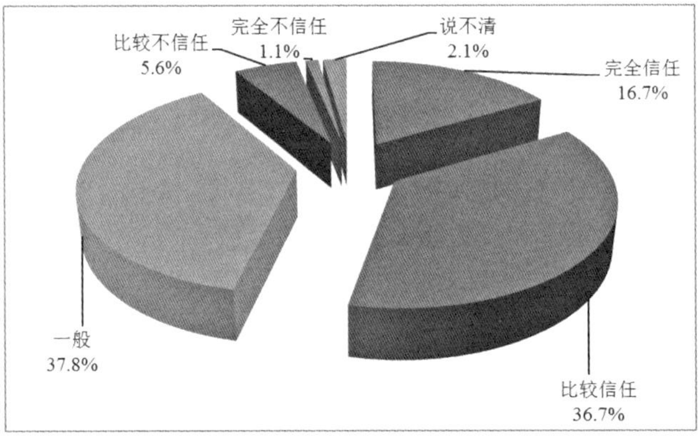

(4) 您在多大程度上信任邻居?

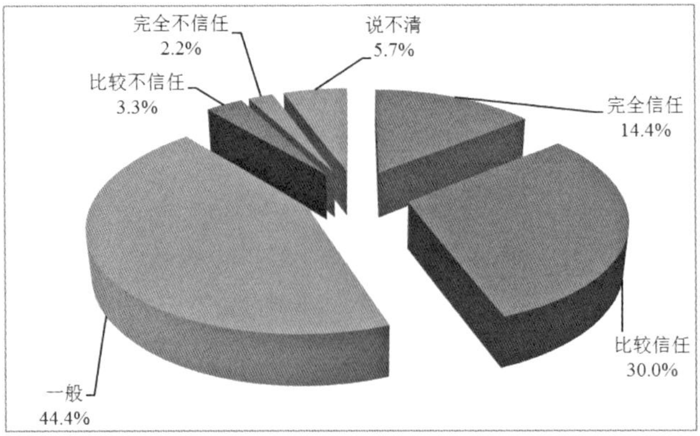

（5）您在多大程度上信任同事？

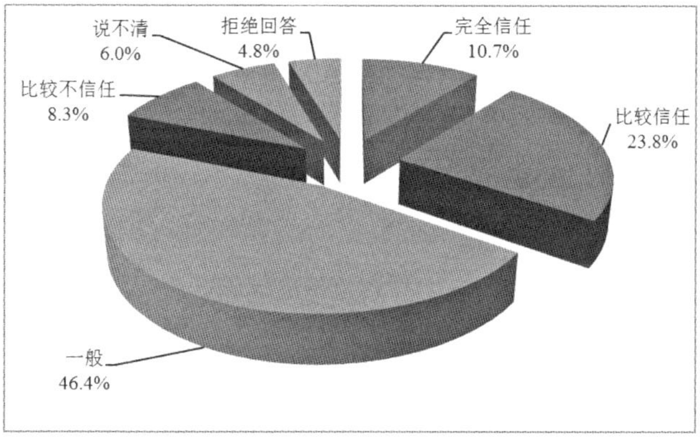

（6）您在多大程度上信任单位领导？

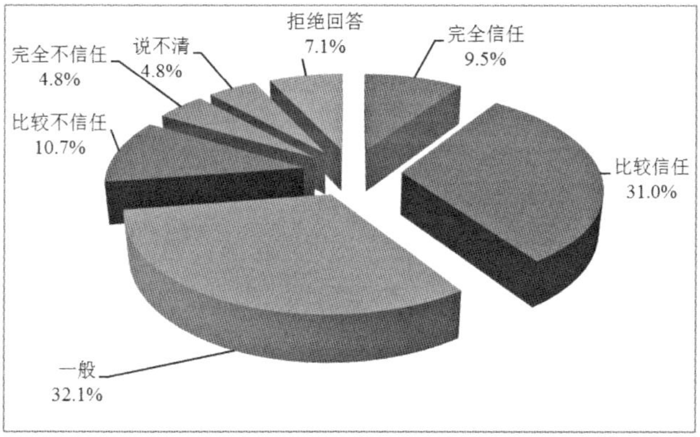

（7）您在多大程度上信任村长？

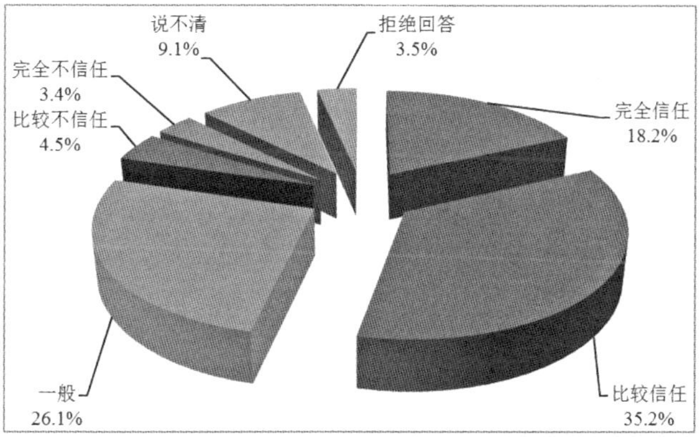

(8) 您在多大程度上信任同村人?

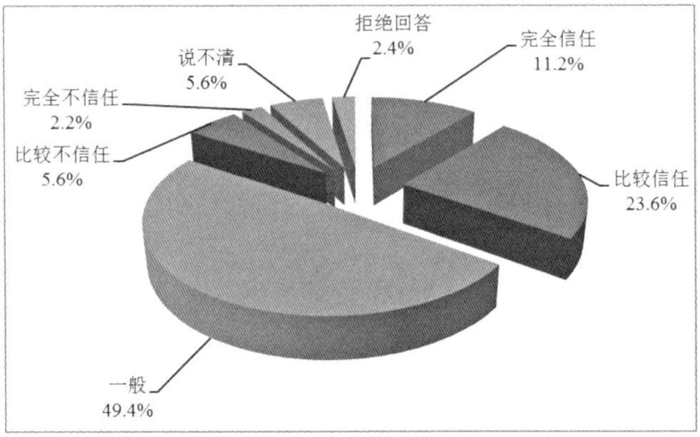

(9) 您在多大程度上信任陌生人?

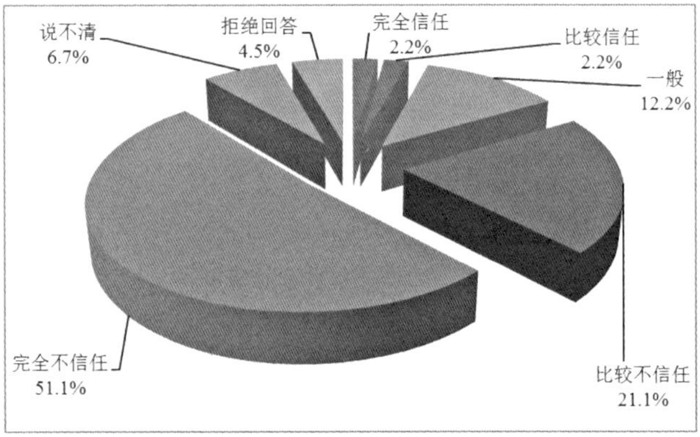

B43. 您是否有出村的经历?

(1) 村外:

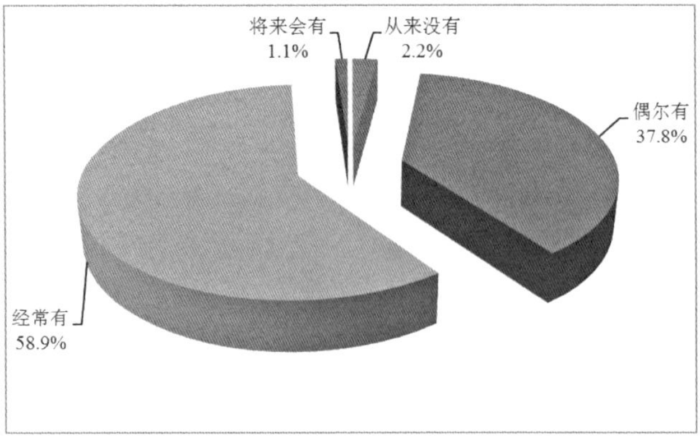

（2）镇外：

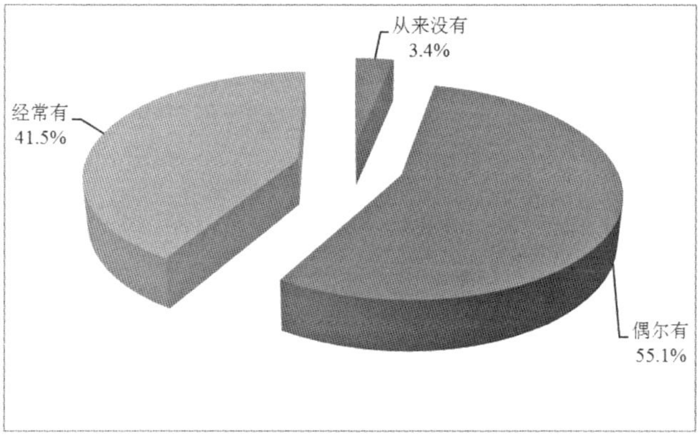
从来没有
3.4%
经常有
41.5%
偶尔有
55.1%

（3）市外：

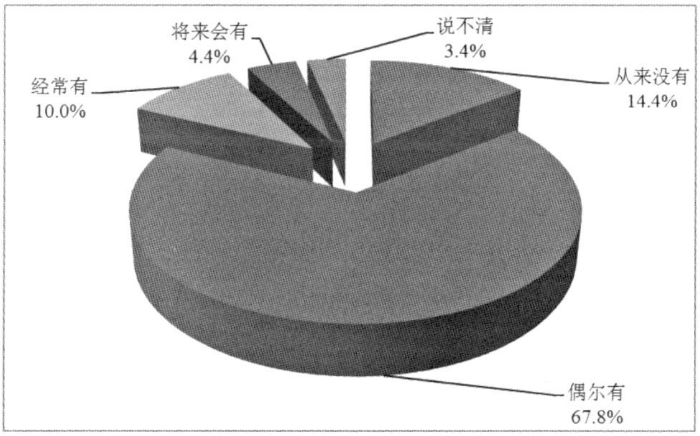
将来会有
4.4%
说不清
3.4%
经常有
10.0%
从来没有
14.4%
偶尔有
67.8%

（4）省外：

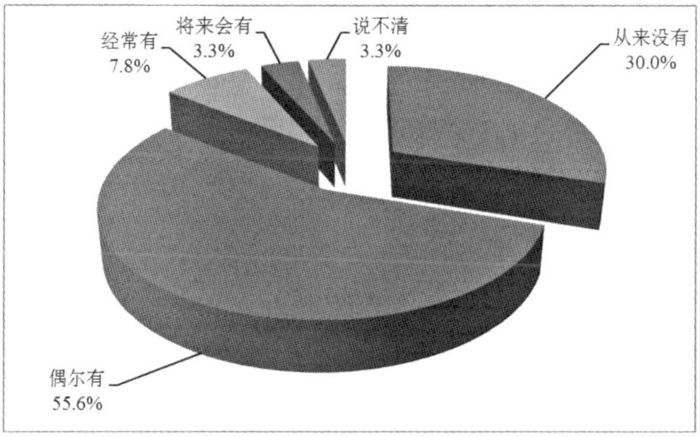
经常有
7.8%
将来会有
3.3%
说不清
3.3%
从来没有
30.0%
偶尔有
55.6%

（5）国外：

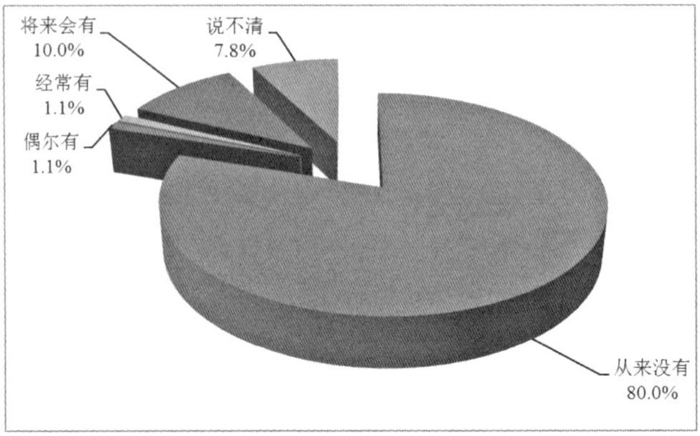

二、赵家湾村问卷调查基本数据

A1. 您的性别：________。

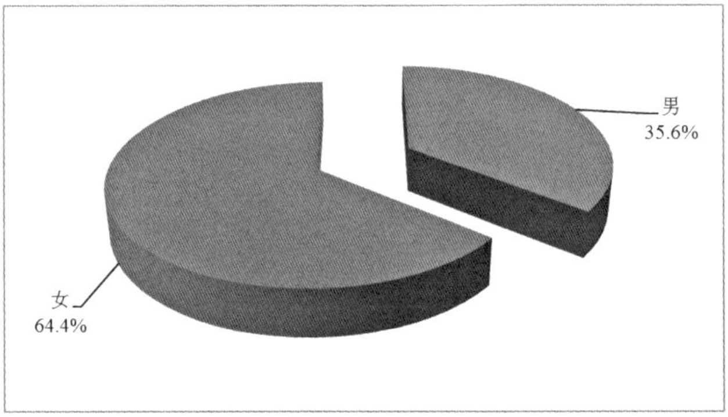

A2. 您现年多少周岁？________周岁。

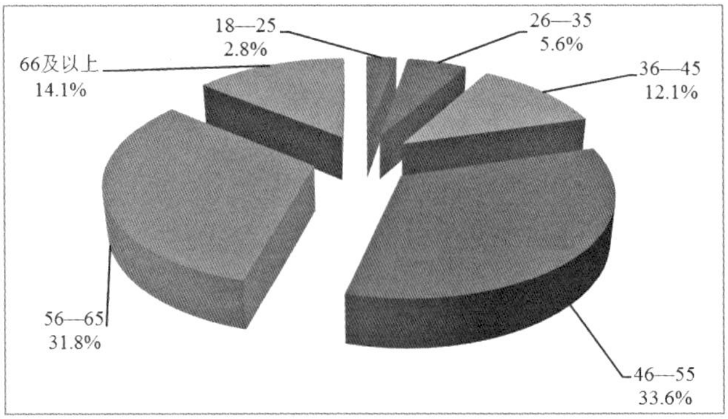

A3. 您当前的婚姻状况是________。

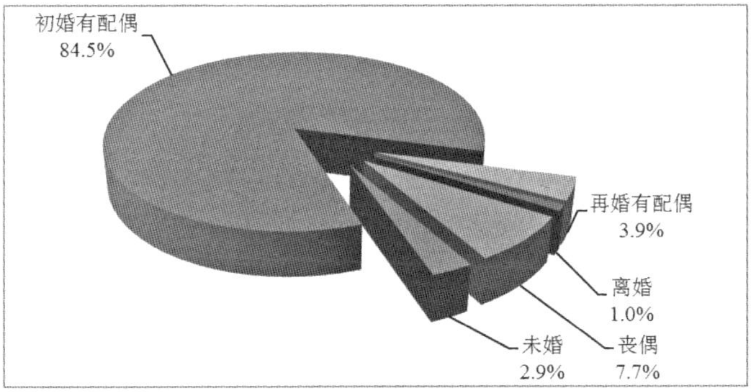

A4. 您的户口是________。

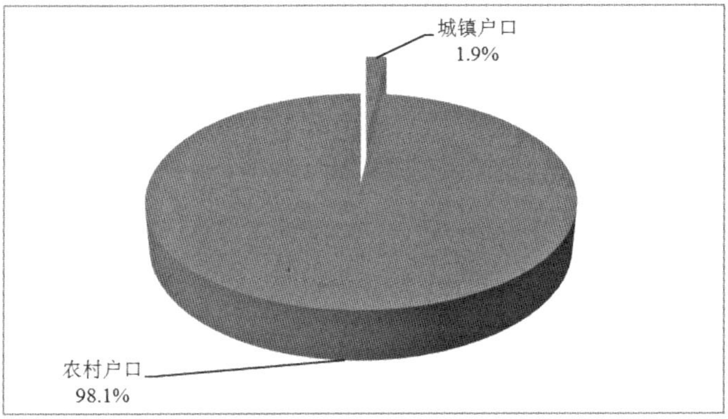

A5. 您的受教育程度是________。

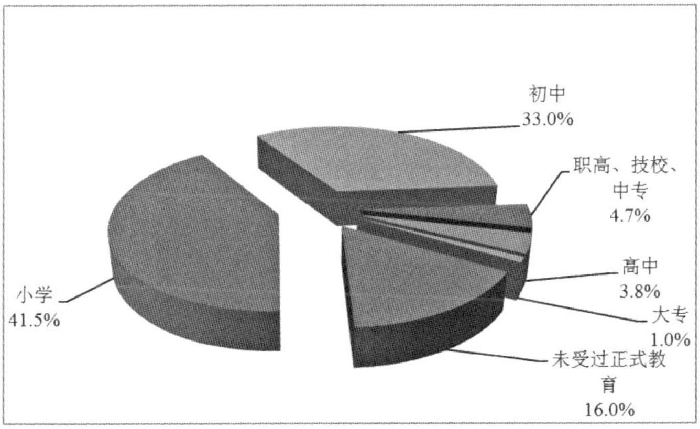

A6. 您的政治面貌是________。

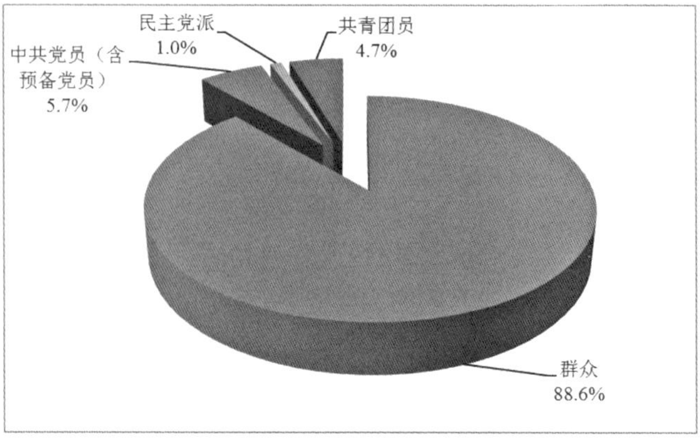

A7. 您的宗教信仰是________。

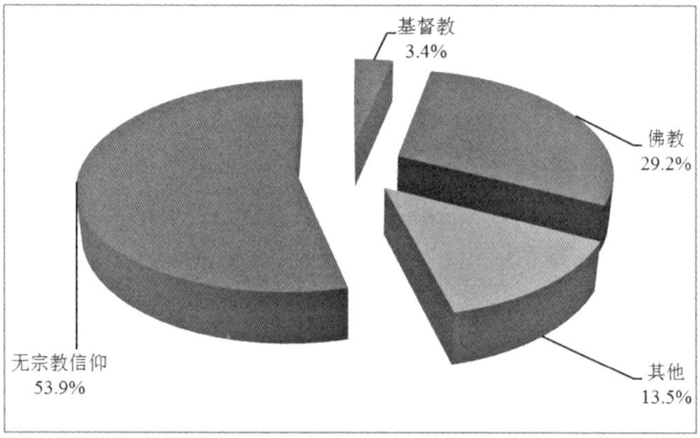

A8. 您的籍贯地在本地吗？

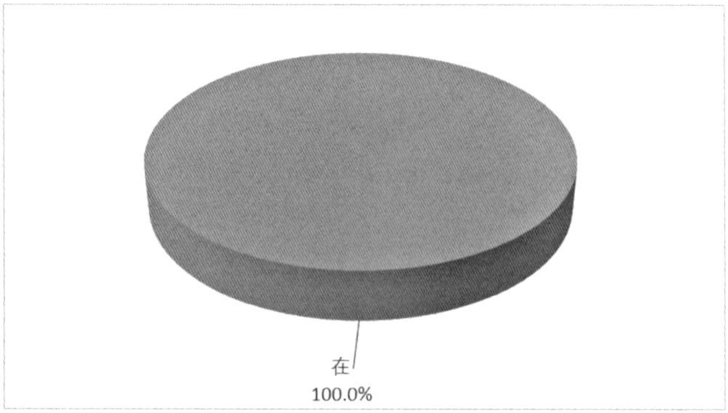

A9. 您的户口所在地在本地吗?

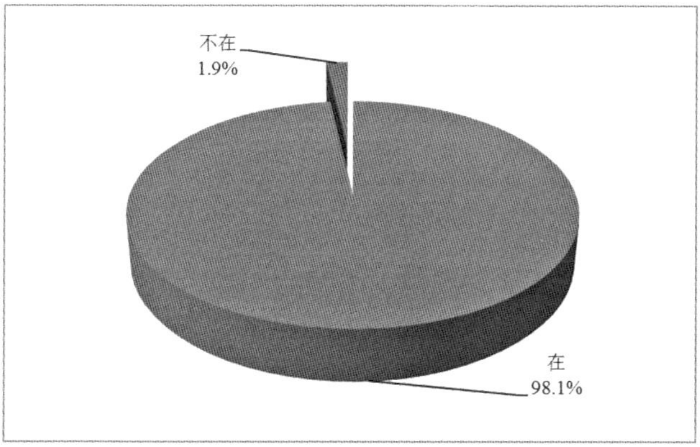

A10. 您目前的职业是________。

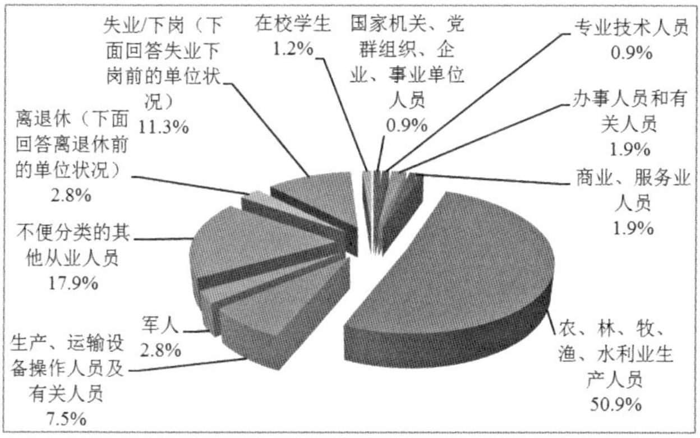

A11. 您去年全年的个人总收入大约在________。(单位：元)

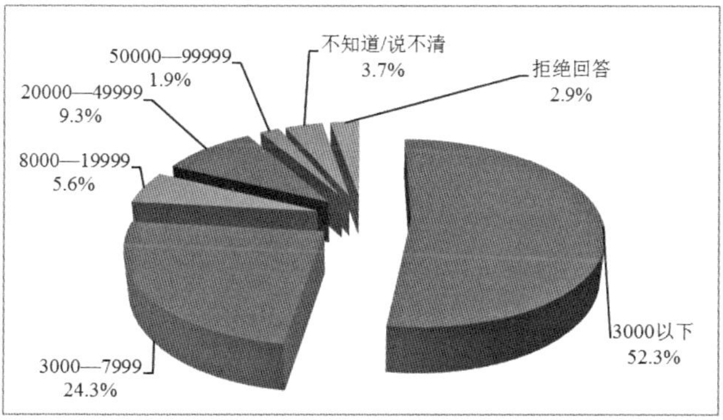

A12. 您今年全年的个人理想总收入大约是________。（单位：元）

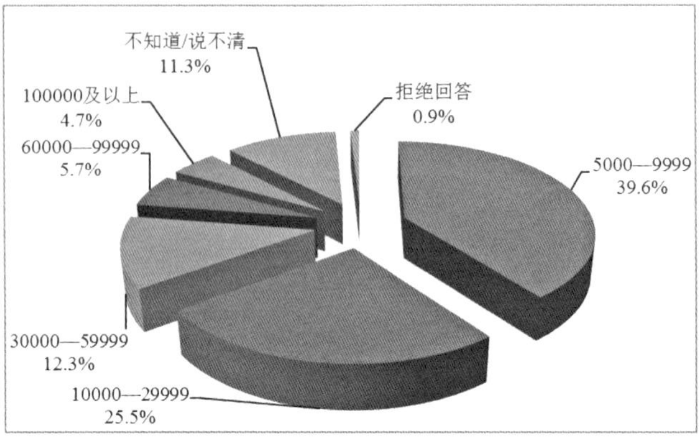

A13. 您家去年全年家庭各种收入大约在________。（单位：元）

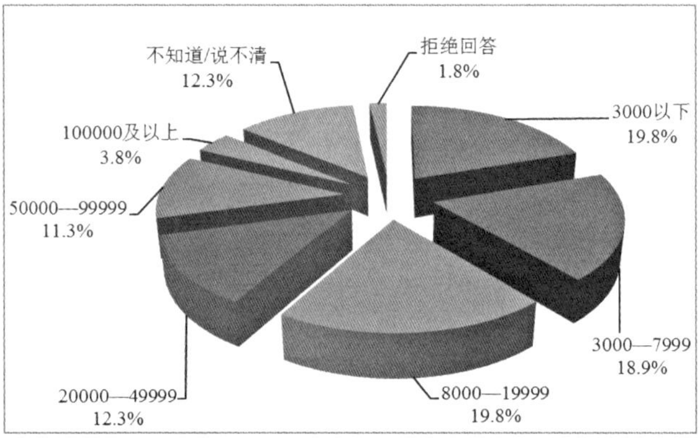

A14. 总的来说，您对目前家庭的收入水平是否满意？

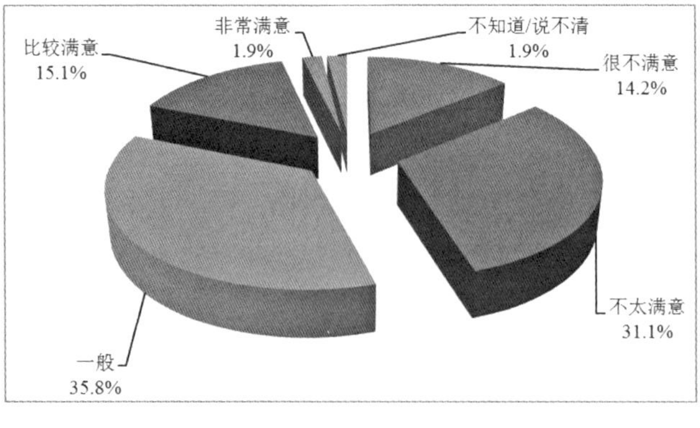

A15. 总的来说,您对自己的生活状况是否满意?

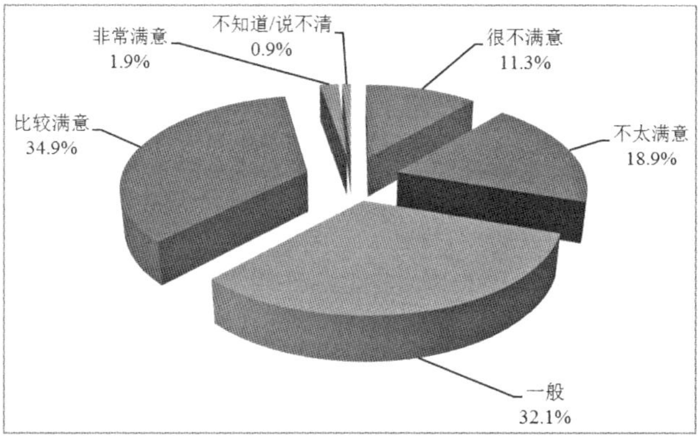

B1. 在下面的几种美德中,您认为哪个最为重要?

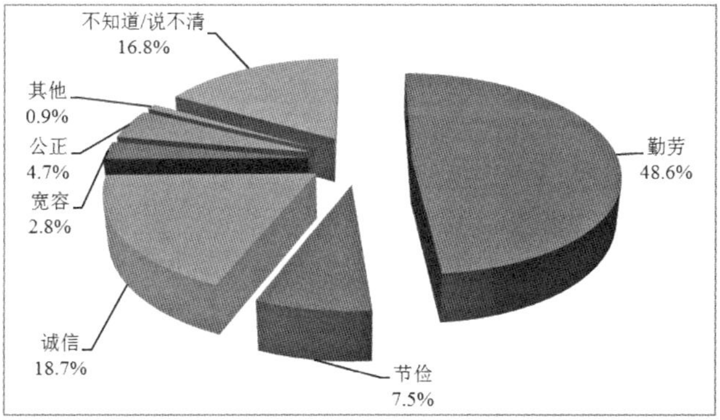

B2. 您与他人交往时最看重的是什么?

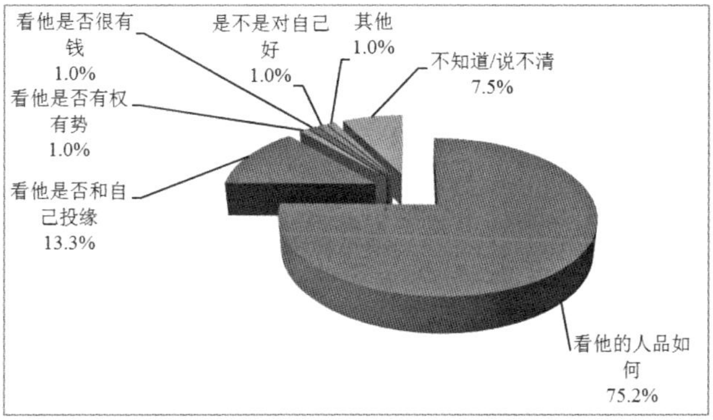

B3. 在现代社会，您认为个人成功最需要的是什么？

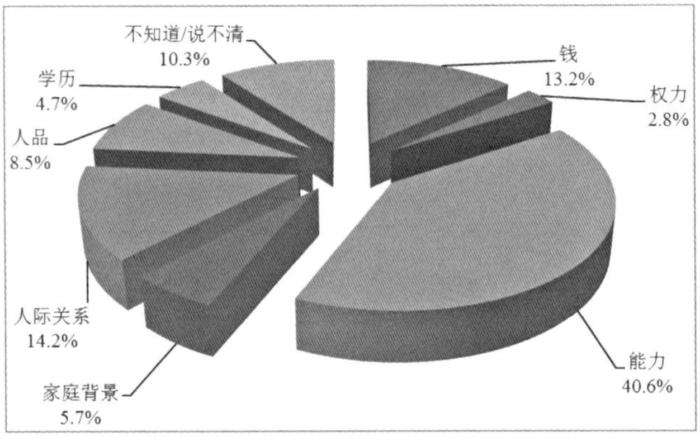

B4. 您认为这些年来，村里人变得如何？

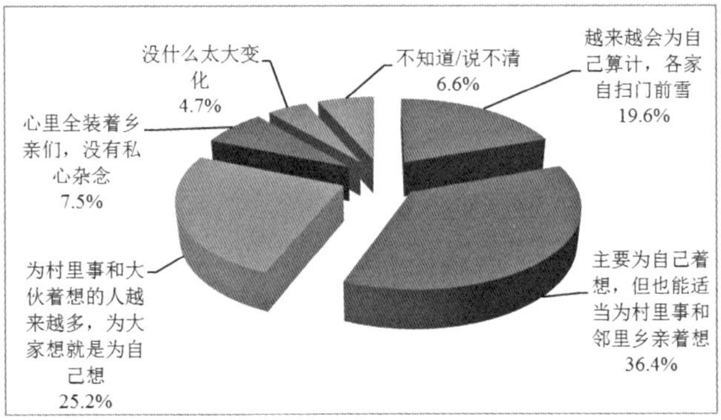

B5. 您对工作的基本态度是什么？

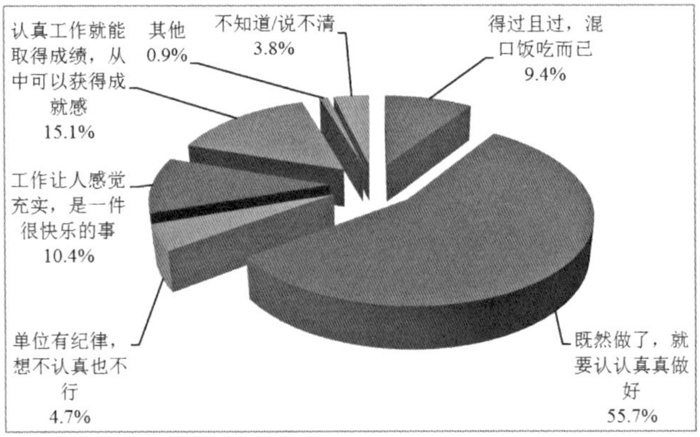

B6. 您选择工作时主要考虑的是什么？（最多选三项）

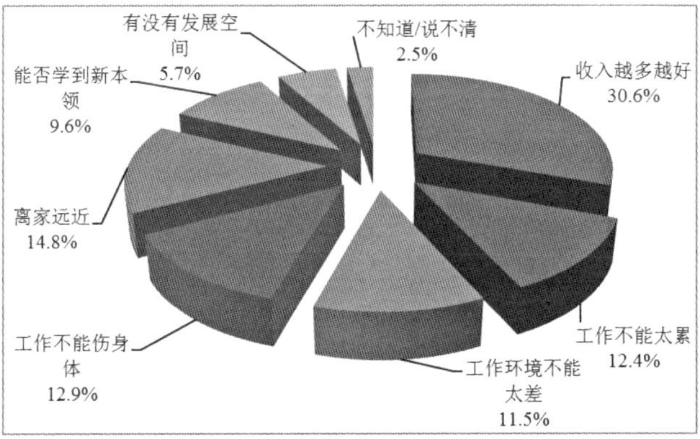

B7. 您认为最理想的职业是什么？（最多选三项）

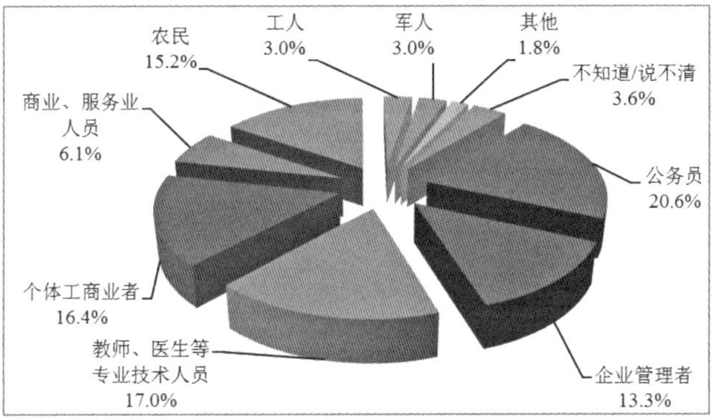

B8. 您觉得孩子读书有用吗？

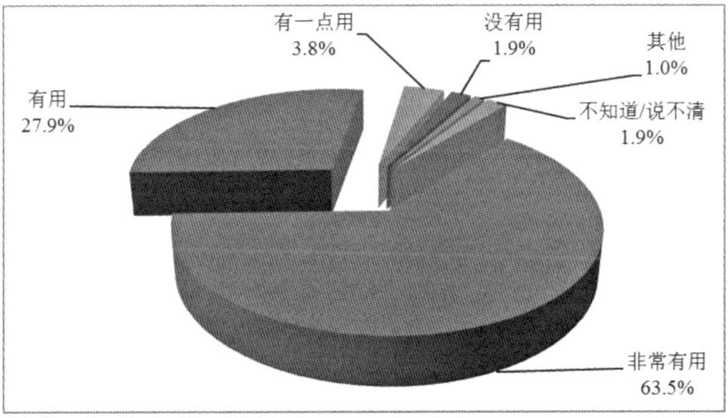

B9. 您打算继续在本村住下去吗？

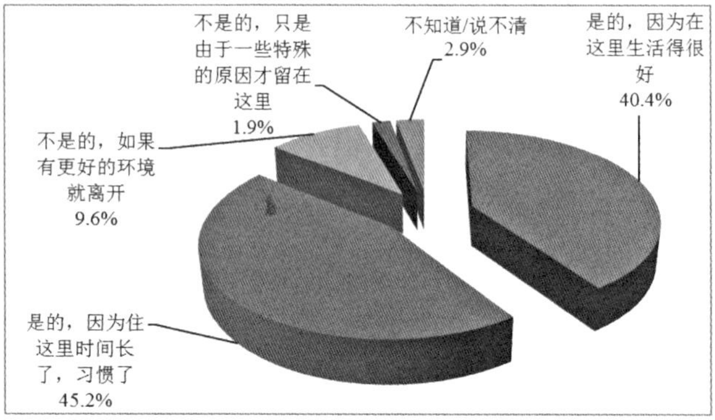

B10. 您平日里闲时都干些什么？（最多选三项）

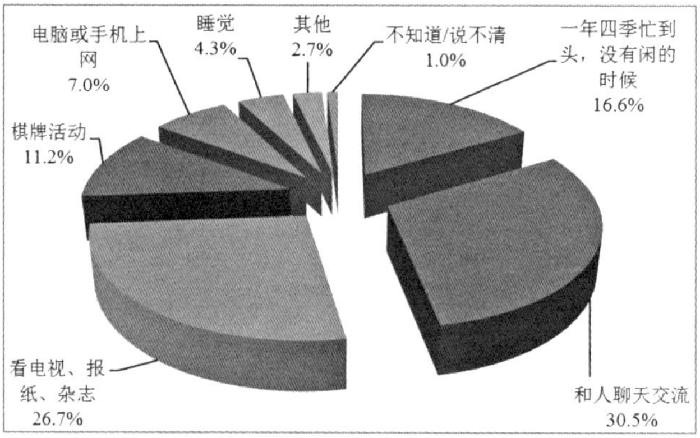

B11. 您在选择结婚对象时会主要考虑哪些因素？（最多选三项）

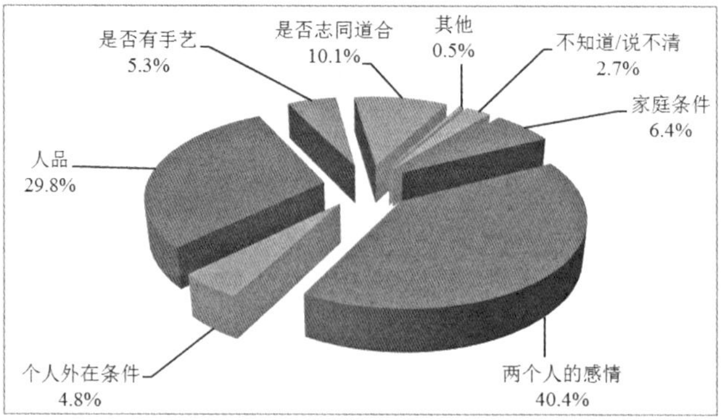

B12. 您认为恋爱结婚的主要目的是什么？

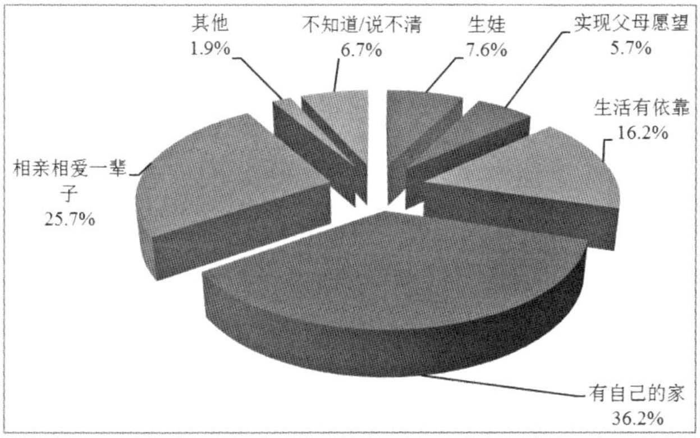

B13. 您认为影响夫妻感情的主要因素是哪些？（最多选三项）

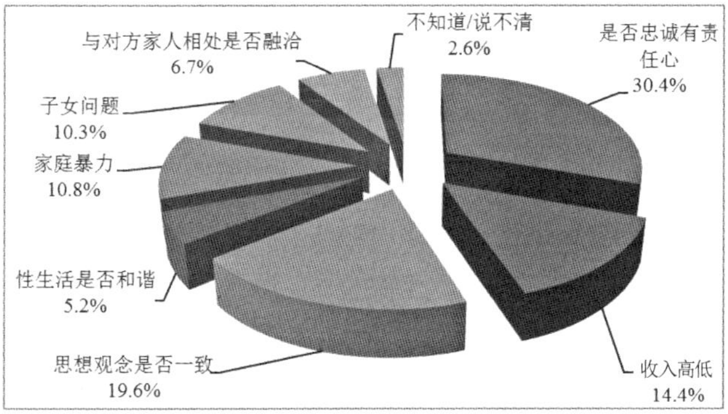

B14. 您认为理想的婚姻家庭是怎样的？（最多选三项）

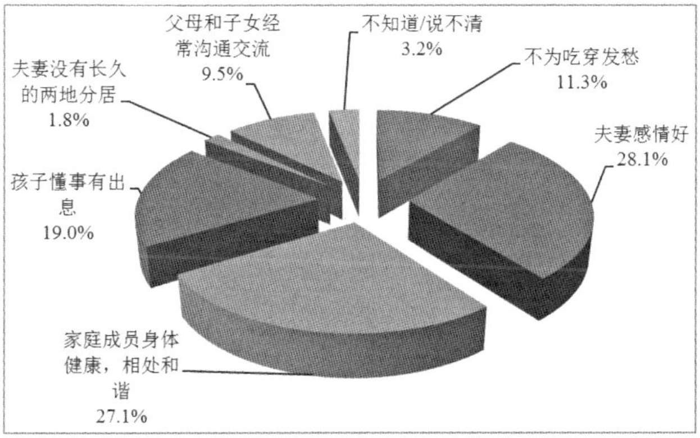

B15. 您如何看待婚前性行为？

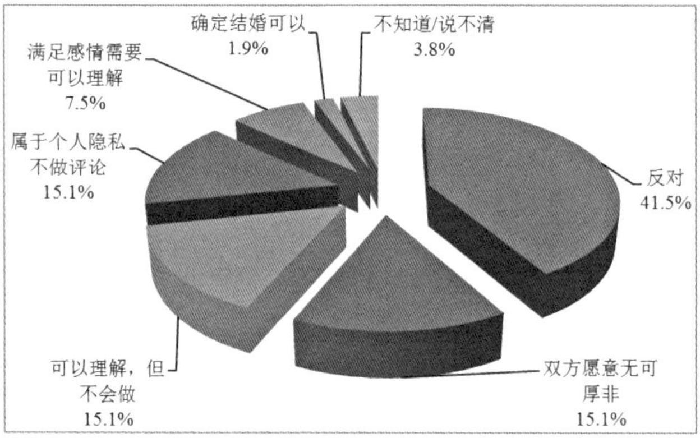

B16. 您如何看待婚外性行为？

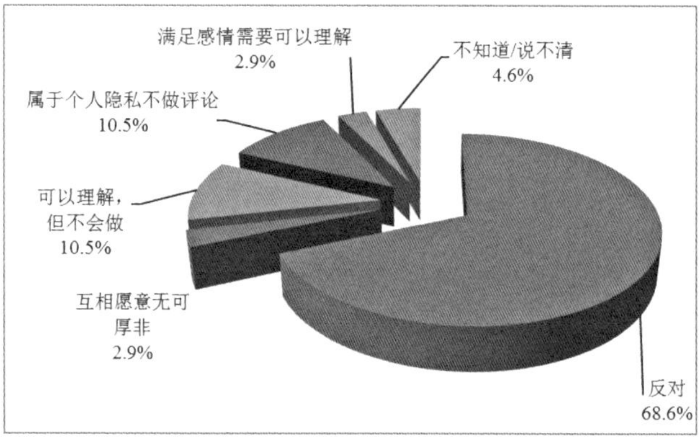

B17. 您认为生养孩子的首要目的是什么？

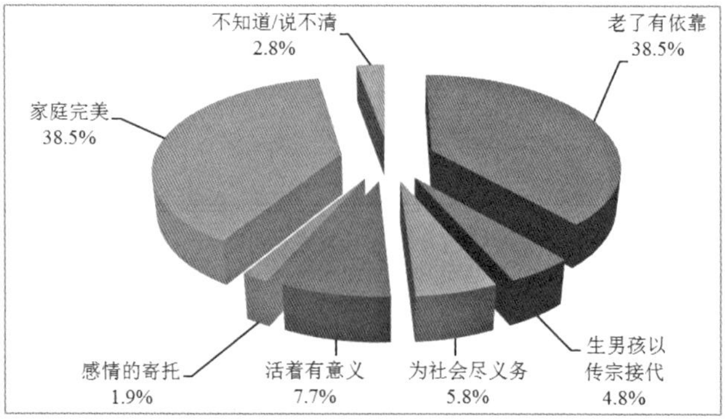

B18. 您认为农村小孩的家庭教育应重视哪些方面的内容？（最多选三项）

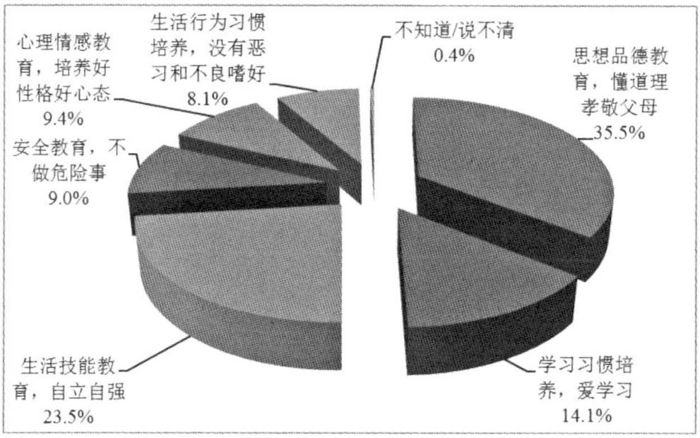

B19. 您觉得尽孝要做到哪些？（最多选三项）

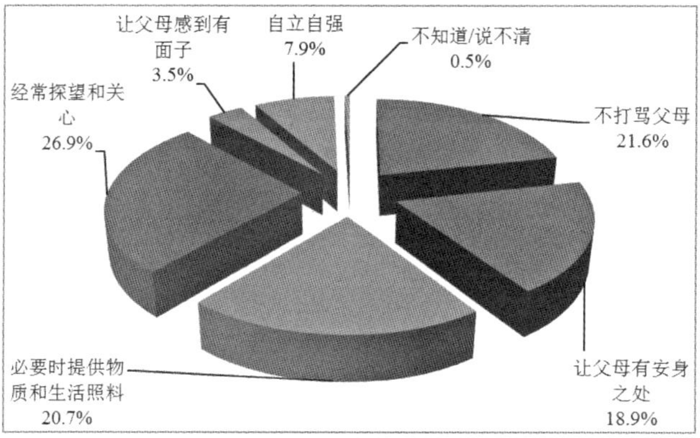

B20. 您家经济收入的主要来源有哪些？（最多选三项）

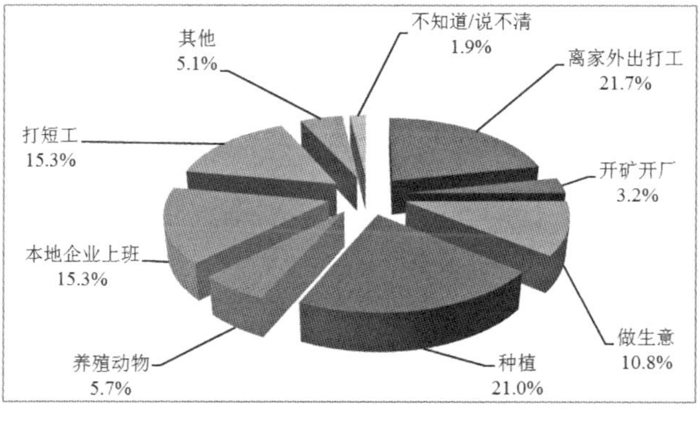

B21. 如果与他人发生了经济纠纷，您会怎么办？

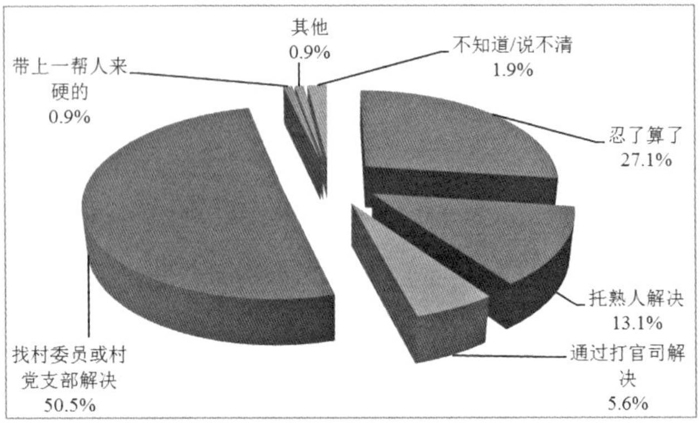

B22. 您家主要的经济支出是什么？（最多选三项）

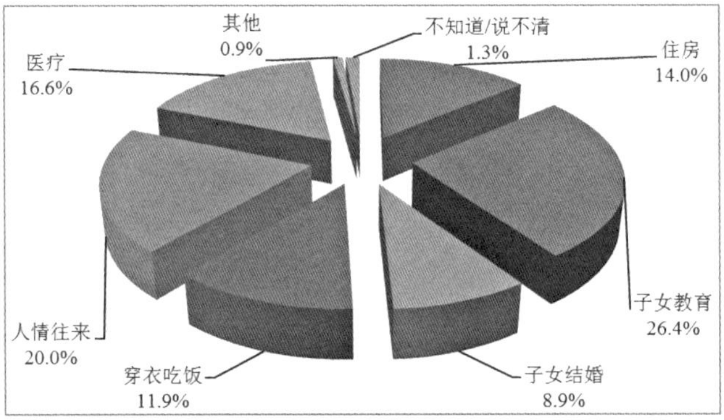

B23. 您对家庭支出的态度是怎样的？

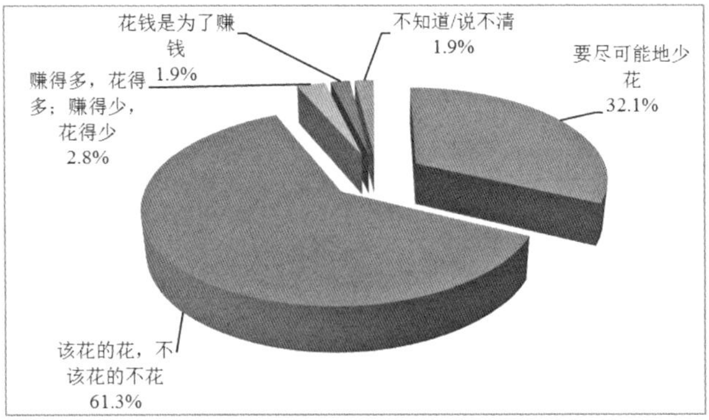

B24. 如果有可能赚钱的机会,您会如何做?

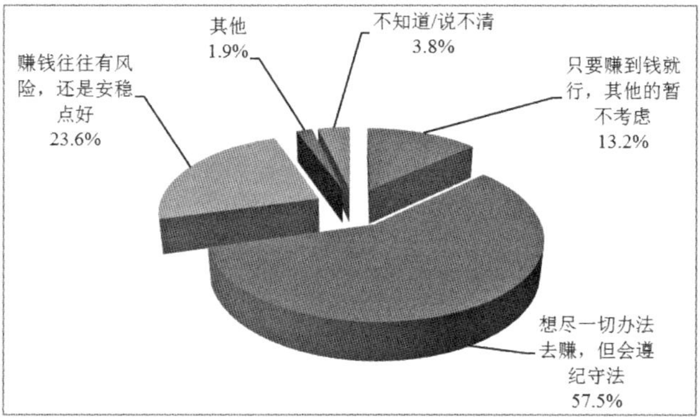

B25. 如果有人向您借一万元,您会借吗?

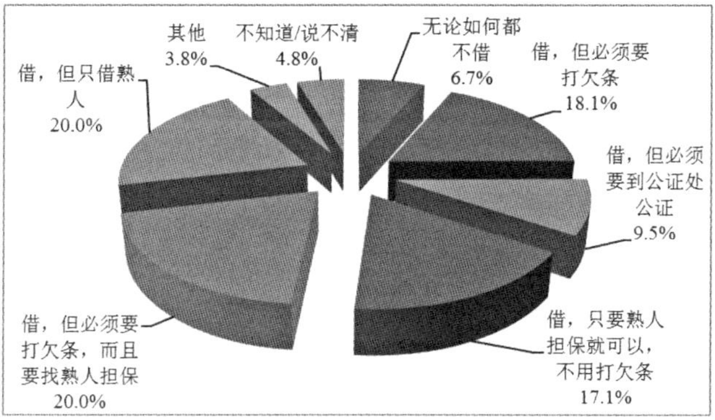

B26. 如果急需数目较大的一笔钱,您会怎么办?

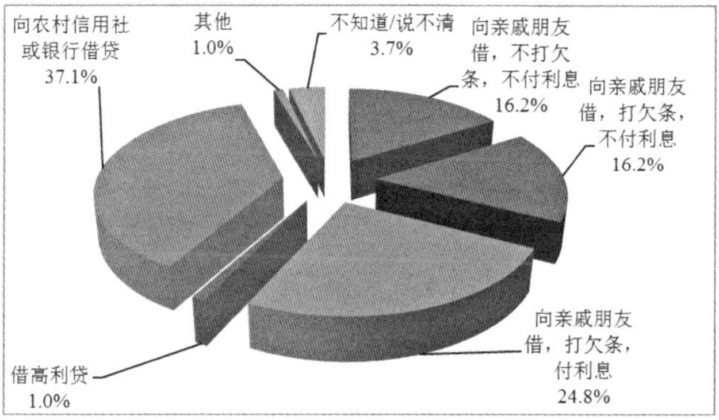

B27. 您对个人收入差距的看法是什么？

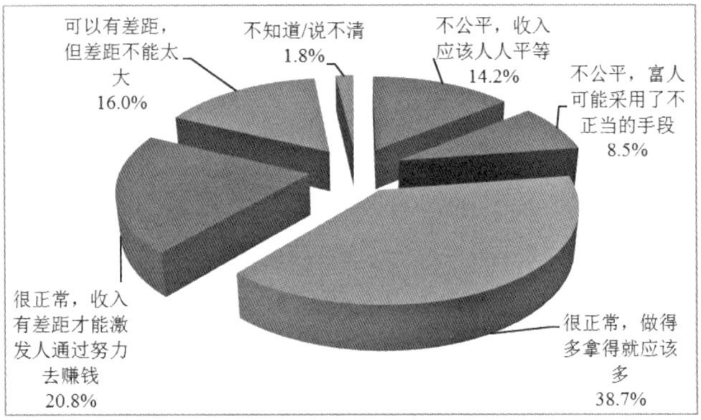

B28. 请问您种地的时候是否会大量使用农药和化肥？

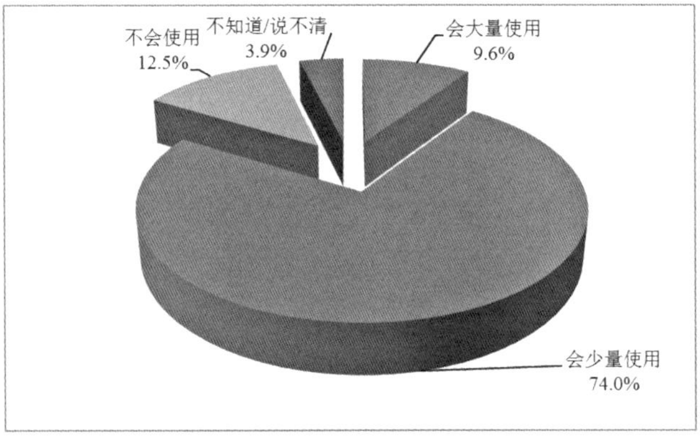

B29. 您在从事种地或养殖的时候是否会考虑环保、生态、健康等因素？

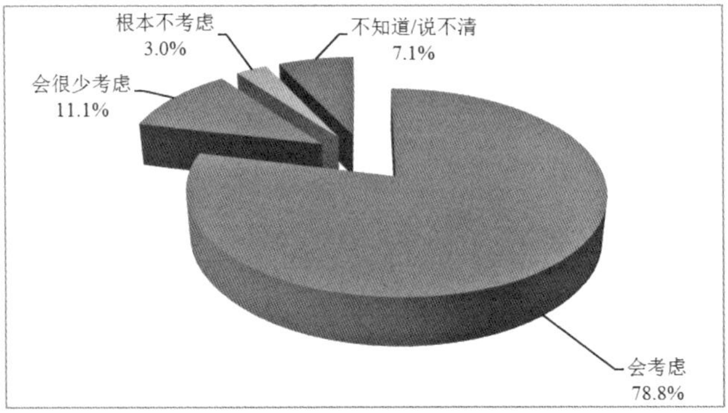

B30. 现在乡村是否有环保法规？

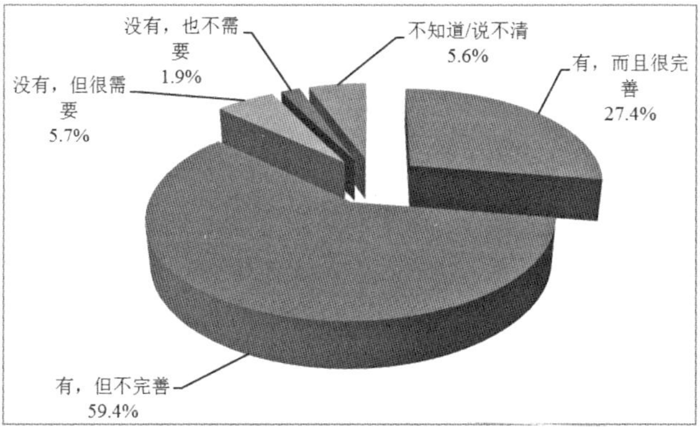

B31. 您认为环境保护和经济发展哪个更加重要？

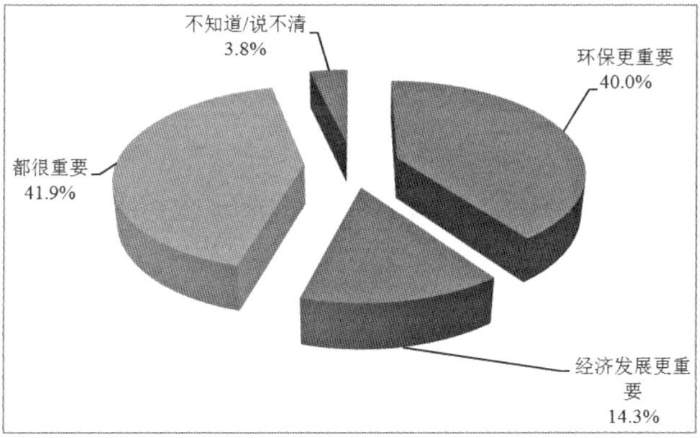

B32. 您认为可以通过建设美丽乡村（比如农家乐、有机食品等）实现致富吗？

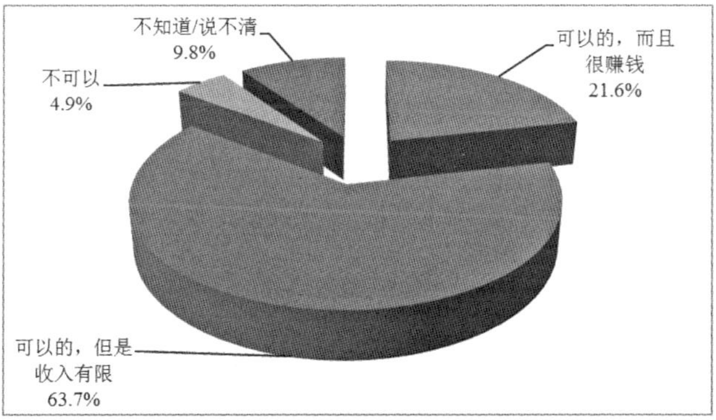

B33. 村里是否有关于环保的宣传？

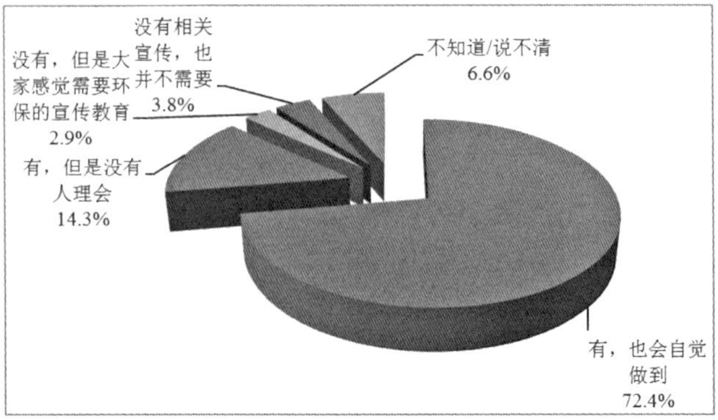

B34. 您能准确说出最近一次民主选举产生的村干部名字吗？

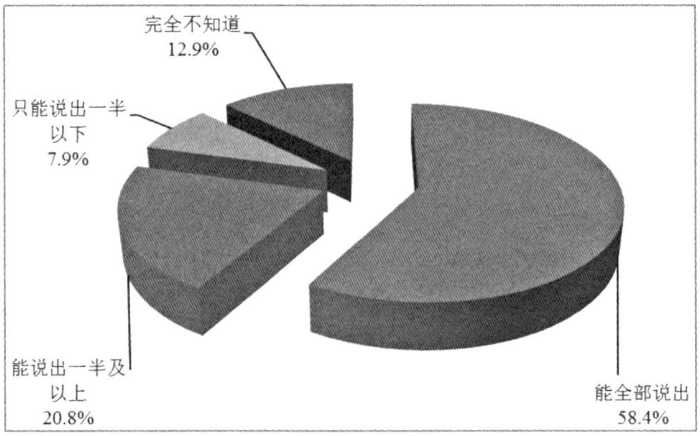

B35. 您主要通过哪些渠道了解村里的管理情况？

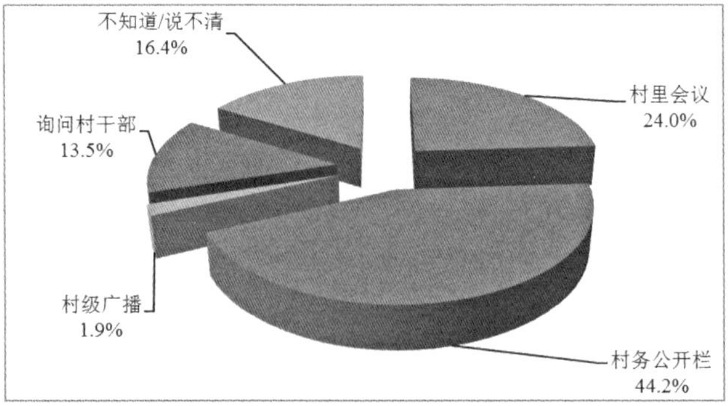

B36. 当村干部的决策损害您和大多数村民利益时，您通常会怎样？

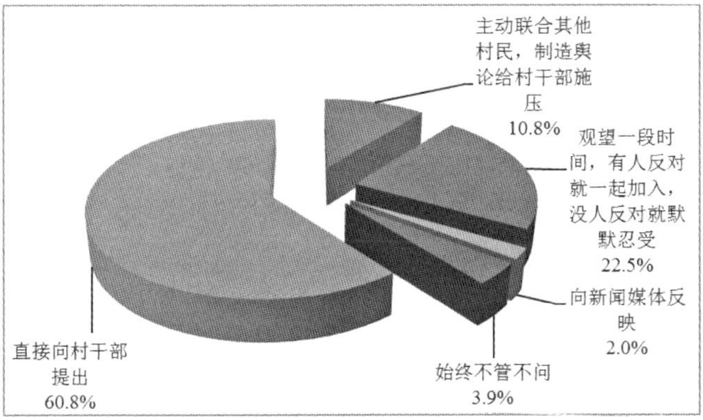

B37. 有关乡村发展的事情，你们村一般如何解决？

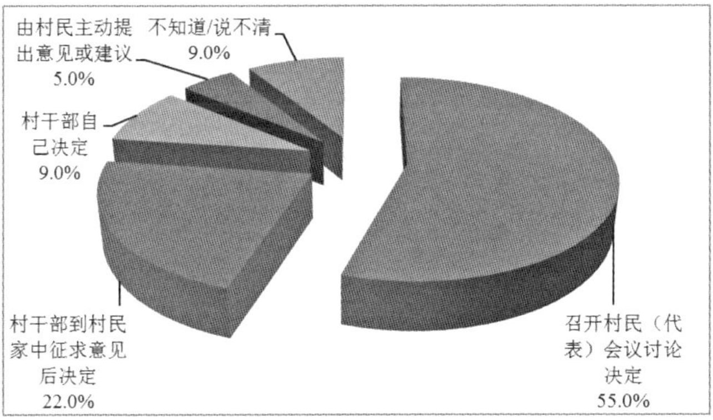

B38. 您认为在乡村日常事务中谁的影响力最大？

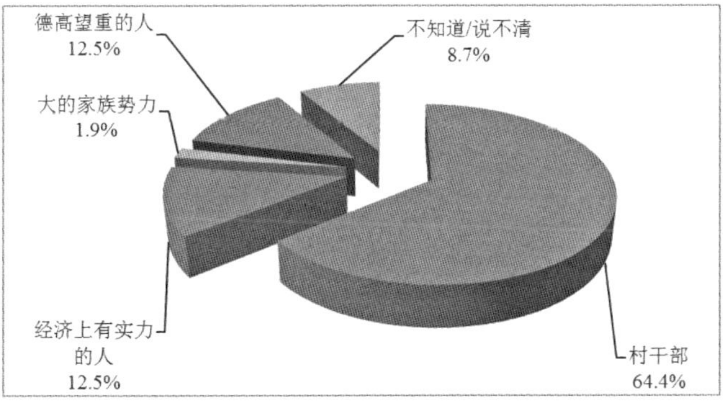

B39. 您认为一个好的村干部在哪个方面最重要？

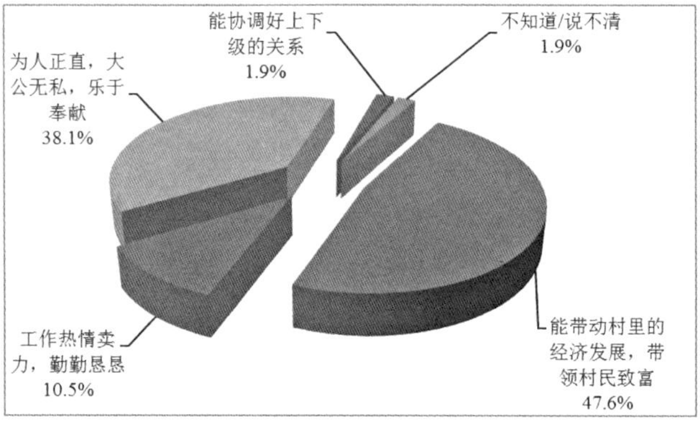

B40. 您认为国家三农政策在村庄得到落实了吗？

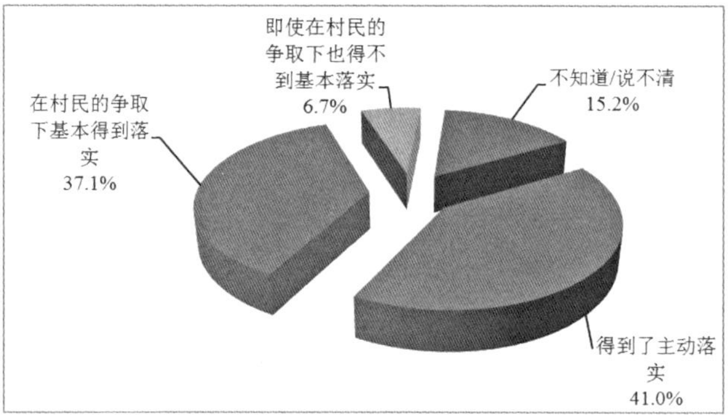

B41. 您村的村规民约对村民有约束力吗？

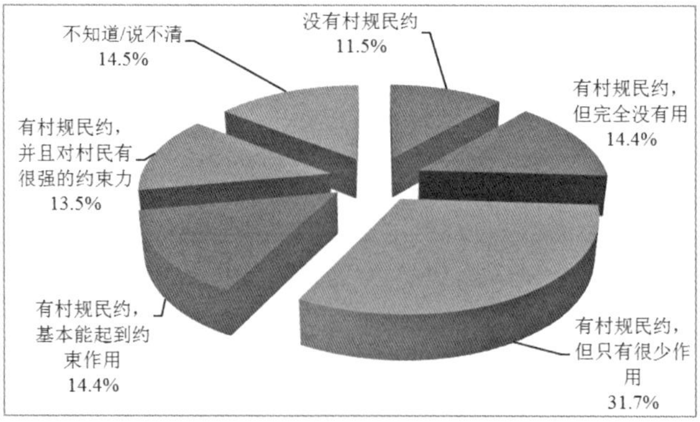

B42. 人们在社会生活中总要和不同的人打交道，下列成员，您在多大程度上信任他们？

（1）您在多大程度上信任家庭成员？

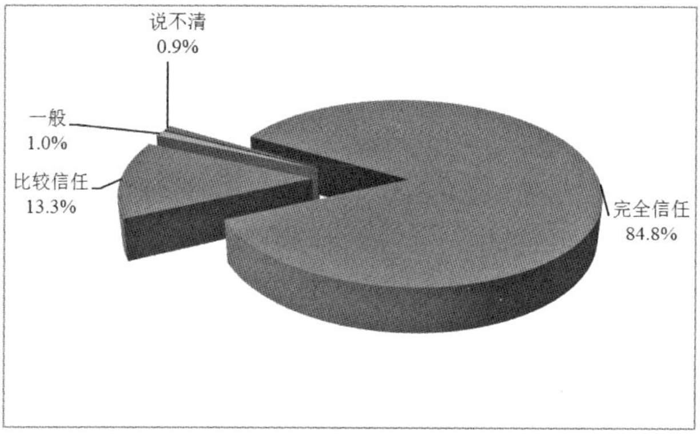

（2）您在多大程度上信任亲戚？

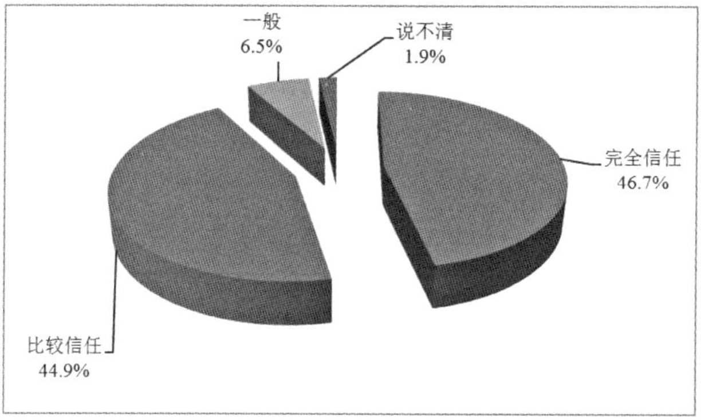

（3）您在多大程度上信任朋友？

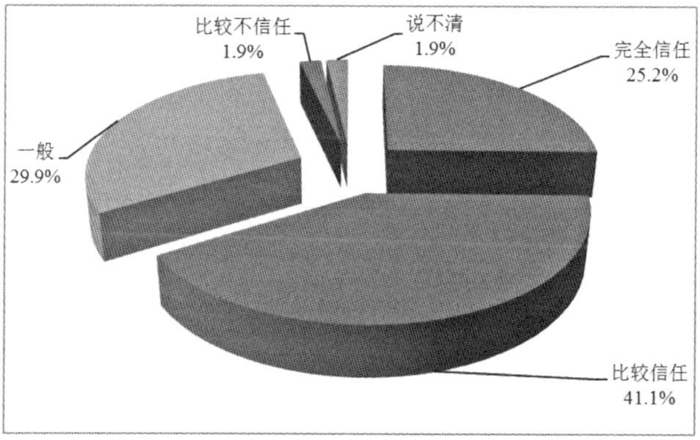

（4）您在多大程度上信任邻居？

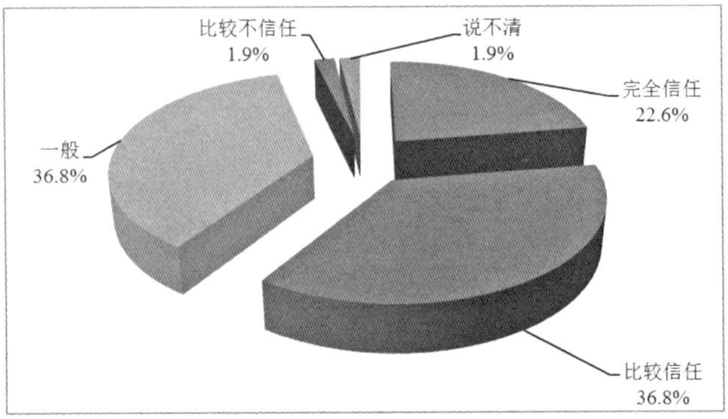

（5）您在多大程度上信任同事？

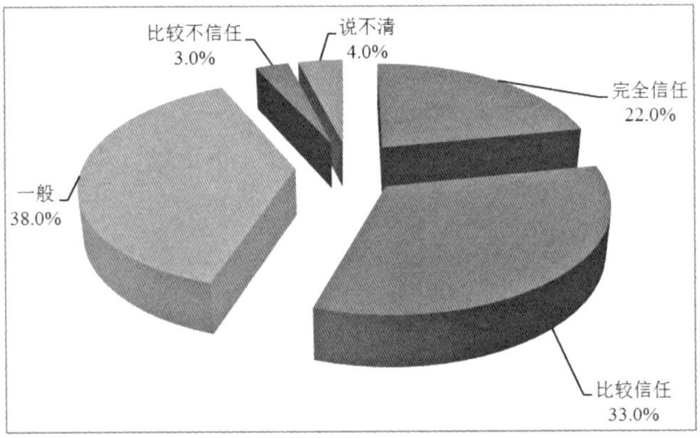

（6）您在多大程度上信任单位领导？

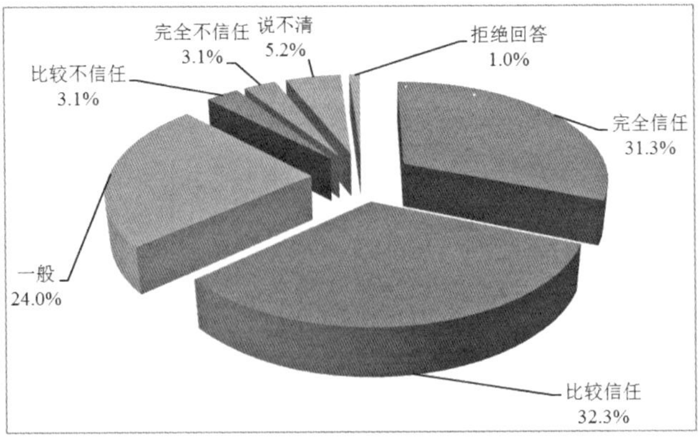

（7）您在多大程度上信任村长？

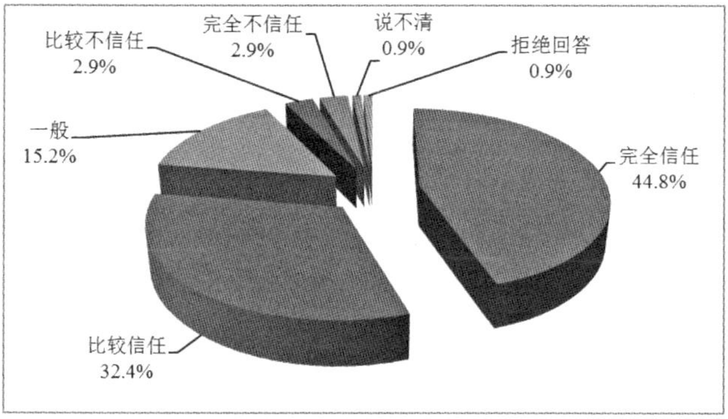

（8）您在多大程度上信任同村人？

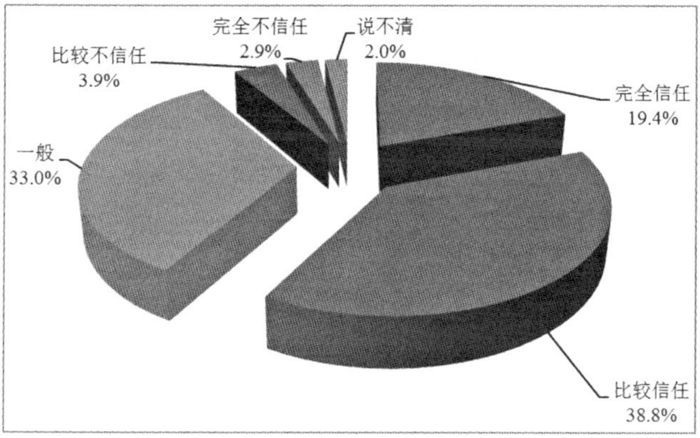

（9）您在多大程度上信任陌生人？

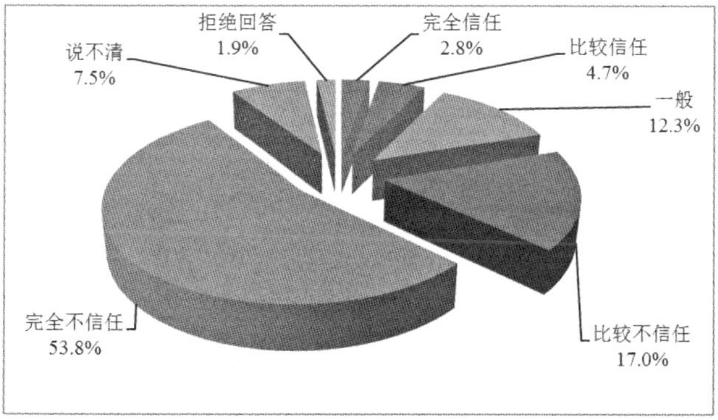

B43. 您是否有出村的经历？

（1）村外：

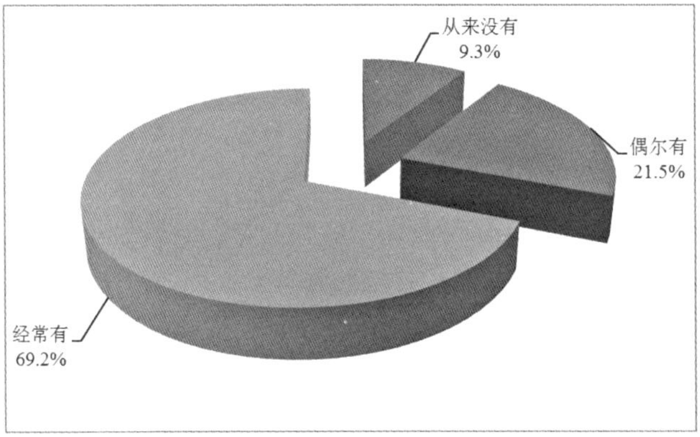

（2）镇外：

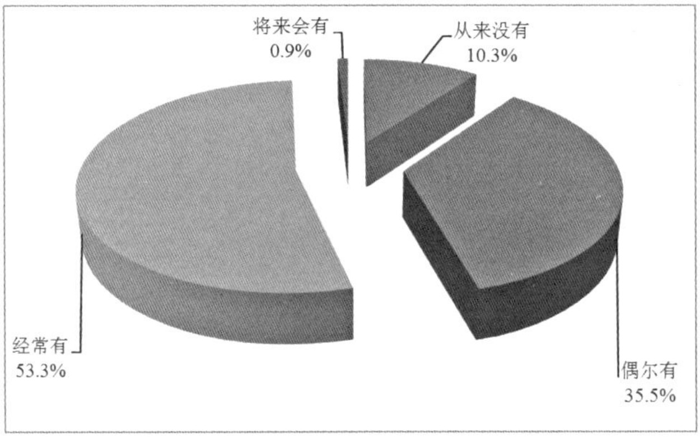

（3）市外：

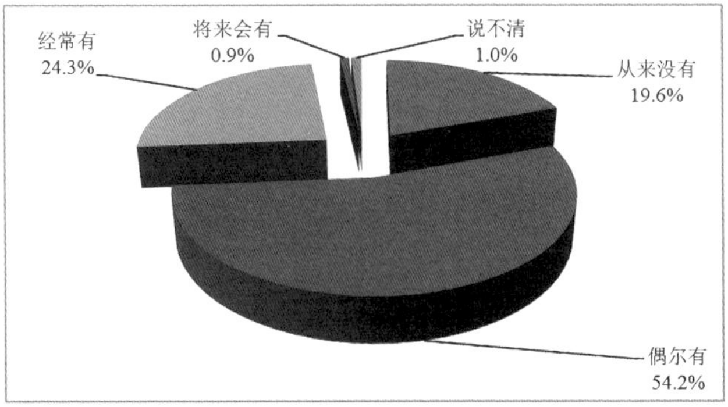

（4）省外：

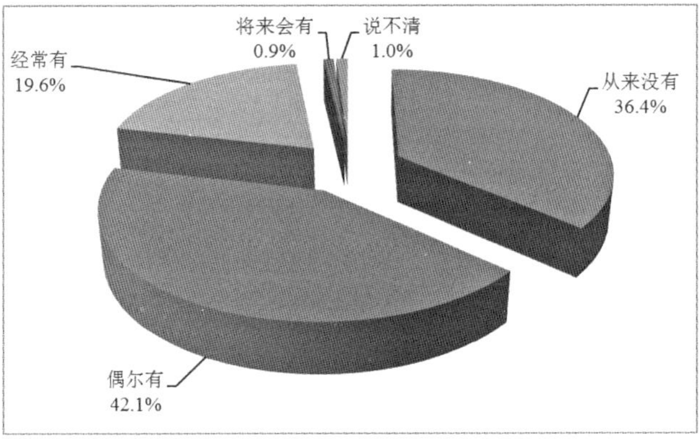

（5）国外：

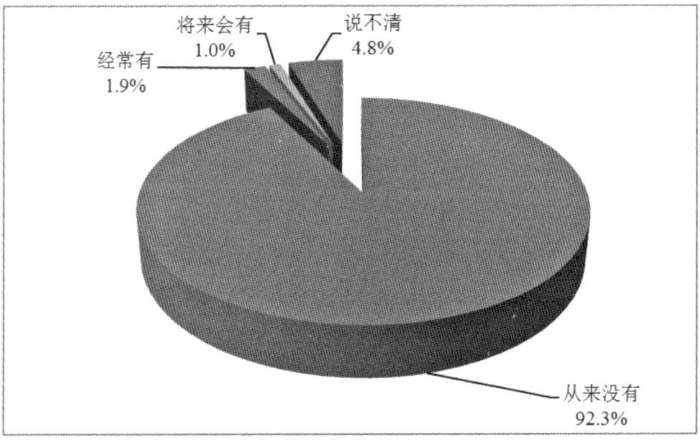

三、辘辘村问卷调查基本数据

A1. 您的性别：________。

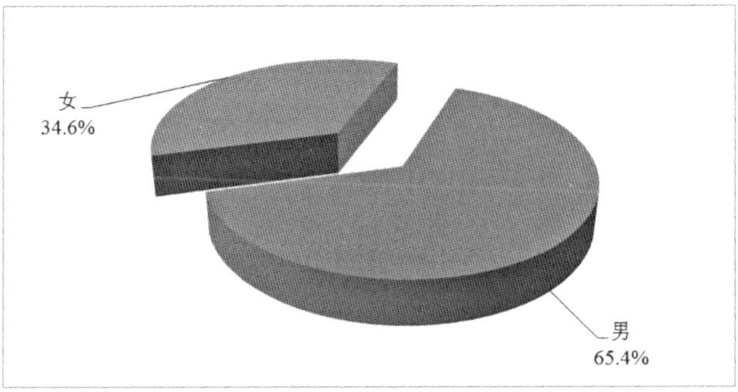

A2. 您现年多少周岁？________周岁。

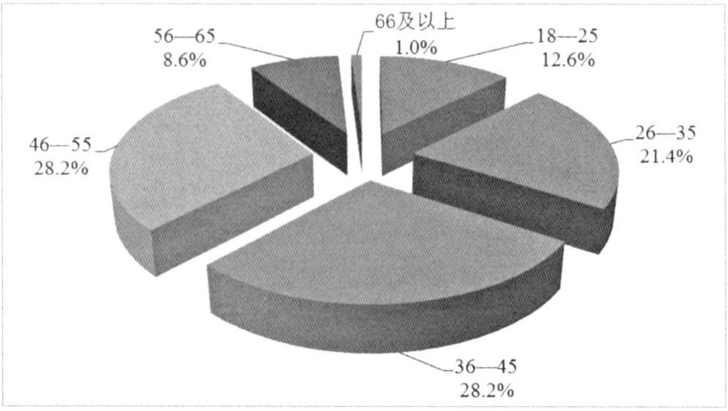

A3. 您当前的婚姻状况是________。

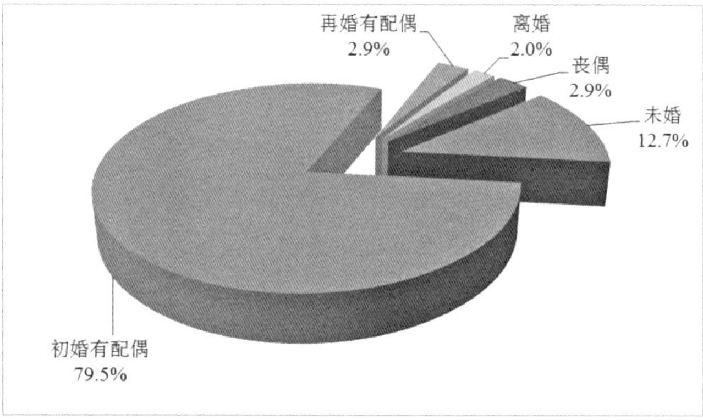

A4. 您的户口是________。

A5. 您的受教育程度是________。

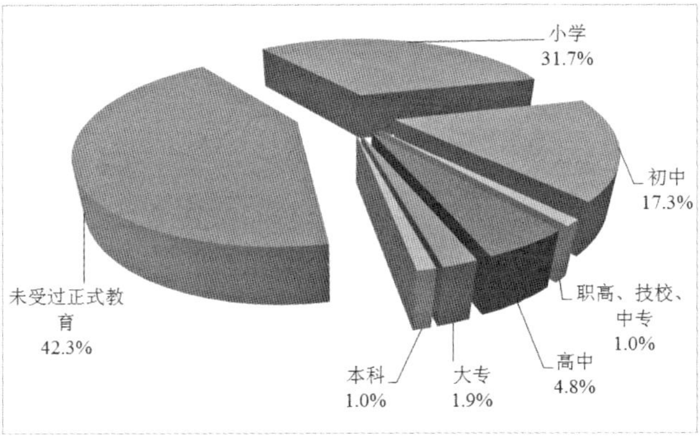

A6. 您的政治面貌是________。

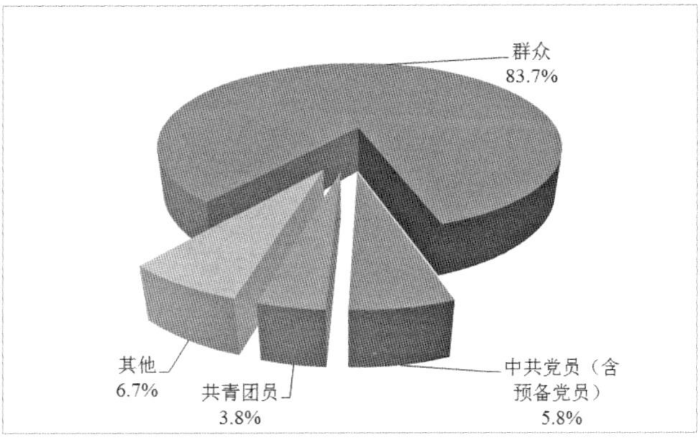

A7. 您的宗教信仰是________。

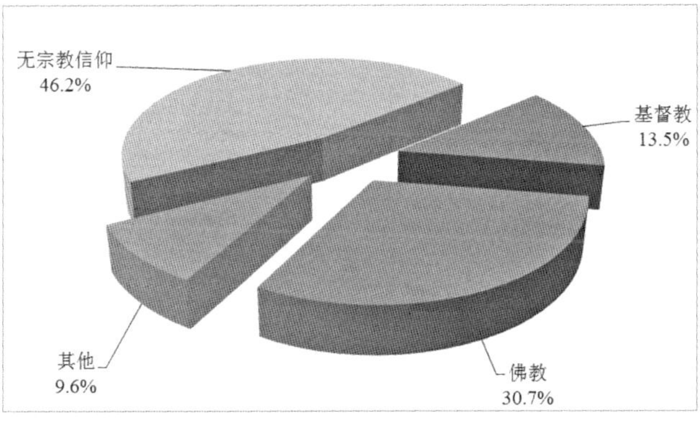

A8. 您的籍贯地在本地吗？

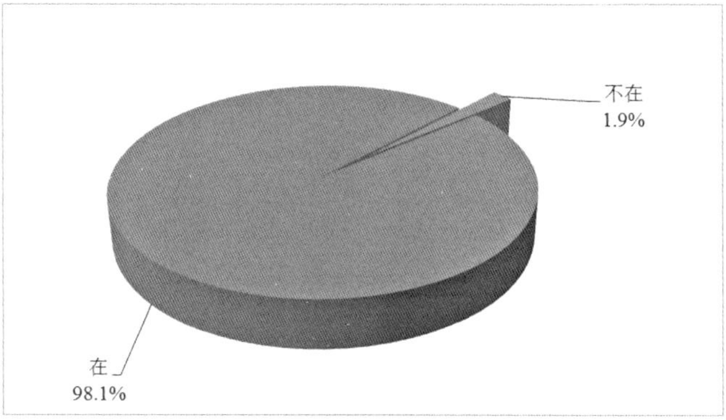

A9. 您的户口所在地在本地吗？

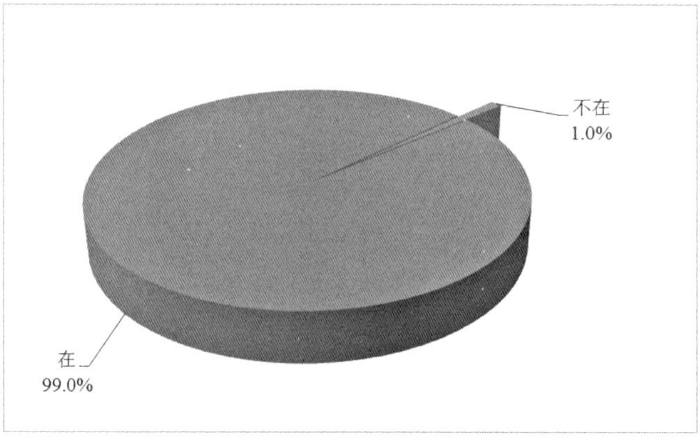

A10. 您目前的职业是________。

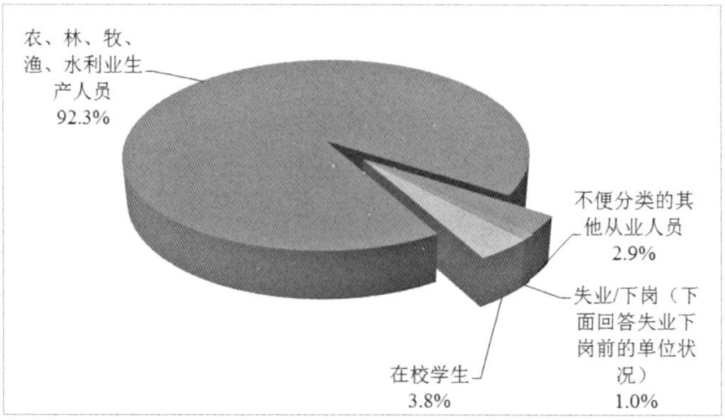

A11. 您去年全年的个人总收入大约在________。(单位：元)

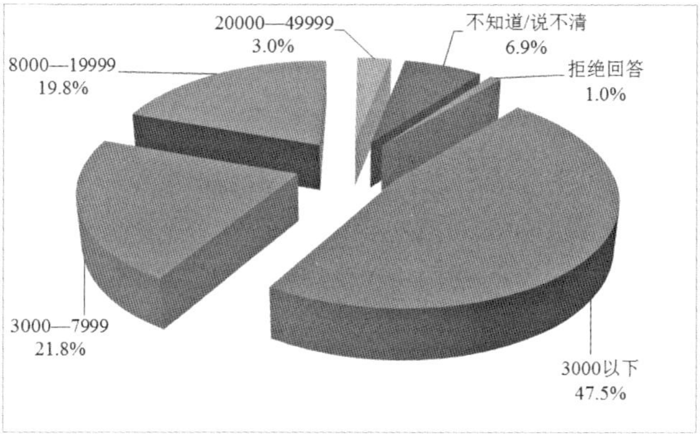

A12. 您今年全年的个人理想总收入大约是________。(单位：元)

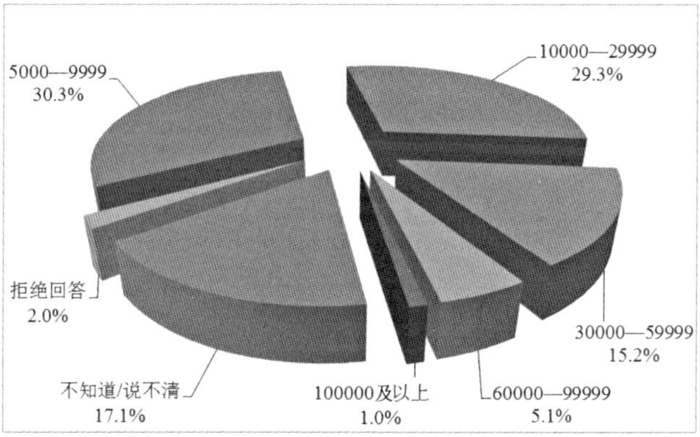

A13. 您家去年全年家庭各种收入大约在________。(单位：元)

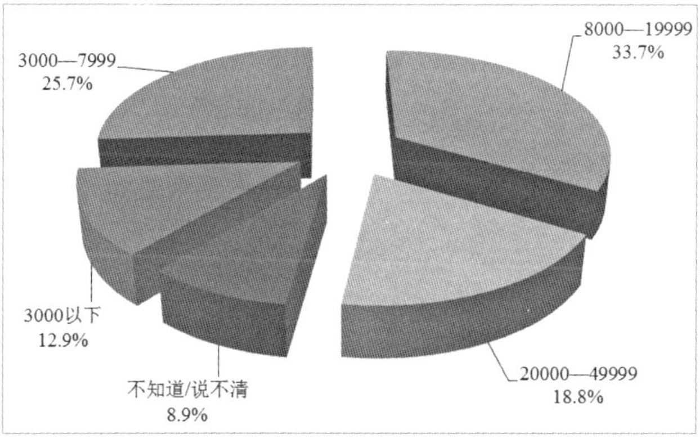

A14. 总的来说，您对目前家庭的收入水平是否满意？

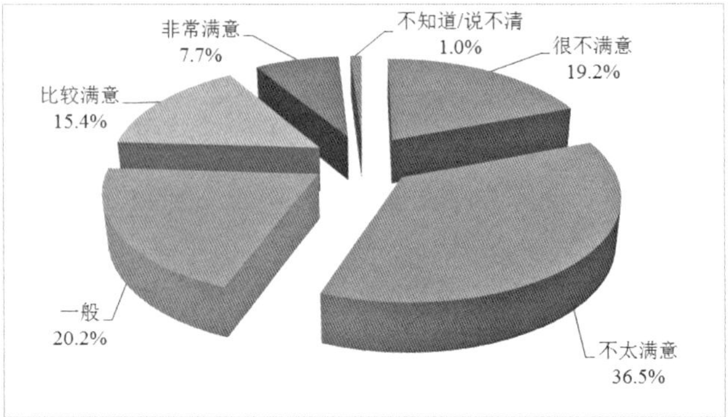

A15. 总的来说，您对自己的生活状况是否满意？

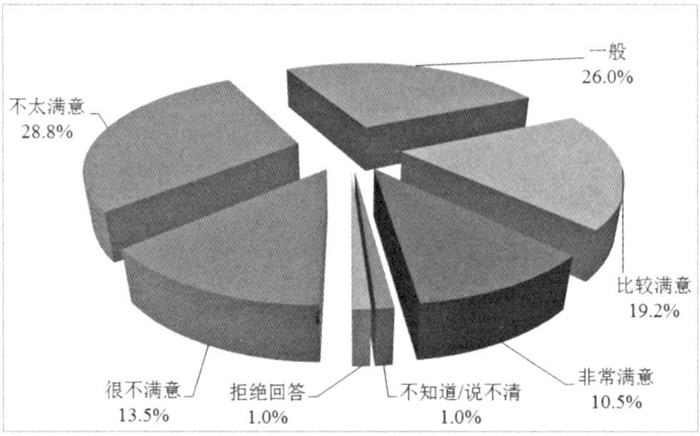

B1. 在下面的几种美德中，您认为哪个最为重要？

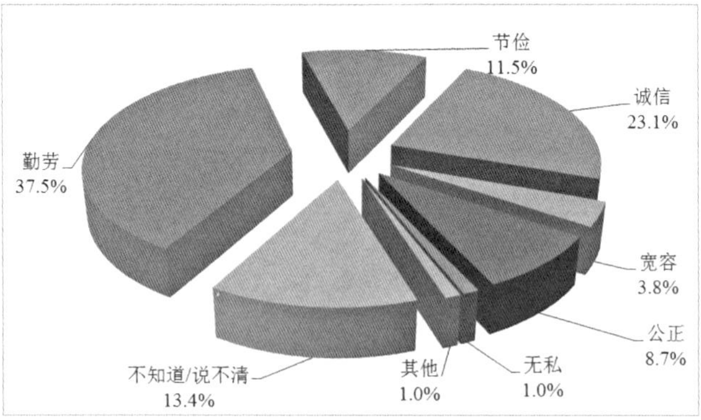

B2. 您与他人交往时最看重的是什么？

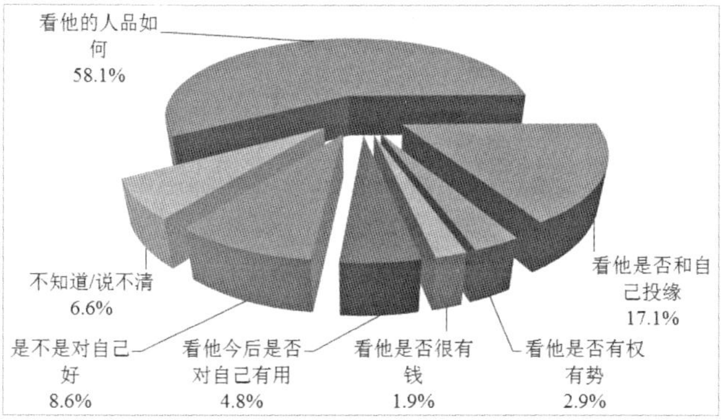

B3. 在现代社会，您认为个人成功最需要的是什么？

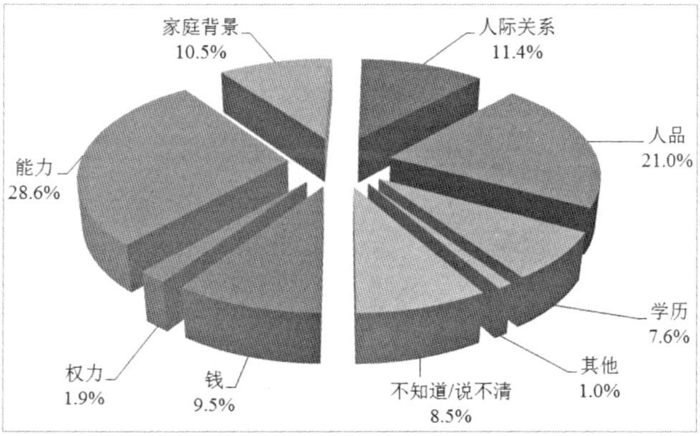

B4. 您认为这些年来，村里人变得如何？

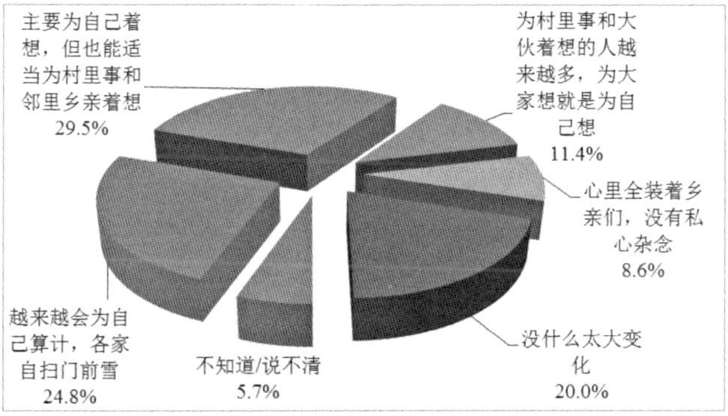

B5. 您对工作的基本态度是什么？

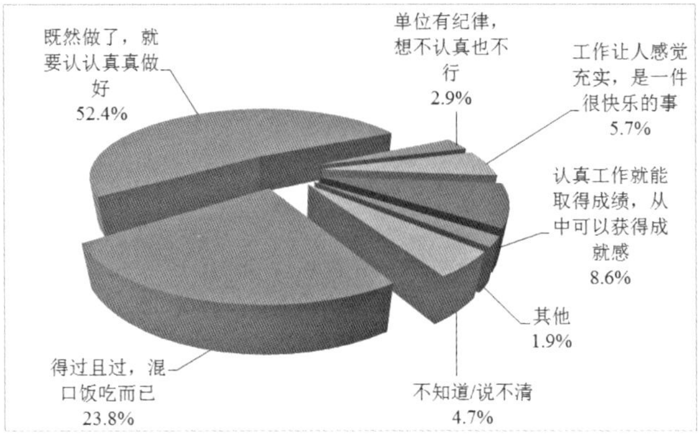

B6. 您选择工作时主要考虑的是什么？（最多选三项）

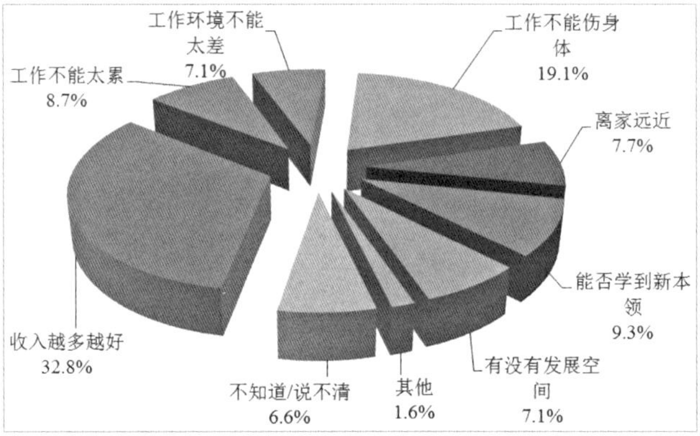

B7. 您认为最理想的职业是什么？（最多选三项）

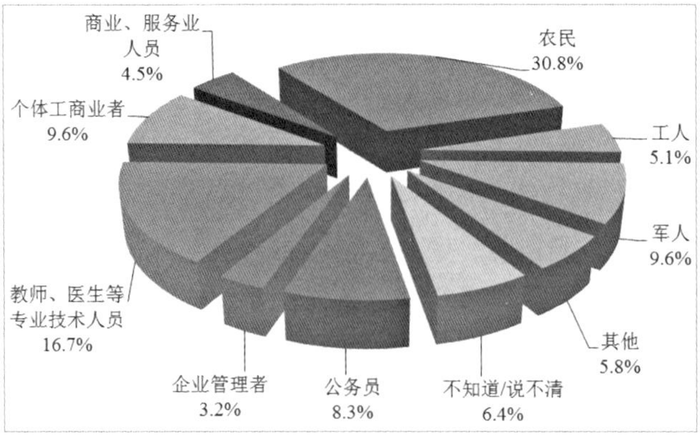

B8. 您觉得孩子读书有用吗？

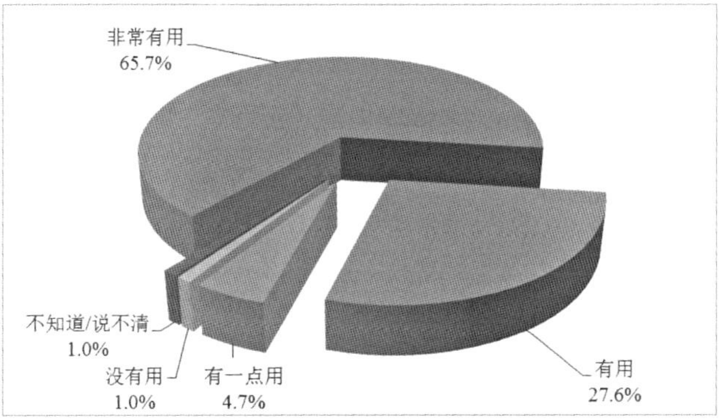

B9. 您打算继续在本村住下去吗？

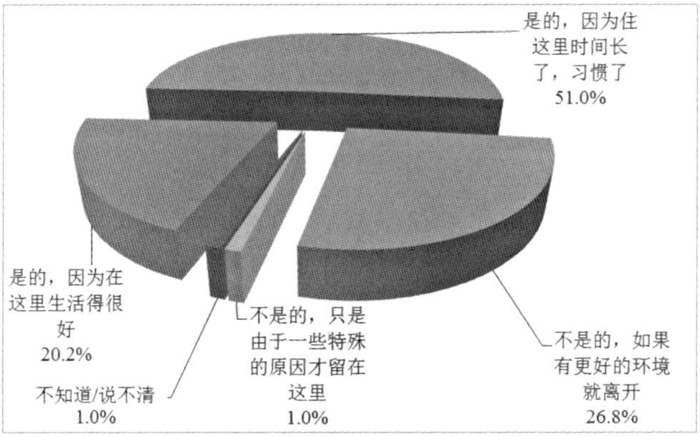

B10. 您平日里闲时都干些什么？（最多选三项）

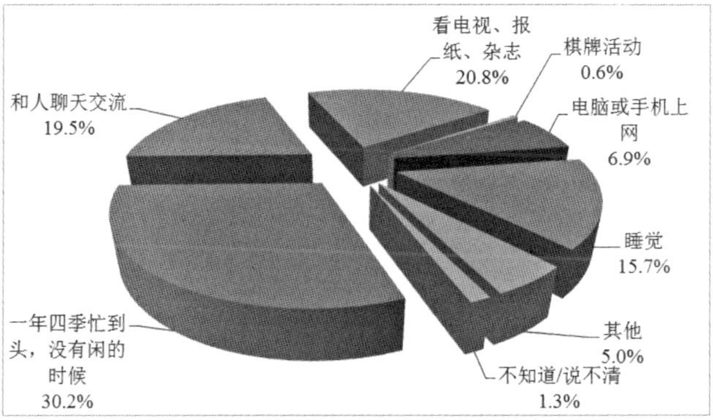

B11. 您在选择结婚对象时会主要考虑哪些因素？（最多选三项）

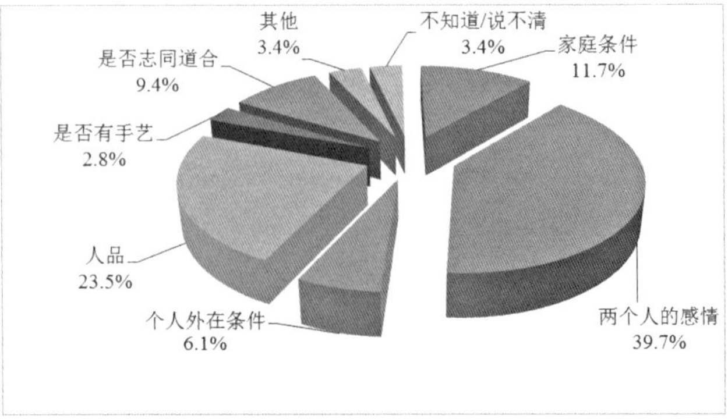

B12. 您认为恋爱结婚的主要目的是什么？

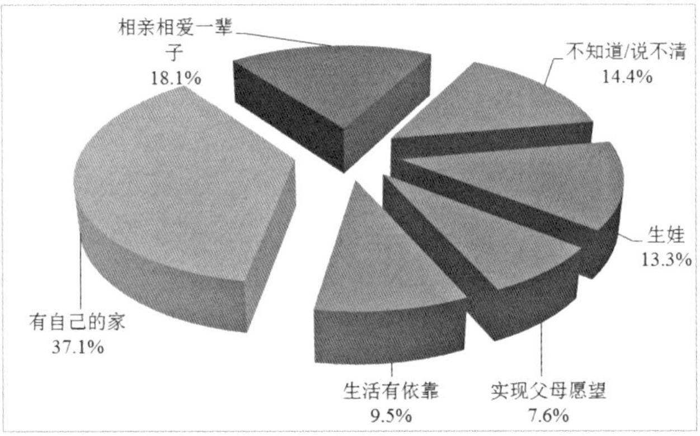

B13. 您认为影响夫妻感情的主要因素是哪些？（最多选三项）

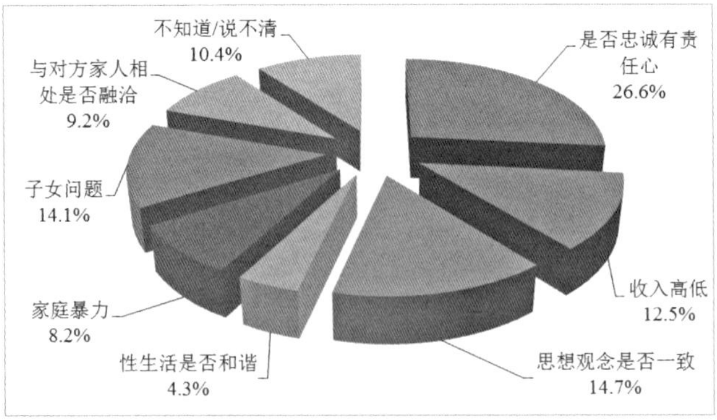

B14. 您认为理想的婚姻家庭是怎样的？（最多选三项）

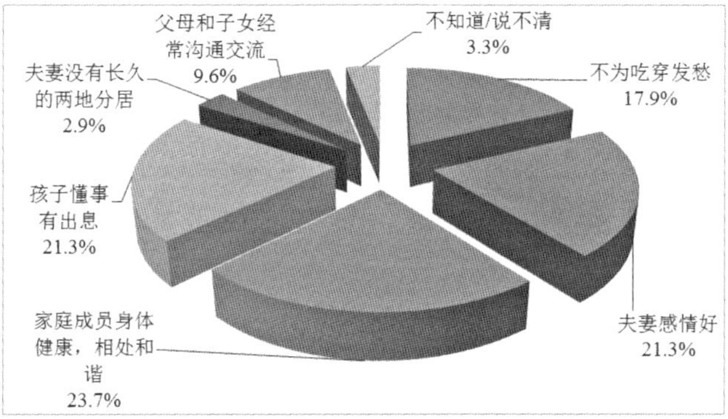

B15. 您如何看待婚前性行为？

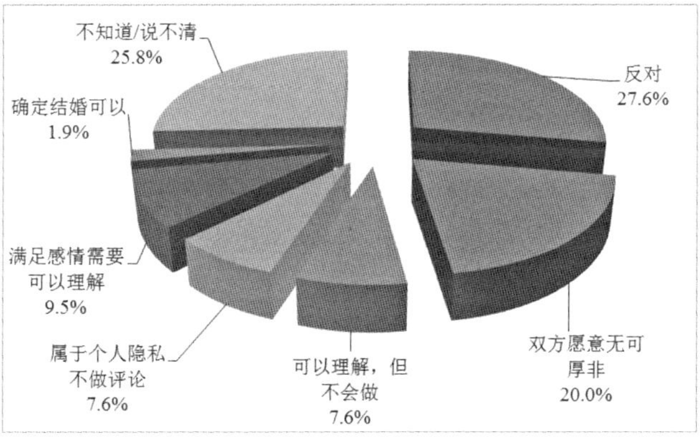

B16. 您如何看待婚外性行为？

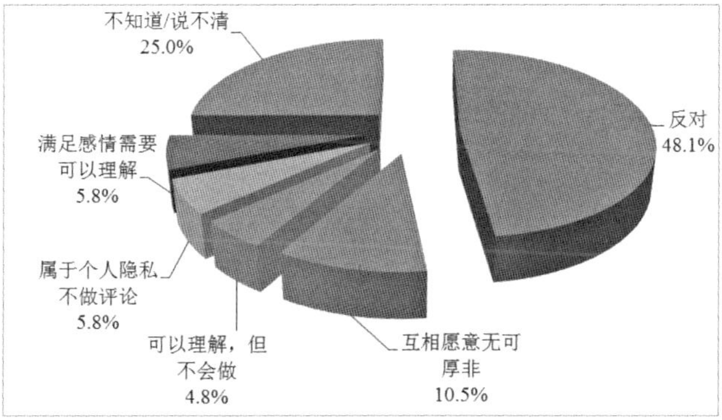

B17. 您认为生养孩子的首要目的是什么？

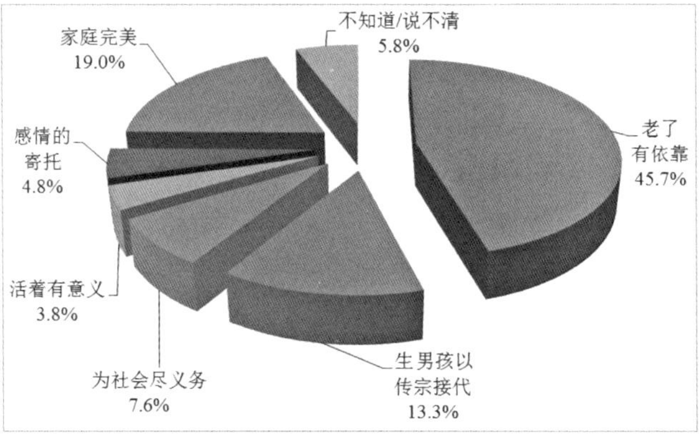

B18. 您认为农村小孩的家庭教育应重视哪些方面的内容？（最多选三项）

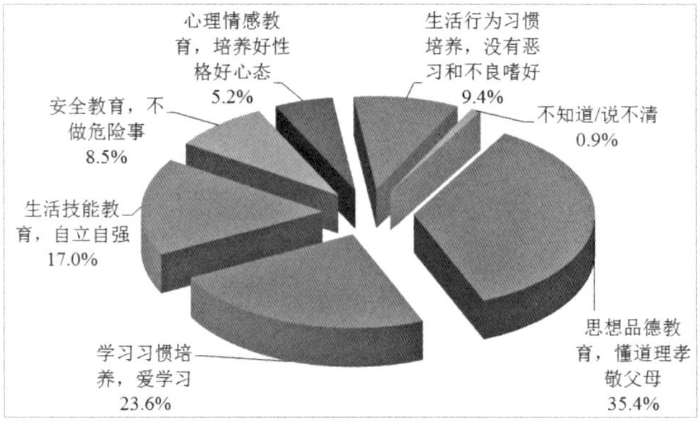

B19. 您觉得尽孝要做到哪些？（最多选三项）

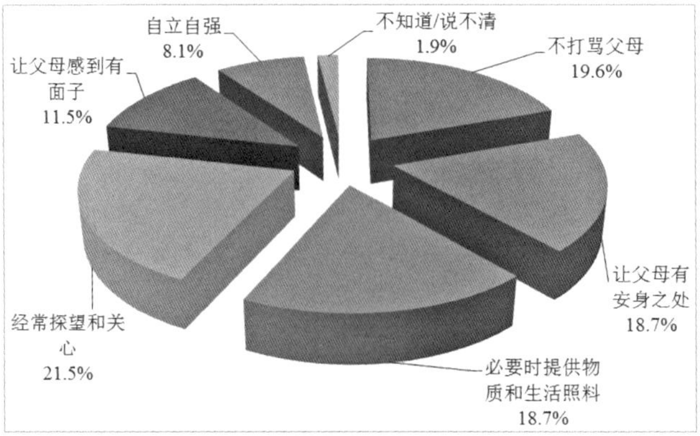

B20. 您家经济收入的主要来源有哪些？（最多选三项）

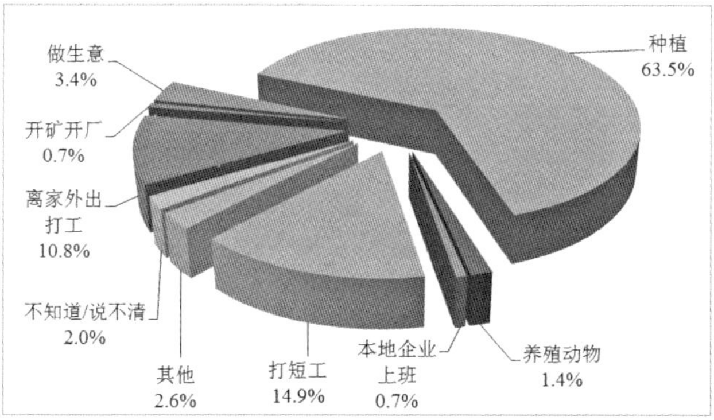

B21. 如果与他人发生了经济纠纷，您会怎么办？

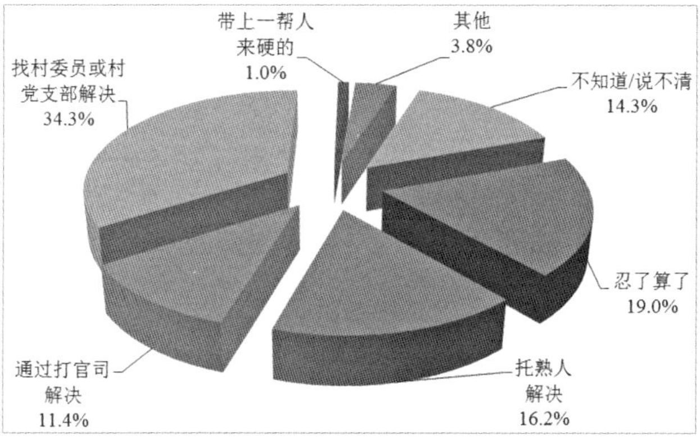

B22. 您家主要的经济支出是什么？（最多选三项）

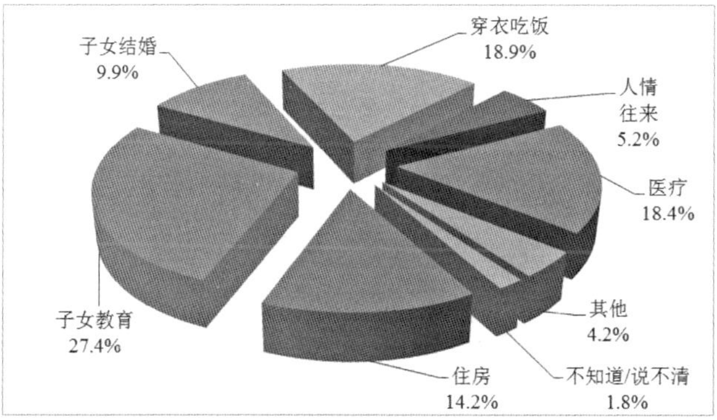

B23. 您对家庭支出的态度是怎样的?

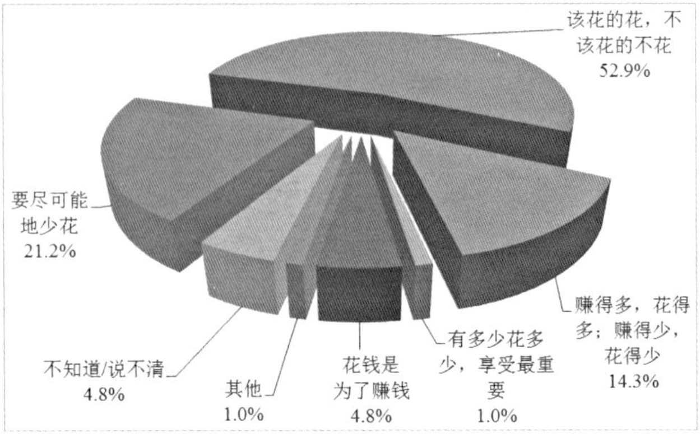

B24. 如果有可能赚钱的机会,您会如何做?

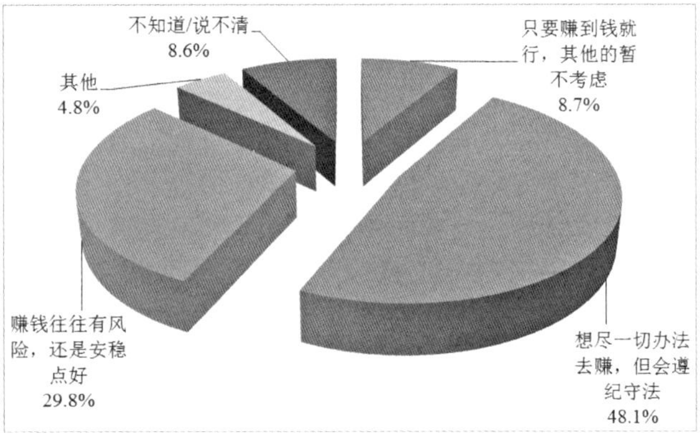

B25. 如果有人向您借一万元,您会借吗?

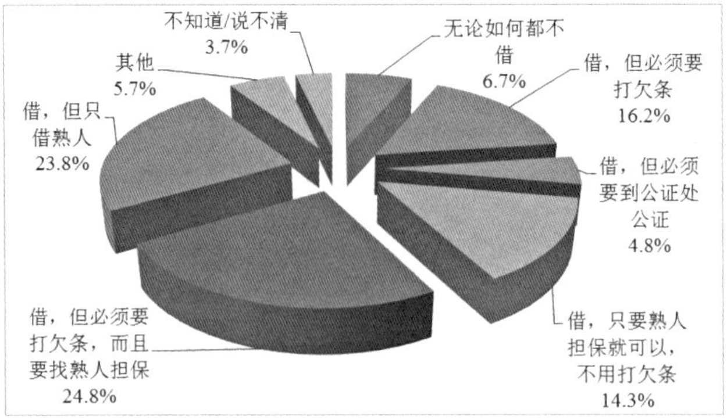

B26. 如果急需数目较大的一笔钱，您会怎么办？

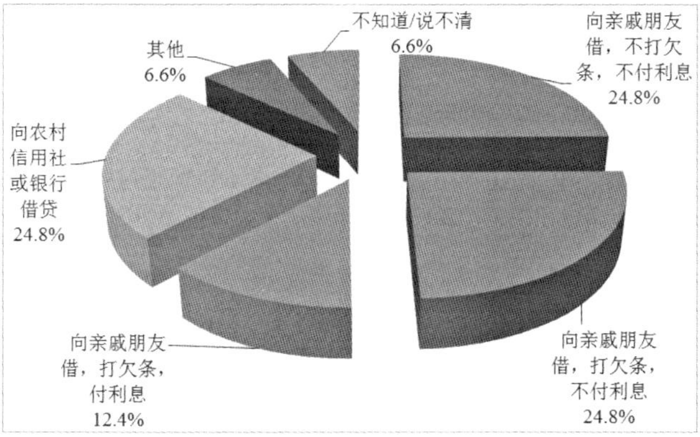

B27. 您对个人收入差距的看法是什么？

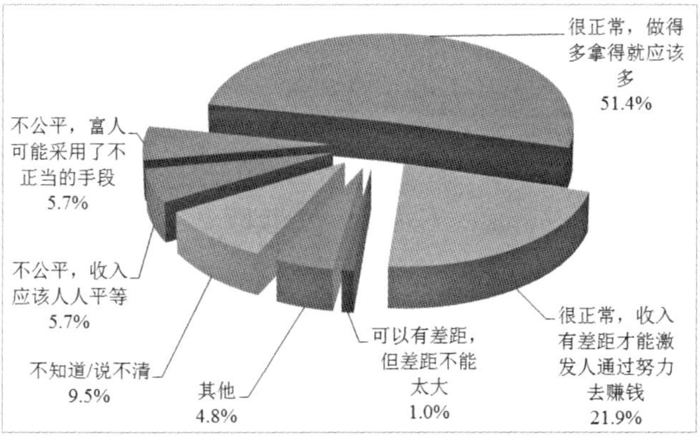

B28. 请问您种地的时候是否会大量使用农药和化肥？

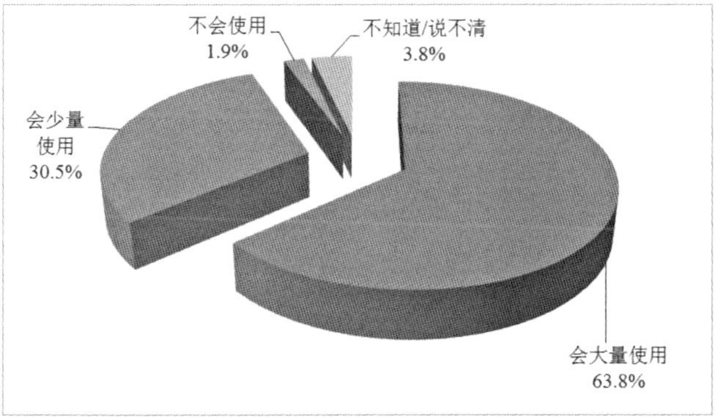

B29. 您在从事种地或养殖的时候是否会考虑环保、生态、健康等因素？

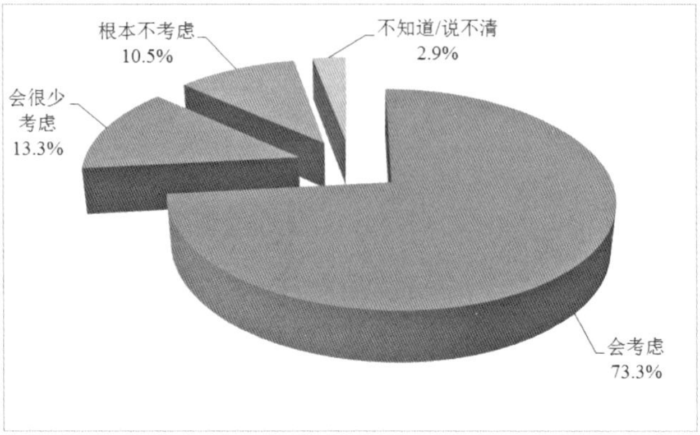

B30. 现在乡村是否有环保法规？

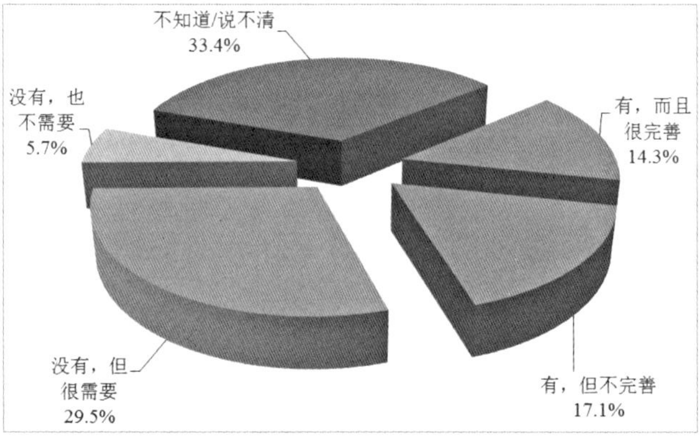

B31. 您认为环境保护和经济发展哪个更加重要？

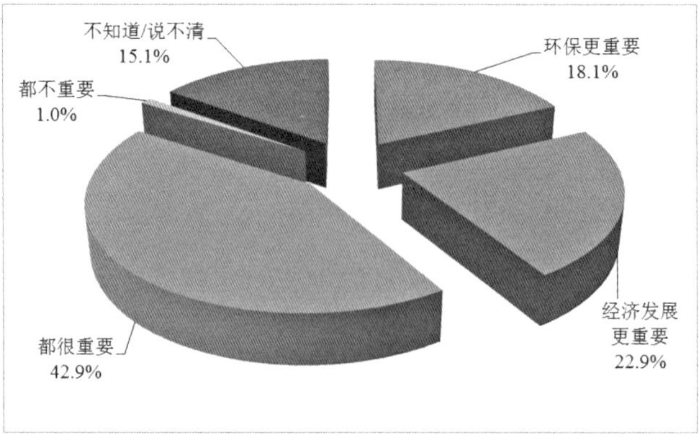

B32. 您认为可以通过建设美丽乡村(比如农家乐、有机食品等)实现致富吗?

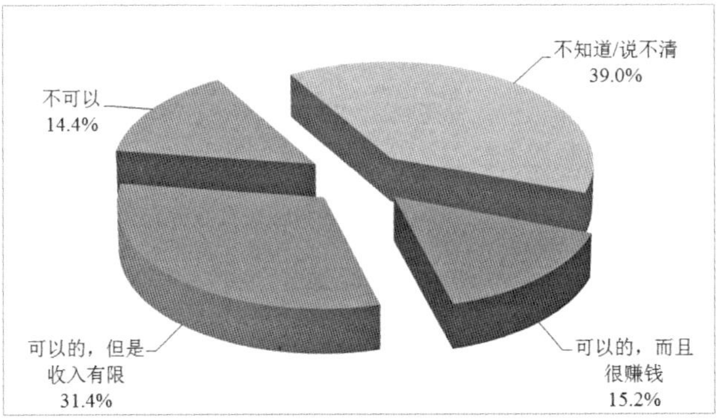

B33. 村里是否有关于环保的宣传?

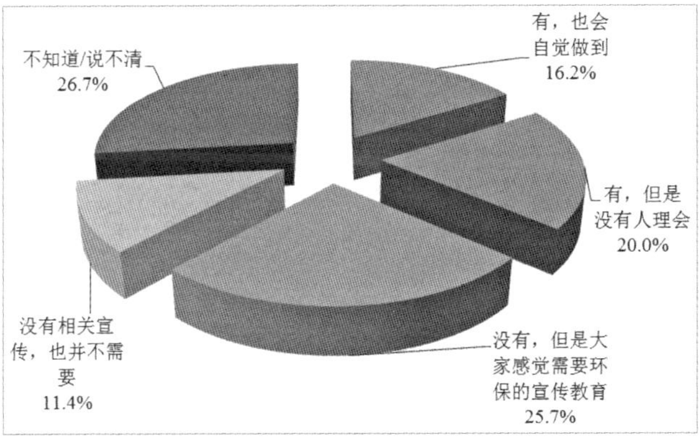

B34. 您能准确说出最近一次民主选举产生的村干部名字吗?

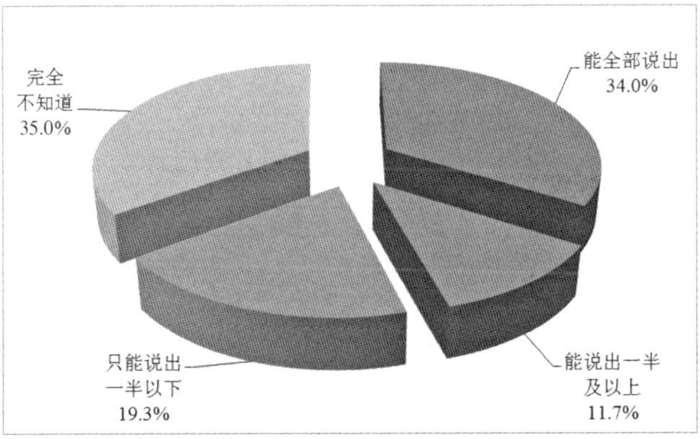

B35. 您主要通过哪些渠道了解村里的管理情况？

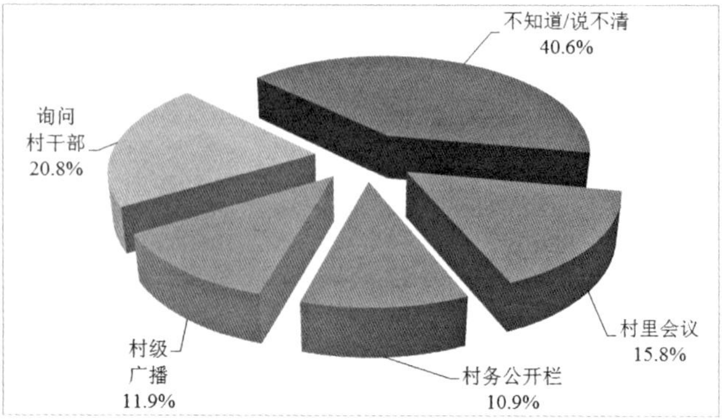

B36. 当村干部的决策损害您和大多数村民利益时，您通常会怎样？

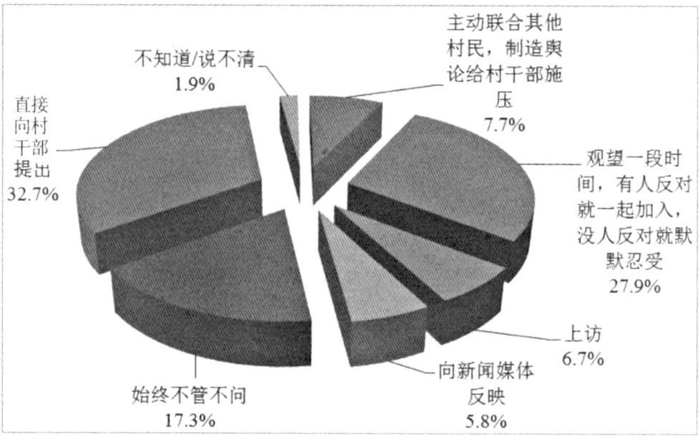

B37. 有关乡村发展的事情，你们村一般如何解决？

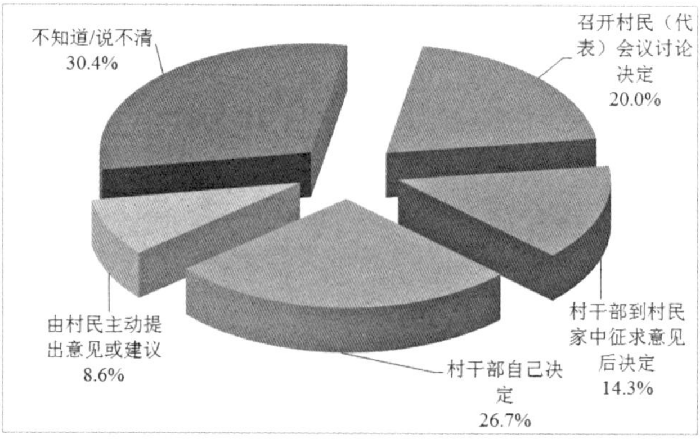

B38. 您认为在乡村日常事务中谁的影响力最大？

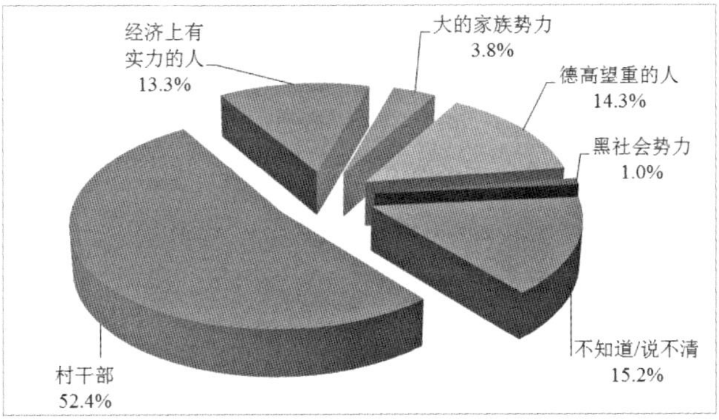

B39. 您认为一个好的村干部在哪个方面最重要？

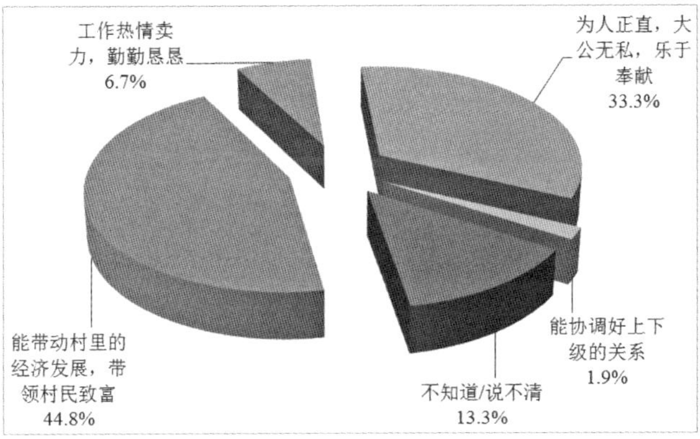

B40. 您认为国家三农政策在村庄得到落实了吗？

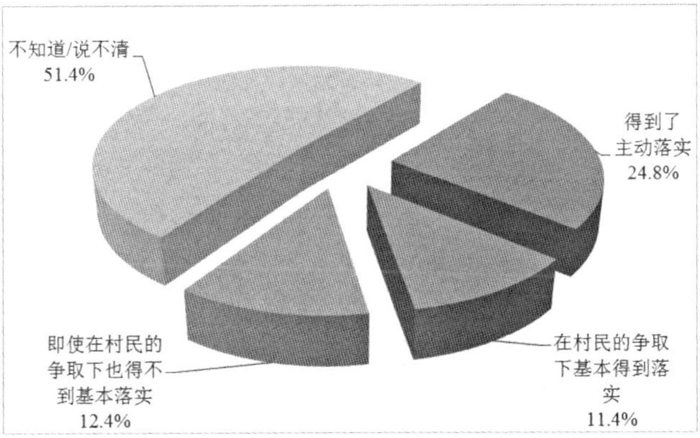

B41. 您村的村规民约对村民有约束力吗？

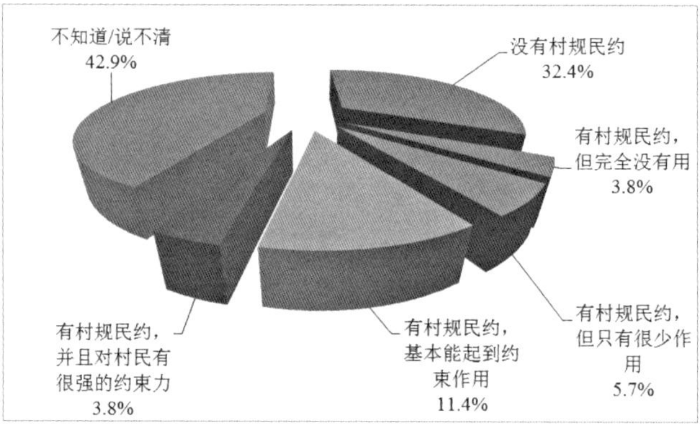

B42. 人们在社会生活中总要和不同的人打交道，下列成员，您在多大程度上信任他们？

（1）您在多大程度上信任家庭成员？

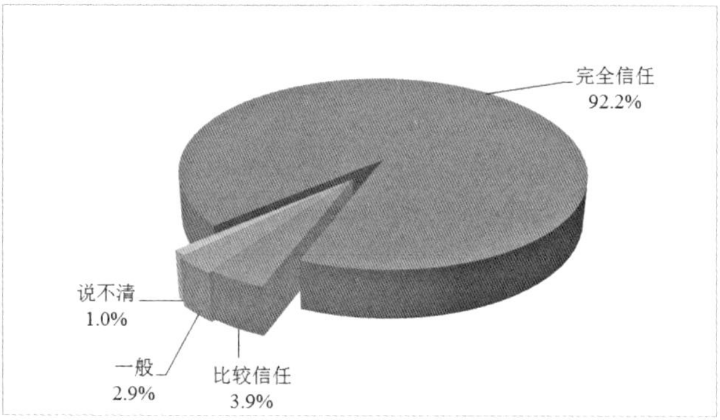

（2）您在多大程度上信任亲戚？

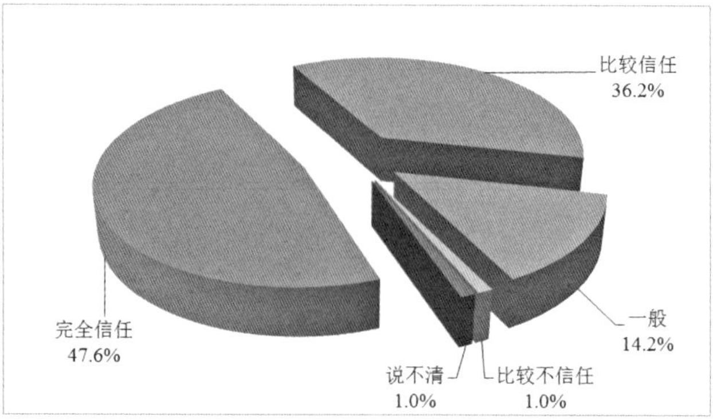

（3）您在多大程度上信任朋友？

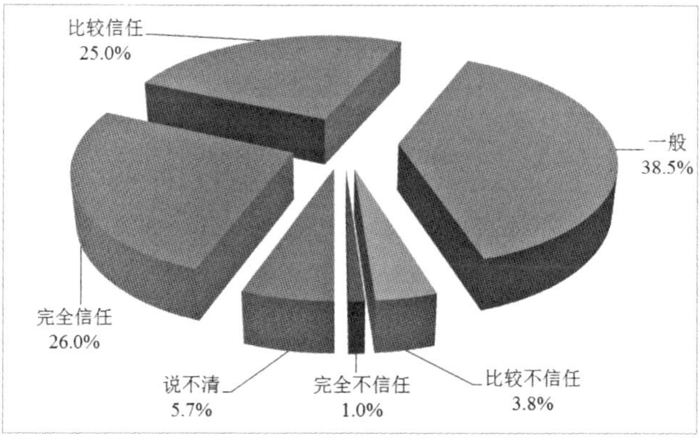

（4）您在多大程度上信任邻居？

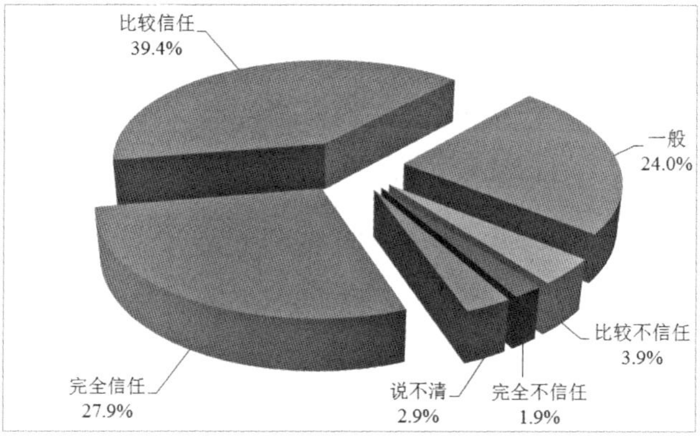

（5）您在多大程度上信任同事？

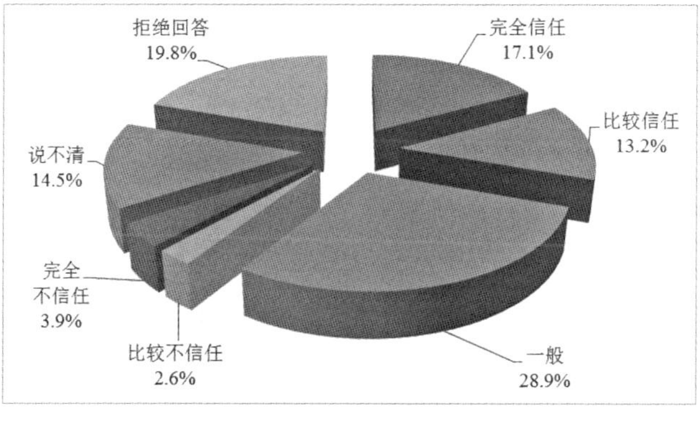

（6）您在多大程度上信任单位领导？

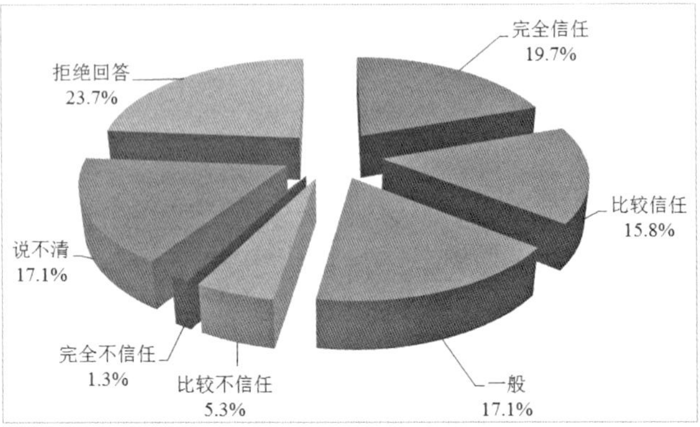

（7）您在多大程度上信任村长？

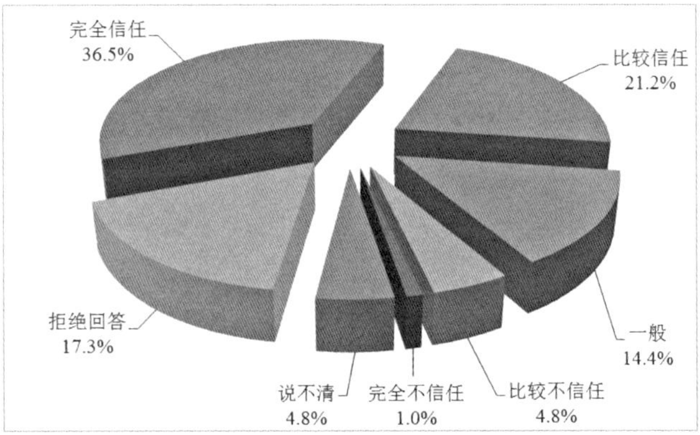

（8）您在多大程度上信任同村人？

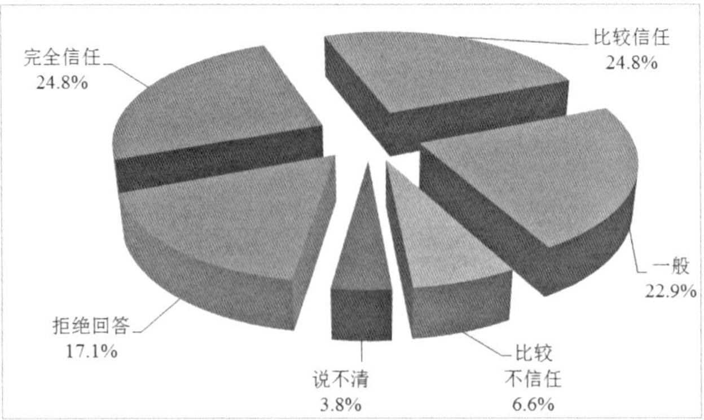

（9）您在多大程度上信任陌生人？

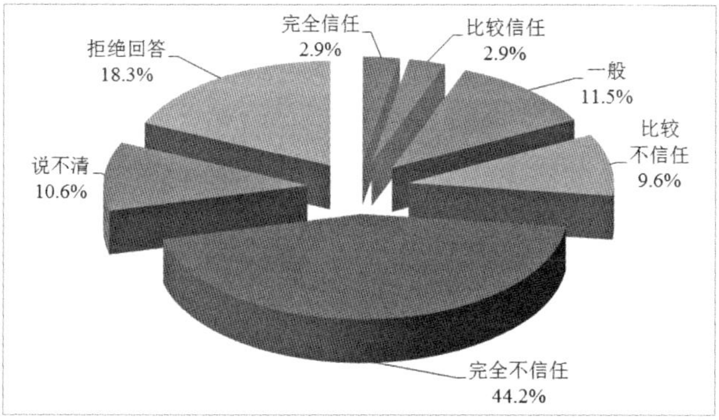

B43. 您是否有出村的经历？

（1）村外：

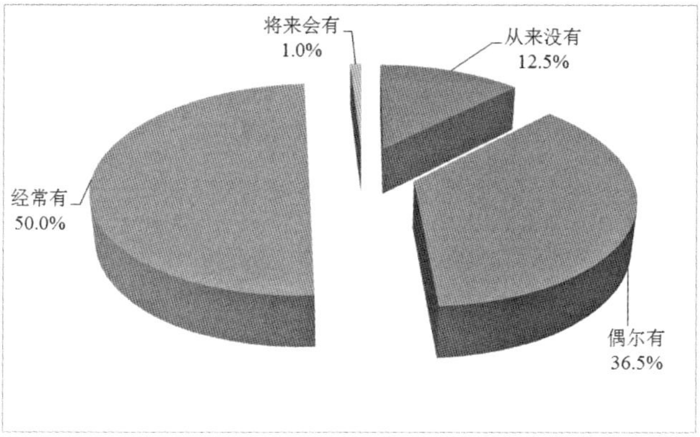

（2）镇外：

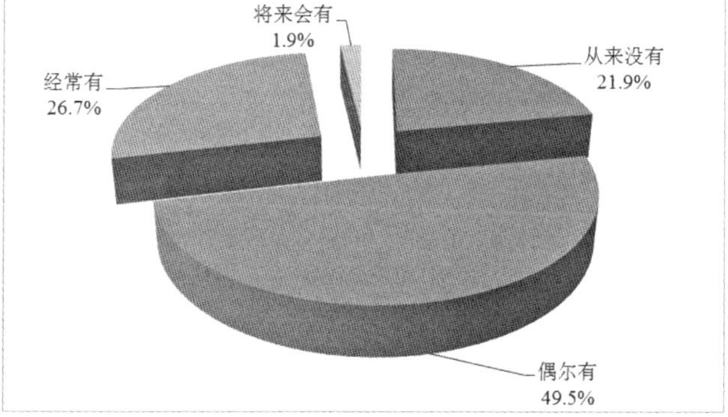

（3）市外：

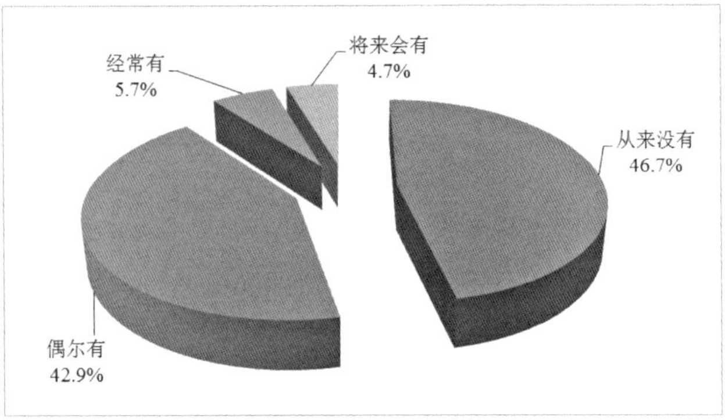
将来会有
4.7%
经常有
5.7%
从来没有
46.7%
偶尔有
42.9%

（4）省外：

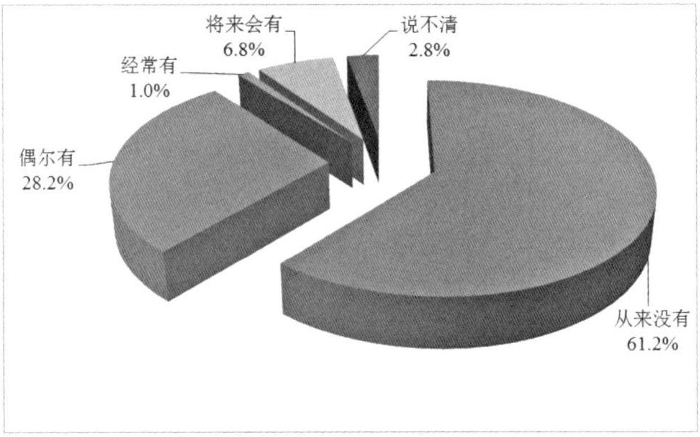
将来会有
6.8%
说不清
2.8%
经常有
1.0%
偶尔有
28.2%
从来没有
61.2%

（5）国外：

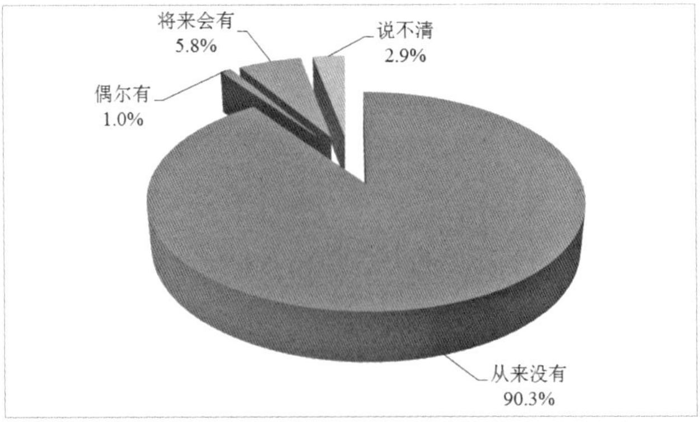
将来会有
5.8%
说不清
2.9%
偶尔有
1.0%
从来没有
90.3%

四、下聂村问卷调查基本数据

A1. 您的性别：________。

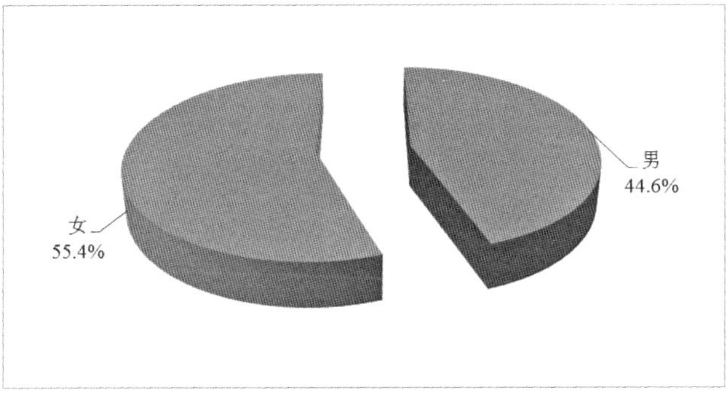

A2. 您现年多少周岁？________周岁。

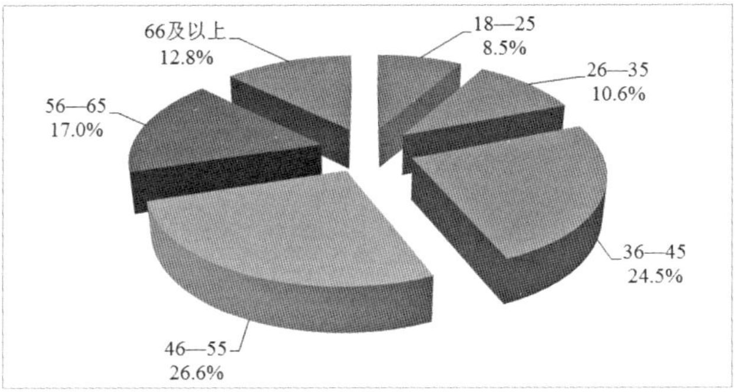

A3. 您当前的婚姻状况是________。

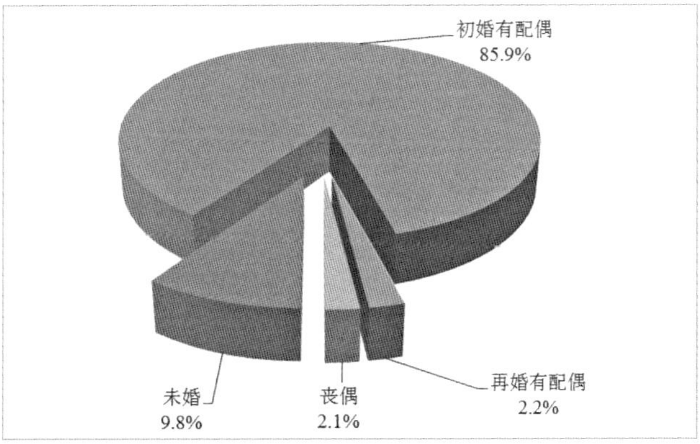

A4. 您的户口是________。

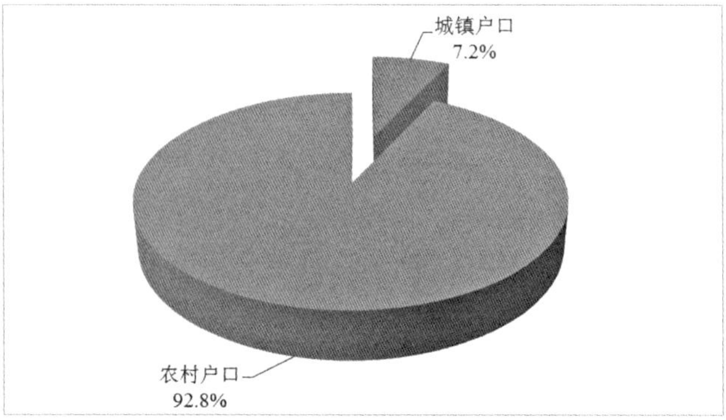

A5. 您的受教育程度是________。

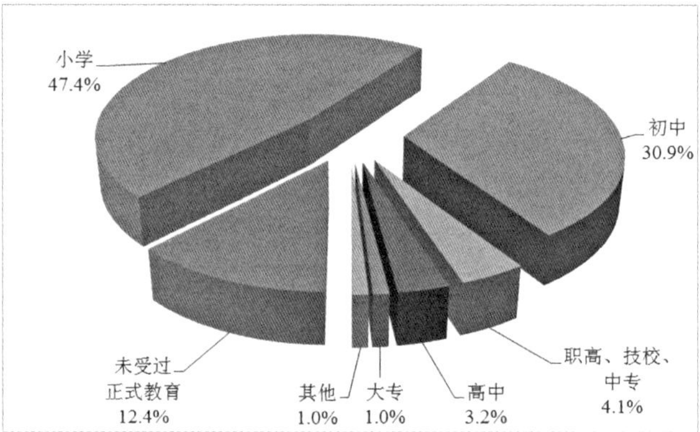

A6. 您的政治面貌是________。

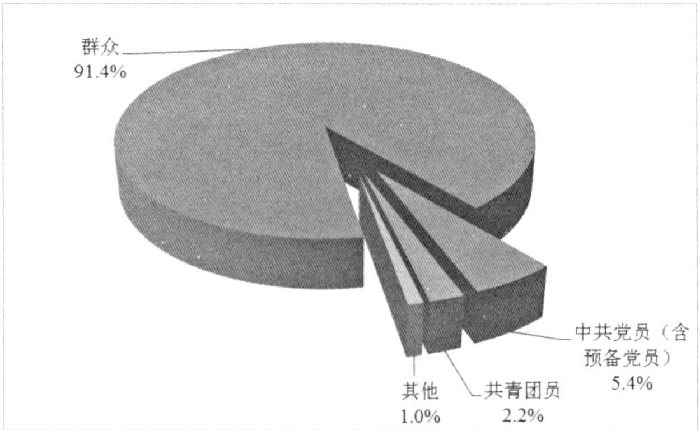

A7. 您的宗教信仰是________。

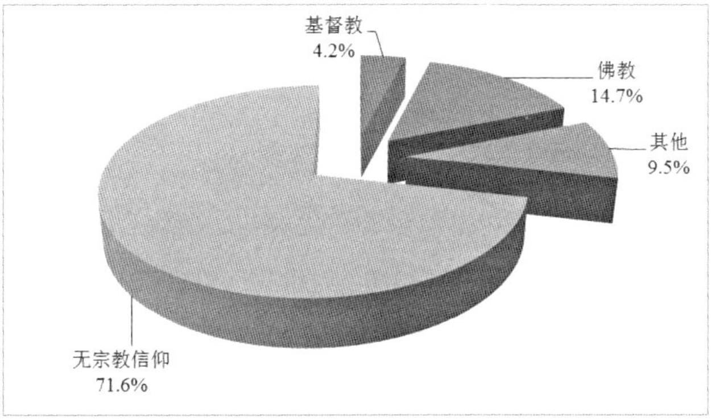

A8. 您的籍贯地在本地吗?

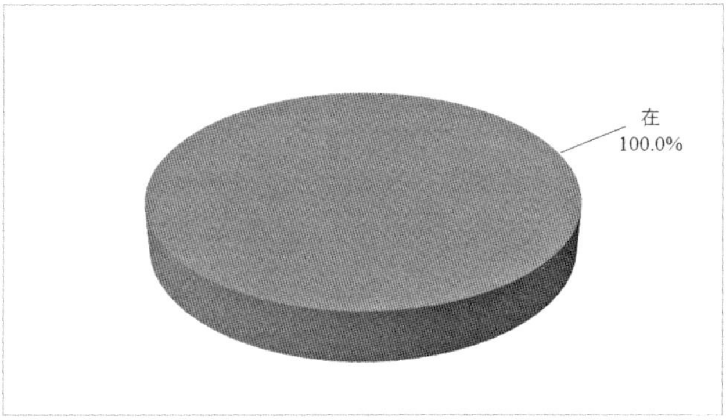

A9. 您的户口所在地在本地吗?

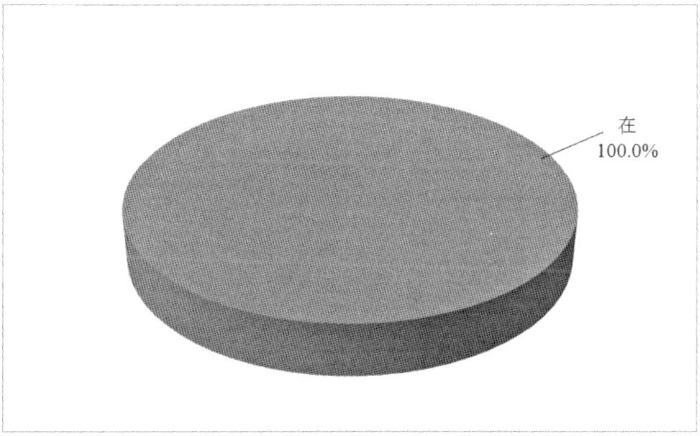

A10. 您目前的职业是________。

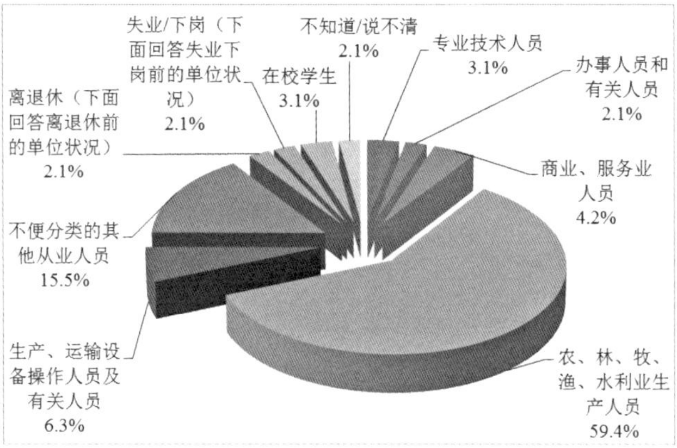

A11. 您去年全年的个人总收入大约在________。（单位：元）

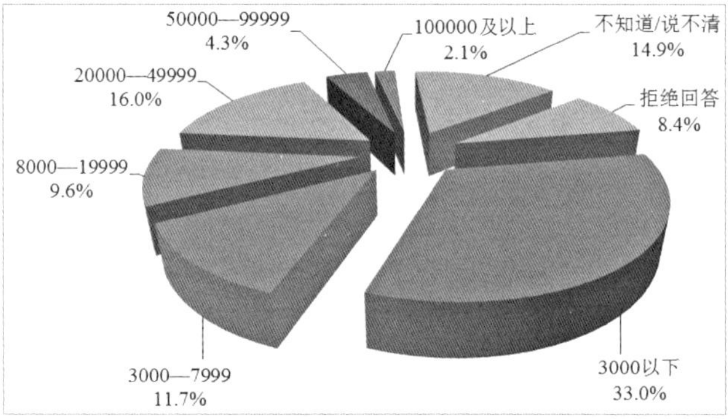

A12. 您今年全年的个人理想总收入大约是________。（单位：元）

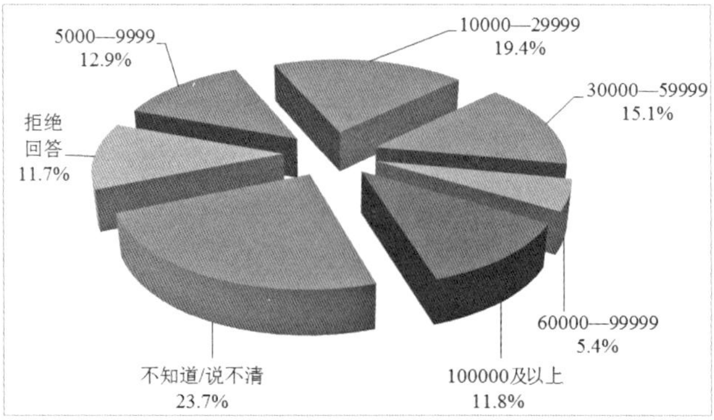

A13. 您家去年全年家庭各种收入大约在________。(单位：元)

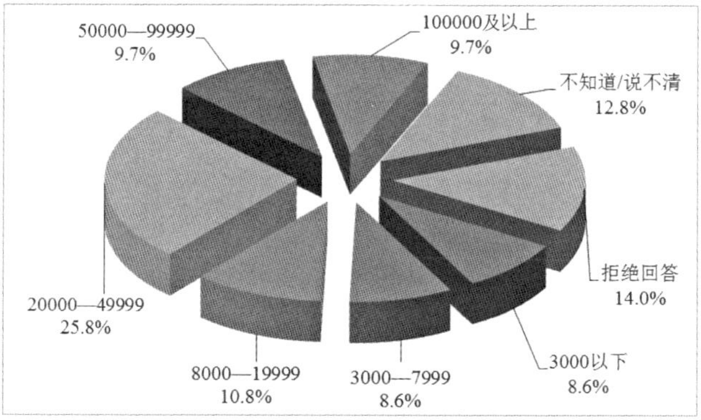

A14. 总的来说,您对目前家庭的收入水平是否满意?

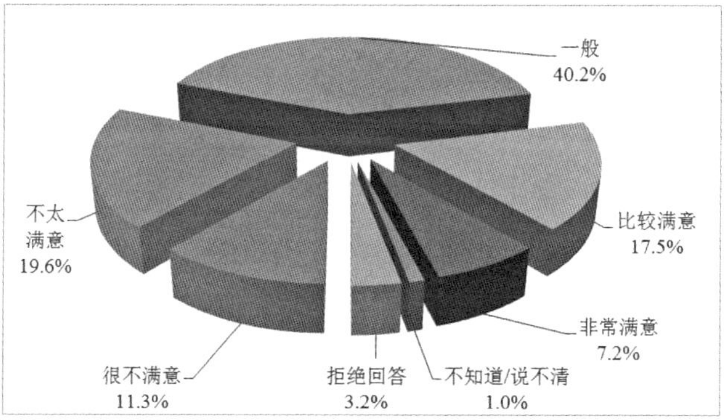

A15. 总的来说,您对自己的生活状况是否满意?

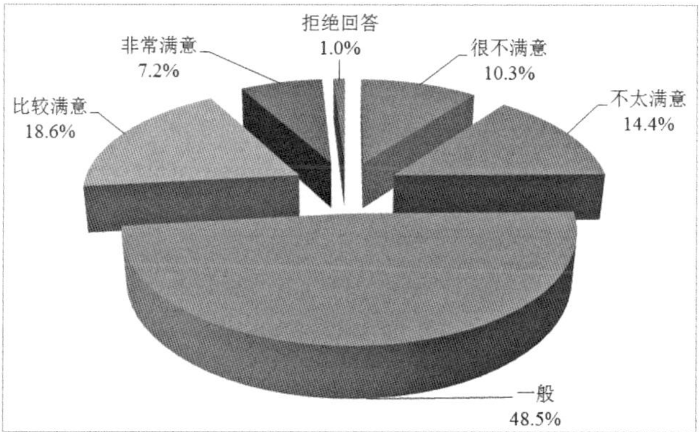

B1. 在下面的几种美德中，您认为哪个最为重要？

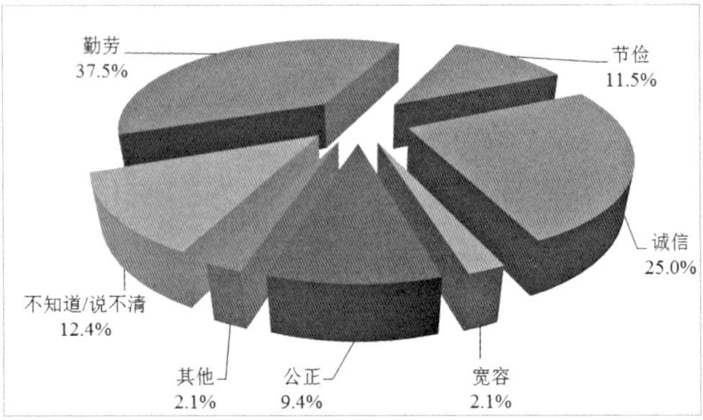

B2. 您与他人交往时最看重的是什么？

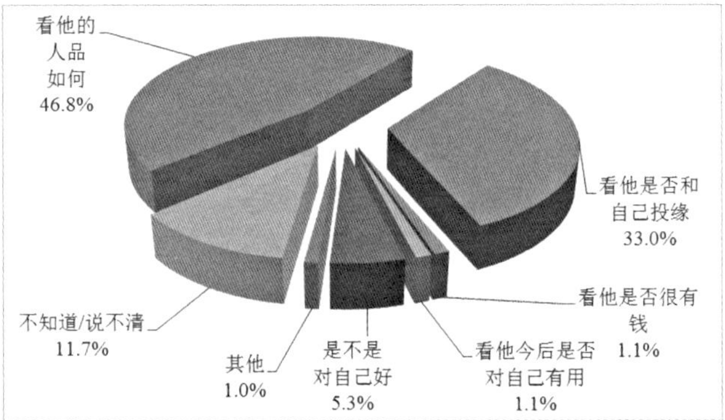

B3. 在现代社会，您认为个人成功最需要的是什么？

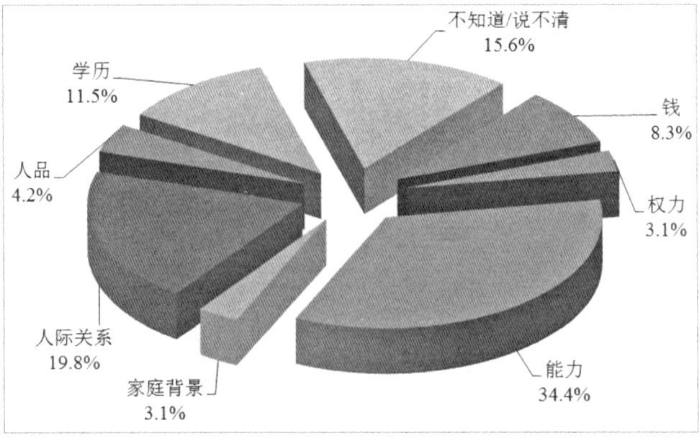

B4. 您认为这些年来，村里人变得如何？

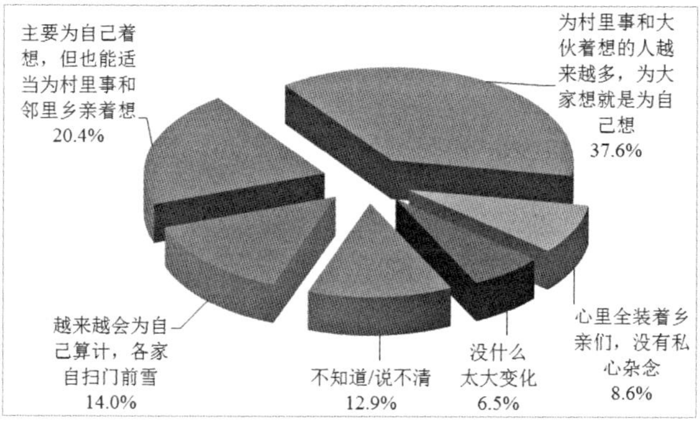

B5. 您对工作的基本态度是什么？

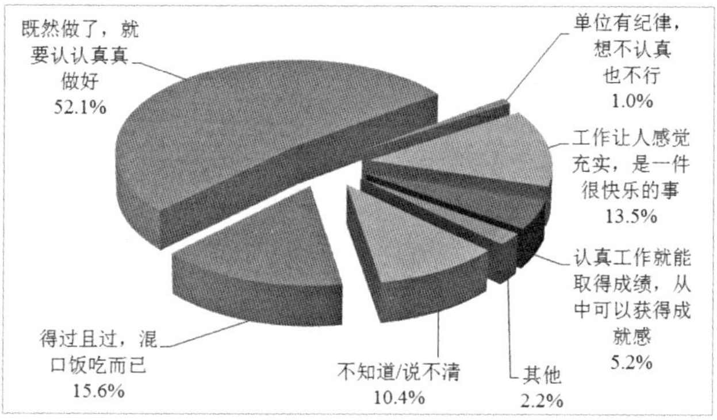

B6. 您选择工作时主要考虑的是什么？（最多选三项）

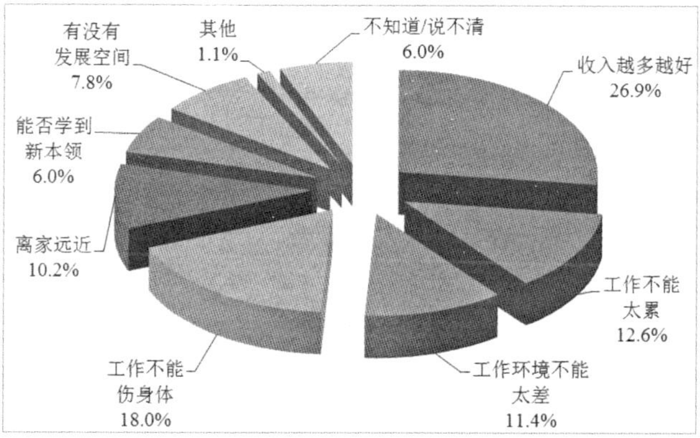

B7. 您认为最理想的职业是什么？（最多选三项）

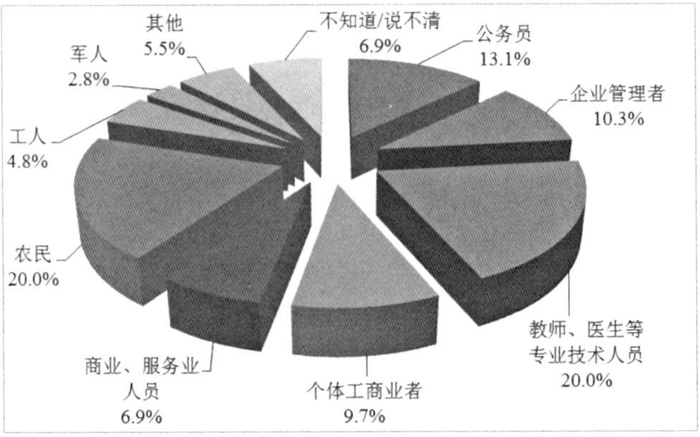

B8. 您觉得孩子读书有用吗？

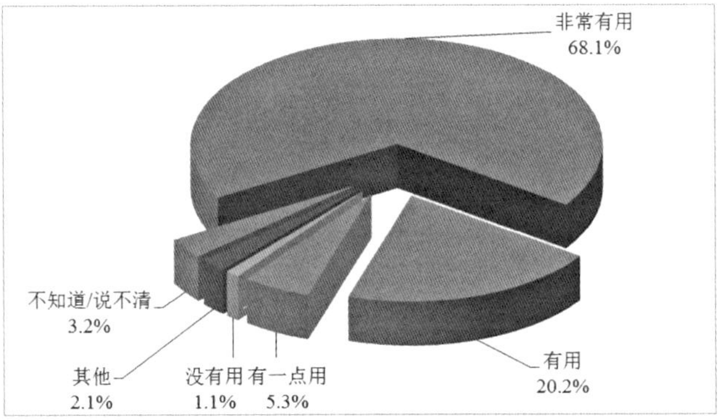

B9. 您打算继续在本村住下去吗？

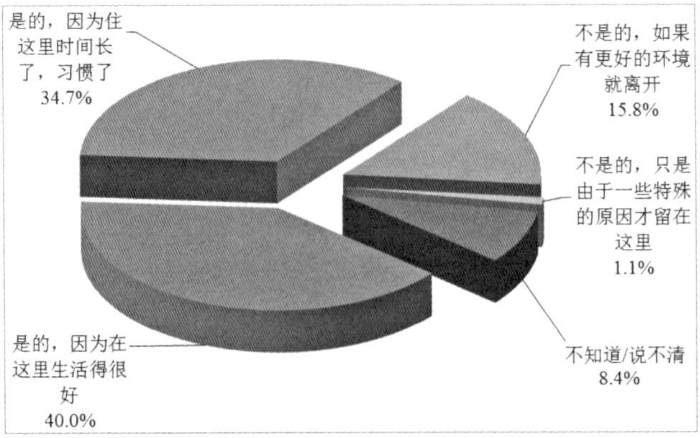

B10. 您平日里闲时都干些什么？（最多选三项）

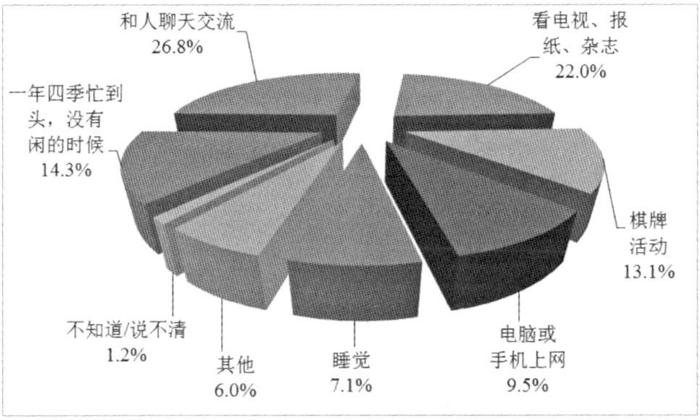

B11. 您在选择结婚对象时会主要考虑哪些因素？（最多选三项）

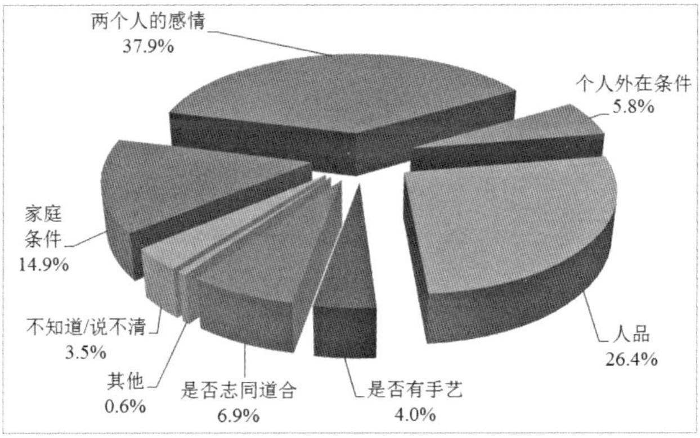

B12. 您认为恋爱结婚的主要目的是什么？

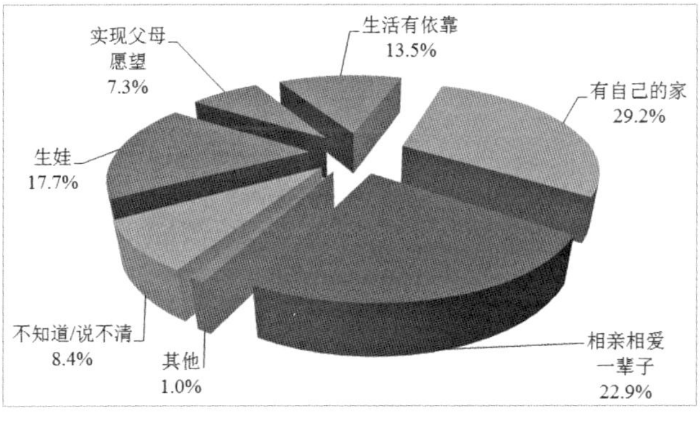

B13. 您认为影响夫妻感情的主要因素是哪些？（最多选三项）

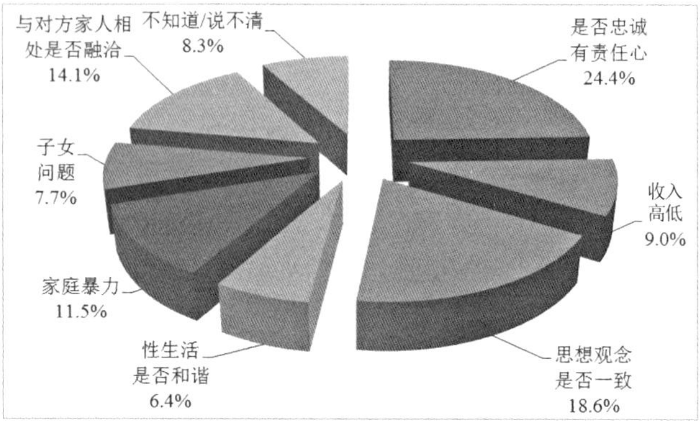

B14. 您认为理想的婚姻家庭是怎样的？（最多选三项）

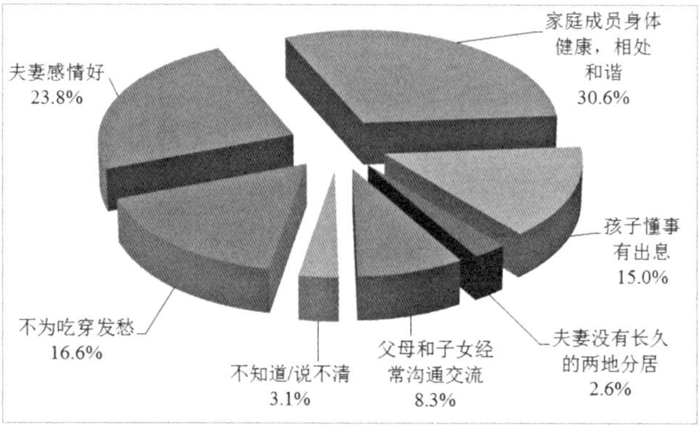

B15. 您如何看待婚前性行为？

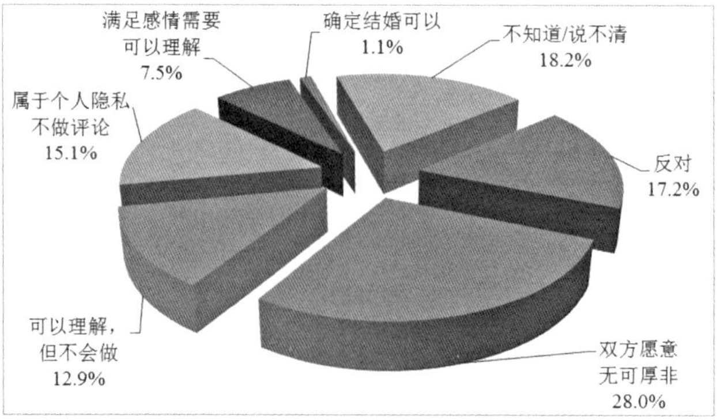

B16. 您如何看待婚外性行为?

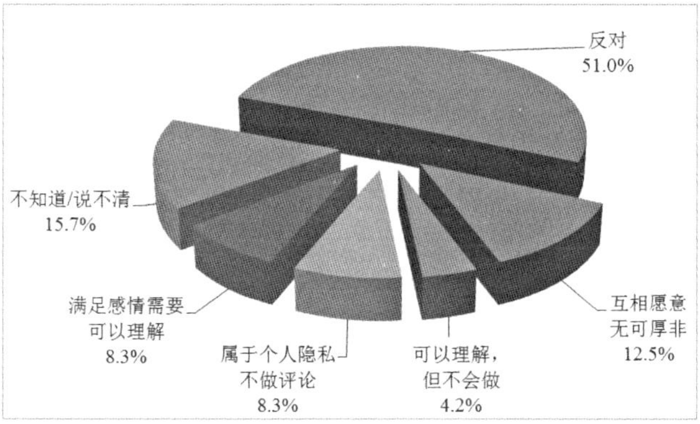

B17. 您认为生养孩子的首要目的是什么?

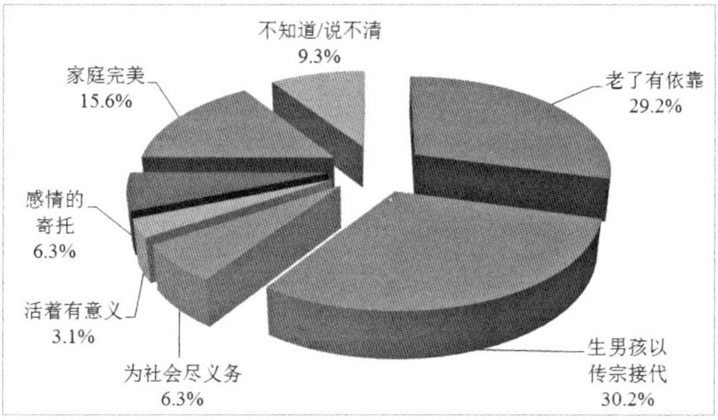

B18. 您认为农村小孩的家庭教育应重视哪些方面的内容?(最多选三项)

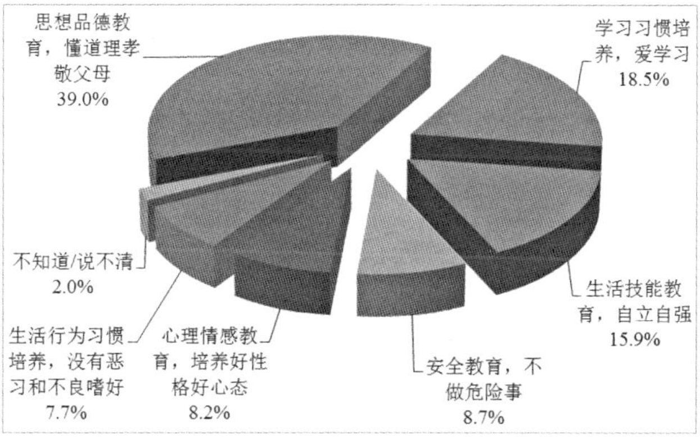

B19. 您觉得尽孝要做到哪些？（最多选三项）

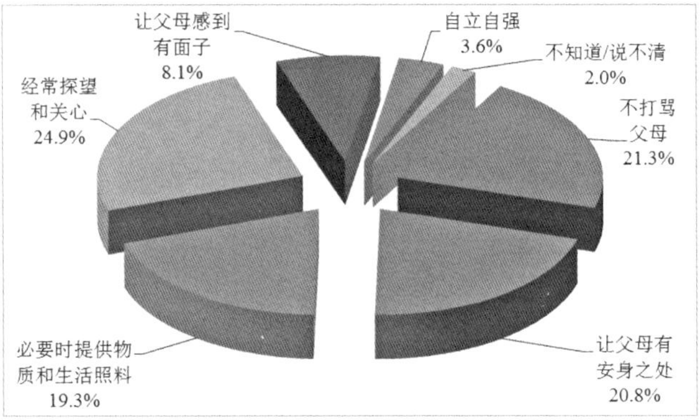

B20. 您家经济收入的主要来源有哪些？（最多选三项）

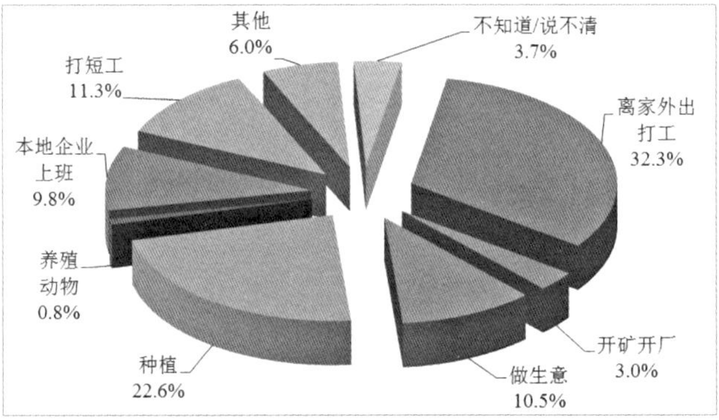

B21. 如果与他人发生了经济纠纷，您会怎么办？

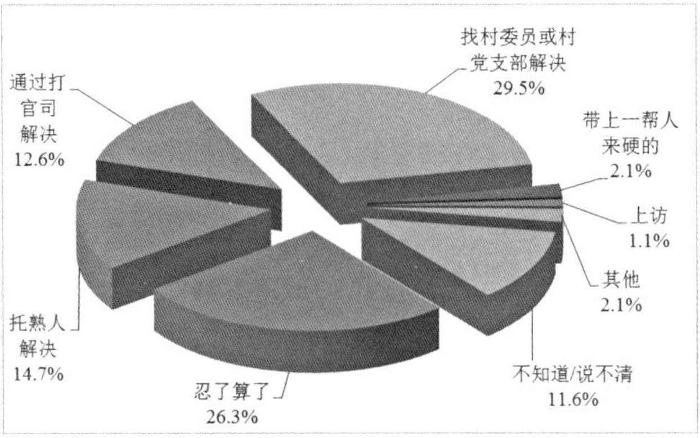

B22. 您家主要的经济支出是什么？（最多选三项）

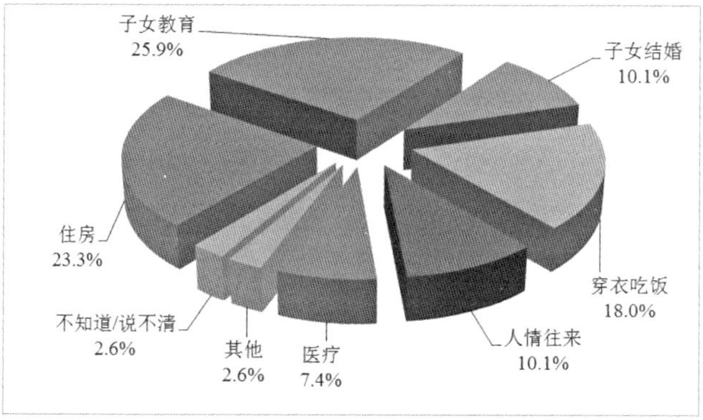

B23. 您对家庭支出的态度是怎样的？

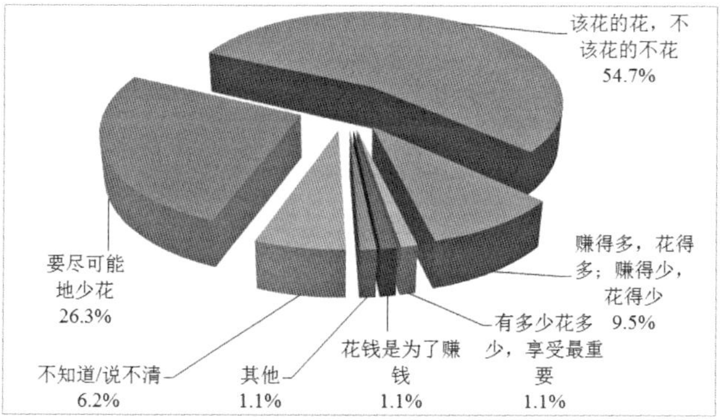

B24. 如果有可能赚钱的机会，您会如何做？

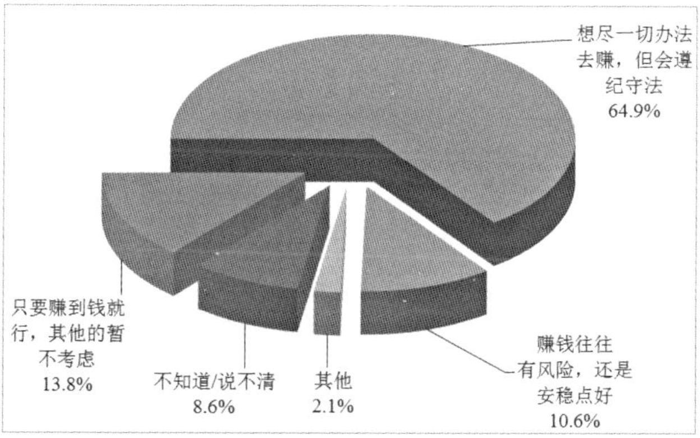

B25. 如果有人向您借一万元,您会借吗?

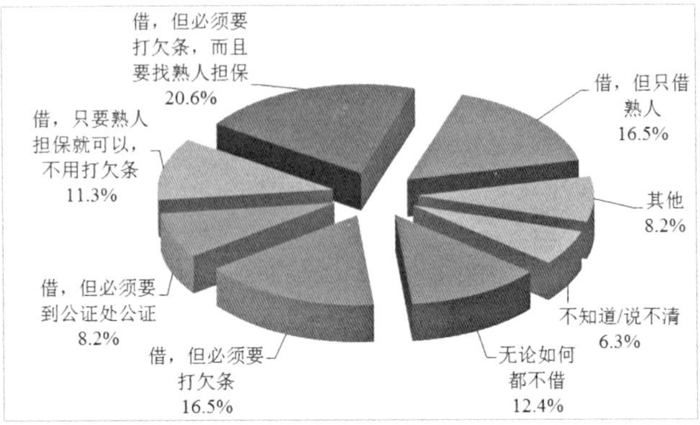

B26. 如果急需数目较大的一笔钱,您会怎么办?

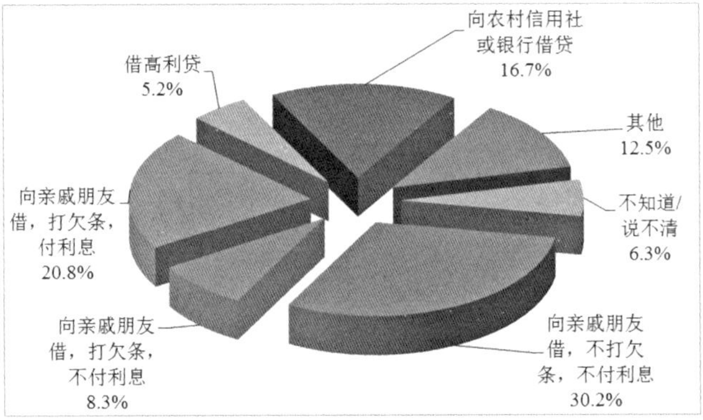

B27. 您对个人收入差距的看法是什么?

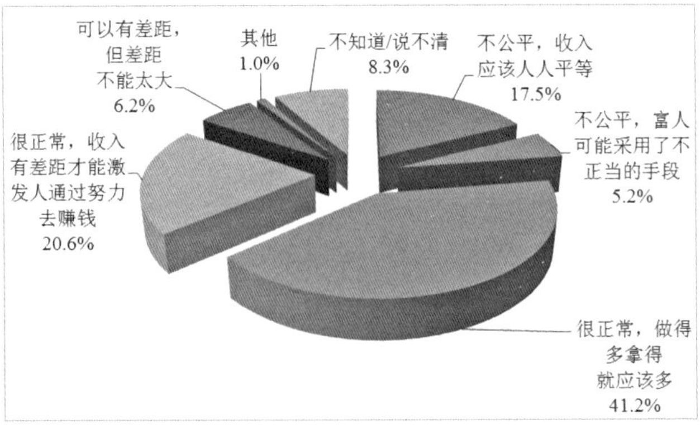

B28. 请问您种地的时候是否会大量使用农药和化肥？

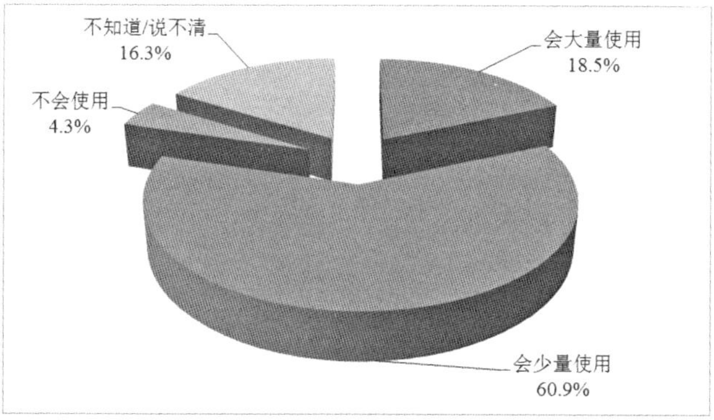

B29. 您在从事种地或养殖的时候是否会考虑环保、生态、健康等因素？

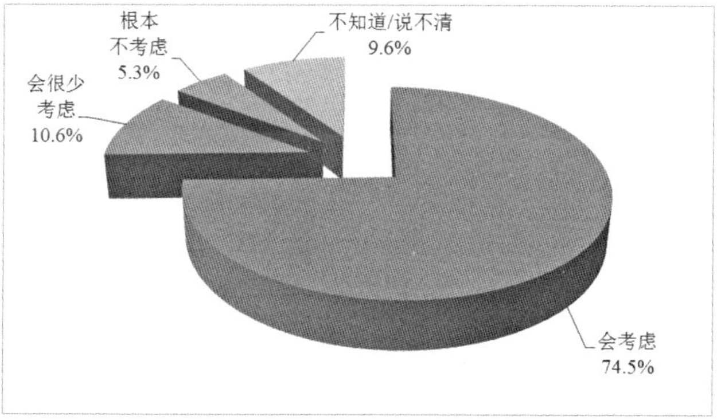

B30. 现在乡村是否有环保法规？

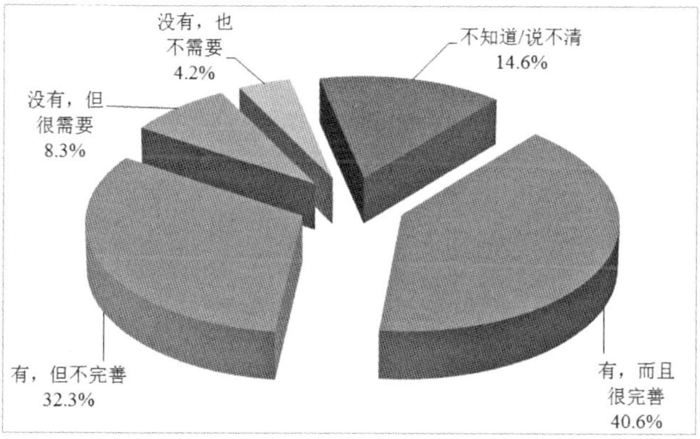

B31. 您认为环境保护和经济发展哪个更加重要？

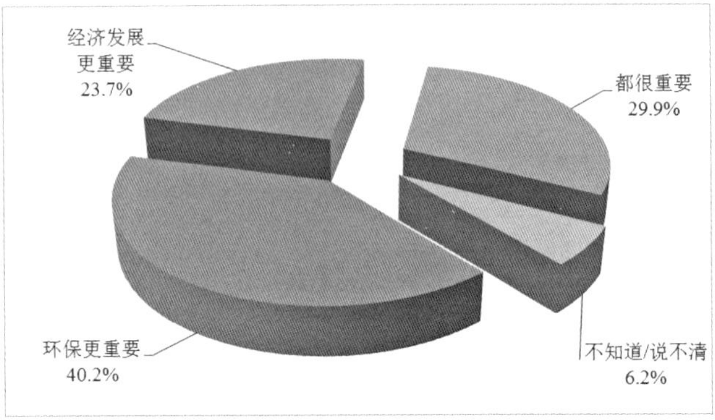

B32. 您认为可以通过建设美丽乡村（比如农家乐、有机食品等）实现致富吗？

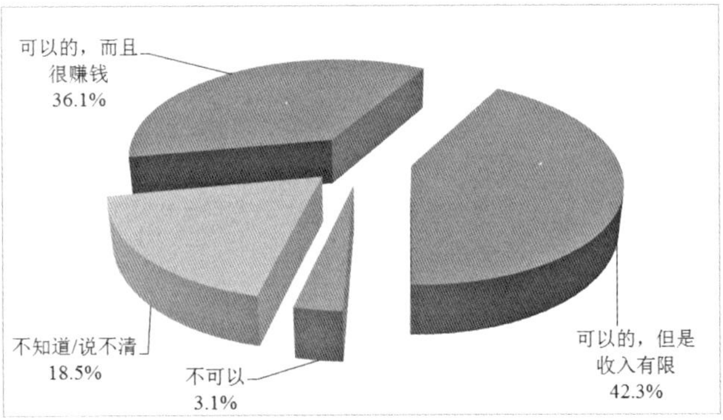

B33. 村里是否有关于环保的宣传？

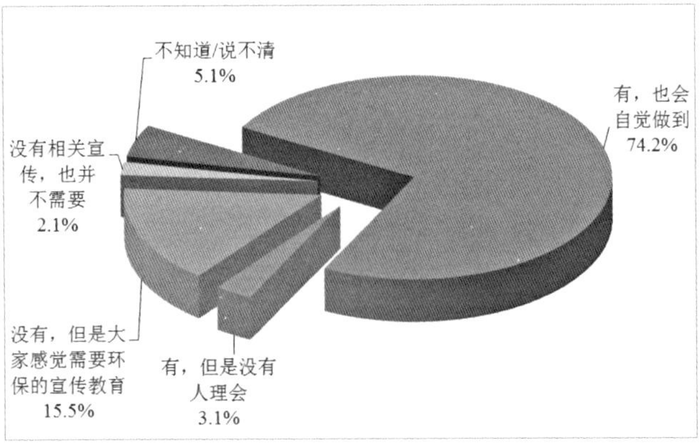

B34. 您能准确说出最近一次民主选举产生的村干部名字吗？

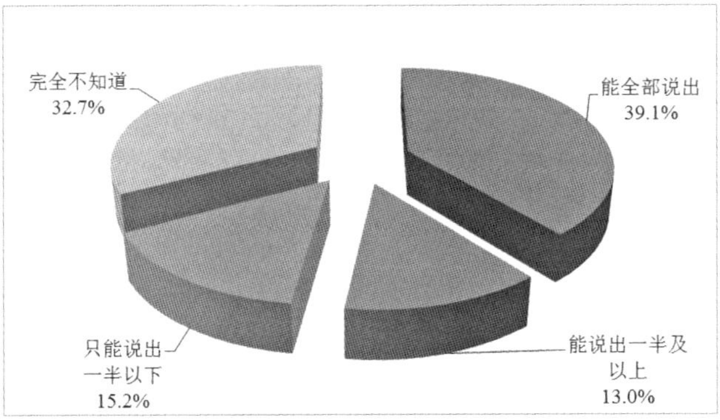

B35. 您主要通过哪些渠道了解村里的管理情况？

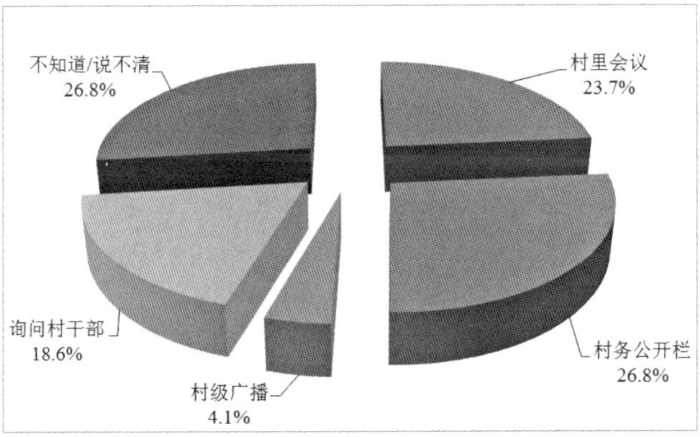

B36. 当村干部的决策损害您和大多数村民利益时，您通常会怎样？

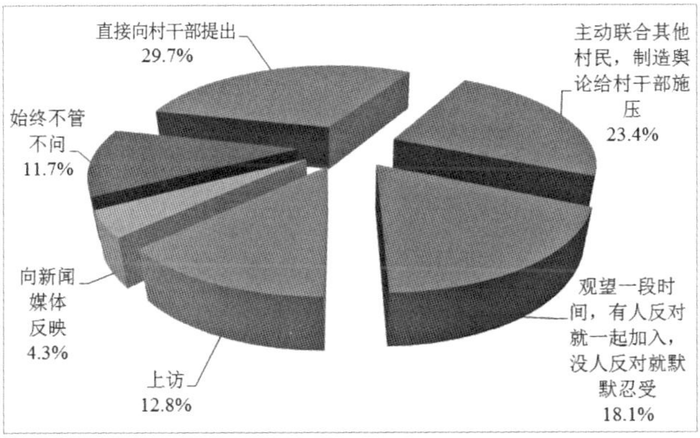

B37. 有关乡村发展的事情，你们村一般如何解决？

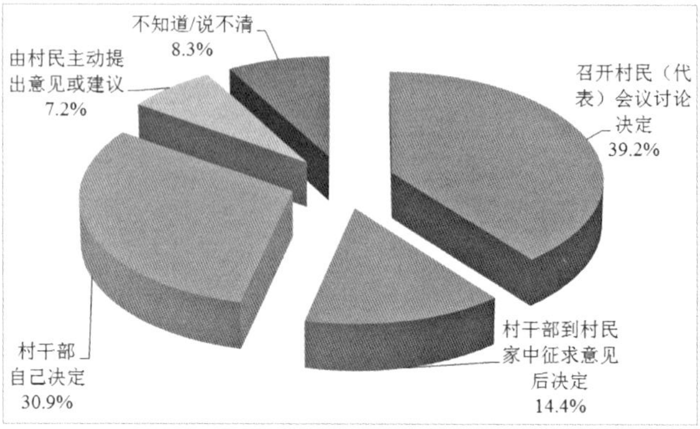

B38. 您认为在乡村日常事务中谁的影响力最大？

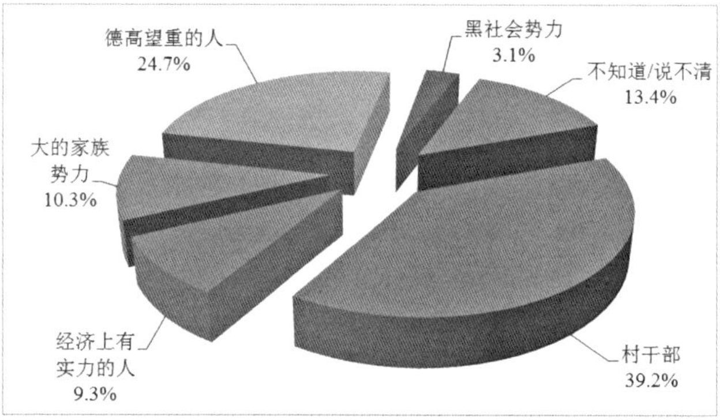

B39. 您认为一个好的村干部在哪个方面最重要？

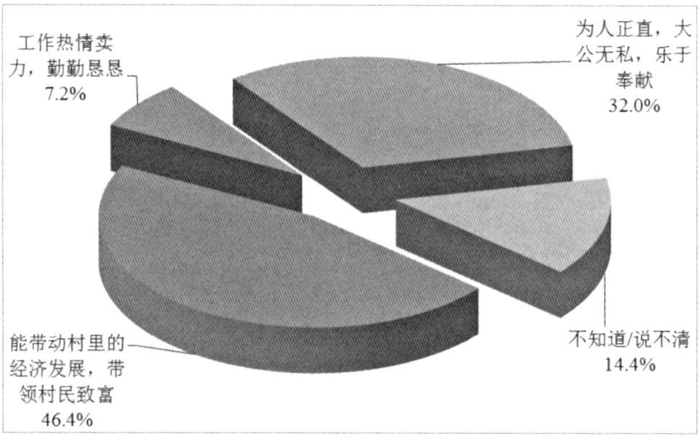

B40. 您认为国家三农政策在村庄得到落实了吗？

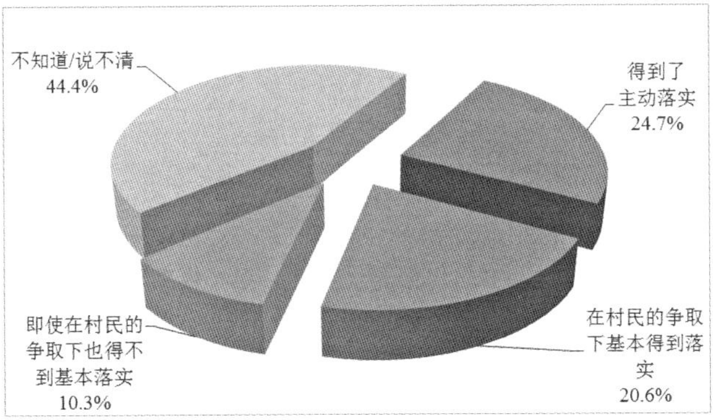

B41. 您村的村规民约对村民有约束力吗？

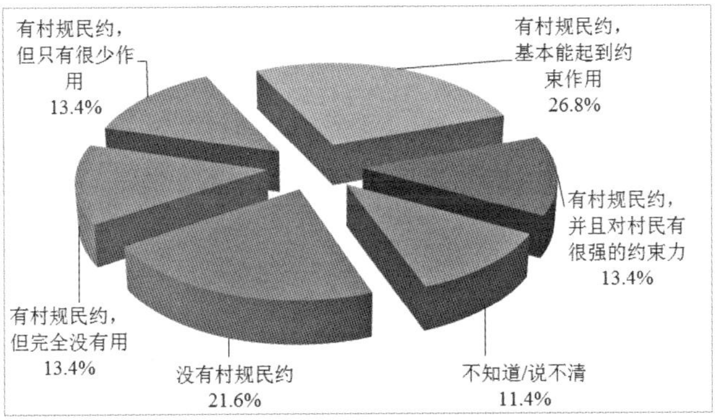

B42. 人们在社会生活中总要和不同的人打交道，下列成员，您在多大程度上信任他们？

（1）您在多大程度上信任家庭成员？

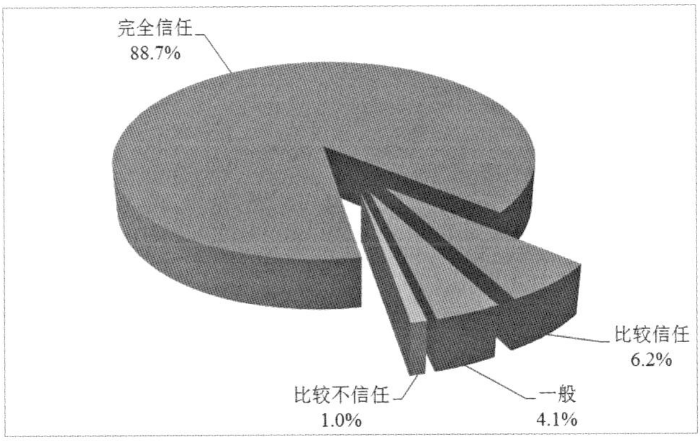

（2）您在多大程度上信任亲戚？

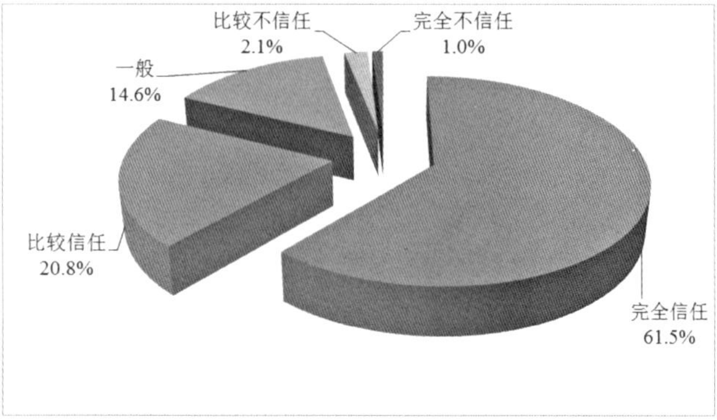

（3）您在多大程度上信任朋友？

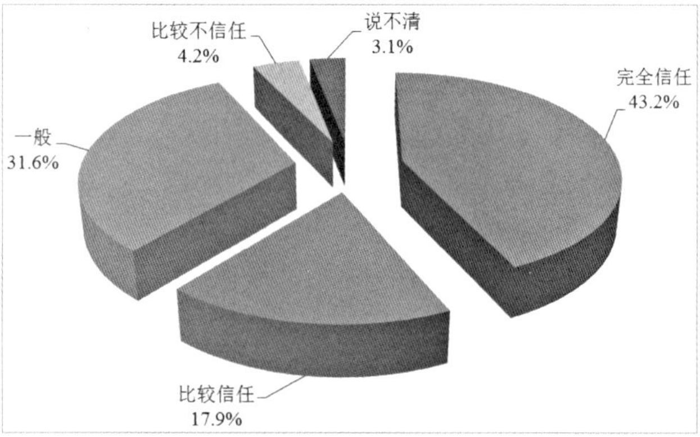

（4）您在多大程度上信任邻居？

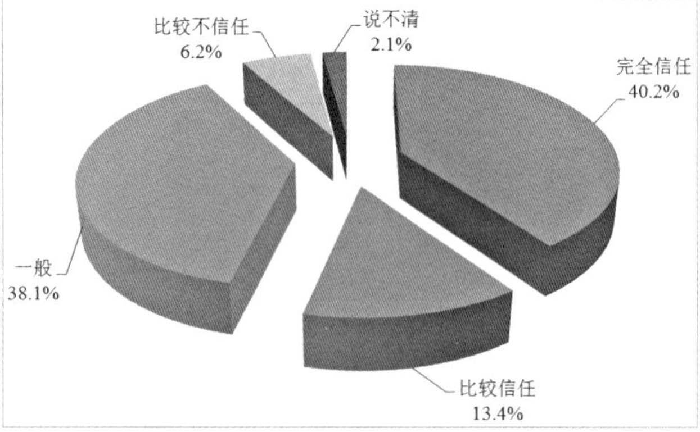

（5）您在多大程度上信任同事？

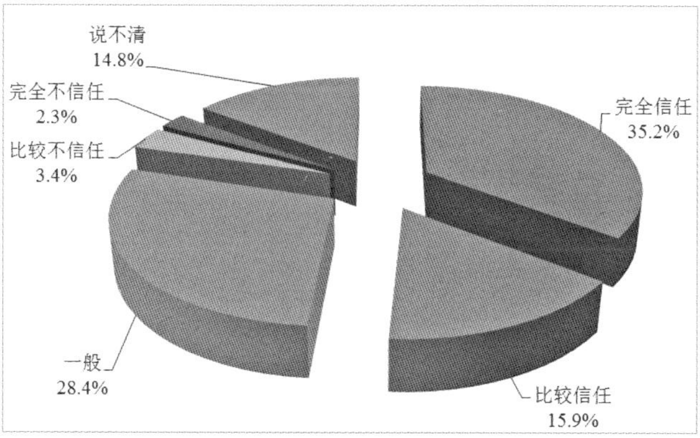

（6）您在多大程度上信任单位领导？

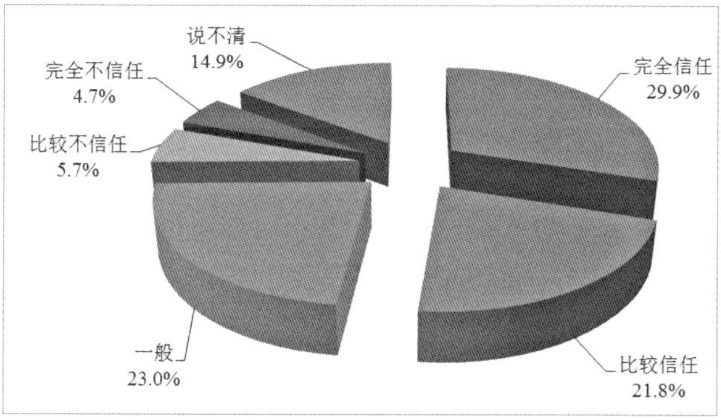

（7）您在多大程度上信任村长？

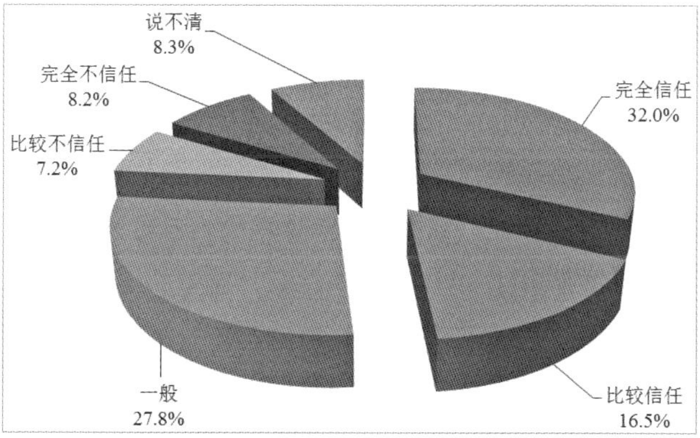

(8) 您在多大程度上信任同村人?

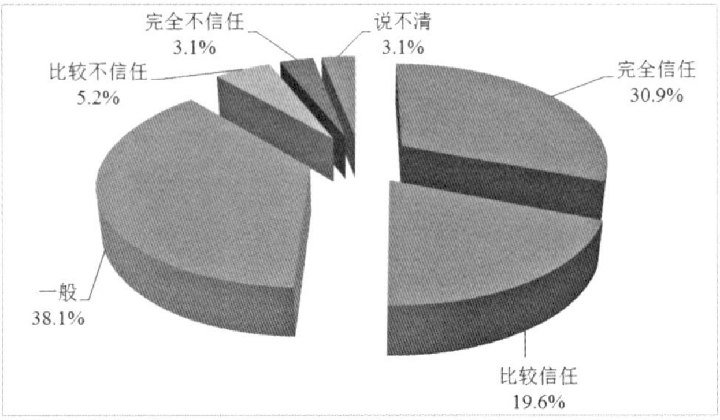

(9) 您在多大程度上信任陌生人?

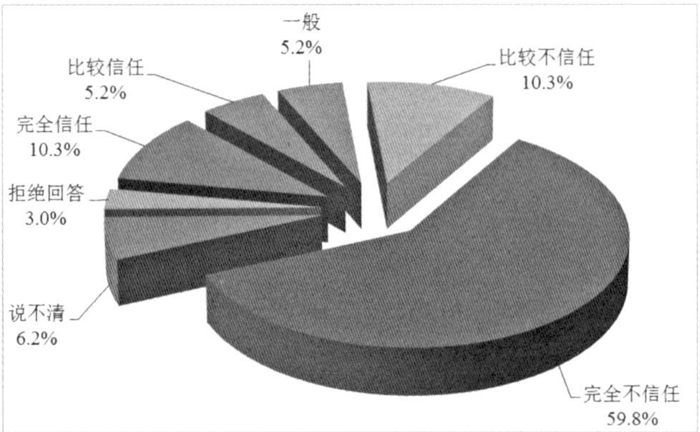

B43. 您是否有出村的经历?

(1) 村外:

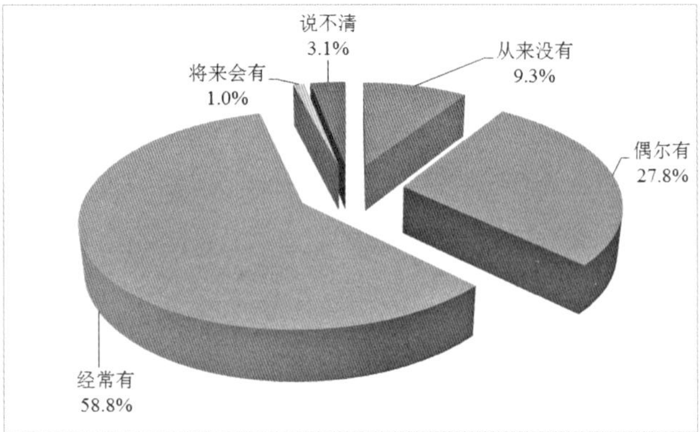

（2）镇外：

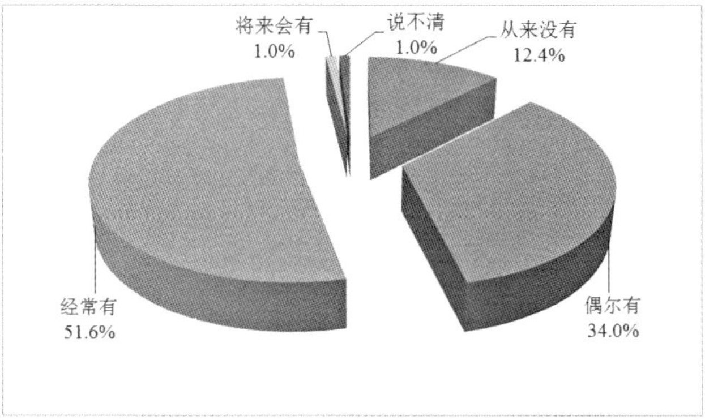
将来会有
1.0%
说不清
1.0%
从来没有
12.4%
经常有
51.6%
偶尔有
34.0%

（3）市外：

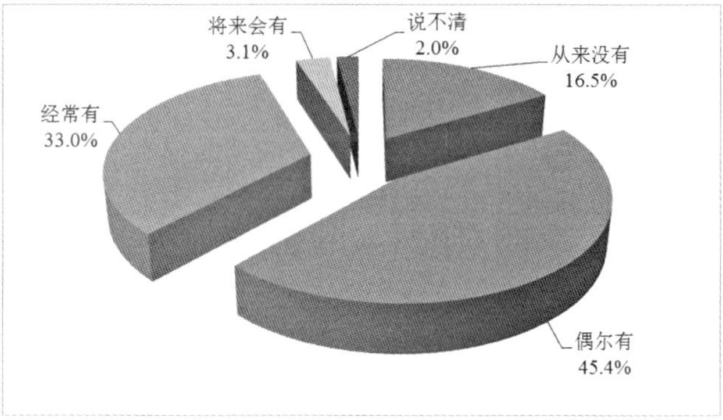
将来会有
3.1%
说不清
2.0%
从来没有
16.5%
经常有
33.0%
偶尔有
45.4%

（4）省外：

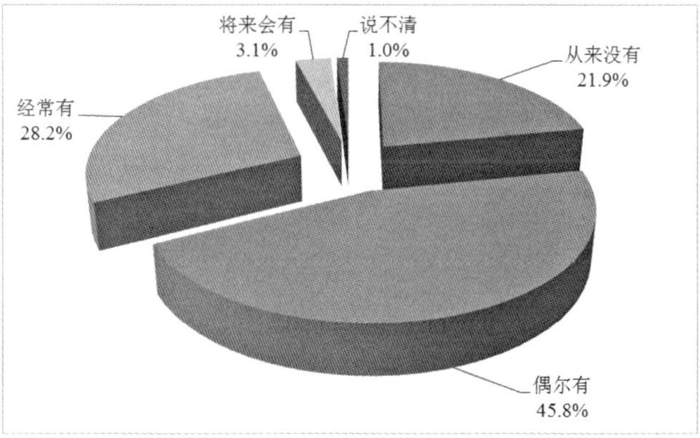
将来会有
3.1%
说不清
1.0%
从来没有
21.9%
经常有
28.2%
偶尔有
45.8%

（5）国外：

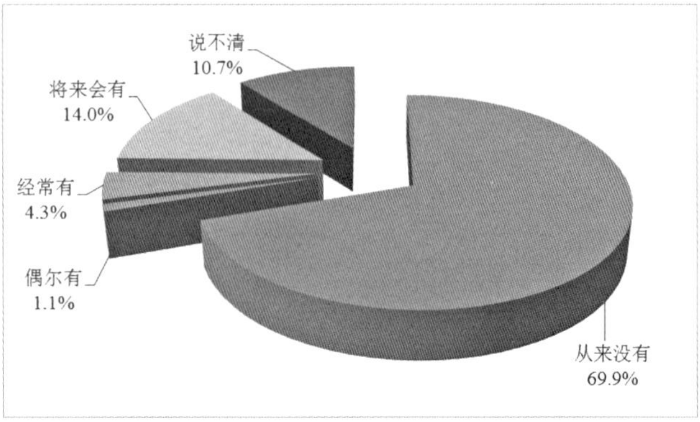

五、华宏村问卷调查基本数据

A1. 您的性别：________。

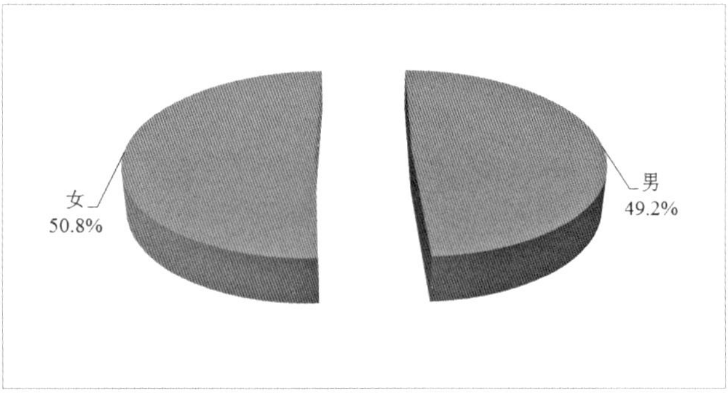

A2. 您现年多少周岁？________周岁。

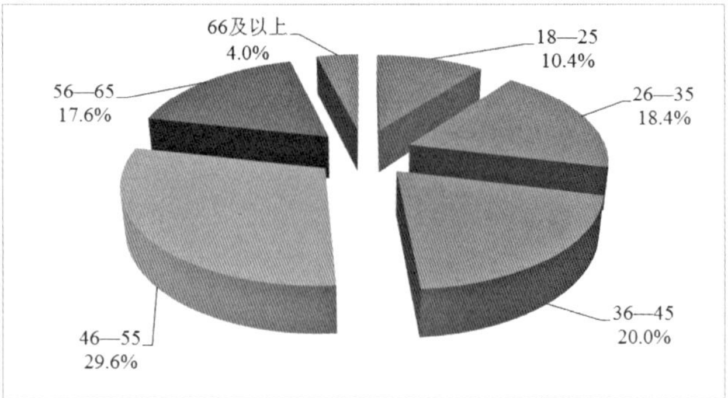

A3. 您当前的婚姻状况是________。

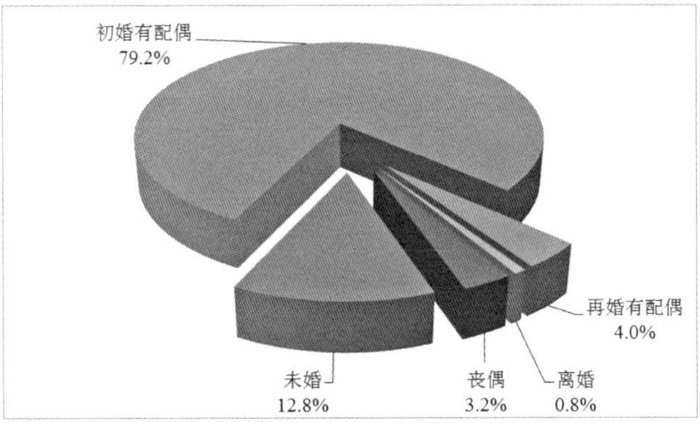

A4. 您的户口是________。

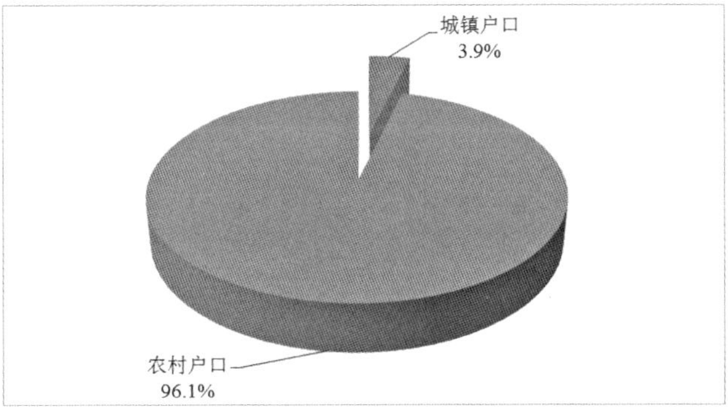

A5. 您的受教育程度是________。

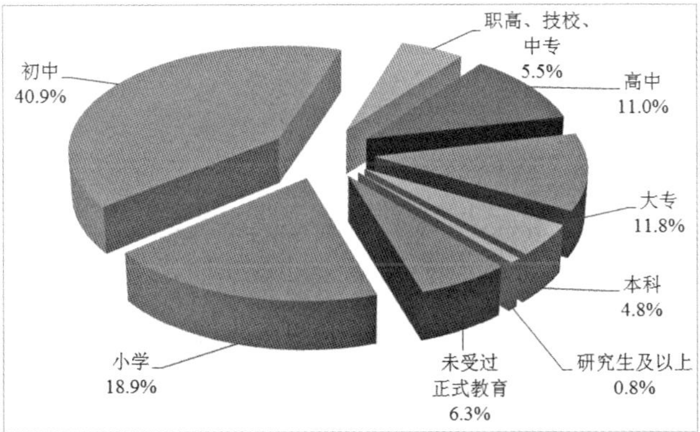

A6. 您的政治面貌是________。

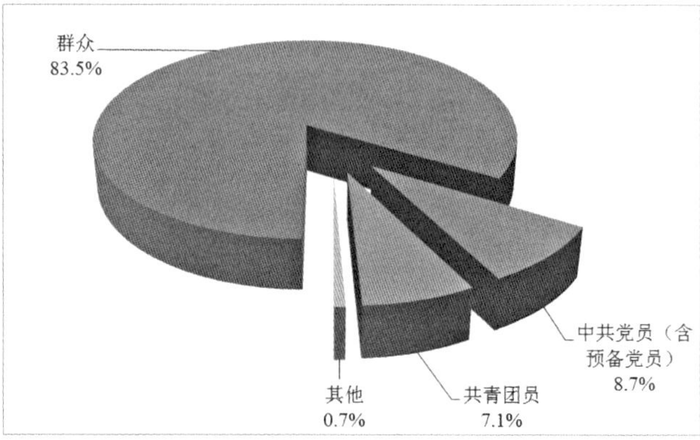

A7. 您的宗教信仰是________。

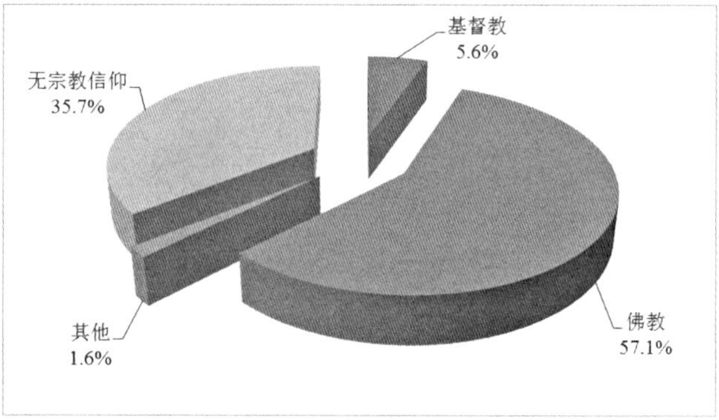

A8. 您的籍贯地在本地吗？

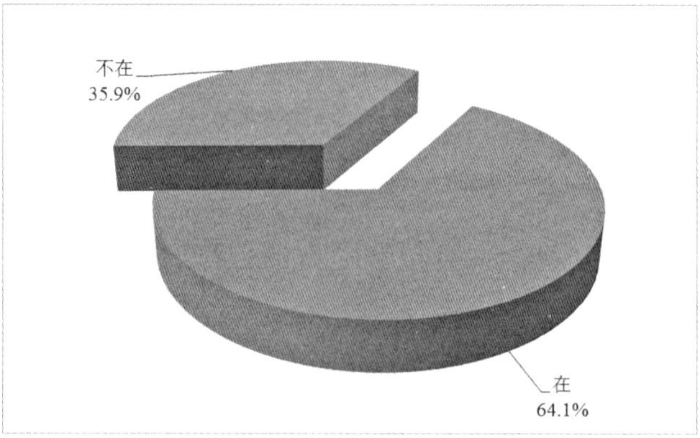

A9. 您的户口所在地在本地吗？

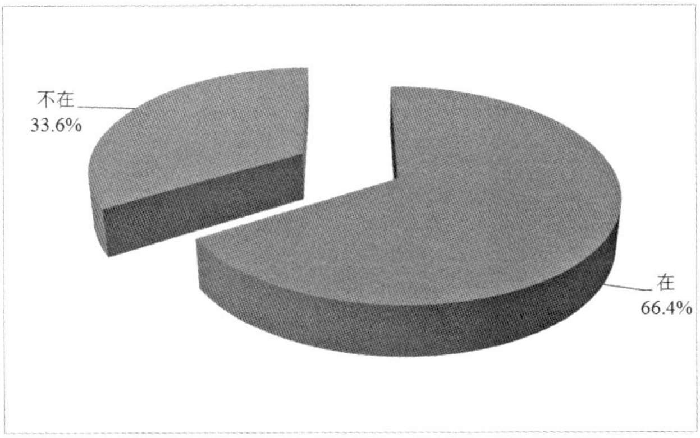

A10. 您目前的职业是________。

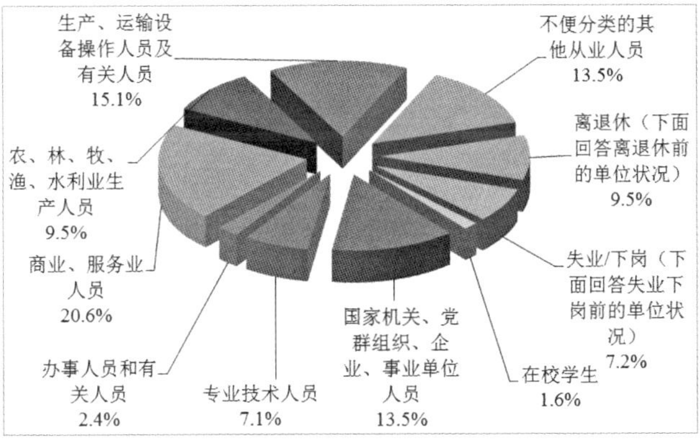

A11. 您去年全年的个人总收入大约在________。（单位：元）

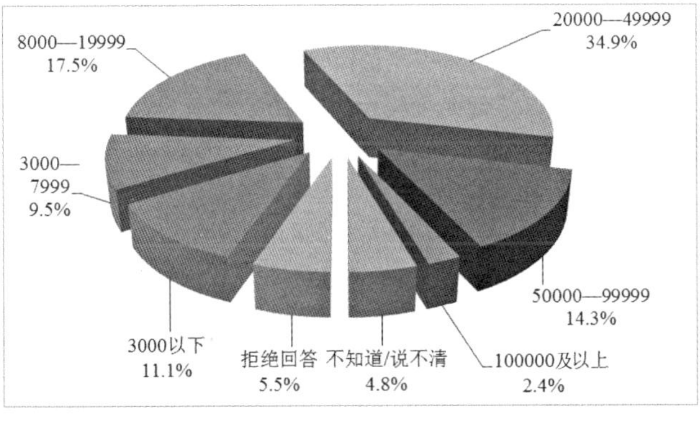

A12. 您今年全年的个人理想总收入大约是________。（单位：元）

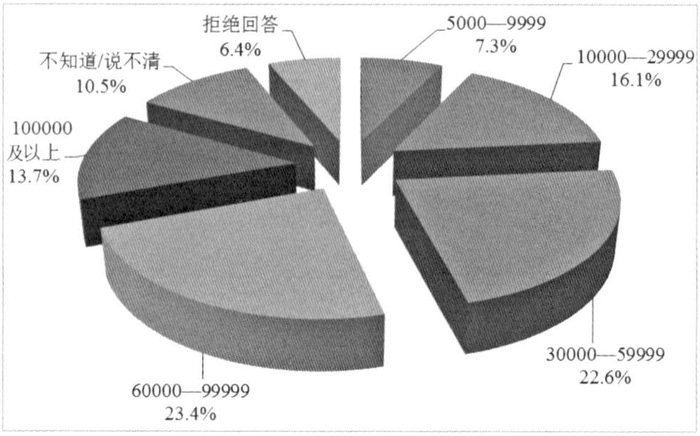

A13. 您家去年全年家庭各种收入大约在________。（单位：元）

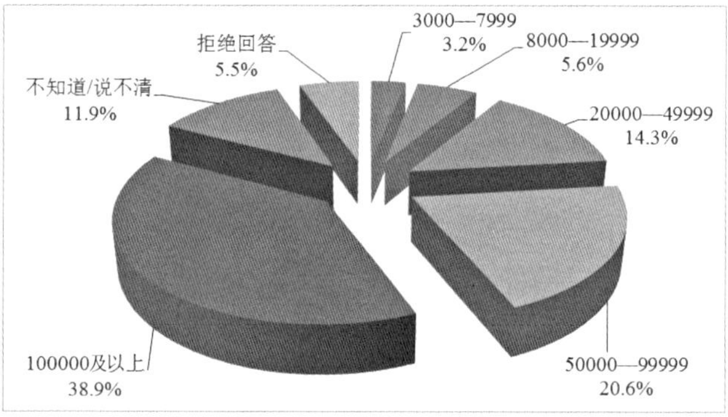

A14. 总的来说，您对目前家庭的收入水平是否满意？

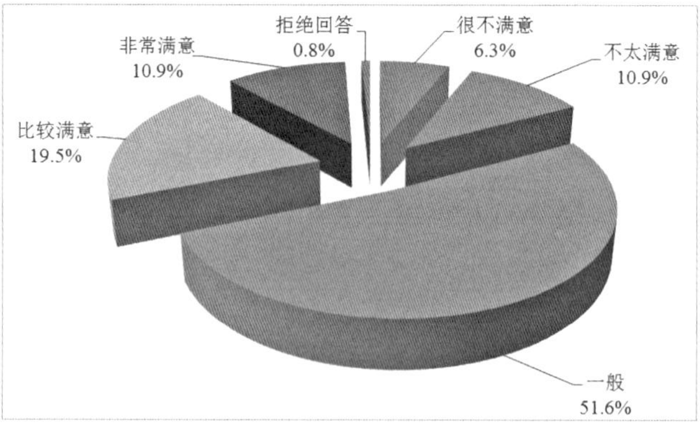

A15. 总的来说，您对自己的生活状况是否满意？

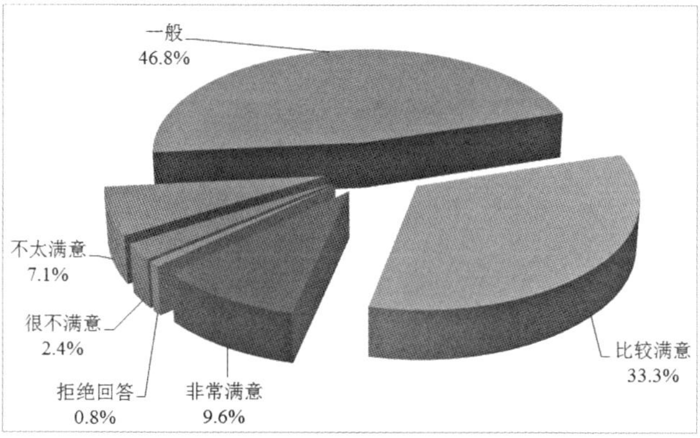

B1. 在下面的几种美德中，您认为哪个最为重要？

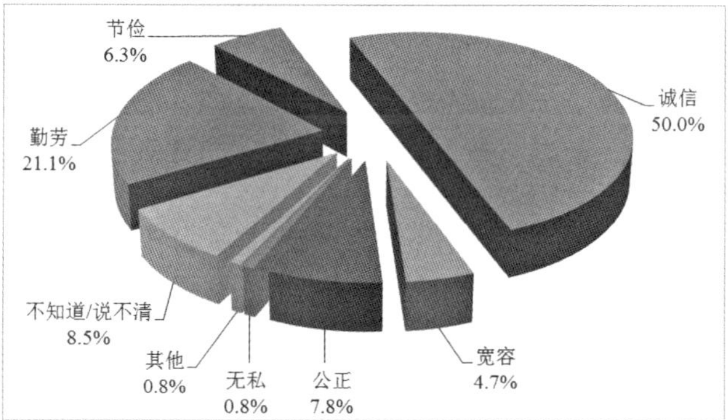

B2. 您与他人交往时最看重的是什么？

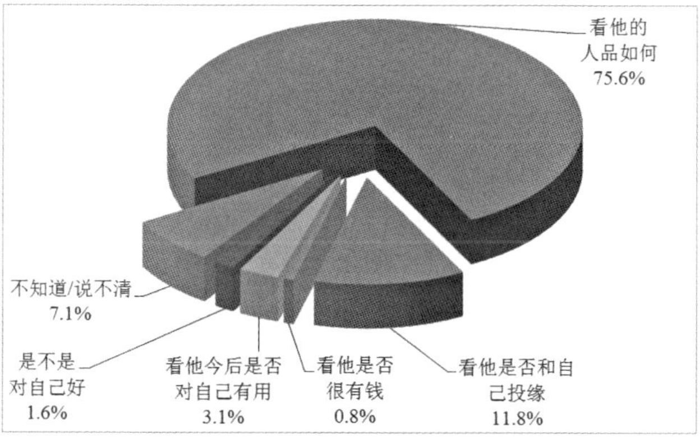

B3. 在现代社会，您认为个人成功最需要的是什么？

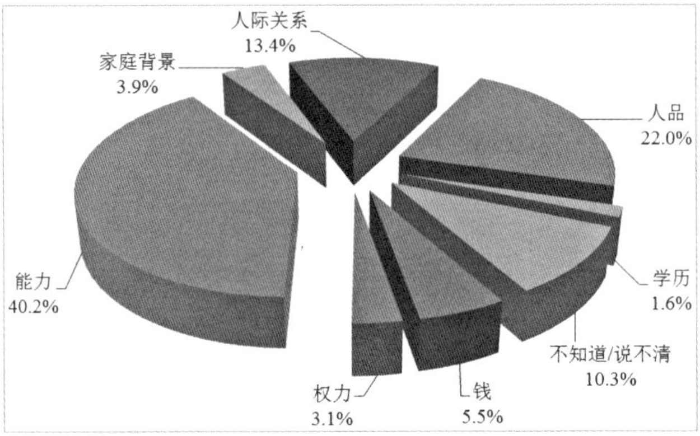

B4. 您认为这些年来，村里人变得如何？

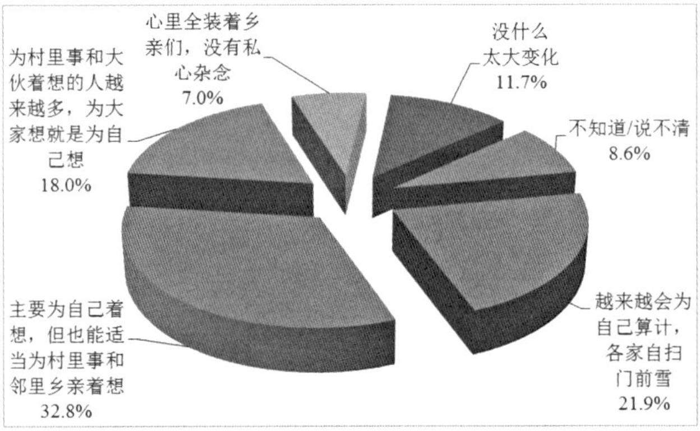

B5. 您对工作的基本态度是什么？

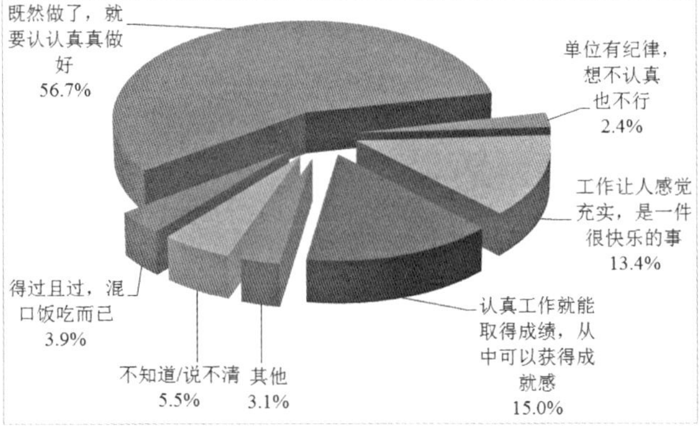

B6. 您选择工作时主要考虑的是什么？（最多选三项）

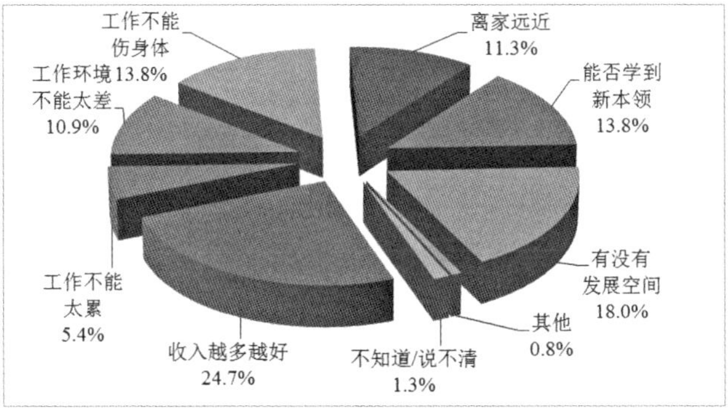

B7. 您认为最理想的职业是什么？（最多选三项）

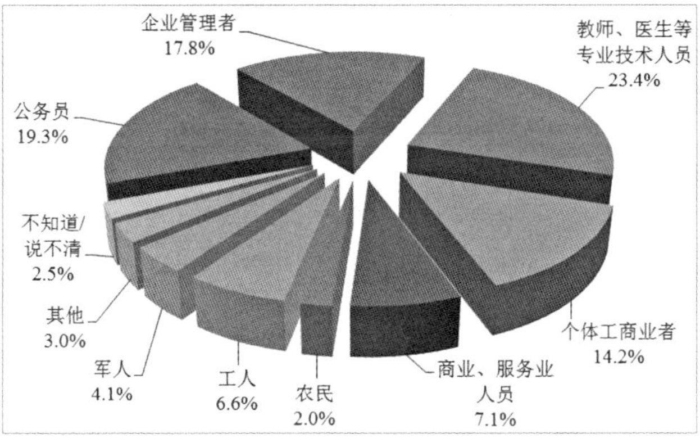

B8. 您觉得孩子读书有用吗？

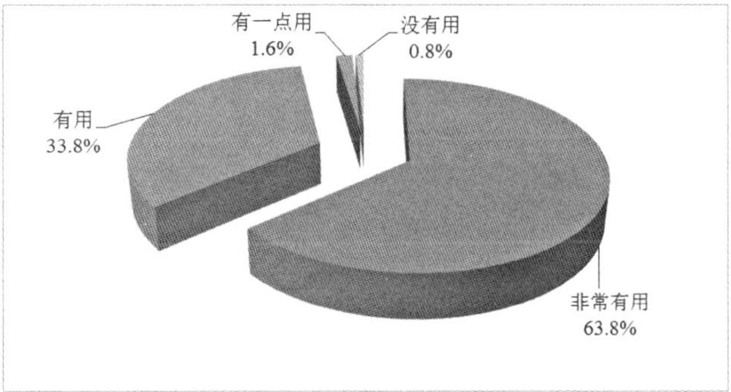

B9. 您打算继续在本村住下去吗？

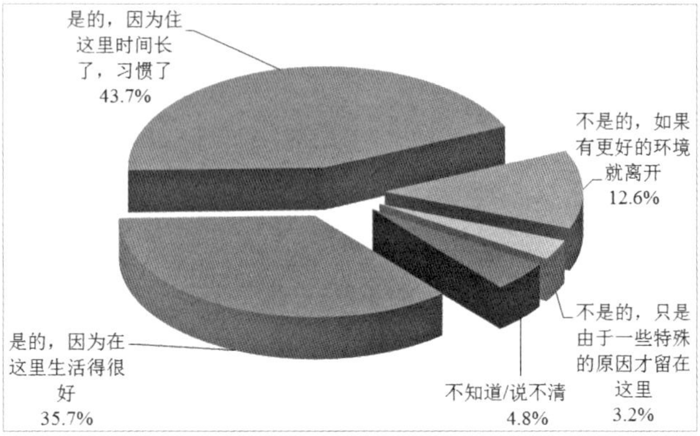

B10. 您平日里闲时都干些什么？（最多选三项）

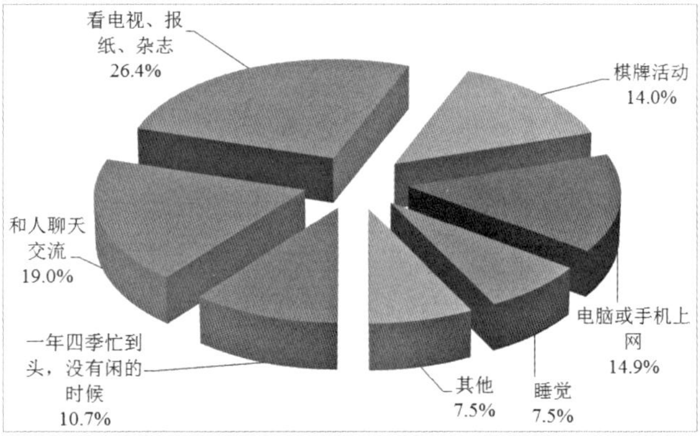

B11. 您在选择结婚对象时会主要考虑那些因素？（最多选三项）

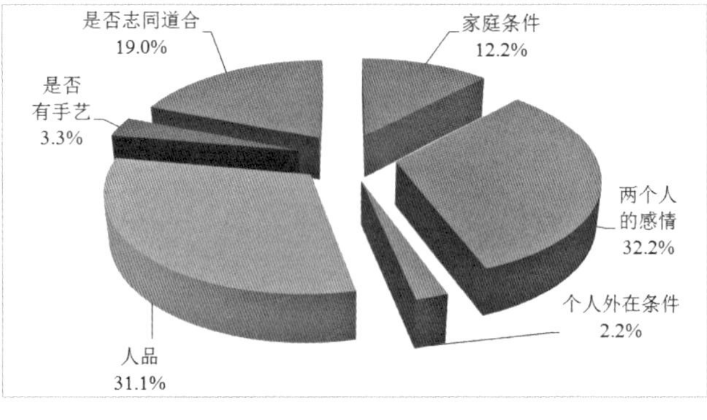

B12. 您认为恋爱结婚的主要目的是什么？

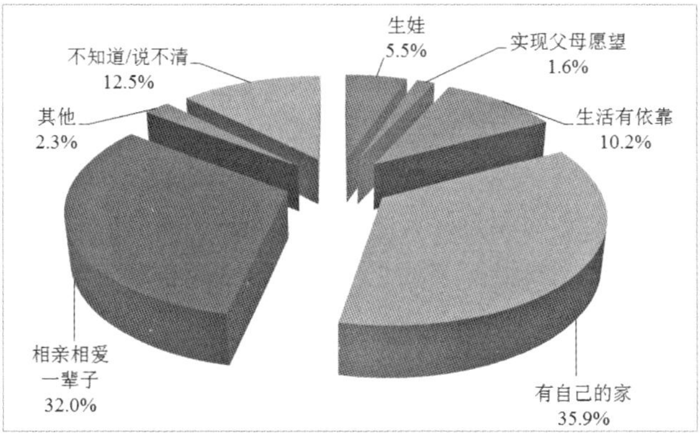

B13. 您认为影响夫妻感情的主要因素是哪些？（最多选三项）

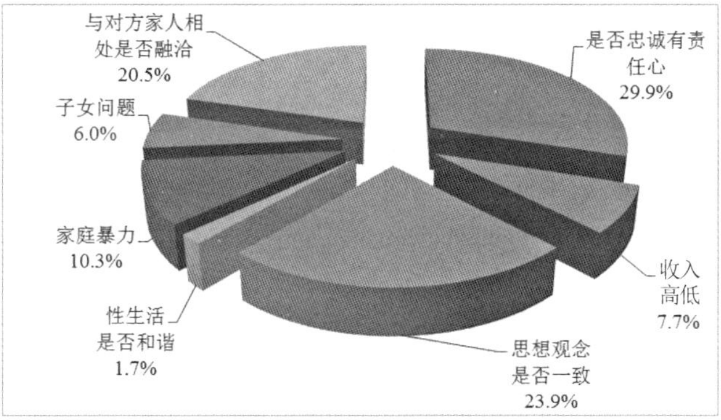

B14. 您认为理想的婚姻家庭是怎样的？（最多选三项）

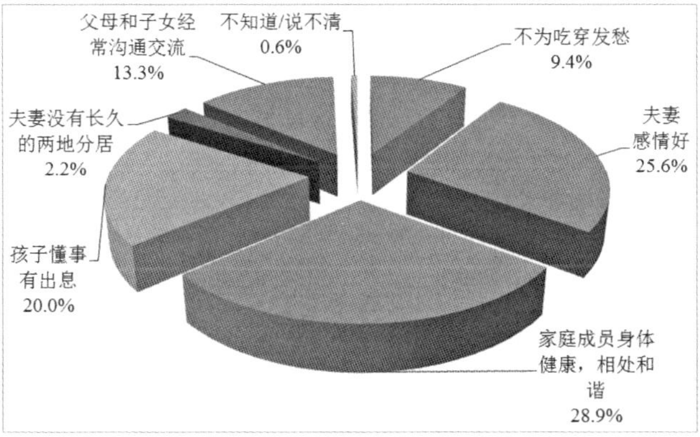

B15. 您如何看待婚前性行为？

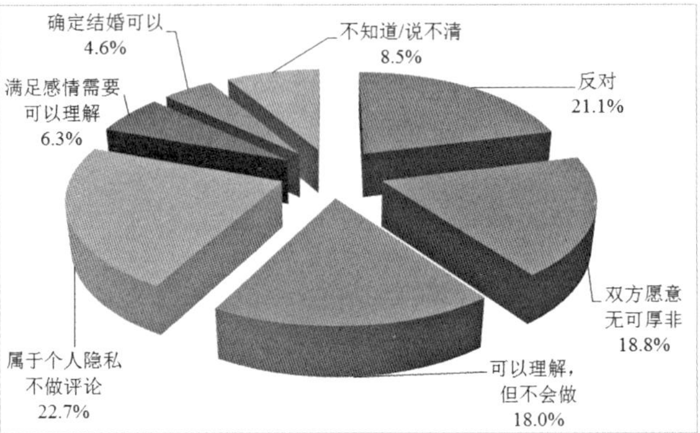

B16. 您如何看待婚外性行为？

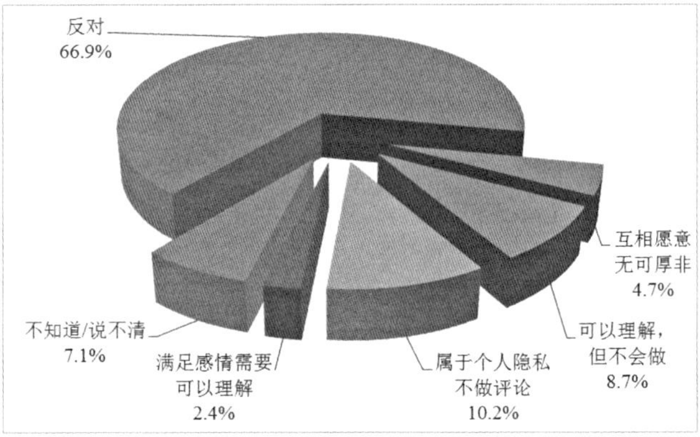

B17. 您认为生养孩子的首要目的是什么？

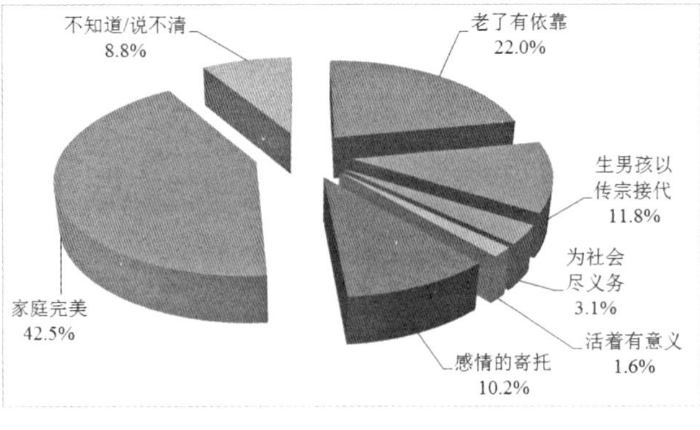

B18. 您认为农村小孩的家庭教育应重视哪些方面的内容？（最多选三项）

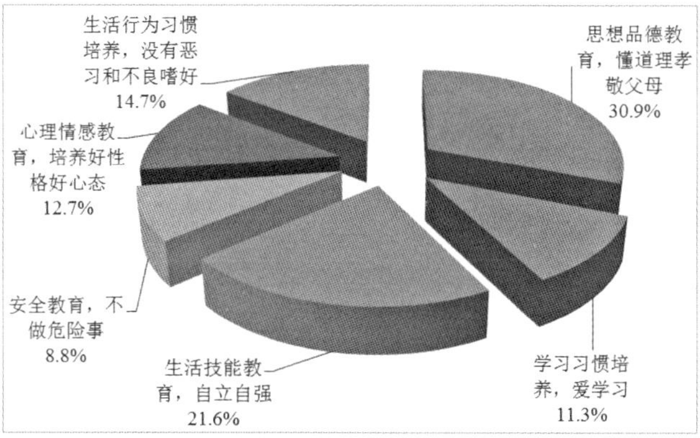

B19. 您觉得尽孝要做到哪些？（最多选三项）

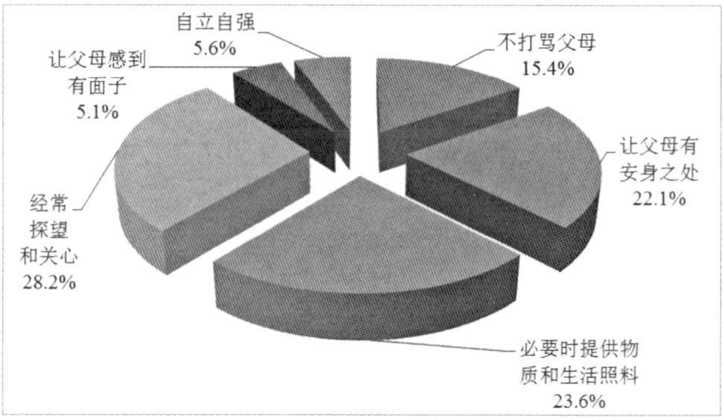

B20. 您家经济收入的主要来源有哪些？（最多选三项）

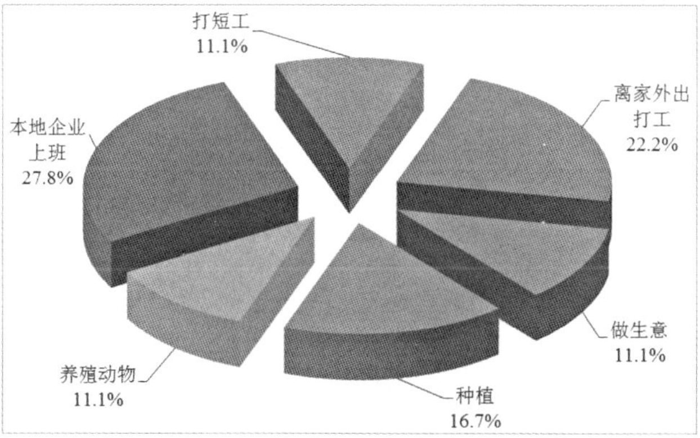

B21. 如果与他人发生了经济纠纷，您会怎么办？

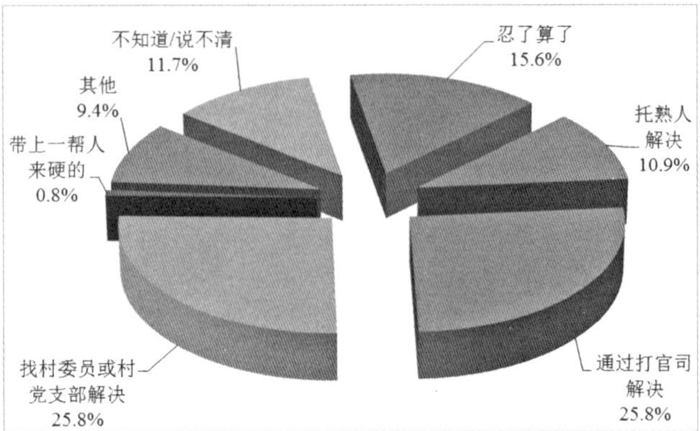

B22. 您家主要的经济支出是什么？（最多选三项）

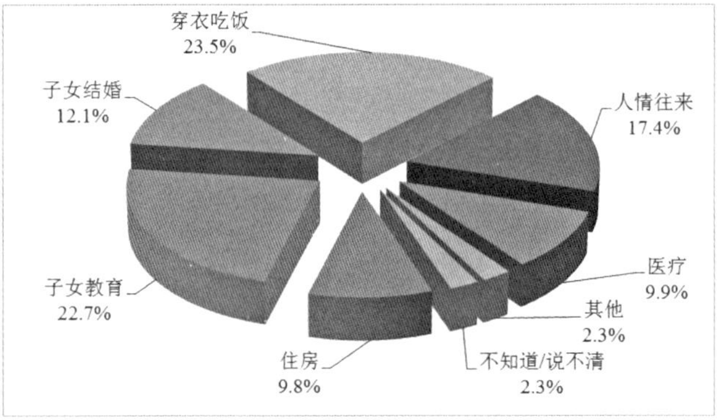

B23. 您对家庭支出的态度是怎样的？

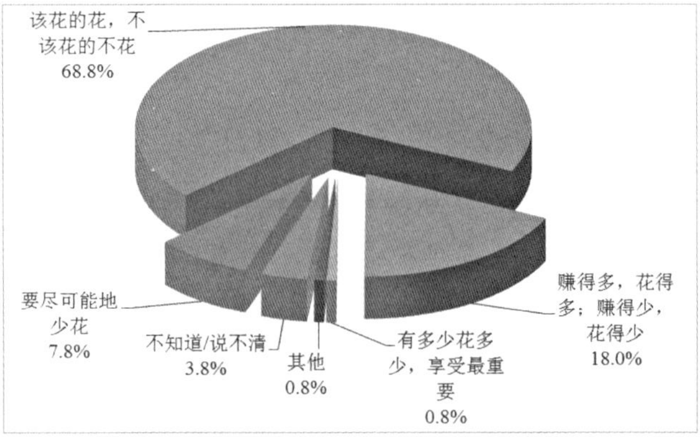

B24. 如果有可能赚钱的机会，您会如何做？

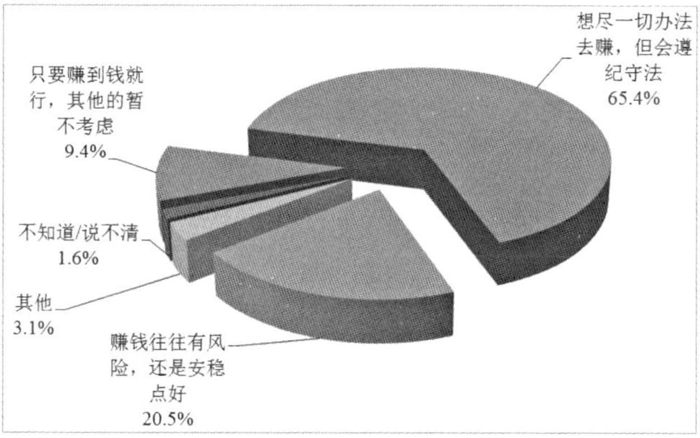

B25. 如果有人向您借一万元，您会借吗？

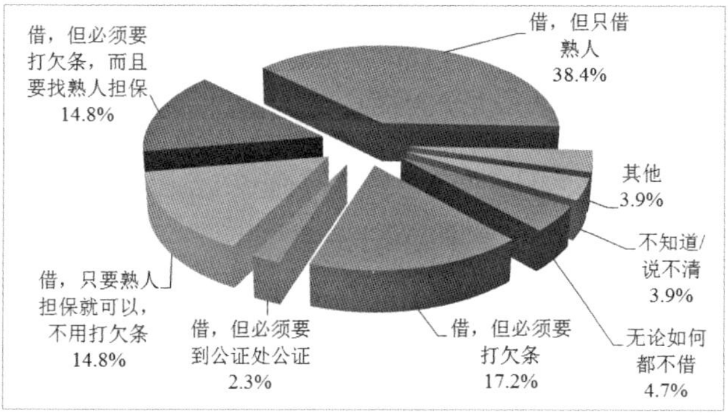

B26. 如果急需数目较大的一笔钱，您会怎么办？

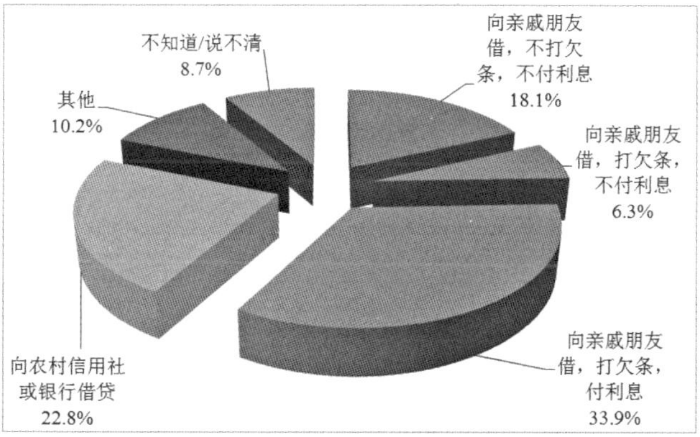

B27. 您对个人收入差距的看法是什么？

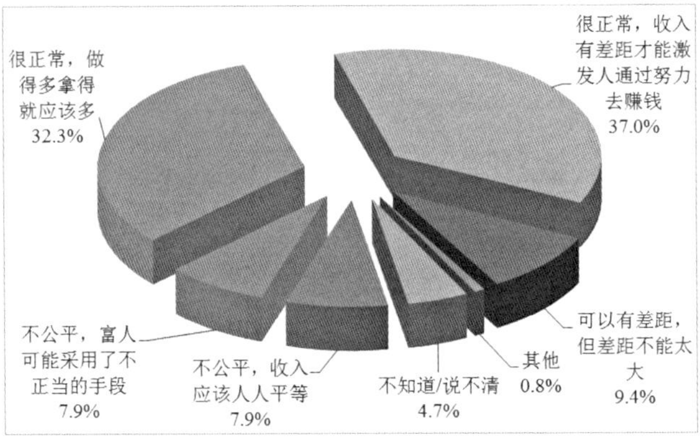

B28. 请问您种地的时候是否会大量使用农药和化肥？

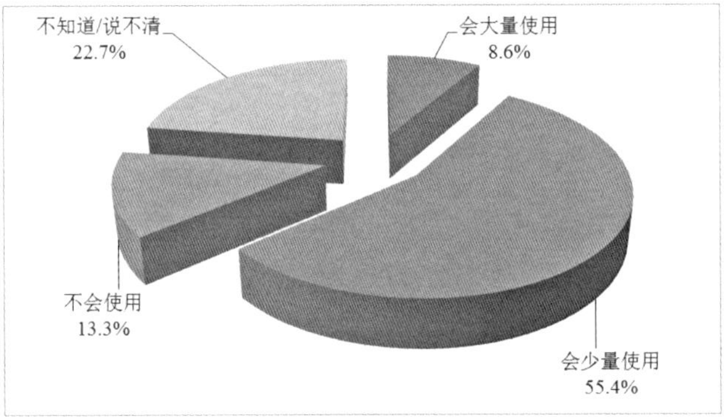

B29. 您在从事种地或养殖的时候是否会考虑环保、生态、健康等因素？

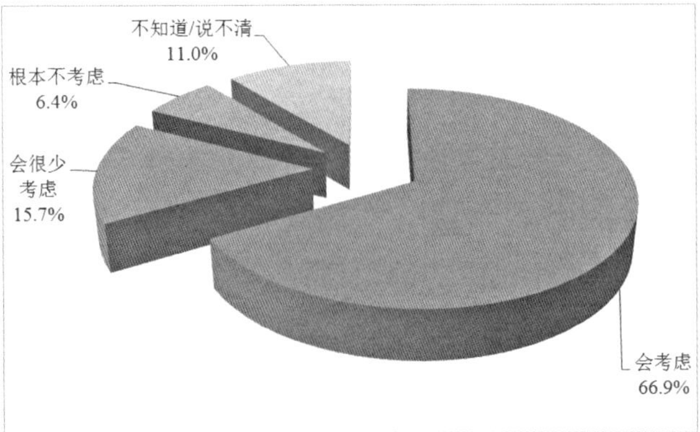

B30. 现在乡村是否有环保法规？

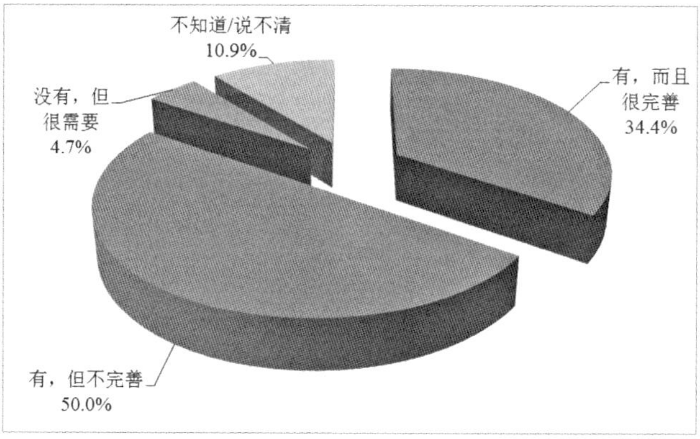

B31. 您认为环境保护和经济发展哪个更加重要？

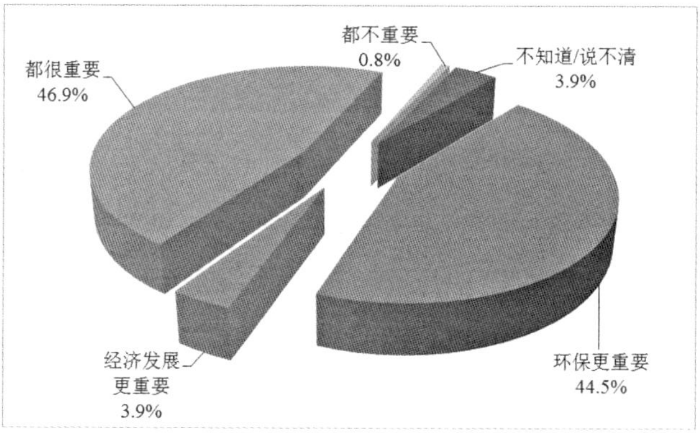

B32. 您认为可以通过建设美丽乡村(比如农家乐、有机食品等)实现致富吗？

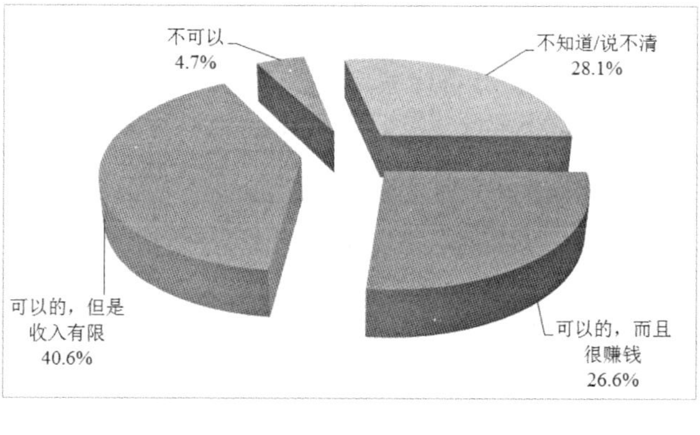

B33. 村里是否有关于环保的宣传？

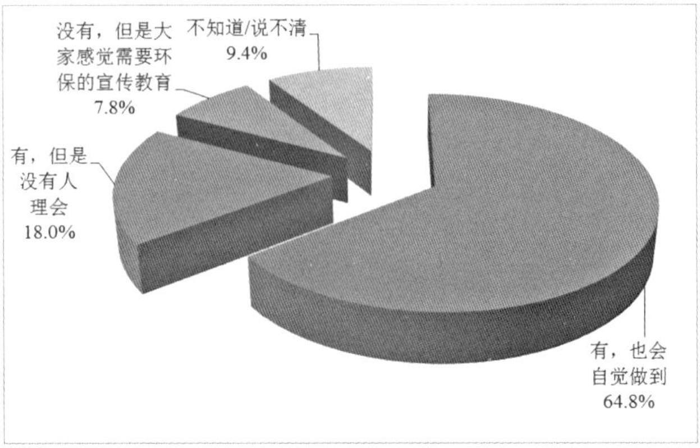

B34. 您能准确说出最近一次民主选举产生的村干部名字吗？

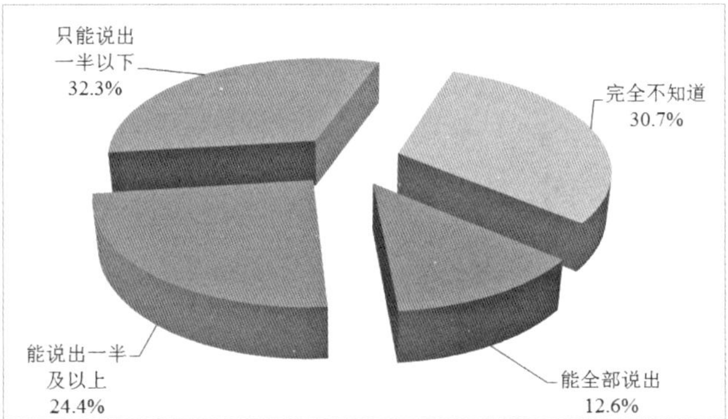

B35. 您主要通过哪些渠道了解村里的管理情况？

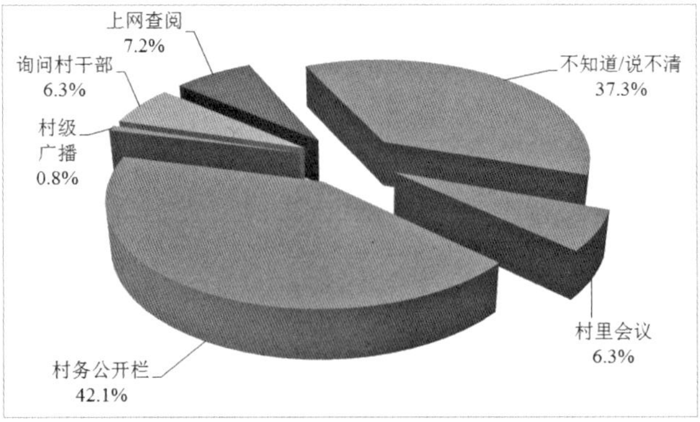

B36. 当村干部的决策损害您和大多数村民利益时，您通常会怎样？

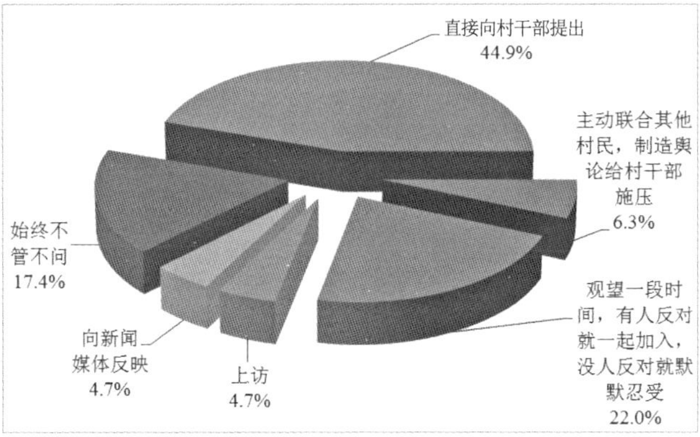

B37. 有关乡村发展的事情，你们村一般如何解决？

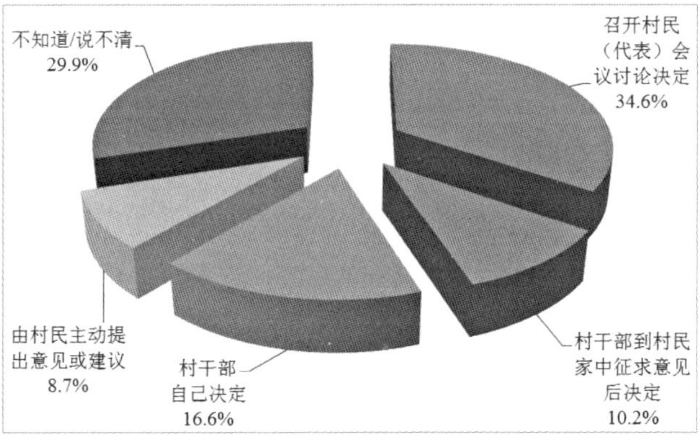

B38. 您认为在乡村日常事务中谁的影响力最大？

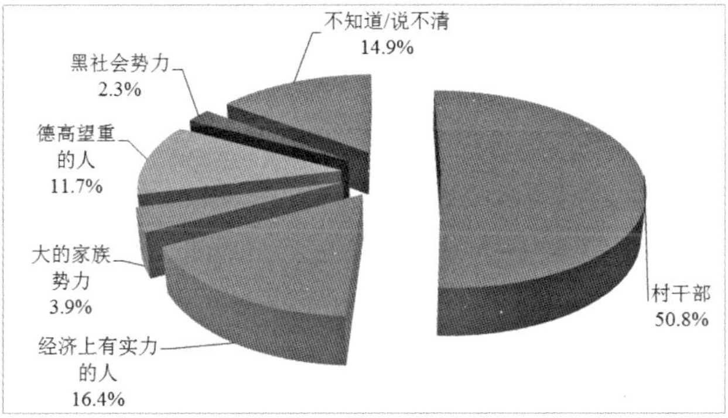

B39. 您认为一个好的村干部在哪个方面最重要？

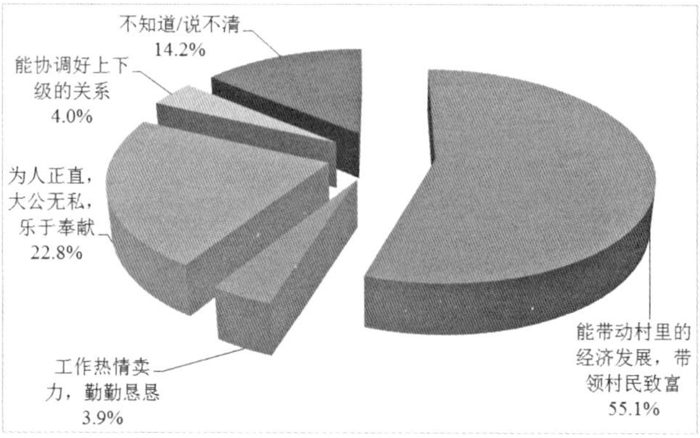

B40. 您认为国家三农政策在村庄得到落实了吗？

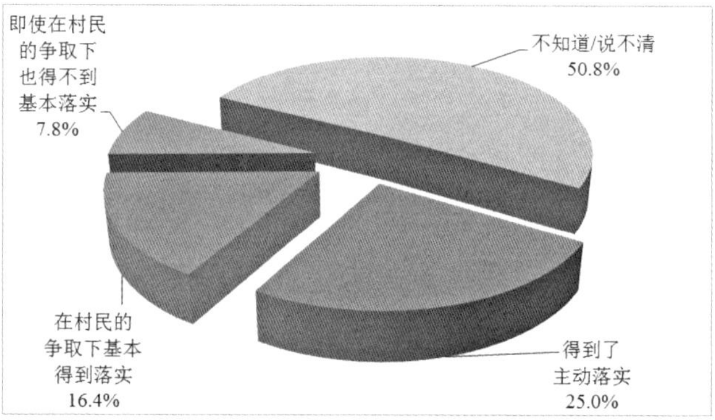

B41. 您村的村规民约对村民有约束力吗？

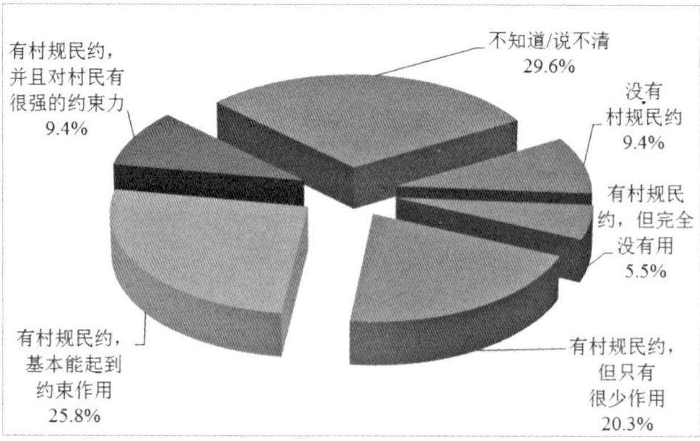

B42. 人们在社会生活中总要和不同的人打交道，下列成员，您在多大程度上信任他们？

（1）您在多大程度上信任家庭成员？

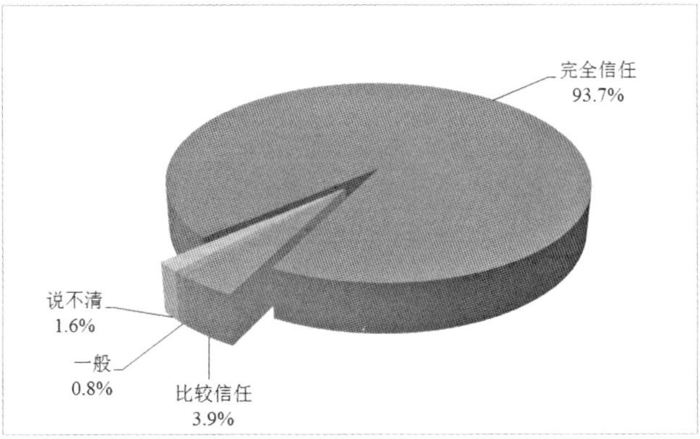

（2）您在多大程度上信任亲戚？

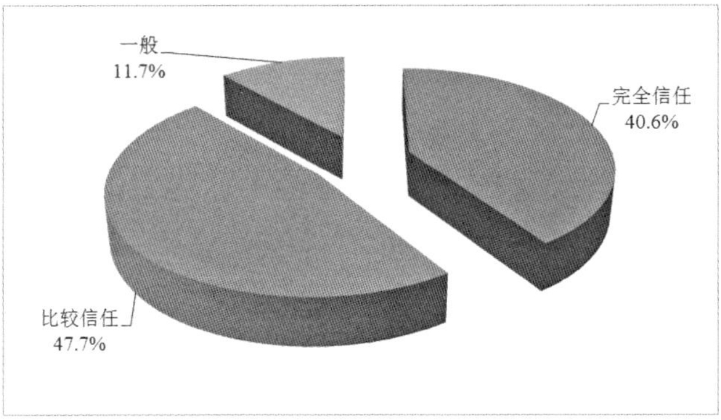

（3）您在多大程度上信任朋友？

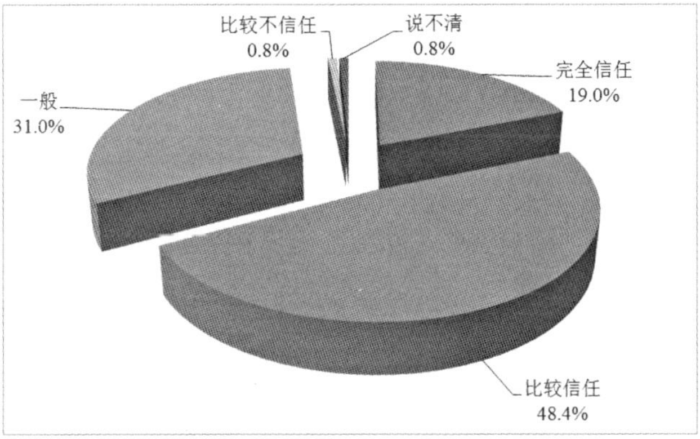

（4）您在多大程度上信任邻居？

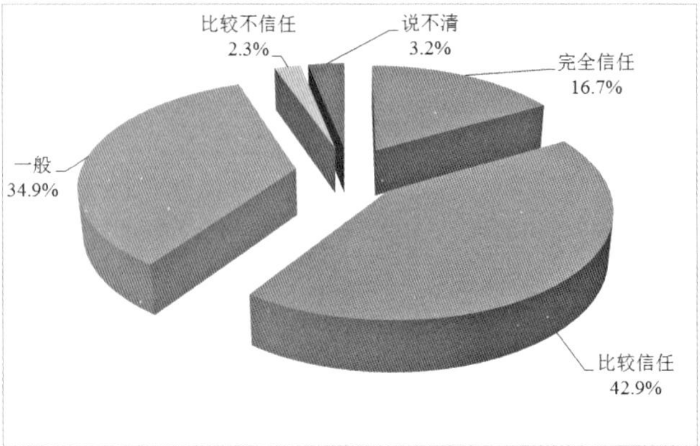

（5）您在多大程度上信任同事？

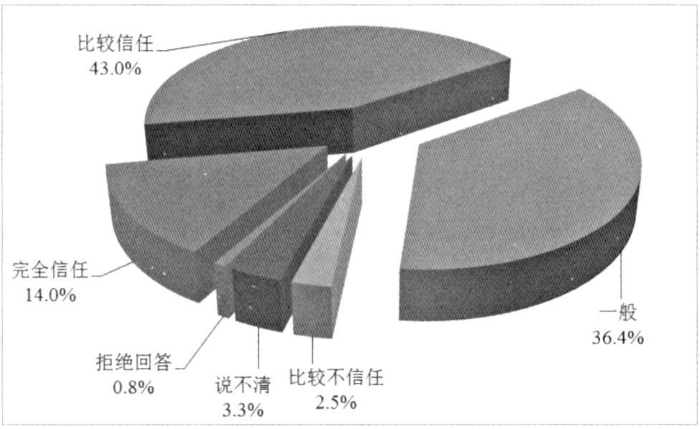

（6）您在多大程度上信任单位领导？

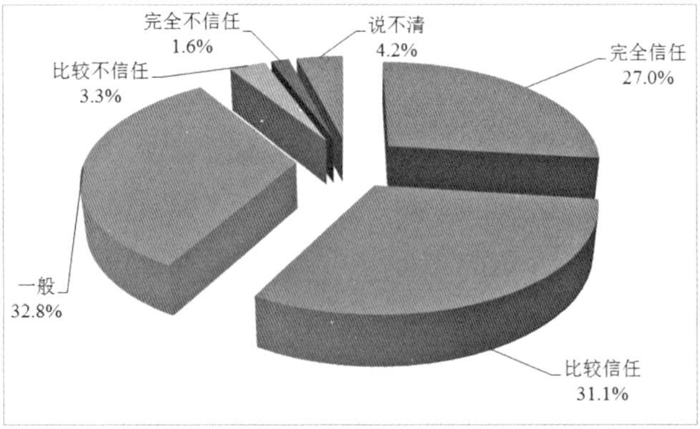

（7）您在多大程度上信任村长？

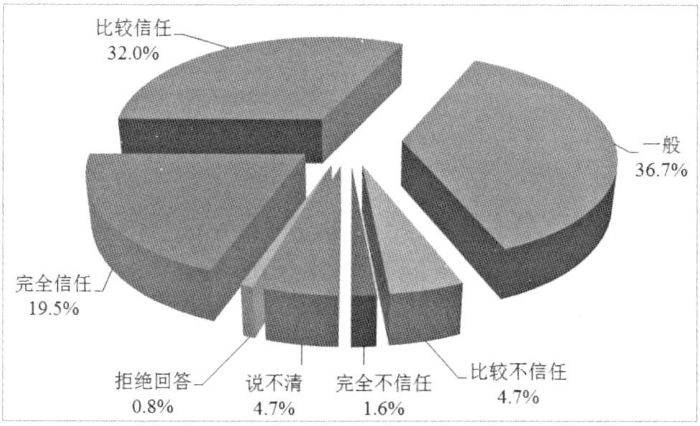

（8）您在多大程度上信任同村人？

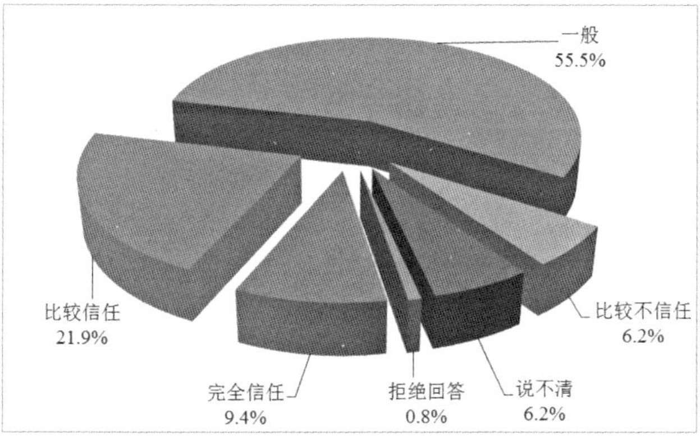

（9）您在多大程度上信任陌生人？

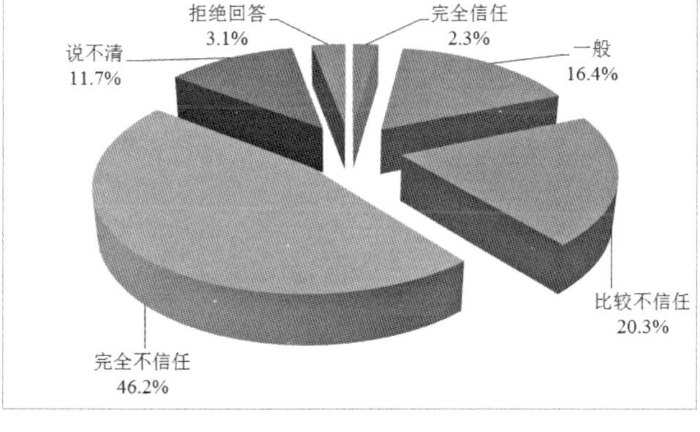

B43. 您是否有出村的经历？

（1）村外：

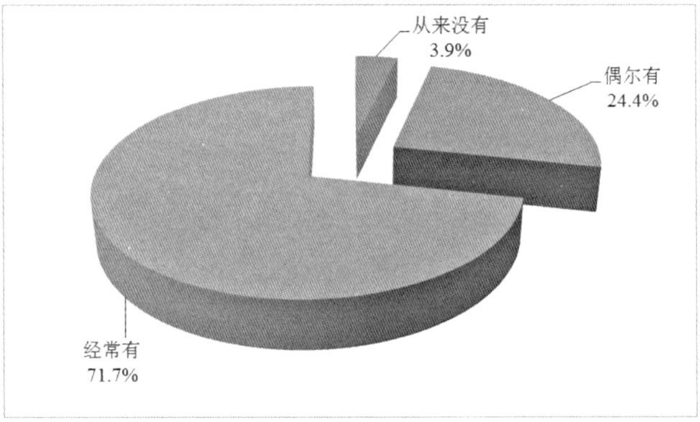

（2）镇外：

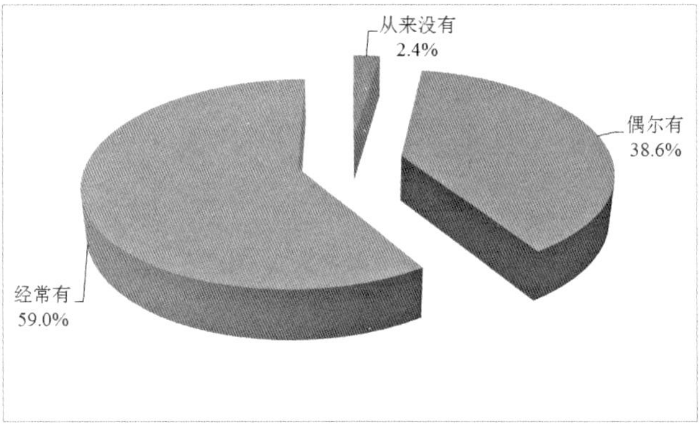

（3）市外：

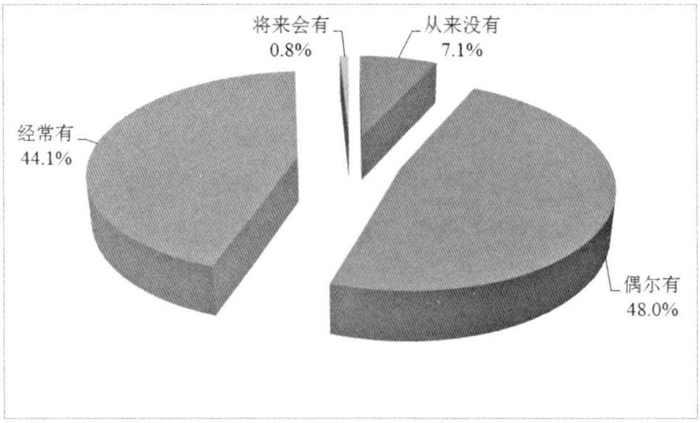

（4）省外：

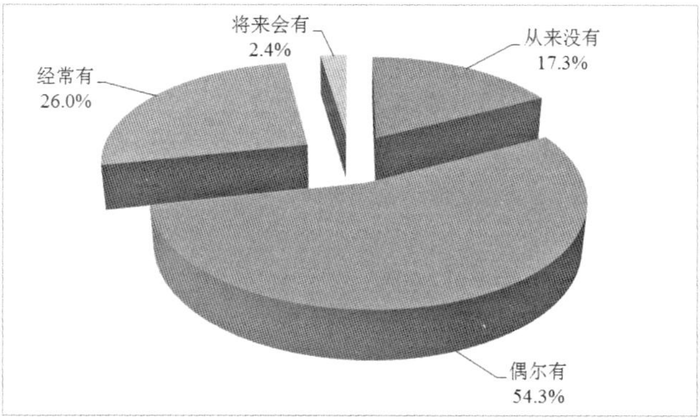

（5）国外：

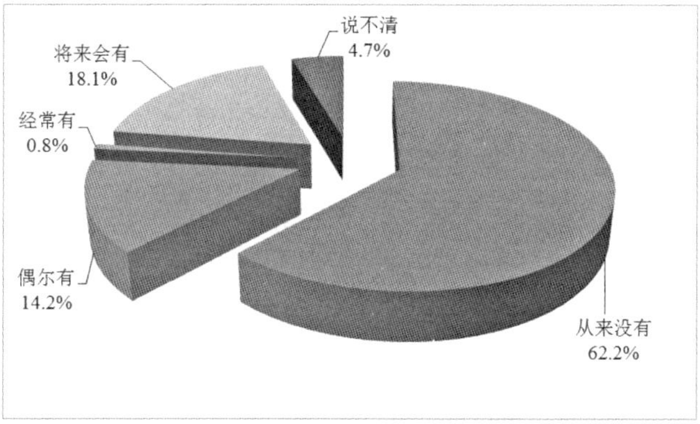

六、王杰村问卷调查基本数据

A1. 您的性别：________。

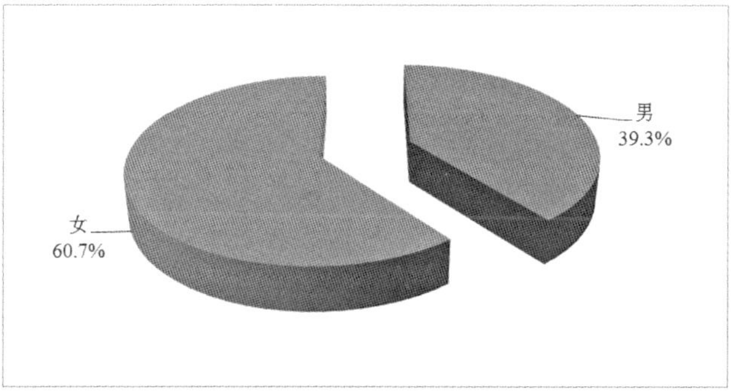

A2. 您现年多少周岁？________周岁。

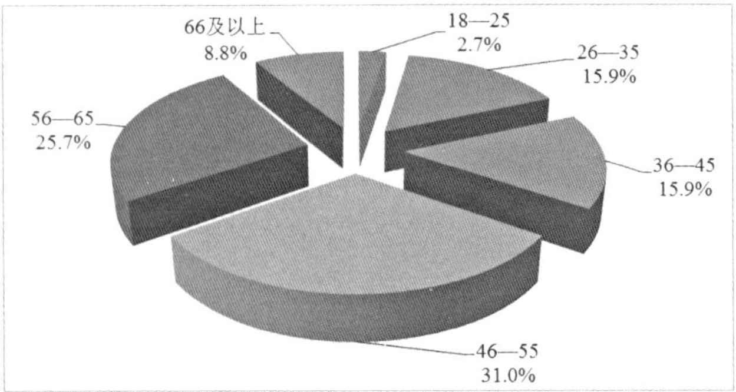

A3. 您当前的婚姻状况是________。

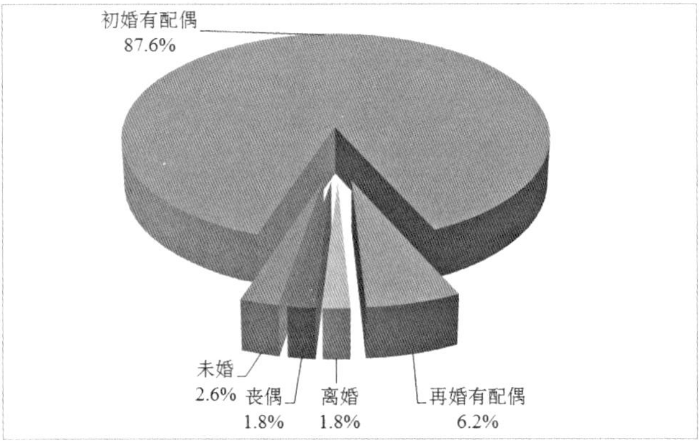

A4. 您的户口是________。

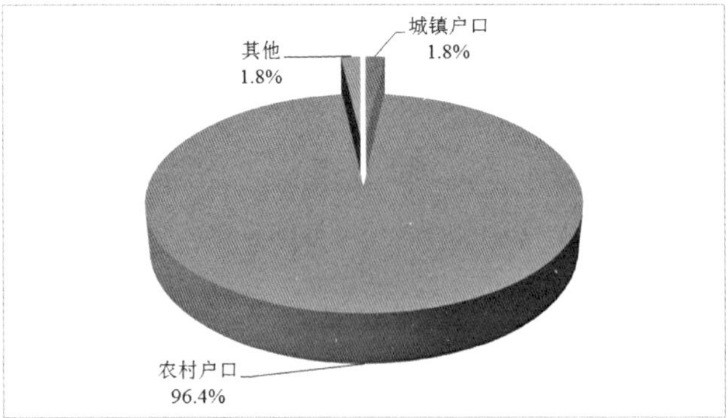

A5. 您的受教育程度是________。

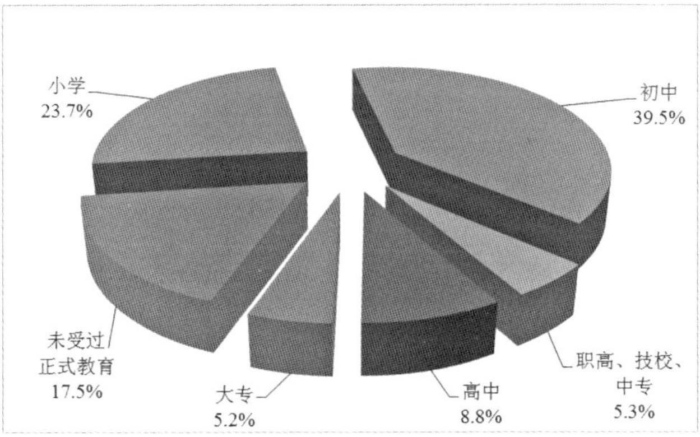

A6. 您的政治面貌是________。

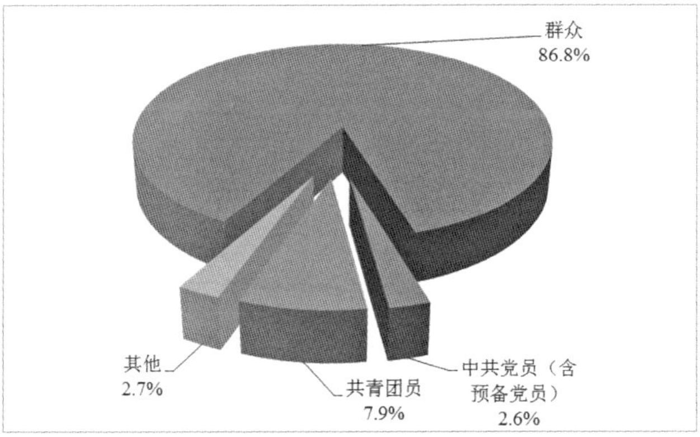

A7. 您的宗教信仰是________。

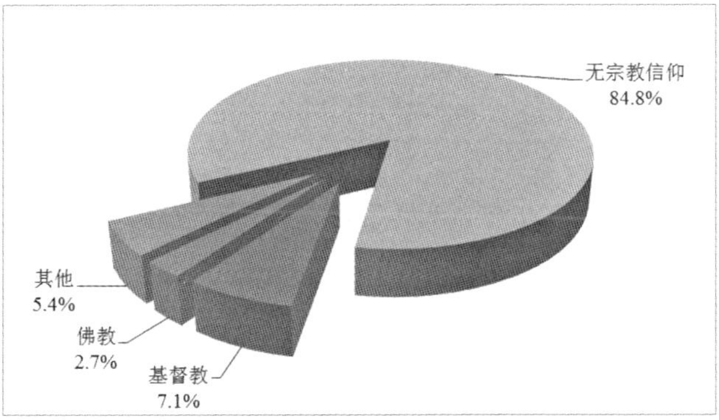

A8. 您的籍贯地在本地吗？

A9. 您的户口所在地在本地吗？

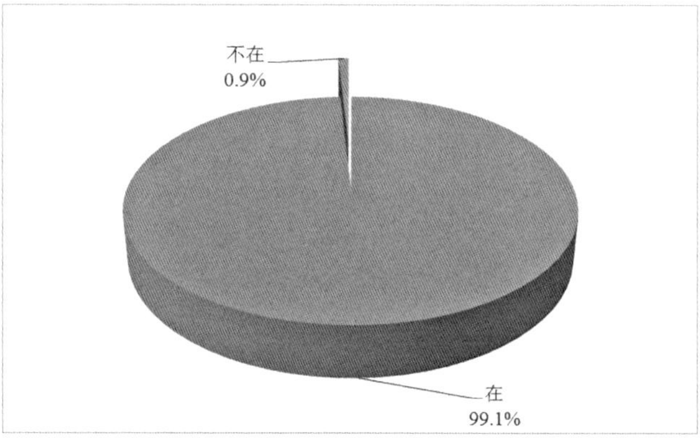

A10. 您目前的职业是________。

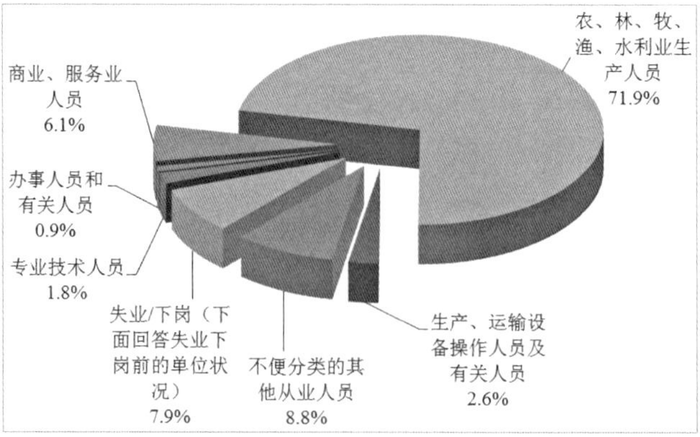

A11. 您去年全年的个人总收入大约在________。(单位：元)

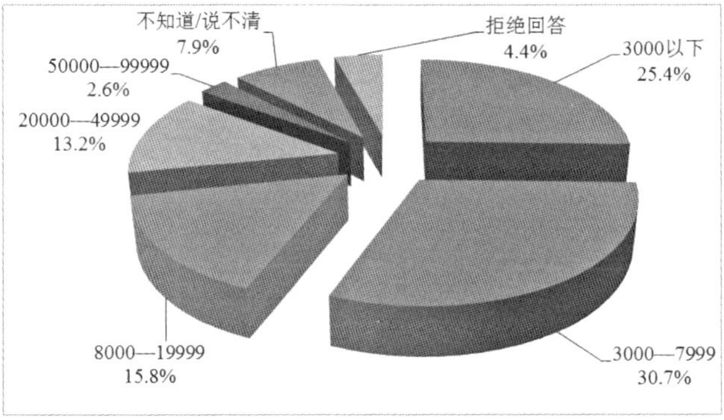

A12. 您今年全年的个人理想总收入大约是________。(单位：元)

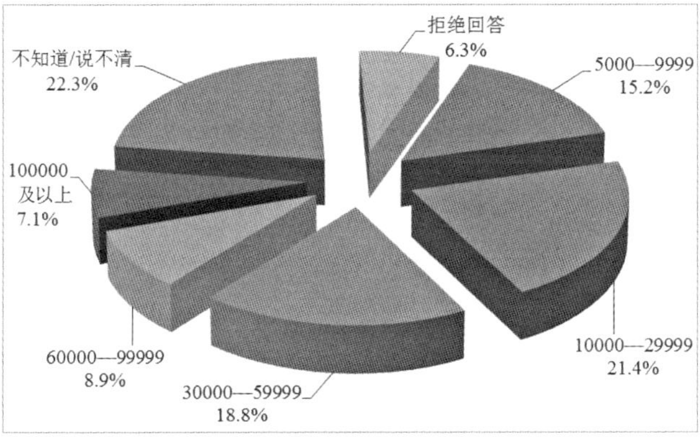

A13. 您家去年全年家庭各种收入大约在________。(单位：元)

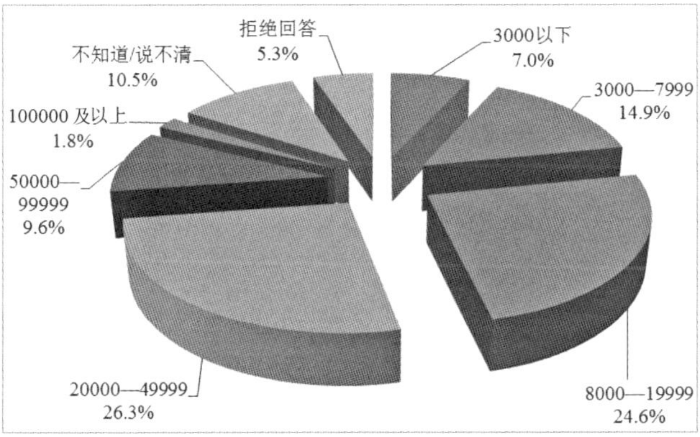

A14. 总的来说，您对目前家庭的收入水平是否满意？

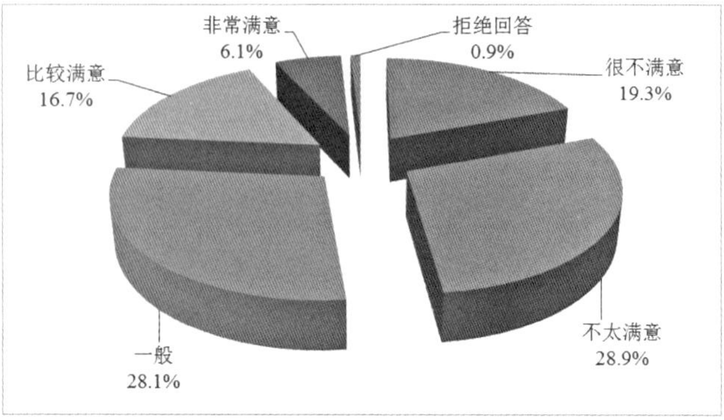

A15. 总的来说，您对自己的生活状况是否满意？

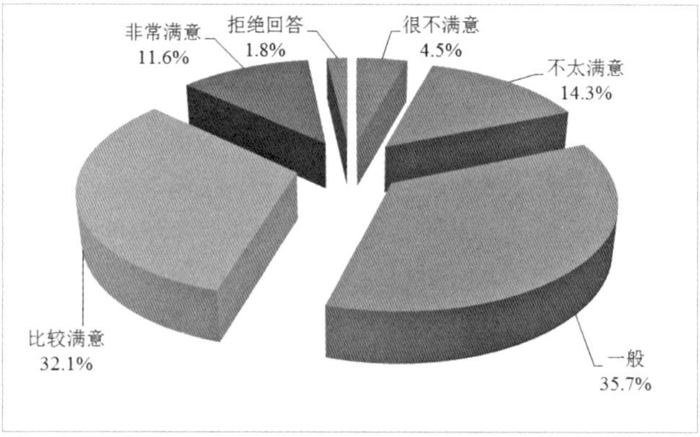

B1. 在下面的几种美德中，您认为哪个最为重要？

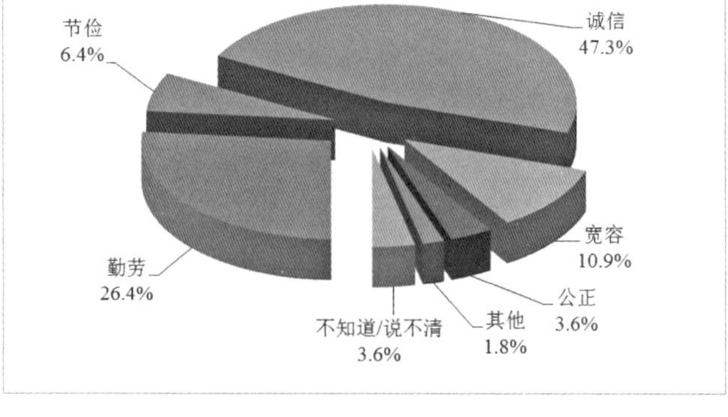

B2. 您与他人交往时最看重的是什么?

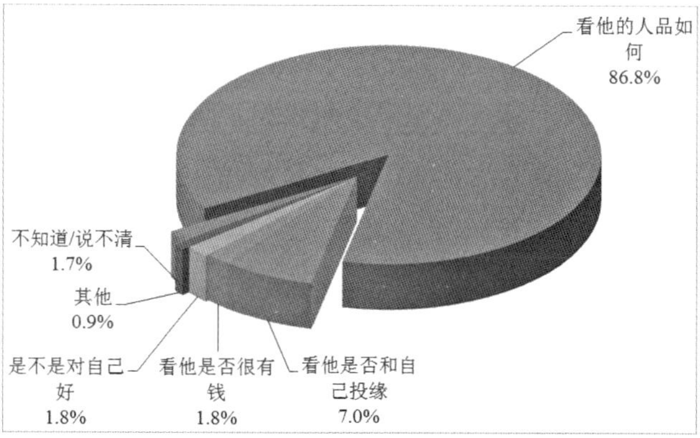

B3. 在现代社会,您认为个人成功最需要的是什么?

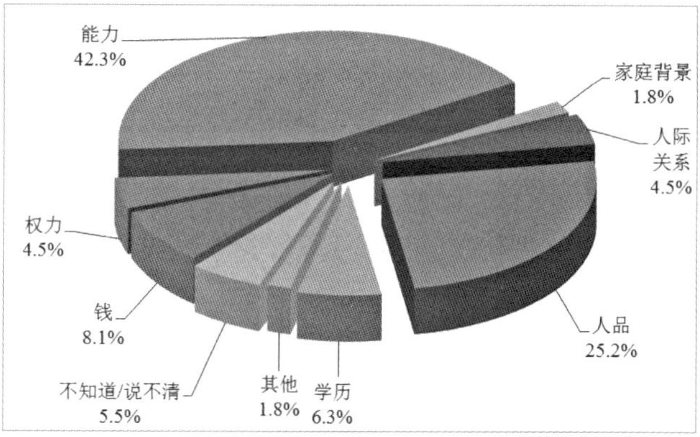

B4. 您认为这些年来,村里人变得如何?

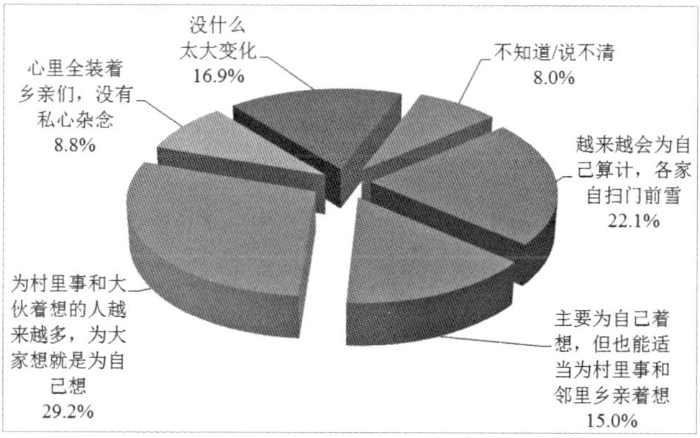

B5. 您对工作的基本态度是什么？

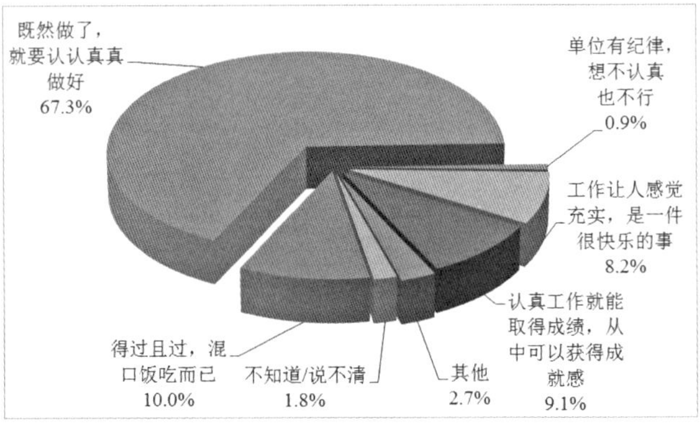

B6. 您选择工作时主要考虑的是什么？（最多选三项）

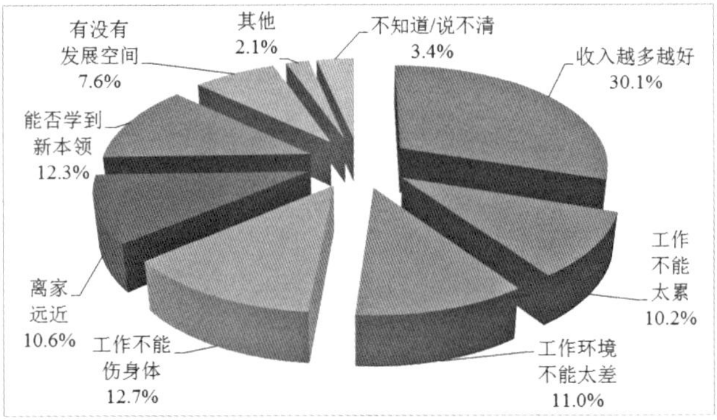

B7. 您认为最理想的职业是什么？（最多选三项）

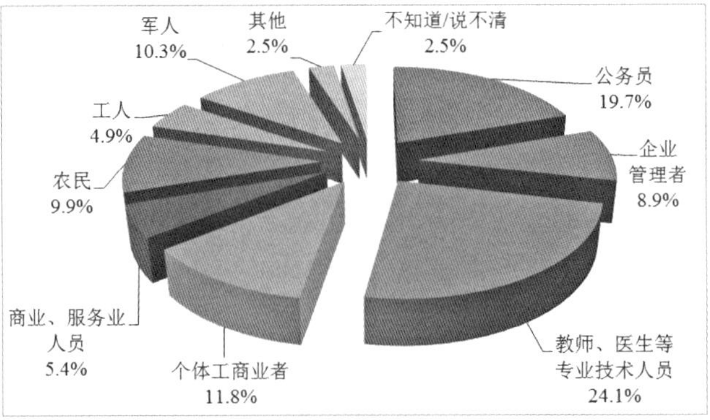

B8. 您觉得孩子读书有用吗？

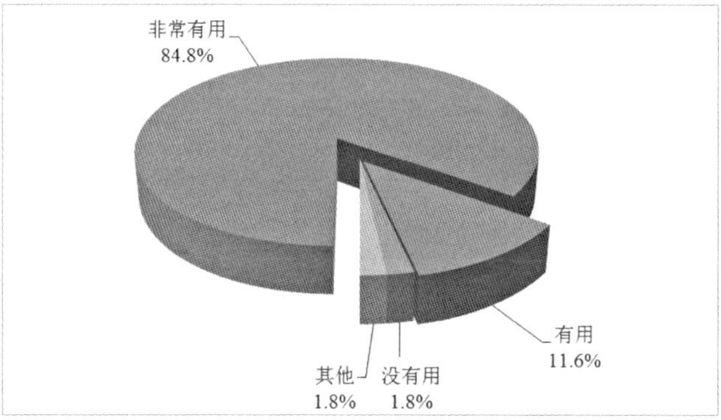

B9. 您打算继续在本村住下去吗？

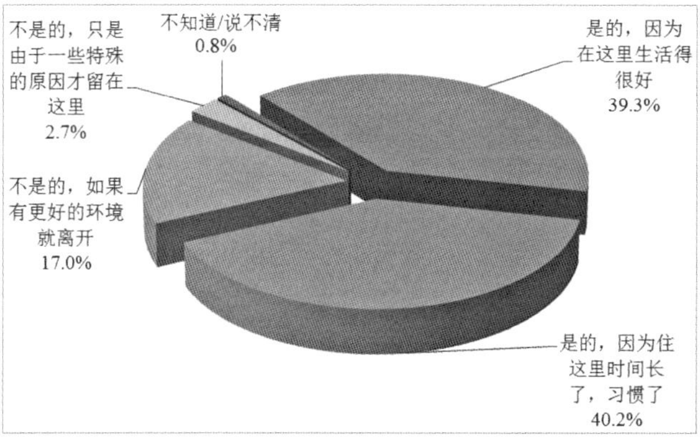

B10. 您平日里闲时都干些什么？（最多选三项）

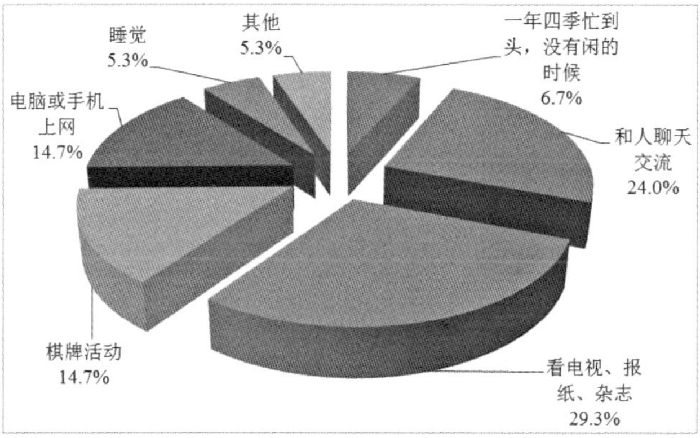

B11. 您在选择结婚对象时会主要考虑哪些因素?

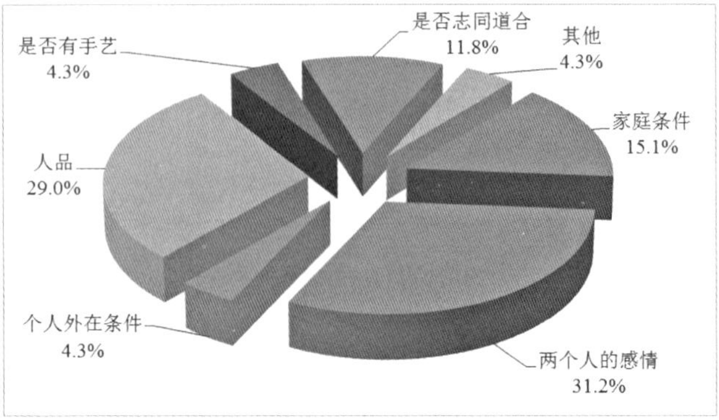

B12. 您认为恋爱结婚的主要目的是什么?

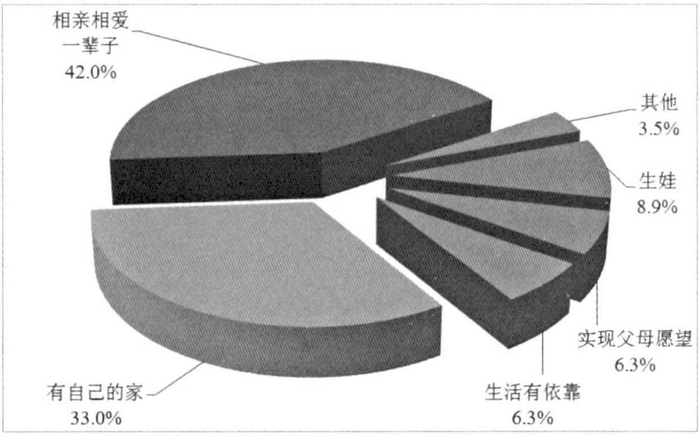

B13. 您认为影响夫妻感情的主要因素是哪些?(最多选三项)

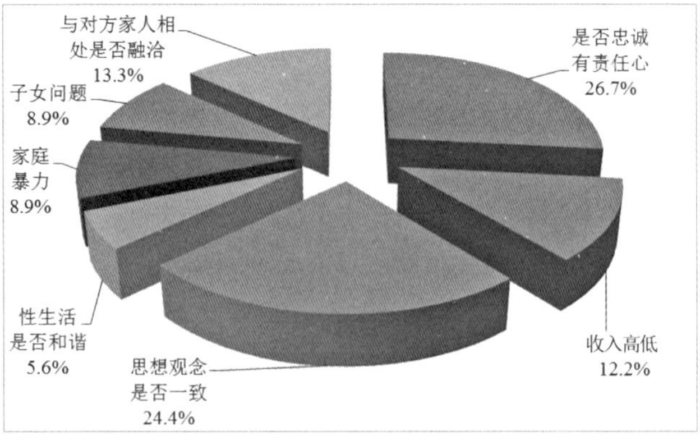

B14. 您认为理想的婚姻家庭是怎样的？（最多选三项）

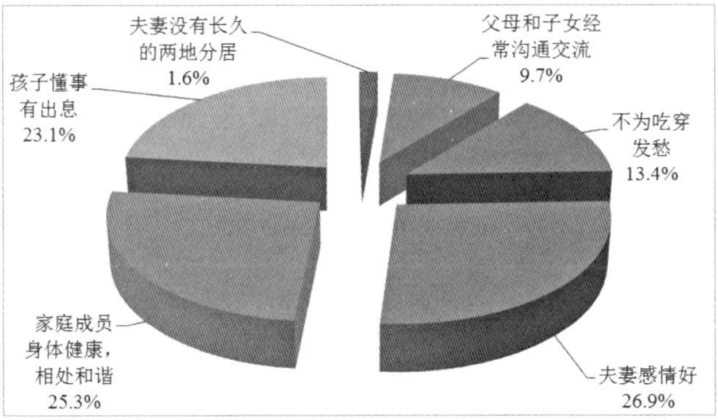

B15. 您如何看待婚前性行为？

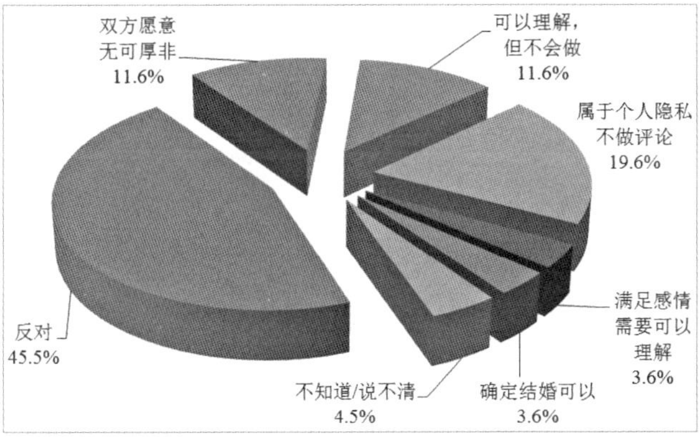

B16. 您如何看待婚外性行为？

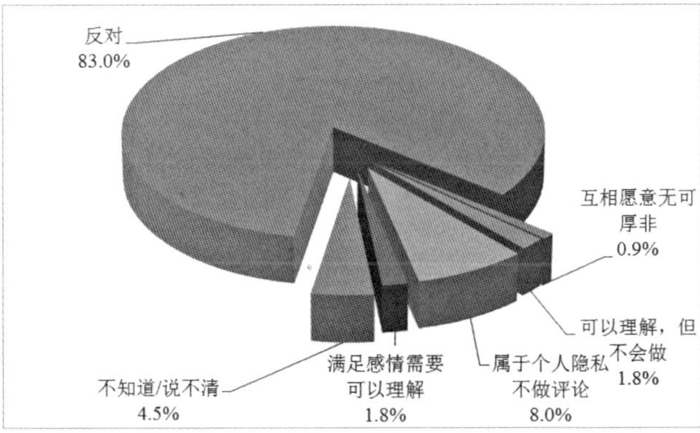

B17. 您认为生养孩子的首要目的是什么？

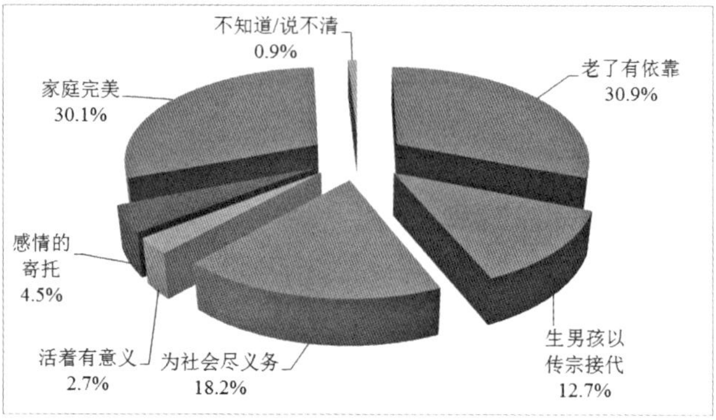

B18. 您认为农村小孩的家庭教育应重视哪些方面的内容？（最多选三项）

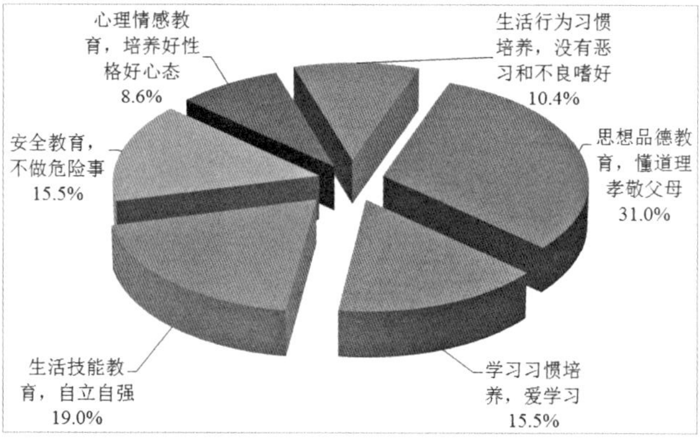

B19. 您觉得尽孝要做到哪些？（最多选三项）

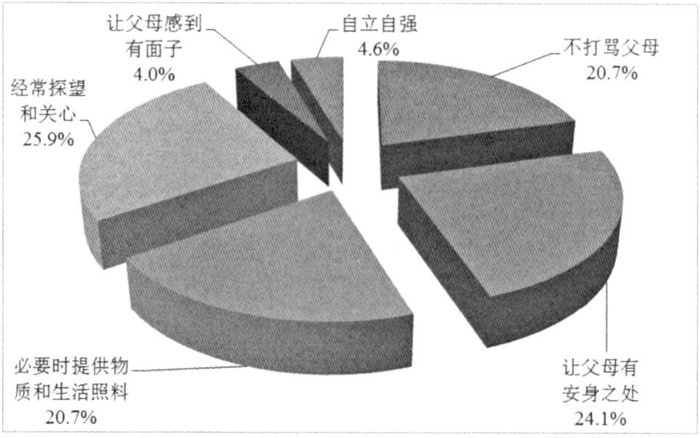

B20. 您家经济收入的主要来源有哪些？（最多选三项）

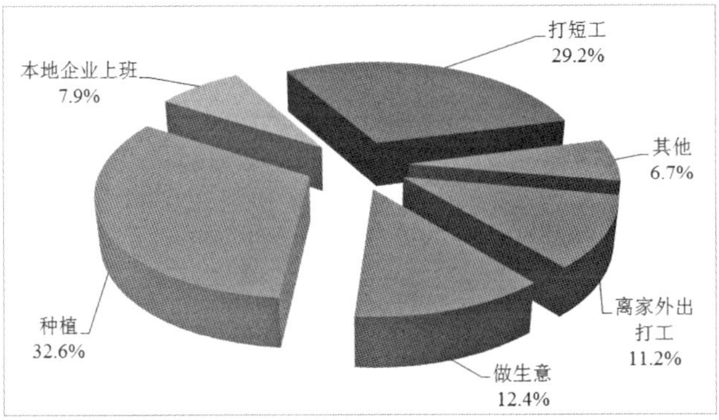

B21. 如果与他人发生了经济纠纷，您会怎么办？

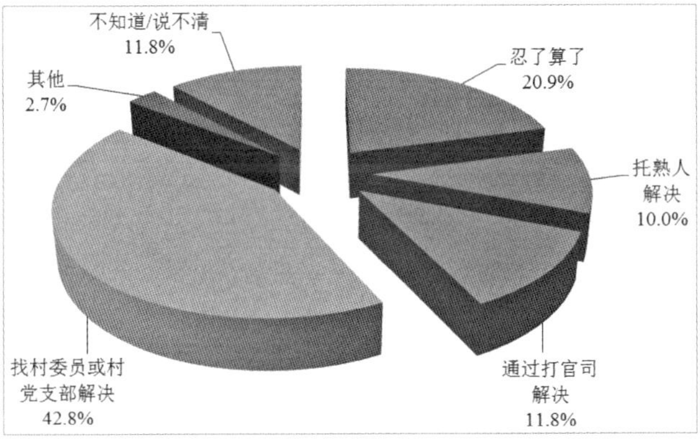

B22. 您家主要的经济支出是什么？（最多选三项）

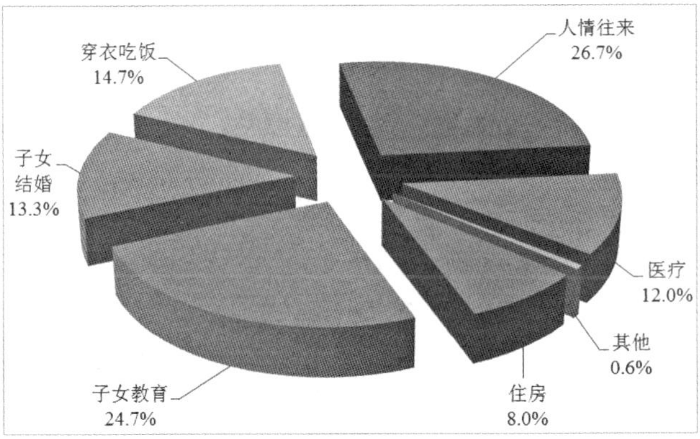

B23. 您对家庭支出的态度是怎样的？

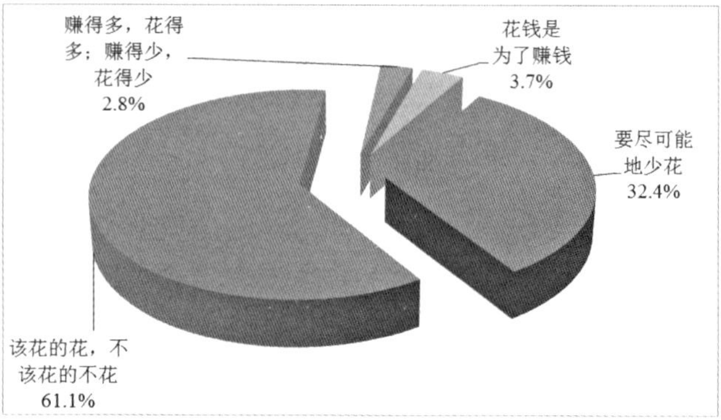

B24. 如果有可能赚钱的机会，您会如何做？

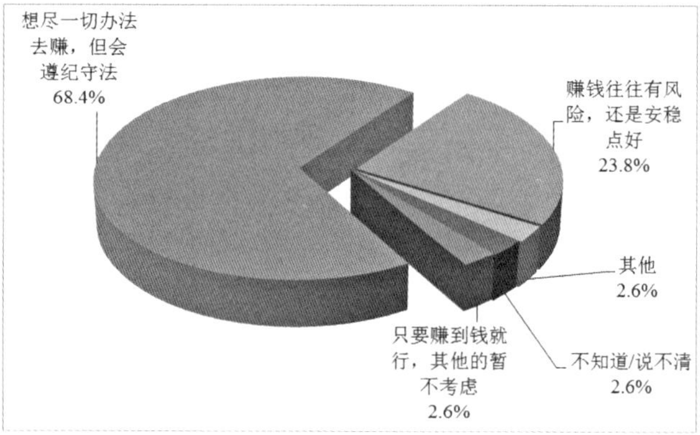

B25. 如果有人向您借一万元，您会借吗？

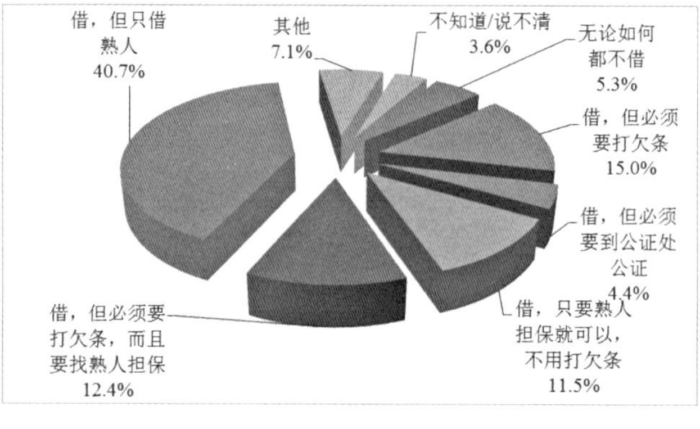

B26. 如果急需数目较大的一笔钱，您会怎么办？

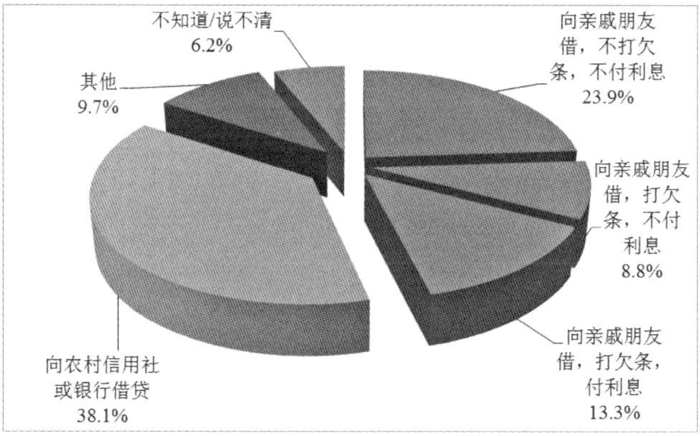

B27. 您对个人收入差距的看法是什么？

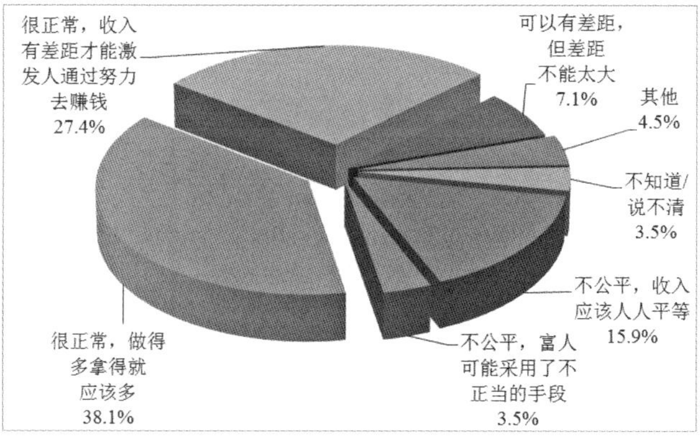

B28. 请问您种地的时候是否会大量使用农药和化肥？

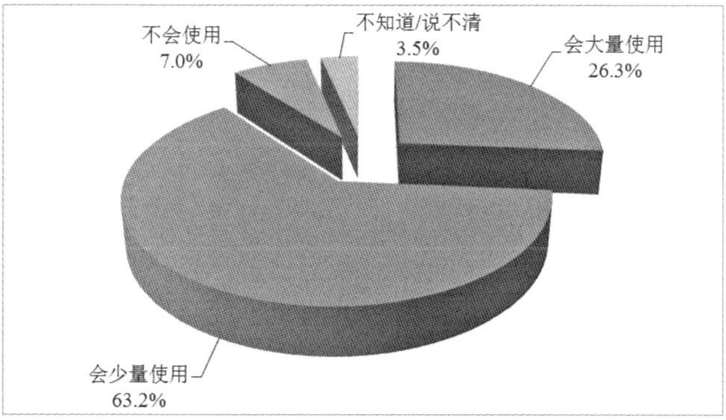

B29. 您在从事种地或养殖的时候是否会考虑环保、生态、健康等因素？

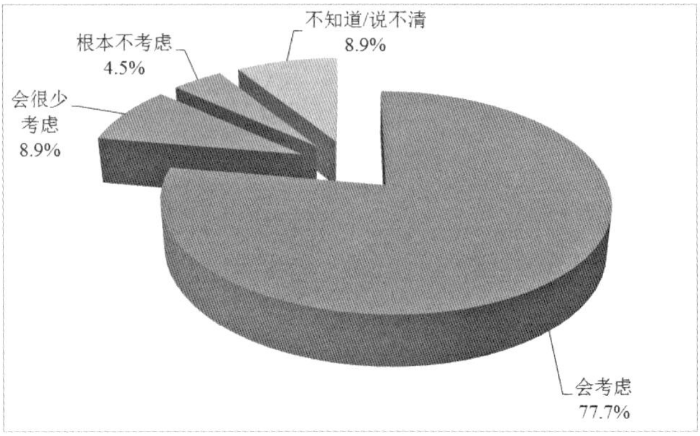

B30. 现在乡村是否有环保法规？

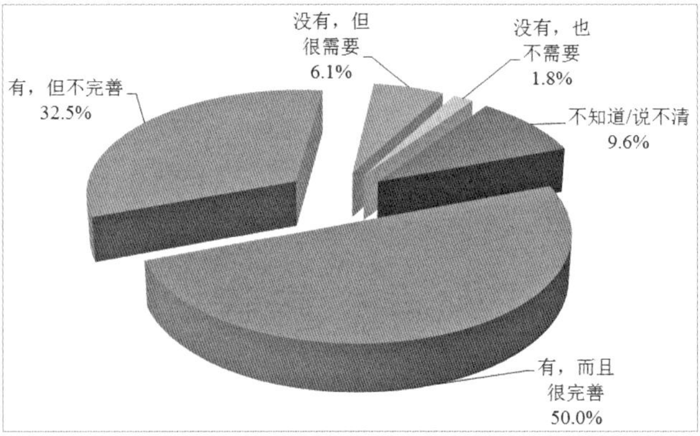

B31. 您认为环境保护和经济发展哪个更加重要？

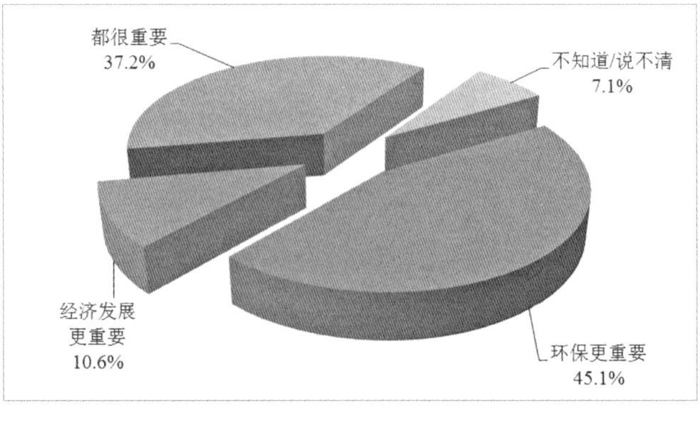

B32. 您认为可以通过建设美丽乡村(比如农家乐、有机食品等)实现致富吗?

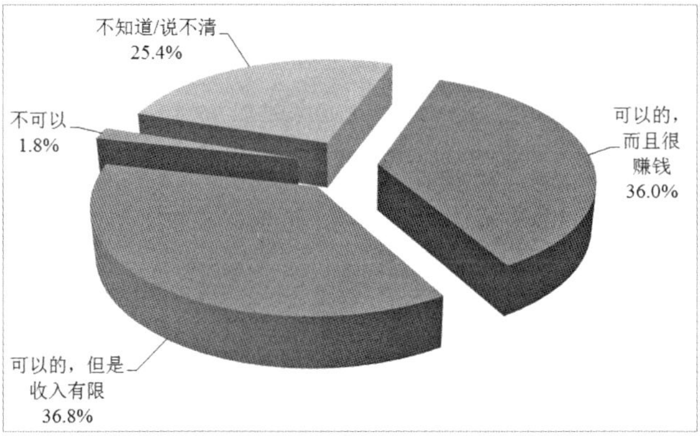

B33. 村里是否有关于环保的宣传?

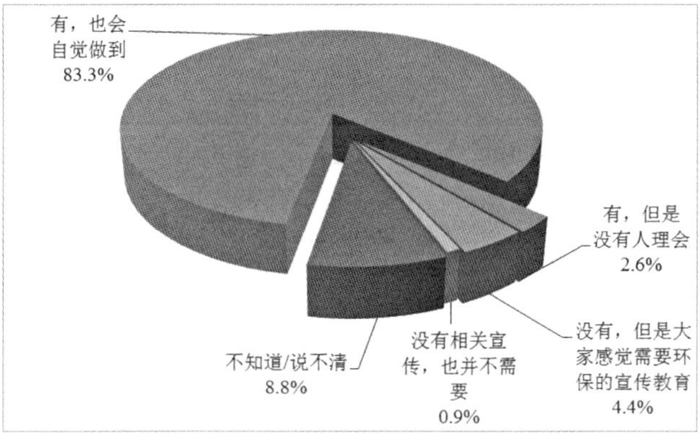

B34. 您能准确说出最近一次民主选举产生的村干部名字吗?

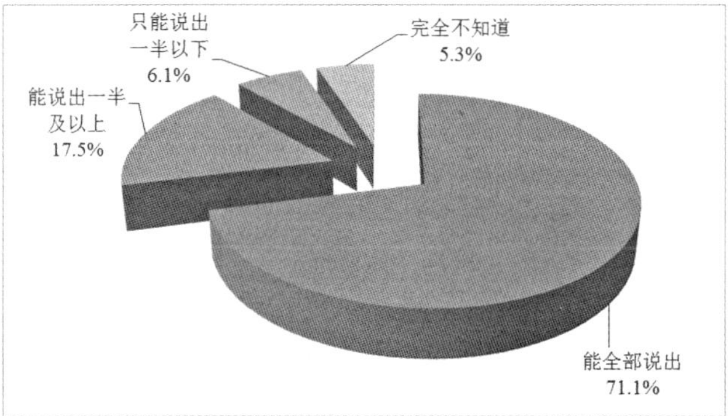

B35. 您主要通过哪些渠道了解村里的管理情况？

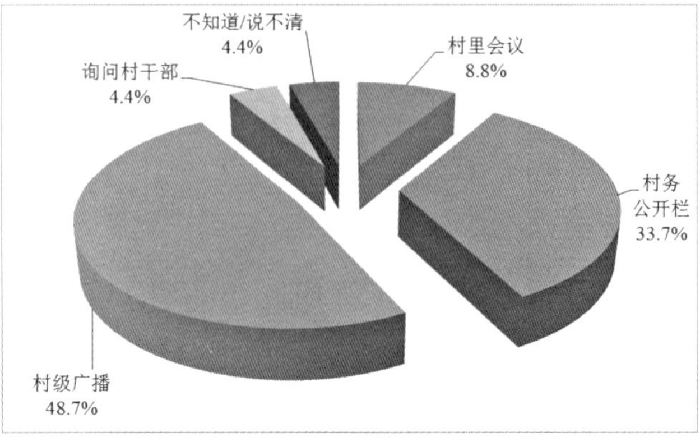

B36. 当村干部的决策损害您和大多数村民利益时，您通常会怎样？

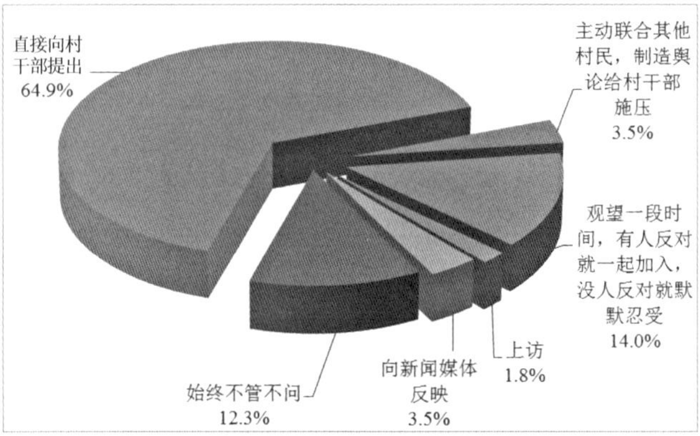

B37. 有关乡村发展的事情，你们村一般如何解决？

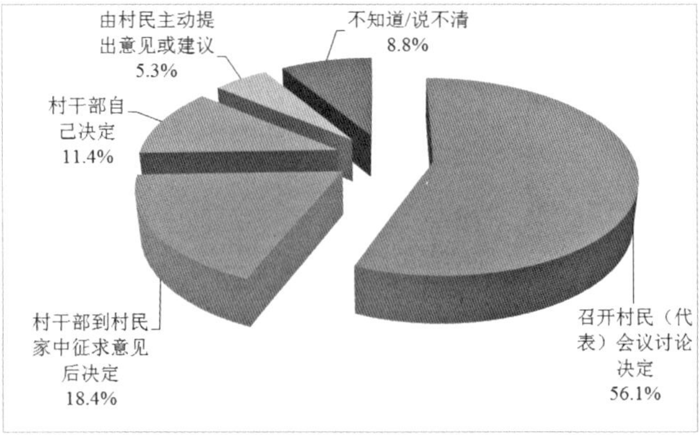

B38. 您认为在乡村日常事务中谁的影响力最大?

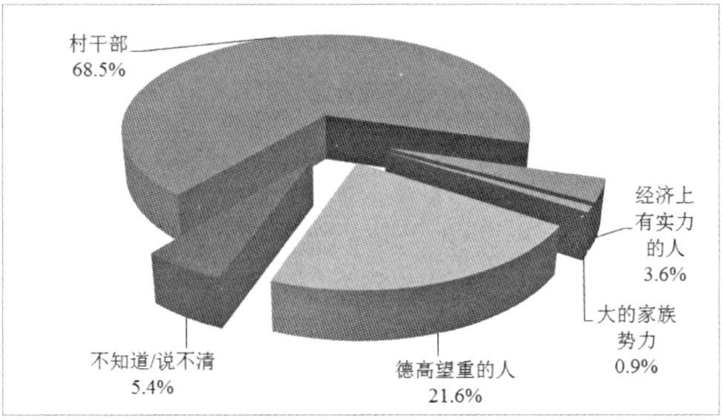

B39. 您认为一个好的村干部在哪个方面最重要?

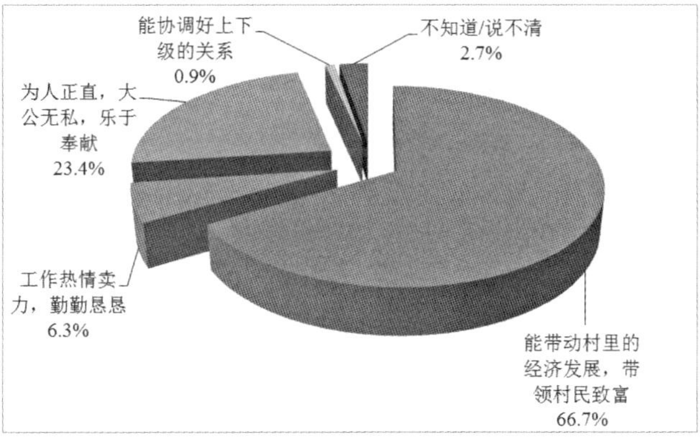

B40. 您认为国家三农政策在村庄得到落实了吗?

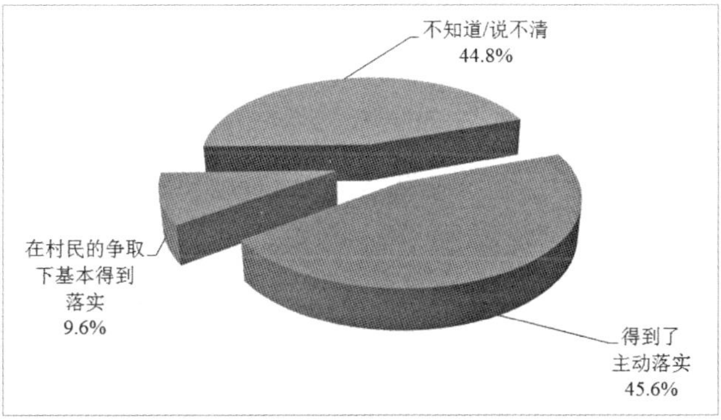

B41. 您村的村规民约对村民有约束力吗？

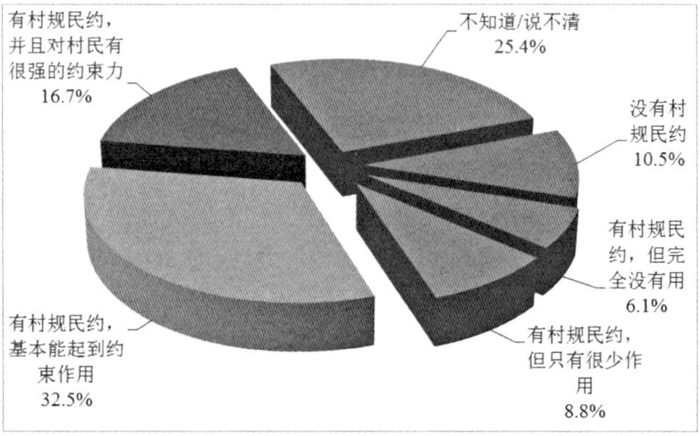

B42. 人们在社会生活中总要和不同的人打交道，下列成员，您在多大程度上信任他们？

（1）您在多大程度上信任家庭成员？

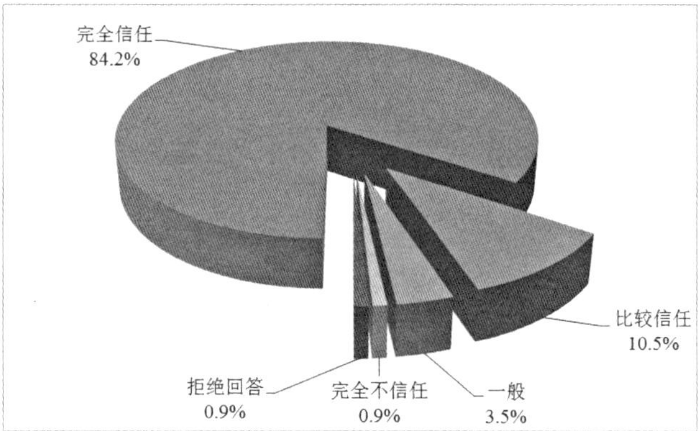

（2）您在多大程度上信任亲戚？

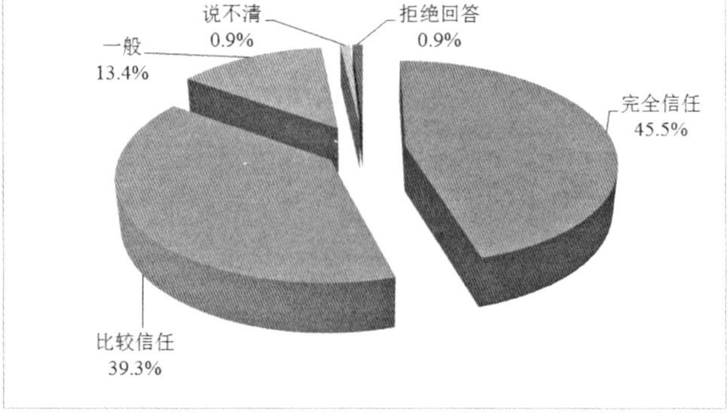

（3）您在多大程度上信任朋友？

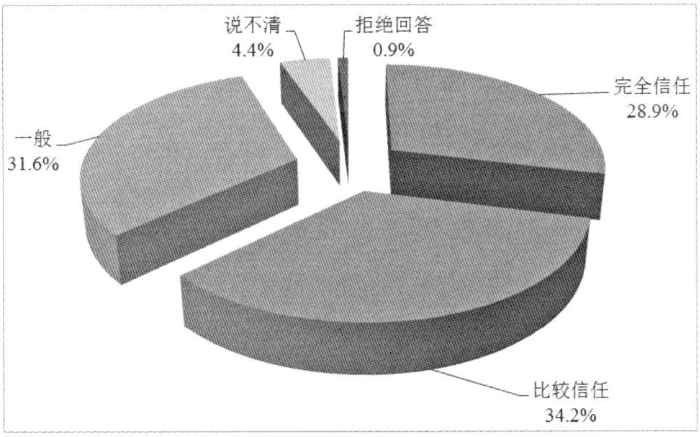

（4）您在多大程度上信任邻居？

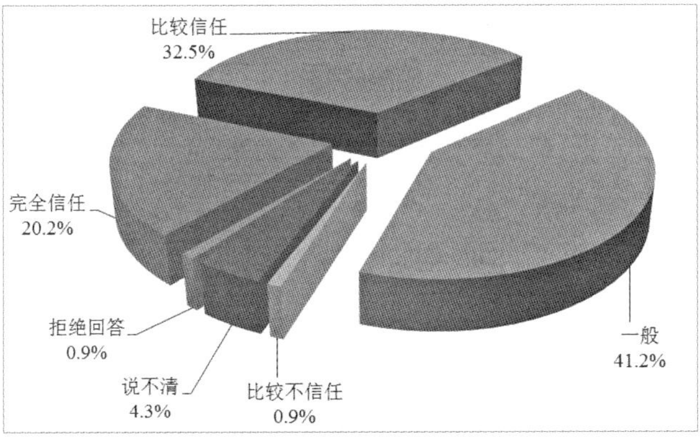

（5）您在多大程度上信任同事？

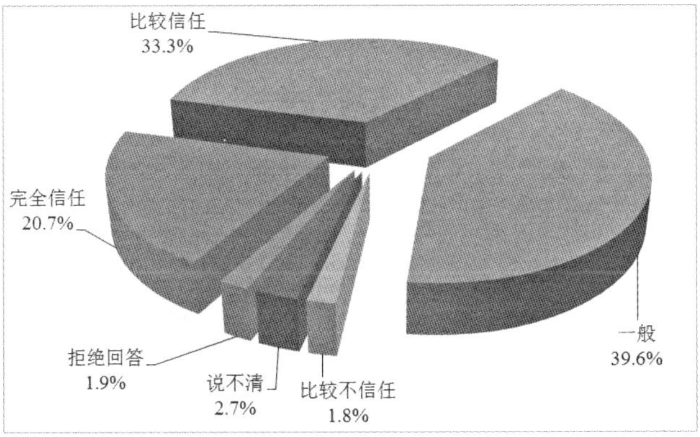

（6）您在多大程度上信任单位领导？

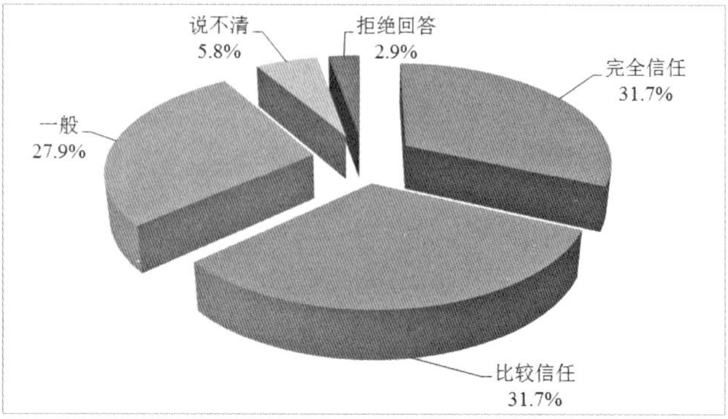

（7）您在多大程度上信任村长？

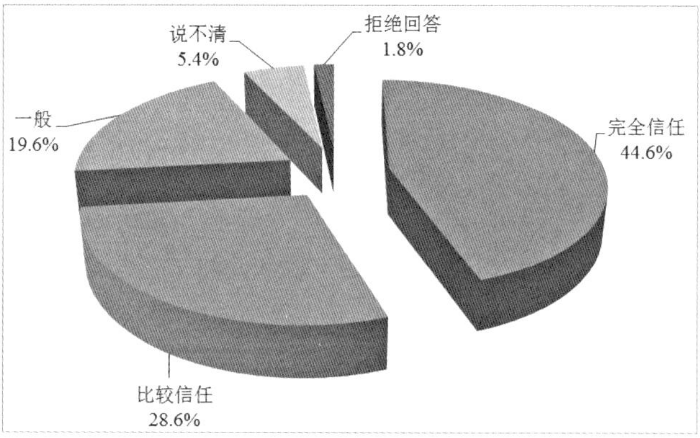

（8）您在多大程度上信任同村人？

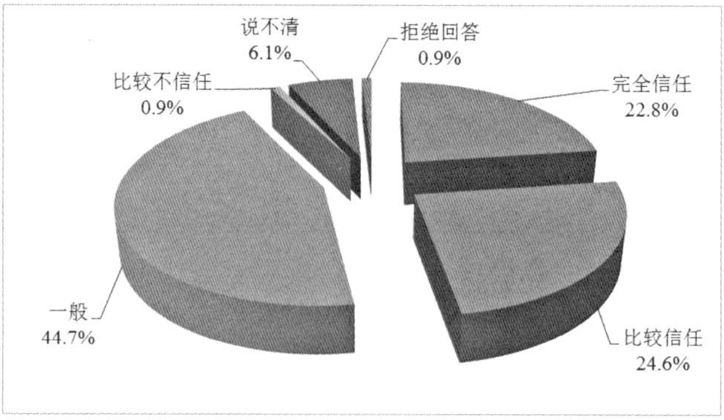

（9）您在多大程度上信任陌生人？

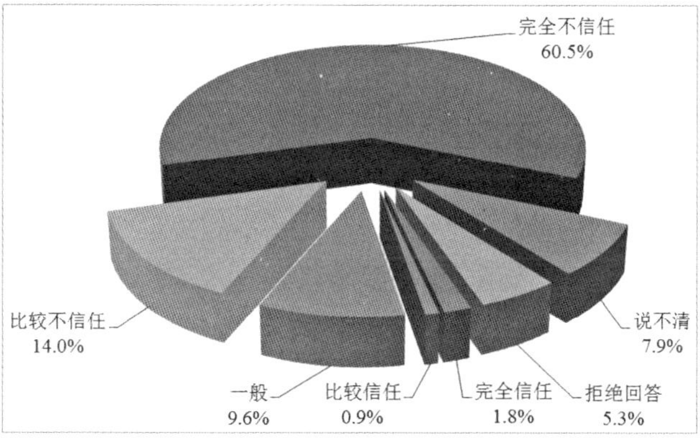

B43. 您是否有出村的经历？

（1）村外：

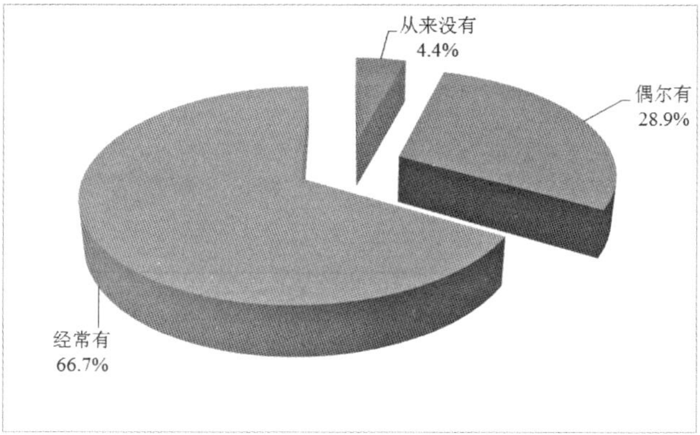

（2）镇外：

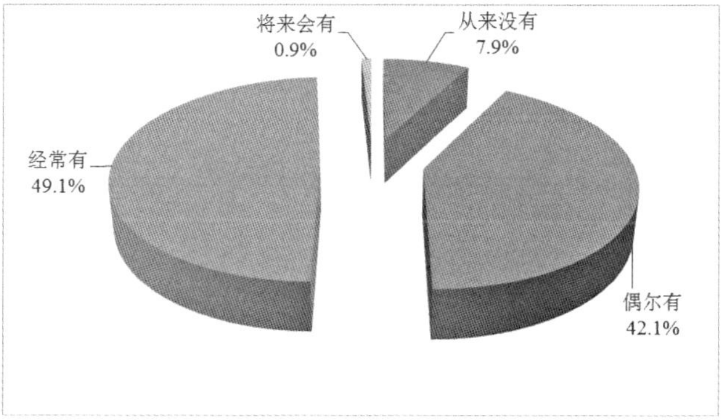

（3）市外：

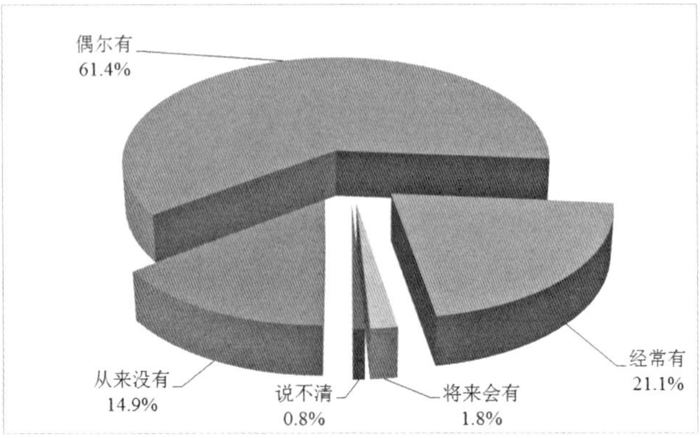
偶尔有
61.4%
经常有
21.1%
将来会有
1.8%
说不清
0.8%
从来没有
14.9%

（4）省外：

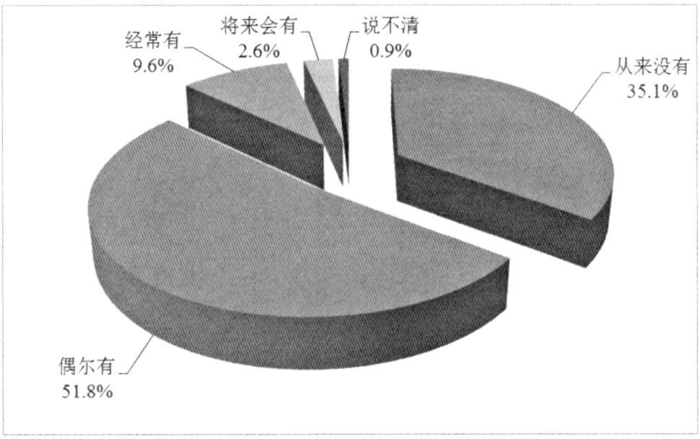
经常有
9.6%
将来会有
2.6%
说不清
0.9%
从来没有
35.1%
偶尔有
51.8%

（5）国外：

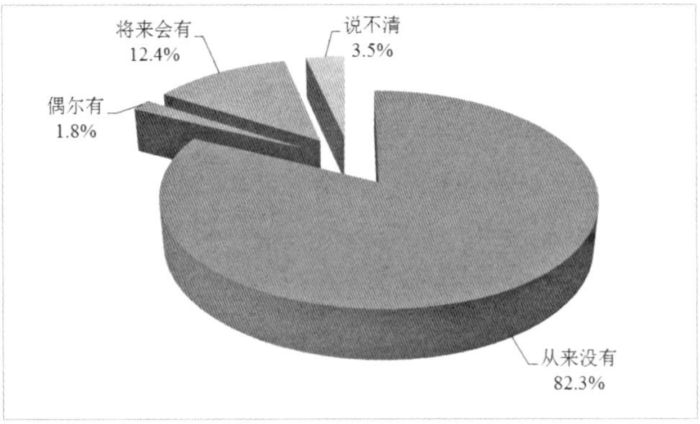
将来会有
12.4%
说不清
3.5%
偶尔有
1.8%
从来没有
82.3%

七、林屋村问卷调查基本数据

A1. 您的性别：________。

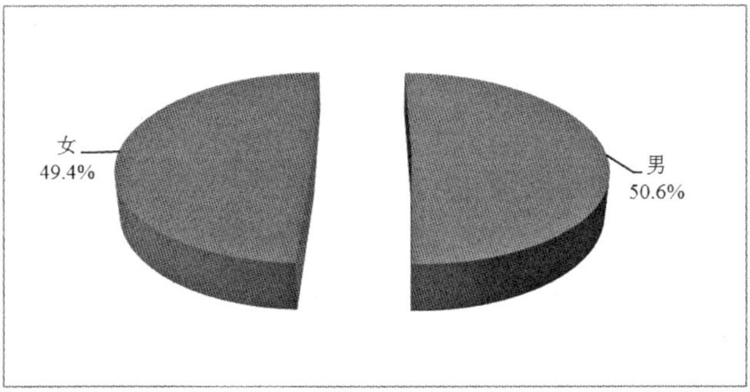

A2. 您现年多少周岁？________周岁。

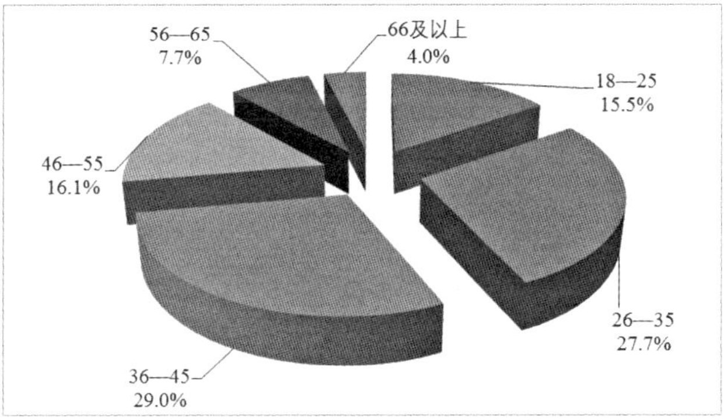

A3. 您当前的婚姻状况是________。

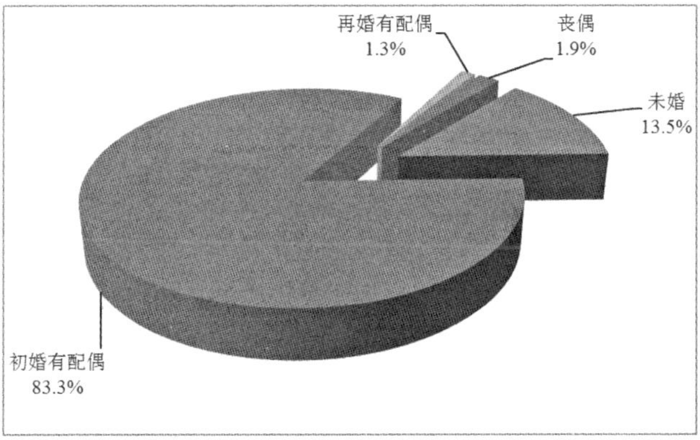

A4. 您的户口是________。

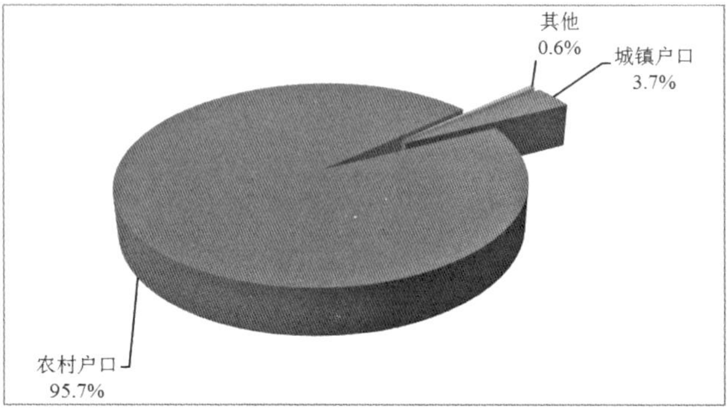

A5. 您的受教育程度是________。

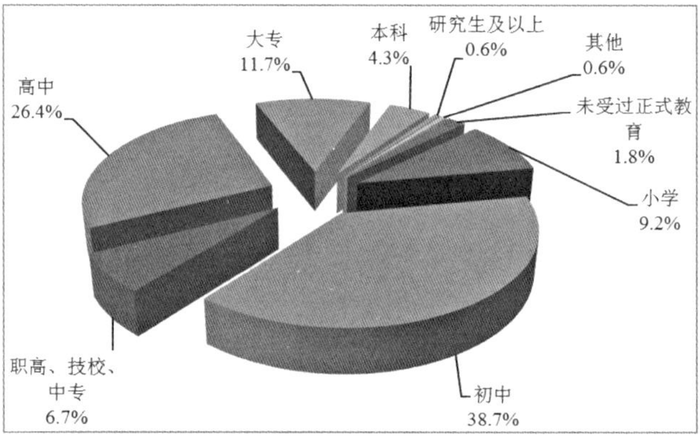

A6. 您的政治面貌是________。

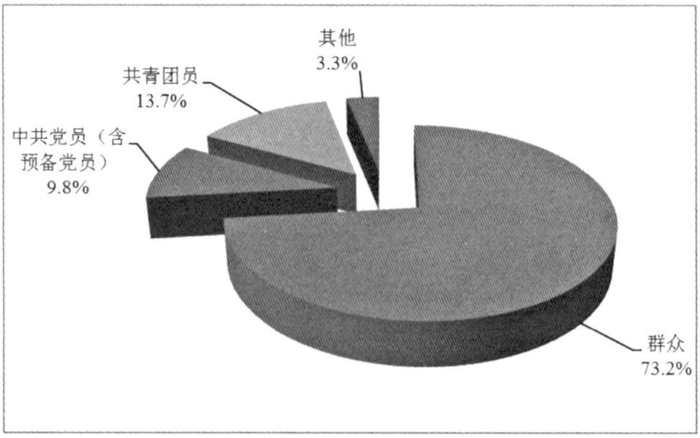

A7. 您的宗教信仰是________。

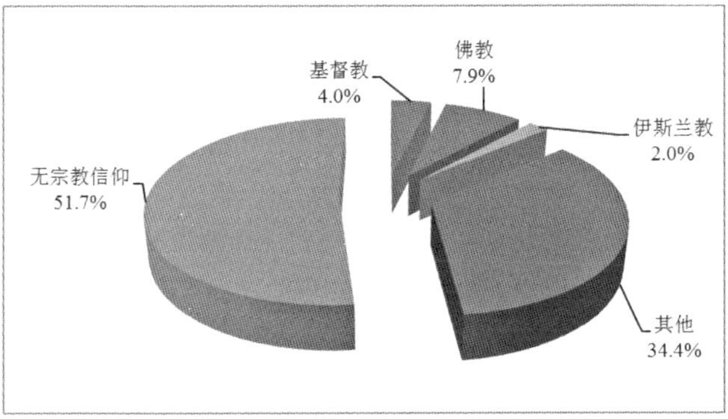

A8. 您的籍贯地在本地吗？

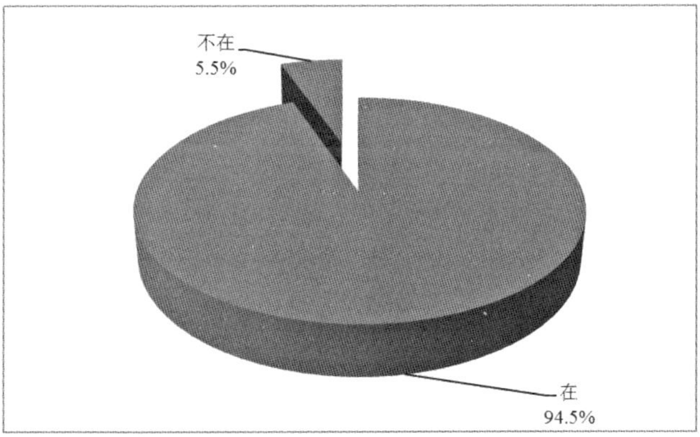

A9. 您的户口所在地在本地吗？

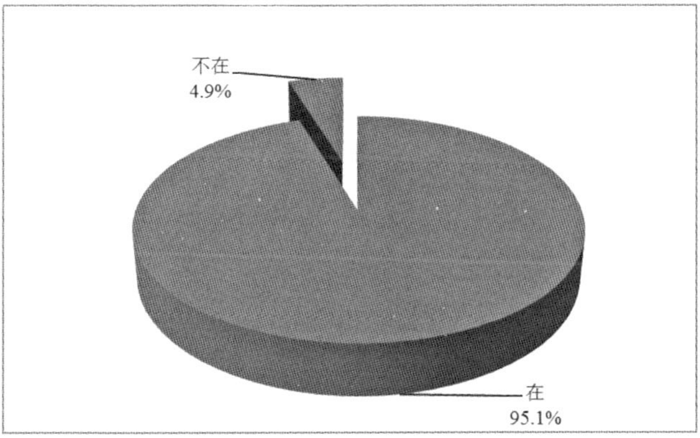

A10. 您目前的职业是________。

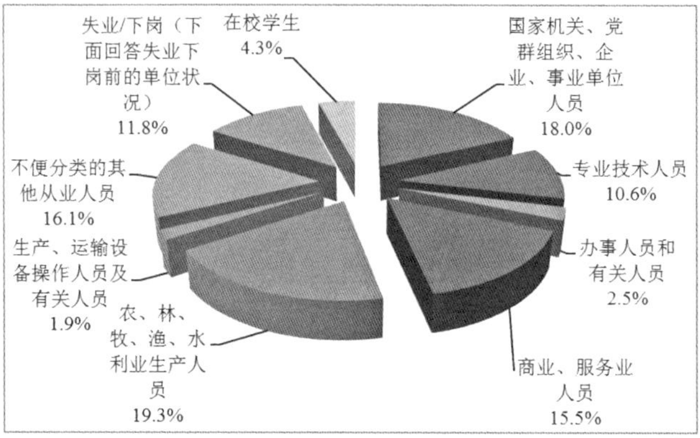

A11. 您去年全年的个人总收入大约在________。（单位：元）

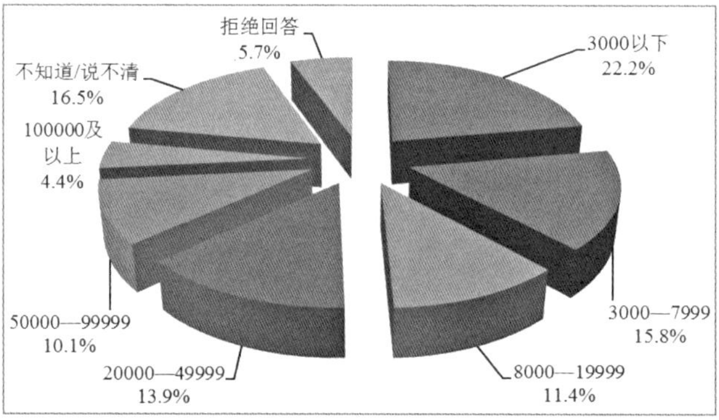

A12. 您今年全年的个人理想总收入大约是________。（单位：元）

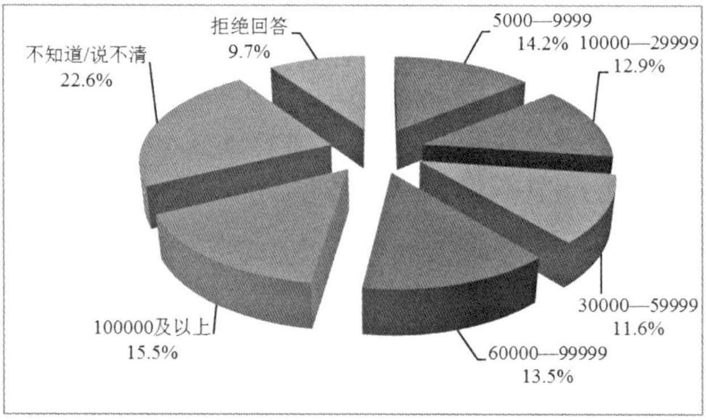

A13. 您家去年全年家庭各种收入大约在________。(单位：元)

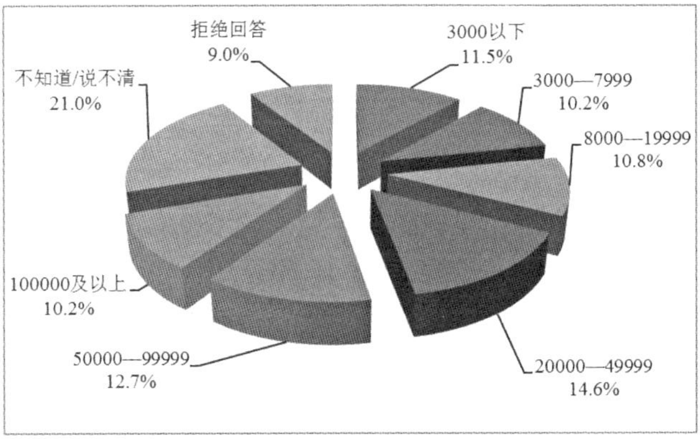

A14. 总的来说，您对目前家庭的收入水平是否满意？

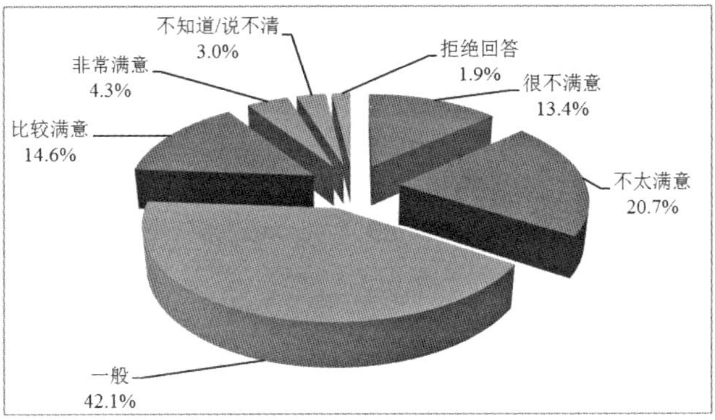

A15. 总的来说，您对自己的生活状况是否满意？

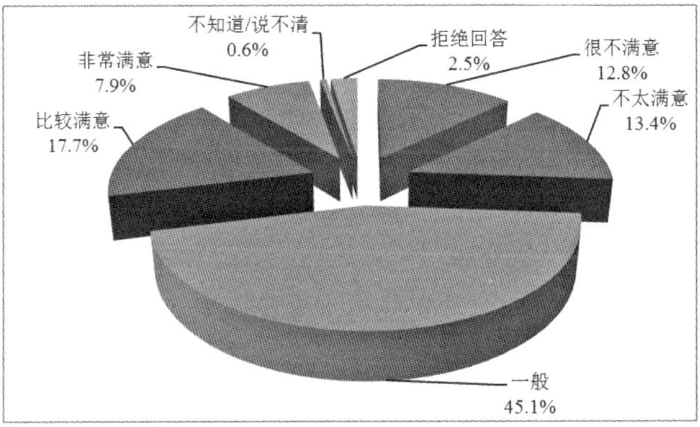

B1. 在下面的几种美德中，您认为哪个最为重要？

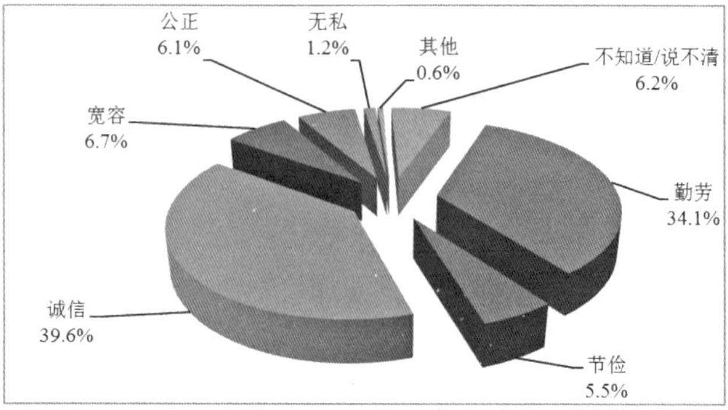

B2. 您与他人交往时最看重的是什么？

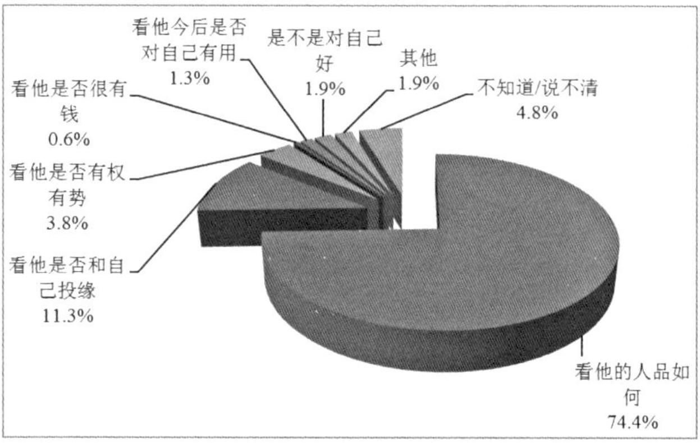

B3. 在现代社会，您认为个人成功最需要的是什么？

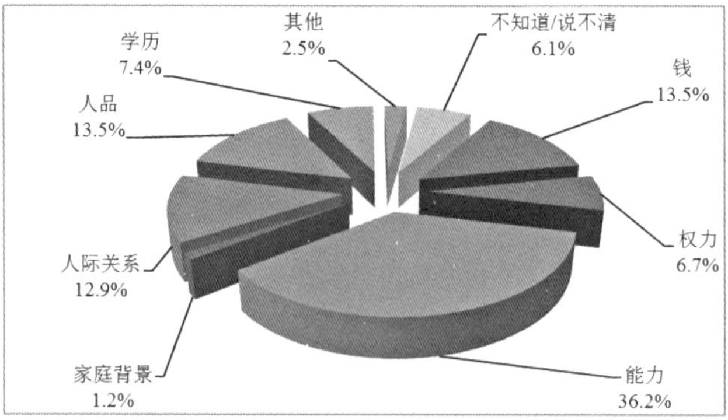

B4. 您认为这些年来，村里人变得如何？

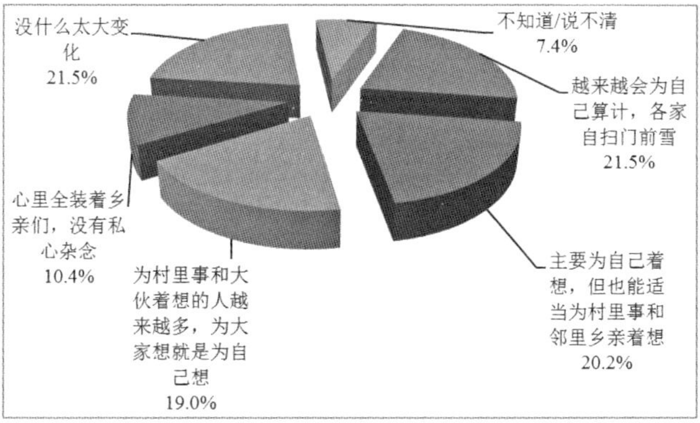

B5. 您对工作的基本态度是什么？

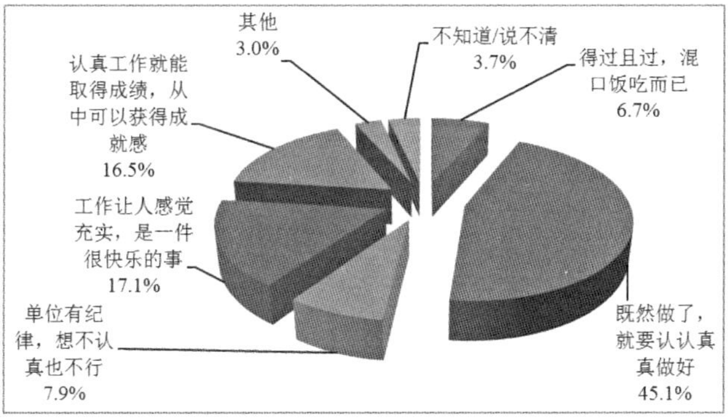

B6. 您选择工作时主要考虑的是什么？（最多选三项）

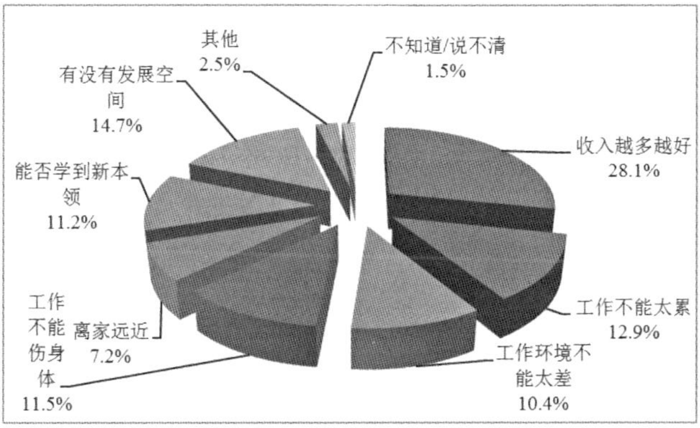

B7. 您认为最理想的职业是什么？（最多选三项）

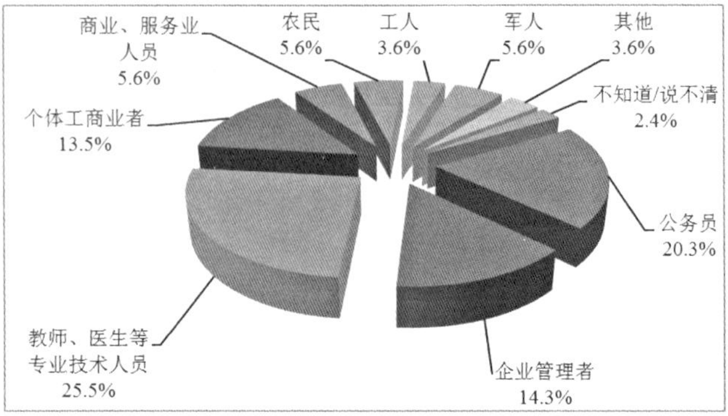

B8. 您觉得孩子读书有用吗？

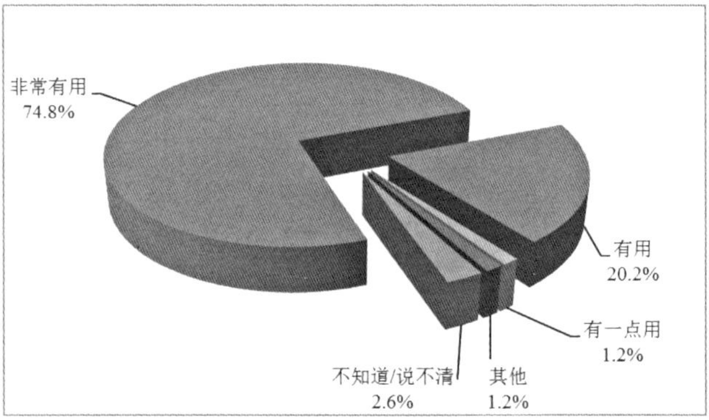

B9. 您打算继续在本村住下去吗？

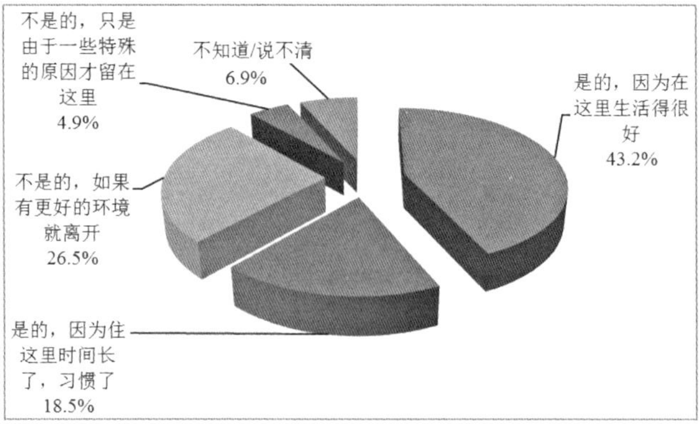

B10. 您平日里闲时都干些什么？（最多选三项）

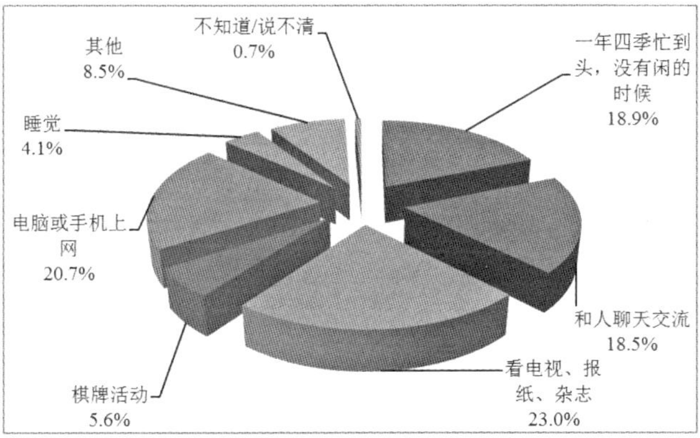

B11. 您在选择结婚对象时会主要考虑哪些因素？（最多选三项）

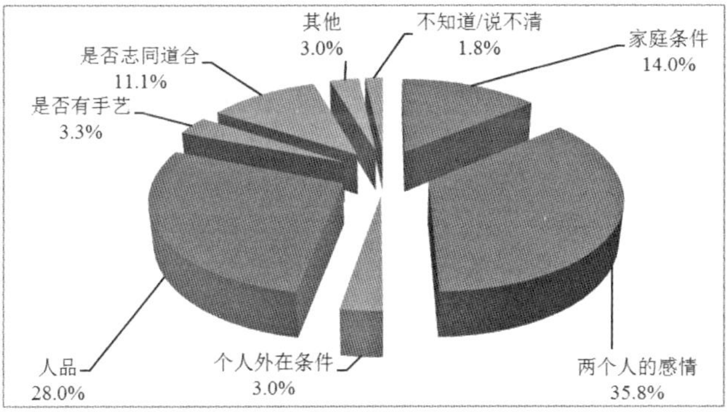

B12. 您认为恋爱结婚的主要目的是什么？

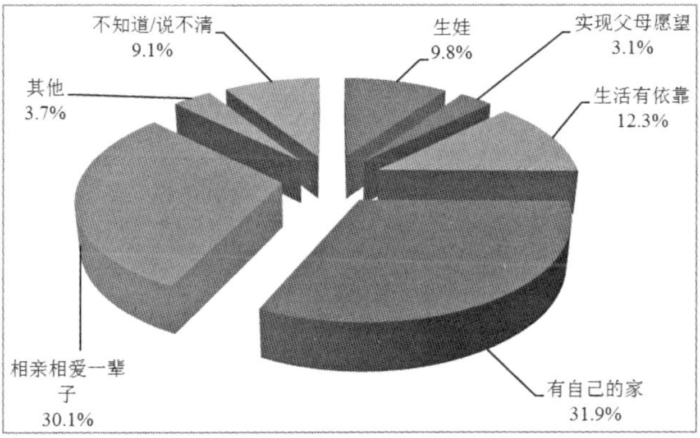

B13. 您认为影响夫妻感情的主要因素是哪些？（最多选三项）

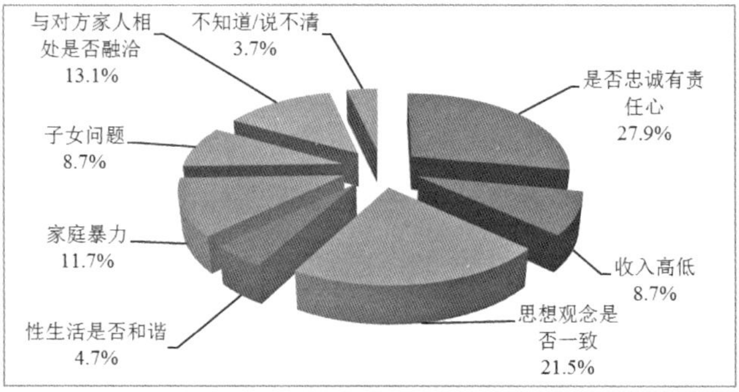

B14. 您认为理想的婚姻家庭是怎样的？（最多选三项）

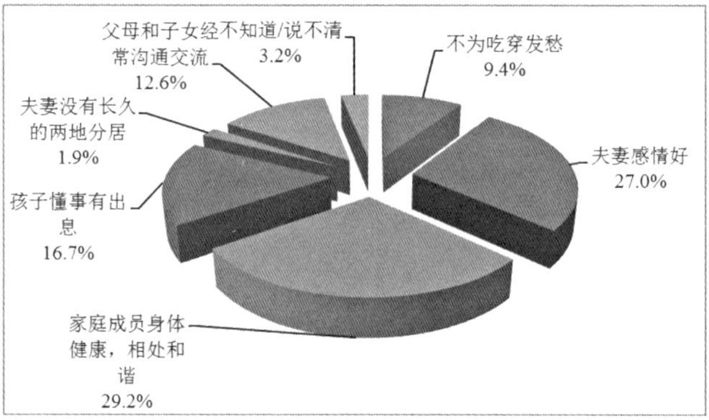

B15. 您如何看待婚前性行为？

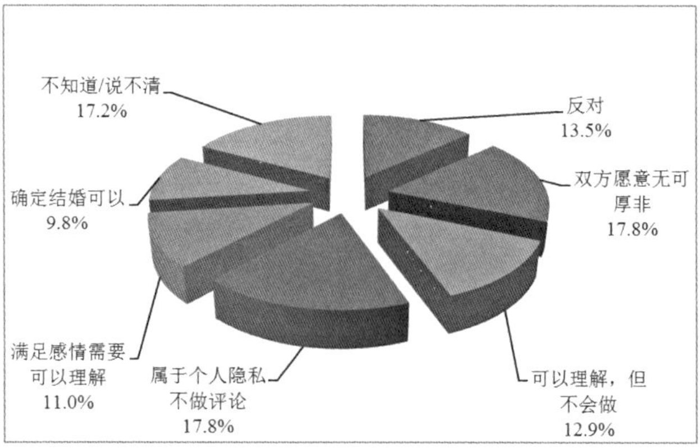

B16. 您如何看待婚外性行为?

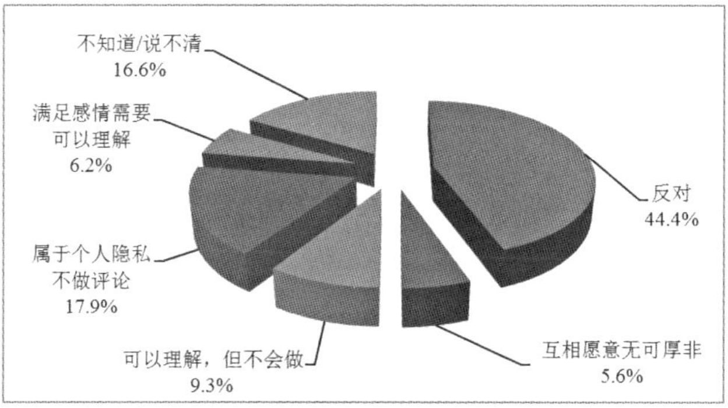

B17. 您认为生养孩子的首要目的是什么?

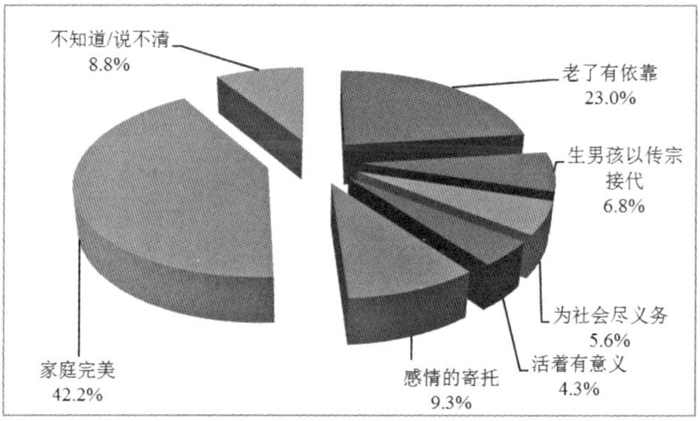

B18. 您认为农村小孩的家庭教育应重视哪些方面的内容?(最多选三项)

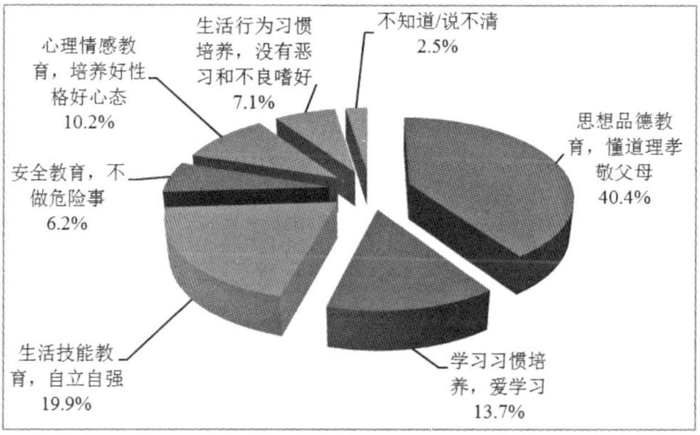

B19. 您觉得尽孝要做到哪些？（最多选三项）

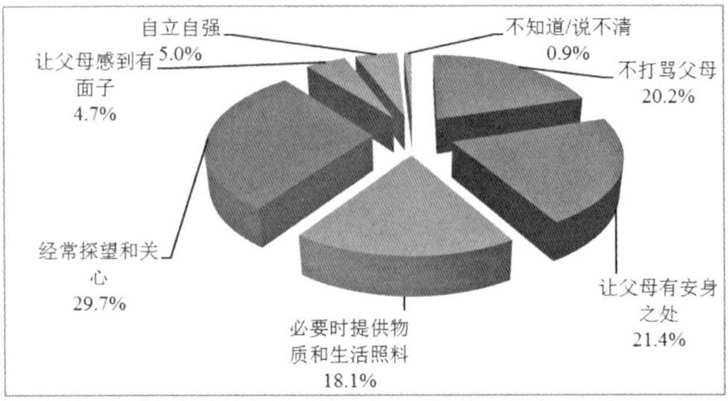

B20. 您家经济收入的主要来源有哪些？（最多选三项）

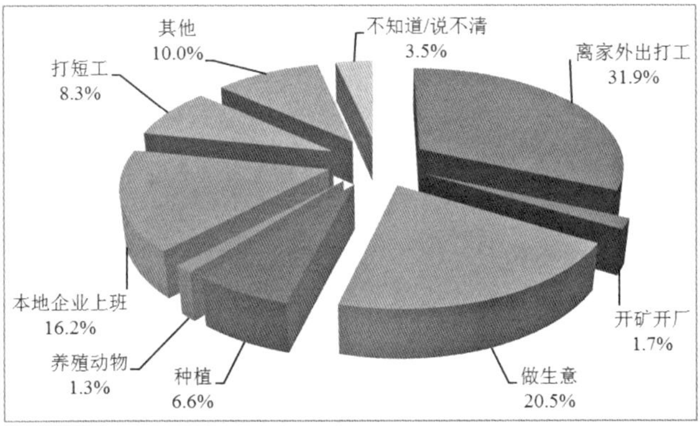

B21. 如果与他人发生了经济纠纷，您会怎么办？

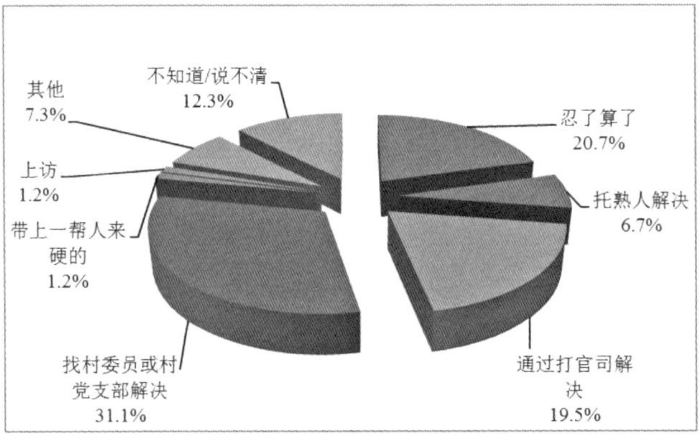

B22. 您家主要的经济支出是什么？（最多选三项）

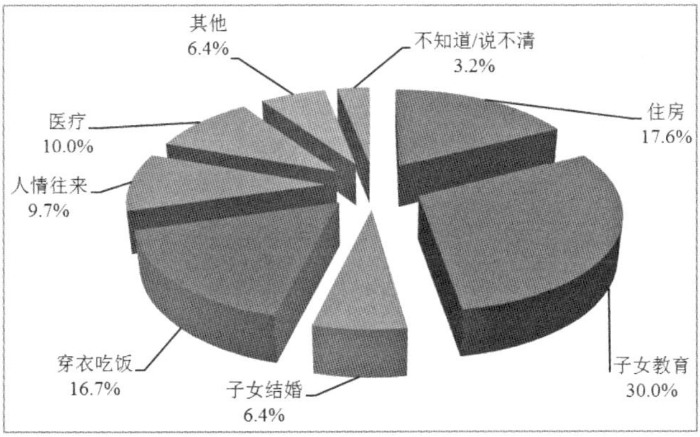

B23. 您对家庭支出的态度是怎样的？

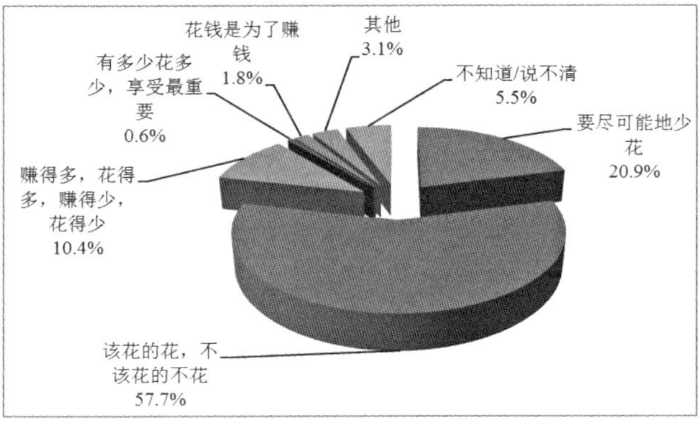

B24. 如果有可能赚钱的机会，您会如何做？

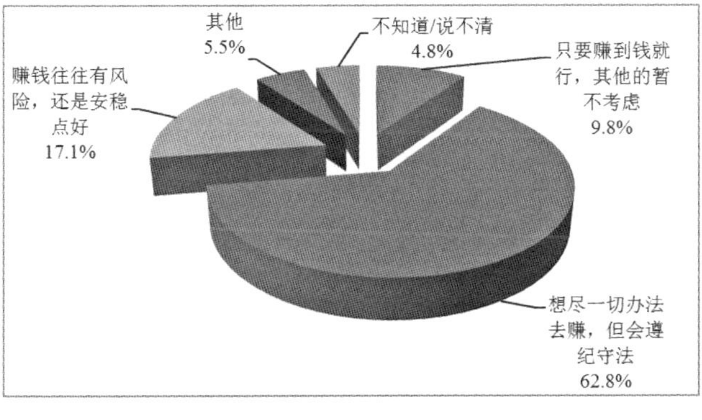

B25. 如果有人向您借一万元，您会借吗？

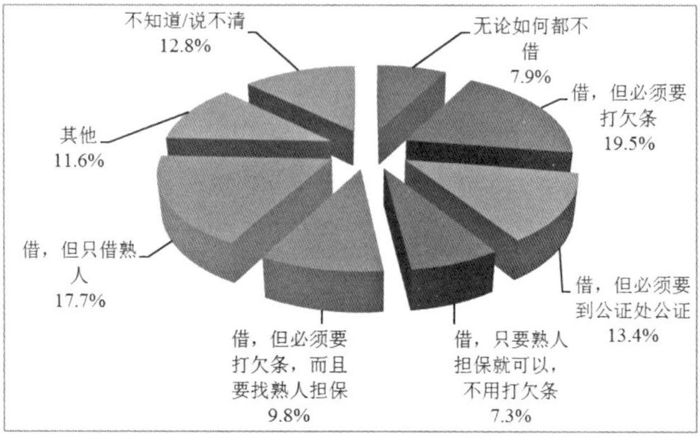

B26. 如果急需数目较大的一笔钱，您会怎么办？

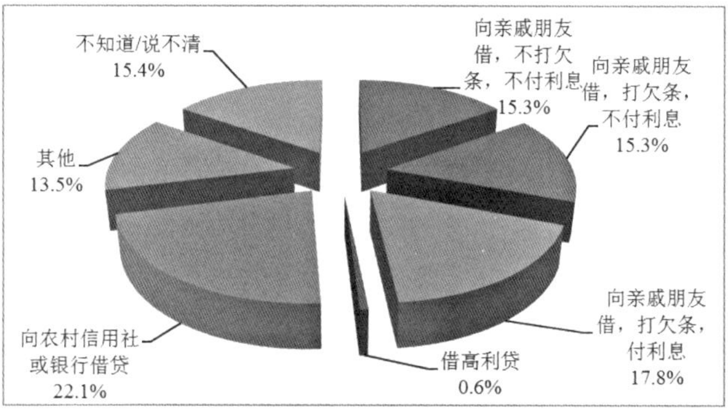

B27. 您对个人收入差距的看法是什么？

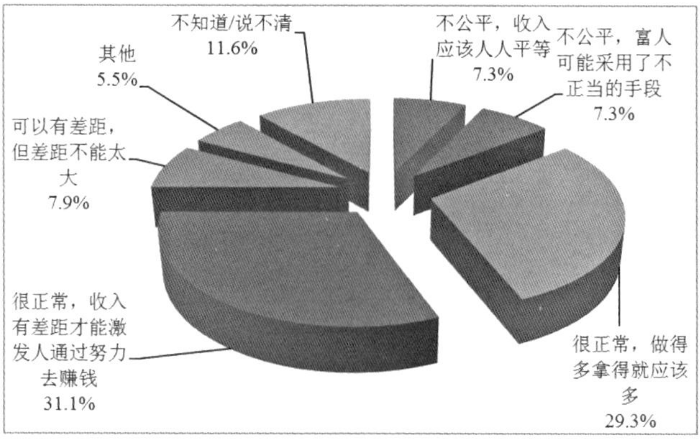

B28. 请问您种地的时候是否会大量使用农药和化肥？

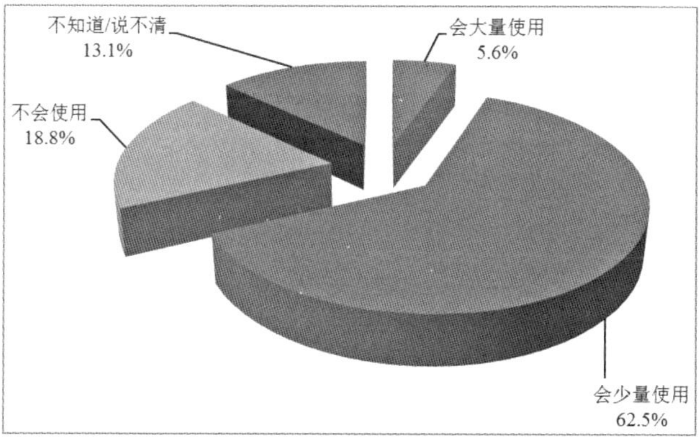

B29. 您在从事种地或养殖的时候是否会考虑环保、生态、健康等因素？

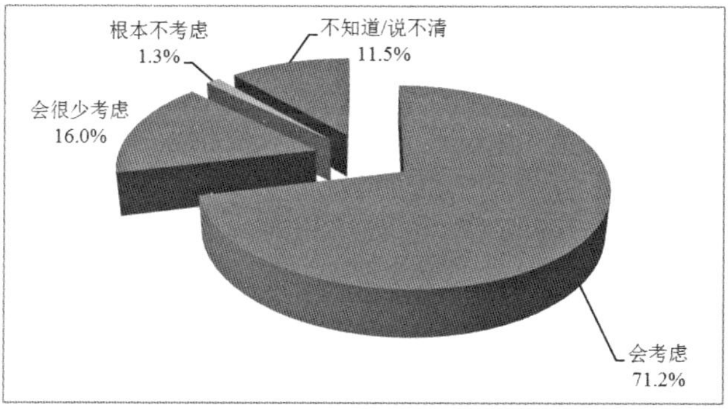

B30. 现在乡村是否有环保法规？

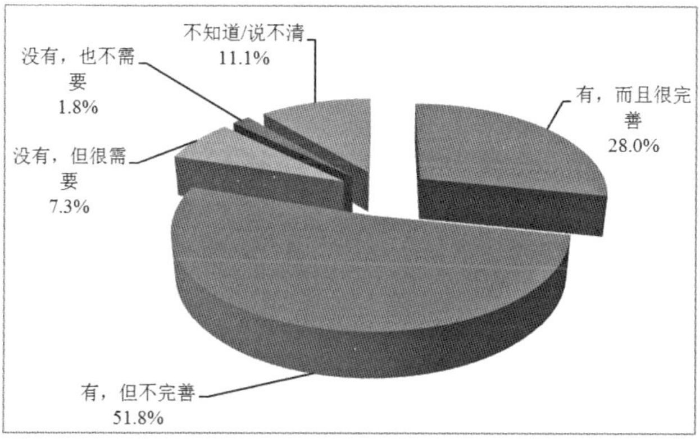

B31. 您认为环境保护和经济发展哪个更加重要？

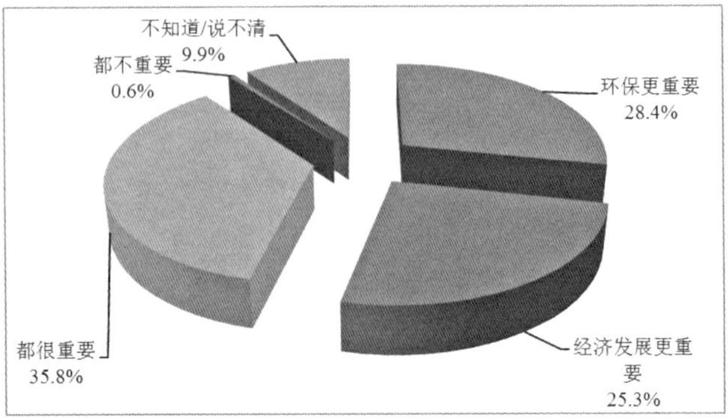

B32. 您认为可以通过建设美丽乡村（比如农家乐、有机食品等）实现致富吗？

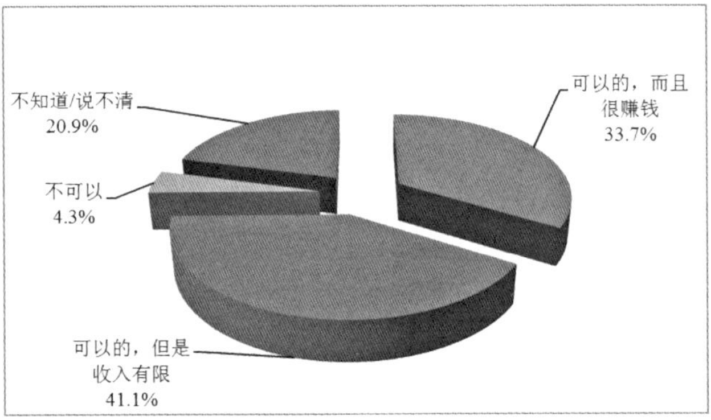

B33. 村里是否有关于环保的宣传？

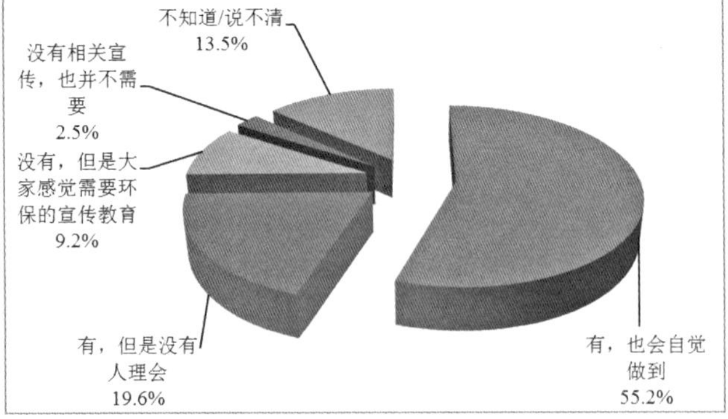

B34. 您能准确说出最近一次民主选举产生的村干部名字吗？

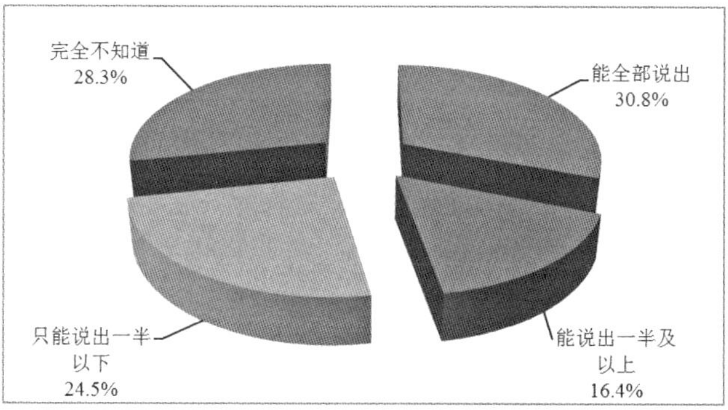

B35. 您主要通过哪些渠道了解村里的管理情况？

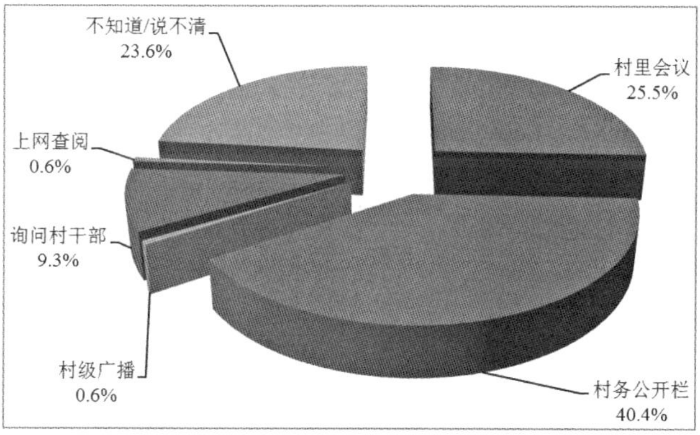

B36. 当村干部的决策损害您和大多数村民利益时，您通常会怎样？

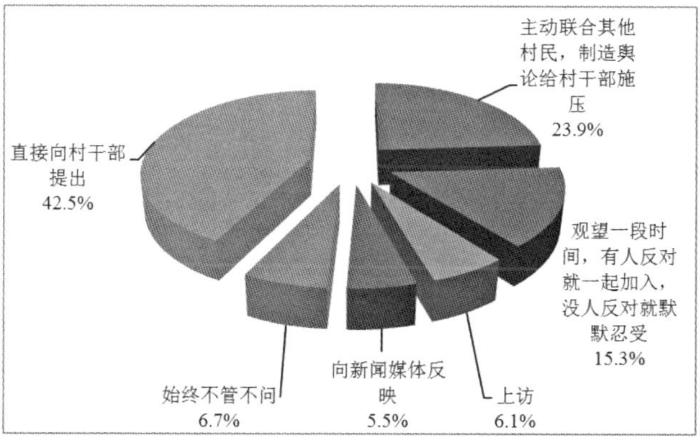

B37. 有关乡村发展的事情，你们村一般如何解决？

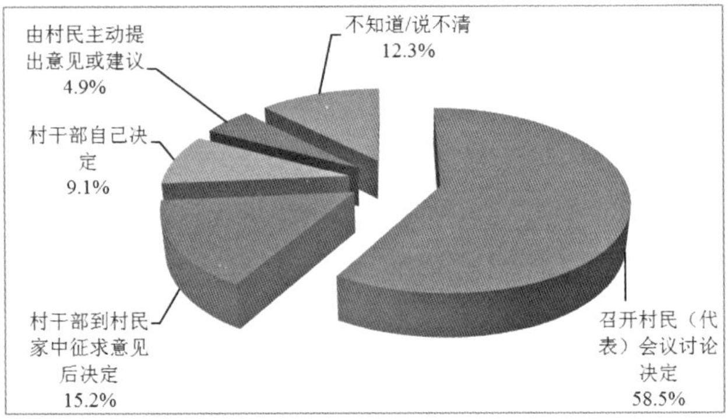

B38. 您认为在乡村日常事务中谁的影响力最大？

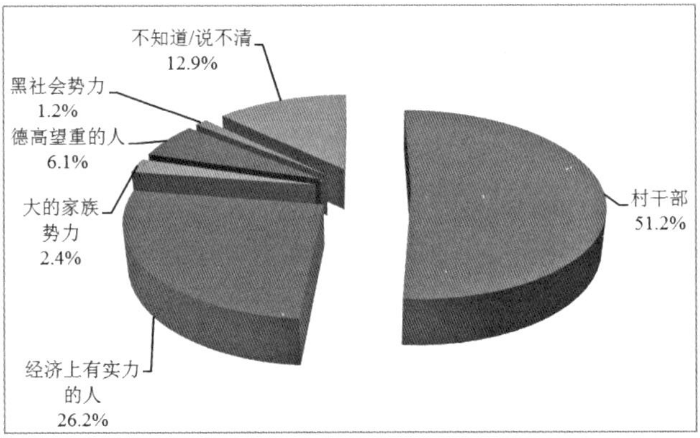

B39. 您认为一个好的村干部在哪个方面最重要？

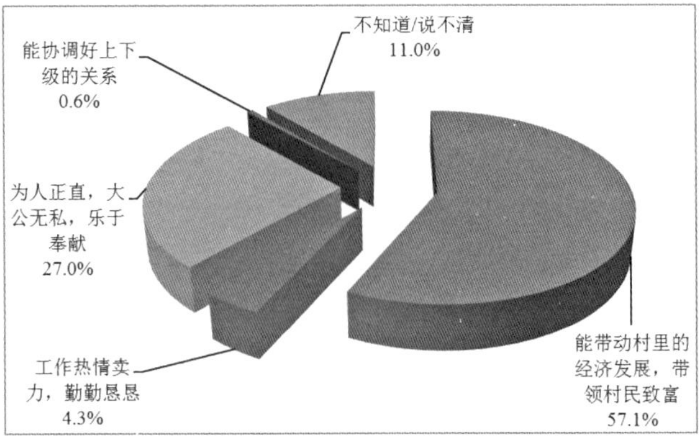

B40. 您认为国家三农政策在村庄得到落实了吗？

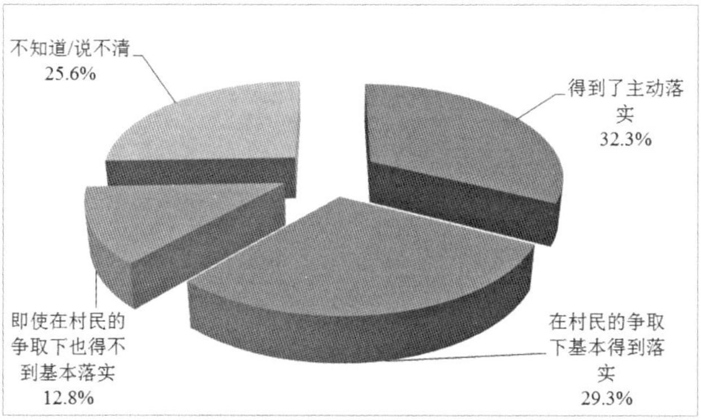

B41. 您村的村规民约对村民有约束力吗？

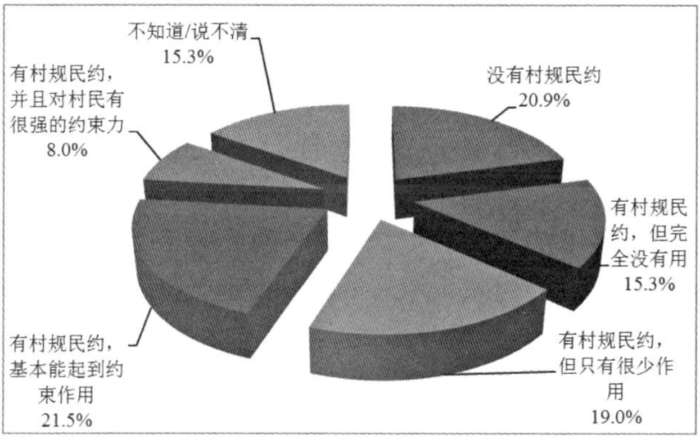

B42. 人们在社会生活中总要和不同的人打交道，下列成员，您在多大程度上信任他们？

（1）您在多大程度上信任家庭成员？

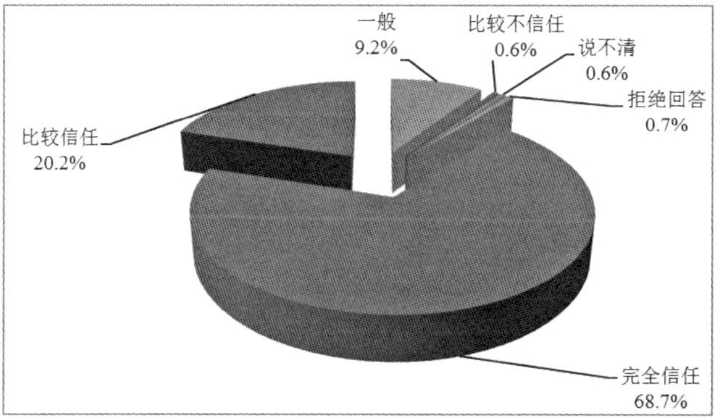

（2）您在多大程度上信任亲戚？

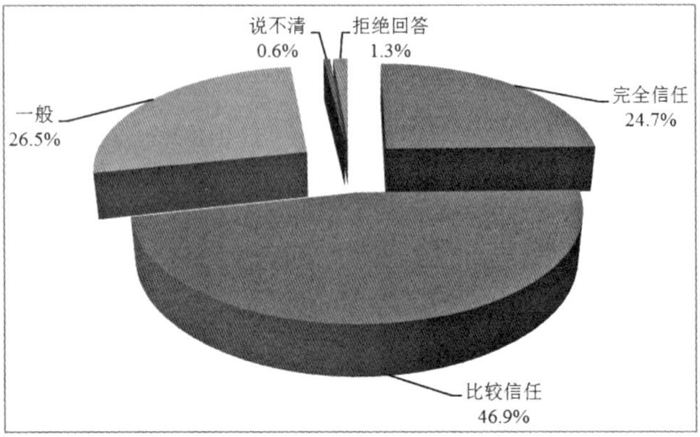

（3）您在多大程度上信任朋友？

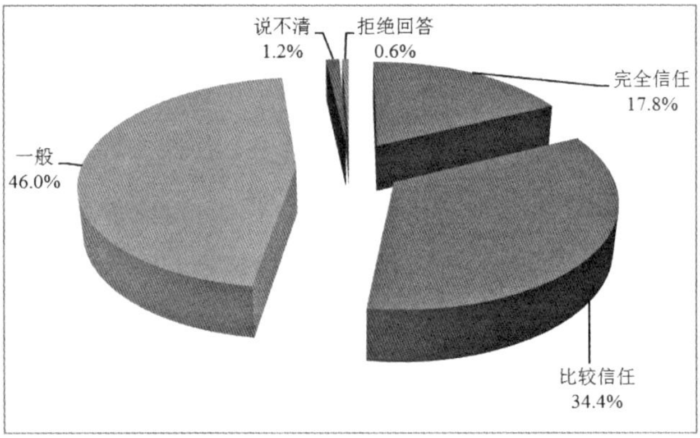

（4）您在多大程度上信任邻居？

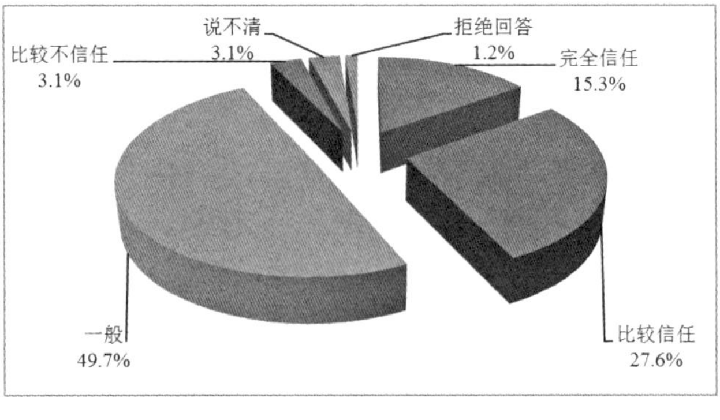

（5）您在多大程度上信任同事？

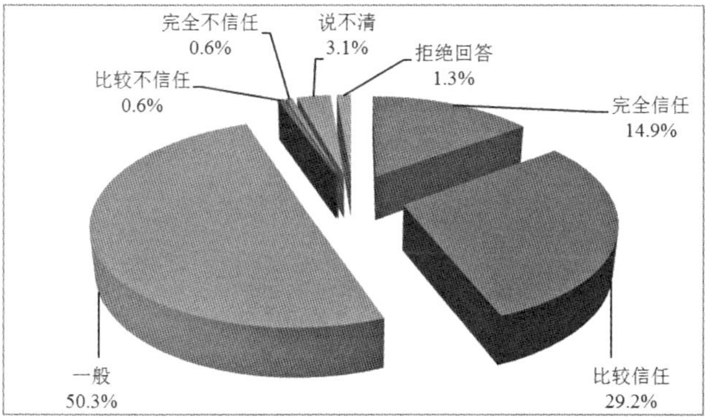

（6）您在多大程度上信任单位领导？

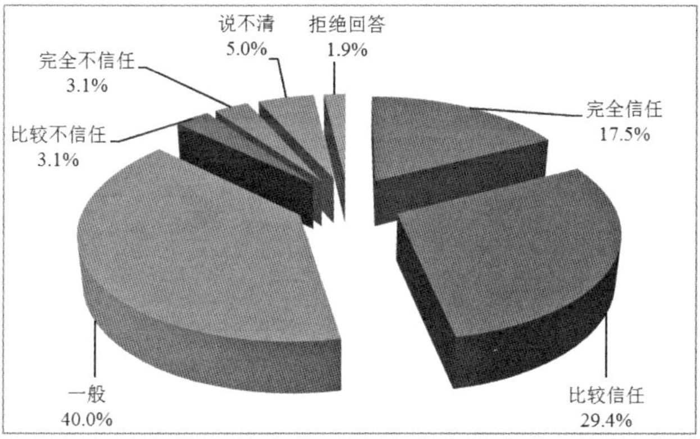

（7）您在多大程度上信任村长？

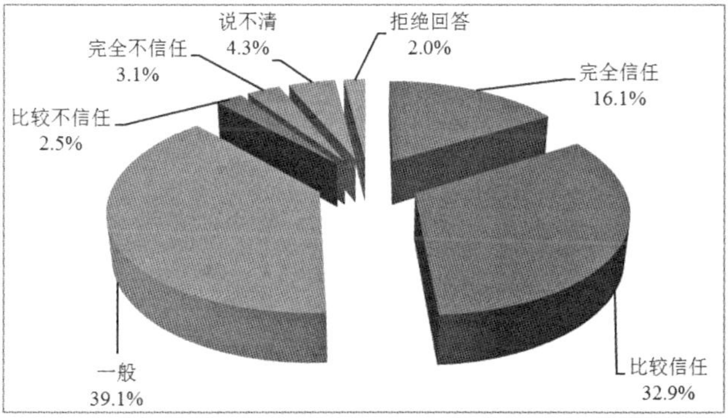

（8）您在多大程度上信任同村人？

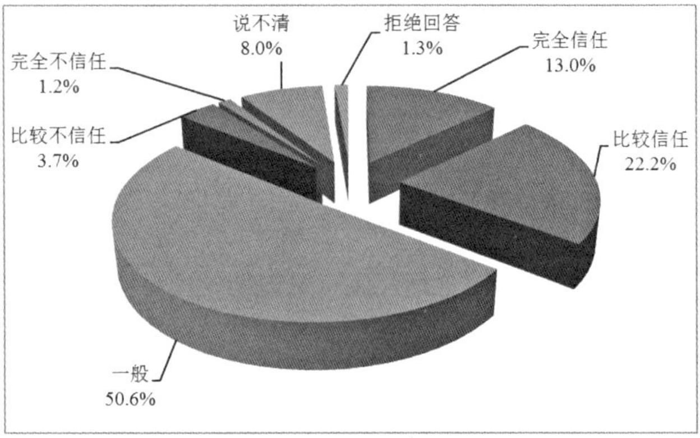

（9）您在多大程度上信任陌生人？

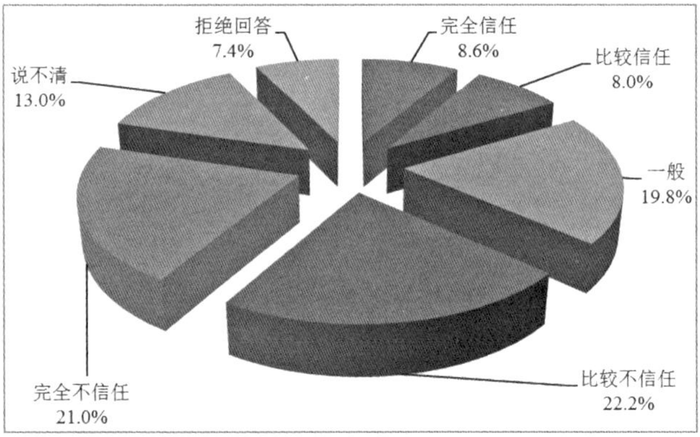

B43. 您是否有出村的经历？

（1）村外：

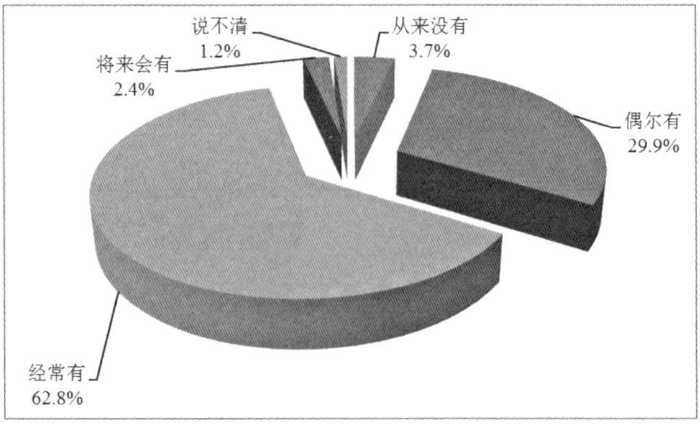

（2）镇外：

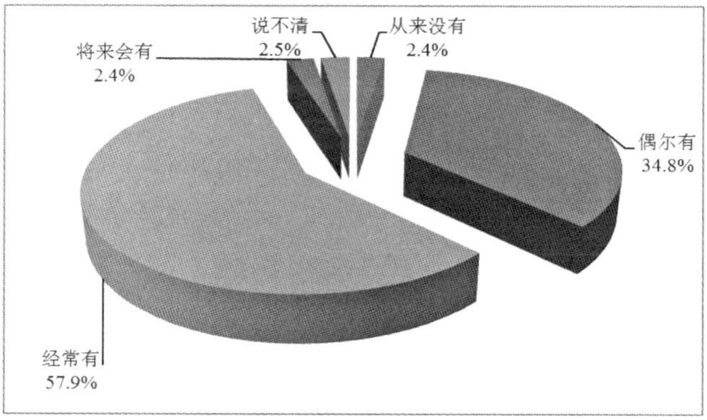
说不清
2.5%
从来没有
2.4%
将来会有
2.4%
偶尔有
34.8%
经常有
57.9%

（3）市外：

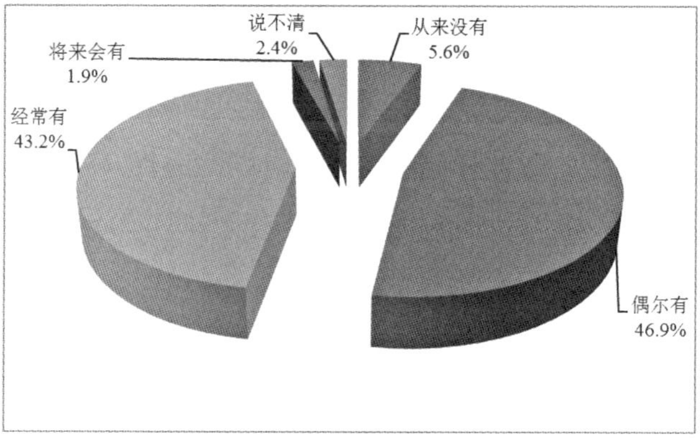
说不清
2.4%
从来没有
5.6%
将来会有
1.9%
经常有
43.2%
偶尔有
46.9%

（4）省外：

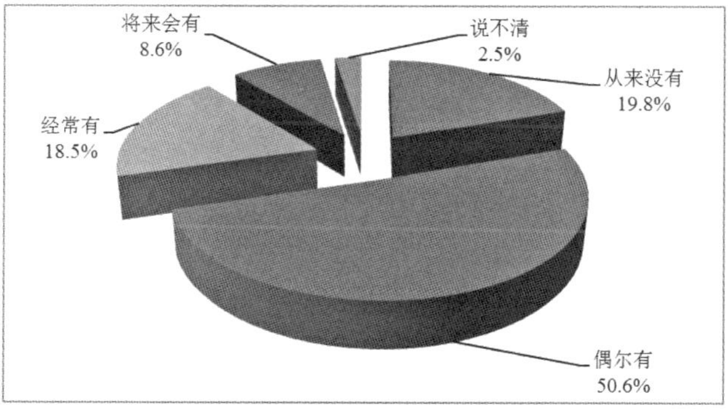
将来会有
8.6%
说不清
2.5%
从来没有
19.8%
经常有
18.5%
偶尔有
50.6%

（5）国外：

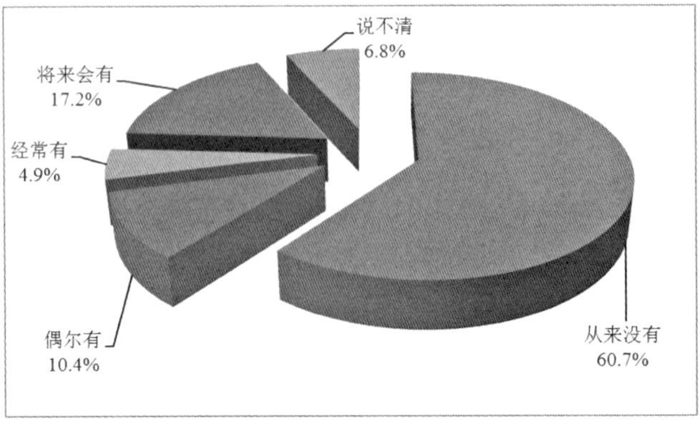

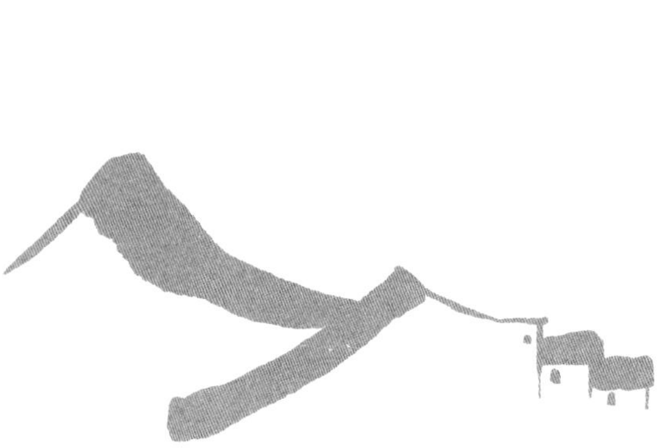

国家出版基金项目
NATIONAL PUBLICATION FOUNDATION
国家社科基金重大项目
“十四五”国家重点图书出版规划项目

中国乡村伦理研究丛书

王露璐 总主编

中国乡村道德调查

下卷

王露璐 等 著

南京师范大学出版社

下卷目录

第四章

访谈记录

一、西岭村村民的访谈记录(10 位)

访谈对象基本情况表

姓名	性别	年龄(周岁)	职业情况
HZM	男	20	湖南农业大学大学生
DSM	女	44	村委委员
FYJ	女	60	老支书夫人、原村妇女主任、计生专干
PTX	女	45	家庭妇女
LXH	男	42	乡镇基层公职人员
LH	男	43	村支书、"赤脚医生"
ZLH	女	46	小组代理组长、家庭妇女
LCG	男	37	致富能手
TSQ	女	55	家庭妇女
HJY	女	39	村支书夫人、"学生之家"负责人之一兼老师

访谈记录

1. 受访者:HZM,20 岁,湖南农业大学大学生

访谈时间:2017 年 7 月 9 日 10:10—11:00

访谈地点:西岭村村委会办公室

我家里六口人,爸爸、妈妈、弟弟和爷爷、奶奶。弟弟现在乡镇中学读初二,当年我也是在这里读完初中,然后在宜章一中读完高中。我是瑶族人,不过不会说瑶族话,基本上能听懂一点儿。我们家里挺和睦。我因为长期在外读书,对村子里情况了解有限,不过我个人感觉从小到大村里吵架的很少,家庭都还很和睦。过年、爷爷奶奶生日时都会回来。爸妈有兄弟姐妹各五个,相处都很好。我父母关系很和睦,偶尔也会拌拌嘴,不过没大问题,家里一切都好,家庭教育也挺好,父母最关心我们兄弟俩的学习,希望我们去外面走走,不

要在家上网、玩手机。在村里像我这样考上大学的不是很多，我们初中这一届都考上高中了，我们是重点班，都继续读书了，很多非重点班的读完初中就出去做事了。我高中也是读重点班，只是高考没考好。爸爸妈妈最关心的就是让我多看书、多学习，放假回来总是叫我做些家务，养成做家务的习惯。家里主要收入是爸爸妈妈赚钱，不靠种田。爸爸开小卖部，妈妈在餐馆做临时工，每年收入多少我不太知道，不过对此我没操过心，应该还是可以满足我们的教育和生活费用。弟弟读书也还行。爷爷奶奶和我们住在一起，但不一起吃饭，他们自己做饭。爷爷奶奶平时不做事，爸爸妈妈会给他们生活费，给多少我不知道，我回来经常与爷爷奶奶在一起。他们最关心我生活的事，会告诉我注意一些行为规范。村里重男轻女现象很少，没感受到农村有重男轻女现象，小时候有感觉，爷爷奶奶辈有，妈妈这辈没有。我爸爸那边男孩女孩都有，妈妈那边主要是男孩子。年轻人出去打工的很多，父母辈打工的很多。以前爸爸出外打工，妈妈在家打理，后来出了点儿事故爸爸就回来了。与那些爸爸妈妈不在身边的小孩相比，自己没感觉不一样。村子里没有养老院，个人感觉留守老人不多，我周围不多，其他的村子不太了解。我们这里多子女的，经常是有子女出去打工，也有子女留在当地照顾，老人和小孩总有人负责照顾着。

回过头看我们的村子，村里买东西不方便，买菜和生活用品不太方便，大多数村民家里没有 Wi-Fi，偶尔有几个村民家里有 Wi-Fi 的，他家周围就会有一排小孩蹭网玩手机。我们这里的农民有绿色意识，不吃外面养猪场的猪肉，也不经常用农药，吃不完的菜就拿去卖。在环境上，大家宁愿穷一点儿也不赞成引进有污染的企业。像我这么大的人以前随便去游泳，开了挖沙场后，就只能去渠里游，感觉水质差了点儿。村里卫生环境还行，改善了点儿。各村的人会比较注重村容整洁，村民会相互比较脏不脏，养殖会圈起来，蚊蝇基本上没有，晚上家里不用点蚊香。

村里选举投过一次票，委托妈妈投的，妈妈最喜欢政治，以前妈妈在宾馆工作过，受过一定培训，了解政策的重要性。爸爸妈妈对村里干部较为满意，没听过他们议论什么不好。村民之间家族纠纷只有过一次，吵架很少，打官司没听说过，有矛盾纠纷请村干部和德高望重的人调解下，相互妥协退让就解决了，村里风气挺好。

每年阴历十月十六日瑶族乡会轮流举办特色节日盘王节，印象中莽山举办过两次。瑶族与汉族相比没什么特殊的，有些村子平时交流还是用瑶族话。爸爸妈妈会教我们一些传统的好品德，他们认可传统的优秀文化，会教育我们注意自己的坐躺姿势。我和爸爸妈妈与爷爷奶奶存在代沟，主要在饮食习惯上，比如爷爷奶奶习惯开水泡饭，我们就不习惯吃，煮菜口味也不一样，这些差异也不是大问题。我平时一两周给家里打次电话，主要就是问候下，电话里说得不多。我毕业后希望去企业，父母支持我的选择。现在乡村里最能挣钱的就是跑运输、开酒店和小旅馆，我最喜欢的是根据自己专业找事做，工资足够，还有点儿空闲。暑假去做暑假工，在本地做服务员，一个月赚 1 000 元多一点点，爸爸妈妈要求我们不要去做非法的事。我们村没有吸毒的，县城有，乡镇有两个，我们乡还是比较淳朴。

旅游、跑运输、打工是我们这里村民的主要谋生方式。村里农家乐很多，也有养黑豚的。农家乐可以带动就业，增加收入。旅游也可以带动就业，增加收入。工资虽然低，也还可以。有些妇女直接去酒店找工作，年轻人现在大部分都留在当地，而大学生大学毕业后一般不会回来。农家乐的不良影响还没感觉出来。

村里孩子与城里孩子还是有差距，城里孩子懂的东西多，尤其英语发音差别明显。城里孩子特长多，农村孩子没有什么特长，没报过兴趣特长班。与城里比，农村孩子的教育资源不足，不喜欢问，成绩好的太少。我们村里我这届有三个读本科，还有不少人读了五年制大专。我读大学就是想比别人厉害点儿，村里有个人我特别崇拜，就想和他一样厉害。我妈妈当过老师，小时候总是教我背诗词。我小学成绩特好，怕被爸爸妈妈说成绩下降，就一直保持吧。我希望弟弟学好英语，他英语不好。村里存在婚前同居的情况，村民对没举行婚礼就住在一起的行为习以为常。村里婚外恋很少。我们这里民风较为淳朴，村子与村子之间和谐相处，我的同学对这里评价很高。家里有冰箱、洗衣机等，这方面还好。我们这里有山泉水引过来，搞个小池子，也有自来水。不好的变化就是一些年轻人学会了抽烟，现在小朋友都在玩手机，与自然接触不多，现在喝山泉水少。最希望家里添一个 Wi-Fi，改善网络通信情况。

2. 受访者：DSM，44 岁，村委委员

访谈时间：2017 年 7 月 9 日 10：20—11：10

访谈地点：西岭村村委会办公室

现在我们村的社会风气较之以前有所好转，村民之间相处和气，骂大街的现象几乎没有，村民之间能够相互帮助。

在婚姻家庭方面，我们这里娶媳妇花费不多，瑶族习俗女方不要彩礼，主要看重人品，费用两三万元。这里婚前同居的很少，如果是本村的嫁给本地人，按照瑶族的习俗经过一定的仪式之后，就可以住到一起。婚外情也很少，农村中谁如果传出婚外情，名声会很不好，舆论压力较大。偶尔也有一两个，主要原因是在外打工，夫妻长期分离，住在村里的婚外情是没有的。要不要离婚主要是考虑对小孩子的影响，一般不会考虑离婚，老人再婚现象很少，除非是丧偶的，大多数老人都跟儿女住在一起。瑶族生男孩和女孩一样，个别还有只要女孩的，不要男孩的，这里很少存在性别歧视。这里村民家庭里吵架打架、虐待老人的很少，大家都不吵架。在家庭中，儿女还是比较孝顺，夫妻和谐，兄弟和睦和气。农村家庭的主要问题就是出去打工之后对家庭，尤其是夫妻关系会带来不良影响。村里养老做得还不错，政府对 60 岁以上的老人每月补贴 58 块钱，大多数老人跟自己的儿子住在一起，不少有劳动能力的还是要出去做事。没有老人没饭吃，没房子住的。儿女结婚后与父母同住的还不少，活儿一起干，吃饭时不在一起。我家老人自己吃，费用都是我们出。我自己比较爱玩，喜欢跳广场舞，希望自己年龄大了以后，有自己的空间，能够旅旅游，到处走走，丰富自己的生活，关键是自己还是要有能力让自己过得好一点儿。儿子有需要帮忙带下孩子，也会帮他们带下，希望老年时儿子能够提供点儿经济支持，逢年过节多关心照顾点儿。在养老方面，希望政府给的养老金多一点儿，设立专门的机构帮忙照顾年龄较大的老人。我家两个七八十岁的老人在家，不管我家老公有几个兄弟，需要留着一个人照看，像我老公就只能留在家里。

小孩教育存在的问题是学习习惯不好，主要是玩手机，学校抓得紧还好，大多数（小孩）[①]回到家就是玩手机。我家孩子也是这样，大儿子 20 岁在读大

① 括号内文字为整理者所加，以方便读者更好地理解访谈内容。下文中如无特别说明皆同此情况。

学，小儿子14岁读初一，他俩都喜欢玩手机。希望政府和社会能给他们提供更多的适合他们年龄的文化活动和书籍，为他们提供体育锻炼方面的场所和器械，这样有利于增强孩子的体质。我们这里的年轻人一般出去打工，这几年妇女出去的也不少，夫妻两个都出去了，小孩留给老人带。小孩子太小留守不好。老人教育小孩，体力方面的还可以，如接送小孩上学没问题，其他方面就能力有限，顾不上了。

我们这里是山田，大家都种茶，我也种了茶叶，种茶的收入可以应付小孩子读书和家里开支。家里收入主要靠种茶，有时候打点儿工，每年收入四五万块钱，老公有残疾，在家里开个小卖部，卖点儿小零食，家里开支还可以保障。现在国家政策好，儿子上大学，申请点儿助学贷款，压力不是很大。我们这里茶好，高山茶、春茶卖得好，我从2007年开始种茶，收入还可以。我们这里是旅游区，也正在搞瑶族风情街，到那时希望搞个门面卖点儿特产。依靠旅游产业，即使赚得少点儿也不想出去打工。现在开销主要是儿子的教育费、生活费，压力也是教育方面的问题。人情往来负担不是很大，都是自家兄弟姐妹，人情往来费用多一点儿也无所谓。现在最想把自己的生意做好，把茶种好，诚实合法经营，不做违法犯罪的事。做生意的时候大家还都是和和气气，相互信任，短斤短两的情况很少，食品安全没有问题。年轻人的观念和我们不一样，他们平时不注意思想教育，所以要加强对他们这方面的教育。这里特别需要有头脑的人带动村民一起发家致富，村里的主要干部都是致富好能手。我们的村支书是一个医生，依靠合作医疗致富，村主任依靠养蜂产蜜，另一个主任是靠卖特产，搞得也好。他们的收入都是农村中较高的。

旅游发展起来后，垃圾是个大问题，现在还好，已经开始解决这个问题了，村里建立了好几个垃圾场，村民的环保意识也在增强。希望我们这里经济发展的同时美景也能保留下来。我们这里的农产品都是绿色产品，化肥放得很少，要用也是买有机肥。运输还比较顺畅，不少村民养猪、养鹅，H老师养的猪肉质好。我们这里都是散养，把食物撒出去就可以，没多少技术要求，鸡鸭生病的很少。关于农家乐这个问题怎么说呢，从2015年开始，路修好后本来便于开展旅游产业，但是不准我们搞，修车、小饭店都不准许搞，大家感到很委屈。其实做这些不会影响环境，不会污染水资源，我们这都是山泉水。希望政府在这些方面给予我们更多支持，多留年轻人在家里，提供更多发展平台。

这里村民选举比较公平公正，村民大多积极参与，我就是他们选举出来的。大家看着你热心、心态好、愿意为村民做些事情就会选你当村干部。老百姓都比较认可村干部，没听说群众不满意村干部的。我们村干部一上任，就进行环村道路改造，现在已经接近收尾了。干部之间比较团结，遇到村民矛盾纠纷或者其他事情，先在村里讨论解决，调解不了再寻求乡政府帮助，没有打官司的。希望村庄能更好地解决垃圾问题，希望政府能够多帮助我们。

总之，现在（解决）我们的环境问题、发展问题最重要。工作机会问题、家庭教育问题、孩子习惯教育和文化资源建设问题、村里文化建设问题以及出去打工和求学的年轻人的情感婚姻问题都需要重视。

3. 受访者：FYJ，60 岁，老支书夫人、原村妇女主任、计生专干

访谈时间：2017 年 7 月 9 日 11：10—12：10

访谈地点：西岭村村委会办公室

我有三个孩子，大的是儿子，1982 年生了大女儿，因为要上班，就上了环。之后又意外怀孕，1987 年又生了小女儿。我对我现在的家庭很满意，感觉很幸福。儿女全都结婚了，小女儿在宜章，女婿在乡政府，儿子在村里的温泉酒店做事，大女儿在黄沙镇，都住在附近。我有一个孙子一个孙女，现在我和儿子住在一起。我儿子 2012 年就去打工，先在乡政府包食堂，后来儿子儿媳妇都在温泉酒店上班，儿子是电工，偶尔也搞些水电，他们勤劳孝顺。我们两个老的主要是种点儿茶，卖茶赚的钱我们自己要，一年茶叶收入有两三万元。我家茶叶全是在土特产店卖，以前土特产店每年收入有五六万元。女儿女婿很好，亲家们对我的儿子女儿都很满意，别人都很羡慕他们的家庭。

说到教育，我教育孩子有土办法。我经常告诉他们："养大你们不容易，不要搬弄别人的大小事情，不要去摸别人的东西，看到熟人要打招呼，对老人要尊敬，不要随便接受别人的东西，在吃的穿的方面不要跟别人比。"我孙子从来不会要一分钱，从来不买零食吃。以前家里穷，1980 年我生儿子时油都吃不上。1983 年我家买了压面机加工米粉，加工费每斤一角钱，很难做下去。之后就买豆子回来加工豆腐，一槽豆腐可以赚几十块钱。加工豆腐很辛苦，（20 世

纪)90 年代去河里挑河沙,去河坝淘河沙,这样养家的,合理合法的都做,强盗不做,我们只是靠勤劳养家赚钱,儿子女儿都能认识到这一点。

我对儿子儿媳比较满意,和儿子住一起我没帮他们做事,他们倒帮我们做。我喜欢跳广场舞,晚上吃完晚饭我就去跳广场舞,(跳完)回去洗澡洗头,儿媳早上 6 点钟起床就帮我们把衣服洗好。她 8 点钟上班,还帮我做事。饭菜是儿子做,儿子做早餐、中餐,我有腰椎间盘突出,他们不要我做家务。儿媳从来不怨我们,一般事情我们不做,只有茶叶要摘的时候,儿子儿媳妇没时间,我忙不过来的时候,就会给点儿费用请人摘。我们这里大部分人家种茶叶,打工也有但不是很多,进厂也多。侄儿媳妇在家具厂,一年可以赚到八万到十万元,奖金可以拿到两万。现在种地赚不了钱,水稻只种一季。现在我家土特产店、饭店都已停业,儿子儿媳妇都去打工了。我自己没存多少钱,钱都建房子了,还借了一些钱。

这里老人还是跟儿子住在一起。村里只有女儿的老人还是当作“五保户”,乡里敬老院不用交钱,管吃管住,村里没有老人去。不愿意去的老人,靠亲属、靠亲戚都可以养老。如果不能动,还是希望儿子养。儿子娶媳妇时彩礼不高,这几年也不高,不会要多少彩礼钱。我儿子娶媳妇只给了八千块,她的嫁妆也差不多,用掉了。不存在因为彩礼吵架的事,都是凭家里能力。也有的父母害怕别人家怠慢女儿,男方家里穷,会要一点儿,如果婚后没问题,就会还回来,这里没有利用嫁女儿赚钱的。我的大女儿结婚时只有三千元彩礼,置办嫁妆还不够。我小女儿(出嫁时)我一分钱不要,小女婿要给点儿辛苦钱,我不要,最后给了我五千元,过门时我一人一个红包,给回去了。我老头儿从来不管儿女,都是我管。村里像我家这样和睦的很少。我儿子煮好饭,都会打电话给我说:“妈妈,你回来吃饭。”有时我出去打牌,儿媳在家煮饭,煮好后她打电话问我在哪里打牌,说要顶替我让我回去吃饭,好多人羡慕我。我从不与儿媳妇吵,儿媳妇也不跟我吵,那么好的儿子儿媳,很难找到的,我得珍惜。村里好多婆媳关系不好,关系好的也有,这里有个 LYY,她的奶娘现在不在了。那些家里关系不好的,主要是因为大家想法不一样。我就不同,婆媳关系需要包容理解,饭菜煮得不好我不会抱怨。其实婆媳都有相互磨合的问题,像我儿媳妇煮菜喜欢炒菜,不放水,那个吃着不好,火气重,我就告诉她:“你这菜不能这样煮了，我吃了心脏不好受。”她说下次就不这样做了。你说话好声好气，她就注意，如果厉声厉气，她就受不了。村里的矛盾纠纷主要是语言方面的，还是沟通方式存在问题。

现在未婚同居的人很少，一般是别人介绍，双方愿意就把手续办了，就住一起了。现在村里离婚的只有一家。他们家有两个儿子，男的经常出去外地打工，心眼儿小，女的去赶圩子，坐一个男人的摩托车，只要她一坐摩托车，就有人告状，男人就回来指责她又跟别人坐摩托车，男的疑心太重，很小气，女的受不了，就走了。其实没什么，离婚这么多年女的也没嫁，男的也没再找，两个人一人一个儿子。我觉得离婚没必要，最后还是小孩可怜，农村离婚少。我们这里有个林管局，经常有人离婚，以前还有三角恋。

瑶族和汉族一样都有一些传统的家庭美德要求，瑶族也讲孝顺，隔壁老汉四个儿子全在外地打工，他过生日四个儿子都从外地赶回来，瑶族很看重过生日，汉族可能还做不到。汉族和瑶族没多大区别，看不出来。我们村里也有留守老人，但不多，子女一般会定期回来看望父母。留守儿童会委托亲属照看，无人照管的情况没有。

我做妇女主任八年，计生专干，从 1995 年到 2004 年，后来自己不想做了，去做了特产销售。我老公 1998 年当村主任，1999 年当村支书，一家两个人做村干部不好，我便辞职，乡里不愿意，要我找个会做的人接班，我后来把村里那个 TSQ 教熟了，我就不做了。以前有的人非要生男孩子，瑶族三胎就算超生，只要有一方瑶族，就可以生二胎。现在没有重男轻女现象，男孩女孩都一样，以前一定要生儿子。有一户人家前面生了八个女儿，最后才生了个儿子，但这种现象少。以前计划生育(管得)严的时候，也不好做。这里没有为了生儿子，到处跑的。有户人家生了四个女儿，不再生了。现在各家都有自己的收入，邻居相处较为和气，关系融洽。以前有集体生活，说话听不惯，就吵起来。现在各干各的，没有矛盾冲突，村干部调解压力小。

我们这田少，就开荒种茶，没种茶的就去打工。村子选举，老百姓还是蛮积极参与的，愿意做事的，村民还是支持的。我老公干了 20 年，以前做村干部，村里没收入，补贴很低，我干计生 40 元每月，他 50 元每月，去年涨到 900—1 000 元每月。以前村里就是石子路，我老公当了村干部后全修了水泥路，进村有水泥路,有些人还有点儿不理解。有村民想当村主任,让我老公支持他,我老公说看村民的意思,结果没选上,他还误以为是我老公不想让他当,还去告状,不过大部分村民还是好的。现在当村干部很难,要去搞项目,招商引资,才能赚到钱。我老公做村干部时不自私,在职时总是不把家当家,我和儿子是党员,我们两个不投他的票,工作太累了,村里人想法不一样。今年他 66 岁,超出年龄了,不再做村干部了。村民对干部还算满意。

村里开一些农家乐,村民种菜卖给饭店就可以了,一般情况下村民不会打农药,菜贩子就会打农药。我们这里不会因为发展而引进有污染的企业,到现在为止没有这样的行为。现在我对生活环境比较满意。村里有专门搞卫生的,进行垃圾填埋。厕所都是冲水的,没有茅房了。以前搞沼气池,厕所就拆了,厕所拆一个可以补贴几百块钱。我老公做了很多事的。现在农村发展很不错,我的家庭也很幸福,我知足了。孙子孙女都在城里读书,托管在"学生之家",一个月回来一次,他们不愿意在这里读。孙女在林管局小学读书的时候,那里老师总是瞧不起她,说她是农村里来的。现在我们村有五六个孩子在县城读书。我们很希望孙子孙女学习好。

4. 受访者:PTX,45 岁,家庭妇女

访谈时间:2017 年 7 月 9 日 11:20—12:15

访谈地点:西岭村村委会办公室

我没读过书,家有兄妹九个,我排行第六。现在我家里有五口人,两个女儿、一个儿子,丈夫在广州打工,家里有事或过节才回来。我在家照看孩子,老大已经出嫁,只有九岁的儿子正在读小学四年级,他很调皮,老师说他很聪明,但学习不是很好。

现在我在家里主要是种点儿茶叶,今年种茶收入五百元,村里有人来收,有人加工卖出去,摘下来的茶大约十块钱一斤。平时种点儿菜,我们不太喜欢吃猪肉,主要吃蔬菜。家里主要收入靠老公打工赚的钱,他在广州给亲戚做事,一年带一两万块回家,家里开销主要靠他的收入。我有高血压还得吃药,家里条件很差,住房是土坯房,现在扶贫小组正在搞危房改造,一个人有两万元,用来帮助我们改善住房。我不太了解村里还有多少人住土坯房,村里搞旅

游都是上面的事情，我们不太了解这些事情，有人来我们这里旅游就好。希望有外面老板来开发，为我们带来工作机会。我们这里蔬菜水果自己种，自己吃，不存在食品安全问题，我弟弟养了十几头猪，自己卖。我家没地方养猪，对村里养黑猪的事情不太了解，与他们没交往。这地方有偷车的，但没人偷羊和猪，小偷小摸还是有，只是这几年出去打工的人多，小偷不在村里偷了。发展之后，村里环境还可以，垃圾都有专门的收集点。

我在这儿土生土长，村里各方面都比以前好，水电路都比较方便，村里人有好有坏，村里吵架打架的情况也说不清。我家里有重男轻女现象，我婆婆看我生了两个女儿，看不起我们就吵架，以前总是和婆婆吵，丈夫也骂，一定要生出儿子才行，现在生了儿子，就好了，我们家务事情很少吵到村里调解。村子里重男轻女的少，我也与其他村民交往少。家里 80 岁的婆婆一个人住，我们要出钱给她买药，困难在于她生病了，我们要给她钱。孩子的学杂费是家里一大笔花销，每(学)期四五百，还有伙食费，一个月一百来块钱。家里开销主要还有人情往来、借钱建房子、买东西，吃药也是一笔开销，买药没有报销。卫生院没有这种药卖，只能去宜章县城买，我家里没有社保卡。

我家嫁女儿没要彩礼，女儿嫁到怀化，但婆家主动给了两万块钱彩礼。没要金器，只要他们感情好就行了。村里年轻人打工的这几年多了，有没有婚前同居、婚外情我不太了解。这里离婚很少，婚外情也少。夫妻之间吵架很少，我和老公以前经常吵架，我在家带小孩，没有钱就烦、就吵。以前两个人吵的时候，我老公拿棍子打我的头，他们家亲戚告状说我骂婆婆，老公要拿刀砍我，我性格老实，后来不得不道歉。我和老公没有离婚，主要觉得孩子可怜，老公现在出去打工，吵架少了点儿。婆婆自己住，她有三个儿子、三个女儿，过年的时候儿子们给点儿钱，平时也给点儿钱，她女儿回来时也给点儿钱，她女儿都在外面。他们兄弟之间关系好，不争吵。我觉得养女儿还是好点儿，女儿贴心点儿。我女儿会在过生日、过年过节的时候给点儿钱，给她弟弟买点儿水果，有事就会打电话。以前瑶族女孩都是上门提亲，现在在外面打工自己找对象。

以前女儿出去打工，害得身上长满坨，现在不想出去打工了。要说最赚钱的是什么我也说不清。我现在在家种点儿茶，休息下，四十多岁了，不想出去。村里有事做就去做，没事玩下手机，不在网上购物。孩子教育中的最大问题就是孩子个性冲动，老师说孩子很聪明，我们也希望他能考上大学，不过自己没有文化，希望老师能教育好。我们只能告诉他要努力好好读书，考上大学，家里就高兴了。

村支书没有欺负贫困村民，就是今年上面来村里调查的时候，其实没发那么多钱，但是让我们告诉调查人员发了那么多钱。我们这里村干部是投票选出的，村里很多事情我们都不知道。贫困户没收到应发的钱，但没有人反映这个问题。村委的新领导刚上来，还没新的大转变。总的来说，对村里的干部不太满意。我们这里很少打官司，平时与亲戚交往多，与邻居交往少，有矛盾找村委会解决，农村的法律没有用。村里卫生还好，蚊子少。

5. 受访者：LXH，42 岁，乡镇基层公职人员

访谈时间：2017 年 7 月 9 日 14:30—15:55

访谈地点：西岭村村委会办公室

我老婆和儿子与我不一个户口，只有我母亲与我一个户口，但我们实际生活在一起。儿子马上 20 岁，在长沙信息学院①上学，属于国家招生。他本来只考了个三本学校，但这里属于少数民族地区，长沙信息学院没招满，降分招，结果上了二本。按照他的高中成绩，应该考得更好，就是没太认真。儿子读的是重点高中，年级前一百多名。我两口子都是中专（学历），以前儿子没住宿，与我们在一起管得好一点儿，我是管得少，但是他妈妈还是经常跟管。初中时他妈妈特地跟管了个把学期，高中时住宿也管不了了，成绩就降下来了，从一百多名到三四百名，这跟他周围的同学有很大关系。他跟学习不好的玩儿、开小差、上网，导致上课没精神，也没认真听讲，一段时间后就什么都不会。儿子不叛逆，我们管得少，但是对他要求高，只是我与他沟通有点儿问题。做父母的在家里总要有人做正面人物，有人做反面人物，我做反面人物，所以他特别不愿意与我沟通，跟他妈妈沟通还可以。如果没人严格，他谁都不怕也麻烦，这样至少心里还有点儿畏惧，不敢在我面前怎么反抗。他妈妈就有点儿溺爱了，有什么生活要求都是找妈妈。我的原则是不能要什么给什么，否则他会觉得理所当然，没有半点儿努力（得到的），不会珍惜。而农村有部分家庭条件较差

① 这里指位于长沙市的湖南信息科学职业学院。

的，孩子就体谅父母，很珍惜，也很努力。

我们家条件一般，像我们基层公职人员，拿到手的工资也就两千多元，这些钱能够干什么，像我还抽点儿烟、吃饭、电话费用、下乡骑个摩托车，这些都需要钱，哪里会有钱存着？实际上勉强够维持生活。现在没有更好的出路，只有搞下去，闲的时候也会搞个副业，搞个种植，补贴一下经济开支，要不这点儿钱哪够啊？儿子的一年学费就一万七，第一学期住宿费、军训费四千多元，总共二万一千多元，一个学期生活费大约九千元，两个学期一万八，交通、穿的、零用的，四万多很正常。我们两个人一年的收入总共六万多，他就花费四万多，所以人情世故，吃穿用根本不够，只有利用休假的时候搞点儿其他事情。现在支出主要是住房和教育这一块，我家刚刚建了房子，负担相当大。农村搞个好点儿的住房，也要好几十万呢，一般般的装修也要六十多万，经济不好根本搞不了。一般农村家庭，能砌上毛坯房，简单装修差不多了，一般要借钱，才能完成，借的不止三五万，主要向亲戚朋友借。如果你没有资产银行不会借你，如果向银行借有违约（行为）会影响你今后借贷，而跟亲戚朋友借，手续简单，不用找这个那个。跟亲戚借也要付点儿利息，利息比银行少一点儿，差不了太多，一般能承受 2%的利息。农村借贷存在诚信问题，相互之间就是诚信，大家都了解。实在还不了，可以缓一下但利息要付。人情往来现在少了很多，现在公职人员都有规定，家里有点儿喜事时能请的只是亲戚朋友，几乎不请同事，几个玩得好的就请一下。农村请太多人是很麻烦的，人太多不好操办，就简单请一下。我们小孩子考大学没请，现在考大学很普遍。大学生也多得不得了，不稀罕。又不是考上“985”“211”，没必要请，考上这样的学校也不好意思请。

我自己建了房子，不会考虑给儿子建房了，除非他在城里务工，有稳定收入和职业，想在那里生活我能帮就帮，帮不上也尽到了责任。现在家庭困难的学生有助学贷款可以借，我儿子不是农村户口，他妈妈也不是，助学贷款还搞不了。现在不知道结婚彩礼要多少钱，比北方少，大概十万左右，这里不会要求多少东西，两家人自己协商彩礼，不会给别人说，有媒人就会多一点儿，不像北方，彩礼高得结婚都结不了。现在未婚同居是一个普遍现象，同居的多数会结婚，只是还没有完成法律程序。有婚外情的，多因为是经常有应酬，接触异性多，容易产生感情，有的女性为了一点儿小利益也会出轨，女性如果发现对方出轨，离婚的相对少一点儿，男性发现对方出轨，肯定多数离婚，不过愿意改的可以继续生活的也有。关于养老，我的原则是自己能动的时候自己养老，不能动只有依靠儿子。现在社会养老机构少，费用高、门槛高，农村没有养老机构，乡镇福利院只限于“五保户”，有些老人只要自己能劳动，还不愿意去养老院。目前养老最困难的就是独生子女养老，一旦老人不能行动，也不好意思让老人家自己出护理费，个人又很难负担。多子女的农村老人几个子女可以轮着照顾，独生子女就面临较大压力，老人要照顾，子女要抚养，压力很大。这里离婚的很少，有也多是因为打工时候认识外省来的，来到这里要照顾老人小孩，经济收入低，想象与现实差距大容易离婚，住本地的离婚更少。其实最终离婚都是因为经济负担重，小孩没时间管。现在政府虽然提供了更多的就业机会，但不一定能解决这个问题。现在年轻人“80 后”“90 后”，工资低（的工作）不愿意做，太累了（的工作）不想做，这是他们的（就业）趋势。对于“60 后”“70 后”来说，工资低一点儿（的工作），还是有人做。

现在上面政策好，村干部如果认真负责搞发展，村庄会有很大变化。改水、改路、改厕、危房改造，都有资金补贴。村干部要积极发挥主观能动性，才能获得各种资金补贴。我们村的村干部都是选上去的，总体上说比较满意，村民自觉参与选举。

社会风气方面，准确地说从经济方面考虑的会多一些，功利性强一点儿。以前大家都差不多，现在差距大了，交际圈变了，经济搞得好的愿意与那些搞得好的人交往，有他们的圈子，你没达到他们的收入水平，走入他们的圈子很难。现在村里小偷小摸少了，大家都有些钱，小的东西不在乎了。不过没成年的还是有些偷摸习惯的，比如个别青少年初高中学习不好，思想叛逆就会偷东西。村民家庭里吵架打架都少了，吃穿不愁，家庭里面有一方稍微忍让，就可以过去。婆媳吵架还是少，一旦感觉生活合不来会直接分户，不像以前那样一定要住在一起，单过矛盾就少了，年轻人和老年人消费习惯和生活习惯不一样。夫妻吵架也会有，经济开销没办法承受，就会产生矛盾。现在打老婆的现象少，一般不会打。钱能解决的问题都不是大问题。基本没有不顾父母的，有也是例外。现在 60 岁以上老人家每月也有几十块钱，如果跟年轻人生活不融洽，就会分开，真正老了动不了了，再协商。现在有个问题，儿子真正能够跟老人在一起过节较难，而女儿即使不能一起过节，节前节后回娘家、买礼物或者给钱都可以做到有所表示，做儿子在这方面很欠缺。现在年轻人不注重节日，主要是打电话慰问，和老人一起过节只有女儿可以做到，所以有个女儿还好一些，女儿自己成家后会体谅父母。女儿会亲自过问如何过节，儿子不一定过问这些事情。如果儿子出去打工，剩下的儿媳不一定会跟老人过节。

(我的)夫人也是公职人员，现在每月工资增加了几百块，增加了住房公积金、养老金上缴比例，还有医疗、职业年金，其实工资就增加了几百，扣下应缴纳的，算下来相当于没增加，拿不到全是虚的，像我们这样只能拿到 2 500 元左右。现在基层疲于做各种资料，假期都取消了，晴天防火、雨天防灾，上级随时检查，资料做好还可以，没做好就会一直忙，针对问题任务的会议多得不得了。现在工作又难做，取消农业税之前上级财政拨款少，很少有具体为老百姓服务的任务，现在经费多了，工作量加大了，我至少兼了三四个工作，哪个急就做哪一个，疲于应付，基层人员少，要身兼数职。“70 后”的工作负担更加重，成为业务能手后，不但得不到提拔，分的任务还多，经常加班，现在坐在办公室就头痛。各行都有难处，我不想出去闯了，现在生活比较稳定，年龄和责任都摆在这儿，不想做太多选择了。

农村环境方面，上面准备搞环境整治，建立垃圾中转站，还没有正式启动，各个村开始垃圾收集，乡镇建立垃圾中转站，县市里准备搞火电厂，进行垃圾分类，焚烧垃圾发电，准备九月份启动。村民中有讲卫生的，也有不讲卫生的，村里要有管理，但现在还没有制度。养殖主要是家庭养殖，比以前少，以前家家都有，现在只有少数人养殖。养殖本地就可以销售，规模大就在外面销售，莽山黑豚销售好，有专门的销售渠道，主要在外面销售，定位很好，宣传好。不过养殖受价格影响很大，风险大，很多人承受不起，大规模养殖还是少。

莽山茶叶是主要产业，但存在销售问题，销售好的还行，销售不好则影响大。种茶根据个人销售能力大小，收入较为稳定，年轻男性种茶较少，妇女、中老年人种茶较多。年轻人出去打工，有人在家种植，基本上生活没问题，没人出去就可能有困难。本地搞旅游直接受益的还是少数，只是间接多卖点儿菜、茶叶。今年景区生意相当差，游客少。说是北京公司接管，不过没营运，停在这里。如果景区做起来应该还好,影响的行业多、人数广。景区环境卫生一定要达标,否则游客不满意。搞旅游对环境不会有太大不良影响,现在4A、5A级景区环境都有硬性要求。

新的村委领导刚上任,不好定位,总体还是给予期望。村里搞得好,也是面子问题,大家都还认可。像我这个年龄的人主要还是在本地,进厂的不多。对村里最不满意的地方是实行整治以后,田、土都由个人管理,规划就很难协调了。因为涉及个人利益,这个工作就难了,现在乡村规划只是初步,要想规划好,困难较大,这一块事情特多,扶贫支持力度大,危房改造全乡一百户,每户至少接触两次以上,这个工作量太大。希望村里干部努力后,村子会有明显改变,做出成绩。希望茶叶的销售渠道能够打通,做大做强,形成产业。茶叶是主要产业,自产自销影响产业发展,生产、加工、销售都要有组织管理。比较关心的问题是如何解决留守儿童的学习负担、生活照料、上学接送困难等。

6. 受访者:LH,43岁,村支书、"赤脚医生"

访谈时间:2017年7月9日14:40—16:00

访谈地点:西岭村村委会办公室

我出生于1974年,1994年回家做"赤脚医生"到现在,宜章卫校毕业。2011年进入村委会当村主任,今年转为书记。家里有两个小孩,一儿一女。女儿现在宜章一中读高二,儿子读本地小学三年级,夫人在做托管,她自己在中心幼儿园办"学生之家"。

做村主任的工资每月九百多元,现在当书记每月1 100—1 200元。村干部收益不高,我们上班没有时间要求,完全脱产不现实,我的"赤脚医生"也在做。村里矛盾纠纷多,主要就是土地纠纷和夫妻家庭矛盾,婆媳矛盾少。邻里矛盾也有,就是互相看不顺眼。村里人遇到矛盾大多通过村干部出面,或者找村里信得过的人来协调,协调就是搭几个台阶让彼此之间保住面子,最终还是靠他们自己化解。我们这里打官司的很少,一年难得出一例,偶尔也有村民上访,主要是村级财务这一块。现在村里财务公开,村里的账打到乡财政所,通过报账制度才能报出来。村民一般通过乡里上访,上面会调查,根据调查结果,告知上访人。村里村规民约有较强的约束力,日常生活中,还没达到违法程度的行为冲突基本上都靠道德规约解决了，传统还是起着很大作用，犯错误的村民要承受很大社会舆论压力。

我不愿意引进带有很大污染性的企业落户我村，旅游区也有这个规定，我们这里要保护环境。农家乐发展可以使老百姓致富，应该做成一个产业。以后旅游业大发展，会有很多机会，这里节假日高峰期也可能会有点儿堵车，村里主要问题是垃圾问题，要收集整理。这里村民环保意识逐步提高，自己种的、吃的和卖的菜一样，不会区别对待。茶叶、运输、农家乐和旅游是村民主要收入来源，外出打工占 5%—10%。我们不种地了，种点儿经济作物，这环境好，搞副业，收入还可以。一年收入平均 5 万块左右，我家一年收入 10 万块左右。我们两个人挣钱差不多，如果不当村干部我收入比她多。平时主要开销是人情往来，小孩教育费用大约 2 万块，压力最大的还是小孩教育。在这里一年 10 万的收入我也知足了。

我建房子有结余，两个哥哥有时需要也会帮助。母亲于 2012 年去世，父亲 79 岁，和我一起住，他有退休工资(即退休金)，我们对他主要是生活上的照料。不过现在他负责做饭，我们还享他的福。我老婆通情达理，与老人相处和谐。夫妻矛盾主要是经济上的，家里的男性如果赚不到钱，就会导致夫妻吵架，其他人家也是如此，丈夫有钱，矛盾就少。如果妻子自己会赚钱，她对男的的要求就高，就会要求丈夫温柔点儿，多给安全感，多陪陪，多照看小孩，上升到精神层面了。对小孩的期望是尊重他的意愿，引导他培养好的习惯，我家孩子学习习惯还可以。我很少有时间教育孩子，主要靠老婆教育，我老婆教得好，我没怎么操心。我家小孩希望我抽出更多时间陪他们走走，现在每年有一次机会陪老婆孩子出去玩。我和老婆自由恋爱，她是 1978 年出生的，我们不是一个村的。我毕业后回村代课，她也代课，学校组织我们去听她的课，就这样认识了。我老婆初中毕业，当代课老师，那时她由于家庭环境差，考上中专没上。我家孩子学习好，基因主要来自我老婆，我老婆那边有传统，她家出现过进士，家族出了几个知识分子，我这方的家庭没有。我本姓 L，爷爷从湘潭那过来，当时我爷爷参加长沙起义失败，就沿铁路线走，走到这儿就寄居在这儿了，当时另一个 L 氏家族收留了他。那时抓壮丁，被抓了两次我爷爷都逃了出来，后来我父亲和叔叔出生，就留在这儿了。

我们这里养老存在一定问题，有严重的，有不严重的，赡养也只是表达一个意思，大部分人还是好，这儿阴盛阳衰，女的当家，对自己父母好，对公婆就有差别了。我村主要是家庭养老，“五保户”才进敬老院，他们不愿意离开自己居住的地方。有子女的老人如果愿意进来养老也可以，不过要花钱。现在很少有老人到村委告状儿女不孝，我们这里道德舆论约束力很强，辱骂殴打父母肯定不行了，村民听到吵架会自觉去调解。这里的留守儿童、老人都有人负责关照，留守妇女少。大部分人能做到兼顾家人和工作，比如两兄弟，肯定会留一人在家照顾老人和小孩。

我和我老婆属于一见钟情，我老婆孝敬父母，教育小孩好，心地善良，即使有小过错，我都可以包容，但是不能犯原则性的错误。最不能原谅妻子的行为是婚外情，如果有婚外情，顺她的意思，我尊重她的选择。我们这里，婚外情比较少，离婚也少，主要是考虑家庭和谐、小孩成长的问题。婚前同居在我们那个年代少，现在有未婚同居的情况，但不是很普遍。村民对此情况也较为宽容，认为是自由恋爱没有办法约束。这种情况下父母会尊重孩子的行为，如果父母经过观察(觉得)不行，会给出意见，但如果双方硬要在一起，父母也没办法。作为村里领导，村里白事我会参加，红事如果没请我，我便不去。村里红白喜事不铺张、不浪费，彩礼金倒贴的也有，不会因为彩礼问题棒打鸳鸯。我们这里老人再婚很少，几乎没有，主要考虑子女的面子，否则会增加孩子负担。不过如果鳏寡老人想要幸福一点儿，我们也支持再找老伴。父母和我们观念上的差异明显，他们的观念不太符合实际了，比如消费生活习惯，他们希望子女按照他们的路走，年轻一代与他们肯定是不一样了。

对农村最忧虑的问题是村里人的整体素质提不上去。我们“70 后”想读书读不了，但“70 后”优秀光荣传统还存在，“80 后”“90 后”中好的出去了，留下的素质不是很高，下面的“00 后”不知道行不行，高素质人才断层，现在村里缺乏人才。

7. 受访者：ZLH，46 岁，小组代理组长、家庭妇女

访谈时间：2017 年 7 月 9 日 16：10—18：00

访谈地点：西岭村村委会办公室

我 1971 年出生，两个儿子，老大 18 岁，老二 10 岁，老公在外面打零工。

家里收入主要靠老公，他一月赚两三千。大儿子参军去了，自己在家带小儿子，有时帮别人摘点儿茶，平时没事做就玩。自己也种点儿茶，种茶收入大约两三千块，茶的销路有时不好。自己腰不好，摘茶也不能多做。自己一年收入主要维持孩子和自己的基本生活，现在小孩开销很大。孩子每月生活费 240 元，吃不了多少。小孩在村里读书，外面读书读不起，这里学杂费要得蛮多。刚开始学杂费和生活费需要四五百，什么“走市场”（课外资料费）也要一百多。孩子生活费、教育费主要靠自己，老公有时靠不上，他不给钱，我只能自己养自己。老公没什么特长，经济压力很大，我的腰很痛，没多少钱做手术。丈夫去年就只给了我 3 000 块，今年还没给过一分钱。在农村不做生意就没钱，村民主要靠茶叶，种得多、销路好就赚得多，我自己能力有限。我能做就做，不能做就算了，做多做少都是为小孩，希望赚多少钱都没用，不羡慕别人赚钱。

老公不听我的话，经常吵架，农村家庭主要为钱吵架。公公自己住在村子里，我家与老人没有多少矛盾，老人还不需要经济支助，过年过节他的女儿会给一些钱。我父母知道我家条件不好，我凭良心给父母，有多少给多少，没有给父母也不责怪。我家里还有一个哥哥和一个弟弟，我父母还有劳动能力，他们自己种地、种花生维持生活。大儿子当兵去了，小儿子昨晚气得我要死，不听话，不给他玩手机就发脾气、不吃饭，学习成绩也不好，刚及格。就要读五年级了，10 岁什么都不会，家务也不做，实际上也没啥让他做的。大儿子初中毕业就出去了，家里管不住，就送到军队受教育，让他吃点儿苦。我自己种菜吃，从不买菜，猪肉很少买，小孩不吃肉，就喝点儿汤，不吃青菜，个子长得一般般。我不会做饭，不会做鱼，从没煮过饭，不会做家务，小时候就没做过。家里来客人时，一般让客人自己做自己吃。现在兄弟姐妹过得都不是很好，都在外面打工。我想去打工，只是孩子没人管。孩子不肯住宿，一星期接两次，中间周三接回来一次。平时在家就看看电视、聊聊天，与周围姐妹聊聊家常。我现在腰病越来越严重，医生说要动手术，但也不能保证治得好，做家务时，身体的一边就有点儿麻。

我与老公经别人介绍认识，他比我小两岁，当初什么都没看中他。开始我不同意，什么都不懂，但年龄大了，家里催，就随便结婚了。最不满意老公总不在家，小孩不管，家里也不管，从不关心家里的事情。结婚十多年，两个人从没出去玩，牵手都没牵过，走在外面也是一前一后。平时与老公交流少，很少打电话给他，偶尔打一次，说几句就挂了。他也很少打电话过问我和孩子，主要是讲他们家的事。他只关心自己的父母，对我的父母不管不问，过年过节也不主动问候我父母。他嫌小儿子是男孩，想要个女孩。假如今后还是这样，我都想离婚了，有他没他都是自己过，到现在还没离婚，主要考虑小儿子，怕对他影响不好。我不怕别人说我离婚，但我不会提离婚。今年他提出过离婚，他说离婚后一年给我 2 000 元，我没同意。村里像我这种情况的很少，这是自己的命吧，我认了。我不知道和老公的问题出在哪里，他那人喜欢开玩笑，讲笑话，和外人有说有笑，我们两个人在一起时，他对我就没正经话可说。他不会好好说话，一句话就让人恼火，假如你说别人好，他就说你去嫁他啊，小孩不听话，他就用脚踢小孩，我就会骂他，就没办法沟通了。外面人认为他很好，会开玩笑、会做事，回到家就不一样了。两个人睡到床上，他就会说我或骂我，所以我不想跟他睡在一起。假如他心情好还行，心情不好就叫我走开。这样的人不会体贴老婆，依着他就行，不依就不行，不理解别人。我对夫妻生活没兴趣，和老公闹矛盾有一两年了，不想有夫妻生活，烦。大儿子知道些我们的关系，家里父母也知道我们的关系，他们不想我离婚，回家也是骂我，我也不想回家。公公不管我家的事情，老公是他父母从外面抱养的儿子，姐姐们都看不起他，但他觉得他家里人对他好，我家里对他好他不觉得。他总怀疑我跟别人有关系，我不跟他在一起，他就怀疑我。我在家里带小孩，我有什么错？村里有些人知道我们关系，但清官难断家务事。他小学一年级都读了很多次，村委解决不了我们的事情，和他也沟通不起来，说他也听不进去，到现在我对这些已经看开了，生气也没人心疼。他回家也不做事，我不做饭，他就跑到别人家吃。我从不生他的气，就气小孩子教育不好。唉，夫妻之间相互理解就好。以前外面嫁进来的少，现在外面嫁进来的多了。村里大部分夫妻感情都很好，主要是本村嫁本村，比较熟悉。我总跟大儿子聊天，尽力教好他。今后我儿子找媳妇只要他们自己喜欢就行了。

我经常参加村里活动，他（口述者的丈夫）是村小组长，他不参加就叫我去做代理小组长。我对村里干部还是比较满意，经常和他们聊天。村里环境还比较好，村里开工厂就更好了。

8. 受访者：LCG，37 岁，致富能手

访谈时间：2017 年 7 月 10 日 9：00—10：30

访谈地点：西岭村村委会办公室

我出生于 1980 年，初中学历，我们家有两个小孩，儿子 13 岁，女儿 10 岁。如果没生儿子，在农村还是有压力。我家兄弟姊妹四个，我是老大。

我家一直没种地，以前有 1 亩地，后来修公路把地占用了，现在只有两分地，没种水稻和蔬菜。村民主要收入是种茶叶，没有田地的人家只能到山上开荒。村民在外打工赚得也很少。我以前在东莞打工，做污水处理，工资大约 2 000 元每月。我对老婆很满意，她也只有初中学历，对小孩的教育不太好。当时我们认为小孩不能做留守儿童，就举家迁回村。这几年在本村做农家乐，已做十年，每年收入十万左右，现在农家乐正在整改，还没开始重新营业。我们农家乐的食材都是自己种植和养殖的，鸡和鱼都是自己养的，因为我自己以前是做环保的，对绿色食品要求很严格，环保意识很强。今年我们莽山一带的农家乐生意都不好，主要原因是政府对外宣称莽山风景区已关闭，对农家乐的生意影响很大，我家的直接损失达二十万。听说某家投资公司在我们莽山景区投了三十亿，现已付三百万，希望他们能早日投资到位。我们这儿村民少部分做与旅游相关的行业，女性在家种茶叶，男性到外面务工。去年莽山做漂流（游玩项目），我村有 20 个人曾在那儿做水手。怎么带动大家致富？这是我现在正在考虑的问题。目前投资最好的是农家乐，希望政府能打造更好的民族特色农家乐，展示瑶族特色，像贵州的少数民族一样，有篝火晚会。江永那边农家乐做得好，有大礼堂，游客可以边吃饭边欣赏节目，妇女和老人都在排演节目。我们的节目“古魂”表现瑶家开山、耕种和安居乐业，这个项目正在建设中，我们很希望到时游客过来，每天都可以观看节目。

家里的经济压力主要是建房、投资、小孩教育和人情往来（每年 2 万—3 万）。去年我家建了一栋四层楼的新房，花费一百多万元，每层二百多平方米，共一千多平方米，现在已租出去，租房收入每年六万。自己住农庄，给自己留了两间房。我的理想收入是每年二十万元，家里支出费用很高，家用车的费用每年要达三万元。小孩分片上学，每月生活费 250 元，“走市场”也得几百，这儿的日常消费很高，跟深圳差不多。村民之间人情往来，关系一般的是

200 元，我家的人际交往费用较高，负担比较大。

人的一生婚礼很重要，我当时结婚时没给彩礼，只花了 2 000 元左右。我们村的葬礼通常比较简单，一般只有两天，看具体情况而定。我们大多是受传统教育，对传统美德很认可，但还需强调，大多数人很尊重老人。老人单住，如有不舒服，子女就会接过去。我本人在家很少做家务，小事老婆做主，大事还是我做主。父母刚过 60 岁，都还能自己管自己，岳父身体不好，我们要负担一些医药费，每月 300—400 元。父母与我们不同吃也不同住，婆媳关系还好，中间人没压力。我们村一般都是儿女照顾父母，没有子女对父母不管不问的。村里离婚的有三对，我本人不能接受离婚，离婚不是好事，涉及整个家庭，主要是孩子。离婚主要是由周边环境、婆媳关系、邻里之间的舆论导致的。村民之间吵架很少，贫富差距不大。我们村勤劳致富的风气不太好，40%的村民很懒，不动脑子，没事就打牌，只要勤快点儿，总是可以赚到钱。我们这儿的就业岗位多，温泉酒店就有两百多个岗位，我们这儿的 D 主任就曾在那儿上过班，经过培训回村后，她认为要想有出路还是得自己做，她想带领村民一起致富。

我们村的干群关系很好，干部都为本地的发展而努力。村民关系比较融洽，本村没有老人再婚，但可以接受。我认为要杜绝婚外情，如发生在自己身上，我会坚决选择离婚。婚前同居，只要双方认同，可以接受。

9. 受访者：TSQ，55 岁，家庭妇女

访谈时间：2017 年 7 月 10 日 10:40—12:00

访谈地点：西岭村村委会办公室

我有三个孩子，两女一男，老伴 57 岁。我儿子还没成家，26 岁，在郴州市打工。村里男多女少，两个女儿都在宜章县城，大女儿有工作，小女儿自己做生意。两个女儿会经常回来，在过年过节和我们过生日时，她们会孝敬我们，我对两位女婿都很满意。我的公婆还健在，跟我们一起住，公公 90 岁了，生活不能自理，婆婆自己能行，可以照顾公公。自己的养老问题现在还没想过，主要是靠儿子养老吧，我们村村民主要靠自己养老。国家规定的养老保险买了，但没买别的保险。希望国家能帮老百姓养老。

我爱这个村庄，没走出去过。以前对本村不满意，现在公路修通了，方便

很多。我村最大的冲突就是没地，农民没有生活来源。我家开荒种了四五亩茶叶，全家年收入2—3万元。我家花钱最多的是人情往来，以前是教育和建房。彩礼这方面不是很清楚。公路两旁不准修农家乐，如能办起农家乐当然是好事。我们自己种菜，买得少，我和老伴身体都好。平时不打电话（通知）不会来村部，村民选举一般会来参加。平时生活中有矛盾会求助于村干部，村里打架的不多，吵架也很少。平时业余时间与邻居聊聊天，打打小牌。聊天的主要话题是小孩情况，家长里短。

我们村的污水排放问题很大，"美丽乡村"（的理念）与乡村（现实）环境不协调。蚊子多，影响老百姓的生活，游客来这儿，如果看到环境不好，肯定不愿意（再）来。希望村里把环境搞好，治理好这条河，外面人就会来我们这儿避暑。这样有机茶叶就可以通过宣传卖出去，不愁销路。我本人很喜欢文化人，对自己的家庭生活很满意。

有些生活负担重的夫妻容易离婚，村民吵架的较少。子女过得好，父母就高兴，家庭就能维持和睦。我认为男孩子是哥哥最好，弟弟总会依赖姐姐。总的来说，现在农村人想生儿子的传统观念还是没变。我家的家教很严，小姑子、叔叔、公公都是教师，娘家父亲是乡干部，对我的影响较大。我女儿都是打了结婚证后才同居。我选媳妇最看重的是人品，人们说"选错媳妇，影响三代人"。现在农村的女孩太少，男孩子多得多，我担心我儿子可能会单身，因为村里优秀女孩子都出去了，造成男多女少。我们村的葬礼一般只持续两三天，办得非常简单。离婚可以接受，不算怪事。如果一方有了婚外情，这是不道德的、不负责任的。我们村里不多。（20世纪）50年代，我们村村民很活跃，70年代还有宣传队，现在年轻人都出去了。我不跳广场舞，一天农活儿干下来很累，不想动。我们村参加跳广场舞的人不多，只有十多个人。

10. 受访者：HJY，39岁，村支书夫人、"学生之家"负责人之一兼老师

访谈时间：2017年7月10日14:40—16:00

访谈地点：西岭村村委会办公室

当时我与老公都在村里做代课教师，我们是教师之间村村交流时相互认识的，属于一见钟情。我的家庭关系非常融洽。我女儿17岁，在宜章县一中

读高二,很听话,我没怎么管,儿子 10 岁。女儿是我的骄傲,女儿曾在写作比赛获得过一等奖一次、二等奖两次。女儿将来不想当老师,也不愿当医生,认为做医生有风险。她读书非常努力,我让她带茶叶到学校去喝,提神醒脑,县一中是宜章县城最好的中学。儿子的成绩不算太好,但多次被评为“三好学生”,活泼好动,写作方面不如姐姐,但体育很好。我认为教育孩子最难的是家长需改变观念,责任意识要增强,家长要重视,教师的专业能力需提高。我们这儿学校的设施太简陋,比如化学课从没做过实验。家长都希望孩子们小学就考出去,到宜章县读书,大多数孩子读完初中就很不错了,九年义务教育基本会读完。

现在我在做“学生之家”,三个人合伙,地点在邻村的中心幼儿园,这也算创业吧。我们得租房,买桌子、学习用品、生活用品。学生每人每学期交 2 900 元,包吃包住、写作业、中托。创业时,两个人做饭,洗衣、搞卫生请了一个生活老师,这个老师以前在酒店做事每月 1 300 元,现在我们这儿每月 1 500 元,还有周末、节假日休息。现在幼儿园有五个班,有几个(孩子)想报培训班,幼儿园中班就有学生想来参加培训,我们这个暑期培训一共 40 天,有学前班和一到五年级,人手不够,学生每人交 500 元学费,周一到周五上学,包吃中午饭,这个学费挺便宜的,我有同事在郴州做培训,学生交费是 50 元一天。“学生之家”从 2015 年秋季开始,现在已经做了两年,小学三年级以上就有五门课的作业,五年级没有奥数题,只有学校的普通数学。我现在是大专文凭,想拿到中学教师资格证。“学生之家”的年收入大概 4 万—5 万,我与另一个村的幼儿园园长合伙,现在自己创业的收入比她当园长时还要高,我以前代课时的工资是每月 1 200 元,如果要拿到每月 3 000 元,头发都要熬白。

家里最大的开销是小孩读书和建房,我现在的心病就是家里没建房子,希望尽快建房。我一直希望能把房子建在马路边,这样会方便很多,我家建房耽误了时间,因为 2013 年到 2014 年修建黄莽公路,2015 年通车。我家新房地基不得不更改,我不支持老公当村支书,因为家里诊所没人照顾,莽山卫生所有三到四家,当支书只有名誉但没有经济收入,村民不来看病了,生意冷清了很多。我家还是有很大经济压力,女儿每月 800—900 元生活费。我老公原本是村里的“赤脚医生”,他做了六年村主任,现在当村支书更忙了,有时电话“遥控”看病。今年 6 月 26 日期末考试之后放假,我回来帮老公卖药,增加了收入

1 000—2 000 元。做村支书平时应酬很多，喝酒后可能会说一些胡话，形象不好，得不偿失。现在他是当第一届村支书，当时乡政府的人找我做工作，要我支持老公，亲戚也给我做工作，他们劝我说别人想当官没机会，党员投票时，我没有投他的票，他在外忙不回来，家里公公很孤独，平时拿药都靠电话联系。

我很支持村里的公共事业，村里要建一栋 400 平方米的综合楼，国家标准是 3.6 万元/亩，我同意，只要留一块地自己建房就行。我们村里的环境状况很一般，我不是很满意，垃圾丢在马路边，风吹进水沟里。我们这里大多数都是本地绿色食材，没有工厂，人口较少，污染很少。我家吃的菜是公公自己种的，我公公以前在乡硅厂做会计，他生了我老公他们兄弟三个，老大生了一个女儿，老二生了三个女儿，而我生了一个女儿、一个儿子。我的儿子出生后，他爷爷就回老家来了，老人嘴上不说但心里挺想要孙子的，婆婆曾说，五个孙女就是五张存折，我老公家本姓 L，因为另一个 L 姓是大姓，爷爷曾经逃到这儿，就改成现在这个 L 姓了。

我对村里的卫生不满意，村民的文化素质需要提升，业余时间大都打牌、看电视或聊家长里短。我们村很少有未婚同居的，婚外情在熟人当中有，亲人当中没有，村民找本地媳妇的离婚较少，外来媳妇离婚较多。我们村共有四对离婚夫妻，第一对老婆出去打工几年不回来了，老公在家就离婚了；第二对夫妻相差十多岁导致离婚；第三对打牌输了钱导致离婚；第四对老婆有工作，老公(之前)务农，老婆看不上老公，老公(后来)在外打工时看上了别人，最后离婚。

我认为夫妻之间信任很重要，我的性格比较急，我老公性格比较沉稳，不紧不慢。假如我老公有婚外情，我坚决离婚，决不原谅，因为他是我的第一个男人。一次我偶然在朋友圈看到一张歌舞厅的照片，看起来是我老公的手搂着一个女孩的腰，我立即打电话让他赶紧回来，我们俩大吵一架，他解释说别人故意把照片“晒”出来，逗我开心的。

我认为夫妻之间如因性格不合离婚不丢人，如因不正当理由离婚则不光彩。我可以接受老人再婚。我公公如果想找老伴，只要他们是真心实意的，我们会支持。但老人有顾虑，怕增加子女负担。我们村老人进敬老院的不多，一般都是“五保户”才去那儿。大多数村民对老人都还不错，近年来吵架的现象很少。我曾去外地打过一次工，因水土不服，工作时间很长，老公打电话要我赶紧回来。在宜章县城还差一点儿被骗了，有一个骑摩托车的人过来搭讪，幸好我没上车。我们的“学生之家”是莽山第一家，现在已有三家。我们这儿还有好几家温泉酒店，村民可以去那儿上班。

二、赵家湾村村民的访谈记录(13位)

访谈对象基本情况表

姓名	性别	年龄(周岁)	职业情况
LXC	男	51	村支书兼主任
CLN	女	20	黄冈师范学院大学生
LTQ	男	53	百货商店老板
LJL	女	61	低保户
WYG	男	49	村委会副主任
HDF	男	41	村委会委员
TYQ	男	61	退休教师
CHZ	男	58	桃园园主
WYX	男	42	挖掘机操作人员
WCH	女	43	村委会妇女主任
LG	男	63	退休村干部、保险公司业务员
LZH	男	49	普通村民
LCW	男	64	普通村民

访谈记录

1. 受访者：LXC，51岁，村支书兼主任

访谈时间：2017年7月14日08:00—09:30

访谈地点：赵家湾村村委会办公室二楼

我2000年在村里当支委，2014年3月份当书记。我一直待在村里，高中毕业，2002—2004年上过一个电大的函授大专。现在村里面家庭条件不是决

定孩子读不读书的原因，主要是有的孩子读不进去。现在孩子基本上读到高中，初中毕业（就不读了的）很少，读大学的每年有六七个。这些大学生大多留在城里了，在我的印象中，回来的只有两个，也不在农村，也是在县城里面，主要搞汽修。农村人还是认为读了大学再回农村就没出息了。村里有 250 人在外面打工，水田统一流转给种田大户，他们一共五个人，种田使用的都是机械。村里每户人家平均收入在 3 万块钱左右，有本事的当然有十几万一年的，困难户也有很多。在福建、上海、广东打工的一般进厂，这部分人钱多点儿。现在外面的工资也涨了，而且他们在外面工作的时间一般有 10 到 11 个月，时间长。

村里变化太大了，从我记事起，318 国道还是石子路，全村没有一寸水泥路。以前田里两季的产量相当于现在一季的产量。现在大家都盖了楼房。政策也好，“五保户”生病都不要钱，政府出钱。教育方面，我们以前读书是在那种土砖盖的祠堂，老师也是村里的。现在政府全部盖成三层的抗震房，师资也是县里教育局统一安排。

社保已经全部覆盖了，镇上看病可以报销 85%，县里看病大概 70%左右，省里就更低。我也不知道这个政策是怎么搞的，因为没大病农民是不会去省里的医院，一般镇上治不了，才会到县城里面去，县城治不了了就去省里面。现在越到大医院去，费用越是报得少，自己反而承担得多。如果有的家庭生了大病，一年花了十几万，如果家里实在困难，下一年可以申请困难户。村里面物质生活大幅度提高，也对我们村干部提出了更高的要求。以前修个水泥路就完事，现在还要搞路灯，还要把不规范的厕所撤掉。村民把这些希望都寄托在我们村干部身上。现在搞“美丽乡村”建设，搞绿化带，有时涉及村民的土地利益，（村民）总希望政府补贴点儿钱，没补心里就不痛快，我们工作也不好做。我们只能发动村干部、老党员去做工作，当然有时也要发点儿火。

现在的物质条件好了，主要抓精神文明建设。像以前我们小时候看电影，这个村看到那个村，那个村看到这个村。现在我们村每个月两场电影，也没人看，家里有电视嘛。我们建了个广场，自娱自乐，广场舞很吸引人。开始的时候我们组织一下，买了音响，后来村民就自己搞了。我们村还举行广场舞比赛，去年有三千多人来观看，我也是（20 世纪）80 年代初赶集的时候才看到这么多人。我们希望把农民业余时打扑克、打麻将的习惯改掉，让他们参与到广场舞中来。以前赌博输了钱，夫妻会吵架。现在搞广场舞，大家出一身汗，回去睡个好觉，又不输钱，不是挺好的吗？

年轻人没孩子的都去外面打工，有孩子的就回来了。我们村有二十几个妇女在食品厂干活儿。现在都很重视孩子的教育，以前爷爷奶奶带大孩子的观念行不通了。经济发展起来了，对环境的重视是非常重要的，村里挺重视环保的。每个湾里，十户建一个垃圾池，五户放一个大垃圾桶，其他的每一户放一个小桶，这些都是政府的投资。然后房子附近区域的卫生自己负责，把垃圾送到公共的垃圾池里去。

村里彩礼没有一个公开的价码，但也有一个不成文的规定——10万左右。我们这边的村民很淳朴，女方不是直接把这钱拿去了，相反还会贴钱作为陪嫁，脸面上好看一点儿。我们这里的姑娘不像四川、云南和贵州那些地方，只要拿出5万或10万，就把女儿带走。我们这里离婚的不是很多，但比以前多了，甚至有的年轻人结婚半年就离婚，现在年轻人太随意了。村里这种情况比较少，主要是在外面打工的比较多。现在家庭还挺和谐的，我认为家庭和谐的基础还是经济条件，穷的话事情就多，经济条件好了，家庭关系就会好起来，问题少了嘛。

2. 受访者：CLN，20岁，黄冈师范学院大学生

访谈时间：2017年7月14日08:10—09:20

访谈地点：赵家湾村村委会办公室二楼

我在黄冈师范学院读工商管理专业，家里有六口人，爷爷奶奶，爸爸妈妈，我和弟弟。爷爷八十多岁，奶奶七十多岁。我父亲在建筑工地上班，母亲在一家家私工具厂上班。我有一个姑姑和一个大伯，都在县城。爷爷奶奶平时与我们住在一起，但他们有自己的房子。我们家一年不包括开销收入有十来万吧。我爷爷自己有退休工资（退休金），还挺高的，平时吃住都是在一起，没怎么花钱。父亲初中毕业，母亲小学毕业。我们村上大学的人不多。我大伯家两个儿子读书比较厉害，大哥哥在湘西大学，小哥哥在浙大读研究生，有他们两个做榜样，我妈妈对我的期望特别高，但还是让她失望了。

我出生在这里，一直都在这里长大。我感觉村子里变化还是挺大的，以前的土房子都换成了楼房，装修也挺好的，村民的经济水平普遍提高，交通也改善很大，水泥路修到了村口，跟其他村子相比，条件还是挺好的。我们村邻里关系挺好的，小孩多，吃饭和玩耍都挺好，我特别喜欢待在家里。小时候村上有小偷小摸的，现在基本没有。我们村村民外出务工的有很多。我们村后面一大家人都出去了，我们家因为我母亲性格软，又需要在家照顾我的弟弟，所以没有外出工作。村里像我年龄这么大的孩子还挺多的，一半打工，一半读了大学。我村里有个姐姐高三时生病了，复读一年考上了大学，挺不容易的。我也不太清楚我们村结婚彩礼方面的要求，就我所知，村子里刚结婚的几家彩礼也还好，都是和父母一起住，在县城有房的还把父母接过去一起住。村里年轻人谈对象，有的人是通过媒人介绍，有的是自由恋爱。我们村很大，有十几个组，我在 4 组，家庭关系还挺好，我觉得比较爱吵架的倒是我爷爷奶奶，从年轻吵到现在，我父母这一辈吵架的少。村里离婚的不多，但也有，我家旁边就有一户，我小学时就离婚了，可能是夫妻没感情了。现在来说比较少，有分居但没离婚的。离婚之后重新组合家庭的很少，就我所知道的两家男方都没有再婚。一些走出去的年轻人基本上都是确定好了结婚对象直接带回家结婚。村子里重男轻女的观念有所变化，但如果第一胎是女儿的话，多多少少都会想要个儿子，大多数人想要儿女双全。我们村子里老人养老基本上是由在家的子女照顾。子女除了物质层面的照料，精神层面的关心也还行，老人通常是一方儿女照顾，在日常生活上照料还挺好的。没有六十多岁的老人外出打工的现象，老人一般在家种地，做家务，带孙子。村子里像我弟弟一样十岁左右的留守儿童比较多。就我自己家里而言，我父母过于看重读书，我认为父母应该注重孩子的兴趣培养，父母也会注重孩子性格、品质培养，像我们家会跟我弟弟讲一些道理，也注重品行的培养，但更看重成绩。村子里没有幼儿园。以前村子里的小孩读到初中辍学的比较多，大多数不爱学习，家里条件又不好，想辍学出去打工赚钱，但现在比较少，只要愿意读书的人基本上都在上学。

我们组人比较少，只有 39 户共一百多人。村子里不愿意尽赡养老人义务的子女比较少，一般老人有多个子女，但只由其中一个或两个子女赡养，其他子女照料得少。以前华中科技大学的胡老师在湖北做了一个调查，显示老人自杀情况特别严重，子女根本不尽赡养义务，我们村子里没有这个现象。我们村老人对儿女成家管得如何，这个就不太好说，年龄层次不同，情况也不太一样，四五十岁的父母会为儿女准备房子。村子里有家庭养老、子女教育、夫妻不和的问题，但这种现象很少，我们村风气挺好的，家庭比较和睦。村子里也有自己开厂创业的，但这种情况很少，有几户混得挺好的，在珠海那边开了工厂，全家搬走了，只有过年才会回来一次。我不太清楚这里工厂数量有没有增多，只听说过新增了一家石材厂。

我们村子里以种植小麦、谷子、蔬菜等农作物为主，也有人家养猪，靠近山里就有一家人养。我觉得对环境基本上没有什么影响，因为只有一两户养。以前每户人家里都养猪、养鸡，一下雨就特别脏，但现在养猪、养鸡的人比较少。我们这里可以开发的资源是板栗，每户每家都有种，以前每户都会剥板栗卖钱，后来因为太麻烦了，就很少剥了。这里有专门的板栗收购站，有专人上门收购。我们村子里没有专门的垃圾处理站，只有一个大的垃圾箱用于集中放垃圾。我们这边交通挺方便的，我一般是去镇上寄取快递。我们这边离县城挺近的，骑摩托车十分钟左右。这里有两处开发的景点，燕儿谷和十里荷塘。我觉得我们这里的旅游业有发展前景，在景点旁边有农家乐，但没有形成系统的规划。我们村民可能比较注重自家的环境，但公共环保意识还有待提高，我们家就是这样。在我们村，农家肥使用得还是挺多的，我们家一般使用农家肥，自己家农家肥不用花钱买。

我不太清楚村子里的选举状况，对村干部也只了解一两个。农村里打官司的现象很少，在我记忆中是没有的。我们村“美丽乡村”建设得还可以。

我小时候父亲在外务工，现在在家里工作。我们家有 3 亩左右的地，现在种得少。我们家的经济开销主要是供我和弟弟读书，我读大学开销挺大的，一学期学费是 5 200 元，住宿费是 1 300 元，每月生活费是 1 500 元，还有其他开销。我们家新建房子花费也挺多的。我们这里人情往来多，但主要是送礼，送礼礼金涨了特别多，像红白喜事最少是 100 元，现在 100 元也很难拿得出手。

我读的是工商管理专业，比较看重实习经验，我想考一个教师资格证，或者通过其他途径考研，我大伯伯家的哥哥读的就是工商管理专业，现在干得还挺好，我在填志愿的时候，我妈妈不想我出远门，黄州离家比较近，就选了黄冈师范学院，但我本人很想出去闯一闯，到了一定的年龄，说不定就想回来了。我家里比较保守封建，不支持我在读大学时期谈恋爱，还是希望我好好学习，我们这边女孩子读书都挺不错的，没读书的女孩子结婚也比较晚。我们老家那边没读书的女孩子结婚就比较早，早婚早育。

3. 受访者：LTQ，53 岁，百货商店老板

访谈时间：2017 年 7 月 14 日 08：15—09：40

访谈地点：赵家湾村村委会办公室二楼

我开了一个百货商店，一直在附近做生意。我的两个小孩都已经大学毕业了，大的在宜昌，小的在武汉。我在 14 组，做生意一二十年了，现在基本上没有种田，家有老母 89 岁，大儿子大学毕业之后在宜昌工作有 6 年了，已经结婚，媳妇是河南的，还没有生小孩。上次他回来考驾照的时候我们谈及此事，他说他们还年轻，其实我认为并不年轻了，一个 28 岁、一个 30 岁。他说现在还不想生小孩。儿子在单位里是优秀共产党员，工作稳定，媳妇也是大学毕业，现在没有工作。我问他，他说过两年再说，现在的年轻人都想先玩几年再生小孩。他在宜昌，想回来发展，现在还不确定在哪里买房。他学的专业好像是船用机械，他想考项目经理，然后可以调到武汉总公司这边来，而且工资待遇也会好一些，目前正在考，想回来。他准备考一级建造师，他已有了五六年（工作经验），有资格考。考到了一级建造师年薪就很高了，他年轻，是这么想的。他俩去年结的婚。我问，小孩要不要我们去带。他说我们这做生意的带不好孩子。我说只要你们俩需要我们帮忙带孩子，生意可以不做。“我们五十多岁了也没什么大的出息，帮你们把孩子带好了你们去发展。”他总是说以后再说。他觉得农村乱七八糟的带不好孩子。昨儿邻居家的孩子打翻了桌子上的一杯开水导致一边身体被烫伤，连夜送到罗田医院，罗田医院不能治，又送往黄州的医院。要是有钱的话我就不做生意，专门给儿子带小孩。目前两个人收入差不多十万块钱。我跟老伴都在店里，一个人忙不过来，非得两个人。老家里有个老楼房，盖了很多年了，装修过了，我母亲在家里住，最近儿媳妇回来了也在家里住，我一般中午回去做个午饭，也算是回去照顾老人，她 89 岁，生活条件还可以。我父亲以前是矿工，他过世以后，母亲有抚恤金，一年有六

七千块钱，她80岁以后国家一年好像给发七八百块钱，60岁以上的老人一个月有60块，她要是没生什么大病，只生活的话绰绰有余，她一年算下来可以拿一万多块钱。

现在地都不种了，都荒了。我们做生意的，店里卖菜卖肉，家里需要什么，米油面之类的直接过来拿。我是1982年上的高一，在骆驼坳高中，差10分没考上大学，班主任还来我家劝我一定要复读。那时候刚开始责任制，分田到户，家里非常穷，我只有一个兄弟。学校要交38块钱的复读费，家里拿不出来，就没有去复读。这件事我后悔了一辈子，那时候国家包分配，不管什么样的大学都分配工作。后来骆驼坳考乡干，我去参加了，考了第二名。通过了之后又通知去罗田考试，刚好那天下着瓢泼大雨，那时候没有车，我自行车都没有，只能靠走，我跟几个考生聚在一起都说去不成了，后来我们都没去成。那时候年纪轻，不懂得将来如何发展，否则我一定会坚持读书的。中间打了几年工。那时候不流行打工，但总得找到工作。刚从学校毕业，我又不会种田。姐姐在一个铜矿里工作，我先到她那里做了几年事，后来就回来盖房子，再后来结婚。这其实严格说来也不算打工，我在黄石那儿住着。真正要说打工是结婚之后。现在儿子快30岁了，女儿25岁了。刚结婚的时候家里特别穷，后来九几年到武汉的中国证券报，毕竟读了些书，老总是北京记者站驻武汉的记者，他看我做事还不错，人也通透，就把发行全部包给我了，整个武汉市包括鄂州、黄石、新洲等周边地区。他工资也开得高，九几年给我开五千多块钱一个月。北京记者站有100万元拨给湖北日报，专门印报纸，这100万直接给了湖北日报，他只通过页面广告收费，印刷报纸是亏本的。有个问题就是，接手的老板都在贪污，国家这笔钱交给他都是自己支配。我做了五年，后来慢慢就还可以，手里也就有了些钱。

那时候没有自考，我手上没有文凭，第五年的时候老板说湖北日报的中国证券报北京记者站驻湖北办事处要招四个记者，他想招我来着，让我出示文凭证明，我没有文凭，人生第三次机会也就此错过了。这边五年一换，人全部都换了，之后我就回来了，然后慢慢做生意。

我开始做点儿小生意，慢慢来，从瓦屋到在路边两层半的楼房。那时候只有我一个人做生意，后来带动其他人也开始做生意。那时候做生意的人少，也简单，什么都卖。后来做生意的人多了，我的状况就差一些了。我年纪也大了，又没办法再去做其他的。但是我总觉得我这一生原本应该不止现在这个样，就觉得很可惜。有个好的平台，就有好的发展，我也经常告诫我的儿子，不管做什么一定要好好做，做出色。做生意收入还可以，一年差不多有 10 万块钱，能过日子就行。现在好多了，经济宽松了，真正要说特别贫困的没有，“五保户”、低保户国家都有照顾，有些人出去打工，也有钱，欠钱的少。每年欠的钱到了下半年就差不多都还清了，剩下的超不过 5 000 块到 1 万块钱，都能主动送来。也有欠掉了的，欠掉了也就算了，有的人死了就讨不回来，有的人欠钱欠了五六年没有还，然后我也不再去讨要了，就算了，懒得去过问了，只是以后我们生意也是做不成的了。

现在做生意难了，店多，他们会货比三家的，生意相对就不好做了。但是我也没打算再多做，我打算小女儿结了婚之后，就不再做生意了，其实就相当于，生意最好做的时候，我也赚了些钱，现在生意不好做了，回家帮忙带带孩子。两个孩子上大学要花很多钱，又盖了两栋房子，基本上现在手上也没有钱，去年儿子结婚花了二十多万，儿媳妇是河南的，现在彩礼一般都是最低 10 万块钱，但是，生女儿是要吃亏的，因为收的 10 万块钱，很多人都带回来了。这次我家娶媳妇，我是直接给了一张卡，卡里面有 10 万块钱，但是 10 万块钱还是带回来了，我也没收她的嫁妆，之后的婚礼都是家里办的。但是他的父母养女儿，也应当是要给一些钱的。那说明，父母还是为儿女考虑得多，为自己考虑得少，这边思想还是比较淳朴，自私的还是比较少。政策好，我们做生意没有税收。只是食品安全法要重视，这个还是非常重要的，如果发现什么问题的话就会罚款，特别是过期食品，是非常危险的，执法人员说罚多少就要给多少，非常严格。食品安全每年都要查一两次，不定期检查食品安全，每年要交一千多块钱的维护费。进货一般都有车送，任何一项产品，每一个县城都有总营销，有一个产权代表。就是说你手上有他们的电话，给他们打电话就行了。店里现在也用电子支付软件，扫一扫，比较先进。年轻人一般不还价，老人会还价，我们也还是会让着点儿的。现在农村人的素质比以前要高一些，经济收入也高一些，家庭也都挺和睦的。现在家里吵架的比以前少很多了。说实话以前人的素质是要差一些，眼睛看着脚背上，一点儿小事就容易引起摩擦。以前吵架多是田地的纠纷,现在田地种的人少了,养鸡、养猪的也少了,宁可出去打工。罗田有很多工厂,食品厂、家私厂、纺织厂,一个月2 000块钱都比种田划得来。种田一年收入还不到一万。各人做各人的事,不存在什么纠纷。基本都去打工了,也有在附近的,也有出去了的,只有爷爷奶奶在家,小孩子算是留守儿童。一般都是老人带孩子,就算带不好也没办法,儿女要出去挣钱,在家附近挣钱工资比较低,外面高一些。基本上都是打工,到福建、广东、上海,到处都有。大部分人进厂,夫妻两人一年能存个十万左右,有的一个月四千多块钱。在本地打工的一般都是家里老人年纪大了,不方便走太远。钱还是少些,一年三四万块钱。现在田地没人种,除了为带小孩没有进厂(的人)。老婆一个月一千多块钱也比什么都不做好一些。外出打工的很少回来,回来也划不来,回来也没什么可做的,除了家里有老人放不下。家里要是没有老人,或者老人身体健康,就没什么牵挂的,其他的还有出去读书的。

生态环境比以前好多了,国家重视这一方面,之前说要建一个金银花基地,砍了很多树,结果没成功,现在估计还是会还林吧。这边绿化搞得还可以,以前的污染主要是由烧柴、养鸡等造成的,现在用煤气,养猪、养鸡也少了。现在村里有垃圾池,也有人专门检查卫生。我觉得村里如果当年没开矿的话就好了,矿山的污染挺厉害的,也影响美观。现在挖得很深,其实一开始老板也没赚什么钱,现在山不像山,路不像路,水也过不来,田地也荒了,还污染河道,石头渣到处都是。矿是归矿产局管理,因为环境污染之前给停了,不让开矿,停了一段时间后来就罚款。我们这搞“美丽乡村”建设,环境都搞得比较好。其他村没有我们这么好的办公楼,我们村里还有广场,之前举办了广场舞大赛。我们村得到了“美丽乡村”称号,国家又拨了三百多万元,马上就要装路灯了。

村里组长通知开会,上面发了文件,过来通知一下,关于合作医疗、社保什么的。现在没了税收,村里只有三四个干部,基本上没什么事。村部都是选举的,这些干部负责调解村民之间的纠纷,但是我也没见到过特别大的纠纷,我还没听说过农民打官司。除了人命,其他的什么小事没必要打官司。目前没有人搞农家乐,不过听说水库那里准备搞。我们这边就是有家种桃子、养鸭的。这几年板栗(种植)在走下坡路,去年干旱,产量少了很多,今年还可以。

这两年村民跟风种植板栗，产量多了，价格低了。对于创业创新，我倒是有这个心，感觉现在的人没以往的人创新意识足，（因为）风险太大，除非政府给你支持。一般是先搞的人，别人都盯着，你成功了，大家就跟上。出去的人创新意识应该好一些，我看节目里面介绍农业种植养殖技术，有很多典型。外面有的创业规模大，这边需要有人带头，政府再支持，保证销路。这几年村部在整个村的社会经济发展中起了很大的作用，很多建设都是村里挑起来，他们负责落实政策。只要我看中你的项目，我会自己分析它的市场，我觉得可行，就会参加。不管是在城市还是在农村，任何事你走在前面，就要担一定的风险。要冒风险，有成功也有失败，不会一帆风顺的。

家庭内部这方面，一般儿女都出去了，家里的人（相处）都比较和谐，比较融洽，长期在一起的话反而可能出现矛盾。家庭与家庭之间，各人做各人的事，互不相干。有红白喜事的话，大家也都会来送礼，也比较融洽。

现在老人去世还是像以前一样，没怎么变。死者家人如果是政府公务人员，会给抬轿的八个人每人200块钱，一般农民不会要钱。我这边就是组长分配，八个人抬，两个人拿凳子，大家都回来帮忙，完事后给两包烟。这个传统还是保持得比较好。结婚办喜酒，现在会请厨师，包出去，500块一席，什么食材、桌椅都是他们自己带。以前是到处抬桌子借椅子，大家都来帮忙，现在都包出去了，也方便多了。

4. 受访者：LJL，61岁，低保户

访谈时间：2017年7月14日10：00—11：05

访谈地点：赵家湾村村委会办公室二楼

我今年61岁，是低保户，没有工作。我家里只有我一个人，身体体质不好，小时候没有吃母乳，靠喝米汤，营养不足。读书，就读了个初中，就是现在的赵家湾小学，那时候小学、初中连在一起，后来初中搬走了。那个时候读书是需要推荐的，不留级，我成绩不算好，高中还没有读三个月就回来了。我爸爸是老书记，我读书的时候，他肺部有病，病得很严重，我就被迫回家了。如果他没得病的话，我应该会读高中的。那时候上初中的没几个，我10岁才启蒙，身体不太好，我家里只有我一个孩子，在我之前和之后我父母各有一个孩子夭

折,那时候没有钱治病,晚上生病了,后来就夭折了。母亲去世有一二十年了,父亲早走三年。

我两个女儿的生活状况也不太好。大女儿本来说是招女婿,结果后来又成了嫁出去,嫁出去之后女儿又想回来,我家在那个大山头上,是 13 组,也就是最后一组,她后来在那儿盖了房子,所以我现在在村部这边住,也是政策好,村里叫我到这边来住。

孩子跟男方姓,那就不算招女婿了。大女儿生了两个女儿,大的 18 岁,马上读高三。小女儿生了一儿一女,大的是女儿,现在在这里补课,小的只有 4 岁。两个女儿都是困难户,大女婿的母亲也在这边住,身体也有病。我是去年腊月过来的,在这边过元旦。房子也是去年盖的,我是第一批搬进来的。

生活上发米发油,另外给了 200 块钱,是私发的。我要是能劳动就自己种点儿田。平时没有补助,就是有低保,打到卡上,我是 88 元一个月,两个人一个月 176 元,一年接近 2 000 元。我们不够花,女婿做环卫工作,5 000 块钱一年。负责处理整个村的垃圾,负责扫地、清理垃圾柜,专门有车过来拖垃圾车。光靠低保是不够生活的。我去年才搬过来,上面有什么事也会帮点儿小忙,照顾村里。

现在这边住了 12 户人家。两个单身汉住一起,夫妻两人住一起。50 平方米,住房很足够。夫妻住一起好说,就是两个单身汉做饭比较麻烦,只有一个灶,就一个用灶,一个用电饭煲。我到这边来,情况比较特殊。大女儿出嫁后怪我把她嫁的地方不好,要回来。村里也了解情况,我家里一点儿都不宽裕,多亏了政策好,村里的领导对待我们很不错。村里给我做工作,让我把地方让给女婿盖房子,我就搬过来住。大女儿当年结婚的时候,因为大女婿兄弟多,娘家到这边来招亲,他自己愿意来的,但是家里都不同意。他自己过来,家里条件也不好,没什么带过来的,没有一点儿彩礼。那时候双方经济条件都不好,都没什么拿得出来。他那边房子少了,我这边有个房子,他经济条件不好,找媳妇不好找。我两个女儿出嫁时彩礼少得很,基本上没给多少钱,大女儿出嫁时家具都是我这边置办的,出嫁“送日子”的时候给了五六千块钱,还包括要给我这边亲戚的。小女儿也没多少,8 800 块钱,还回去了。我把给亲戚的除去,其他的都退回去了,给他们搞装修,他拿去买家具,其他的有些家具都是我买的。大女儿是1977年20岁时出嫁的。小女儿也出嫁二十多年了。现在找媳妇“送日子”最起码要上十万块，送个金银首饰要一万多。为了儿子嘛，有的人家没有就去借钱。有的能力大点儿能拿得出来。只要双方同意其实用不着。“送日子”的钱大部分还是父母出，除非他确实拿不出来，孩子自己要拿一点儿。要是有两个儿子，都结了婚，有的一个儿子承担（赡养）一个老人，有的老人自己住，儿子过儿子的。还是两个老人一起生活比较好，因为长辈和孩子生活方式不同，住在一起比较麻烦。吃饭的时候老人想吃软一点儿的，年轻人可以吃生一点儿的。老人过自己的，大家都比较自由。就是儿女要尽孝心，老人病了还是需要照顾。现在病了花钱方面是儿女承担70%，国家承担30%。我有高血压，心脏也不太好，还有颈椎病。这边跳广场舞，我也跟着去锻炼，活动筋骨。前天晚上在这儿跳，有个跳舞的搭顺风车过来跳舞，结果撞到板车上去了，骨头撞断两根，对方还赔了钱。昨儿村里音响坏了，就没跳。现在年轻人孝心怎么样，这个说不准，各人不一样。有的有孝心，老人也是各有各的脾气和想法，老一辈的没读什么书，年轻人读的书多一些。跟往年相比基本上差不多。儿子不养老人的情况也有，但是不多。其他的都还可以。有的不孝顺的人也没有人管，没人敢管，不与外人相关。其实父母也有责任，没教育好子女。我们当年生小孩时有计划生育，否则会生很多的。大女儿生小孩的时候非常严，有的怀孕了到处逃，悄悄地养，被发现的房子都给拆了。大女儿的二胎跟一胎隔了五年，政策允许她生，如果第一胎是个男孩，就不能再生。我觉得生两个比较合适，因为生多了，负担不起，光读书就要花很多钱，养三胎的很少。在农村有的人就是想生第三个孩子，前两胎是女儿，他就非要生第三个，就想要个儿子，罚了很多钱。农村跟城市不一样，很多人想生个儿子，就是代代相传，把香火传下去，生两个女儿，没有继承人，女儿出嫁了，有时候闹起矛盾来，人家骂你没有儿子要绝代。有的不管家里条件好不好就是要生儿子，觉得儿子能挣钱。现在很多人生第一个是儿子心里就害怕第二个也是儿子，两栋楼房就负担很大了。有的又说只生一个以后养老只有他一个人负责，各人有各人的想法。总的来说，还是想要个儿子，老了有个三病两痛的，需要人照顾，有安全感。女儿要顾她自己的家。现在家里兄弟之间的关系，有的孝顺，有的也忤逆，各占一半。有的为了土地，有的因为老人，有的老人偏心，导致弟兄俩不和睦。也有听说分家的时候要父亲不要母亲，因为父亲还能做些事，母亲干不了什么事。还有穷与富，一个富点儿，一个过得不好，也有因为妯娌关系不好而闹矛盾的。

村里面现在结婚办酒之类的事，会请厨师过来办，以往都是借桌子、椅子和碗，现在都是厨师自己带。现在这个方式也可以，因为以往的太麻烦，碗都分不清，弄坏了都要赔，前前后后要两三天，还有跑堂的人，过后都要一一归还。但是现在这些事要花钱，以往倒是没怎么花钱。现在经济条件好了，国家政策也好。这有一家人是跟着孩子一起生活，两个儿子轮流照顾，她也是随着孩子，她一个人又没有生活来源。我现在不怎么向别人借钱。我把两个女儿嫁出去就没什么大事了。我的大女婿盖房子就是向亲戚借的钱，要是贷款的话要还利息，他是向亲戚说好话借的。我帮他找工人，前前后后用了十多万，借了四五万。一般盖房子借钱的多，还包括装修。去借贷款的也有，要是亲戚借不了就去贷款，否则房子盖不起来。经济条件不好送礼还是有些负担的，但是该去的还是得去。我到这边来大事都去了，小事过生日什么的都没去。现在盖房子，搬家的时候亲戚都会来。一般这样的花 100 块钱左右。

我一年收入有几千块。这湾子大，有很多要花钱的地方，这是农村的一个风俗。以往没有人办六十大寿、七十大寿，现在有，这样其实也不好，有的还会回礼，很麻烦。有人起了个头，后面的人就跟着一起这么做。

村里搞干部选举的时候我参加了，他发传单，符合条件的一定要去，满了 18 岁的都要去。我愿意参加，否则你坐在家里还不知道干部是哪几个人。既然我有选举的权利，村里通知我当然要去。

我平时到骆驼坳卖点儿自己种的菜，菜多、质量好的时候能卖百来块钱，有的时候几十块钱。我的菜也不是很多，地都种了板栗，田里插了秧，种点儿花生、黄豆、棉花。家里有三个人的田，都还在种，种的田够自己吃。我平时也没什么开支，就是人情往来什么的。这边孤寡老人生病，兄弟姐妹照顾。单独的一个老人，病情不重的话就自己照顾自己，村里也会嘱咐医院照顾，大病还是会自己请人，自己有钱自己出，自己要是没钱应该是国家出，以亲人为主、以儿女为主。我觉得残疾人的确需要人照顾。

小女儿和小女婿都在福建打工。大外孙女在读高中，昨天回来的。放一个月的假,补课 20 天。她经常到我这里来。村子里有四个精神病人。有的是遗传,有的是后天的,有的是气的,肚量窄,有的是被吓到了,大脑受了刺激。

5. 受访者:WYG,49 岁,村委会副主任

访谈时间:2017 年 7 月 14 日 10:00—11:25

访谈地点:赵家湾村村委会办公室二楼

我是高中学历,高中毕业以后就在县城里打工,家里比较穷,不可能再读书了,就去做建筑工人。那时候骑自行车去县城打工。我有个弟弟,他当时考了现在的武汉科技大学,后来留在那个学校里工作。现在组织方面把他调到湖北工程学院当党委副书记。我们当时家庭很穷,我姐比我大 5 岁,也读到高中毕业。我当时打工,供弟弟读大学。我有两个孩子,一个女儿,一个儿子。女儿专转本,现在已经毕业工作了。儿子在一所二本学院毕业,也工作了。儿子在武汉的公司上班,我一直做我儿子的思想工作,希望他回家,考公务员或事业编,等我们老了好有个依靠。儿子和儿媳在武汉工作生活,经济压力大。我的房子是 2003 年建的,当时还是毛坯,住了三年,后来女儿要出嫁了,把家里装修了一下。我们家的房子还比较大,装修的也比较好,我希望他们回来住,我们这离县城也近。可是他们就是不愿意回来,他们说了句话也很有道理,"留在大城市是为了下一代考虑"。女婿在北京工作,懂技术,一年工资有二十多万。儿子和儿媳每人每月 4 000 元左右。现在政策开放,都要生两个孩子。现在农村结婚后,儿子和儿媳也和父母住一起。如果兄弟姐妹多,儿子旁边有房子,父母就住里面,不和孩子住一起,毕竟大家观念和生活习惯不太一样。我们这里的风俗还是比较淳朴的,我们这里人主要的矛盾是,从高考政策放开以后,孩子不好好读书,父母有点儿恨铁不成钢。30 岁以上的孩子与父母之间的矛盾还是比较少的,因为现在家庭条件比以前好多了,家里有吃有穿,不需要太愁了嘛。我们村里有四个村干部,村里有 14 个组,我们一个人要管理三到四个组,基本上没有村民上访的现象。

现在农村(人际)关系和以前比,有了很大的变化,打个简单的比方,以前村上盖房子,大家一起来帮忙,不谈价钱,只要供口饭吃就行。现在盖房子,一般按照大工、小工算钱。大工的话 220 元一天,小工的话 120 元一天,都要算

工资的。现在红白喜事还是大家一起来帮忙。现在农村的交往也很多,出去打工的春节回来了,也要挨家挨户地拜年。现在村民也富裕起来了,老人家也看开了,不要把身体搞坏了,田地都不种了。我们这里主要的产业是板栗,这几年板栗的市场行情也不太好。村里的土地主要流转出去了,承包给有能力的人种,租金一亩一年400块钱。村民之间相互交流也越来越多,有红白喜事的话相互走动一下。湾子里面一般二十几户人家,都有一些公共场所,有的三五户挨在一起。在凉快的地方,村民吃饭的时候坐在那里,吃饭聊天。

平时我们这里也有电影下乡的,看的也只有几个老头和我们这些干部,加在一起也不过十几二十人,几乎没人看,现在家家户户都有电脑、电视嘛。最近两年兴起的一些活动,比如搞那个广场舞,搞得也挺好。条件好一点儿的家庭的儿媳,买个一二百块钱的小音响,下载几首歌,放在一个地方,大家就开始跳广场舞,活动到晚上9点,我们规定最晚不能到9点半,大家都要休息。村里人现在有时间扭一扭,跳一跳,对身体很有好处。以前没有广场舞的时候,大家吃饭聚在一起聊聊天就完了。现在主要是注重身体,出来散步,走一走,然后回家,锻炼身体。包括我爱人在内,晚饭一吃,碗啊之类的还在桌上,也不收拾了,就赶去跳广场舞,跳到9点钟结束了,才恋恋不舍地回家。

现在50岁以下的青年人都到我们附近的工厂去打工,骑个摩托车就行。有技术的四五千一个月,技术差点儿的一千多一个月。在家里种田、养猪,不管干什么,都挣不到这个钱。白天都出去打工了,晚上才有休息的时间。平时办喜事的时候,城里有婚庆公司,乡下没有,那些年轻人就在广场上放几个音响,放些音乐,拿几条香烟过来。哪个愿意唱歌的或跳舞的,发一包烟,也就是喜烟,吃饭的时候,也有唱祝酒歌的,气氛很好。

至于乡贤,首先自己要富裕,然后带着大家一起富裕起来,为人正直,能为村里办实事。村里有一部分人出去打工、读书或创业,有些是出类拔萃的。他们的父母亲戚还在村里,他们赚了大钱回到村里。其中有个人看到村里年纪大的,他就找到我,他出钱让我每到春节的时候给70岁以上的老人每人发300块钱,去年是12个70岁以上的老人。春节时候看到村里的“五保户”生活很困难,他就每年两季,清明的时候发一袋米和一桶油,春节的时候,每家发200元钱,他要我直接发到老人手上。如果特别困难的家庭遇到麻烦,村里也会组织捐款，十块钱也行，五块钱也行，哪怕一块钱也行。村里还有很多问题，像“五保户”、困难户有很多，培养孩子上大学也要花很多钱。

6. 受访者：HDF，41 岁，村委会委员

访谈时间：2017 年 7 月 14 日 10：05—11：00

访谈地点：赵家湾村村委会办公室二楼

我们家四口人，我们夫妻俩，加上我母亲和一个 12 岁的儿子，我儿子正在上六年级。我的学历是高中函授大专在读。我现在在村里的职务是党支部支委、财经委员。我妻子开了一个小店，做暖水器材方面的生意，就是装修方面需要用到的器材，生意好的话生活状况还行，可以养家糊口。这两年农村建房的比较多，生意也还不错。我母亲 63 岁，她的身体一直都不是很好。我有一个姐姐，也在本村。这些年村子里的变化还是挺大的，现在农村卫生意识增强了，垃圾分类、收集做得很好。村子里有专门的垃圾回收点，每十户就有一个垃圾回收站，每一户都有垃圾桶，有人专门负责。村子里今年实施了天然林保护政策。我们村的林业资源都分林到户了，大部分是属于私人的。这些林木多数是松树之类的绿化林，不能带来什么收入。因为罗田这几年板栗的行情不太好，种板栗的也少了。罗田县城有板栗加工厂，村子里也有，因为种板栗的后期投入少，所以也有人在种。村民的经济收入普遍提高，政府扶贫投入大，砖瓦房基本没有了。村委也是新建的，这都是这两年开发的，这座办公楼就是去年新建的。村民之间的交往关系还可以，不过我感觉与我们小时候相比更为复杂了，村民的维权意识增强，知道维护自己的利益，但奉献意识减弱了。农村的治安还挺好的，罗田县是全国的平安县，不过小偷小摸的状况也有发生，临近春节的时候有几起。村部处理的矛盾主要是农户之间的土地纠纷、经济纠纷、邻里纠纷，到打官司这个程度的矛盾冲突发生得比较少，80%—90%能协商好。

村子里结婚彩礼方面需要 10 万元左右吧，不包括房、车，一般的家庭普遍都能承受。是否一定要求有房、车，因人而异，主要视经济条件而定。儿女结婚后大多数会跟父母同住。村子里年轻人自己谈恋爱的比较多，经媒人介绍的少。外出务工的人多，主要是年轻人，我们村有 1 500 人，大约 500 人外出务

工。如果父母混得好,会帮年轻人带孩子。村里大部分家庭的主要收入还是务工,农业只是补充。农户有些人种蔬菜、西瓜,有些人外出打工,荒废的田地多,就免费给其他的村民种。我们村里的西瓜供应县城的数量很多,基本上县城里卖西瓜的都是我们村的。种瓜的一般是五六十岁的老人。村子里没有幼儿园,我们镇上有幼儿园,校车接送,以前重视学前教育的少,现在都比较重视。高中毕业的村民占比大概在80%左右,也有约20%的人辍学出去打工了,九年义务教育几乎是100%全覆盖。我们村子一般是先领结婚证再举行结婚仪式。现在离婚率比以前高,现在这个社会离婚率普遍高。原因倒是多种多样,一般是夫妻分居两地、婚外情较多,对老人不孝顺的比较少,我们村的村风挺淳朴的。

我觉得我们村在教育上面临的最大问题是教育资源匮乏,尤其是师资力量缺乏。村子里没有养老院,也不是集中养老,但去年村子里建了一个集中安置点,一般是"五保户"、低保户、贫困户才能去,基本上都是精准扶贫的对象。

我对于孩子兴趣爱好的培养持一般的态度,我们家男孩子参加了武术培训班,还有象棋、围棋班。我们打算生个二胎,我妻子已经怀孕了,这个月底估计就要生了。这次希望是个女儿,我没有重男轻女的观念,儿女双全最好,现在的观念在转变,我母亲那一代就觉得儿子越多越好,但我们觉得儿女都一样,女儿也很好。在养老方面,儿子承担的责任更重,女儿养不养在道德层面没有明确的规定。现在孩子结婚男方需要给女方彩礼,开支也主要是男方的,但女方也会补贴一点儿,像电器就是主要由女方买,其实也通过这种途径把钱又返还到男方手里了。我们夫妻在家庭中各司其职,相互协调,性格互补。我们这里大男子主义不严重,没有家暴现象。村子里如果女性离婚了,很少会有人说闲话,现在社会离婚比较正常。离婚后也有再重新组合家庭的,还比较好。一些留守在家的妇女、儿童、老人大都面临一些问题。孩子面临的是教育问题。如果家里有些体力活儿或技术活儿,老人就无法完成,需要人帮忙。我们村子里还没有什么组织是专门给这类人群提供一些义务帮助的,但每个小组都有一个小组长,你可以找他义务帮忙,不存在费用问题,每个村子里都有党员,有问题可以找党员,如果是比较复杂的问题,可以找村委会解决。这种状况也在转变,我们村里也正在成立几个协会,像道德文化理事会、纠纷调解会、红白喜事会，主要是民间组织，选择村子里比较德高望重的老人来主持。红白喜事会的酒席费用不太高，不存在大操大办，一般是十几桌，热闹一下。道德文化理事会主要宣传一些孝顺父母、尊老爱幼的文化理念。纠纷调解会主要是调解纠纷。没有上升到法律层面的小问题都在村里解决，实在解决不了的，才通过法律途径解决。我们现在农村家庭当中面临的最大问题是教育问题。现在家庭都很重视教育，农村小孩读书也不容易，起跑线就与城市的孩子不同，所以我希望教育方面能够更加公平，政府能够提供更多的资源，这个靠个人解决不了，家庭教育取代不了学校教育。现在有许多大学生义务支教，我们村子里今年就有湖北师范大学的大学生过来义务支教，由县里的团委联系，已经来了快两个星期了，吃住都在村里解决，由国家出资资助。第一天就有三十多个学生报到，第二天又有二十多个，但他们只有四个老师，忙不过来，他们来家访时，我就提了意见，希望能多来一些老师，让更多的小孩享受到这个福利。义务支教这个政策还是很好的，可以让更多的农村留守儿童享受到更多的资源。这个政策是从今年开始的，但我相信会越办越好，由点到面，一般都是大二或大三的学生，有一定的教学经验，一般支教半个月左右，我希望覆盖面能更广，时间能更长一点儿，为有需要的人提供更多的帮助。农村孩子上培训班的人数比以前多，我们村子里就有一个文化课培训班。我们村子里有专门为小孩子提供的学习场所，农家书屋或阅览室，有几百册图书，面积还挺大的，还有专门为老人提供的下棋、打牌的地方。

我们家的主要开销是生活费，人情往来方面比较多，孩子目前还处于初级教育阶段，没花多少钱。村子里的人情往来像过生日、红白喜事，一般要送200 元左右，是亲戚的话更多。我们家一年的毛收入有五万元左右。我去年一年的工资是 27 000 元，这个比较低，因为以前村干部就像是兼职一样，有事情就出面，那时候主要是以种田为主，现在是坐班制，收入主要就是这一块，这两年收入在不断提高，前几年更少，只有一万五千多。我是 2014 年换届选举的时候到村子里来的，我担任村干部的时间还比较短，我们有的村干部做了十几年，据他所言，现在的工作是以前的几倍。现在的事儿比较多，早上 8:00 上班，晚上 6:00 下班，而且在村里即使你下班了，有人有事来找你，你也要帮忙处理。村民参加选举的积极性挺高的，每家每户都有人去，18 周岁以上没有被剥夺政治权利的村民一人一票。一般服务态度好,能力强的人被选举为村干部。村民对村委会应该还是比较放心的。村子里村干部有致富高手,一般是带领大家致富,像L书记就是种田能手。

我们村里村民的环保意识还比较强。村民现在用化肥农药的数量比以前少一点儿了,现在都比较注重绿色生态环保,种菜一般用农家肥,种田会用化肥。现在村里养猪、养鸡的少了,搞这方面养殖的也都是圈养。我们这里的景区开发比较少,我们镇上有个燕儿谷做得还不错,那个老板以前是律师,回乡投资创业,搞生态旅游,绿化工作做得还不错,带动那个村子里的农户发家致富。那个村子目前发展得还不错。以前比较落后,后来受带动作用的影响,发家致富的人多了,其实对我们这个村也有一定的带动作用。我们这里的环境其实也可以那样做,但需要巨额投资。我参加村民选举主要是想挑战一下自我,锻炼一下自己的能力,我已经做了三年了。我原来的工作是在外务工,在家里生活比较安稳,虽然经济收入比以前少了一点儿。

我们村的村干部比较团结。村民经常会过来反映问题,我们也希望能更多地帮助到他们。我们村里不会对村民的行为进行约束,像爱护公物这些思想都靠口口相传来宣传带动。我们村村民上访的情况比较少,但也有,一般是到镇里上访,这也是村民维权意识提高的表现,是好事。很少有食品安全问题发生,假冒伪劣产品也少,最多就是网购产品质量存在问题。我经常在网上购物,能送到镇里,几个大快递公司都设了点,只需要交一元代收费,我们家除了吃的都在网上购买。我们这里不赶集,有固定的商店。我爱人是四川人,他们那边赶集。我们是打工认识的。压力大的时候我也会想放弃村干部这个职务,但后来觉得这个工作虽然辛苦一点儿、报酬低一点儿,但也挺值得,为乡里乡亲办事,他们也会比较尊重你。在村里工作工资肯定没外面高,但在农村里工资也还算不错的了,还能和孩子在一块儿。村书记的工资是由国家财政发,打到工资卡里,村书记和村主任是同一个人,每个村子里只有一个,副书记收入也比较少,只有3万块左右,其他的是由村里解决,这主要是看村里的经济收入,我们村一些投资招商企业一年给10万元左右,还有一些林场,一年能收入20万元左右,支付我们的工资基本没问题。我们之前有一个老的村部,2014年转让给了骆驼坳中心学校,这是一个行政组织,就是教育组,管理我们这一块的教育事务，支付了村部98万，另外村子里又投资了一点儿，建了这栋公共大楼。我们村在我们这个镇算得上数一数二的，还是发展得不错的，我们争取的国家项目较多，像文化广场、绿化项目、公路旁的人行道、路灯等都是由国家“美丽乡村”建设投资，由我们主动争取来的。全县只有二三十个指标，这些项目是慢慢覆盖。我们这个村经常接待周围县城来学习参观的人，有时候有几百人。罗田县城里有个工业园区，里面有各种工厂，比如家私家具厂，这些工厂主要是看中我们的劳动力资源，对我们的环境没什么大的影响，污染不大。经济发展与环境保护是同步的，既要保护经济发展又要保护环境，甚至环境大于发展，要为将来着想，之前我们这里有一个招商引资的石材厂，对环境污染特别大，当时我们没有考虑那么多，这个工厂每年给我们村10万块钱的租金，还能提供就业机会，推动了经济发展，但对环境的污染太严重了，如果现在去关停它，后期的处理问题会更麻烦，国家现在对采矿方面有严格限制，估计这个石材厂也只能经营两三年。

7. 受访者：TYQ，61岁，退休教师

访谈时间：2017年7月14日11:10—12:25

访谈地点：赵家湾村村委会办公室二楼

我今年61岁，是一名退休的人民教师，有41年教龄。我家里有三口人，一个女儿嫁出去了，我本来有一个儿子，上大学以后得了白血病去世了。我去年退休，退休工资（退休金）有3 500元，但还没有完全发放到位，可能会继续增长到4 000元。我在这个村的11组，住在山上。

我高中毕业，参加工作后在培训中心经过培训，拿了一个文凭，我们是属于民办转变为公办（学校）的老师，在村里小学任教，只要是我会的科目都要教。村子里有很多我的学生，至少跨了两代人。村子里比较重视教育，有一部分人考上大学了。村子里这几年变化确实很大，我们原来在教学点教书，向当地农户借读，中间搞改革，村子里教学点撤光了，生源减少。原来我们村最少是一所小学，我们村上面有五个组，两个教学点，其他村最多有三千多人，也有两个教学点，一个分部。我们这里有十个村，十二所小学，三个教学点，现在教学点基本撤光了，四个村只有一个教学点。生源减少，学校进行合并。我们这

个乡和骆驼坳乡只有两所小学，上面五个村只有一个教学点，全部到骆驼坳镇小学读书。学校合并后，老师去了中心小学。教育这方面变化比较大，农村与城市教育差距较大，师资力量较薄弱，除了骆驼坳镇中心小学有美术、音乐、体育方面的专业人才，其他小学都没有。现在我在家里帮一些学生辅导功课，早晚辅导一下。改革开放以后，老师待遇不断提高，工作辛苦但休息时间特别长。社会上，能赢得人们的尊重，是一份光荣的职业。教育是国家振兴的基石，农村教育工作比较难，留守儿童特别多。现在学生的确不太好教，娱乐活动太多，以前孩子比较守纪律，讲究“棍棒教育”。现在孩子初中辍学的较少，高中这种情况较多。家庭教育很重要，老一辈带孩子一味地溺爱，(孩子)养不成好的性格。父母素养也需要提高。有的父母只知道赚钱，撒手不管，邻村就有这种情况。全国农村普遍存在这种现象，一是不管，二是能力不足管不了，农村教育还是存在很大的问题。村子里的风气跟以前比，首先是村民文化程度普遍提高了；其次，尽管罗田是贫困县，但80%以上的人民比较富裕，经济发展快；最后，村风、村貌不断变好，邻里和睦，邻里纠纷也不断减少。小偷小摸的情况比较少，以前是因为穷，但现在经济收入普遍提高，这种情况就变少了。我妻子是种田的，家里主要经济来源靠我的收入，农村种田收入比较少，只能是吃饱饭而已，我们村年轻人外出务工的比较多，村子里基本上是老人和小孩。我女儿非常孝顺，其实我自己的工资可以养活我们老两口，但她经常给我们钱，打电话问候，回家看望。农村结婚方面与以前相比，比较讲排场，以前虽然也讲排场，但没有经济基础，现在结婚都要请婚庆公司，与以前相比，有很大区别。结婚肯定是要有一定经济条件，但双方必须互相认可。村子里邻里夫妻吵架是不可避免的，但与以前相比较少，以前经济条件比较差，经常因为经济问题吵架，现在婆媳都是分开住，彼此之间很尊敬。村子里的离婚率比较低。婚前同居的情况也有，有的是同居后补个结婚证。我女儿有两个小孩，外孙女由我抚养，外孙由他爷爷奶奶抚养，不存在重男轻女的思想。大多数儿女都外出务工了，年关才回家，都比较孝顺。村子里给我们老人提供的娱乐活动还挺多的。就目前的农村老人而言，面临的最大问题是空巢老人挺多的，没人照顾，子女负担也重，还有就医问题，没有什么专门的组织机构来帮忙解决这个问题，但邻里之间会帮忙照顾空巢老人。丈夫在外务工的农村妇女最需要帮助的地方一是农活，二是子女上学的接送问题。农村问题比较多，一是要家庭和睦，二是要有稳定的经济收入，三是要老有所养，但最重要的是农业发展问题，为农业发展提供创业机会、提供技术支持，就业机会增多，外出务工的人就会减少，空巢老人也会减少，子女入学等教育问题也会相应解决。我对我们村的发展理念还比较满意，村干部比较负责，做事脚踏实地，我们村面积比较大，要想得到发展，必须有合适的项目，现在村里的发展项目主要是水果、板栗（种植），但受天气影响大，还有虫灾，生产不稳定。虫灾去年比较厉害，今年打了农药，好了很多。如果要进行比较厉害的灭虫行动的话一般是由政府负责，平时轻微的灭虫就自己负责。

在村子里生活免不了人情往来。现在生活中开销最大的是医疗费用方面，我有“三高”，每天都得打胰岛素，还要吃降血压、降血脂的药，然后就是人情往来方面和吃穿住行。我上班时工资是五千多元，退休了就比较少。平时的生活用品都是在固定的地方买，不需要赶集，食品安全放心。环境变好了很多，脏乱差和随手丢垃圾的现象基本没有，每个村子里都有垃圾池。县城里义水河的整治还挺不错的，以前义水河的水脏，还有异味，水量少，现在水质好了很多，村里还建了一个污水处理厂来改善水质。村子里的环境整治工作做得还不错，有四到五个人专门负责清洁。关于环保，村子里也会提出具体的要求，然后检查清洁情况，进行评选，还建立了一个公布栏来公布检查结果，以提高村民环保意识。村子里在农业种植方面注重绿色生态环保，只有在虫害危害特别大的时候才会用农药，平时都挺注重绿色环保。村子里村民选举比较公平公正，注重个人的工作能力和品德。村子里每次选举我都会参加，我曾经也被村民选中过，但因为教师工作推掉了，选举还是比较公平公正，有些村子里拉票现象较严重，仗着钱多、有势力拉票。我们村子里基本没有发生村干部贪腐现象。村子里一些重大决定会有村民代表发表意见。我们村村民之间的纠纷主要由村委出面解决，实在解决不了，就通过法律手段解决或上访，但基本上是村委解决，很少有到必须用法律手段解决的地步。我们村的村干部领导配置、服务都是全方位考虑的，基本上都能解决问题。我觉得村子发展，总的来说还是挺好的。

村子里的石材厂前些年对村里环境有一定的污染，但现在污染也基本解决了，建造了污水池，对污水进行净化处理，污水少多了，村子里一些土路也经常会安排一些洒水车洒水，减少灰尘。村子里除了一些养殖场，一些农户对环境基本上没有产生不良影响。我认为如果我们乡村想要有更好的发展，未来我们应该着力于发展绿色经济。在山区只能靠山吃山，我们这些山都是土山，林木资源都挺丰富的。发展旅游业也有前景，但是景点比较少，如果有资金的投入，还是能发展起来的，隔壁村准备建造一个生态公园，预测投资在16亿元左右，由本村的一个富豪邀请十来个个人投资，同时也争取一下政府投资支持。

8. 受访者：CHZ，58岁，桃园园主

访谈时间：2017年7月14日14:30—15:15

访谈地点：赵家湾村村委会办公室二楼

我原来是这个村的人，十多岁出了村，1979年在县供销社工作，一个月三十多块钱工资，那时是计划经济，后来实行市场经济，过去供销社的物资被统销了，市场繁荣了以后就把它放开了，放开之后单位效益就不行了。村里的土地开始荒废，我就看中了这块土地，我2003年承包下来做自己的产业。之前我一直在供销社，后来供销社的效益不好，后期改制了，企业破产了。不在供销社的时候一个月工资几百块钱，那时候是集体所有制单位。后期我在企业当了个干部，先是在生资公司卖化肥农药，垮了之后上级领导把我安排到制药厂里当书记，书记当了一段时间也不行。我的养老金买得比较迟，一年451块钱，你有多少年的工龄，就补偿多少年，从你开始工作的时候算起，前面的养老金企业给你买，然后就把你的档案转去托管中心，后期自己的养老金自己缴，到了法定年龄就退休，再加上前几年的工资，补了一万多块钱。我是从2015年开始的，2015年以前的养老金企业帮你缴。我包这片地的时候企业还没有买，只是说我没有上班。原来想着国家管到退休养老，现在企业不行了总要找个出路。我们还是思想不解放，否则都出去打工了。其实打工发展得还要好一些，起码比现在搞这个容易一点儿。我觉得农业资源多，在农业上应该会有出路，只要路子找对了应该没问题。现在搞农业的多，刚开始的时候想搞出点儿成就，但是来了还是走了很多弯路。先是种板栗、甜柿子，结果这个地方因为土壤和气候问题，没有成功，后来还种过药材。现在总结出了一个模

式，种几十亩桃树，桃树下面养番鸭，把原来的板栗都砍了。种养结合，利用桃树林这个资源，土地多，草料也多，空气环境好，可以散养番鸭，番鸭的粪便收集起来种桃子，就不用化肥，结的是生态果子。之前桃子只是拉出去销售，现在是（顾客）直接过来自己采摘。番鸭供应市场，主要是卖肉。我是这里第十家养番鸭的，他们后来都没怎么坚持下来，现在罗田真正做这个的只有我一家。一般四到五个月就能出来卖，鸭苗是外面进的货。品种比较好，瘦肉多。鸭子有老的有嫩的，一般像这个四五个月的，批发 9 块钱一只，自己卖的价格 12 块一只。老一点儿的，专门用来熬汤的番鸭就要贵一点儿，一般十七八块。老鸭一般养十个月到一年，番鸭的红包要长起来。我这里的番鸭都用网围起来，在棚舍里面养五十天，然后放进地里，放进地里白天不喂料，让它去活动，吃草、捉虫子，晚上再喂料。虽然也吃饲料，但是是生态鸭，不吃饲料营养会比较单一，通过散养之后肉质要好一些。罗田整个番鸭市场都是我做，供应给菜市场和私人菜馆。还有的人过来买桃子，看到这里有鸭子，顺手带一只回去吃。后来他们想要就提前给我打个电话，我弄好送过去或者他过来拿都没问题。目前就是这样一种模式，算是一种生态模式吧，一年要养七八千只鸭，养鸭也没有太大的臭味，粪便我都给收集起来了，通过管道输送到池子里，再用机械抽到地里。这个模式是我自己慢慢摸索出来的。种桃子的技术是在省农科院那里学的，和番鸭结合在一起是我自己想出来的。我现在这个桃园模式申请了国家专利，今年下半年应该能批下来。桃树跟鸡结合的模式我也实验了，还实验了好几个品种，这个模式不行，因为鸡会爬树，桃树挂了果子之后，果子就保不住了，养鸡需要高大一点儿的树。我是实验了很多模式才试出来的，鹅、蛋鸭，还有鸡。鹅也不行，鹅有两个问题，一是销售市场，我们这边不怎么吃鹅；第二，鹅在旱地上养，尽管它是吃草的，但是还是很多草不吃，它喜欢吃水草，如果用饲料喂养经济效益又不好。下蛋的那种鸭一定要水源，没有水源也不行。我现在的这种方法是用自流水，地里面做水沟，番鸭需要的水不多，它可以不在水里游，直接旱养。我做这个中间也走了很多弯路，试了好多年了，近几年收益才慢慢上来。每年 365 天，天天有货，市场很稳定，在家长期有三批，一批在卖，一批中号的准备着，一批小苗就开始进，都能接起来，否则供应不了市场。桃子是三个月，这个我跟农科院的教授也做了实验。在罗田种桃子，不能迟于阳历八月底，如果用大棚只适合早熟桃，提早上市，延迟还是不行的，一般是油桃，树形小，适合密植，像晚熟桃树形大，不适合密植，我这里基本上是晚熟桃，就是这个时候开始上市的。这个时候外面进来的桃子基本上卖完了，本地的也差不多没了，我再上市。而且罗田土品种落后了，现在人们喜欢吃又脆又甜的。当时我在这个地方，种板栗、甜柿子失败了，实在是没有办法我就跟农科院联系，农科院叫我拿一些土去做样本分析，还有当地的气候资料，我在那住了几天，他们介绍我种桃子。现在很多人宁愿出去打工，不愿意在农村发展，讲究快。我这个投资慢，没人愿意搞。其实农业只要你愿意搞，门路很多。出去打工一年有几万块，毕竟我这个还是有风险的，投资大，见效慢，我搞了十几年了，近几年才见效。

我估计等成功之后也会有人模仿，罗田有人搞。我跟村里也说过，这附近的人不太愿意搞，其实你要是愿意，自己搞我辅导你都可以。比如说那些种板栗的没什么效益，我叫他搞这个他都不愿意。很多人的观念是这样的，他想上午栽树下午就乘凉，他想要见效快的。这里是近郊，他去打工 200 块钱一天。但是我这成功了还是很稳定的，市场做出来了就稳定了，但是也有很多不稳定因素，像水果，要看天气，鸭子也要防病，养殖也还是有风险的，要掌握技术。当时我搞这个，完全是外行，慢慢学的，包括到外面去请教经验，也自己琢磨。提高效率最快还是靠科技部门，比如种桃子真正指导你解决问题的还是农科院的一套技术，我们联系也很频繁，我这规模比较小，没请他们做顾问，他要规模大的，我没地方扩，因为开发，我前面的地被用了两块，旁边还要被挖了盖房子，而且我承包期也快到了，只剩下几年。承包期到了就看村里的意思，要是愿意我继续承包，我就继续搞，不愿意的话我只能按合同来，里面有我一些投资和给我一些补偿，到那个时候我六十二三岁了，该退休了，也无所谓。我在这方面人力耗得多，主要耗在土地管理方面，每年要翻地，修建。翻地只有临时工用机械翻，我请的都是年纪比较大、没有出去打工的人，这样的人在村里还是有一些的。打理地、水沟、堑方面的活儿都能做，但是修建、管理果树这方面还是不行。我培养了我的一个亲戚，我带他去农科院，他也比较喜欢干这个，我的修建基本是他来干。我给他按天数算工钱，90 块钱一天，有的时候活儿重了些、脏了些，我就多给一点儿，有的时候也会少给一点儿。我这儿卖桃子一年能卖十几万块钱。比如今年的早熟桃不太熟，天气不好，收入就不好，一般纯收入十几万块钱左右。我觉得效益也不能算太好，是因为规模限制吧。村里说另外有一片几百亩的地方，书记来找我交流过，但是那个地方条件要差一些，没有水源。村里说水源(问题)他们帮忙解决，他们想搞股份的形式，他们也愿意参加。其实搞几百亩地，以采摘和农家乐的形式，应该还是可以的。我们这边有小型农家乐，我没有配农家乐，只是种养。我养的番鸭规模还是比较大的，也会卖到外县，一年有一万多只。院子里面长期有 2 000—3 000 只。搞农家乐可能会带一些病菌，搞不好养殖会受损，而且搞这个养殖规模会缩小。各人有各人的爱好，我不太喜欢服侍人，有人过来吃饭麻烦也多。其实我认为发展农业存在的问题主要是现在农村人的观念问题，他们不习惯在农业上发展，其实有很多东西是可以发展起来的。

我相信科学，重视科学，这个观念的形成主要是条件的原因。我原来是在单位里面，虽然劳工的工资很少，但是基本能够生存。单位突然就垮掉了，以后就没有着落，总要找个出路，生存逼着你要这么做。还在于你初始的选择。你已经选择了农业，就没有退路了。还在于人的意志，你选择搞这个地方，失败了就逃跑，对于人生也没有什么意义。既然我承包了，搞的这一块，开拓一些门路出来，生存逼着你想办法。传统的苦力劳动，种点儿农作物，不可能有很大的效益。必须在理念上(创新)，找出好的办法，逼着自己去考虑。我也还是付出了很大代价的，好多年都没有赚到钱。这个合作额我一年缴的不多，我来的时候这里是一片荒地，一年缴四五千块钱，20 年也只有八万多，基本上成本低得很。我来的时候也种了几年作物，根本不行，需要人工。我感觉这边山上有很多甜柿子，都没有人去摘。罗田的甜柿子只有七道河那边出名，其他的地方气候不行。按照专家教授的说法，罗田的气候只适合种桃李，也能种些梨子，(其他)水果在罗田种的效果都不是很好。我这里一片种桃子，一片种李子，它们两个成熟的时间不同。我的经营模式是这样的，别人家的桃子还没有上市的时候，我先上了几种桃子；人家的桃子上市之后，我就上市李子；等桃子差不多完了之后，我再上市油桃。我现在有七种桃子，三种李子，从阳历五月下半月到八月上半月保持三个月有货。我现在种植农科院给我的品种，最好的投资就是最迟的那一种，也就是黄桃，名叫“锦绣”。罐头是黄桃的加工品种，我这里的是鲜食品，就是可以直接吃的，黄桃加工品种适合做广告。目前黄桃只有我一家有，而且价格也卖起来了，在园子里采摘10块钱一斤，效益就比较好。我这边人流量还是挺大的。我这里的桃子是这样的，第一是季节上把它区分开来；第二是品种好，全部都是农科院优化的品种，都是适合现代人的口味的，脆的、甜的；第三，在种植方法上面完全没有使用化肥，都是用自然肥、生态肥、有机肥，直接使用鸭粪。鸭粪发酵之后种出来的东西，效果就不一样，所以我的货比较好销。像我的黄桃，现在已经有很多人打电话过来预约了，问我黄桃什么时候上市。打电话来的基本上都是个人，不是水果经销商，也不是零售商，都是市民。也有经销商打电话来订购，刚刚就来了几个经销商，在街上卖水果的，他想跟我做这个生意。我前几年在开发市场的时候跟经销商一起做过，现在我肯定不跟他一起做了。现在跟他做，我就没有效益了，价格低了其实他也没有效益。像我这里的桃子，最低卖到5块钱一斤，还有6块、7块的，黄桃卖到10块。像刚才他们来了看到我的桃子，他也认为品质可以。像这些经销商，他在街上卖桃子，只卖到5块，你给他只能给两块五。他拿去他得赚钱，对吧？实际上有一些他要是没有卖完，还要浪费掉，总称出去，分称的时候，还要少一点儿。想要全部用来采摘的这种方式，我没有想到。我最主要的品种是黄桃，数量最大，其他品种的数量并不是很大。相对来说黄桃最赚钱，但是黄桃最难种，时间长，技术要求也挺高的。之前有几家种了，可是都没有成功。我的技术纯粹是在农科院里学习来的，在农科院里面学习没要费用，品种是在那里拿的，获得凭证的时候就付了钱，技术是免费提供的，但是想要聘请顾问的话，我这个规模又比较小了。我那次问了，他们说："你这么小的规模，出了什么事儿，直接打电话给我，视频也行，直接给你指导，万一不行，你亲自来一趟。"他到我这边来过一次，就是有事情顺便到这边来，一来就基本上可以解决问题了。主要是省农科院，县里面没有提供这方面的帮助。

我家里情况不是特别好。我原来其实不应该选择种植桃子，应该去搞其他的，我选择这一行也付出了很大的代价，资金、人力各个方面，还有家庭。原来我的爱人和我一起来搞这个，搞了几年之后，环境不行，坚持不下来就跟我离婚了。中间大概有两三年的时间，是我一个人在搞。后来我又在农村找了一个。我是非农户口，只有一个女儿，女儿已经嫁到了城关。我在这旁边建了房子,完全把这里当成自己的家。今后承包期到了,我可能也会在这里住,土地退了,房子我留着。我决心很大,县城里的房子都被我卖了,来投资这个,必须要有勇气的,左顾右盼的就不会成功,万一失败了就去当个农民。当时街上的房子卖了,投资到这里面,后来也亏了本,后续再没有资金了。总的来说还是不划算。就目前的状况,我最大的遗憾就是,承包期快到了,还有我的年龄也大了。如果我有现在这个经验,但是才 40 岁的话,那还可以大干一场,好歹也摸出一条路来了。其实我感觉农村的投资能力还是很强的,很多人都很有钱,只是说他们把钱存起来,只愿盖房子,没有想到干这些。罗田人现在就是这个观念。没钱拼命借钱,也要建楼房。把房子建得比别人好。这里的房子盖得很多,而且盖得漂亮。导致这种状况是观念上的原因,互相攀比。像现在县城的房子,都是这边人出去打工赚一点儿钱,然后去买的。你在城关里,花费大,还不如在农村生活自在。农村,我感觉在投资这一块也是基本上没有的。比如说我们这一块就很少。我家的两个弟弟,我让他们留几亩土地,种有机蔬菜,用自然肥、建大棚、搞生态养殖,一年也可以挣几万块钱。我觉得他们不搞这个的原因有几个。第一是只看短期效益。第二,我感觉现在的农村人不是很能吃苦。我干这个时间长,吃苦这个东西是相对而言的,人要有那种精神,要愿意吃苦,没有那种精神,就吃不来苦。要算经济效益的话,我觉得一般,目前这几年还可以。现在也有一些年轻人想搞。年轻人普遍都有些吃不来苦。其实已经摸索出来了一条道路,如果有人愿意按照这样搞的话,应该挺好的,毕竟把土地的价值发挥出来了,而且收益也还不错。我这里种桃树是不用化肥的,纯粹用自然肥,就是我养鸭子所产生的肥料。这样做的话,桃树的生长速度也不慢,跟化肥的效果差不多。生态肥这样的肥料,要提前施下去,生长的效果比化肥还要好,树的长势各方面都还好。关键是施这种肥可以改良土壤,只要土壤改良好了,其他的才能受益,要从这个方面来考虑。从产量上看,化肥的产量要大一些,这种产量还是要小一点儿,但是品质要高。施化肥,水分重了,桃子味道比较淡,使用生态肥,甜度高一些,在市场上卖的话,这种价格也会高一点儿。现在人有这样的一种观念,好吃的贵点儿也没有关系;不好吃的给你吃,你都不吃。现在市面上卖的基本上都是使用化肥的,他如果卖 4 块(一斤)的话,我可以卖 6 块。这样可以把产量少的这一部分弥补起来。

我自己的销售过程是这样的，原来那个桃树种出了以后，前几年因为没有养鸭子，纯粹是用化肥种的。化肥种的效果不好，我就到榨油房里面用榨菜籽油的渣来做肥料，种了以后效果还不错。刚开始的时候人家不认识你的品种，由于技术没有到位，果型也没有种好，味道也不是特别出众，销售不是很好，后来就慢慢改进。当时产量比较少，我自己拿到市面上去卖，有些熟人就会给别人吃一些，有的时候人家买就用刀子削一点儿给人家吃，慢慢地，一年一年，人家就吃出来了。今年效果好，明年他也会来，以后再配套搞养殖。鸭子长期在土地里面，把整个土壤都改善了。养了一批、两批，那个地方就不需要追肥了。从劳动强度上看，施农家肥要比施化肥的强度大一些。化肥很简单，你开一条沟，然后把肥料倒进去，需要的劳动力也少一些，这个肥料先要收集，然后发酵，再搞到地里面。我现在是用专门抽粪的机械在搞。你的东西品质好的话，价格就起来了，收入也比原来多一些。我觉得在前几年，没有很大的区别，化肥也好，自然肥也好，现在慢慢地，人们的观念变了。现代人生态意识比较强，要吃好吃的、绿色的、生态的。施过化肥的还是使用生态肥的，从口感和外观上，作为市民来说，他们是不太容易观察出来的。但是我这个地方他们了解，比如说我施肥和管理的过程，他们都非常清楚，他们到这园子来都亲眼看得见。再加上(跟)在市面上买的桃子(一对比)，味道跟它们不一样，慢慢地人家就接受了。大多数人是到我的园子里面去买的，现在在罗田市场上没有我的果子，我的果子完全在园子里面，也就是他们过来完全能看到我生态种植的过程。市场上，如果是我自己去卖就比较好卖，其他人就不行。因为我在市场上搞过几年，罗田就只有那么大，都认识骆驼坳的老C，我现在上街，就算没有卖桃子，人家也会跟我打招呼："怎么没有你的桃子呢?"我就跟他说到我家园子里去摘，慢慢地，他们就到这边来了。也就是说很大程度上是靠着口碑，口口相传卖起来的。但刚开始的几年在罗田卖的时候不那么好，后来卖得比较好。我卖的桃子，有桃子的那股香甜味，桃子装在车上，远远地就有人喊我，要买桃子，后来就有人专门打电话预约，让我先到他们那边去卖给他们，百来斤桃子只需要两个小时就能卖完。后来慢慢转变为人家到我这边来买桃子。只要你有好吃的桃子，营养健康，无论花多少钱，就算比市场上的价格高一些，人家也愿意买。但我的成本相对于施化肥的来说还是要高一些，成本一般都花在管理上。管理主要是管理人工,比如说操作机器,他们要翻地、耕地。施肥(之前)要先耕地,然后沿着树开沟,再把肥料用机械(类似抽水的机器)抽到里面去,这一部分人工(花费)相当大。我这个主要是用的鸭子的粪便,我这里鸭子每年养了 8 000 到 1 万只,分季节一年养个六七批,两个月一批。我这个鸭子也是用来卖的,鸭子进到市场卖。我就经营鸭子和桃这两样东西。纯粹管理桃树这一方面,临时请的就一个人。散工也要请一些,比如说在春天的时候要耕地、翻地,都要请一些人。冬季也请一些人,平时就一两个人。我主要的成本就是人工成本,但是销售的这个价格完全可以弥补回来。价格上是要比其他人的桃子高一些,要高 30% 到 40%,像我的黄桃卖到 10 块一斤,市场上只有五六块的。你卖五六块的,人家还不愿意吃呢,人家愿意吃 10 块的。

在整个罗田或者是这个村子里面,这样的生产模式就我知道的不多。我觉得有两个原因。第一是他们对生态种植的前景认识不足。第二就是可能他们比较嫌麻烦。像农村中有的种少数的果树,他们从来不修剪,树上就任凭它自然生长,结多少是多少。像我们这儿,一根树枝上只能留三个(果实),要分布均匀,这样裹着才好。这些他们都不搞的。现在慢慢地,他们也认识到我这里桃子的不同。在他们的观念里面桃子就卖一两块钱一斤,10 块钱买个四斤还差不多,现在我的桃子卖六七块,有的要 10 块一斤,他们也有的人觉得还可以,也愿意搞。

我创业初期的时候从银行借了贷款,亲戚方面自家的兄弟姐妹也借一些。现在这个规模发展到这个程度,已经不需要借钱了,整个周转资金是比较充裕的。

我觉得(有的)农民在追求上还是不一样,我觉得他们没什么追求,他们有时间打打麻将、打打扑克,没有什么大的追求。但是就我自己来说,我是把它当作一项事业来搞。我一生能把这件事办好,办成,总感觉精神上的(成就)要高于经济效益上的。关于多种方式的经营,比如网络,我也有考虑过。按照我们现在的规模,主要是靠口碑。随着规模的扩大和产量的提高,我准备明年利用网络来改善销售。现在也利用了一些网络,比如说果子成熟之后,我利用网络聊天软件在“朋友圈”里发(信息)给客户看,明年打算在这个方面加强。把整个生产过程全部用视频的形式记录,这是随着生产规模扩大今后肯定要搞的,我现在已经开始着手搞了。

9. 受访者:WYX,42 岁,挖掘机操作人员

访谈时间:2017 年 7 月 14 日 14:30—15:20

访谈地点:赵家湾村村委会办公室二楼

我今年 42 岁,男,是一名挖掘机操作人员。我小学四年级毕业,我爱人初中毕业,家里有四口人,我们夫妻有两个儿子,一个 17 岁上高三,一个只有 5 岁上幼儿园。我父母都不在了,以前生活条件不好,生病了没钱医治,病情加重,去世了。所以我一直认为国家应该加强农村医疗补贴,减轻医疗负担。我觉得学校里师资力量比较薄弱,老师教学不够严谨。我们对孩子的学习情况不太了解,国家应该提供更多的教学资源,提供跟课本配套的资料,学校根据学生的真实情况,提供更加有效的帮助。最近这几年村子里的变化特别大,国家扶持了很多项目,像弯路整治、村庄美化都做得不错,但山区和平原地区相比还是有差距,山区环境整治不到位,因为道路不通,机器无法进山,主要靠人力,人工工作效率低,又很辛苦,导致山区大片田地荒废。我们这里还是实现不了机械化全方位覆盖,平原道路通畅,可以实现,但山区不行。我们这里没有人利用水田进行水产养殖,其实在山区水田进行水产养殖环境质量好,又有足够的地方搞环保,非常赚钱,因为缺乏专业的技术指导,没有养殖经验,如果盲目进行投资又会赔钱,很少有人敢投资。

村里这些年风气比以前好了很多,文化潜移默化的作用不断增强,村里举办了一系列文化活动培养文化氛围,村民的文化素养也不断提高。我们村的治安还不错,比以前好多了,小偷小摸的情况也有,但那是个别情况,主要是因为家庭贫困,不过,我相信会越来越好。我们四个人合伙,按揭贷款购买挖掘机装备,一台七十多万元,那时候经济压力特别大,到了还款时,得贷款或者向亲戚朋友借钱,后来情况才慢慢好转。在当时那种还款压力下,一年能挣 20 万左右,一年过后,有三个人退股,我一个人接了下来,三个人股照退,每个人还要给 1 万元的利息。现在贷款已经还完了,我经常教育我的孩子,书可以读不好,但做人一定得走正路。我在本地开挖掘机主要是农村造房子、国家田园整治、建造水渠会需要,在村子里开采石矿,为一些项目提供原材料。其实

像田园整治这样的农改项目特别好，关键问题是政府扣押资金，承包人偷工减料，工作没有做到位。国家也会派专人监督，但一些工程一年两年都没什么问题，时间久了问题才会显现，这种情况还是比较普遍。村子里这些年建设工程方面做得挺好的，但农田、河道整理不到位，下雨天发洪水容易倒塌。

村里村干部工作各方面都做得挺好的，他们是由村民选出来的，值得村民信任，为了村里的工作，也付出了很多心血。村干部选举过程比较公正，没有拉票现象，有些村干部连任几届，值得村民信任。村民选举积极性高，比较认真，一个好的村干部能让民众受益，推动村子发展。我对我们村也有一些不满意的地方。比如说在一些偏僻山区的小组，因道路不通，机器不便进入，必须靠人力，但在家的都是一些老人，劳动力不足，农田荒废现象严重。村子里年轻人外出务工的挺多的，国家如果能够实行一些政策上的扶持，在农村培养一些专业技术人员，在家创业机会增多，外出打工的人就少，毕竟在家工作的环境舒服，也比较方便。按目前趋势来讲，经济水平在提高，生活水平也在同步提高，农村养老、教育、送礼等日常支出也很高，经济压力还是很大的。我们这里的“美丽乡村”建设活动进行得还不错。我现在没种田，因为我住在山上，山里退耕还林，林子比较密集，野猪出没糟蹋粮食。只种了一点儿板栗，也要看收成好不好，必须得外出工作挣家用，即使有养老保险也要等到五六十岁以后才能兑现。

我和我爱人是一个村子里的，媒人介绍认识的。我有两个儿子，日后如果结婚的话，就我个人而言，最少要准备两套房子，压力肯定特别大。其他的视情况而定，即使有万贯家财，也还是要靠他们自己，人一生要独立，要有奋斗目标，读书、学习文化很重要，能够接受正确的价值观念。我爱人没有外出工作，她在家带小孩，小孩的教育很重要。村子里有大学生的义务支教，但这个时间短，能发挥的作用比较有限，孩子学习大部分时间是在学校里，还是主要看教师的水平，短时间教学还是不够的，提高师资水平才是关键。我的小儿子在本村读书，大的在骆驼坳高中。现在的孩子普遍娇生惯养，不喜欢干家务活儿，女孩子家务活没做多少的话，就不喜欢做，我希望我未来的儿媳妇会干家务活儿，这个对以后的婚姻生活有很大的影响，结婚与恋爱不同，家长应该重视孩子的动手能力，教小孩子做家务。这个还是挺重要的，父母老了以后自己身体也不好，还是主要靠自己，这些理念父母从小就应该灌输给孩子，对我自己的孩子我就比较注重这方面，大儿子会洗衣、做饭。我们小时候家庭比较贫困，父母管教也少，现在我们的小孩条件好多了，吃喝穿住什么都不愁，更应该注重能力的培养。

村子里出现婚姻问题的夫妻现在还挺多的，我刚刚提到过的那个问题在年轻夫妻中就比较严重。闹离婚的比较少，婚外情也很少，夫妻之间会因经济、孩子教育问题有分歧。我想要个女儿，但儿子也挺好。现在这里没有重男轻女的思想，女孩子相反还更贴心。村子里一些人外出务工，留在村子里的老人、妇女、儿童存在的问题分别是：老人的医疗问题，妇女的妇检问题，小孩子的上学交通问题。60 岁以上的老人可以免费体检，但是不够认真仔细，就只是简单量量血压，没什么实质性作用。我们村里人情往来比较通畅，花销还挺大，一般送礼最低 100 元。

市场上买的东西不太放心，在食品卫生方面国家监管严格但仍存在漏洞，假冒伪劣的现象依然存在，有一些黑心的商家做一些违法犯罪的事，卫生监管部门要加强管理。我们村子周围的工业园对村子里的空气、土壤有一定影响，但环保工作总体不错，水泥路基本上都通了，扬尘也比较少。因为退耕还林，林子密，野猪比较多，所以退耕还林既有好处，也有坏处。我们村子里对人事纠纷问题一般先调和，调和不了的就采用法律手段。村干部侵犯我们村民的利益时，有些村民会上访，但农村人不太喜欢打官司，农村有句古话“打官司吃完原告吃被告”。近几年，法律工作方面还是挺不错的，公正司法、惩治贪污腐败的官员力度加强。村子里的财务支出基本透明，网络信息公示平台上就可以查询。

10. 受访者：WCH，43 岁，村委会妇女主任

访谈时间：2017 年 7 月 14 日 14:30—15:30

访谈地点：赵家湾村村委会办公室二楼

我出生在隔壁村，1995 年结婚嫁到这边，结婚之后在外面打工，是 2008 年到村里来的。我跟我丈夫是别人介绍(认识)的，我们那个年代多半靠介绍，现在自由恋爱的比较多。我老公老家那个地方不太方便，后来是回来的时候，在 318 国道这个地方买了一套房子，当时婆家的交通还比不上我们娘家，现在就

不一样了，现在我们村要好一些，我觉得有很多原因，也要靠机遇。我们当时打工的时候根本就不了解这些情况。我打了十年工回来，村里面的人除了少数的亲戚以外，我基本上都不认识。进村的第一年压力很大，后来就跟着老书记他们学。我觉得这边发展得快的原因主要是人才比较多，外界关系等各方面条件都要好一些。要靠机遇，要靠各种外界原因。现在政策又比较好，相比于乡里那些村，这边还是发展得很好的。那时候是因为老公的妈妈生病了我们才回来，去武汉做了手术，之后就再也走不开了，小孩子也上学了。本来是公公婆婆带孩子，后来我就得照顾他们。我婆婆以前也是这个村里面的老妇女主任，她也干了三十多年。我娘家的爸爸，也在村里面干了几十年。我们回来的时候觉得家里面工资太低了，我当时 2008 年回来，刚好碰上换届选举。当时上面就跟我说，不管是我爸爸这边还是婆婆那边，都是那种根正苗红的，都是很不错的家庭，所以就叫我也去村里面做事。我当时也不怎么了解村里的情况，那时候刚进来一年才四五千块钱，再加上我又不很熟悉关系，做不做得了我自己还很怀疑，反正我就是试一下嘛。我大学毕业，文凭也有，再加上去外面也见过一些世面，我爸爸、婆婆他们有些经验，也可以跟他们请教，就留在村里面了。那个时候心里面想着一年才几千块钱，跟外面打工差远了。那时候老人年纪也大了，虽然说工资低，但是乐趣还是有的，给群众办了一些实事，也觉得蛮有成就感的。再加上每年换届的时候，大家都看得起我，选到我了，没办法就这样做下来。以前带着大家跳广场舞，现在膝盖疼，自己就不能跳了。去年把那个舞台搭起来了之后，我就心里想，投了这么大的精力，而且舞台也建好了，那就要把活动搞起来，否则也太对不起这么大投资了，再加上镇里面也这样的要求，所以今年第三届的广场舞大赛我们村也有节目。搞这个活动是我发动他们参加的，因为以前没有基础，做什么事情都需要有一个领头人。现在比我们年纪小的都要上班，如果说没有一个人领导，就不会形成这样的习惯。有一次主任过来告诉我们，广场舞大赛要在我们村举行。他就说："你要搞一个节目。"我当时心里面就有一些着急，一点儿基础也没有，人员也没有怎么发动起来。但我后来又一想，如果我们村搞广场舞大赛，我自己都拿不出节目来，就非常丢人了。我就跟隔壁的嫂子一起跑了两三天，就跟别人讲要搞这个活动，书记也陪着我做人家的工作，然后就这样把它弄起来。现在我自己都很想加入，但是我脚痛没办法，但是我经常会过来看一看。现在就是完全自发的，不用发动了。那时候参加广场舞的就只有十多个人，就是看起来好一点儿年轻一点儿的。现在每天晚上，大人、小孩跳舞的都非常多。一般情况下小孩子也在这里玩耍，非常热闹。我只是经常来看一下，并没有坚持每天晚上来。我请了县文化局的老师过来教，现在不用了，他们自己会跳。现在电脑也很方便，他们直接在电脑上学习，然后有人会了就教大家，现在这些活动都是自主的了，歌曲都是我来帮忙下载。这也成了他们每天必须的活动，我回去饭还没做好，他们就都来了。我们舞蹈队建了一个群，每天晚上就在群里面喊话。因为有雨棚，所以下雨天也没关系。一些男的就在旁边观赏，聊聊天，他们也比较支持。这活动搞得挺好的，免得总是在牌桌上打牌，也可以互相交流，互相学习。打牌"烧"钱又伤神。以前我每次来的时候都把水帮他们烧好，搞服务工作，帮忙把音响充满电。现在农村的确需要一些人们自发的又感兴趣的活动，那些送下来的活动，比如说电影，反而不太让人感兴趣，有的宁愿坐在家里看个电影，也不愿意出来，很无趣。放电影也在镇上放，是有规定的，好像一个月有那么一两次吧，像我从来都没有去看过，懒得出来，感觉农民对这个好像没有多大兴趣。现在政策开放了，生两个孩子的家庭比较多。以前计划生育（"一孩"政策）的时候，其实也会有超生的。那时超生的要收社会抚养费，一般都是两万多块钱。没有放开之前生的人不是很多。有的第一胎是个男孩子，她也想生第二个。就是前两胎生了女儿，然后想要第三胎生儿子的就非常少了。现在养儿防老的观念我觉得不是很强了，特别是现在年轻人思想比较开放。现在有的生了两个之后自己结扎了，我们都不知道。要是没有生儿子的老人老了，女儿会养，有的甚至比儿子养的还要强。如果嫁出去了也要照顾，家里有什么事情女儿都自己包了。就这上面有一户人家，两个女儿都嫁出去了，每年过年的时候都回来，年货之类的都给他们准备好，这边生儿子生女儿的差别不是很大了。甚至现在政策开放了，第一胎是个男孩，她都有点儿怕继续生，再生一个男孩就不得了了，压力就会大，比较麻烦，担心养不起，尤其是男孩到了以后结婚的时候，压力要大得多。以前政策没开放的时候，我们听说有人怀上了，就去做工作，让她做掉。现在有的怀上了，非常好。政策此一时彼一时啊。如果两个儿子房子都要家里准备的话，的确是压力挺大的。

除了读书很有出息的那种之外，一般父母都是要给孩子准备房子的。然后把老婆娶进来，还有彩礼钱，的确压力很大了。像我家里就只有一个，现在 22 岁多了，在外面打工。我觉得除了读书，年轻人没有多少在家里，基本上都是去外面工作了。其实说白了，上了大学之后也是有很多人去工厂里打工，在家里的很少，除非是学手艺的。如果有条件的话，年轻人就在城市里买房子，在城市里住。但是在外面买房子的不是很多。我们这个地方靠县城比较近，环境和条件也还不错。有很多人在外面有房子了，还回来。但是也有的人在外面赚了钱，然后想要回来发展。有的人在外面做生意，看发展情况，就算在外面谈了女朋友，他也会把女朋友带回来的。但是年轻人他们工作上面有很多的不方便，他们有需要的话，也会在外面买房子，即使他们在外面买房子了，家里面也一般都会有房子。现在年轻人的观念跟我们这代人区别还是有的，条件不一样啊。以前的人勤俭节约的习惯浓厚一点儿，也造成那个时候的邻里之间气量比较小。现在年轻人就不一样了，不在乎那么一些小的事情。邻里关系都处得很好，他们反而不太计较。年代变了，环境也变好了，邻里关系都很融洽。我跟老公在这边上班，平时就我们两个住在家里。老人家他们不愿意跟我们住，之前的老房子坏掉了，但是他们种菜种地，要是搬过来还挺远的，所以他们也不愿意搬过来住。我们就在那个附近的山上又盖了一栋，田地都没有种，就是在隔壁给他们围了一个小菜园子，养了几头牛，还有十多只山羊。他们老人家还是喜欢种种菜啊，养一下那些东西。自己种一点儿，自己够吃就可以了。那些养的牛，也不用怎么照料，早上把它们放出去，晚上它们吃饱了就自己回来。像我们就隔得比较远一点儿，也有跟老人住在一起的，就算有的住在一起，也不是共同生活的那种，毕竟老年人和年轻人的生活观念有很大的不同。家庭里面的吵架，我觉得很少见，都挺好的。没有听说婆媳之间特别不和睦的，很少有这样的情况。计划生育虽然放开了，但是结扎这方面还是得管，虽然没有以前那么严格。以前怀上二胎的四个月之内必须上报，所以这些对象要经常走动一下。去外面打工的也要经常联系，怀孕了要及时告诉我们。只是跟以前相比重点变了，现在是做工作，希望他们再生一个。就算有婆媳之间闹一些小矛盾，现在的年轻人也没怎么计较。老人家小矛盾几天就慢慢消化了，也没有什么，不需要我们去调解。年轻人在外面打工，有的时候一下子就带回来一个(对象),然后生个小孩,有的连结婚证都没有去办。有的突然分手了,突然就又带了一个回来,也有这样的情况,婚姻就没有以前那么有保障了。有的年纪到了,在外面找对象就找了,我们也没办法反对。有的在这边住了几年,感觉又不适应,这样的情况也有,管不了。就算是你自己的孩子这样,你也没办法管。他们两个人感觉不对了,合不来了,有分歧了,有矛盾了,在一起生活也没有什么意思,那我们也没有什么办法。离婚,农村说丢脸还是其次,老观念就认为,在一起生活了,而且在有孩子的情况下,尽量还是劝和。离了,对孩子不怎么好。能够和好一起生活下去,就尽量一起生活下去,要是没有办法,谁也没有办法。也有的闹些小矛盾,然后随着年龄的增长,最后也和好了。我们村离婚的不算很多,除非太小了,还没真正懂事,就突然带回来的那种。人家女儿也大老远过来,我们也觉得过意不去,但是也没有什么办法呀。妇女主任现在都是搞搞活动,家里面的事儿反而管得少了。主要是他们现在自己能处理好了,总的来说,条件好了,家庭矛盾也变少了。从我来这个村子到现在,觉得村里的风气变得越来越好了。现在的人都有一些文化,各方面的素质也就提高了,自然就好了。有的人觉得,现在的农村没有(20 世纪)五六十年代那个时候民风淳朴了,然后人与人之间也冷漠了。这方面其实我感觉也没有,我出去打工的时候,人与人之间很少交流,就算住在一层楼里面,住了一年,你都不知道人家叫什么。但是农村的乡土风情还是有的,邻里之间相互走动,相互帮助,这个风俗还是挺好的,都没变。现在家家户户去串门,晚上我们跳舞的都集中到这里来。不跳舞的也是三五家聚在一起,在一个院子里聊天,很少在家里。你要是去走动一下,有人打扑克的话,里三层外三层都聚在一起,在一起玩,不和睦的也少了。就拿我自己来说,平时在家里都有电视看,我们三五家有的时候过年会组织去县城里唱个歌,AA 制,费用平摊。自主的几家组织去玩一下,带上小孩,家人全部一起,小孩子也需要和邻里之间加深关系,我们就经常这样。有的时候,晚上没有什么事,叫过来一起吃个饭,我觉得现在这样很不错了。我们那几家,因为爸爸妈妈之间关系非常好,就让小孩子们关系搞好一些。毕竟是邻里邻外的,有什么可以帮助的,就互相照料一下。我们那些小孩子也都比较玩得来,因为从小在那样的家庭里长大,父母处理问题的方式我们肯定是受了感染的,这个是不可否认的。平时打交道的方式也是受他们感染,这给我带来的帮助是很大的,所以说,家庭教育对一个人的影响还是挺大的。包括我们的小孩子也一样,他们的生活环境对他们影响也很大。最好还是多读一点儿书,毕竟现在是知识时代,但是有的东西没办法强求,像我的小孩子就只读了一个高中,那个时候我们也是想要他多读一点儿书,文凭高一点儿,出去工作也会好一点儿,但是他不读,你拿他没办法。做父母的总是希望孩子多读一点儿书,对他人生以后的各方面经历都是有好处的。但是有的孩子真的对读书不感兴趣,真的是拿他没办法,勉强不了的。出去打工的年轻人,如果生了小孩,以前一般都是留给公公婆婆带,到了一定的时候,他们会自己回来带小孩的,上了学之后,公公婆婆也没办法辅导,他们也会回来,在县城里面找一点儿工作,然后晚上可以回来教一下小孩子。现在出去的人越来越少了,所以出去打工的一般都是还没有小孩的,或者是孩子还没有上学的这种人。虽然家里这边工资要比外面差一点儿,但是一切都是为了孩子,能照顾到家里。父母自己教育孩子那肯定是要好一些的,奶奶带孙子,什么都迁就着他,把坏习惯都养成了。回来就近打工,这种模式还是挺好的。在这旁边不远,有很多工厂,比如纺织厂和家具厂之类的,方便周边的人就业。在家里也可以打工,只是工资高低的问题,而且在外面打工开销也大,剩下的收入也未必比在家里要高很多,所以很多人都愿意回来。大家都在家里,村委里面办点儿什么活动,也好办一些,毕竟容易联系,对工作开展也是很有好处的。那旁边的这些厂,对我们村的环境一般没有特别大的污染。像有个村的厂离得特别近,就影响很大,政府就让它搬迁了。现在村里面垃圾成片的那种景象已经完全不见了。大家都已经养成了讲卫生的习惯,家家户户有垃圾桶,还有垃圾池,有垃圾就倒进垃圾桶,平时见不到很多垃圾。以前有人会烧一些垃圾,现在就没什么人烧,毕竟污染空气。去年到今年,村里在这个工作上下了很大的力度,每个季度要开展一次评比,这些工作我们一直在坚持做,起到了很好的效果。现在人生活条件好了,还是很注重健康问题的,他们自己觉得住在里面环境挺好的。我觉得,我们村的人对自己的环境还是挺满意的。某石材厂以前对我们的影响要大一些,近年来它也逐渐改善了,粉末灰尘他们也在自己处理,比以前好多了。但是还是有一些影响的,像噪音、灰尘之类的还是会有,这都是没办法避免的。在那里面就业的也不完全是我们本村里的人,外地的也有，本村这方面的技术人员也有。在里面可能对工人身体影响不是很大，但是里面我不是很清楚，我没有去过。一般就是锯板材，灰尘会比较重。防范措施比较严格，要戴口罩防灰尘，这方面问题不是特别大。工资上就是做多少得多少，计件，多劳多得。虽然有一些小小的污染，但是这个石材厂还是给我们提供了很多就业岗位，总的来说对村里的发展还是有很大益处的。那年换届的时候，村里面和镇里面也极力地推荐我，我就去试了一下。以前我没结婚的时候，在村里代过课，在小学里面，做代课老师做了好几年。这边村里也有很多去我们那边读书的，有很多人都认识我，然后就这样选上了。一开始我和大家都不熟，连见面打招呼都不知道别人叫什么，要把自己的本职工作干好，只有多问问。村里面怎么走我都不知道，那个时候又没有摩托车，我有一次走错了路，很远，就一个人慢慢摸索，就这样一直走下来了。现在跟村里人应该都很熟悉了，基本上是都了解的。刚开始还是压力挺大的，现在这么多年了，哪一家住在哪儿、小孩子叫什么我都知道。有的时候生育工作还是不怎么好做，比如说有的人就想多生。这使我不仅有困难，还要受一些委屈。有的老一辈的人，有的怀孕了回来，也没有办法，上面没办法交差。下面有的生了，然后不自觉就没有结扎。就无数次去给人家做工作，让人家结扎，肯定是要受一些委屈的。我把它当作是一种磨炼，磨炼脾气、磨炼个性。我有的时候也会发牢骚，工资又不高，还总是受气。后来慢慢地，时间长了，就练出来了，时间久了，人家也会慢慢理解你的。如果说这个工作我实在是做不了，我们村委的四个人就在一起商量一下，我做不了的，看看别人能不能做，或者说我们大家一起上，办法总是要比困难多一些的。平时其他的工作也一样，如果说书记觉得我们出面的话会更容易点儿，那么工作就由我们来做。总的来说，大家齐心协力，还是没有什么解决不了的困难。我们这里一些村规民约，像计划生育(相关的要求)里面就有，结婚时签一个协议，但是近两年要少一些，其他的方面基本上没有，基本上大家都按照常规的方法去做。现在政策好，出问题的不是很多。除了社保、合作医疗之外，其他的都是政府给他们发钱，很少有问他们要钱的情况，这两种情况跟他们收钱，他们也受益，也很理解。现在什么事都是这样的，先把事办了，然后去争取，基本上是靠村里面去争取的。现在主要是这样的，你自己先把自己的事办好了，我觉得满意，然后我就愿意把这个项目放到你这边。作为领导，他肯定要看你办实事，看你的能力和效益。我爱人是在县城里面开公交车的，不种地了，我们都有工作，也不太方便，那些农活儿干得很少。我们家不种的地，就给别人种，免得它荒在那里。无论是出去打工，还是搞农业经营，都是需要地理位置相对比较好的。有的就算你去了，人进出也不方便，机械也不方便，运输东西也特别远，我估计他们也不会选择这样的地方，所以我们这个村应该是比较占优势了。不管是出去打工还是做一些新型的生态农业，都有得天独厚的优势。昨天去街上卖西瓜的那里走一圈，基本上都是我们村的和隔壁村的，走到哪里都是熟人。这个肯定是很好的，最起码经济作物比稻米强多了，还有玉米和自己种的菜。我们村距罗田县城十多分钟，能遇到很多熟人。

11. 受访者：LG，63 岁，退休村干部、保险公司业务员

访谈时间：2017 年 7 月 14 日 15：30—16：20

访谈地点：赵家湾村村委会办公室二楼

我今年 63 岁，是一个退休的村干部。我大部分时间都待在农村，到外面去的（机会）不多，所以你想要从我这里了解的东西可能有限。我以前在村子里做过 16 年的村主任，现在 1 组担任组长。组长没有年龄限制，只要你能管事，管得好事，就能当一个称职的村干部。我家里有两个女儿，都出嫁了，我的妻子十几年前重疾身故了，后来再婚了，但不称心，生活理念不一样，个性方面不太适合。严格意义上讲，我退职了，当时我只干了 10 年，而村干部必须干到 15 年以上才有退休工资（退休金），我干到第十年的时候，我的（第一任）妻子得了癌症，我的两个孩子，一个 13 岁，一个 11 岁，大女儿后来在罗田一中读书，由爷爷奶奶照料，小女儿留在家，我还要照料一个叔叔，当时村干部一年工资在 1 200 元左右，钱不多，根本无法养活一大家子人，所以最后放弃了村干部这个工作。后来，我大女儿也挺争气，考上了大学，毕业后在骆驼坳高中当英语老师。我女婿也是骆驼坳高中的老师，平时夫妻俩都在骆驼坳，放假了才回县城。我家现在没有老人，我的父母 7 年前就去世了，他们是“老革命”，在解放前（即新中国成立前）就参加了工作，是离休干部，他们的生活都由国家负责，我的弟弟在武汉铁路局工作，平时也很少回家，我父母在世时，只有生病了或

者有事解决不了，才会打电话让我们照顾一下。我现在在罗田县城的公司上班，星期一到星期五是工作日，从这里到罗田大约 8 公里，每天骑摩托车上班。我在保险公司做业务员，在产险那边做团队长，带领一批业务员工作。现在的工作肯定比在村子里工作时工资高。其实钱的问题还好，就是人活得比较开心，也自由。我上个月 28 号在南京待了一天，在夫子庙景区游玩，29 号上午在苏州，下午去了杭州，这是由保险公司组织的一场活动，共玩了三天。现在我的收入还可以，供我自己日常消费没问题，但我自己的开销也挺大，两个手机号，一年话费 2 500 元左右，家里电信的宽带网的开支也不小。目前我的身体状况还可以，没什么大毛病，但小毛病还挺多的，但到了这个年纪，有点儿小毛病也正常。我的姨姐与 L 教授家是邻居，彼此很亲近，L 教授从一个小孩子慢慢长大成人，又去了外地上学，他读书的时候非常刻苦认真，他家离骆驼坳镇上还挺远，当时交通工具又不发达，每天上下学都靠脚走。我们村里边像 L 教授这样优秀的人也有，但在教育界成就最大的、学历最高的还是他。他给我们村子增了不少光啊！村子里名人路那边就有他的照片与事迹。我们在几个月之前就做好了这项工作，我们村在整个骆驼坳镇是个很典型的村子，各方面工作做得都比较到位，因为罗田县城离我们这个村比较近，所以很多活动都在我们这里开展。

我们村对办公大楼的建设工作很重视，还得到了县里的肯定，对我们村来说是大翻身。我们一组有 9 个姓，31 个垸子，共 45 户，170 人左右，建设得非常好，水泥路基本全通，组里有一个单独变压器，用电比较方便，受天气影响小。国家准备在 2025 年全国换网，其他的组还没有实现宽带全覆盖，只有我们这一组实现了。我因为年龄比较大，阅历比较丰富，办事超前意识强，村长(即村主任)和书记也都有这个想法，再加上国家又有政策，有投资，基本上不用老百姓操心，我们就应该放心大胆地干。以前我们村子里较偏僻的地方信号差，手机不是接不了就是打不了电话。前年，国家投资了四十多万修建了一个信号塔，跟 L 老师一个组的 G 县长在这方面帮了我们很多忙。信号塔的选址本来是在另外一个组，但需要缴占地费，我听说了这个消息，就让他在我们村子里免费建。G 县长和 L 老师是一个组的，他们都是从这个村子里走出去的，回来就尽己所能为村里提供帮助，我们小组修路和建桥前后花了两百多万，组里没出多少钱。一组以前有个花岗岩矿，是15年前一个浙江老板开发的，他开发了5年，转让给了一个福建老板。我们组的地理位置非常重要，占地面积大，人口基数也大，我们组的工作如果没做好就会影响全村，工作做好了，全村的工作也就好了。最大的变化是小区建设，建了六七年，规划、审批也花了三四年，有些项目还在继续建设中，村子里也投资了几百万，现在村子里大一点儿的组也基本通了水泥路，从罗田县城过来的自来水也接通了，住在山上不方便的村民也基本搬迁到山下居住，村里提供地基给村民建房，村民支付地基费，现在大部分老百姓手上基本不缺钱，像鳏寡孤独这类人群，都由国家出钱在村子里修建房子，提供住房，对他们的生活进行管理，有些没有子女照料的送到福利院，我们村这项工作还是做得挺好的。骆驼坳镇的福利院就在我们组旁边，离得很近，大约（20世纪）50年代，政府就修建了这座福利院，历史很悠久，由专人照管一些生活不能自理的老人。如果有家，但自身残疾，家里没有时间和精力照看的人，村里会给他们开低保或者“五保”证明，“五保户”就是由亲戚照看生活，国家一年会给他们提供七八千的生活费，去看病基本不用花钱，还有人照料，过世了也由村里负责，“五保户”不愁吃穿，都有人负责。现在村子里经济条件太差的那些人，也基本上都有低保了，低保（政策）落实得非常好，只要是够低保条件的，村里就会安排低保。无儿无女的那部分人，村里就会安排“五保”给他们。低保与“五保”截然不同的一点是“五保户”生老病死、吃穿住行全部都由村里负责，所谓低保，是针对那些能劳动但赚钱少而无法养活自己的人群，他们每个月也有补贴，生病住院的医药费能报销80%—85%，自己用不了多少钱。“五保”与低保在医保报销比例上不同，普通老百姓的医保在乡镇和县城住院只能报销50%左右。普通老百姓报销的比率还比较低，分三个等级，第三等每个月80—90元，第二等每个月一百多元，第一等每个月150—200元。此外，过年过节政府也会拿油盐米等对“五保户”和低保户进行慰问。只要不生大病，低保户的生活基本有保障。这些年村子里的风气在好转。现在出去赚钱的人多，在家打牌的人少，10年前是在家打牌的人多，赚钱的少，现在截然不同。一些四五十岁的人因为走不了很远的路，就在附近的工业园上班，年轻的妇女就在当地纺织厂工作。偶尔有打麻将的，打多了也不好，通宵打麻将影响工作也影响身体，浪费钱财，一般都是过年回家才打麻将娱乐消遣一下。政府给村子里修建了一个大戏台，六月中旬的时候举办了罗田县广场舞比赛，五月份时举办了一个老年人的活动，请了湖北省的老年人艺术团来表演，由罗田县公安局、司法局等单位赞助，中年妇女以跳广场舞为主，设备、场地、指导老师都有，她们也玩得开心。交往也是越来越和气。白天上班劳累，晚上娱乐休息一下，村里的环境在变化，人也在变化。相信以后村里会越来越好，农村信风水，今年一年没有立春，私人建房就暂停了一部分，春节过完，2018 年有立春，就又开始建了。我们这里结婚彩礼与以前相比变化小，罗田三里畈那边，嫁一个姑娘彩礼就需要 15 万，这个数字跟一些富裕地方比起来还是有差距的。至于房子，因人而异，有些家庭在意房子，他们在偏僻的农村住不惯，如果下一代要在城市读书就会考虑房子，以前计划生育（“一孩”政策）的时候，大部分家庭是一个儿子，或一个儿子、一个女儿，父母都会为他们考虑，准备一套房子或准备好钱，比如说孩子在北京读书就业的话，在罗田买房子就没必要。子女结婚费用基本上都是由父母支付。现在 25 岁左右的年轻人，基本上都没什么积蓄，有一个正式的工作就很不错了。女方那边一般都会要求有一台车，10 万或 20 万都行，价钱上没有多大要求，风气还是不错的。我在网上看到云南、贵州等地结婚要“万紫千红”，那些比较贫困的地方，相反还比较注重这方面。我们村的风气比较好，老人如果觉得儿女没有尽到责任，就自己来村委会找或者打个电话到村里，村里就会去管，我们村在这方面工作做得挺好，我们村干部都是党员干部，很多事都要管，都要过问。我们村书记，现在是副科级，工资一年四万多块，为村里尽职尽责，副职一年也有两万多块钱，属于自己管辖的地方也应该尽职尽责去管，如果实在管不了，村里集体来管。村干部现在基本无后顾之忧，除非你违反了党的规章制度。我那时候是监督委员会主任，我当主任时十年总工资还没当书记半年工资高，那时候工资太少了，我从 600 元/年做起，到退职那年 2 400 元/年，这就是我退职的主要原因。村干部干好事不容易，我们村子里有四百多户，有好人也有坏人，你能不操心吗？抗旱防洪类的大事以及婆媳不和等小事都要管，管的事太多了，在这个位置做事不容易。村里夫妻不和的现象现在不多，现在是婚姻自由，过不下去了大不了离婚，但我们村子里这些年离婚的很少。婆媳吵架这个问题避免不了，但因为这个问题离婚的人很少，除非丈夫不优秀，尽不到一个丈夫与父亲的责任，长期下去，就肯定会离婚，这种情况也很少。婚外情这个也避免不了，只要不引发家庭矛盾就算了，婚外情每个朝代都有，更何况现在手机通信那么发达，婚外情太自由了。我们村子里也有这种事，大家都知道这个男的出轨了，他妻子也知道，但一直忍受这种情况，但不恶劣，不突出，比如夫妻双方有一方出去务工，在家一方与别人产生感情，但不妨碍家庭就算了。这种情况谁都不好管，有的不敢管。现在社会风气自由，人家也看惯了，平和地去看。

我们村子里小孩子在教育方面最突出的问题是年轻一代的父母长期在外面打工，有的父母将孩子带在身边，有的一个在外务工，一个在家带孩子，从幼儿园开始，就在县城培养。现在农村弃学不读的情况基本没有，义务教育基本普及，大家都比较重视教育。我们村子里还是出了很多大学生的，我的弟弟就是1980年考的大学，改革开放第三年出去的，现在大家都能意识到教育的重要性。但在孩子教育问题上还是存在问题的。比如年轻一代父母外出务工，小孩子由爷爷奶奶照看，但他们的知识不够，教育方式落后。有些夫妇就不同，夫妻一方在家自己教育，带在自己身边教育与爷爷奶奶教育完全不同，爷爷奶奶容易对孩子过于溺爱。爷爷奶奶带孩子在这方面问题更多，他们自己年龄大了，早上小孩子由校车接走，五点后乘校车返回，中间他们就自己干农活儿去了，父母不在身边，教育的方式以及对孩子产生的影响还是会有很大的不同。上次湖北师范大学就委派了几名实习生来我们村给12岁以下的孩子进行义务补课，我认为这个活动非常好，但是因为是第一次，规模比较小，我们村子里的孩子从幼儿园到六年级有一百多人，有的在骆驼坳镇上读书，有的在罗田县城读书，放假了都回到了村里边，比平时孩子还多，但如果全部来了，房子太小，我更希望12岁以上初中的孩子也能补到课，因为初中知识家里面补不了，实习生可以借这个机会锻炼一下自己，孩子也可以接受更广泛的知识。另外，我认为，活动范围可以扩大一些，现在的活动范围太小，像我们周围的徐家湾村、罗家湾村、赵家湾村等，可以和我们村就集中到一个地方，在中心小学教室里补课，活动范围就更大。实习生由国家委派，由国家提供资金，我们提供生源，吃住都可以在我们村解决。现在乡村有一个定向招生培养政策，比如罗田县有30个定向培养的名额，上大学的学费由政府出，但毕业后必须回原籍教书五年，五年后可以自由选择教书地点，我觉得这个活动既可以锻炼年轻人的能力，在农村培养吃苦耐劳的精神，又可以开阔眼界，对年轻人有很大的好处。国家现在五年之内在全国培养30万全科医生，指派到农村工作。全科医生对外科、内科、妇科、儿科等知识都要懂一点儿，类似于家庭医生，上门服务，五年医科大学毕业后，国家还培养两三年，像生活中的一些小病，可以由全科医生上门服务，不用花费时间上大医院。我之所以知道这些，一是我年龄比较大，阅历丰富；二是我这个人肯学习；三是我从事保险行业，涉及面广，(对信息)更新快，对互联网必须精通，工作涉及互联网，像在手机上买健康保险，你要什么类型的，我基本上三分钟搞定。我祖辈上是文人家庭，到我这代，我上学的时候，家里有一个弟弟和一个妹妹，那时候家里经济困难，家里三个孩子，我三年级就辍学了，在家带弟弟妹妹，后来我坚持要读书，于是1964年接着上四年级，但后来因为各种原因我没能上初中、高中，我的弟弟在武汉铁路局上班，混得还不错，我的侄子是武汉大学毕业，我们那一辈只有我在农村。

现在日子普遍不错，85%以上的人都新建或买了房子，国家各方面政策也非常好，很多方面都有财政补贴。我当村干部的时候，农民的日子还比较艰苦。我现在还种一些茶叶和板栗，每年可以赚七八千块钱。我在骆驼坳镇工作时，有一个村委书记，后来调到了黄冈市检察院做检察长，他那时候在村子里种了50亩，后来陆续作废了，只有很少一部分保留了。我有两亩茶叶，送到茶叶厂去加工，但我自己也能做，我的小茶园种了二十多年。以前村子里有自己的茶叶加工厂，后来，厂房倒闭了，就在外村加工，我自己种茶，做茶给自己喝，我喜欢喝茶，在这方面比较精通。在农业方面，我有助理技师证件。我父亲以前在罗田科委上班，我年轻时候他教授我很多专业的农业知识，在村子里的时候，我引进了许多农业新技术，那时候学到了很多知识。我们村里有人外出学习技术，发财致富的人比较少。这些年国家比较重视村里的环保工作，每个小组都设有垃圾池，由专人负责，我每个星期都带四个干部检查一次，评选出最清洁和最不清洁户，村里每天都会安排四五个人捡垃圾，保持清洁，老百姓每年支付12元的清理费，卫生搞好了，村貌也好了。以前村子里有个福建的老板提到，福建五年前就实行了这个政策，我上次巡查他的工厂，建议他在工厂旁边建一个垃圾池。他的工厂里有来自各地的职工，工厂里的垃圾经常往附近一个河沟丢，造成了严重污染，现在也基本改善了。村子里农民种植的时候会用一点儿除草剂等农药来减轻劳动强度，种植水稻时，会用除草剂除草，有的人觉得农药有副作用，有的人为了保产，相对于往年而言，农药用得比较少。

以前我担任村干部、选举委员会主任的时候，会提些意见。我现在的宗旨是，到了我这个年龄，不做村干部了，把机会提供给更多有能力的人。村里村干部能力都比较强，犯错误的比较少。

12. 受访者：LZH，49 岁，普通村民

访谈时间：2017 年 7 月 14 日 15:30—16:30

访谈地点：赵家湾村村委会办公室二楼

我今年 49 岁，在农村搞生产，闲的时候，就去外面干点儿活儿。主要是生产，就是种粮。我并不是从小到大都生活在这个村庄里，我 1987 年去新疆打工几年之后，到了结婚的年龄，就回来结婚生子了。之后在 1996 年的时候到福建去采石头，那个地方太热了，没有继续待下去。以后的大部分时间都是在这个村子里待着的，算是目睹了村子里的一些变化和发展。对于整个村庄的现状来说，我是很满意的，现在农村道路和环境都比以前更好了。就人际关系来说，我们这一个湾子里的人，大家关系都挺融洽的，都比较团结，只有个别人不好处，关系差一点儿，大部分的人，关系都特别好。也就是整体来说，在人际关系上是没有显示出变化的，大家都互相帮忙。这几年村子里发展越来越好，人也越来越富有，经济上肯定是翻身了。在道德水平方面，村子里的人道德还好，大家都认识，一般都不会对人使坏，也没有小偷小摸的情况，因为你们家有的东西我们家也有，人家有的东西都是自己辛苦挣来的，贫富差距也并不是很大。大的人家，你也没有什么东西敢动，所以也没有什么必要说嫉妒、羡慕之类的话。

农业上面的发展还是不太好，在种植和养殖方面，增收都不是很理想。种植的时候，付出的时间还是很多，还是要想点儿办法，干点儿其他的事情增加收入，因为粮食肯定是没有多少卖的。种的粮食，一般就是自己吃，卖不了多少。粮食又不怎么值钱，一块多钱一斤，国家控制价格。这个稻谷是一块二毛多，一亩田如果包给人家种粮食，也不怎么赚钱。就是自己的田不愿意荒着，毕竟自己种的米比外面买的米吃起来安全一些。自己家的人都出去工作了，就请人来种。如果天气不怎么好或者是有病虫害，搞不好还要亏本，所以种田

不好赚钱,而且受天气的影响还是挺大的。所以说我认为,纯粹种田或者养殖是不行的,是实现不了小康的,除非家里一个人种田、一个人打工,或者一边种田一边打工。

我是初中文化水平,但现在年轻人,大部分最低学历是高中,考上大专的也比以前多很多。那个时候,一个湾里面只有一两个,现在年年有,现在录取的比例高,不是本科就是专科,考上重点大学的人不怎么多,其他好一点儿的还是有的。关于家庭方面,现在就这个村子里来说,彩礼一般的可能就是 6 万到 10 万,有的也多一点儿超过 10 万。一般需要男方准备房子,彩礼也是男方给的,除了彩礼之外,还要买首饰。彩礼钱会间接返还,比如说你家没有车,想买车,这个钱就要双方各出一点儿。还有各种家具,我们这边一般都带回来了,女方有的时候还会贴钱。比如说我嫁女儿的时候,还贴得多一点儿。但我觉得这个彩礼的水平,在整个湖北并不低。

我们村里家与家之间,吵架打架的现象并不多。我跟你家关系不好,也就是来往得少一点儿。一般关系好的,就有说有笑的。很多时间在一起,帮忙的事情多一点儿。家人之间的争吵比较少,夫妻之间的吵架也比较少,这个都是跟传统有关。关于婚姻这一块,就现在了解的年轻人,未婚同居的不怎么多,出轨的现象也不多。如果我的配偶出现了出轨的现象,我们农村这边第一条想到的肯定不是离婚,而是找人做工作。现在村里面人觉得离婚是有点儿丢人的,也就是说在村子里还是比较讲究面子的。离婚,可能在面子上有点儿过不去。要是老年人单身的话,我会同意他们再婚的,我觉得再婚之后有人陪着他们养老。有的人家里的孩子去外面打工了,家里一个伴儿也没有。关于生育和孩子这一块,现在特别想要男孩儿的这种观念还是有的。现在政策放开了,还是想要个男孩,但就我个人来说要求不会那么强烈。比如说我家就只有一个丫头,已经出嫁了,户口在我这里。我女儿已经结婚生子了,小孩的户口到男方那边去了,是我们一个县的。现在隔了一代人教育孩子,没有父母们教育得好。现在的孩子比较调皮、任性,爷爷奶奶都管不好。现在村子里的娱乐设施没有建设好,而城里的设施比较健全,所以村里休闲娱乐设施还需要加大投资,父母带孩子去玩的地方也会多一些。没有这些设施,小孩子有的就去玩水。这边池塘有的没有护栏,是开放的,虽然我们这里没有,其他地方小孩掉进去的事情是发生过的。建一个游乐场所还是很合理的。关于养老方面，我个人还是希望去养老院。我的养老保险和商业保险都已经交过了，我可以把保单拿到那里去作为抵押，我老了以后可以在那里租个房子住。但如果我进养老院我女儿肯定不愿意，她要是强烈要求我们住在一起，那就住在一起，女儿女婿都很孝顺。从我心里来讲还是希望一家人住在一起，但我觉得最少应该有个老人活动中心，还有离家近一点儿的健身的地方，收费低一点儿。

这个村子常住人口差不多 1 500 人左右，当地户口人数就不止了。有的人户口在这儿，但是人在外边，其中，老人、孩子有一半以上。年轻人大部分在外打工，一般的只有两个老人在家里的不多，有的家里有一个，以前养孩子养得多。现在七十多岁的老人的孩子肯定不止一个，兄弟姐妹之间一个不在家肯定还有另一个在家。县里有几个大型的用工型的厂，离得近，（村民）白天去打工晚上回来。长期在外打工的比以前也少了，县里就有就业机会，家里有事情需要你回来，你也要能回来。这种传统的家庭美德还是不错的，这些家庭美德能对家庭起到很好的维护作用，这个大家都有共同的认识，应该这么做的。一些比较尖锐的矛盾，比如婆媳之间的矛盾还是有的，大部分还是好的。

关于经济部分，我女儿出嫁了，她的收入不算了。我和我爱人两个人一年就三四万。种地赚不了多少钱，老伴闲的时候也会去打工，在石材矿做石材开采。但今年工资低了，石材行业由于环保管理，很多地方价格下调了，我们同行的用的工人太多了，老板把价格压低了，我们的收入也降低了。这三四万里面，种田的收入占了差不多 10%，花的力气很大但是回报很少。光种田肯定不行，自己种田自己吃放心一点儿。我主要是种水稻，也种一些油菜、花生、西瓜、玉米。种桃和草莓的是专业户，我们自己种的一两棵都是自己吃，不卖的。他们那种得多，是卖钱的。专业户有商业头脑，另外，他们掌握的技术水平高多了，也有销路。对于生态种植、绿色种植，一是担心技术掌握不了，二是担心销路。如果有订单生产，我们肯定愿意的。有技术指导就很好，种地的时候肯定会施化肥，经济作物也会用地膜、除草剂。生态种植我们也会用农家肥，农家肥和化肥都用了，不用化肥就没有好收成。施农家肥口感还是要好一点儿的，但农家肥用工要多一些，口感好卖的价格也高一些的。单靠我们自己，价格卖不起来，自己种的东西卖得少，专业户卖的价格是他们自己定的。粮食是专门机构收购的，粮食他们都要，但他们会除去一些水分，比如说 100 斤算你 90 斤。如果说这种生态种植很挣钱的话，我也愿意去做这个，就是这个周期可能比较长，而且比较麻烦，需要很大的人力、物力、资金的投入。只要能赚钱人家肯定愿意，有钱赚，亏不了，大家都愿意的。我们村里没有做农家乐的，隔壁村有，我们这儿没有。一个原因是他们的板栗园比较大。我们这里的农家乐还没有景点，像柿子等水果一类的，人家买点儿就走了。我了解他们做农家乐不是很赚钱，可能是在宣传上没有做好。但就现在来说，整个农村的环境肯定比以前改善很多了，政府投资了，有专门的绩效考核，大家都有压力。就村民个人来说，环保的意识比以前提高了，乱扔垃圾的现象变少了，牲口都圈起来了，村民还是比较配合的。有关环境保护方面的法律法规也都宣传了，我们村的森林都禁伐了，多少年不准砍树，如果砍树了，要罚款的。

我个人没有做过生意，有一些打工的经历。去外面打工的话，工种方面，一般都是别人介绍的，没有五险一金，只有工伤保险，在我们村这边的石材厂干的时候买了工伤保险。劳动方面也有一些福利，热的时候给你发手套，但现在人多，手套也没给发。我们这个行业你的身体运动量大，另外灰尘也多，但这个打工收入还是比较少的。采石头的时候我们有采石机，石头中间有缝，从下面把它敲起来。山体基本都是租的，我们筑的建筑用的板材，外面搞装饰的，成品是用来做装饰的，一些废品就可以给人家做水沟之类的东西。长期的开采石材也不环保，土壤剥离了，锯的有灰，灰顺着水流下来了，那是机器生产，有扬尘，戴口罩都保护不好。

就我家庭来说，家庭的开销最大的一部分是我买的保险，然后就是人情往来。经济压力最大的应该是生病、医疗，还有意外。人情往来这一块，每年红包的数字也有所增加，今年和明年可能差不了什么，但是跟前几年相比，还是有点儿变化的。平时的话，经济交往一般就是借点儿钱，借的钱数额在一两万左右，有的时候亲戚帮忙，主要是要造房，或者小孩结婚。一般事情过了一年左右就会返还。亲戚之间没有打欠条，如果说人家是做生意的，加点儿利息给你，这样的就打欠条。借钱的话一般都借给比较熟悉的人，不熟悉的人可能也不会借的，所以主要的经济往来方面就是借钱。就我个人来说，我最羡慕的挣钱的方式是轻松一点儿的，但是文化氛围强一点儿的工作。我这露天工作都是在外面干体力活儿的，谈不上什么技术含量，还是要拼体力的。最看不起的挣钱的方式就是那些“混混”，靠坑蒙拐骗。如果在富足有钱和家乡美丽的情况下进行选择，我会更向往家乡美丽，但我觉得家乡美丽和富足肯定能做到齐头并进。农民如果有经济作物种植，大家收入都高了就算政府没有资金，自己也愿意投资“乡村美丽”建设的。家乡美丽肯定需要经济的支持，但如果说为了挣钱破坏家乡环境，是不被人认可的。

关于参加村干部的选举，有通知的，上面有什么选举就会通知下来，大家都会去的。我对村干部的管理也还是满意的，比如说防洪的时候，他们带领我们大家预防，主要是保护农田。假如说遇到了一些困难，个人的或者是家庭的困难，首先还是要找村里面的人去寻求帮助，还是对他们很信任的。有些纠纷，他们还是熟悉的，他们对处理纠纷也是有经验的。但有一点就是我们这边天黑的时候，照明条件还是不行，前几天我靠着马路边拉着板车回家，后面一个摩托车就撞到我了。村规民约对大家有约束力，村规民约宣传的都是正能量的内容，大家也都能够接受。关于法律，我觉得法律面前还是人人平等不了的。比如说我出的这个事儿，如果那个“混混”不去坐牢的话，还是对我们有一些压力的，有些事情我们碰到他们还是会害怕。对于“混混”可能也治不了，不好治，“混混”够不上判刑，但对你有威胁。大的事情打官司肯定是管用的。村里基本没有上访现象，也就是说还是比较和谐的。村干部都有固定的时间上下班，但我不知道他们每个月工资大概有多少，也不清楚收入来源主要是什么。我最头痛的还是那些“混混”，他不是做大的犯法之类的事情，主要是对我们思想上有威胁，像这样的人如果多了，社会就不太好了。

13. 受访者：LCW，64 岁，普通村民

访谈时间：2017 年 7 月 14 日 16：35—17：20

访谈地点：赵家湾村村委会办公室二楼

我是农民，青年时当过兵。我们夫妻俩有两个女儿，都出嫁了，一个嫁到江西去了，一个就在本镇。农民总是靠地的，我们平时种点儿西瓜，人家种什么，我们就种什么，家里收入主要靠地。我年龄大了，去年住了半年医院，身体

不是很好。地能种一点儿是一点儿，有空闲的地就种点儿西瓜。两个女儿的家庭情况不是很好，一个女婿在闹离婚，所以我们的经济来源全靠我们自己。我女儿在家带孩子，婆婆身体不好，家里什么也干不了，所以我女儿只能留在家里，这件事让我压力很大，白天干活儿还行，晚上都睡不着觉。我女儿是1978年出生的，第一次已经上过法庭，我们不同意离婚，所以希望法庭调解一下。是女婿向法院提出离婚的，他是一个工头，抽烟、打牌，花钱大手大脚，在外面有女人。三年前都不知道，现在知道已经晚了。我女儿已经39岁了，离婚了再找对象也可以，但是她已经结扎了，没有生育能力了。她的小孩大的12岁，小的6岁，大的在班上成绩中上等。我女儿不愿意离婚，因为离婚了至少一个孩子就不能跟妈妈一起生活，想到这个我女儿就很心痛。现在这种情况，村里也有。有的男的在武汉打工，出去了就对家里不闻不问了，也不向家里汇钱，也不回家，过年或孩子上学才回家一次，以后就回家少了。

村里的彩礼视对方家庭的经济状况而定，家里富裕可以多给点儿，不富裕的可以少点儿。普通家庭大概三五万或八万左右，中等好点儿的家庭是十万左右。在农村，你给的彩礼，如果家庭好点儿的话会以嫁妆的形式返还给你，甚至几倍。这主要是面子问题，主要是给别人看的。我女儿出嫁比较早，那时候彩礼只有几千块钱，不像现在社会发展了，彩礼也涨了。以前人情往来50块就行，后来涨到100块，现在又涨到200块了。对会挣钱的人来说，一点儿问题也没有，对于我这个家庭的人来说，就有点儿困难。现在我们村里夫妻俩吵架的现象很少了，但是离婚比以前多了。在我们这代人看来，坚决反对离婚，原配夫妻俩感情比较融洽嘛，有一点儿不如意的地方忍让一点儿就过去了。

现在我们还是希望孩子读书，孩子没有文化，怎么生活？我们这代人有三大任务：盖房子、缴税、养孩子。现在这代人，房子已经盖好了，不管好不好，都是楼房，条件好的都送到镇上好的学校，暑假都把孩子送到补习班去了。

我们都上年纪了，身体不是很好，去年还住了半年医院，用了六万多块钱。社保能报销一半，剩下的三万块钱我们自己承担，我女儿也会给点儿。我在农村，自己种点儿粮食和蔬菜，家里的开销主要是人情往来和医药费用。

现在跟以前比，更注重生态，蔬菜不用农药，会用些化肥，主要是自己吃的，包括水稻，虫子吃点儿就吃点儿，用了农药，吃了对身体不好。化肥也会用点儿，不用的话水稻长不起来，但是要适量，不能搞多了。村里环保的宣传，电视上也有。我家菜收成好了会拿去市场上卖，也是不打农药的。

关于养老，我们要多注意身体，有病就去治。自己能照顾自己，那就什么事情也没有。我们夫妻俩，不可能一起“走掉”，那就相互帮忙嘛。如果剩下一个人，只能靠女儿。我希望以后村里有钱了，可以安排人对村里的老人进行照料，老人吃和穿不需要很多钱。我们村里做任何事情都会征求大家的意见，水、路、渠道、环保这些方面我们都搞得很好。如果村里有经济纠纷，多数是村里处理，小的事情就在小组里解决一下。我们村的村风挺好的，村民之间相互的关系比较好。

三、辘辘村村民的访谈记录(11位)

访谈对象基本情况表

姓名	性别	年龄(周岁)	职业情况
BJQ	男	32	普通村民
BHZ	男	28	普通村民
LHX	女	19	幼儿园教师
BEH	女	54	普通村民
BYA	男	48	原村委会主任
BZA	男	46	普通村民
LMY	男	39	普通村民
LY	女	37	普通村民
MPK	男	21	原岷县交警大队协警
BYQ	男	46	原村委会会计
BXA	男	30	普通村民

访谈记录

1. 受访者：BJQ，32岁，普通村民

访谈时间：2017年7月20日14:00—14:50

访谈地点：辘辘村村委会会议室

我是1985年出生在辘辘村的。我初中毕业之后就开始帮家里种地，主要是种植当归等药材。在空闲时间里，如果建筑工地有活儿干我就去打工，一般是去兰州。每年打工的收入跟种地差不多，我个人更喜欢外出打工，因为种地实在是太辛苦了，而且收入也不是很多，药材价格好的时候一年能收入四五万元，最多也就七八万元，价格不好的时候可能就只有三万元左右，而且种地每年还要有两万元左右的成本，打工就不需要成本了。我觉得在我们村，年轻人更喜欢外出打工，而40岁以上的人更喜欢种地，因为他们觉得打工会受气而且不自由。

我现在有四个女儿，大女儿已经七岁了，现在在镇上读书。第三胎是双胞胎。我生这么多孩子不是因为我重男轻女，而是因为我的第二个女儿是早产儿，六个月大的时候就出生了，身体一直不好，家里人都怕养不活，就让我跟我老婆再生一个孩子，不管是男孩女孩都可以，所以就生了第三胎，没想到是双胞胎。虽然老二刚出生时身体不好，现在却是四个孩子当中最聪明、最厉害的一个。现在四个孩子都是我父母帮我们带，我也知道父母带孩子肯定不如我们自己带好，但是经济条件不允许，我们没有能力把四个孩子都带到我们打工的兰州或者县城里去生活，所以只能让父母帮我们带。我个人认为学习真的很重要，多读书出路也会更多，虽然也有人不读书却能挣大钱，但那都是小概率的事件。我也希望我的四个女儿都能好好学习，只要她们能够考上高中、考上大学，我一定会想尽一切办法供她们上学。如果以后有机会，我希望我的孩子还是能够留在城市里发展，而我和我老婆不会跟她们去城市生活，不想给她们添麻烦。等我们老了，我们还是愿意留在辘辘村生活，孩子们只要能每年回来看看我们就行，不用必须跟我们生活在一起。

当年，我跟我老婆是在外面打工的时候认识的，当时她父母反对我们在一

起，因为他们听说我在村里的名声不好，主要是我那个时候不认真干活儿，喜欢抽烟、喝酒、赌博。但是我跟我老婆还是结婚了，就是没有办酒席。以前大家家里都穷，也有结婚不办酒席的，现在经济条件都好一些了，几乎家家都要办结婚的酒席，每次去参加酒席的人至少要给 100 元的喜酒钱，如果关系好可能会给 500 元到 1 000 元。大家一般都是在村里办酒席，极少数的人会去镇上办。我们这里如果有人去世了也是要办酒席的，由于都是土葬，大家就会请风水先生从自家的地里挑一块作为墓地。我记得小时候，如果村里有人去世了，家家户户门前都会围一个火堆，现在大家一般都不这样做了。现在村里的人也很少聚在一起了，大家都各忙各的，也就是关系好一点儿的几个人会聚在一起喝个酒，大型的聚会一般就是在红白喜事的时候了。

在我们这里男女地位是很不平等的，男人地位高，女人地位低。女人一般都是不串门的，每天都要在家打扫卫生、喂猪、去地里干活儿，非常忙碌。以前我们这里的人没文化，很多男人都打老婆，有的甚至把老婆打得跳河、上吊、吃药或者改嫁。现在女人的地位提高了一些，打老婆的现象也少了。

在我们村，村干部都是内定的，不是我们村民选出来的，我们很多人都在外面打工，没机会参加选举，能去参加选举的也不是想选谁就选谁，都是有人指定让我们写某个人的名字。我觉得我们村的干部好像也没为我们干什么大事，也就是修了一条路。关于环保这个问题，我个人觉得还是可以先致富，即使会污染环境也应该先致富，等有钱了可以再治理污染。

总的来说，我感觉我们农村变得越来越好了，国家对农民的政策也挺好的，地震之后，政府给每户补助了四万元让我们盖房，现在看病报销得也很多，在我们镇上看病可以报销 90%。虽然有人说现在大家都有钱了，社会风气变坏了，但是我觉得从总体上来说，现在村里的风气比以前是要好一些的。我觉得我们村还是很好的，即使以后有了钱，等我老了我还是愿意回到我们村生活。

2. 受访者：BHZ，28 岁，普通村民

访谈时间：2017 年 7 月 20 日 15：00—15：50

访谈地点：辘辘村村委会会议室

我 1989 年出生在辘辘村，今年 28 岁了。我现在就是在村里种田，家里的

地主要用来种植当归等药材，也会留一小部分地种一些蔬菜供自己吃，粮食一般就是去买。我以前也出去打过工，但是我不喜欢打工，因为感觉太不自由了，每天要定点上下班，就跟“坐牢”一样，还是在家种地比较自由。而且这几年药材价格比较好，我觉得种地跟打工挣得差不多。我现在种的地主要是自己家的地，有时也会租别人家的地，有些人家里种地的人少，他们就会把忙不过来的地租给我们，一亩地一年的租金差不多200元。我租的地也不是很多，每年差不多会租五六亩，租太多的话我们自己就忙不过来了，还需要雇人，那样就不划算了。我家种出来的当归主要是我自己去“当归城”卖，现在的价格差不多是45块钱一公斤。因为我们卖的都是原材料，所以价格比较低，我特别希望能有人来村里开一个药材加工厂，这样我们的药材价格就能提高一些。我们村里种植当归的技术主要是我们自己的经验积累，看看别人家的当归为什么长得好，再看看自己家的当归为什么长得不好，相互学习，也没有什么人来教授我们种植的技术。现在经济条件好了，大家都用手机，能随时了解到当归的价格，来村里收当归的人也骗不了我们了。我平时也从网络商城上买东西，但是从来没有考虑过自己也可以在网络商城上卖当归，我觉得我学不会，不过以后可以考虑一下在网络商城上卖。

我现在跟我的父母住在一起，父母年纪大了已经不太干农活儿了，我和我父母的钱也是混在一起花的，现在全家的大事小事都是我做主，但也会征求父母的意见。跟父母生活在一起，有时也会因为观念不同而产生矛盾，偶尔也会产生婆媳矛盾。一般情况下，邻居帮忙说和一下，矛盾也就解决了，根本不用村干部出马。我现在只有一个儿子，这两年经济压力比较大，想过两年经济宽裕一些后再生第二胎。现在村里的年轻人已经没有重男轻女的观念了，但是老人们还是会重男轻女的。我儿子现在在另外一个村上小学，离我们村大概有500米的距离，如果读初中的话会去乡里的学校读，我还是希望我的儿子好好学习，以后能够去城市里发展。如果儿子以后真的可以留在城市，我是不愿意跟他去城市生活的，我更喜欢生活在农村，我认为老了以后没有必要跟儿子生活在一起，只要他能回来看看我们就行。

现在村民之间的相处也会出现一些矛盾，主要是因为土地的界限划分引起的矛盾。一般遇到这种矛盾时，大家都会找一个中间人来解决，只要中间人调解得公平合理，大家都会接受。如果遇到大的矛盾，比如打架、医药费赔偿之类的事情，大家也会到镇上的法院去调解，但是这种情况很少。在我们村里，大家对村里的政策一般都不怎么了解，村干部都不通知我们，所以村里也没有人因为对政策不满意而上访。我希望能够多了解一些村里的政策。我现在对我们村的整体情况还是比较满意的，有时候也对村干部存在不满的情绪，我希望我们的村干部能够更好地带我们致富，只要他们能带我们致富，他们从中捞一点儿钱也是无所谓的。

总的来说，这两年药材价格高了，村民的收入也多了，经济条件变好了，村民的素质也提高了，我还是很喜欢生活在我们村的。

3. 受访者：LHX，19 岁，幼儿园教师

访谈时间：2017 年 7 月 20 日 16:00—16:30

访谈地点：辘辘村村委会会议室

我出生在辘辘村，今年 19 岁了。去年中专毕业之后就留在镇上的幼儿园当老师了。我中专就是学的幼教专业，我们村里上大学的人很少，包括大专在内我们村每年也就考上几个大学生。我们镇上的幼儿园要比村里的好一些，老师都是学幼教毕业的，但是我们辘辘村幼儿园里的老师基本都是一些初中毕业生。据我了解，我们村的幼儿园收费不多，孩子们就是交一些餐费和书本费，教育局会给补助，差不多每个孩子补助 500 元。

我现在就住在镇上，回家的时间不多，每周五下班后回家。我以后会继续在镇上工作，如果有机会我更想去大城市发展，我不想回到村里生活了，还是外面的世界更精彩，而且回村里种地实在是太辛苦了。如果以后父母老了我还是会养他们的，我并不觉得我是女儿就不用养老了。如果我以后有了孩子，我也希望他能去大城市发展，我认为我的孩子以后给不给我养老是无所谓的。

我和我的男朋友是在镇上工作的时候认识的。他现在在镇外的电子厂打工，所以我们平常也不能经常见面，一般都是通过电话和网络聊天软件沟通感情。在我们村像我这样 20 岁左右的年轻人恋爱主要是靠家里人介绍，像我这样自由恋爱的有一些会遭到父母的反对，但是我的父母没有反对。据我了解其他家长反对的原因主要是男方的家庭条件不好。现在在我们村，男方给女

方的彩礼大概是五六万元，这些钱给了女方，女方家其实也都用在了女儿结婚上，我没听说过通过嫁女儿换取的彩礼钱来给儿子娶媳妇的情况。

工作中，我发现爸爸妈妈自己带孩子要比爷爷奶奶带孩子好得多。在我们幼儿园，爸爸妈妈自己带的孩子更懂事、更听话，也更爱干净。而爷爷奶奶带的孩子都比较娇惯，而且不爱干净。我们这边的家长对孩子的教育问题关注不多，尤其是在外打工的父母，他们都不怎么管孩子，我们老师也会给他们打电话沟通，但是他们通常都以工作忙为理由将责任推卸到爷爷奶奶身上。我们这里的家长也不怎么关注孩子的素质教育，很少去上舞蹈、画画等兴趣班。（采访进行中途，受访者家中有事先行离开）

4. 受访者：BEH，54 岁，普通村民

访谈时间：2017 年 7 月 21 日 10:40—11:30

访谈地点：辘辘村村委会会议室

我今年已经 54 岁了。我是我们家的独生女，23 岁就结婚了，我丈夫是外村的，“倒插门”到我们家的。我就生了一个儿子，现在结婚了。我儿子结过两次婚，第一个儿媳妇嫌我们家里穷，就跟别人跑了，后来法院判了离婚。我儿子就跟现在的老婆结婚了，现在这个儿媳妇厉害得很，她不愿意跟我们两个老人一起生活，所以我们就分开住，我儿媳妇从来不来看我们，也不让儿子给我们钱，儿子家的钱都是儿媳妇管着的。我这个儿媳妇嫁过来的时候带着一个儿子，然后跟我儿子又生了个女儿。后来她就不想再生了，但是因为我是我们家的独生女，总觉得还是应该让我儿子再生一个男孩，所以我就让儿媳妇又生了一个男孩，但是儿媳妇不愿意养，就扔给我们老两口养，她从来不来看孩子也不给孩子生活费。我们老两口也很不容易的，我丈夫做过手术，不能干重活儿，小孙子还小要喝奶粉。村里的人都知道我儿媳妇这个样子，也有很多人去劝过她，可是没有用，她就是不管我们，过年过节也不来我们家，我们现在习惯了也就不觉得难过了。因为我家穷，儿子条件也不好，只要能有人看上我儿子，我们也就不挑剔不反对了。村里的人对我们都挺好的，看我们有困难还经常帮助我们。我儿子娶媳妇花了不少钱，娶第一个媳妇给了女方家四五万元的彩礼，娶第二个媳妇给了女方家八万元的彩礼，这些只是彩礼钱，不包括给

儿子盖房子的钱。

我们家的收入就是靠种地，一年也就一两万元的收入，都用在吃穿上了，困难的时候种地的肥料钱还要向别人借，等我们宽裕了就马上还回去，他们也不收我们的利息。我儿子也是靠种地生活，他以前出去打过工，但是后来回来了，他们一家人一年应该有两万多元的收入。我们老两口从来没有出去打过工，以前年轻的时候没有出去打工是因为家里有老人要照顾，没机会出去打工，现在没有出去打工是因为我们年龄大了，也没什么本事，出去打工也没有竞争力，只能在家种地了。现在条件好了，有钱的人也多了，看到其他人比我们有钱我也没有觉得这不公平，我们家穷是因为我们没有能力，我丈夫还有病不能干重活儿。别人有钱是因为别人有挣钱的能力，这都是很正常的。

我们生活困难，政府也会给我们一些补助，但是具体补助多少钱我不知道，因为我们家的钱都是我丈夫管，在我们这里一般都是男人管钱。我丈夫虽然有病，但是看病费用不是很多，我们都有医疗保险，能报销挺多的。我从来没想过让儿子给我养老，因为现在这个儿媳妇太厉害了，不指望她给我们养老。趁我现在还能种地，我只能先走一步看一步了，以后的事没有去想过。

关于社会风气，我觉得还是以前的社会风气好，那个时候人们都很团结。我对我们村干部也很满意，他们都挺关心我们穷人的。

5. 受访者：BYA，48 岁，原村委会主任

访谈时间：2017 年 7 月 21 日 11:40—12:50

访谈地点：辘辘村村委会会议室

我 1969 年出生，是土生土长的本村人，小学五年级的时候因为家里贫困辍学了，辍学之后就帮家里种地。十七八岁的时候开始出去打工，去过宁夏、新疆、内蒙古，一般就是在砖厂打工，有时也给别人干点私活儿。1989 年回到辘辘村当我们公社的社长，1990 年开始做我们村的村委会主任，到 2013 年地震之后卸任。

我感觉这两年大家的经济情况比以前好多了，以前出去打工，钱也不好挣，有许多拖欠工资的，在家中种植药材挣钱也不多，因为药材价格很低。而

现在，出去打工挣的钱也多了，拖欠工资的情况少了，药材价格也提高了，种地挣的钱也多了。以前药材价格低的时候我们这里的人都是种粮食，大家也觉得自己种了粮食就不缺吃了，心里踏实。这两年药材价格涨了，大家才开始大范围种药材，我记得市场经济刚开始那会儿，当归每斤才两三毛钱，而且那个时候产量也低，每亩大概能产一两百斤。这几年当归价格高了，村民的收入也提高了，在我们村种当归的家庭，平均每年能挣三四万元，最多的每年能挣十多万元。同样是种药材，有的挣得多，有的挣得少，这是有原因的。挣得多的人主要是因为家里本来地就多，同时他们自己也吃苦耐劳很能干而且头脑灵活。那些收入一般的主要就是随大流，按部就班地种地。而那些收入少的主要是因为家中有变故或者是有人生病。

我们村的年轻人现在是打工、种地两不误，他们在外出打工之前都会把家里的老人孩子安顿好。比如说一家人有两个儿子，可能有一个儿子出去打工，另一个儿子留在家中种地，照顾老人和兄弟的孩子。在我看来，读书真的很重要，能够学到很多知识和技术，比如说我们家有个亲戚，就是因为读书多，现在在镇上干电商，每个月能挣万把块钱。而且现在种地也是需要技术的，有了技术才能增加产量，减少损失。

这两年经济发展了，人们生活水平提高了，但是我感觉村里的社会风气有所倒退。以前一家老小能够和和睦睦地生活在一起，而现在儿子和儿媳妇不孝顺的就多了。以前大家都能够相互帮助，而现在人际关系就疏远了一些，而且村民们现在除了村里的红白喜事，大家一般都不会聚在一起，都是待在家中各忙各的。我们村与其他村相比风气还算好的，没有赌博之类的现象，但是偶尔也会有人酒后闹事，也有喝酒之后捅死人的事情发生，但是这种情况很少。

我有两个孩子，大的是儿子，小的是女儿。大儿子 26 岁了，去年刚刚结婚。现在经济条件好了，女方家要求也高了，我们家给女方的彩礼钱是四万元，加上办酒席、买首饰一共花了 11 万元，女方还要求我们在镇上买房子。我儿子以前在镇上干药材加工生意，现在在他岳父的建议之下在镇上开面馆。我儿子不喜欢种地，但是我觉得种地就很好，虽然辛苦一些，我跟儿子之间还是有很深的代沟的。以前的人可能重男轻女的观念比较重，但是现在大家都不在乎了，生儿子反而经济压力更大。我们整个大家庭的关系很和睦，我们还有一个网络聊天群组，大家经常在群里聊天。

在我们村，村干部作用不是很大，也就是传达一下上级的信息，也没能够帮助村民致富。村民对村里的事情也不是很关心，一般开会都不来参加，除非会议涉及他们自己的利益。我个人认为保护环境和发展经济是相互矛盾的，如果环境受到破坏能够换来村里经济的发展，我可以接受。在我们这里，村干部挣钱不多，每月也就 1 000 块钱，所以很少有人愿意当这个村干部。

6. 受访者：BZA，46 岁，普通村民

访谈时间：2017 年 7 月 20 日 14：10—15：00

访谈地点：辘辘村村委会会议室

我 1971 年出生在辘辘村，今年 46 岁，一直生活在这个村子里。我主要的收入来源于药材种植，现在全家的年收入在三万元左右。1990 年，我去内蒙古砖瓦厂打工一年，干的都是体力活儿，一年收入 500 到 600 块钱，有的时候工厂还会不给钱。1997 年，去内蒙古修路一年。我有三个女儿，大女儿 15 岁，在岷县一中读高中，二女儿读四年级，小女儿读幼儿园，女儿们都很听话。

现在我们农村的彩礼在十万左右，如果没有就要去借，而十多年前仅仅需要一万元左右。在农村，村民之间吵架很正常，比方说有的村民把自家的东西拿走等小事儿。我有时候也会跟老婆吵架，主要就是因为劳动太累，农活儿做不完。村里未婚同居的现象基本没有，而婚外情的现象有，但是很少，都是偷摸进行，我自己很看不惯这种事情，我也肯定不会接受。对于夫妻离婚，我觉得如果造成了损失，我会接受不了，但是如果对方支付孩子抚养费我可以接受。在生男生女的问题上，我认为这对我来说没有区别，但是整体来说，大部分人认为男孩子比较好。我们村也没有老年人再婚的现象，村里老年人养老由子女承担，养老院听说有一个，但没见过。现在，因为打工比种地赚得多，所以村里留守老人、妇女、儿童很多，老人在家里照顾孩子。但是，夫妻关系都很好，男人在外面赚钱，女人持家。身为儿女，我认为一定要孝顺父母，我们村里也有不孝顺的，老人走不动路了，不能劳动了，子女就不管了。

我一直在村里种地，对种地的想法是，我认为以后种地划不来，但是自己

也没办法，只能种地。跟以前相比，以前只种当归，现在当归、黄芪、党参都种。现在不种粮食，米面都是买着吃。药材的价格也要看年份，价格不稳定。我家现在的主要开支就是孩子的学费，其次是盖房子。地震后，我家现在还是毛坯房，没有装修，盖房子的钱也主要是靠向亲戚朋友借钱，所以我希望政府的盖房子“奖励金”（补贴）能够到位。对于未来收入，我希望一年能赚到十万左右。对于外出打工，我年龄也大了，孩子还太小，就不出去了，我希望我的三个孩子能够好好读书，家产不重要。与我家有经济往来的主要是关系好的，有时候也会向兄弟姐妹借钱，我们兄妹四个关系很好。我从小到现在没怎么出过大山，不知道什么是最（令人）羡慕的赚钱方式，但我最看不起的赚钱方式就是女性从事肉体交易，还有就是通过违法途径，比如贩毒等获得钱财。

我对目前农村的经济政策很满意，地震后，政府出钱给我们建房子，但我也看不懂一些政策法规，我对自己的文化程度很不满意，小时候家里穷读不起书，所以我准备供给女儿上大学，但我也害怕等我以后老了，我的小女儿还小，到时候供给不起。关于政策改进方面，我认为那是国家的事情。但是，对于我们村现在的环境，我很不满意，垃圾很多。对于环保方面，也有一些相关的政策，但是村干部说了大家也不听，村民的环境保护意识太差，需要格外加强。地膜污染太严重，食品包装随手就扔，我觉得这样下去，再有十年就没法生存了。所以我不会同意有污染的工厂到我村里来，哪怕再赚钱也不行，总之有污染就不行，我们既要能通过劳动获得经济收入，又要保护环境，因为我们还有下一代。对于有机食品、绿色食品，我也有听过，也认为化肥不好，但是没办法，不用的话药材就不生长。有的时候农药毒性太强，我们打药都需要戴口罩，但是不打不行，否则（药材）就被虫子都吃光了。我们村子现在没有从事农家乐的，之前有办的，但是没有成功。

对于村民选举，我会积极参加，对于当前的村干部也比较满意，但是遇到困难我还是会找信任的人，不会去找村干部，也不会通过打官司或者上访解决问题。

总的来说，我对我们村还是比较满意的，对于道德观念方面，我认为我们这的农民很穷，没怎么念过书，这方面有所欠缺。我对生我养我的这片土地很有感情，我认为种地是唯一的出路。

7. 受访者：LMY，39岁，普通村民

访谈时间：2017年7月20日15：00—15：40

访谈地点：辘辘村村委会会议室

我是1977年出生在辘辘村的。小学毕业就开始在家里种地，主要是种当归、黄芪、党参这三种药材，这也是目前家庭的主要收入来源。我现在有两个孩子，女儿19岁，儿子17岁。

现在，我们这儿结婚彩礼一般需要五六万，如果拿不出来，就要出去借。我们村村民很少吵架。我们村没有婚前同居现象，婚外情现象也很少，我本人是非常看不惯这种现象的，如果是我身边的人发生这种情况，我会极力劝说，不要这样做，主要是为了不破坏自己的家庭。村里离婚现象也很少，基本上没有，因为在我们农村，觉得离婚很丢人，同样，因为思想原因，我们村老人再婚的现象也比较少，基本没有。对于生育观念，以前还是比较看重的，但是近十年来越来越淡，也不太在乎是生男还是生女。我们这边都是子女养老，在家养老，没有去养老院的，而政府现在也给60岁以上的人发放养老金，对于这点我还是比较满意的。现在村里留守老人、妇女、儿童不太多，基本青壮年都是在家里，因为家里的农活儿需要劳动力。我认为子女应该孝顺父母，"父慈子孝"等传统家庭美德很重要，比方说我们兄妹四人就很和睦，我们村也几乎没有不养老的现象。

我家目前的主要收入就是种药材，也就是当归、黄芪、党参。现在全家一年收入一两万，我认为种地划得来，因为也干不了别的，不种地就没有收入。我没有想过外出打工和做生意，因为农活儿太多，如果可以，我期望的收入是一年五六万。家里的主要开销就是建房、孩子上学和医疗，如果需要去借钱，我首先想到直系亲属，同样，亲戚朋友、熟人也可以问我借钱。现在家里的家用电器主要有电视和洗衣机，我对我老婆很满意，她很勤快，也很会持家。我最羡慕的赚钱方式首先是当老师，因为老师说的话，孩子都会听，想想就有成就感；其次是当医生。而我最看不起的挣钱方式是通过违法的行为(获利)，比如盗窃、抢劫等。

我认为现在农村政策还是比较好的，2013年我们这里发生地震，2014年政府给了每户人家四万元的震后重建费。对于环境，我认为村里的环境很一般，需要继续改进。我认为家乡变得更美比变得更富裕要好，所以我不愿意有污染的工厂到村里来，尽管它可以赚钱，但我也不愿意它在我们村子。我觉得有机、绿色食品非常好。我没有听说过农家乐。我们村村民还是有环保意识的。

我一直积极参加村民选举，对于我们村的村干部还是满意的，因为他们负责任。如果我遇到困难，我会选择向政府和村干部求助，不会选择打官司和上访。我们村也有村规民约，但是约束力一般。目前，我对我们村最不满意的地方就是山路比较难走，没有硬化。

我对我们村整体上还是比较满意的，村民道德观念也是比较可以的，而我自己的家庭生活也是幸福的。

8. 受访者：LY，37 岁，普通村民

访谈时间：2017 年 7 月 20 日 16：00—16：45

访谈地点：辘辘村村委会会议室

我是 1980 年出生在辘辘村的，今年 37 岁。我丈夫 38 岁，现在外出打短工，家里有农活儿就会回来务农。我有一个儿子，今年 17 岁，在兰州读技师学校，学建筑专业。现在我们和 63 岁的公公住在一起，对于老公还有家庭我都是很满意的。

现在我们村里，结婚彩礼一般需要七八万，十多万的也有，真的是很多，像我们结婚那会儿要了 1 500 元，只陪嫁了一个大衣柜。我们村村民有时也会有吵架的现象，有时因为占地建房子等问题可能有一些误会就会吵架。我们村没有婚前同居现象，婚外情现象听说有，但是不太多，对于这种现象，我本人是十分看不惯的。如果在我身上发生这种情况，我是万万不能忍受的，一定要离婚。村里离婚现象也很少，基本上没有，一是觉得离婚很丢人，二是因为都有孩子了，要考虑孩子的感受和成长。由于村里人思想比较封建，我们村老人再婚的现象也比较少，基本没有。对于生育观念，我觉得我们村还是比较重男轻女的，一定要生一个儿子。对于孩子的教育问题，我认为最难的就是自己没文化，所以没办法辅导他，对于孩子读不好书我认为自己也是有很大责任的，觉得很后悔。我们这边都是子女养老，在家养老，没有送去养老院的，而且公公对我也很满意，婆婆在世的时候我们的关系也很融洽，从来没有吵过架。现在

村里留守老人、妇女、儿童很少，因为青壮年一般出去打工一两个月就回来了，农活儿多的时候必须回来。我认为子女应该孝顺父母，而且夫妻关系和睦也很重要。

我家目前的主要收入就是靠种药材，以前父辈种小麦。现在全家一年收入两三万，我认为种药材很划得来，因为我们也只能干这个。我没有想过外出打工和做生意，因为自己也没什么文化和技术，不敢出去。对于未来的收入，我期望的收入是一年五六万。家里的主要开支就是吃饭、买肥料、孩子教育和建新房。跟我家有经济来往的人就是一些关系比较好的，比如娘家爸爸，还有个哥哥。现在家里的家用电器主要有彩电和洗衣机。我最羡慕的赚钱方式是当老师，因为老师能够教育孩子，很伟大。

我认为我们村的环境卫生很好。对于有污染的工厂，我是不赞成的，我认为那种既能赚钱又环保的工厂最好。我觉得有机、绿色食品非常好，化肥还是要用，但是不打农药。我没有听说过农家乐，我们村村民的环保意识不太强，随处扔垃圾的人太多。我认为我们村用水不太方便，没有自来水，只有水井，所以大家伙都不怎么洗澡。

我很少参加我们村的村民选举，有时候也是不知道，没听到通知。对于我们村的村干部不算非常满意吧，只能说还可以。如果我遇到困难，我会选择向政府和村干部求助，不会选择打官司和上访。我们村好像没有村规民约，我不太清楚。目前，我对我们村最不满意的地方就是路太窄，车过不去。

总的来说，我感觉我们农村变得越来越好了，国家对农民的政策也挺好的，2014 年政府给了每一户四万元补贴让我们盖新房，虽然我们家还是贷了五万元盖新房，也没有装修，但是现在已经还了三万元。我认为家里的生活是越来越好了。

9. 受访者：MPK，21 岁，原岷县交警大队协警

访谈时间：2017 年 7 月 20 日 16:50—17:20

访谈地点：镳镳村村委会会议室

我是 1996 年出生在镳镳村的，今年 21 岁，未婚，在岷县职教中心读的大专，后来又在交警大队干了三年协警，现在已经五个月没去了，准备和朋友合

伙做药材生意。我有一个读小学五年级的妹妹,我自己有一个女朋友,是同村的,计划年底结婚。

现在,我们这儿结婚彩礼一般需要六万到八万,我认为是比较高的,不太合理,但是我也不太清楚这是怎样造成的。村里吵架的现象以前有,大多数都是因为喝醉酒起争执,现在这种情况很少。我们村没有婚前同居现象,婚外情现象虽然有,但是很少,我自己肯定是不接受这种行为的,如果发生在我身上,我肯定会立马离婚。我认为离婚是很正常的现象,不丢人,比如性格不合,或者(某一方)对父母不孝顺都可以离婚。对于生育观念,现在没有以前那么强了,只要生孩子都可以,但是最好还是有个儿子。我们这边都是子女养老,也有不给父母养老的,比如有一户人家,家里两个儿子不和,经常吵架,双方都不管老人。现在村里留守老人、妇女、儿童不是很多。我认为“父慈子孝”等传统家庭美德非常重要,我们村大部分的婆媳关系都比较好,只有一两家不和的。

我家目前的主要收入来源就是药材种植,以前爷爷辈种青稞、小麦还有洋芋等粮食作物。现在全家一年收入四五万,我认为种药材谈不上划不划得来,因为只能种这个,没有其他办法。我有时候会想要外出打工,我期望的收入是一年七八万。家里的主要开销就是医疗、肥料、地膜、学费(妹妹上的岷县文武学校,不免学费)以及盖房子,由于我们村交通不便,盖房子的费用更高。如果家里有困难通常找亲戚朋友们借钱。现在家里的家用电器主要有电视、冰箱和洗衣机。我最羡慕的赚钱方式就是经商,而我最看不起的就是那种违法乱纪的挣钱方式。

我认为现在农村政策不好,我们村除了种地就不能干别的,赚钱方式太单一。我认为我们村的村民没有环保意识,垃圾乱扔,这是很不好的。我对美丽的家乡更向往,但是我同意有污染的工厂迁入我们村,我认为先是要发展经济,解决我们村的交通问题,对于环境污染问题可以放在后面。我非常提倡生态、绿色食品,因为前景很好。我认为农家乐对于改善乡村环境和条件都很有帮助,但是我们村目前还没有农家乐。

对于村民选举,接到通知我肯定会去,但是有时候不知道选举的事。对于我们村的村干部,有些满意、有些不满意,满意的是会将国家的政策及时通知给村民,也能解决村民反映的问题的村干部;不满意的是因为有些村干部不遵循村民意见。如果我遇到困难，我会选择向亲戚、朋友和邻居求助，对于向村干部求助我会看看是遇到什么方面的困难，但我也不会选择打官司和上访。我们村没听说有村规民约。目前，我对我们村最不满意的地方就是交通不便，环保意识差。

总的来说，我对我们村还是比较满意的，但是村民道德观念还是比较落后的，而且最重要的是我们村的交通太不方便了。

10. 受访者：BYQ，46 岁，原村委会会计

访谈时间：2017 年 7 月 20 日 10:40—11:20

访谈地点：辘轆村村委会会议室

我是 1971 年出生在辘轆村的，今年 46 岁。我老婆 42 岁。我有两个儿子，大儿子 22 岁，在酒泉职业技术学院读书，小儿子在梅川中心小学读二年级。

整体来说，我们村还是很好的。偷盗现象基本没有，村民之间都很和睦，但是文化水平相对低一些，我自己也是只有高中文化水平，高三下学期没有念完就辍学了。

现在我们农村的彩礼基本在六万到八万，但是这些仅是彩礼，不包含其他开销，女方家一般陪嫁衣柜等家具。我认为这很不合理，是一个恶性循环，比如有的女方出嫁必须要 14 万，男方也就必须得出 14 万彩礼。我以前结婚才需要一千多元的彩礼，村里要娶媳妇不容易，女孩都不愿来。在农村，村民之间吵架很正常，但是一般是女人之间因为一些小事儿，比如你们家牛吃了我们家的庄稼，或者是多占了我一点儿地方等小事。村里未婚同居的现象很少，而婚外情的村里有两三个，但是也都没有离婚，因为觉得离婚太丢人了。如果是我自己出现婚外恋，我会立马离婚，不能接受这种情况发生。在生男生女的观念上，我还是觉得生儿子高兴，不愿意生女儿，必须要生个儿子，要不然会一直生下去。对于孩子的教育问题，我认为最大的困难就是学前教育跟不上，在起跑线上跟不上镇上的小孩，没有念幼儿园，基础不行。我们村也没有老年人再婚的现象，因为村里还是比较封建的，不让找。老年人养老还是在村里由子女养，我们家的情况就是我父亲去世了，母亲跟老三在镇上住，照顾我的小孩和

老三的小孩,给他们做饭、洗衣服。当时,父亲脑溢血(即脑出血)去兰州陆军总医院看病,医药费花费了四万多。我妹妹跟姐姐(把老人)照顾得很好,不让我母亲干一点儿活儿,我大哥被评为“十大孝子”。我父亲当了30年村支书,大哥当了五年的村支书,我自己也当了一年的村会计。我父亲、我大哥还有我都是党员,我认为在村里干得再好,有的村民还是会不理解你,骂你。我们村里有很多不愿意赡养老人的现象,各住各的、各吃各的,儿子住新房,老人住小房子或者是帐篷(救灾帐篷),有的媳妇不让进家门,有的女儿嫁出去了更不管老人了。老人就自己种点儿地,靠养老金(70岁以上每人每月80元)勉强维持生活。我们村里没有养老院,镇上也没有,村里只有一个老人是没有子女的,只能依靠“五保”金生活。村里留守老人、妇女、儿童特别少,青壮年也只是出去打个短工。对于传统的“父慈子孝”等家庭美德我很认同,但是村里有这种美德的不多了。

我家目前的主要收入就是种药材,以前父辈种小麦、青稞等粮食,收入比较低,比较困难。我们村种当归也有30年历史了,以前规模小,价钱低,现在当归每公斤45元左右,以前也就只有几块钱。现在全家一年收入三万元左右。我们家在东山区闾井镇承包30亩地,是军马场倒闭留下的地,一亩地300块,种了20亩当归、10亩黄芪。因为这30亩地相对来说比较平坦,可以使用拖拉机进行耕种。除去承包的这30亩地,家里还有10亩当归。我认为种药材还是划得来的。有时候也会有做生意的想法,但是自己没有本钱,所以还是自己种药材,加工成成品卖。自己也会外出打工,前几天刚去青海打过20天的工。如果可以的话,我期望的收入是一年十万左右,明年想办个合作社,五个人以上就可以申请,地膜、化肥等有补贴,但也会有农药使用的限制,不能超标。家里的主要开销就是买米面、电话费、电费、学费等,还有2014年盖新房,除去政府补贴的四万块,我们家没有贷款,自己出的钱。我老婆开了个小卖部,平时需要下地干活儿的时候就把小卖部锁起来。家里主要的经济压力就是土地投资,以及孩子上学的学费、生活费。如果家里有困难通常找亲戚朋友们借钱。现在家里的家用电器主要有电视、冰箱和洗衣机。我最羡慕的赚钱方式就是种地,我认为生意还是有赚有赔的,而我最看不起的挣钱方式就是赌博偷盗等,我认为赚钱要赚自己的血汗钱。

我认为目前农村经济政策特别好，对我们村民扶持比较大。我对我们村现在的环境很不满意，到处是垃圾。我不会同意有污染的工厂进我们村，现在村里不远处有个金矿正在勘探，如果成功的话可能是亚洲第二大金矿，这个金矿以前是私人采矿，环境污染就比较大，现在被政府取缔。对于环保，我们村的村民环保意识是不强的，我建议农村可以建一个专门整放垃圾的地方，现在是没有的，而且乱砍现象较多，也没有栽树种树的意识。对于有机食品、绿色食品，村里基本没有，自己吃的菜也都会打农药。我们村子现在也没有从事农家乐的。

我会积极主动参加村民选举，对于当前的村干部也比较满意，也有不满意的村干部，最不满意的地方就是选举作假，找非党员的人来投票。遇到困难我没有寻求过别人的帮助，但是有打过 12345 咨询政策，我自己辞职的时候，因为书记让我开结婚证明还要收费 15 元，曾向 12345 反映过。工作人员的态度、处理都特别好。我们村也有村规民约等一些标语，但是大多数人都不认识字，也不知道这些。我自己也有寻求过法律帮助，但是没有打过官司。我有去 12345 上访过，书记知道后威胁过我，我也后悔不应该打这个求助电话，事情不但没解决，还得罪了人。但是我总觉得自己是共产党员，在一些事上是有责任的。

11. 受访者：BXA，30 岁，普通村民

访谈时间：2017 年 7 月 20 日 11:30—12:40

访谈地点：辘辘村村委会会议室

我是 1987 年出生在辘辘村的，今年 30 岁，已婚。我老婆 28 岁，我俩都是小学文化。有两个孩子，一男一女，女儿 8 岁，今年上一年级，儿子 4 岁，还在上幼儿园。我们两口子都在家种药材，有五亩多地。我有一个姐姐。我们跟父母住在一起，父亲身体不好不能干农活儿，但是能自理，所以母亲干点儿活儿。我们家没有分家，我老婆跟我母亲的关系还行。

现在，我们这儿结婚彩礼一般需要两三万，我自己那会儿也就几千块钱。我们村村民基本不会吵架，有时可能因为小事吵架。我们村没有婚前同居现象，婚外情现象也基本没有，如果这种事发生在我自己身上或者我老婆身上，

我肯定会立马离婚。离婚肯定是丢人的,对孩子也不好。由于村里人都比较保守,我们村老人也基本没有再婚的。对于生育观念,现在好多了,家里不管男女基本都生两个娃。对于教育问题,因为孩子还小,目前还没有体会到有什么教育问题。我们这边都是子女养老,在家养老,也没有养老院,基本不存在不养老的现象。我觉得养老最重要的就是能(让他们)吃饱穿暖,不给父母气受,开开心心就可以了。我们村的留守老人、儿童都很少,男人出去都是去打短工,家里有农活儿就回来。"父慈子孝"的传统美德还是存在的,同时也还是有一定的约束力。

我家目前的主要收入就是靠种药材,没事儿的时候就出去打短工,赚点儿零花钱,但是出去的时间都不长。现在全家一年收入两万多不到三万,我认为种药材不管是否划得来都得种,因为没别的办法。我没有考虑过做生意,因为没本钱。对于外出打工,我也说不准,得看情况,近几年也没有什么活儿。对于理想的收入,我的期望是一年四万到五万。家里的主要开支就是小孩上学,还有盖房子,我们家建房子的钱是借的,一共花费十多万,现在仍然在还贷款,还欠了大概一万多,预备今年还清。和我们家有经济来往的也就是亲戚,我们借钱也主要是考虑跟亲戚借。现在家里的家用电器主要有彩电和洗衣机。我最羡慕的赚钱方式就是种药材,目前没有什么看不起的赚钱方式。

我对我们村目前的经济政策还是比较满意的,我认为我们村的环境挺好的,但是村民没有什么环保意识。对于有污染的工厂是否让进我们村,我个人没有什么意见,征求大家的意见。我觉得有机、绿色食品非常好,我们自己吃的菜是不打农药的。对于农家乐,我自己了解得也不是很多,我们村里没有农家乐。

我没有参加过我们村的民主选举,因为有时候不在家,如果在家的话我还是会去的。我对于我们村的村干部还是比较满意的,因为村干部很关心村民。如果我遇到困难,我会选择向父辈等老人咨询求助,对于向村干部求助我会看看是什么事,小事我肯定不会麻烦村干部,我也不会去打官司、上访等。我们村好像没有村规民约,我不太清楚,也没很在意,因为也不识字。目前,我对我们村的情况都比较满意。

四、下聂村村民的访谈记录(9位)

访谈对象基本情况表

姓名	性别	年龄(周岁)	职业情况
NJB	男	60	临川区文化局退休干部
NSG	男	47	建筑工人
ZXL	女	48	家庭妇女
NYB	男	48	村主任
NSS	男	68	普通村民
NJW	男	59	普通村民
ZSP	女	21	普通村民
FMX	女	30	普通村民
NJC	男	69	普通村民

访谈记录

1. 受访者：NJB，60岁，临川区文化局退休干部

访谈时间：2017年7月26日9:24—10:50

访谈地点：下聂村聂氏宗祠

我是1957年出生在下聂村的，18岁高中被“下放”到这里两年，1977年参加工作，2010年开始把大部分精力放到村里。我在村里完全是做公益的，这么做有几方面原因：第一，我在这里出生长大，祖父祖母把我带大；第二，“下放”到这里的时候老百姓对我很关心；第三，这里的环境生态构建都很美，我很喜欢这里；第四，我退下来的时候，自己身体很好，人际关系还可以，可以为家乡做点儿事。2009年上半年修了祠堂，下半年修了桥，当时修建款是筹集来的。我做的有一部分是文化项目，例如祠堂的修建。

这么多年做乡村建设，确确实实有点儿体会。最深的体会是(现在)农村老百姓人品、道德、各种价值观出乎我意料，远远不如我以前“下放”的时候。

那时候，老百姓觉悟非常高，不是因为当时走集体道路、奉行集体主义，而是自身的觉悟（高）。现在回到村子以后，对改革开放后村民的道德、价值观等方面很失望，最最明显的是没有集体观念，这是普遍的。没有集体主义精神，这是受大环境影响的，让老百姓出钱出力很困难。通过这七年的新农村建设，老百姓开始比以前重视自己的家乡，这对改变他们的思想有重要作用。例如，现在老百姓盖房子遇到树会将树移栽，以前是直接砍掉。重视树就是重视生态，虽然说生态他们不会懂，但你说爱护树他们听得懂。我们需要通过说和做来影响老百姓。讲一个故事，牌坊前的那棵树，以前不是种在这里，当时有一个村民将这树卖给了搞花木基地的人。当时，这树的树龄在30—50年，至少可以卖一万块钱，而村里的老百姓才卖800块钱。我看到以后很生气，和老百姓讲这树不能卖。我就去和买树的人说，这树要死也要死在这村里。我自己当场把这800块钱给了买树的人，让他们把树重新移栽到牌坊那。这件事被村里越来越多的人知道。我告诉老百姓要爱护树，慢慢地，他们也就知道树很重要。

集体观念的淡薄、自己管自己的事在本质上是由经济基础决定的。老百姓认为，国家把钱给了自己，就只是希望他们能种好自己的田，而不是去种好集体的田。分田到户，使农民富起来了。在理论上，农民富起来，他们的思想素质应该随生活水平、经济条件的改善而有所提高，但事实并非如此。现在村里的田里到处是竹竿和电线，为什么？因为过去的水利设施全部被毁掉了，现在自家的田自己抽水，但抽的是地下水，所以需要接电。你接你的电，我接我的电，完全没有过去灌溉的水系，有些老百姓脑子里只有个人。我现在为什么要办学校？因为我要从下一代培养起。

（20世纪）70年代，人们是一个集体，大家相互帮助，很团结，是有组织的。现在村里有些事（大家一起）做不了决定。村小组没有组织，只有一个小组长，发挥不了什么作用。

村民对村里修复古物、修建祠堂等很支持。可能受传统文化的影响，老百姓对修祠堂很重视，自发祭祖。现在要搞好农村新文化建设，祠堂是一个重要的平台，老百姓易于接受。因为老百姓对祠堂有敬畏感，对祖宗有敬畏感。舞龙这种传统文化老百姓也易于接受。我们这个村是一个望族，风俗保存多，历史悠久,老百姓对村庄有荣誉感。老百姓虽然在道德伦理(水平)上有所下降,但对历史文化风俗很认同,对祖宗留下来的传统还是很重视。我们搞精神文明建设一定要接地气,要和村里的历史文化接起来,这样老百姓才易于接受。村里的"帐篷节"是后来搞起来的,吸引了外面的人。"帐篷节"搞了三届,老百姓就接受了,最初老百姓根本就不知道。当时搞"帐篷节"是为了改变人们的观念,让他们接受新的东西。这些年搞伦理文化建设起到了一些作用,人们开始自发跳广场舞,(不会跳的)还找人教他们跳舞,村里也会播放电影。

村办企业引进外资,我不赞同。村规民约规定不允许办企业,我们的宗旨是绿以兴村、文以立族、注意生态。办企业、办工厂在其他村可能比较合适,但在我们村不合适。大量的人外出打工,他们可能会被城市化影响,最终选择离开农村。我的目标是建立文化休闲村,通过产业化的休闲生态文化,建设好生态旅游,这样人们还是可能回来的。

村里一些人把小孩送过来"关关水"(即把小孩送进私塾),只是不要让小孩在外面乱跑。关注留守儿童要高度重视农村的基础建设,不要管城市怎么样,农村建设好了,人们自然就回来了。我办书院是为了培养我们村里的孩子,让他们有一个好的成长环境。现在人们对我的书院期望很高,人们对孩子的教育也很重视。这里教育水平不高,考上大学的不多,考不上的就外出打工了,考上大学的也不会再回到村里。

关于乡贤,我以前没有这个意识,在修桥过程中才认识到乡贤在老百姓中的作用。老百姓对新农村建设并非从心里认同,而是因为对我的信任和给面子才给予支持。我在政策措施和老百姓之间搭建桥梁。乡贤在推动农村道德文化建设方面非常有作用。乡贤不同于干部下乡,最重要的是因为乡贤是本村的人,只要他能得到老百姓信任,他说的话就能被老百姓接受。国家建设培养乡贤制度,乡贤的作用能不能得到发挥要看环境。乡贤一个人没用,要有团队,要有组织,这是至关重要的。乡贤和村委会是两种组织,村委会有领导指导,而乡贤首先在于他愿不愿意做乡贤,不能拿乡贤当干部使用。乡贤和村委会两者相互关照,要想让乡贤在村里扎下根,村委会应该给予乡贤一定的照顾,比如给他房子住,让他在这个村住下来,这样才会有更多人愿意回来。当然,前提是回来的乡贤应该是本姓村民。

2. 受访者：NSG，47 岁，建筑工人

访谈时间：2017 年 7 月 26 日 10：55—11：35

访谈地点：下聂村聂氏宗祠

我 1970 年出生在下聂村，小学毕业就跟着亲戚出去打工，最初在抚州做学徒，然后去了福建、广东，现在每年出去打工六七个月，平均一天 300 元左右，年收入十万左右。村里现在出去打工的比较多。家里的农活儿一般都是老婆做，田地收入已经不是主要收入，家里主要靠我打工赚钱。现在外出打工的收入较之从前有所增加，比在家里种田赚得多，去掉所有开销每年可以攒五六万，赚的钱希望攒着给孩子买房子。现在不想种田，年轻人也不想种田，种田不仅成本高，还赚不到什么钱，如果有人来租田办厂，我会把田承包出去。但也有土地就是命根子的意识，不愿意将田地荒废，隔壁邻居喜欢种我会给他种，村里人想种会承包出去。儿子技校毕业，也在外打工，女儿现在在读高中，希望她能考上大学，大学生赚的钱应该比不读书的赚钱多。

随着收入水平的提高，受到打工城市的影响，人们素质和道德都有所提高，说话也比以前文明多了，人与人之间的关系也有了改善。我们并没有因为外出打工，就和村里的人关系生疏。和外出打工的朋友以及乡里人感情都很好，像兄弟姐妹一样关心，一视同仁。

有关养老，现在就是要多存钱。我们不想和子女去城市生活，若是去带孩子，还是会去的。年龄大了，还有老婆相互照应。子女喜欢城市，但我希望孩子回村，这样自由自在。以前像我们这个条件，家里老人养老不要小孩子的钱，自己都攒了一点点钱。现在政策放松了，年龄特别大的老人，比如八九十岁的老人，都有补助，可以自己过，子女也会拿钱孝敬父母。村里很少有对父母不管不顾的，对父母不管不顾的人会受到舆论的谴责，以前有这种情况，现在几乎没有。你如果不养父母，小孩会受到影响，你不养爷爷奶奶，他们以后也不会养你。

我们那时候结婚，有父辈媒婆介绍，彩礼意思一下就可以了，几千块钱。现在年轻人自己谈的多，也有亲戚介绍的。彩礼一般十二三万，女方看自家条件决定回礼。情投意合自愿谈的，如果拿不出来彩礼也要意思意思，大概也要三四万。农村养大一个孩子不容易，又要养孩子，又要盖房子，现在还要买车，条件好了什么都想买。

村里生孩子大部分希望是一儿一女，个别有希望两个儿子的。我们村大部分是一儿一女，极个别两个儿子或两个女儿，都是听天由命。我们那时候计划生育严格，第一胎如果生了男孩子，做什么事都顺利，男孩传宗接代，若生了女儿，还是希望继续再生男孩。现在开放多了，如果生了两个女孩就不生了，毕竟你也要把孩子养大。男人出去打工，老婆在家照顾小孩，并没有因为长期在外打工而和孩子关系生疏，平时回来都很高兴。如果父母都出去打工，孩子就和爷爷奶奶一起，孩子的教育质量会有所下降。现在孩子母亲在家的多。把孩子带到打工的地方，孩子上学的学费高，我们从事建筑的也比较危险。如果城市有安置小孩的地方，还是会带的，希望孩子往上走。我们老一代希望生活在村里，这样自由，孩子希望去城市。

回来后看到村里的文化设施很高兴，对村里保护有历史意义的东西的行为还是很赞同的，在心里对这个村有自豪感。孩子也是一样，回来后都会到村里来看看。村里有事会在祠堂里讨论。理事会和村民利益关系不大，我们和村委会接触多。村民有纠纷找村干部基本可以解决，在我看来村里基本没有矛盾纠纷。

村里人都出去打工了，大家的收入都差不多，个别夫妻一起外出打工赚得会比较多。大人消费观念和孩子也差不多，只是孩子花销比我们多。孩子如果要买房，他们自己买我们很赞同，但如果买不起自己有多少钱给多少，尽最大努力帮助孩子。给男孩买房是义务，肯定会给男孩买；给女儿买房的话要看家里情况，多少给点儿，不给也不会说什么，我们这边女孩一般很少向家里要钱。我自己没有去城里买房的想法，在城市生活规矩太多很拘束，村里生活自在。城市要有法规，如果没有那就乱套了，开车乱变道，看到红灯不停，就属于违法了。

有企业进村里办厂的话我给予赞成，有污染的企业可以去山里，山里能够吸收掉污染，不要让有污染的企业靠近住宅。

3. 受访者：ZXL，48 岁，家庭妇女

访谈时间：2017 年 7 月 26 日 19:50—20:27

访谈地点：下聂村聂氏宗祠

我初中未毕业就不读书了，读不好，父亲让我读书但自己不想读了，读书

很难，没有意思。我们那时候，上初中的很少，同年龄的都是小学水平，有些小学还没毕业。现在也不后悔没有继续读下去。不到 20 岁就从丛岗乡（现嵩湖乡）嫁到这个村，两个乡条件差不多，也没有什么对比。当初是亲戚做媒，几百块的彩礼。夫家家里条件还可以，但没有我娘家条件好。我们那时没有自由恋爱的，都是经人介绍，现在介绍的也比较多。目前儿子和女儿都已经结婚了，儿子结婚的时候也是介绍的，当初彩礼是几万块，他们和我们住在一起。我们这里儿子结婚后一般都和父母一起住。

现在年轻人去外面打工，家里就剩我和我婆婆以及孙子，他们放假就会回家。要赚钱，要生活，我们在家赚不到钱，他们要出去赚钱。有可能还是父母自己带孩子最好，但没时间和条件将自己孩子带在身边，有条件还是会把小孩带在身边。孩子上学问题父母来安排，不会和我们沟通。对于他们在外打工的收入我不太清楚，儿子是技术工会高一点点，儿媳是普通员工，工资不多，挣点儿生活费。儿子打工赚的钱自己拿着，会给我们生活费，其他的他们有自己的打算，我们也不会管太多。

婆婆一直和我们住，老公家里还有一个姐姐和三个妹妹。我们这一般婆婆跟着儿子住，如果儿子多就轮流“公摊”，但一般不住女儿家。我们这个年龄只生女儿的很少，大部分都有一个儿子，在观念上养儿有保障，这种观念可能城市没有，但乡下明显。没有（父母）老了就不赡养父母的。老人生病，费用压力大也要花钱，每年都交医保。小病的话，老人自己就管了，大病要住院的话肯定是我们做儿子儿媳的来出钱。当我老了，我儿子不管我，那是我儿子的事，我考虑不了，这是我无法控制的。儿子不会回来种田，因为我们这边田也比较少，年轻人一般不会种。没有考虑孩子以后是否会回农村这事。

对儿子家里的事，我不干涉，他们也不干涉我们的事。儿子没有因为在城市打工而和我们有代沟，只是要求我们对他的儿子不要太娇惯，该教的要教，该管的要管，要教一些正能量，不能太惯孩子，否则（孩子）长大以后没有自理能力。儿子在对小孩教育方面会提醒我，其他方面不会说。

我儿子和儿媳在外打工，对村里的事不了解，我也不知道他们是否关心。在外打工的回来有各种不方便，一般不参与村里的事。谁当村干部都经过大家的选举，大家认可，都还可以。我对村干部是满意的，他们能处处为老百姓着想。做好事、做对村民有益的事就是好的村干部,村干部修一条水泥路,我们有好水泥路走就是好事,没有不好的村干部,那种不干实事还贪财的村干部我们村没有。在村里办企业能为村里带来好处,使村民富起来,但我没听说有从中捞取好处的村干部。村里在家的人都会参与村委会选举,外出打工的不参与。

孩子在外面打工,对这村还是有感情的。村里是他们从小长大的地方,他们肯定喜欢家乡生活。现在村里人比较和气,相互关照,找邻居帮忙多于找村干部,比较方便,邻居间串门也比较多,没活儿的时候会坐一起聊聊天,大多聊电视节目,家常聊得比较少。平时看电视最多两个小时,没有太多的时间看电视,最晚看到十点。我对打麻将没有兴趣。现在带两个孩子,家里事务多,没时间参与村里组织的腰鼓队。自己手笨,事情做得慢。家里有活儿,如果在家会一起做,男女平等,家里有事大家共同商量。

我希望村里能办工厂,但如果由于办工厂产生了污染那我不支持,这样宁可不办厂,因为环境比较重要,要办就办没有污染的。环境好了什么都可以,城市空气就没有乡下好。

女儿出嫁后也到外面打工了,也把孩子带到打工的地方,让她的婆婆照顾。我们这边不是都把孩子带到打工的地方去,要看条件,能带最好带着。和我孙子一样大的孩子,如果父母都出去打工了,就跟着爷爷奶奶一起住。

4. 受访者:NYB,48 岁,村主任

访谈时间:2017 年 7 月 26 日 20:45—21:42

访谈地点:下聂村聂氏宗祠

我是 1969 年在这个村出生的,在村里和附近的学校读书,一直上到高中,那时候读到高中的很少。我从小很喜欢读书,读到高中后感觉没有天分。我读书的时候成绩还可以,但两次高考都没有考上。“三百六十行,行行出状元”,我之后就去深圳打工,一般做管理。那时高中生还很容易找工作,当初某品牌口服液招工,两千多人招 10 个人,我还考了第一名。那时候有正式高中文化的还是很少。2008 年回到家乡,为了孩子上学方便在镇上买了地皮盖了房子,当时回来的主要原因是自己的小孩子要上高中。家里的大人老了也管

不动小孩了，在外打工赚再多的钱也是为了小孩，小孩没出息赚的钱再多也没有用。我希望自己小孩能比自己能干一点儿，最起码我没有考上大学，我的孩子要考上，孩子教育最重要。当时班主任和我说小孩还是需要管的，我就放下外面的工作，立马回来。现在大儿子读研究生，小儿子上大三。村里考上大学的比以前要多，一年能考上两个，有时候也会多一点儿，两个孩子都考上大学的比较少。读过大学回到农村当老师，能带动村里发展。有本事的人才回来，但这样的人很少。

自己孩子以后是否回来不清楚，这是他们自己的事，和他们现在所学专业有关，但他们的专业不适合回来，他们这个专业未来百分之百在城市发展。我不会去干涉孩子的感情生活，不会去给孩子介绍女朋友，我只是告诉他们如果要读研，本科期间不可以谈恋爱，以后再说；不想读研，想读完本科以后出来工作，可以谈。我两个小孩很听话，在大学期间都不谈恋爱。现在我会和大儿子说，个人问题你可以考虑，有合适的可以主动一点儿，不像以前管得那么严了。我和孩子说，自己的发展前途和个人问题可以考虑，让他们可以把思维、方向和理想和我说，我作为一个大人可以给他们一些参谋，对与不对，他们自己决定，大部分事情他们自己做主。大学期间孩子们在物质生活上没有任何顾虑，只要不过分，不乱用，要多少给多少。

以后孩子在城里买房不是我的事，我首先和他们说了，你没有那个本事就不要考研，你考了研就要有本事把自己的生活、以后组建的家庭、以后的房子都考虑到。孩子在城市买房我绝对不会管，只是说我自己有钱会支援他，一定帮他买那不可能，甚至我一分钱都不会出。我跟大儿子说："自己要靠自己，从小学到研究生，一直在供你，这些花费已经可以给你买一套房子。"我大儿子也说了，自己出来以后不用家里担心，个人问题也不用家里担心。如果我小孩在农村买房我会帮忙，但不是必须帮他买，否则小孩会有依赖感。在农村，大人有钱会给小孩盖房买房，但儿子结婚前不一定要把房子准备好。家里有两个小孩必须要在城市买房，不然讨不到老婆，即使家里的小别墅再好也没用，乡镇不算，像抚州才行，这是农村人的习惯。我爸妈当时让我去抚州买房子，我不去。我在乡镇买房子，这样孩子上学方便，不用风吹雨打。这点我有亲身体验，以前我读书是寄宿在别人家或者租房子，但都没有自己家里好。

我在农村或者城市生活都适应，大儿子喜欢农村生活，小儿子喜欢城市生活，每个人有自己的性格和想法。他们有长一点儿的假期就会回家。以后我不会和孩子一起住，毕竟有一个年龄差，想法、饮食等方面会有代沟，有矛盾。我可以去他家玩或者过年他们回来。如果孩子要求，我会去帮忙带孩子，但自己不会主动去。大家住在一起一两天没什么事，但时间长了就会产生矛盾，有了矛盾这个家就不和睦了。当生活不能自理，年龄大了有想过让孩子养老。当孩子成家稳定后，我要多锻炼身体，靠自己开的店养活自己。过了 55 岁就要锻炼身体，没有那么多精力过问孩子的事，我身体好对小孩也好。

我 2009 年开店，属于个体经营。我在村里熟悉后，2015 年开始当村主任，2012 年时让我做村书记，我拒绝了。那时候我刚自己开店，不可能不管。当村主任会影响做生意，现在做官不比以前，你想做事就有很多事，你不想做事偷懒就做不长久。做事凭自己良心去做，要公正，对老百姓要和蔼可亲，不能像以前摆官架子。

村里建房、争田地的问题居多，还有矛盾纠纷和打架等。村民遇到这些会第一时间反映到村委会，这些问题 99%会得到解决。太钻牛角尖的，我们解决不了就向乡里汇报，和乡干部一起解决。一般没有打官司的。

现在村里乡绅、名门望族少。如今农村发展快，经济比较好，家里有钱的多，但不是钱多威望就高。我们村有钱的人多，有钱的做善事也多。他们夏天会给六七十岁的老人送点儿西瓜，送点儿钱，节假日也会提供补助，乡里敬老院也会给补助。村里修路，村民都是自愿捐款，没有标准，不愿意出钱的人很少。有钱的人要面子不会少捐，没有以前那么小气了，别人捐 2 000 块，他会捐 4 000 块，会为村里做实事。村里没有什么经济来源，都是村民自发捐款。我们回去时的那条路，十几年没有修水泥路，后来都是村民自发修的，在外面赚钱多的就拿一两万，剩下的按人头数平摊，把那条水泥路修好了。人们外出打工，经济水平提高，通过自愿的方式，将村里公共设施建设起来。

我希望引进更多企业进村，这样我们村会慢慢富裕起来，会有一部分钱投资到村庄里，比如举办类似弹琴、打鼓的文化活动，腰鼓队就是村民自发组成的。村里红白喜事会请腰鼓队，他们赚的钱会作为一种基金一直传下去。如果我们村里引进企业，村里就会有一定经济收入，农村建设也会慢慢朝规模性的方向积极发展。现在村里没有企业的原因有很多,主要是地理位置不行。我们村两面靠河,一面靠山,还有一面是平原,交通不方便,道路不好。大部分村民也希望村里能有企业,河对岸那有几所工厂,村里有不少人去那里做工。我们村也可以考虑打造旅游形式的休闲乡村,但这个规划时间长,是一个长远的、收效也快的发展路径。我们村由于地形原因不利于个体和大棚经营,所以只能靠在外打工,通过个体户起家。真正在家里种田的都是年龄大的,因为家里有小孩读书,农忙时带着小孩收割稻子,维持基本的生活,要出去买东西还是要靠儿子在外打工赚的钱。地形对农村来讲还是比较重要的。现在人的素质比以前提高很多,不像以前那么野蛮,现在公婆对媳妇都很好。文明素质的提高,主要靠村里修建祠堂等道德教育设施和人们出去打工受外面城市影响,其中最主要的原因是现在人们的文化水平比以前提高了,导致修养、认知等方面也提高了,养成了一些文明习惯。

村里风气比以前好,现在是“大人认知水平”,以前是“小孩认知水平”。以前人们只有过年才有新衣服穿,现在条件好了,社会发展好,生活水平提高了,素质提高了,风气也好了。(20 世纪)六七十年代的人质朴,没有现在人思维这么开阔,那时候的人比较保守。以前社会是强制的,现在是自由的,以前那些有威望的人说话算数,现在不一样,现在是法治社会,依靠国家政府给你解决问题,讲究公平公正。法律在地方基层有很大影响,人们有权利意识,法律意识也强了,讲究人人平等。以前弱的被强的欺负,人们会认为正常,现在就算再弱,别人也不敢欺负,都要摆着公正、公平的态度。但是人们仅仅是有法律意识,懂得法律知识的人太少,只知道依法办事,具体怎么做还不会。人们只知道搞坏了别人的东西要赔,但怎么赔他还是不知道的。

村里举行选举,一个位置有两三个人竞争,最少有 80%的村民会参与选举,党员干部也要参与,外出打工的打电话告诉家里怎么投票。村民自己可以选择是否参选,不像以前被强行要求参与,他们现在很自由。外出打工的人对村里的事还是很关心的,经常和家里人打电话沟通。现在人们联系很方便,可以通过网络聊天软件。村里 40%的家里有网络,最主要是有网络电视,家里有小孩的还会装电脑、看新闻。现在网上购物的也多,一年比一年多,接收快递也很方便。单纯家里只有老人和小孩的没有网络,家里有年轻人的、在附近打工的一般都有网络。

闲时村里打牌、打麻将的少，过年时候多，平时的娱乐活动就是看电视、跳广场舞，最开始是找几个人来教，现在自己看视频自己学，是自发的。

村里修建祠堂等能提高人民的素质水平，祠堂对于我们而言是一种信仰，是一个根。戏台在逢年过节时候演戏，没有戏台的话我们再搭建会浪费很多钱，戏台建起来方便我们村搞艺术活动，村里人演戏、过寿和请客都可以在这办。同一种宗族思想、同一种底蕴和观念有利于团结村里的人，年初一时候大家会来祭拜一下。村规民约对认知度高的人有作用，对不识字的没作用，只能听听而已。

5. 受访者：NSS，68 岁，普通村民

访谈时间：2017 年 7 月 26 日 9:30—10:20

访谈地点：下聂村聂氏宗祠

我有两个女儿，一个儿子，均已成家。大孙子今年 10 岁，妻子今年 63 岁，身体很好。我的两个女儿都出嫁了，嫁得不远，都过得还可以。儿子在南京工作，妻子在南京带孙子，暑假才回来，平时就我一人在家。我平时在家里种地，栽树，种蔬菜、水稻，还有橘子。但种地划不来，有空就出去打工，每年能有两万块收入。我对村子没有什么不满意，在这里过得很开心，村民关系也很和谐，所以我不想离开下聂村。

村里结婚需要彩礼的，早前要十一二万，现在要十七八万了，还要买房子才能找到老婆。我儿子找媳妇没有送彩礼，他自己在城市里找的。村里有的没领结婚证，有的生了儿子才领结婚证，这种情况很多。至于家里有一个老婆，到外面再找一个老婆的情况很少，但也还是有的。假如这个事情发生在我身上，我反对。我们这个地方离婚很少见，老人再婚的也没有。

现在人的思想更加开放，生男孩女孩都好，但在我们村生了女儿以后一定要再生个儿子的现象也有，是普遍现象。小孩子读书很重要，儿子读书更要培养。家里没有儿子、孤孤单单的老人才会选择去养老院养老，有小孩和年轻人的就不会去。现在留守老人、留守小孩、留守妇女很多，都是奶奶带孙子，年轻人在外面。

现在村里环境很好,假如有工厂要建到村子里来,即便会污染水源、土地,我也同意。因为好多人在外面打工,种田也没什么用。生态食品我们不卖,自己种的菜也要打农药,不打就没得吃,一年的农药使用量很多。对于农药是否有害,我没想那么多。农家乐就是饭店,我们这里没有农家乐。但我们村民都有环保意识,知道垃圾不能乱丢,有专门的人来打扫卫生,垃圾要倒到大河里去。

我没有参加过村民选举,也没有参加过村民大会,一般村干部碰到谁就喊谁,没碰到就算了。我对现在的村干部都满意,村干部会亲自在村里打扫卫生。假如我有什么困难就找村干部,有事情他们就会帮忙,但我们向村干部提建议不会算数也没有用。我没有打过官司,也没有上访。村里的村干部没有固定上下班时间,村干部打扫卫生 500 块钱一个月,工资一般七八百块钱一个月。

6. 受访者:NJW,59 岁,普通村民

访谈时间:2017 年 7 月 26 日 20:20—20:50

访谈地点:下聂村聂氏宗祠

我老婆得了脑梗塞(脑梗死),中风 11 年了。这 11 年来都是我照顾她穿衣吃饭,做护理工作。冬天要洗脚,夏天要洗头洗澡。我觉得,这就是我的命,一切事情只能靠自己。我自己也有风湿性关节炎,但每天还要给老婆按摩,因为不按摩肌肉就会萎缩。我这一辈子就是栽在老婆手上,就当上辈子欠她的。她病了,我不能逃跑掉,那不是人,逃避不是人。去照顾老婆,这是作为丈夫应尽的责任和义务。虽然明白这点,但不管走到哪里,眼看着人家老婆会种田、会栽菜、会做事赚钱,我还是觉得心情不痛快。但反过来想想,老婆年轻时候吃了苦,现在生病了,你不能不管她,不然自己良心过意不去。没赚到钱,人家瞧不起你,但是拿钱买不到对老婆好的名义,这就叫金钱不是万能的。

我有一个儿子、一个女儿,儿子 34 岁,女儿 36 岁,儿子又有两个儿子。我们家没有收入,我就是照顾老伴,靠儿子打工维持生活。我儿子要照顾我们六个人,相当辛苦。他也没有读到书,也没有当到官,也没有做大生意,全靠在景德镇打工赚钱,一个月最多三四千块钱,只能混口饭吃。儿媳和儿子生活在一

起，带孩子做家务事，大孙子今年 10 岁了。我就是这个命，也想过自己去赚钱，不要儿子出钱，但是没有办法。我们家田少，一边是大河，一边是小河，只能种点儿菜吃，因此我根本就没有一点儿收入。我 2016 年打了两个月工，前年打了八个月工。我四点钟起床，洗衣服、洗菜、弄饭、做好家务事才到外面去打工，打工九个小时才赚得到 60 块钱，打了十个月工，我已经支持不住了。晚上回来又要给老婆洗澡、洗头，还要种菜，后来我就晕倒了，身体吃不消，前年就辞掉了。去年又去做了两个月，我又生病了，那就真没办法了。有些人不理解我，他说我在家里玩，只会照顾老婆，不会去赚钱，因为这个事情我伤心过好几次。11 年来自己受了那么多苦痛，这叫风雨一肩挑。现在晚上吃完饭还要给老婆按摩，每天早晚各一次，她才去睡觉，这是推都推不掉的。我们家的开销主要用在看病吃药，我老婆长期吃药，我也要长期吃药。没办法，我走了我老婆就要走了。

我借钱的话找我儿子，要吃饭、要穿衣，生了病要找儿子。除了儿子就是亲朋好友、姊妹，其他人你去借也难借，不管你去哪里，人都是一样的，都是要照顾自己的亲人。我最羡慕的就是像人家夫妻恩爱、家庭和睦。我最羡慕的赚钱方式就是勤劳赚钱，最看不起用不正当的手段赚钱，要走正道，不要赚黑心钱。

现在村里兄弟都很和睦，兄弟吵吵闹闹的现象没有了，婆媳吵架偶尔有，但没有深仇大恨。一个是生活条件比改革开放以前好得多了，再一个是人家去打工的打工，种田的种田，各自做各自的事情。现在村民关系都很和睦，邻里关系也相当好。其他人家晒谷子遇到刮风下雨，大家都会去帮忙。我没有种田，但是我帮人家做一下义务工作。人就是这样子的，你今天帮了人家，明天后天就会有人家帮你，人都是互助的。

我儿子结婚时送了一万块彩礼，但亲家母前几年都还给我儿子了，没有要钱。现在都是这样的，我女儿出嫁也没要对方钱。女婿谈恋爱期间给我几千块钱，虽然我老婆生病，我还是还给他了。女婿或女儿赚到钱给我点儿吃的，是应当的，但彩礼钱我坚决不收。

未婚同居的现象城市里肯定多，农村跟城市不一样。婚外性行为没有，我们这里情况还比较好，不会乱七八糟，我们村是文明村。我们姓聂的，没有一个娶姓聂的，都是娶外姓的。婚外情我肯定反对，法律也不允许。我老婆如果在外面找，我肯定不会同意，要离婚。我们这不会离婚，会先调解，去江西的协调站调解。至于离婚丢不丢人，要看什么情况。夫妻两个人合不来要离婚，那不叫丢人。不论男女双方，哪一方有外遇、推卸责任、赌博或者不做家务事、对家里不负责任，那才丢人。当然了，你承担了家庭责任，偶尔打一下麻将，那不叫丢人。村里尤其是老人再婚的没有，现在一般都六七十岁了，自己也快要走了，不会找老伴的。

村里人家只生女儿，村民不会看不起，不会强求一定得生儿子，现在计划生育最多就两胎。我老婆生了一个儿子，一个女儿。虽然去年就开放了两胎，我儿媳妇生了两个儿子，就不多生了。现在一般就两个，你没有那么多的钱养。小孩都要培养到大学才有用，小学文凭写字也写不来，会被社会淘汰。

孙子在外面念书，我心里也没数，我觉得现在教育最大的问题就是教师的责任，上课 45 分钟之内必须要把知识跟学生讲清楚，不能到下课了再叫人家补课，这是最重要的事。全国都是这样的，中央都在反对上课不讲课，下课叫学生拿几千块钱来补课。这种情况现在相当不好，对教学不负责任，如果我是教育部门要严抓教师这方面的问题。如果我是老师，就尽到自己的义务责任，上课要教好课。没有读懂是学生的事，没有教是老师的事。现在暑假补课，寒假补课，周六周日也补课。教育不抓好，知识分子该从哪来？国家该向哪里发展？都像这样为了捞钱，你让谁去管教育？

养老就是养那些过了 60 岁没有生活来源的人，一般养老都是儿子的责任，女儿没有这个责任。儿子生活好一点儿，就多给一点儿，生活不好就少给一点儿。女孩嫁了老公，也有她老公那边要负担的老人，女孩的哥哥、弟弟要负担自己这边的老人，这是分开的，我们乡下就是这样。像我老婆生病，我又不能体力劳动，现在只有靠儿子给点儿钱。我们这一般没人去养老院，只有孤寡老人会去，一般乡下有儿子的都靠儿子赡养。这边没有不养老人的，没有钱就给一点儿大米，只是给多给少的问题。你如果不养，自己良心过不去，也会受到舆论的谴责。

我们这个村都是年轻的出去打工了，老年人在家里带孙子。没办法，我们这里田少人多，几分田一个人。年轻人在家里留不住了，要到外面去打工赚钱，不然哪里来的收入呢，会生存不下去的。村里也有留守妇女。你到甘肃那边也有这个情况，全国都一样的。一般广东、福建、上海，他们那边人出去打工的就少，因为那里发达、开放。我们这边的人会到上海、广东、福建、浙江去打工。

村里环境卫生现在很不错，村民会将垃圾倒到垃圾桶里，专门有人来拖走，我们要 100 块钱一户。从去年开始，搞了新农村建设以后，这里改变了很多，那位村干部花了很大的心血。风里来雨里去，他没有为自己办任何事情，都是为我们村里。我相当敬佩他，就是几代人也找不出这么一个人，他的爸爸对我们这个村里也好，家庭教育方面有很大的影响。他以前是文化局局长，在外面可以联系到一些钱，批下来搞新农村建设，为大家办事。我敬佩他，他这个人实属难得。

现在村里经济发展主要靠开农家乐、饭店、日用品店，要不然带不起农村经济发展。因为田地少，又不能搞土特产，很难种植。两面蓄河，中间一点点田，发展不起来，办工厂都办不起来。

目前最大的困难就是要修一条路到抚州去，这样我们村里产的、吃的、用的东西就可以运到抚州去卖。因此，这条大路一定要通，没有大路，那座小桥只能过小电动车，大车过不去。有了大路，那么我们村变化就大了。你种点儿菜、果子送到抚州去也快，放在乡下就烂掉了，就卖不出去了。人家要到这里来玩、来旅游也方便。如果有工厂建到村里来我会去，如果污染水源，可以想办法把污染给排掉。要是有能解决污染问题的工厂搬进来，那我是举双手赞成的，挣钱也方便，就不用到好远好远的地方去打工，老年人也可以在工厂里随便做点儿事情。无论如何，首先还是要建一条路，没有路，工厂是白谈。现在我对村庄最不满意的就是这条路没有修好，有路有桥那就满意了。

我们这里没有办农家乐的，没有旅游项目，所以没人会来。种菜会打一点儿农药，自己家吃的菜都要打一点点轻度毒性的药水，不打会招虫子的。一般人现在都有保护环境的意识了，不乱丢东西。自从搞了新农村建设，现在大家环保意识都很高了，垃圾都放在垃圾站，今天放过去，明天拖走，要不就烧掉。此外，大家都爱栽树，讲卫生，现在比以前好得多。

现在村民选举就是选举票发下来，写几个字，同意谁就选谁。我会认真去选，都要参加。同意就打钩，不同意就打叉，匿名选举。现在村里就一个队长，他就一般。村干部也没有什么事情叫你去，老年人就是强调身体，办个医保、人寿保。医保缴费也太高了，原来是 20 块钱一个人，现在 150 块钱一个人，我们在乡下看病也没有医保。我老婆一年吃好多药，也报不到一分钱。药价翻了好多倍，原来两三块钱一瓶，现在 20 块钱一瓶。生病根本吃不起药，病也看不起。生活上遇到困难，一般就自己硬拖，没有办法，没人会帮你。老婆现在有了低保，每个月一百多块钱。

村规民约现在没有，反正我们就自己做自己的事，没有关注。我没有打过官司，有事就找村干部，也没有上访过。不过我反映过一次（问题），说我老婆的低保太少了，他说你别问我，我前段时间把钱打给了你乡里，你乡里安排谁多谁少。那个时候我眼泪都掉了。村干部上下班时间我不知道，也没有关注，不知道的事情我不乱讲。

7. 受访者：ZSP，21 岁，普通村民

访谈时间：2017 年 7 月 26 日 19:30—20:25

访谈地点：下聂村聂氏宗祠

我出生于临川东馆，2014 年定亲后就过来了。生了一个女孩，已经一岁半了，我老公 24 岁。我七岁的时候父母离婚了，从小外婆把我带大的，那时候在甘肃很苦、很穷，只上了小学。后来我妈妈改嫁了，我爸娶了后妈。我有三个弟弟，自己妈妈生了两个，后妈又生了一个。我也没跟父母联系，他们也从来没养过我。后来因为我没户口，来江西找我爸办户口，就帮我相亲给相中了。我小时候和外婆两个人相依为命，外婆和外公离婚了，舅舅常年在外打工，前年外婆去世了。我从小没爹妈，被同学欺负，不敢回想童年。我两个弟弟是跟我爸长大的，我们从小没在一起，也不怎么亲。现在我爸跟我后妈又离婚了，所以我现在是没有娘家回的。我好羡慕她们有娘家可以回的，还好我婆婆是爱念经的，比较善良，把我当女儿一样看待。我觉得下聂村比我娘家更好一点儿，比较有文化，我那个村已经没多少人了。这里村民蛮好的，比较和谐，不会吵架。我老公家里只有他一个儿子，还有一个姐姐，姐姐已经出嫁了，公公婆婆都很能干。

我和我老公去年领了结婚证，但还没有办酒席，他们江西都是这个样子。彩礼在定亲的时候就送去了，我那个时候是八万八千，还有“四金”，就是耳环、项链、戒指、手镯。这边未婚同居的现象很普遍，都是这样子的。因为有的还没有到年龄，要到年龄才可以领结婚证。我们村没有见过有婚外性行为的人，这个村里的人比较淳朴，不会那样。我肯定不能接受这种行为，如果我的老公出现这种情况，我肯定马上离婚。我觉得离婚不丢人，因为是两个人过不下去了，要不然也不会离婚。夫妻肯定都会吵架，没什么事就不要离婚。我们村里没见过有老人再婚的。我们村里一般男孩女孩都要，要一男一女就可以了。假如第一胎生了个女孩，也有的人会再生，我自己也会再生个儿子出来。但是我们村里没有出现前几胎都生女儿，最后一定要生一个儿子出来的现象。

我觉得孩子教育最大的困难是现在孩子太小，顽皮，不听话。我们村里没有小学，我小孩上幼儿园的话可以在嵩湖街上，如果以后有钱了可以去抚州。我们这边去嵩湖街上学的很多，有的人在抚州买了房子，就在抚州读书。

我们村通常是子女养老，村里子女不养老的情况没怎么见过。我和我老公前两年都有出去打工，我后来又回来照顾小孩子，他一般是在福建南平打工。今年爸妈种了很多田，他爸爸身体也不好，所以今年没外出。我和我的婆婆没有什么矛盾，相处很好。我们村里留守人员比较多，有的妇女怀孕了都在家里面，保胎、生小孩。我们村里人讲美德，也有一定作用，大家都这样，这个村里的人都比较善良。

我家里的收入主要来自于种田、种水稻，有时候出门打短工，我们全家一年能赚七八万。花销主要是年轻人买买衣服、吃吃东西、买买生活用品。我们家目前没有建房子的开销，暂时住在十多年前建的两层楼的老房子里。村里有的人先建一层，后面有钱了再建第二层，慢慢有钱了再一层一层地加。我觉得种田划不来，不但辛苦，收入还很少，农药、化肥花销也多。我们种三季水稻，过完年差不多三月份就开始种，收了以后又开始种，差不多要到十一月份。我们家有做生意的打算，想开一个烧烤店，可是买了乱七八糟的东西放在那里，又没有去弄。

我老公平时出去打工都是进工厂，工资差不多 2 000 块一个月，我一直有出去打工的想法，只是今年比较忙没有去。我觉得一年赚十五六万才合适，因为想到城里去买房子。到抚州买房,让小孩子好好读书,抚州学校、老师更好一点儿,小孩可以在市里上学。我最羡慕的赚钱方式是做大生意,一个月能赚一万多。我觉得只要是用正当的方式辛苦赚钱就都可以,没有什么看不起的,但做小偷就让人看不起。假如我们家有事,我会向我家大伯借钱。

我们村里环境建设得挺好,今年有很大进步。我觉得发展经济更重要一些,环境也重要。我不赞成有污染的工厂建到村里来。我没有听说过生态食品,我们家自己种菜也打农药,不打农药会有虫。我听说过农家乐,可是我们村里没有,能办一个农家乐就好了。我们村里人有环保意识,垃圾都往垃圾桶里丢,会有专门的人收。我们这里有环保法规,有时候会贴出来。

我没有参加过村民选举,但对我们的村干部都很满意,他们勇于承担责任,比较和善,跟村民都合得来。我们遇到困难有时候会向村干部寻求帮助。我觉得我们村都还好,没有什么不满意的。我们村里有村规民约,这对村民的约束力还好。打官司的话要看是什么事情,严重的事情会。我没有上访过。我看村干部天天都在忙,他也有自己的事情要做,基本上天天都在。村干部的收入我不知道。

8. 受访者:FMX,30 岁,普通村民

访谈时间:2017 年 7 月 26 日 20:40—21:30

访谈地点:下聂村聂氏宗祠

我 1987 年出生,今年 30 岁。我的大女儿今年 12 岁,小儿子 10 岁,老公 33 岁。我以前出去打过工,现在不出去了。我读书读到初二,老公文化程度也是初中,在这儿读到初中很普遍。我老公家里有三兄妹,两兄弟和一个妹妹。我公公现在五十几岁了,身体还好。我们和公公婆婆已经分家了,因为婆婆是再婚的,老公的妈妈在他十几岁的时候去世了,他的小弟就是这个婆婆生的,已经十七八岁了,读高二。村民现在很少吵架,因为大多到外面打工去了,在家的很少。现在各过各的,也没什么争的,总的来说是比较和谐的。

我老公送的彩礼很少,十几年前几千块钱。那个时候也有几万的,他没钱,所以就送得少。现在彩礼很贵,接近二十万。娘家一般都会给你带回来,很少会花女儿的彩礼钱。村里未婚同居的很普遍,收过彩礼钱就算订婚了,他

就会跟你住在一起，都没领结婚证，乡下基本都是这样。我们就是在小孩上户口的时候，领了结婚证，还没办酒席。婚外性行为我不知道怎么讲，这么大的一个乡肯定也有，我们下聂村应该没有。如果有这个情况，我肯定是反对，不但女人辛苦，小孩更可怜。假如说我老公有这个情况，看在小孩的分上，毕竟小孩很可怜的，(是否离婚)我还是会考虑一下。

我的两个小孩现在读书一般，村里面没有小学，在上聂大队上学，一个队里面才有一个学校。走路不远，两里路左右，他们自己就会去，不用送，只是偶尔下大雨送点儿饭。我觉得小孩子教育最大的难题就是孩子大了不听话，有她自己的脾气。小的时候还好，偶尔骗她一下还会听话一点儿。现在才12岁，下半年读五年级，就有逆反心理了。我觉得离婚有一点儿丢人。毕竟像我们在家带小孩，没有工作、没有收入，也有这些考虑。我们这儿老人再婚的比较少，像六七十岁那种很少。一般乡下都想要一个男孩，城里就会好一点儿。现在二胎政策放开了，那肯定有更多人生。

这里一般有子女的都是子女养老，不会送到养老院。我们村没有出现子女不养老的现象，在农村会有很大的舆论压力。我听说过留守老人、留守妇女、留守儿童，我们村肯定有。年轻人都到外面赚钱去了，一般都是爷爷奶奶带孩子。家庭美德在我们村里也做得蛮好的，现在的年轻人观念也不一样了。

我不出去工作，在家做家务，靠老公赚一点儿钱。平时家里的钱我老公管，一年大概四五万块钱。我们家的开销主要花在小孩读书、吃饭、人情上。此外，我和老公建了一栋小房，120平方米左右，建了三四年了。刚开始建房子的时候资金有点儿紧张，现在慢慢还了。我们家会自己种点儿菜吃，水稻不会种，也没力气种。我老公在附近打工，没有去远的地方。做生意的想法有，但是不知道做哪一行。打工的想法一直都有，肯定要帮别人干点儿活儿才有饭吃。我觉得赚钱够吃就好，身体健康就好，希望一年(挣)十万左右。我如果需要借钱，肯定向自己老爸借。我家是两兄妹，有一个哥哥。我家和老公是一个乡的，我们家里种田更多。最羡慕的赚钱方式就是有文凭的人(靠学历找工作挣钱)，做事比较轻松，工资还比你高。只要赚来的每一分钱都是靠自己心血去赚的，就不会被别人看不起。

我们村的环境比以前好了，村民的环保意识也提高了，现在都有垃圾桶，不会到处乱丢垃圾。我觉得环境保护和经济发展,两者并驾齐驱。有污染的工厂建到村里来,我肯定不会赞同,因为我们要在这里待一辈子。我听说过生态食品,就是原生态那种。我家里种的菜如果生虫了,就会打一点儿农药,不生虫就不会打,自己吃的菜很少打。我们这里还没有农家乐,我希望这里有。这里有环保法规,会(对村民)产生约束。

我会积极参加村民选举,我觉得现在的村干部还行。如果我有困难会寻求帮助,但也要看哪方面的困难。如果是金钱方面的困难,肯定是找自己娘家,找最亲的人,不会找村干部。我对我们村没有什么不满意的,我没有向村干部提过建议,我不管事儿的。我们村有村规民约,有约束力。是否寻求法律帮助要看是什么事情,像小事就不用计较;如果遇到大事,还是会选择(寻求)法律帮助,法律肯定是公平的。我没有上访过,也从没关注过村干部有没有固定上下班时间,他们的收入就更不知道了。

9. 受访者:NJC,69 岁,普通村民

访谈时间:2017 年 7 月 26 日 10:00—10:15

访谈地点:下聂村聂氏宗祠

1948 年我出生在下聂村,一辈子以务农为业。父母都过世了,有两个姐姐、两个妹妹,我是独子。我和妻子生了四个女儿、一个儿子。其中,儿子在广东打工,赚钱在抚州市区买了房子。由于抚州教学水平比村里高,因此,妻子与儿媳选择在抚州照顾孙女读书起居。

相对于城市生活,我更喜欢村里的,自在。平日里我一个人在村里,自己照顾自己,一年务农收入也有五六千元。我种些稻子、蔬菜之类的,除了自给自足外,偶尔带些菜去抚州看望孙女。村里能识字的 90%都出去打工了,过年基本都会回村团聚。村民蛮团结的,小偷小摸行为还是有的,但不多。村里嫁女儿或娶媳妇都会根据家里实际经济情况而定,不为彩礼争高低。家庭吵架情况不多见,一般都很和睦。婚前过夫妻生活较为常见,而婚外恋行为就很少见了,即便是两地分居也是如此。村里没有离婚的情况,十年难得一次,即便夫妻感情不和一般也不主张离婚。

虽然有了一个孙女,但还希望儿媳妇再生一个孙子,然而,她有自己的想

法，希望过几年再考虑。我以后不会出村，想留在村里继续干农活儿，老了没体力了就不做了。如果还有体力，其实想打短工，农闲时去建筑工地干活儿，这样可以多挣些钱补贴家用。儿子、女儿也有孝心，会给我一些生活补贴。其实更希望孩子们能够在身边陪伴自己，但他们都有自己的事情要忙。我会独自料理生活，闲暇多做做体育锻炼，多多运动。

近几年村里环境变化很大，新农村搞起来了、水泥路修起来了、河边绿化也做起来了……环境越来越好了。每家每户都有垃圾桶，每天都会有垃圾车把垃圾桶清理干净，村里乡亲们的环保意识也变好了，村里住得很舒服。我平日种菜很少用农药，这样对身体好。村里有搭帐篷的自助农家乐活动，我也曾有过这样的想法，但自己一个人实在忙不过来。

村干部没有固定的上班时间。我一般都是通过宣传栏知道村委相关信息的，村里选举活动我也参加过。整体来说对于村主任工作还是很满意的，也很尊重村干部。村里人遇到矛盾一般都是内部协调，从不打官司。

五、华宏村村民的访谈记录（12 位）

访谈对象基本情况表

姓名	性别	年龄（周岁）	职业情况
LYF	男	71	原村委会主任
BLH	男	63	原村党委副书记
LYS	女	54	村治安管理者
CYF	女	61	原华宏宾馆经理、村妇女主任
GGB	男	69	曾是建筑工人
ZYS	男	65	退休教师
BHR	男	35	华宏汽饰厂管理人员
HQX	男	58	华宏农贸市场经理
ZJ	女	31	村基建科职员

（续表）

姓名	性别	年龄(周岁)	职业情况
HFA	男	60	华宏合成革厂会计
HPX	女	42	村党委副书记、华宏集团总经理
HSY	男	69	村党委书记、华宏集团董事长

访谈记录

1. 受访者：LYF，71岁，原村委会主任

访谈时间：2017年8月20日09:40—10:30

访谈地点：华宏村村委会

我今年71岁了，原来是村委会主任，后来退休了。我们村这十年变化很大，以前居住比较分散，2006年并村后都住到华宏世纪苑，居住更集中了，农民收入也高了。总体来说，我是满意的。居住卫生条件比以前更好，以前就是脏乱差。现在午饭后会到活动中心打打麻将，下午打麻将，晚上跳跳舞。老年人集中居住的老年公寓，现在专门有人看电梯、打扫卫生，原来这些都是没人管的。我家小孩在上海上班，只有老年人在这。不过我们这里工作（机会）多，人们基本在本地工作，出去的少，除非公务员，考到外地的。所以我们这里空巢老人不多，子女和老人都生活在一起。60岁以上的老年人，每月10号有工资到账，以前有子女不给（生活费），没有钱的，现在国家给钱花。760块一个月，够用了。看病有"农保"，医疗也不用操心。

现在村里人与人关系越来越好。以前生产队有打架的，现在邻居大多很友好，一道门四户，家家和和气气。人的思想观念也改变了，父母子女没有矛盾，每个老年人自己都有点儿养老钱。村民都能尊老爱幼，大多数关系都挺好的，子女常给父母买衣服。父母对子女也没什么要求。现在国家允许生二胎，但好多人嫌负担重，给生也不生。

我们这边的婚丧嫁娶，送礼也是有的。我办事，你送点儿；你办事，我送点儿。结婚的彩礼也有，反正最后彩礼都是闺女的。重男轻女比以前好多了，虽

然还是有点儿(没改过来),但现在普遍认为男女一样。思想观念在转变,以前要种田,男的力气大,女的力气小,现在不用种田了。以前没男丁,女的要招一个女婿来。现在两边都有房间,两边都可以住一段时间。(我们)家里就两个孙女。

现在家庭收入变化很大。以前种两三亩地,没多少收入。现在夫妻俩,打打工就十几万,种几百亩才能挣这么多钱。土地归集体,老年人有保险,55 岁、60 岁拿钱,个人没有土地了。这边自己做生意的不多,大多在村里企业工作,"华宏科技"也是上市公司。家庭开销不大,就买买菜、小孩大了置办婚礼、平时吃饭、给小孩攒点儿钱,其他也没什么开支。旅游自己去,就花几百块钱。我们年纪大了,有钱了,吃也吃不掉,老夫妻两个就出去看看。

说到环境,现在村里领导搞经济,卫生一定要管,环境卫生要抓。对空气有影响的企业不能办,查得很严的。

村里选举三年一次,没什么大的变化。华宏村的选举程序很成熟,先预选,再正式。村委会与村民关系很好,我们对他们没什么意见。村里村干部素质要提高,文化一定要高,现在一般是高中生文化水平。没有文化不行,好多事情不懂,现在大学生培养出来好。村委会领导都是自己人选出来的,村里人熟悉,其他村的不熟悉。村里一般没有冲突,有冲突的时候村委会耐住性子协调。原来干部处理事情做思想工作,干部要拍村民马屁。以前可以强制,现在和谐社会,要和气,村民不怕干部。我们这里没有上访的,有事就到村里讲讲。

希望将来村里经济发展得更好,给村民多发点儿福利。现在村委每年发 500 块,期望村里收入增加,将来发 1 000 块,总之是欢喜的。村里工人收入平均五六万,最少也有三万多,多的十几万。退休后两千多元,国家发的,村里一千多,用来管理老年中心。年纪大了,大件(物品)不太需要,吃饭、旅游,花不了多少。像车子,我不需要,子女都有的。子女在村里,自己搞企业,也有少数自己开厂的。

这几年人的观念变化最大。房子集中了,田不用种了,我们这打工的多,不像浙江做生意的多,像大超市就是浙江人开的。他们浙江人就是一个地方有人出去赚钱了,其他人也要出去做,我们这里喜欢在家里干干活儿,做生意的不多，因为既要有经济基础，又要懂做生意的门道。

我们也有民约村规，商量定下的，然后发到村里。村里离婚的也不多，结婚、离婚政策是允许的，正常的事。小年轻不结婚住在一起，有的人能接受，有的人不能接受，父母不管，父母辈的老观念要改变。不管孩子听不听，年纪大的父母都要讲自己的道理，年纪轻的父母也要讲。不过父母讲的话，大多数（孩子）还是听的。老年人帮忙带孩子我们这边也是有的，让年纪轻的去上班。我们退休了，带孩子，大多数人也愿意，不愿意的少。毕竟是隔代亲，大家还是愿意带的。

2. 受访者：BLH，63岁，原村党委副书记

访谈时间：2017年8月20日09:45—11:00

访谈地点：华宏村村委会

我1954年出生，1976年当兵回来当村主任，后来当了大队长，再后来一直当副书记。那时当兵才回来，学大寨。这本来是丘陵地区，后来书记带领开河，把水利建设好。那时只搞农业，不搞副业。1983年，老书记走了，我当了书记。1983年那时我们搞改革，分田到户，分田到组，交完公粮，家家剩的余粮不够。那时物质条件差，现在一家八口人，一个月二十几斤都吃不完，就晚上回来吃一点儿，生活条件不一样了。刚开始分田到户搞粮食吃，正好安徽在搞分田。一个生产队分两个组、三个组，先分田到组。这样有了竞争，大家都为自己组里干活儿，更认真了，地都种得满满的，不浪费，不搞形式主义。我是当兵的，我们讲究实事求是，但那时也有这样的情况，黄叶子让老百姓剪掉，不实事求是，就为了好看。1983年，200户搞了分田到户。分田到户后，人们思想转变很大，不仅有粮食吃了，多余的劳动力开始搞副业。为了搞变压器，当时我都跑烂了两双鞋，但还是有不同意的。那时一个村就一个变压器，一到高峰忙的时候，农村不够用的，经常跳闸，要用的时候没电。副业的话，当时有养鸡鸭、种蘑菇的。1986年开始搞工业，棉花纺大纱，织了布。做鞋子内衬，也很赚钱，工艺操作方便，弄点儿胶水，很好看。然后大的服装厂到我们这里采购，卖给上海，上海离这也很近。仓库废料买来再做，但政府不是很鼓励，只能偷偷地，党委也不允许，一年拿几百块，真的很苦。那时搞民兵连，三年没回家，我

带他们整平了地。我们这边人思想发展很快，一搞副业，收入就提高了。我们这边河多、水面多，鱼好卖，但粮食很便宜的，一般稻子要种几个月，而搞副业挣钱就快得多，收入能增多五六百，甚至上千块。靠上海近，接触大城市的多，能改善自己的生活，有奔头。1986 年，我们这里开始搞加工业，后来搞制造业。(20 世纪)90 年代以后兴起了大量制造业。那时又有国家政策鼓励，天天想搞，但没钱，为了 2 000 块贷款跑几十趟，现在两千万、一个亿都能贷了。1986 年离开去厂里，和上海公司做人造革、橡塑厂，从 1986 年做到 1996 年，是社办企业。1996 年又回来，那时村里书记是 H 书记，我又被派去上海办事处，专门做推销。我们"华宏科技"，那时刚进去，一年产值 200 万，上海哪个角落都有我的脚印。那时发展制造业，我们推销液压机，后来才有化纤等，直到 2006 年才退休回来。华宏村这么多钱，书记说办个老年、儿童的活动中心，要做做服务老年人的工作。现在这里高温时都坐满了人，有空调，还能看录像。1996 年开始，人们生活好了，党的发展为老百姓带来切实好处，特别是对年纪大的。

我们这里人际和谐，邻里关系也和谐。60 岁以上的老人一个月能拿 820 元，七十多岁的人根本花不了这些钱。我们这里还提供老年房。兄弟好几个的，儿媳妇不重视(老人)的也有，和老伴住，自己烧饭自己吃，每个月给点儿房钱。房子都是村里造的，46 平方米，前面是房间，后面是烧饭的地方。年轻人和年纪大的人心思不一样，生活方式不一样。年轻人浪费，老是把菜倒掉，还花十多块钱让人送菜过来，为什么不自己去买呢？对于好多小事情，在观念上有差别，有代沟。1996 年到 2017 年，村里发生了巨大变化。2007 年到 2009 年，那时候分配很平衡的，股份都有的，书记是大家的书记，不是哪一个人的书记。2014 年到 2015 年开始改革，集体经济转民营经济。以前以集体经济为主，其他经济为辅。民营经济不像土地分到各家各户好管，你和我的收入差距太大了。现在都是打工者，原来很有奔头，我也有一份，我们村搞好了，大家在一起好好生活，我一个人好，大家盯白眼，一直有这种感觉。现在政府给我补贴，也有奔头。政府注重民生，以前干部把好处都朝自己口袋放。现在有看头，方向慢慢调向正轨。因为，一个社会一分化就不行，要聚在一起才打不垮。转制后，村民在企业中没有股份了，转给个人了，被几十个人分掉了，个人钱也没给村里。特别是40岁以下的,没有土地,没有股份,靠在企业打工挣钱。原来每人都有承包地,企业改制后也没有股份了。土地的补贴就是每月800块,自己买社保的也没有。像下港村就不是这样的,村庄发展还是要靠集体经济,这房子谁来造,个体是不可能完成的。村里企业不给村里交钱,因为土地是村里的,所以赚的钱不交。还有小企业也不交,说亏本了,其实就是赖。我们也采取措施,你用我们的电,把钱加在里面。我觉得现在道德倒退是有的。村里有穷有富,有些人的钱不是靠本事赚的。以前人都在一起干活儿,一起回来。现在年轻人都不怎么接触,一家人都不怎么在一起。接触少,感情自然就生疏了。夏天,空调一开,互不走访,(别人)不到你家里的。但总的道德水平还是提高的,比如文化提高了。思想境界建立在文化基础上,像大学生不会瞎来的,有文化、能包容。我有俩儿子,大儿子在常州读大学,二儿子在宿迁读大学。两人大学一毕业就在华宏集团,一个搞技术,一个搞销售。他们回华宏工作有点儿受我的影响,我认为我们这有企业,能为自己家乡的发展做贡献是很好的。大儿媳妇是周庄中学的会计。二儿媳妇以前是"常电"的翻译,离得太远,就回华宏了,现在在华宏科技办。我思想僵化,还是传统观念,为公司服务,不太想单干,不要搞个体。H书记也是挂在我们村委、党委的,他的企业还是村里的。虽然企业是自己的,但大部分精力还是为村里的,要为村里干活儿的。

书记快70岁了,以后退休的话,支持那些对村里有贡献的人接班。按现代科技发展来看,接班人要有能力、品格优势。如果后面有比H书记更有能力的人接班,村里发展会更好,反之,就滑下去了。没有党中央的领导,就没有今天的企业。村领导也是有才有德的人,能赚钱,还想着老百姓,带领老百姓致富。8 000人要吃饭,怎么养,不是家里三口人,得共同富裕。不能把我们的钱带走,带到美国、加拿大。老百姓有这种体会,失掉多痛心,但能做到的不多。江阴有好几个宝,H书记也是"宝",是不可磨灭的。老百姓就看现实。

农村家庭有矛盾找村委会、老年协会做工作,很少闹到上面去。农村家庭矛盾一般是婆媳关系问题,也有做老板的出轨,还有就是农村老板的儿子爱赌博。近几年离婚率稍微高了,虽然现在比较自由,但村里还是会说,年轻人胆子大,说离就离掉了,你不同意的就协议离婚。结婚还是靠介绍的多,搭线认识下，觉得可以的，父母碰头、交往、订婚。彩礼也要的，大老板家给得多。我大儿子结婚时给了 8 800 块，在红袋子上写个日子，二儿子给了 88 000 块。相差十年，相差十倍。女方看个人父母条件，都是“意思”一下。条件好的，男方、女方都有房子。

我们就是跟孩子一起住得多，没有代沟。老人衣服他们都洗的，买的药膏是小儿媳妇从网上买的。现在大儿子家小孩 15 岁，今年上初三，小儿子家（孩子）马上上一年级了。在教育上，小孩母亲承担多点儿，我们只能负责接送。小孩有自己的想法，要做媒体。但是，现在农村有一些怪现象，对父母影响很大，不知道是先进还是什么，小孩报的辅导班太多，安排得紧紧的，大人也负担很大。年轻人平时太忙没时间，家长就让孩子去培训班。一条街上全是培训班，家里 60%投资在小孩教育上。邻居妇女主任弟弟家孩子三四岁，一天学五样东西，这么小能学得进去吗？跑到市里去学的，也很普遍，现在有钱支付了。但一般工人挣四五万，大都吃不消。农村社保、医保是村里交，每月领一千多，每年有增加；医保可以报 90%，跟外地医保连通，去江阴、上海也能报销，对老百姓来说很实惠。80 岁以上开销很少，东西不买，旅游也走不动，老年人也不要年轻人的钱。教育观念上，60 岁以上的人开始觉得，小孩教育应该是他们父母的事情，也就不存在矛盾了。

工业发展开头几年对环境没有影响，后来就有了。因为化工多，村民的意见很大，水是黑的，种菜都不行。没有什么办法，提醒大家不要搞污染企业。肝炎解决了，但肺癌、胃癌等问题还有。企业对空气、水源有影响，虽然污染的厂子没什么效益，但暂时关不掉，私人开的小工厂没钱投环保，搞环保比搞企业还费钱，几倍的钱。要政府出面解决，强行推进。

3. 受访者：LYS，54 岁，村治安管理者

访谈时间：2017 年 8 月 20 日 10:30—11:30

访谈地点：华宏村村委会

我 54 岁，是苏北人，在这边是搞治安的。家里经济不发达，一来这边打工就是 18 年。我住在华宏村外地打工宿舍，不在世纪苑。来这边快 20 年了，感觉这边还可以。村里领导对我们很好，村里村外没有区分的。当然平常村民

之间有区分,有看法,生活习惯也有差距。比如伦理道德不一样,我们那边烧纸,他们这边烧香。在这边外地人上学不方便,小孩的保险、买房子也都有差别。尤其教育先考虑本地学生,对外地人有差别,但别的方面悬殊。

现在一年我能挣三四万块钱,生活是没问题的。家里有两个儿子,挣的钱贴补小孩,花在他们生子、娶媳妇、买房、买车上。这边村里人与人之间总体和谐,碰到矛盾,小事装糊涂,不斤斤计较。在外面工作,多吃点儿苦,多干点儿活儿,肚量要大点儿,大事也要清醒。在外地,岁数大了,人家不要你,就麻烦了。外地人在这里做车间主任的不多,绝对公平不太可能,这边是家族企业,用熟悉的人,用家里的人,外面的人要想当管理者除非你这人相当有才。

这 20 年来,村庄变化很大。刚来时,华宏大楼、村委、路道都没有的,以前都是荒地,现在变化太大了。这边工厂多,地种的不好,基本不种田了。现在大家各过各的生活,观念、思想肯定是进步了。这边礼钱还是重的,钱少拿不出手,少的也是 1 000 块,经济被看得比较重。我们老家亲戚朋友交流感情,就几百块。有钱人对有钱人,没钱人对没钱人。有的人甚至上百万,大手大脚,他们有自己的一帮人来往感情。

这边个人企业多。正常打工的一月挣三千多,一年几万块。18 年前,刚来时收入(每年)不到一万,现在三四万多,所以对收入还是满意的。对于收入差距的看法,我觉得挣钱看能力,人也要心态平衡。我是党员,做老家那边的政府干部 12 年,老家收入低,没有编制,一年才两万。而这边有的人都能挣几十万,所以一定要心态平衡。虽然这边经济发展好,但没想要创业,手里没有资金,凭什么搞,自己不太可能创业了。我是被一个在无锡财政局工作的同学介绍过来打工的,一晃已经 18 年。现在老家大队会计才挣一万多,干警五六万,而这边干警能挣十几万,地区差异还是蛮大的。所以,三年之内没打算回去,房子买在这边了,孩子也在这边,这比老家生活好,回去已经不习惯了。儿子在这边开装潢公司,马上我就带带孙子,也不要发什么大财。我们不需要钱太多,马马虎虎够用就行。两个孩子从老家带来的时候,当时十三四岁,他们也不想回去,把这边当家了。老家亲戚多,都有事才回去,平时也不怎么回去。年轻人和本地人还是有差别,孙子户口没有迁过来,户籍还不是华宏的,这里办事主要看户口的。

村里离婚的不多。孩子恋爱自己谈，自己谈好就好，俩儿子（的对象）都是网上认识的，父母了解了解，性格方面合适就好。大儿子生俩闺女；小儿子生了孙子，又怀二胎了。小事装糊涂，家里就没啥矛盾，儿媳妇毕竟不是女儿。经济上自己管自己，和子女不经常住一起，上班方便，生活习惯也不一样，平时难得在一起聚聚。对生儿生女，我都想得开。管好自己，生活好就行，考虑那么多，没用的。人生七八十年，别为小孩考虑那么多，儿孙自有儿孙福，管不了那么多，生活好就行了。要想得开，想不开是没用的。儿子儿媳妇都没什么矛盾。大事批评儿子比较多，不批评儿媳妇的，有矛盾是不好相处的。相处中有人勤快、有人不勤快，性格不一样，看不下去，就随便她，这是相处的方法。儿子打骂不要紧的，儿媳妇不一样，不是你生的，（她）会有看法的。

小孩教育（方面），有人自己成才，不需要别人怎么讲，他有自尊心，自己成才，当然这不是绝对的。管是没用的，家庭教育也不是绝对的。大儿子在滨海自己考上大学的，他很聪明的，一个乡镇考上的就几个，后来来江阴上大学，不是一本，自己后来在苏州打工安了家。小儿子没大儿子聪明，书也读不上，不过做生意、为人处世比大儿子强。以前教育他们，也是打过的，而且经常打。老师打电话说，儿子逃学，打游戏了，我在烧窑厂打他，让他记住，是为他好的。到现在30岁还记得，初中以后就不怎么打了，父子之间没什么矛盾。

年纪大了，我们有自己的养老保险，尽量不要问儿子儿媳妇要钱。十个儿子养一个老子不好养的，一个老子养十个儿子好养的。儿子间会攀比的，肚量大的，兄弟照顾父母不计较。我儿子儿媳妇孝顺，对我们好，我们也会贴补他们的，都是会做人做事的。社会养老靠自己的，不好管的。人与人之间和以前不一样了，对没钞票的就不一样，交往要看有钱没钱。岁数大了，兄弟间没有这么多义气了，有钱地位高，没钱别人是不肯给你办事的。父母不在，兄弟分家了，人情就不一样了。

现在家庭开销大，一个月两千多，房贷逼着儿子还，没办法就贴上去。我和儿子都拿了一部分钱买的房子。儿子结婚后就放手了，他们自己管。我们现在是“保姆”，还要打扫卫生，他那边不想去，眼不见心不烦。

华宏这些年越来越好，吃的东西都是买的。生态的、有机的、散养的家禽很少。蔬菜都是搭棚子种的，人吃了易生病，不健康。这边农家乐少，挺好的，不影响环境。前两天去了一个“最美乡村”，那里农家乐搞得很好。现在又要搞经济，又要搞环境。龙头企业关掉，是不可能的。这边化纤厂多，空气质量不好，水肯定也不行，吃的鱼都有味道，这会影响寿命的，有钱了还是回家养老。因为空气有刺鼻的味道，处理过，投资了不少，但还是会有味道。

选举一般外地人是不去的，不是本村村民，不参加选举的。我也没有转党组织关系，要转的话太麻烦了，我也没找他们。不过对这里的村干部很满意，他们很不错。不满意的主要是环境，不过一个村没办法，华宏村要靠这个产业，没法关的。对于未来，希望企业发展更好，我们工资待遇就好了，生活就好了。年龄这么大了，干一年是一年，对自己要求不高，我对他们要求也不高。

4. 受访者：CYF，61 岁，原华宏宾馆经理、村妇女主任

访谈时间：2017 年 8 月 20 日 13:00—14:10

访谈地点：华宏村村委会

我们农村城市化很好，比城市都好。华宏绿化也好，农村经济也好。老年人打打麻将，看看电视，享受享受。（给）小孩辅导（学习）都是老师义务辅导。社会主义核心价值观的 24 字方针，我们都做到了。退休之后很幸福，很舒服。我十年前是华宏宾馆经理，2014 年在我 58 岁的时候退休了。现在开了个民办幼儿园，发展形势较好，为华宏六七十个企业中的新市民解决后顾之忧，让他们可以安心上班。退休在家无聊，出来干干事情也好。幼儿园 10% 的儿童是本村子女，70%—80% 是到华宏村打工者的子女，为政府挑了担子，解决来华宏工作的外地人子女上学问题，为公办幼儿园的创办打了基础。大部分打工的爸爸妈妈都会把孩子带着，我们这边的教育好。2008 年，一个新市民家长，找了三家公办的幼儿园都不收（他的孩子），终于找到我们这边，接收了他的孩子，这让他很感动。我们一学期学费 2 000 元，比公办稍微贵点儿，但公办进不去，只有民办收了。自己有余力的，不要政府补贴。总之，24 字方针在这里被实践得很好。华宏村是大村，工业总产值一百多亿，是其他很多村、镇都完成不了的。2007—2017 年这十年来，改制转变很大，村民受益也很大。根据上级领导要求，改制的改制，转移的转移。改制前，村民房子几万块。改制后，村民

没有了股权，几十个股东买下来。股东很负责任的，股东保障村民享有很好的福利，农民的利益没有受到影响。50—60 岁、60—70 岁的老人也受到了好的待遇，他们的收入大概分别增加了 500—600 元、900—1 000 元，主要靠村里企业上交给村委的钱，他们也是越来越好。村里经济好了，才能考虑村民的福利待遇。有经济就有一切。

我平时跟子女生活在一起，他们自己带孩子。一个儿子生了一个孙子和一个孙女，他们都自己带。小孩教育自己管，我们放手，不去管他们。(20 世纪)50 年代的人不管 80 年代的人，日常家务事孩子做。儿子、儿媳妇都在华宏，他们自己会想办法的，也有自己解决的办法。改革开放了，思想解放了。孙子和孙女一个上中学，一个上小学。我家在没放开二胎政策时就生了二孩，现在政策放开了，生二胎的更多了。大家对性别没什么要求，两个女儿也都好，没有养儿防老的思想。没有田，就没有这个思想了，以前是养儿子可以种种田，现在反正社保可以解决养老问题。年纪特别大，生活不能自理，又没有子女的，可以交钱去敬老院。现在在农村感觉很幸福，还是农村户口好。村里经济好了，但如果不是本村户口就不能享受村里福利。村里考虑得很好，有子女、没子女的都过得很好。

现在经济没问题，家里也不会有什么矛盾。一般家里有矛盾去找村委会，村委会是“娘家人”。夫妻关系、婆媳关系、年纪大的与年纪轻的之间的关系，都要磨合，年轻人都现代化，年老的人老年化。邻居矛盾也是很少的，我们村也没有打官司、上访之类的。

我们村里领导班子很有能力，都是村里选出来优秀的，有责任心，矛盾说说就能解决了。在江阴市，说到华宏大家都知道，很有影响力，这让我们感到骄傲。大部分年轻人读完本科会回华宏做贡献，本村人想回来，和本地人谈恋爱的多，和外来的谈的不多，百分之七八十都是自己谈。有彩礼很正常，订婚两三万，结婚五万八万，条件好的给十几二十万的也有。现在自由恋爱多，一些是大学时带回来的，他们自由恋爱很幸福。结婚自由，离婚也自由，离婚和结婚相辅相成，匆忙结婚，年轻人还不成熟，离婚率就高，但华宏不多，整体还比较好。不合马上就离，现在社会上这样的人很多，连父母、领导也不知道，太自由了。

现在华宏并了几个村，书记很公平，待遇都是一样的，村民很欣赏现在的领导。相处也一样，村民待遇都一样，一视同仁。交往也是同等的，像娶老婆，并过来就是自己人。我们基本不种地，在华宏菜场买菜，自己种得少，习惯了，不种地享受生活了。生在华宏，长在华宏，很幸福。以前村民少，现在村民多，并过来了，也很好。现在三房巷和华宏最强。我离开村委，但心始终在村委。H 书记之前的几任工作做得不好，H 书记来把经济搞上去了，班子关系处理得也好，但如果接班人不称职肯定有问题。H 书记六十多岁工作仍干得很好，这是不多的，为经济、村里福利考虑很多，所以很有影响力。谁接班，H 书记会考虑，这不用我们想的。选举上，好的我们会投下庄严的一票，不好的肯定不投。关于 H 书记自己的子女能不能接班，我想有能力就能接班，没能力就不选，儿子、女儿好的，我们就投票，无所谓家族观念。华宏村肯定有人能挑这个担子，书记决定，我们来判断和建议，对每个村民都要负责任。书记决定以后，我们再看。首先看德才，村民口碑很重要。我们书记口碑就很好。村民待遇福利要考虑到，经济上去，村民收入提高，村民得到实惠。品格上有污点的干部，我们村没有。书记正直，不贪，底下人也不敢，党委、村委都很好，(村民对他们的)信任感很强。村委三年换届，去年换届的时候，H 书记得票很高。接班人等成熟了再换，接着做下去不容易，班子也很不容易。我们 H 书记创业精神很好，创业、敬业、创新、求实，既有能力，又考虑大家。

十来年，村民道德素质都跟上了，家家户户都更加文明，基本没有吵架的，都很团结。书记不好当，我们村有村民八千多人，其他很多村才一千多人。外来的和本村的处得也很好，基本没有吵架的。以前华宏村村民住在一起，现在住在楼里，进去就把门关了。平时村民们打打麻将，消磨时间，享受享受，也不收钱。大家也跳广场舞，练太极拳。收入提高了，没有后顾之忧，想玩玩就玩玩，这很好。八九十年代割稻子的时候，太辛苦了。

我们华宏没有污染问题，环保查得很严，不合格的厂不能开。工业没有影响华宏的环境，空气质量还好。华宏是工业重镇，一点儿不污染是不可能的，但没有太大影响，小区里空气很新鲜。村民素质很高，觉悟很高，如果有污染环境的，村民是会举报的。我们要绿水青山，要健康长寿。平常健健身，跳跳广场舞，很幸福。退休是应该的，但也要发挥余热，下个十年再见。

5. 受访者：GGB，69岁，曾是建筑工人

访谈时间：2017年8月20日13:30—14:20

访谈地点：华宏村村委会

我69岁了，以前做建筑的，现在开始玩了，年纪大了不做了，目前还有点儿收尾工作。我原来在东方建筑公司，1998年公司转制为股份制，还有个房地产开发公司，开发了几个小项目，收尾债权债务，已经弄了三五年。我给儿子搞的厂还没有结束，村里的土地出让还在处理。我儿子在1999年左右从南京理工大学毕业，读的外贸英语。毕业后在江阴外轮、外船上工作了四五年，后来自己开了家公司。当时没有（办厂）地，后来有了，搞起了制造业，目前公司还在开。我一直在华宏，我住在华宏世纪苑，跟H书记一个村，我和他同年的。书记忙，管的面大，我现在很轻松，搞了一辈子建筑。女儿在镇江师专（读书），本科毕业后在江阴做老师，教中学。

华宏现在环境很不错，书记信任我，1998年让我管建设。（华宏世纪苑）小区以前的问题在于没做好污水分离处理，要是当时我在管，要比现在好，必须水污分流。我原先在无锡市搞房地产，回来后政府让我去镇里管，我没去。那时五十多岁，清正廉洁，家里没积蓄，想自己承包点儿活儿做。村子绿化很好，当时请人去做的，我建议一定要水污分流，从设计到施工，但没怎么搞好。天干，污水只有一部分到污水处理站，我觉得唯一不足的就是这个。我们后面有个河道，我们叫“班”，就是通长江的。长江的水（位）高，它也高，长江水退下去，它也退下去，所以水是活水。政府为了把这水搞活，但有的水不能治理得很好。工业污水，现在基本没有了，两个厂被查到，现在好得多，不下雨就还好。原来建议管道重新整体规划，不像城市规划十年、几十年的。小店、餐馆的污水禁是禁了，不是很严格规范。2001年，我提出污水要好好管，后来让别人搞了，但对环境不负责。其实这也是对下一代不负责。当时没有正面跟书记谈，跟村里主任讲了多次，当时（花了）150万—200万，问题解决了，没麻烦了。我要是去了，污水（处理得）要比现在好得多，空气比现在好得多。当时净化水理念很先进，他们不理解，城市化不是很充分，也是问题。看上去不错，绝大部分村民还不能垃圾分类，也是大问题。我个人开车从来不扔垃圾到外面，果壳、纸放车里，到可以扔的地方才扔，只能从个

人做起。我环保意识很强，几十年了，像我这样的人，不是吹牛，不多，家里小孩也这样讲。小区绿化好，本钱大。绿色、有机食品，老伴去买，也不知道干不干净，能吃野生的就吃野生的。(我的)收入算中上等。儿子开了家外贸公司，收入不错。

近三年，村里道德状况好点儿了。政府下决心除贪官，对凝聚人心是好的。以前个别官员又吃又喝，老百姓看不惯，“上梁不正下梁歪”。老百姓也在转好，人与人之间挺和气的，风气也变好了。以前风气不正，有的人看见人家生活好，动不正当的脑筋骗钱，去乱花钱，去澳门赌钱，五百万、一千万的赌。风气都被带坏了，不愿干活儿，还想要赚钱。

我们这边给女方的彩礼，一般 8 万—10 万，阔气的还要多点儿。它就是一种形式，以后还会带回男方的，而且还会再添些东西带回来。不像电视里，有些家里穷的，男方确实要贴家里的。一般都是为了面子，再添 3 万—5 万带到男方家。结婚份子钱也是形式，不是为了钱而钱，一般 2 000 块。烟是“中华”，八条十条的，这些都是男方花费掉的。这是风俗习惯，以前就有的，一下子转变不过来。我的亲戚多，不过请客办事还可以，能有 12 桌亲戚朋友。不过现在人吃得好，高血脂、高血糖的多，又不运动、不劳动，只能少吃了。

我孙子 17 岁，上高中。孙子是奶奶带的，儿子、儿媳妇在江阴市，离得近，最多半小时。现在重男轻女的思想没那么严重了，虽然要儿子的也有，但不种农田了，大家也都想通了。有两家亲戚，家里就都是女儿，他们也想得开，不会再生了。我们家里父母子女关系处得很好，和子女不住一起，儿子住市里，家里房子也有，去市里也方便。老人百分之八九十都有余钱的，生活费也有的，养老院也去，不过很少。经济条件好，住好一点儿，一般待家里。村里也有专门出租的老年房。我老了，能自理，这边住住，江阴也可以住住。

现在离婚的变多了，既有社会风气的原因，也与个人素质有关。有人钱多了，出去玩。女的要离婚，多是因为家里条件不怎么好。离婚比以前多了，反正这十年是挺多的。周庄经济条件好，一些有钱的人出去花天酒地，挣钱多的，包养也多。对于婚前同居，现在开放多了，思维也不一样了，可以说是有了很大进步，跟外国人一样自由。一夫一妻要到老，娶媳妇得多包容，哪可能有人没有缺点？

村里吃穿很好。这里打工的人多，做生意的人也不少，口粮钱村里发放。95%—98%的人家里都有车，最少一辆。一个地方一个风俗。还能干活儿的都在干，我们这里就算 60 岁的人还是想干，大家都很勤快，不算懒。相反，年轻人比较懒。是因为父母对小孩太放纵、太爱护，这样反而害了孩子们。小孩有没有出息与人的本质有关系，也与教育有关系。我们家两个小孩都蛮“上路”的。我们用正能量的方式教育他们，“谁知盘中餐，粒粒皆辛苦”，让他们好好学习，好好种地，好好工作。

华宏村人的胆子应该说蛮大的，但比不上浙江人，浙江人能吃苦。他们在江阴门市卖建材，带着亲戚、邻居一起做。天热开不起空调、电风扇，真的是很热很热。我们这边现在私人开厂的也很多。目前对村里的希望除了环保（做得更好），没有什么了。河水是臭的，河边小路四五年前就不能走，小区没搞好。不过总的来说，现在已经很好了。

6. 受访者：ZYS，65 岁，退休教师

访谈时间：2017 年 8 月 20 日 14:30—15:30

访谈地点：华宏村村委会

我现在已经退下来了，1974 年开始教书的，教初三的历史，2013 年就已经退下来了。中国的历史真的是源远流长。我是本地人，土生土长于此，我原来是赵氏村的，离这有三四里路吧，有个叫梅子桥的，我们离梅子桥不远，半里路。我老家 2006 年搬过来，搬到了华宏，也住在华宏世纪苑。我们周庄属于起步比较早的，这个小区范围比较大，由好几个村并起来的，有九大队、二十五大队，还有十五大队，三个大队合并来的华宏。学生主要来源于华宏，因为我们教育是不需要交钱的。所以大家都来，像是附近的二十二大队啊，旁边的二十三大队啊，还有些外地人啊，大家都要来。小学生辅导是对内的，就是对我们华宏村的学生免费辅导，老师主要来源于我们小学的在职老师。那么我呢，那个时候还没有退休，但是我们原来的校长叫 SMR，（当过）周庄中学教务主任，退休之后就在小区里面给人辅导，原来辅导站在后面。2014 年规模变大了，经常有无锡市区、江阴等地方的人来参观，我们要改变下环境，这个是后来

重建的。原来这个房子在后面(还挺漂亮的),就是太小了点儿。外地孩子不能在这上学,我们是针对整个华宏村的,是不收学生钱的,是义务性质的。从2011年到2017年,我们已经搞了六年多了。根据平时学生的爱好(开课),有的人喜欢画画、唱歌、写毛笔字,还有喜欢英语口语、文学的。都是实验小学的老师来培训,他们星期六也来。老师放弃休息时间,根据学生报的科目有几个班,分了多种类型,一、二年级的有绘画、写字、唱歌;三、四年级的有数学;五、六年级的有英语口语、文学创作。初中的话,根据自己爱好,有绘画、科学,有些男生动手能力比较强,利用物理知识,弄个机器人,也会做个航模。每年都有六七个物理老师来指导。我们以前三到六月,小学是星期六上课,中学是星期天上午;七月份是培训,根据小学生喜欢的科目,比如画画、书法、英语口语等进行培训。

华宏村村民的文化素质实际上也是在发展的,像是学生啊,家长也会督促,但督促不够。按照道理来讲,应该生活条件好了,各方面文明意识都应该提升,学生以前条件差,读不起书,现在条件好了,经济建设、文化建设跟上,更应该珍惜,发奋读书。但是我认为这个和家长也有关系,这个道理就是如果家长自己很认真学习,孩子也就跟着学习,家长不想学了,孩子也就不想了。有的督促得不好,家长不配合;有的家长是双职工,也没时间督促。打个比方,夫妻二人都报了长日班,但两个人去了之后都没有这个兴趣了,那这个学生也就爱玩,在家玩手机、玩电脑,玩多了不仅对眼睛不好,养成的习惯也不好。应到学校里来,活动活动,或多或少地接受教育,增长知识。

教育的过程中碰到最大的困难是家里贫困的,我碰到过好几个。有父母离婚的,有父母经济条件比较差的,条件好的人家很多,条件差的也有,我接触了很多。家庭条件不好对学生影响很大,有的家里较穷,学生很多方面都跟不上大家。以前有个小孩是奶奶送过来的,父母离异了,不太爱说话,得不到(家庭)温暖,因此(对其)成长也有一定的影响。我们的老局长也来参观,原来是我们大队的书记,他退休以后就跟我们在这里,上午和老年人喝茶、打麻将。他始终有两个关心的事情,一个是关心老年人,一个是关心下一代,两代人,活动室给他们一室两用。

以前父母和子女之间、家庭之间讲的是尊老爱幼、兄友弟恭等传统美德,现在已经很少了。《家训全选》这本书很好的，我看了很多遍。江阴地区都有家训的，没有规矩不成方圆。这都是江阴地区的，这是他们退休后整理的。现在生活条件好了，但精神文明不如以前了。举个例子，以前生活条件差，但是人心齐，素质好，大家一起向前看。现在向人民币看。现在年轻人不知道什么叫来之不易，缺乏一种信仰、一种精神。精神文明不如以前了，以前的(人)道德素质高。我读小学时，看到年纪大的，主动站起来让座。现在在尊老爱幼方面，人与人的差距大，年轻人要加强思想教育。不当家不知油盐贵，不珍惜，在家庭美德方面，年轻人做得没以前好。年轻人就知道(玩)手机、电脑，太懒了。

以前子女听父母的，父母是家长式的。现在生活条件好，下一代儿子女儿文化素质高，比老一代文化高，老年人一根筋。年轻人利用电脑、手机掌握新事物快。老年人经常督促，有的下一代不听，嫌烦。儿子结婚后一般都分开住，以前都是几代人住在一起的。对下一代什么都要管，看不惯。扔掉东西，老年人唠唠叨叨，年轻人不听。我教育子女"吃不下，少烧点"。年纪大的节俭，年纪轻的花钱大手大脚，苹果、西瓜、香蕉等水果买得多，女的化妆品、衣服、鞋子多。我经常说我女儿鞋子可以转销了，用不到了。有时追时髦，穿时髦，吃好的，这些都是年轻人通病。家里条件好，稍微吃好点儿。长远来说，血压高、血糖高、血脂高，其实都是吃出来的毛病。

村里离婚的人变多了，虽然没做过调查，但是比以前多了。人们手里的钱多了，想法就不同了，什么都想了。以前农村吵架，主要是因为地里干活儿苦，或者是因为穷。现在条件好了，你去打麻将，我去跳舞，各自过各自的，没有吵了。离婚双方都有责任，双方不负责任、不互相沟通、不互相信任。(想)离婚的，坐下来，好好讲、沟通，说开了就没事，别你瞒我、我瞒你，没有什么不能讲的。我的工资交给老婆，互相信任。信任才和谐，相互关心、爱护、尊重。经济发展了，男女关系现在开放了。以前男女关系保守，有鸿沟，互不讲话，(关系)正式确定下来才讲话。未婚同居嘛，现在有先住一起的，大家都能理解。开放这事，跟有钱有关系，也跟文化素质、思想境界有关系。不仅要有钱，也要有思想和素质。农村开放了，开放的人素质怎样？这也不好说，现在女的开放也很好，但要爱惜自己。

我母亲80岁时去的镇养老院，去了六年。我是老二，老大当兵提干，在太原和北京的女儿那里，我还有弟弟。那时，我大哥60岁，老妈80岁，弟弟小。我跟哥哥说，老妈大了，我还没有退休，老妈有高血压，家里一人烧饭，我们都有自己的工作，弟兄三个出钱，到养老院放心。

在生男生女这个事情上，以前最好是男孩，有的只要男孩。现在没土地，不要种地。女的可以去男的家，男的可以去女的家，也不叫上门女婿了。一个子女太少，两个子女的话，他们(长大)还可以走动走动。我们这里也有彩礼，男方要得多，女方也要得多，有老板家女儿结婚给八十多万的，不过一般是给十几万，这要根据自家条件。现在也讲门当户对，老板找当老板的。结婚出份子要看情况，一般1 000到2 000元，大家还是看重礼轻情意重。频繁出礼也觉得压力大，我弟兄姊妹多，一年要十多万出礼。人送给我，我送给人，礼尚往来。我家家庭收入大部分开销花在吃穿、人情、请客送礼上。我和孩子住一起，吃穿大概五口人，40%是我们出钱买，出得较多，他们有时会调节下。我一年收入八万多，老婆帮人烧饭一月一千多，一年就一万，儿子、儿媳小夫妻两个人七万左右，全家一年总共15万。吃穿剩下的钱，为孙子办喜事、买房子，现在家里房子没有贷款，收入没有压力，过得很舒服。剩下还有积蓄，十万左右。大女儿结婚了，二女儿也出嫁了，二女儿出嫁就花了20万，孙子、外孙也买了房子，现在花销一般就在生日出钱上。二女儿她大学毕业在网上找的工作，考上了银行，马马虎虎，还可以。这边一般年轻人上班打工的多，自己创业的不多。小孩读过书，上过大学，都要回来，家里地方好。小女儿本来在周庄一家银行工作，后来嫁到北·镇，也在银行工作。

我们小区环境比以前好很多了，干净多了。但村民环保意识不强，上面要求，压下来搞文明镇、文明村，下面才重视起来。村民选举我们也都是参加的。不过对村委会工作很难说，有些我们看不见，有些不需要我们知道。

华宏都是合办公司，打工的一个月能挣四五千，大女儿和大女婿在化纤厂，一年能挣五万多。能力强的多劳多得，当然希望收入再提高点儿。现在的年轻人都想少干点儿活儿，工资多点儿，真正挑重担的不多。村镇领导要重视，镇、村、学校领导，三级都要重视，密不可分。不要外行领导内行，瞎指挥，不懂就是不懂。

7. 受访者：BHR，35 岁，华宏汽饰厂管理人员

访谈时间：2017 年 8 月 20 日 14:40—15:30

访谈地点：华宏村村委会

我在厂里质量部门做了十多年了，企业有亏损但依然逐渐发展，企业有很多分公司，还在重庆建分厂，主要做汽车内饰，给汽车企业做配套。我以前是学数控专业的，与现在工作没什么关系，大学班上就一两个人从事数控，但上大学时学习的专业方面的原理还是用得到的。我们这边大学毕业回来工作的也挺多的，考上重点大学会奖励奖金，这一点本村的比外来的有优势，重点培养，更受重视。现在单位里本村人和外地人差不多，外地人在数量上甚至还要多点儿。公司更看重能力，并不排斥外地来的。我成家了，小孩都 9 岁了。那时刚毕业一年，没结婚，也有分房，住在世纪苑。姐姐出嫁后，跟父母住一起，她爱人是经人介绍的另一村子的。现在年轻人谈恋爱有经人介绍的，也有自己谈的，做媒的风俗还是会有。彩礼一年比一年高，过去几万，现在十几万，女方陪嫁时还会再添点儿带回来，不过也有不搞这些的。结婚一般在村里办酒，少的十几桌，多的三四十桌。礼金额度要看关系，基本 300 元，关系近的也有三五千的。我们日常开支最多的就是小孩教育，儿子在学跆拳道、乒乓球、游泳。养孩子成本实在很大，所以不想生二胎，太累了。二胎放开后，还是有人想多要一个，但我们这边想生二胎的只有三分之一。

我还是喜欢和父母住一起，喜欢“啃老”。父母烧饭很好吃，在一起生活也很方便。不过在一起生活矛盾还是有的，需要协调。小孩教育归我们管，他们主要负责照顾生活。老人们消费比较节约，不允许年轻人乱花钱，这我们也理解。所以我们买衣服一般不把真实价格告诉他们，为了让他们接受，会少说一点儿。父母退休了，平时打打麻将、下下棋、跳跳舞、散散步，年轻人打篮球。我们镇上有体育馆，村里没有，但已经准备建了。我们这里（华宏世纪苑小区）的人把一楼车库改为吃饭的地方，这样可以经常串门，方便吃过晚饭之后转转。村里的人相互都认识，大家交往都很好。年轻人住世纪苑外面的多，世纪苑里没有不认识对门邻居的。村民之间没什么矛盾，矛盾面前大家都能退一步，没听过周围吵架的。这和村里经济发展有点儿关系。现在家家户户都有网，上网很多，离不开手机。年轻人接触手机多点儿，父母接触手机相对不

多。父母不会操作手机,我们会帮着操作。父母在前面荒地种点儿小菜,自己种自己吃,大部分还是到超市、农贸市场买。

企业现在也有网上运营,通过网页,像“××推广”等,这对企业的影响就很大。我们企业员工多数是“80后”,总经理就是“80后”,所以我们企业是华宏比较年轻的企业。H书记很多年来一直是带头人、领头人。我们村从落后发展起来,H书记功劳很大,他很有能力,村民很信服他。他年纪大了,自己会解决好接班人的问题。不管是不是他子女接班,只要村民福利照旧,只要继续带着华宏村向前走,我们没什么意见。H书记靠能力带动村庄发展,他德高望重,很受人尊重,非常容易亲近,总是很热心地帮大家的忙。村干部的德行很重要,品格是第一位。我们企业招人也是这样,能力是可以培养的。面试交谈时要了解应聘者同事关系和能力,同事关系好、能力好的提升也快,背后老说别人坏话的不行。

在小孩教育上,我们还是尊重孩子自己的想法,他以后回不回华宏关键看他自己,他做什么也随他。要让小孩快乐点儿,压力不要太大。我不认同城市化就要考清华北大这样的观点,教育小孩主要是培养他的兴趣爱好。我们村每年高考考上大学的孩子挺多的,十年前外面上了大学回村的少,不过现在多起来了。在外面工作一年拿五六万,但租房子开销大。而华宏村收入可以,房子也有,小孩也能照顾。一户250平方米,三代同堂的居多,没什么矛盾。一家子收入高了,鸡毛蒜皮的小事不计较了,有事都退一步,矛盾自然就少了。我爱人在华宏幼儿园上班,主要给华宏和周边村小孩上课,本村优先,有空余给村外的上课。幼儿园是华宏村和另一个村合办的,政府出了点儿钱。现在华宏的中小学,外来的孩子也能在这里上学,这边有一个专门接收外来学生的学校。大部分外地人把孩子带来了,使得华宏幼儿园要扩建。华宏幼儿园是镇上和村里一起办的,和华宏集团没有关系,不是企业的,所以本村的小孩也要收钱。村里所有企业只要在这里的都要交一定费用给村里,企业多,村里收入才多。

当今社会,一辈子只从事一个职业是不可能的,但即便换工作也还要住在华宏村,这是不矛盾的。自己也创过业,但失败了。现在还是想着先工作,有机会再创业。过去自己创业的时候,有开厂、开店、投资,但都失败了,经验不足，背后很心酸，比较辛苦。我们这里创业的人很多，还有开厂的等。

我们华宏是办工业出身的，环境问题是有的。化工企业搬迁了，稍微好一点儿。污染重的企业，对环境肯定是有影响的。宁要绿山青山，不要金山银山。经济上来了，开始重视环境，投入资金，环境整治，关闭污染企业。经济要发展，环境也要保护，环境更重要，身体最重要。这里得胃癌、肺癌的人非常多。

单位收入层次上，肯定有差距，具体不好说。底层工人（每月）三四千没问题，多劳多得，拿到高工资的能力也强。整体上没有心理落差，有能力就多拿点儿。我们很多人很安逸，不像浙江人，苏锡常（的人）不愿出去闯。南京我也干过半年，房价高，工资差不多，还不如回来。将来要改善生活条件，还是考虑到江阴市里买房子。对于城市里家家户户房子一个样，我没什么感觉。

华宏发展靠领头羊和一个团队，希望H书记继续干下去。我们都参加了投票选举村委领导，选举之前会先介绍候选人，我们平时都熟悉候选人的，也都是比较了解和认可的，但平时关注选举的并不多。平时大家会聊新闻事件，比如聊上次的四川地震等，聊村里事情的不多。大家对村里的事情很放心，村委会会做好，村委会会有人发传单宣传事情的。在华宏村有事情找村委会，很方便，村主任、副主任都在村上。华宏村合并了其他村，并起来之后大家相互之间不是很熟悉，还是比较熟悉原来的村里人。选拔村干部，几个村都一样的，可以到村委会了解情况。总体来说，我们对企业发展是认同的，但危机感也有，担心效益不好。希望这里越来越好，华宏好了，我们也好了。福利好，不交物业费、水费、电视费。有了“福村宝”，去医院看病超过3 000元，村里就给报销。除医保、社保外，还有保障，另外再报，保费也是村里给交的。所有村民都有这福利，老年人都享受，也安心，年轻人压力也轻，蛮好的。

8. 受访者：HQX，58岁，华宏农贸市场经理

访谈时间：2017年8月21日 09：20—10：20

访谈地点：华宏世纪苑活动中心

这十年的变化发展很大，物质和精神上变化都很大，物质上主要是住房条件好了，村里有分配房，我在江阴也买了房子。精神上，思想素质提升了，

人与人之间的关系变文明了。这些变化每年都有,每年都在提升,受到大环境的影响,自身也在提升。人与人之间的诚信度提升了,关系和谐了。结婚彩礼的话,就是亲戚之间礼尚往来,不是亲戚朋友不送礼的。拿份子一般是几百,比如说是500元,还的时候多一点儿也没什么关系。拿份子压力不算大,看自己家庭的条件。礼尚往来地还,送礼也是一种风俗习惯。现在邻里之间不怎么吵架了,原来吵架主要是家庭矛盾,现在吵架会觉得内疚惭愧,吵架的话邻居、朋友、亲戚会来调解。现在的离婚率比原来高,我觉得主要是受社会的影响,社会风气造成的。钱是吵架的主要原因,还有夫妻之间的感情破裂也是吵架的因素。我觉得离婚主要还是外在因素多,主要是农村开放了,与外界的接触多了,开放肯定是好事。男女关系方面比以前开放,现在结婚前就住在一起的很普遍,占到了50%,我认为这些变化是往好的方面走,社会应该这样,这样才能提升。主要看自己的把握,自身素质要提升,自身要禁得住诱惑。原来离婚会觉得难为情,现在觉得离婚很正常,年纪轻的比较普遍,说离就能离。我们村还算好的,在大城镇的话更多。年纪大的不会离,都是老来伴了。

现在生儿生女的观念淡化多了,生男生女都平等的,男的起码要房子,现在女儿出嫁也要车子和礼金,送礼陪嫁的也多的。我感觉结婚对男的女的来说,压力都差不多,像我们村都会有分配的房子,有钱的就去江阴买房子了,家里的话都有房子家当,不愁没有房子,所以生儿生女都无所谓。有的小夫妻不愿意生二胎,带小孩辛苦,原来是追着罚款都要生,现在主要是小两口不想生,年纪大的还是想要孩子的。生两个孩子压力太大,现在小孩要读书,培养小孩压力大,一些经济条件差的压力更大。现在都很重视教育了,我觉得问题是小孩的压力太大,暑假都在补习班上课,虽然多少有点儿用,但真正的帮助没多少。补习班一个月收费两三千,我觉得有这个时间不如老师上课的时候多用用心,也是一样的。真正没学到什么东西,主要是把孩子放在老师那儿便于看管,对孩子人身安全有好处。老师都在暑假前内部沟通好了开什么样的班,开始“捞金”,不知道其他地方有没有,我们这里这种现象到处都有。

男女结婚不存在男的一定要花费得多,谁家条件好就出得多一些,主要看感情,感情好的话金钱就无所谓。我认为现在离婚没什么压力,我说的(没)压力主要是说出去面子上不会觉得难为情。

养老问题(的改善)相较原来提升很大了,现在儿女都希望老人在身边,老人帮忙看看家也是好的。不要老人在身边的很少,如果老人不在身边,要受到身边人的笑话的。像金湾村都是抢着老人在身边的,金湾村老百姓的福利很高,一年有一两万元。老人都用不了什么钱,一般都够用了。我们村虽然没有金湾福利好,但是相对于周庄还是好一些的。

对于传统美德,父慈子孝、夫妻和睦的话,现在和以前变化很大,现在父子兄弟之间关系都很和睦、孝顺的,只有极个别对父母不好的。我认为孝顺和钱没什么关系。夫妻之间关系的变化就是要么是好的,要么是离婚,能过就过下去,不能过就算了。男女夫妻在家,男的说了算的占的比例大,但也要看经济条件的,要是女方条件好肯定是听女方的,但是对外交流的话还是男的说得多。

收入比以前有了很大提高。我们这里集资企业多,做生意的不多,挣多挣少看自己的发挥。最近两年我感觉老板不好当,企业竞争相当激烈,没创新、没技术含量的要被淘汰。很多我们这里的小企业老板没钱发工资就跑了。我宁愿打工,不要当老板,当老板压力大,当工人的只要按照老板的要求认认真真去完成工作就好了,比较轻松,没什么压力。

老百姓的环保意识提高了,年轻人的素质会好点儿,以后的文明素质都会再提升。我们这儿农贸市场的绿色食品、有机蔬菜是不多的,老百姓一般也不会消费这些,有钱的"土豪"一般都在江阴买,不在这儿消费。空气质量现在上面查得严,开厂的老板对待这个问题也比较重视,这就是一条红线,一旦有人举报,也罚不起。现在的环保主要是靠制度手段在管,还是要靠制度、强硬的手段来压制。

对于村委会的工作,为民服务这些我觉得提升很大。村委对老百姓的工作每年都在提升,比如村里对村民的回报、为民工程这些。我们村大,有八千多人,村基金收入高,有六七万元。平时村民选举都会来参加的。邻里之间矛盾的处理方法一般是年纪大的村民说说话,邻里之间劝劝,很少去村委会(寻求)调解,会觉得难为情。对华宏村最满意的地方是村委领导说话算数,这是很重要的，老百姓反映的问题会及时处理。领导要有担当有作为，有担当没作为也不行。

9. 受访者：ZJ，31 岁，村基建科职员

访谈时间：2017 年 8 月 21 日 14:00—15:00

访谈地点：华宏村村委会

我是土生土长的本地人，2008 年开始工作。从过去到现在，人的思想观念、物质生活等各方面的变化还是很大的。我小时候日子过得还是很艰苦，原来和现在是不能比的，以前家里条件很不好，鞋子每双 5 元，现在家里条件属于小康水平了。现在村里发展得挺好的，村里政策也很好，都跟得上形势。像我念书是在常州念的，觉得那边跟我们这里是比不上的。虽然常州也很好，但是我觉得看上去还是我们这边比较好。

我们中午回去吃饭，基本上顿顿有肉吃，吃得也好，荤的多、素的少。父母总归是希望子女留在身边的，毕竟外面和自己家生活习惯有很大差异，我一个女孩子在外面也没什么安全感。现在科技发达了，网上看看新闻什么的，觉得还是我们这里安全，没有什么小孩子被虐待的问题。我觉得回来有安全感，对我们这儿很满意。即使有机会去北上广，也基本上是不愿意的，虽然那里工资高，但是压力也大。我比较追求安逸，觉得这点儿工资就够用了，家人又在身边，自己过好了就行，没有必要追求高发展，但是将来孩子要去的话也不会反对。我先生经常出差的，国外也去过，但还是觉得自己家好。

现在家庭生活关系中，父母子女之间关系都挺好的。离婚不会觉得说不出口，大家对这方面都想得挺开的。我嫁了人之后见到离婚的倒挺多的，我们那边离婚的就挺多。而且都是有了孩子的，也是各种各样的原因，我是挺能理解的。一般是女的不想在这边过下去了，是女方要走的多。我和我老公认识的好几对，不是我们这边人，闪婚的多，结了婚生完小孩就不想过下去了。加上我们这边家里父母孩子都住在一块儿，女方和婆婆关系容易处得不好，但为了小孩子拖着，到后来关系越来越恶劣，所以基本上女的先提出来离婚。双方都是本地的，离婚的就不是特别多，父母和子女住在一起的多，很少有分开的。

在男女关系开放的问题上，年轻的和老一辈的观念都差不多，就是先住在一起再结婚的多。我们这儿也有是自己谈的，一般是相亲的比较多，从相亲到订婚顶多一年。现在婚前性行为也是有的，以前都是不能想象的，以前的话两个人出去散步，中间还是空着一个人的距离的。倒是没有重男轻女这个概念，我们这儿现在都要求生女儿，生完女儿还想要儿子的也有，现在我们这里要二胎的多，基本上家家都有两个孩子。觉得生男生女无所谓，还是女的想生才能生。基本上生完第一个还想要第二个。可能我们那里一些人觉得男孩子皮，女孩子可爱、听话，好带。像我有个儿子，拿他也是没有办法，就真的觉得很头疼。以前的传统美德也有变化，以前讲“三从四德”，现在听老公的肯定不可能，家里的小事都是听老婆的，外面的大事还是要老公出面的。老一辈的在家里还是有地位的，会听父母的话，父母做主的多一些，大事还是父母做主，有时候有矛盾了顶多争两句，动手是不可能的。

相亲成功了会吃成功饭，男方付钱出得多，红包要带“8”字的，起码要一万八，多一点儿就二万八、三万八这样子。订婚比成功饭多一两万，结婚还要多，我弟弟结婚彩礼就出了九万八。男方女方之间出的钱类似于礼尚往来这些，最后这些钱都是给自己子女的，属于夫妻双方的财产。平时收入基本上够我们花销，我和老公一年加起来十万左右，平时人情出得多，500 块算少的，自己亲戚起码 1 000 块以上。压力的话，头两年比较大，我旁系的亲戚多，一年出了三四万。我们这里都是给彩礼的，这样很正常。我们家近两年的花销在保险上的支出费用最多，现在教育发展了，孩子的补习班特别多，学校门口有一条龙的。我也打算送孩子去补习班，要不然怕跟不上。教育孩子什么都挺重要的，德智体美，什么都得学，现在孩子课后活动挺多的。我们家每天花销都是公婆来的，我们两口子一般是负责两个孩子的。还是觉得现在的经济压力挺大的，去超市买东西没个 100 块进不去的，消费确实挺大，我觉得人民币贬值了很多。我的工资村委会是一年一发的，用在孩子身上的多，就连我女儿报兴趣班（费用）也是一年一交的，相当于年费。

现在经济发达了，空气质量肯定比原来的差，差很多。小区里绿化环境好一点儿，人文环境比较全面，大家都很和乐，东家西家关系都很要好。主要是经济条件好了，我觉得我们江阴还是很发达的，环境比别的地方好太多了。觉得环境变差也是很正常的，要发达的话，环境肯定好不了多少。老百姓的环保意识只能说还好，老一辈的不能理解小区不能养鸡之类的，村里领导去劝说会有用。我们江阴在创建全国文明城市，由于我们小区有些人家喜欢在门口种大蒜，结果村干部每家发了三个花盆，炉子也回收了。我对我们村干部挺满意的，去年大选过，都是正规的投票，主任对村民的事情负责任，选举大家也都会去。

我觉得村里也没有什么地方要改了，该拆迁的都拆了，田都被征用了。我们这儿的福利也很好的，50 岁退休，60 岁开始会有“尊老金”，具体什么政策我也不是很清楚，反正相当于坐着拿钱就行了。

10. 受访者：HFA，60 岁，华宏合成革工厂会计

访谈时间：2017 年 8 月 21 日 14：20—15：10

访谈地点：华宏村村委会

我是 1957 年出生的，现在还和十年前一样，在华宏合成革厂里面做财务会计，马上就要退休拿退休工资(退休金)了。社保是原来单位缴一点儿，自己缴一点儿。现在社保退了，厂里买断年龄。车间现在招工难，因为车间里温度太高，劳动条件不好，工人受不了，在车间里身体会不适应。工人 80%以上都是外地的，招一线工人也很困难。我们厂的工作环境还算是可以了，有些其他厂比我们还要差的。工人们因此不断地跳槽，相对来说，本地人比较稳定，外地人流动性就比较大。要说同样的工作岗位，本地人和外地人收入是一样的，但是不同的岗位还是有差别的。

这十年华宏村变化挺大的，但是我们厂的规模变化不是很大。市场上现在供大于求，像浙江温州、安徽一些地方都在做。我们主要给人造革的包、沙发、鞋子厂提供原料，但现在市场的需求量基本上饱和了，因为这些厂太多了，所以现在这个行业也不怎么样。比如十年前，2007 年、2008 年那个时候，像印度、孟加拉国、巴基斯坦这些国家普遍订购得多，现在可能他们自己也做了，所以出口的也比以前少。大家的收入提高也要看企业效益的，效益高就提升得快一些，低就慢一些。一线工人一年收入四五万，管理类的一年十几万，但还是要看是什么岗位。关于收入差距，底层的工人是不大的，大企业中的中、高

层和底层的收入差距是10倍左右。现在的贫富差距与原来相比越来越大，但是大家总体上过得还是不错的，对于贫富差距不会有太强烈的感受，但多少会有点儿怨言。外地人和本地人的收入差距也存在，不见得外地人的收入就比本地人的差，有些甚至还比本地人好，像一些批发市场、建材市场都是外地人在做。有些外地批发蔬菜的人，一年的收入有几十万。我们本地人一年十万左右的收入还是占相当一部分的，二三十万的目前还是少一点儿。外地人挣到钱的就在我们镇上买了房子。

我就住在华宏世纪苑，我们一家六口住，和儿子、儿媳住一起，还有一个孙子、一个孙女，大的5岁、小的3岁。家庭矛盾很少，基本上没有什么矛盾。等小孩大了，考虑到上学的问题，可能会在城里买房子。我家里农村的房子楼上楼下加上车库三百多平方米，也够住了，暂时不会考虑去城里买房子。儿子大学毕业后，我给他买了车，然后结婚，结婚的彩礼在十万左右，酒席这方面的开销省点儿花个十几万，好点儿的宾馆一般是20万。礼金这方面，亲戚朋友是要出的，村民之间的话就不一定。一年在人情方面的开支正常起码要一万多，主要是用于结婚、生小孩，买房子是不送礼的。结婚女方至少要陪嫁车的。

现在开放二胎政策后，大部分人生两个小孩，生了女儿还想生男孩的也多，要是生了两个女儿再想生个男孩的一般比较少，一来是再生的话会罚款，我们这里罚十几万的，二来是再生的话负担也重。即使罚款也想生男孩的很少。等孙子、孙女大了，我们老两口不一定搬到城里和儿子、儿媳住，还是留在乡下的可能性大。我觉得在农村住挺好的，隔壁邻居要好的熟悉的多，城里的话也不认识谁。大家平时吃完晚饭会在一楼聊聊天，方便交流。对于村里的大事，比如村里以后的发展等，我们不会太关心。平时大家都要上班，对村里的事关心不多。我觉得华西集体化的模式比我们好。现在小孩大的开销是儿子、儿媳管，日常开销我们管。小孩的教育开销很大，一年下来需要不少钱。养老的话，基本上不用他们养，我们两个人一年五万的退休金也够用了。养老这个问题，孩子是没什么压力，生病了有社保。一开始一个月1980元的退休金，买了25年，现在也涨了点儿，两千一百多元。医疗保障这方面能报80%，养老基本无压力。

最近十几年华宏村的风气比以前好，邻居之间吵架很少，打麻将的也很少了。人的观念也有点儿变化。买房到城里的主要是考虑小孩的读书问题，大家还是越来越喜欢城市化的生活。这几年空气变好了，与市里的整治政策有关，污染严重的企业已经搬出去了。我觉得不可能回到工业化之前的起点，虽然空气好、环境好，但是交通不便利，那个时候连个小店都没有，不像现在什么都是在外面超市买回来的。我感觉我们这里的工业化（程度）太高了，将来最好是上班也正常上，回来还能种种菜，这样最好。我儿子不会种地，对农业这块完全没兴趣，对种地没什么概念，所以工业化是必然的、往前的趋势，已经回不到过去的农业时代了。现在大家环保意识比原来好，垃圾也不乱扔了。大家会有买绿色食品的意识，比如我们家都会买草鸡蛋，但也没有统一的标准辨别出哪个是绿色食品，辨别不出到底哪样好。

11. 受访者：HPX，42 岁，村党委副书记、华宏集团总经理

访谈时间：2017 年 8 月 22 日 08:30—09:30

访谈地点：华宏集团六楼

在过去的几十年当中，1992—2008 年，华宏集团处于基础的累积阶段，相当于企业的成形阶段，形成了发展的格局；2008—2017 年，基本上工业园区的规模也没有扩大很多，在原来基础上可能有些边界上的跨越，通过土地的置换进行了调整，不属于大的扩展；2010—2013 年，考虑到上市公司的发展需要，我们把铜加工的企业搬了出去，也属于调整，不属于大跨度的发展。2000 年，工业园区的建设发展是属于大跨度的发展，征地征了 500 亩。2008 年以后没有大跨度的发展，主要是产品线的延伸和企业实力的增加。2010 年 12 月 19 日，“华宏科技”实现了上市，2011 年提出了“进攻百亿”的理想，这两个举动是对华宏的发展具有里程碑意义的。2014 年，（我们）做了一个华宏 20 年的庆典，表彰了在华宏工龄有 20 年以上的人，称为“20 年的 20 人”，这些与企业同步发展的员工，树立了企业发展的信心。在 2008 年到 2017 年之间，主要还是对企业进行了规范和调整。2015 年的时候，主要靠的是机遇和经营，我们华宏集团既没有像华西村的政治优势，也没有像长江村的地理优势。我们是在零基础上，靠农业土地发展起来的工业企业，没有优势的，靠的是自己的努力拼搏和华宏

精神的鼓舞。

2008年之后，经济环境一直不怎么好，波动很大，大众投资的波动也很大，也给华宏集团带来了影响。我们也没有人才优势，唯有从内部走，从现有的人开始调整，从管理上去转变，主要是从采购、质量、技术、生产和人力资源这五个方面去抓。管理跟不上是一个大问题，我们企业这几年在管理上做了很多工作。一个企业要壮大，靠的是把自己变强大，把自己的短板拉长，把自己的长处发挥得更强去和人家竞争。不要老是说人家的不好，任何一个企业冒出来总归有它的优势。去行业里和人家比比看，要是还是有优势的，说明我们华宏还是有一定的人才的。我们虽然表面上说没有什么人才的，但其实内部也有很多敬业的、能力很强的、散落在各个角落的基层优秀员工，虽然与真正的人才比还是有点儿差异。今年表彰了首届“华宏工匠”25名，把一线员工的积极性给发挥出来了。我们去年申报成功了江阴市市场质量奖，我觉得不是为了申报而申报，而是要真正实现提升，才算不辜负这份荣誉。在这之后，我们选了近100名优秀的中层干部和后备人才，启动了“质量健身”方案的建设。上半年是培训，请了江苏大学主要做绩效管理这块的顾教授。下半年是做课题，一共12个课题。一年内把“质量健身”方案这个活动开展起来了，基于这个活动的推进，基层的员工展示了他们的才华，了解到什么是“工匠精神”。我们评选的都是一线员工，而不是领导，给这些员工戴红花表彰，他们也很开心。我们的工作内容主要是四个方面，即“加、减、乘、除”。从优势上去做“加法”，思考怎样去营造优势。一方面，把自己的优势（长板）拉得更长，主要去做我们熟悉的产业；另一方面，围绕五大产业格局去发展，不会扩大，做自己专业的和熟悉的事情。“减法”就是根据现在新形势的发展，分步骤地把不必要的产业去除掉，比如汽车零部件产业。“乘法”就是借助上市公司的资本优势，创造更多资本红利，比如利用产业基金对外投资等，去建立资本市场的力量。“除法”，即不能否认华宏集团是一个家族企业，虽然家族企业也有一定的优势，但新形势下必须要去家族化，实现非家族化，把家族化淡化，用制度和流程去推动企业的发展。当然，我们还是对家族人才敞开怀抱的，欢迎他们来就业，因为觉得家族人才比较好沟通，价值观和理想信念在同一平台上，但他们还是要服从管理和听从指挥。所以这十年来，我们没有再去扩展，而是做了规范和完善，尤其是在内部管理上的加强。在差异化发展上寻找路子，每个企业发展都有它的路径和基因，要去了解它的成长历史和背景。我觉得现在很多政府的政策太虚无缥缈了，太高高在上了。

12. 受访者：HSY，69 岁，村党委书记、华宏集团董事长

访谈时间：2017 年 8 月 22 日 09:30—10:30

访谈地点：华宏集团六楼

家族企业为什么要走资本市场？原因是"我要上市"，而不是"要我上市"，需要实现从传统的家族作风模式转变到建立规范的现代化模式。我们吸引了一大批外地的高管专业人才，比如会计师、律师和审计师，加入我们的团队，来谱写下一个 20 年。企业以后的发展要按照新的发展要求，把科技、管理的创新结合起来。与此同时，更重要的是企业文化软实力，对下一个 20 年提出了更高的要求。此外，经济产业结构也有了变化，我们要把传统产业相对弱化，主要解决民生就业问题，不拿报酬也要把老百姓的事情解决好。更重要的是怎么来提高产业的层次，培育"行业内最大，有自主知识产权，有自己标准"的企业。比如，自己行业上市后主要是引领行业的研发，打造行业国际品牌，打造世界级再生资源加工的品牌，能够对加工行业做深入的研究，在实践中为研发提供一手资料。我在东海做了一个再生资源加工基地，自己研发出来自己用。我们是引领这个行业发展的，具有多种国际化的产业和稳定市场的实力。最近五年，高铁地下的信号线是我们研发的。信号线是很核心的问题，我们按照铁道部的要求研发了这根线。铁道部不允许垄断，至少也要三四家供货，但由于技术专利是我们的，市场价格我们说了算，这也是新的技术创新，为华宏将来的发展奠定了基础。在不断创新中，产业结构更合理，发展后劲更足了。

华宏集团现在排在江阴的第三位，华宏村在整个江阴的排名是第五，经济总量是 186 亿。这十年有两个指导思想，第一是前五年创新求发展，第二是后五年优化转型，资本经营求突破，经营管理求效益，科学发展上水平。后五年是在为"十三五"打基础。在 2013 年我提出了"质量华宏"建设，然后是"魅力华宏"建设，主要是保证生态工作环境，要构建良好的平台，要有人进来，能留

住人，最后是“和谐华宏”建设，公正公平的管理制度，大家和睦相处。要爱员工、爱客户、爱领导、爱岗位、爱企业。在“十二五”规划中，我们就提出了推进“三个华宏建设”，为打造百年华宏打下基础。员工在华宏企业内部不能跳槽，但领导可以调度，一线员工不可以。华宏现在的发展已经进入了新的时期，领导层也充实了一些新的力量。

对于自己更喜欢哪个自己，“是书记还是董事长？”，我觉得更重要的是坐在村书记这个位置上。华宏集团有多强，华宏村就有多强；华宏集团有多高，华宏村就有多高；华宏集团有多大，华宏村就有多大。没有多少人喊我董事长的，所有人都喊我书记，老百姓认为书记最大，按照中国的传统也是这样。既要把华宏村做强大，也要让华宏集团蒸蒸日上。农村新形势和新变化既需要有系统管理方法，也要有主要的领导人来把握这个形势。几十年以来，我每年春节都会去本村的老年公寓和活动室看望老人，和老百姓联络感情。我认为书记的位置很重要，当然更重要的是把华宏集团做强，这是华宏的精神支柱。把企业发展好，让它有良好的发展环境，为村民做贡献。为了华宏村更好，所以要把华宏集团弄好。没有华宏集团，华宏村就是空的。只有有能力的人才能带动这个村的发展，也才能在村民心中产生威信，这也是苏南这边的特色，即“能人经济”。所有强村都是这样，弱的村才会不断地换领导。

随着年龄的增长，面对很多事情，总有跟不上的，但总有个过程。我会把董事会的意志传达下去，重大的事情我做主，另外，PX（自己的女儿）帮我负担了很多工作。就工作精力来看，是不能当村支书了，但按照政府的要求，是不让你不当的。从心理上还是要不负重任，要对得起群众的支持。家族企业有利有弊，昨天不能代表今天，今天更不能代表明天，未来怎样开创新的局面更难，一定要用制度和规范去完善企业。按照地理位置，企业很难招到人才，发展的困难也是人才难找，留人才是最难的事情。科技研发应该是很尖端的，我们这里的科研人员也是引进的，有目的的合作有利于加快企业的转型。

江阴环境空气不太好，整个苏南也是这样。在华宏几年的发展中，我对环保是很重视的，第一个在江阴成立了环保办。在发展经济的同时，自觉提高环保意识，才能促进环境友好型（企业）的发展。对于产业区域的发展，第一关就是看环保能不能通过。在环保投入方面，我要求对所有的废水进行处理，空气方面的整治投入了3个多亿，达到的是新的国际标准。

在家庭关系上，我从来没给过孩子什么压力，对他们想从事什么行业没什么要求，在整个过程中他们有自己的选择。我平时就在家里吃个早饭，晚饭很少会和他们一起吃，很少和他们一起交流。

关于“华宏精神”对发展的作用，我认为有三个层次，不拖政府的后腿、保持发展速度、争取更大的成就。我们要“拼搏、求实、创新、敬业”，更重要的是自己首先要有奉献精神。我认为这个精神能够推动华宏未来的发展，当然只有精神是不够的，也要有配套的华宏文化跟上去，把弘扬精神的举措拿出来，把精神放在五大管理之中。

六、王杰村村民的访谈记录(12位)

访谈对象基本情况表

姓名	性别	年龄(周岁)	职业情况
ZSX	男	52	村主任
LSX	男	56	热力公司门卫
WWC	男	76	普通村民
WZW	男	65	原村书记
WXF	女	61	村小学教师(王杰的妹妹)
SWL	男	79	村保洁员
WBY	男	61	村卫生院医生
WEG	男	50	村书记
MRH	男	44	第一驻村书记
SXG	男	48	村信用社业务员
LWP	女	28	普通村民
LH	女	28	普通村民

访谈记录

1. 受访者：ZSX，52岁，村主任

访谈时间：2018年6月1日13:05—13:37

访谈地点：王杰村村委会图书室

我是1966年出生在王杰村的，常年经营冷库。村民认为具有致富经验的人管理、建设村庄可能会更有效果，所以我得到了村民的信任。2014年，村民们通过无记名投票的方式选举我为王杰村村主任。因为保持着较高的群众满意度，所以我得以自2017年开始连任至今。受王杰精神的熏陶感染，村民普遍能够自觉遵守村规民约及风俗传统，具有较强的凝聚力。大型的家庭纠纷比较少见，一般的家庭纠纷通过家族内部都能自行解决，少量矛盾纠纷会交由村干部协调，村里设有红白理事会专门调解村里的嫁娶丧葬事宜，几乎不存在调解无果，需要上诉至法庭裁决的。村委十分重视环境保护的宣传工作，专门出资整饬公共环境、修整村庄所有道路。农作方面，则会定期邀请农基站工作人员给村民讲授农药、化肥的使用知识，防止土地使用过度、增强土地生产能力。

在农村做基层干部并不轻松，首先是工资低，每月只有约750元；其次是工作量大、工作时间不固定。我家里共六口人，还有两个小孙子，因此开支比较大，家庭收入更多还是来源于自家农田和家里经营的冷库。早期村庄的集体收入也不理想，习总书记发表了关于王杰精神的讲话之后，各级领导干部进一步加强了对王杰村基层工作的关注，许多与基建息息相关的款项得以获批。相应地，村庄也逐步发展起来。

我们村重男轻女的现象已经慢慢消失了，双女户（有两个女儿的）有很多。我认为造成观念改变的因素有很多，人们的思想都更加开放是一方面，另一个重要的因素是彩礼，婚嫁方面男方承担的经济压力要比女方大。离婚状况在村里还是比较少见的，自我任村主任至今，村里只有两起，主要原因是家庭不和、婆媳关系处理不好。经过家族内部以及村委调解都得到合理解决，孩子都是归男方所有。

现在人们普遍都比较长寿，我们村里90岁以上的老人有七八位，八十多

岁的更是普遍。大多数上了年纪的老人都跟孩子一起住，尚有自理能力的也会单独住，但跟子女距离都比较近。子女赡养、照顾父母也都比较自觉，几个孩子轮流照顾，负担并不会很重，出嫁女儿也基本都自觉承担照顾父母的责任。

村民的收入来源主要是种地和打工，之前村里平均每人会有一亩五分地，划入城乡接合部后，城乡建设占地比以前多了，现在每人差不多一亩地。虽然土地面积变小了，但新农村改造、拆迁补偿款以及村民们以家庭为单位的小本生意等家庭收入来源更为丰富，因此（村民）并没有产生太强烈的抵触情绪。

我们村严禁赌博，休闲娱乐活动还是以体育锻炼、跳广场舞为主，村里的广场舞表演还曾在县里比赛中拿过名次。村委图书馆主要有一些农作物种植和管理之类的书籍。现在来借书的村民明显少了，主要是因为获取信息的手段变多了，手机、电脑逐步取代了传统的纸质阅读。

据我统计，村里现在有八十多个大学生，逢年过节村里会以茶话会形式组织他们交流学习和就业经验，鼓励他们回家乡发展，但是有的还是更愿意去市里、县城工作，回村里的还是非常少。

2. 受访者：LSX，56 岁，热力公司门卫

访谈时间：2018 年 6 月 1 日 13:45—14:12

访谈地点：王杰村村委会图书室

我 1962 年出生在王杰村，现在在县城一家热力公司当门卫，一天工作 24 小时，上一天班休息一天，每个月工资 1 200 元。自己患有冠心病、高血压，加上平常的人情往来，生活还是比较紧张的。村里有合作医疗保险，加上“农保”每月 300 元，生活也还算可以。家里共有十口人，两个儿子，四个孙子。我父母不跟我们一起住，常年住在三弟的房子里，几个兄弟轮流照顾、赡养，负担不是很重。村里不赡养父母的并不多，因为会遭人闲话，大家都要顾面子。但是男孩子结婚负担会比较重，一般彩礼就要七八万，还要在城里买车买房。我觉得这种现象很不合理，以前自己儿子结婚只要几千块钱，这都是大家相互攀比的结果。另外，小孩子的教育开支也比较大，村里没有幼儿园，都去城里上。

在城里好一点儿的幼儿园，一年(学费)就要上万元。

我以前主要是种地，两年之前开始去热力公司当门卫。村里外出打工的地方也都不会太远。年收入大概两三万元，平时的开支主要在医疗和人情往来方面。大儿子年轻时候股骨头坏死，我忙于工作，对孩子不够上心，耽误了治疗，现在他工作能力有限，在亲戚家店里帮忙。现在人情往来开支多了，生日、结婚等礼金在200—600元不等。我现在家里约有四亩多地，粮食不够吃，还得买。我希望能把土地流转承包出去，获得收入的同时还有利于统一管理、提高效率。

我对村干部的管理和服务还是比较满意，村干部每三年选一次，大家的意见相对比较一致。村里打架、斗殴等纠纷并不常见。离婚的有一定数量，主要原因是感情不和。村干部会参与处理这些纠纷，并宣传村里的村规民约。村民纠纷一般很少走法律程序，都会先找村干部调解。

我感觉现在村里跟城里社区相比还是不够整洁，公共环境还是需要完善。我平时基本都忙于工作，很少带家人出去游玩，平时带带孙子玩，儿子都是晚上下班才回家。我觉得女孩子、男孩子都好，无所谓。我是党员，这方面还是比较有觉悟的。村里的党员活动也比较多，每个月5号都要学习中央讲话，平时通过手机"灯塔—党建在线"学习，我老花眼，看不清楚，都是子女帮忙做。

在我看来，关于村庄的发展，村民不能靠种地，种地不赚钱，打工一年都有两三万，种地粮食都不够吃。我的地租给别人了一些，得到的钱主要用于日常开销。我基本不打牌，村里也没有赌博的，平时的休闲娱乐活动就是到金水湖公园散散步、锻炼一下身体。村里的广场舞很流行，我觉得形式也很好，大家跳跳很开心，也能锻炼身体。我现在觉得工作也不能太劳累，身体很重要。

3. 受访者：WWC，76岁，普通村民

访谈时间：2018年6月1日14:21—14:46

访谈地点：王杰村村委会图书室

我是土生土长的王杰村人，育有一个儿子、两个女儿，儿子是电工，家有一

个孙子和一个孙女,两个女儿嫁到别的村去了,但是会经常回来看我。我自己种有三亩多地,基本上都是种大蒜。去年每斤大蒜一块五毛多,今年能卖一块就很不错了,但这还不是最便宜的时候。大蒜市场(价格)波动很大,贵的时候五六块,便宜的时候五六毛。这对家庭生活质量影响还是比较大的,但是不会影响到基本生活需要。现在,大家基本都饿不着了。我平时开支很少,主要用于孙子上大学和人情往来方面,我老伴有八个兄弟姐妹,我也有四个妹妹,所以用于人情往来的花销比较多。我现在这个年纪除了种地已经不再考虑其他职业,地空着不种,别人会笑话,所以也就多少种点儿。但是种地并不赚钱,去掉肥料、人工费用,一年也就一万块钱的收入,随便出去打份工,一年都能挣两三万块钱了。现在村里的土地四五百块钱一亩都没人承包,所以,有些人都干脆送给别人种了。

我算是王杰的发小。在他参军之前,我们几乎天天在一起。他从小就很老实,对谁都很有礼貌,我记得他是1965年七月牺牲的,到了十一月全国的宣传就开始了。现在村里的年轻人对王杰的了解非常少,有时候讲给他们听,他们也不喜欢听。在习总书记发表关于王杰精神的讲话前,王杰的事迹很少有人提。村里对王杰精神的宣传从来没有中断过,对年轻人有一定的作用,但比较小,他们学习也并不主动。现在大家也都忙,外出打工挣钱的多了。

我觉得农民是有环保意识的,只是有时候没办法、做不到而已。比如,现在大家种地都大量使用化肥,这对土地破坏很大,土壤板结严重,这直接影响大蒜根系的生长,以及产量的多少。以前我们这里每亩地能产1 500公斤大蒜,现在也就1 000公斤。但是,如果不用化肥,产量则会更少,这样就形成了恶性循环。土地轮作太影响农民收入了。现在孩子上学、结婚都要花钱,结婚要彩礼,还要在城里买车买房,压力都很大,所以谁都不愿意让地休息。我觉得这个问题很难解决。但是,我认为改善环境对农村发展很重要,只有环境好了,人家才会愿意到农村里来,现在不是有很多人在搞农家乐吗?

我们村的村干部干得都不错,以前村里面的路很差,修路村里又没钱,集体收入太少,村干部没少操心。我虽然年纪大点儿,但是身体硬朗,生活上也没什么困难。我觉得人最关键的是要心情好,知足常乐,还要经常运动、散散步。我平时不怎么看电视，看书比较多。我女儿在医院工作，所以经常会带给我一些医疗方面的书看，这样生活才会充实。

4. 受访者：WZW，65 岁，原村书记

访谈时间：2018 年 6 月 1 日 14：54—15：36

访谈地点：王杰村村委会图书室

我是 1953 年出生在王杰村的，1972 年高中毕业后开始在王杰村工作，(20 世纪)90 年代进入村委会工作，曾担任村书记二十余年。那时候现任的村书记还是村长(村主任)。从 70 年代到现在，村子的面貌和村民的生活变化太大了。我们小时候都是吃玉米面、地瓜干，一年都吃不上一次肉，现在大家天天都吃肉，还是变着花样地吃。我们小时候的房子都是土墙、土房，现在都是瓦房、楼房。不仅物质生活方面提高了，精神风貌也有很大变化。以前的时候，邻里之间经常会因为一些琐碎的事情发生摩擦，甚至吵架，房屋地界谁多了、谁少了，粮食谁掉了、谁捡了，等等；婆媳关系也处理不好，经常听到哪家媳妇儿又被打了，哪家婆婆又骂人了，等等。这些状况现在很少见了，我觉得首先是大家的生活水平都提高了，很多事情都不那么计较了，再就是精神文明建设也越来越受重视，电视、电影等各种教育宣传形式也多了，人们素质自然也提高了，广场舞等一些娱乐活动也能增加人与人之间的感情交流，生活都充实了，自然也就没那么多心思了。

我们村的村规民约一直以来都有，且作用很大，只是不同时期规则中的内容有所不同，以前比较侧重政策服从这方面，比如按时缴公粮、遵守计划生育等，现在就比较侧重社会公德这些方面。村里的党员也起到了很好的模范带头作用，村里每个月至少都会组织党员集中学习一次，一般都是在 5 号那天，特殊情况会提前或延迟。主要目的就是通过组织生活会给党员们通通气，把村里的一些党务、政务公开一下。村里一般会从党员和村委会中选出一些人来做村民调解委员，主要工作就是对村民纠纷进行调解。当然，也有村委会调解不了的一些纠纷，那就只能走法律程序，到法院寻求解决。

我有两个女儿，大女儿已经结婚，给我生了个外孙，小女儿在泰安工作，还没有结婚。我老伴是教师，已经退休了，有退休金。我有一些地被国家园林建

设占用，每年会给一些钱。总的来说，家庭条件还不错。当然，开销也很大，除了基本生活需要之外，主要是医疗、人情往来和孩子教育三个方面。我和老伴都有“三高”，老伴还有脑梗，常年吃药、打针。她有职工医保，我有农村社保，还能报销一部分。现在人情往来越来越多，亲戚朋友的孩子结婚、生孩子，都要到城里办，觉得在农村不够档次、没面子。彩礼的要价也是越来越高，以前有三万三，现在六万六的都有，但是有些条件很好的人家还一分钱不要。我觉得这个主要还是看家庭，都有差别。另外，各种生日也越来越多，什么60岁、66岁、80岁、88岁等生日都要过。在我看来，这些很不合理，是一种浪费，老一辈流传下来是表达一种祝福，现在都过头了。孩子教育也是很大一部分开销，我外孙现在上幼儿园，各种培训班都很贵。

现在结婚花这么多钱，但是离婚的却比以前多了。我们那时候再吵架都不会提离婚的事情，现在的人有一点儿矛盾就吵着要离婚，原因我也说不清，但我觉得跟社会大环境有关系。现在年轻人的想法是比较不一样，我的小女儿都28岁了，家里催她找个对象结婚，她总是说不着急，我们觉得差不多的就可以，但是她自己有自己的想法。我们那时候二十七八不结婚家里都着急了，现在的孩子好像三十多不结婚都很正常。

我们村的老年人安置都还是可以的，有子女的主要还是以子女照顾为主；没有子女又丧失劳动能力的就会送去养老院；不想去养老院、自己也有自理能力的，可以自己在家过，国家有补贴。当然也有子女不愿意照顾的，比较少，村里会去调解一下，调解不了就只能去法院了。

近些年，农民歉收的问题很严重。像我们村种大蒜的即使有国家保障价格，也都赔钱，最多保住成本，赚钱很难。当然，这不影响大家的基本生活，但是如果要是有家人生病，就困难了。现在自由市场有它的弊端，种植面积控制不住，现在种大蒜的是以前的几十倍，可能国家想计划也有难度，这个需要想办法解决。农民在种植大蒜的过程中环保意识都是有的，也都知道绿色产品更好。但是现在的情况是不用化肥、农药，产量上不去，农民自己也没办法，这方面也需要有关部门寻求办法解决。还有就是我们村的水质不好，地下水盐碱度高，现在上级政府部门已经在想办法解决这个问题了。我们村委会针对农民歉收问题也在寻找一些出路，比如进行农作物种植转型，考虑大蒜之外的其他作物种植。现在已经在北面开辟一些试验田，考虑将一些蔬菜跟大蒜轮种，希望以此能增加农民收入。

5. 受访者：WXF，61岁，村小学教师（王杰的妹妹）

访谈时间：2018年6月2日09:04—09:36

访谈地点：王杰村村委会图书室

我1957年出生在王杰村，是土生土长的王杰村村民，后来当了小学老师，户口就迁到镇上了。这些年王杰村变化很大，以前村里的路不好走，洼地比较多、容易积水、土地盐碱度高；现在村里的下水道和马路都得到了修缮，信用社也建设起来，相较之前方便许多。但是，今年大蒜价格不好，农民收入不理想，大蒜价格本来就不稳定，村民主要收入还是靠打工。但是，现在的年轻人结婚都不喜欢在农村里盖房，都要到城里买房，这已经形成一种风俗，没办法。城里的房子五千多块钱一平方米，所以，大部分家庭都感觉负担很大。但即便这样，生活条件相较于十几年前还是有了翻天覆地的变化。人们的道德素质也有了很大提高，大蒜放在外面也不会有人偷，当然，有监控也是一方面。邻里之间走动还是挺多的，我没有觉得像别人说的那样——大家生活条件好了，感情却变淡了。结婚、生孩子、过生日什么的，大家还是会在一起聚聚。婆媳关系也都挺不错，吵架的会有，但闹纠纷的很少。

我跟王杰虽是同一个爷爷，但他从小在我们家长大，我们跟亲兄妹一样。我们村里有“不灭长子”的习俗，我爸爸是我爷爷的长子，但是我爸爸没有儿子，所以，王杰的爸爸就把王杰过继给了我们家，我们从小在一起生活。我觉得王杰精神的形成不是偶然的，家庭教育对王杰影响很大。我爸爸认识字，对王杰要求也比较严格，他从小就是个很懂事的孩子，经常做好事帮助别人。王杰上学后，老师对他的影响也很大，他很喜欢听一些英雄的故事。大家对王杰精神都是很认同的，平常也会经常聊起王杰，（20世纪）70年代的时候教科书上都是王杰事迹，教给孩子们听。现在王杰小学里面每天都会唱“王杰歌”。这方面村里面宣传保护得很好，大家继承得也挺好。人们有学习王杰的意识和主动性，农忙的时候大家都会相互帮忙，我母亲失去劳动能力之后，我自己抬不动她，村里的老人、年轻人都会帮忙，从不嫌她脏、嫌她老。有时候其他村的不认识的也会帮忙。

我退休之后就在家侍候母亲，不再种地了，地都送给别人种了，现在养养鸡啥的。村集体的收入比较少，几乎没有外来企业。村里平均每个人都有一亩多地，种植大蒜、辣椒的比较多，但近些年周围省市的人来这里包地种大蒜的越来越多，收入不如以前好了。小农户大都听天由命，也基本不会考虑什么其他更加赚钱的方式。村里工厂少，几乎没什么污染，村里的公共环境这几年也治理得比较好，大家对这种生活状况都比较满意。

国家相关涉农政策我们都是从电视上看来的，村干部平时也会交流。普通村民对村庄管理参与得比较少，大部分人都还是觉得自己没这方面的能力，主要还是村干部负责得多一点儿。这几届村干部干得都不错，村里的文化生活也很丰富，村里有王杰大讲堂，放电影、唱戏的都有。以前还有跳广场舞的，大家跳得也不错，还在县里比赛拿过奖。现在好多人都生二胎了，跳得就少了。我平时就是去公园转转、散散步，娱乐活动比较少。

6. 受访者：SWL，79岁，村保洁员

访谈时间：2018年6月2日 09:42—10:40

访谈地点：王杰村村委会图书室

我是解放前（新中国成立前）出生的，在王杰村出生，也一直在王杰村生活。我感觉王杰村的变化是非常大的。王杰村以前是整个金乡县接受政府赈济最多、最贫困的村，土地盐碱度高，且地势低洼，只要一下雨就会涝。所以，小时候我们村要饭的非常多。解放以后（新中国成立以后），救济贫下中农，分到土地了，心里是说不出的高兴，我们家分了四亩多地，不仅不用再要饭，日子也慢慢好了起来，以前的土房都变成了现在的瓦房、楼房。现在的农民也不能没有土地，我跟老伴现在也会下地、种大蒜。

我还有一个儿子，因车祸去世了，但是儿媳妇一直都没有走，跟孙子一起照顾我们的生活。孙子今年20岁了，就要大学毕业了，我跟老伴年纪大了，不希望他离我们太远。孙子很懂事，家庭条件不好，儿媳妇在县城帮别人卖衣服，一个月只有1 200块钱，上学的所有开支基本都是向我女儿他们借的。女儿们也知道借钱是给孙子上学用，她们都没什么意见。我现在最发愁的就是

孙子结婚的事，现在年轻人结婚，女方都要求有房、有车，加上彩礼要几十万，这对我们这个家庭来说，压力很大。很多家庭也都解决不了，只能贷款或借钱。这在农村好像已经形成一种风气，但我觉得这种风气不好，以前我们嫁女儿，不仅不要钱，还要给嫁妆，为的是女儿嫁过去之后不被欺负，过得好。现在彩礼要得这么多，婆媳关系有的仍然处理不好。我以前还享受村里的低保，每年有 2 000 块钱，现在村子脱贫了，这个低保也就没有了。现在村委安排我在村里做一些保洁工作，活儿不累，主要是能给我增加一些收入。今年大蒜价格太低，收入也不好，种大蒜的基本都赔钱了，但是基本生活没有问题，只是会比往年要紧张一点儿。所以现在外出打工的人也多了，家里有什么重活儿都找不到人帮忙，以前大家都是农忙，找人帮忙干活儿也都能找到，事后在家里吃顿饭也就可以了。现在好不容易找到帮忙的人，给钱人家还不好意思要，后来索性也就不找了，能干的都自己干，干不了的就雇人干。邻居、朋友也只能到晚上吃了饭之后串串门、聊聊天，人际交往也就比以前少了。

现在村里的事务还是村干部参与，其他村民大多忙着赚钱，对村里的事情关心并不多。但是选举干部的时候，大家都还是比较积极的，对现任干部的工作也都比较满意。我觉得主要还是他们实实在在地为老百姓办事了，村里修路的时候，村委根本拿不出钱来，都是村长(即村主任)借钱修的路。好的村干部就应该是为群众办实事的，不能总想着捞钱，我就看不惯那种只想着捞钱的村干部。我不是党员，对村委会的事务也了解得少，但是我认为我有为村里出谋划策的责任。

王杰的事迹村里是人尽皆知，我比王杰还大两岁，我们一起上过学，下雨的时候还一起打过伞。现在村里 40 岁以上的人都会经常学习王杰精神，年轻人则少一点儿，在外面上学、工作的，了解得也少。这对村里的社会风气有很大的影响，大家会自觉、自愿做好事，这也是在积德。

我对现在的生活很满意，但有一件事一直挂在心上，儿媳妇是城镇户口，孙子的户口跟他妈妈在一起，不在我这。我还是希望户口能迁到一起，这样我才觉得他是我孙子，但是现在农村户口不好迁了。不管怎样，儿媳妇对我那是没话说，给我买烟但会劝我不要多吸，对身体不好，一家人在一起，和和睦睦，比啥都重要。

7. 受访者：WBY，61 岁，村卫生院医生

访谈时间：2018 年 6 月 2 日 10:48—11:30

访谈地点：王杰村村委会图书室

我 1974 年在乡村医院学医，之后一直留在卫生院工作。现在主要是从事一些居民建设档案工作、组织 35—64 周岁的村民定期体检，并筛查、建表入档案，也会对村民日常的一些感冒咳嗽的症状进行诊断。我感觉现在农民的健康状况比以前好多了，孩子从出生开始就打各种疫苗，成年人也都有定期检查、早发现早治疗等健康意识，像疟疾、腮腺炎等好多疾病现在都没有了，这与国家的支持政策也是分不开的。新农村合作医疗、社会保障卡等都大大减轻了农民看病难、负担重的问题，农民看病报销已经达到 70%左右。但是面对一些重大疾病，大多数家庭还是负担不起。我认为，要解决这个问题需要在报销的基础之上再有针对性地进行个别照顾和抚恤。我们村里在面对老年人生病问题上，大多数子女都能自觉看护照顾，只是程度不同而已，家庭总体上还是比较和睦的。我们村长寿的人很多，村里及周围都没有工厂，空气、水源都比较好，传染病源就会少很多。还有吃大蒜多也是一个很重要的原因，能预防很多疾病、增强免疫力。

最近这几届村干部都比较能干实事，村民也都比较满意。但是，现在外出打工的多了，村民也就不怎么关心村里的事务了。村里种植的大蒜市场不稳定，大多数以自销为主，当供大于求的时候，老百姓也没办法，像今年，基本都赔钱，生活就主要靠打工维持了。我认为，这方面需要国家进行适当调节，设立统一机构进行市场调查，对种植的品种、面积进行合理规划。随着网络越来越便利，也有农户通过网络进行销售，但这在一定程度上也会加重市场垄断。所以，现在的情况就是种植面积过大，根本不受控制，农民种地本来就赚不了多少钱，这样外出打工的自然就越来越多。

即便是像今年这样大蒜收入不好，大家的基本生活也没有问题，但是医疗支出方面就紧张了。现在老年人普遍都有“三高”，不住院平常吃药控制一年都至少需要 3 000 块钱，如果有子女照顾，这个也能承受。所以现在二胎政策放开之后，生二胎的还是挺多的，当然，也有担心养育负担过重，不再生的。现在结婚都要进城买房，五千多块钱一平方米，男女双方共同承担，开支也是很

大。我是觉得村民现在的重男轻女观念已经没那么重了，二胎政策之前，生男生女大家都不会很看重，二胎政策之后，有的想生男孩，有的想生女孩，求的是儿女双全，并不是男女轻重的问题了。结婚、生孩子，亲戚朋友送礼给钱这都是村子里的习俗了，数额有多有少。所以，人际交往大都还是以熟人为主。

8. 受访者：WEG，50 岁，村书记

访谈时间：2018 年 6 月 2 日 11:38—12:26

访谈地点：王杰村村委会图书室

我是土生土长的王杰村人。村子的变化是很明显的，这主要还是从村民种大蒜开始的。(20 世纪)60 年代的时候，我们这里主要是种植小麦、玉米、大豆等农作物，那时候大家观念比较保守，就算是给送化肥，村民都不用。到 70 年代的时候，村民开始放弃小麦种植，改种大蒜，80 年代大蒜种植形成一定规模。发生这种变化的主要原因还是大家认识到种大蒜比种小麦更赚钱。到了 90 年代，除了种植大蒜以外，村民开始种植一些蔬菜，比如辣椒。这方面村委引导也起到很大作用，刚开始的时候，村两委专门选派干部和村民去山东寿光参观学习技术。但是经济作物的价格始终是不稳定的，种粮食有保护价，相对稳定一些，所以，村民也始终没有彻底放弃种植粮食。但是我们村里地比较少，且比较分散，大型的机械进不来，村子距离县城比较近，县城有几个大型的园林公司，这就吸引了很多村民去县城打工，打工的收入也确实比种地的收入高。

村民生活条件越来越好，但人际关系方面并没有太大的变化，打架斗殴一直都比较少，有些纠纷主要来自土地地界的争议，这些矛盾通过村干部协调基本都能得到解决。村民调解纠纷一般还是找村干部，有的也会找村里德高望重的人，邻里之间因纠纷打官司的从来没有。我认为，只要是村民们眼界都开阔了，打工、外出等都会学到一些规矩，素质也都有所提高了，大家生活也都比以前有规划、有目标了。但是一般能出去的人都很少回来，90 年代之后，村里的大学生明显增多，大部分都不回来，家长也都不愿让他们回农村。还是嫌农村收入少，还不稳定。

王杰的事迹对我们村的影响是很大的，六七十年代的时候，因为对王杰的宣传，我们村是整个金乡县第一个修柏油马路、第一个通电的村子。但是

80年代之后这种影响明显弱化了，主要是大家都不重视了。村委从没有停止向上级反映，希望增强对英雄的宣传教育，但是没什么用。一直到去年习总书记发表关于王杰精神的讲话，才开始重新得到重视。可以说，王杰事迹沉寂了近30年，我认为原因就在于，这些年全国上下都重视发展经济，老百姓也都想着怎么赚钱，这方面自然就忽视了。我们村王杰小学一直没有中断过对学生进行王杰精神的教育，但是，受大环境的影响，“80后”“90后”这部分年轻人这方面的意识明显不强，功利化心态过于强烈，这也直接导致这一时期的独生子女不吃苦、难管教。“00后”的孩子相对就好多了，毕竟大的教育环境转变了。

我认为现在农村的医疗、卫生、社会保障等条件与城市差距还是很大，城乡要实现一体化还很远。我2015年之前当了几年村主任，之后才成为村书记，村民关心的始终是村干部能不能给他们带来实际的利益。2015年我们村进行了大面积的整修，主要的街道基本都铺成了柏油马路，2017年将马路和路灯修到每家每户的门口。这几年修路的钱都是村委干部借的，到现在上级给村子的补助款项还有50万没到账。说实话，村干部不好干，每个月只有1 250块钱，工作量大，(上班)时间不固定。我被选上村书记之后，我自己的大蒜生意都没时间做了，儿子、儿媳妇都在外面打工，冷库都没人管。但是，每当逢年过节，回来的人们看到村子里的变化，都对我们村干部赞不绝口，自己心里还是相当满足的。王杰精神是我们村的一个标志，外边的人都在看，我们必须做好带头示范作用，要不会感觉丢了王杰村的脸。其实，村民对村干部的要求并不高，他们不期望村子能给他们带来多少收入，只是希望我们把村里的公共环境、公共设施处理好，他们可以生活得舒适。至于个人家庭收入的问题，他们愿意自己去奋斗。

9. 受访者：MRH，44岁，第一驻村书记

访谈时间：2018年6月2日13:42—14:41

访谈地点：王杰村村委会办公室

我出生在山东兖州，1997年大学毕业后留在我们乡镇的民办学校教学，之后考了公务员，2004年到济宁市文物局工作，2017年被选派到王杰村担任驻村第一书记。第一书记大多是从市直机关或大型企业中选调，选择的驻村对

象一般都是一些领导班子秩序涣散村、经济发展落后村或者其他一些具有典型意义的贫困村等，工作的主要目的就是促脱贫、抓党建。

我来到王杰村面临的自身问题是如何尽快适应身份角色的转变，工作由虚变实了，实实在在与老百姓打交道。当然，到任之前我们也去市组织部进行培训，但是自身要适应这种转变是需要时间的。我来到王杰村之后面临的村庄实际问题还很多，自来水饮用问题、农田浇水慢浇水难的问题、老房子拆迁问题、红色资源开发问题、合村并校问题、人地数量不相匹配问题等需要解决。我担任驻村书记这一年首先解决的是村民的自来水饮用问题、农田浇灌问题和道路整修问题。现在每家每户的自来水饮用问题都已经解决，不仅如此，我们利用扶贫资金购买了四台变压器，给村里 64 眼机井安装了水泵，让农田用上了自来水，顺利解决了农田浇水慢浇水难的问题。村里的道路也都修到了每家每户的门口，这些工作都得到了村民的支持和肯定。现在正在着手做的是村里一系列红色资源的保护、开发、利用工作。王杰纪念馆已经在村子里屹立了整整 50 年了，可是以前一直没有修整过，周围更是杂草丛生。我们去年下半年争取上级资金来进行整治，我们想把纪念馆整体提升，对纪念馆进行整体的保护修缮还有改陈布展。以前王杰小学的大门是旧式的铁质大门，我们现在换成了电动推拉门，教室门窗也都从以前的木质老式门窗换成了塑钢结构的。以前教室里很黑，看不太清，冬天会漏风漏气，现在很暖和，孩子们的学习和生活环境都有了很好的改善。我们还修建了王杰精神大讲堂、文化广场，将传承王杰精神融入人们的休闲娱乐活动当中。

我们村是英雄的故乡，英雄的诞生是需要英雄的土壤的，这个村的文化传统继承得非常好，社会风气也比较正，面对不公正的人、不公正的事，他们敢于直言、勇于纠偏，王杰的成长是受到这种文化传统和社会风气影响的。同时，王杰精神也会为这里的人树立标杆，激励他们努力工作、积极生活。王杰精神作为我们村重要的文化内容也为我们获得上级的支持提供了便利，无形之中已经成为一种资产，对本村的发展起到了积极的推动作用。

现在的村民都是很实际的，村子的发展一定要能给村民带来真正切实且长久的利益。有些干部只想着引进大项目、大企业、建工厂，为此不惜污染环境、破坏传统，我们村的发展不能走这条道路，我们村的发展有属于自己的资源和特色，那就是红色资源与生态旅游，在加强文化和生态建设的同时也能够推动经济的发展。我们村有一定规模的大蒜、辣椒以及其他蔬菜、水果种植，我们以此建立生态园、采摘园，进而与红色文化和生态湿地建设联系在一起，这样一来，吸引的受众人群就可以从党员干部扩展到老年人、青年人、儿童等不同群体。但是，文化、生态等基础性建设是不能一蹴而就的，需要一点点地积累，然而这给村民带来的各方面益处却是持久而广泛的。

10. 受访者：SXG，48岁，村信用社业务员

访谈时间：2018年6月2日14:49—15:21

访谈地点：王杰村村委会办公室

我是土生土长的王杰村人，目前在村里信用社做信贷业务，家里还有三亩多地，主要也是种植大蒜。不是农忙的时候，妻子也会打打零工，我们两口子加起来，一年的收入差不多有五万多块钱。主要的开支除了满足生活需要以外，就是供儿子上学。我的儿子今年23岁了，在外地上大学，学的是音乐专业。毕业后想让他回来找工作，就一个孩子，还是不想他离我们太远，但也不想他回农村，在市里或县城找个工作就很好。种大蒜的收益不是很稳定，今年就赔钱了，但是，即便是赔钱也会种，不种大蒜，地闲置了也没什么用。就随大流，大家种啥，我们就种点儿啥，能增加一些收入，就算是市场不好，赔了，也不会影响基本生活。因为自己家种得少，销售时基本都是等别人来收购，也没想过通过什么途径提高一下销售价格。

这些年大家的生活的确比以前好很多，但是我没感觉人们的素质有啥变化。我们这个村以前的社会风气就比较正，加上王杰精神的宣传对我们村里的人影响还是挺大的。这种影响有时候是潜在的，之前有很长一段时间，王杰的事迹大家都不怎么提了，但是影响还有的。村里的孩子从小就学习王杰精神，清明节扫墓、纪念日参观王杰纪念馆等活动一直都有，有些人是淡忘了，但提起来还是挺受鼓舞的。

普通村民谈论村里事务管理的还是比较多的，对村子的发展状况也都有一些自己的看法，对村干部的工作也比较满意，因为他们确实给老百姓办了一些事情，比如说修路。大家也都放心把村里的大小事务交给村干部处理，他们

号召我们做什么事情的时候，我们也都会积极配合。村民之间如果有什么纠纷，一般还是家族内部自己解决，找些长辈调解一下，解决不了就会找村干部协商，走法律程序打官司的比较少。村民与村干部之间的联系一般都是通过网络聊天软件，村里面有一个公共的网络群组，有急事的时候会打电话，或者通过村委会的广播，很快就能找到。

我空闲时候就是看看电视、上上网，其他休闲娱乐活动比较少。平时(组织)跳广场舞或者王杰大讲堂放电影的时候，村民聚集到一起比较多。再就是个别家庭结婚、过生日的时候，亲戚朋友会聚到一起。其实，平时下地的时候也都能碰到，会聊聊农忙或打工的事情。外出打工的基本都是到周边县城，距离并不远，不会耽误农忙，收大蒜的时候大家相互帮忙。

现在村民贷款主要还是用于结婚买房，或者做点儿生意什么的，比较小数额的亲戚朋友之间相互借点儿都能解决了。现在村民从信用社贷款基本都能按期还上，几乎没有还不上的。

11. 受访者：LWP，28 岁，普通村民

访谈时间：2018 年 6 月 2 日 15:28—16:03

访谈地点：王杰村村委会图书室

我是前几年嫁到王杰村来的，娘家是北李村的。我跟我丈夫两个人都在县城里打工，村子里也有地种着，主要也是种大蒜。如果不加种植大蒜的收入，我们两口子年收入大概有十几万。我丈夫是在工地开塔吊的，我在县城做美容，打工还是得有一技之长，如果没有技术，在县城打工找的工作最多一个月也就两三千块钱，这样跟种地其实差不多。我们其实都不太愿意种地，但是公公、婆婆想种，我们就帮忙种着，毕竟种地也能赚些钱，像今年这样赔钱的情况毕竟是少数。

我的女儿今年四岁了，在县城里面上学，我们愿意在教育上为孩子花钱，希望她能接受更高的教育，孩子学知识很重要，只要她愿意上，我们就会一直供。我们打算生二胎，想要个男孩，一方面是将来年纪大了能照顾自己，更重要的是公公、婆婆也想要，但是如果还是女孩也无所谓，我们不那么看重。只要在县城买房了，孩子就可以在县城上学，在孩子教育这方面，县城的条件还

是比较好一点儿。另外，县城里人们的思想观念也更开放一点儿，农村里的人观念还是保守一点儿。举两个例子吧，我比较喜欢打扫卫生，家里一般都会一天打扫一次，这在县城的公寓里是很正常的事，但是在农村有些人就会议论，觉得我这个儿媳妇太爱干净了，没必要。确实，在农村干农活儿，相比其他工作来说，不可能太干净了，处处都太干净反而没必要，但是，有时候就是习惯问题。还有就是公公、婆婆对孩子都太溺爱了，我的公公和婆婆就是这样，孩子想怎么样就怎么样。我感觉这样不好，所以，后来我们就搬到县城里面去住了，但是一周必须得回来看公公、婆婆一次。我觉得在县城里邻里之间相处得也挺和谐的，我对村子里的人不是很熟悉，村里的事务参与得也少。但是，我感觉现在村里的人对公共事务普遍都不怎么关心，虽然路修好了大家都比较方便，但是如果要让大家集资做点儿什么事，只要对大家有利，也还是会愿意做。我认为，主要是现在大家都想着怎么赚钱，自然对别的事情就关心得少了。

村里的人虽然有些观念比较保守，但是大家的素质还是比以前高了不少，都想着赚钱这种功利化心态有时候也是一种激励，激励着大家都尽力去把生活过好。王杰精神对我们来说是一种荣誉感，也是一种激励。将来我也会给我的孩子讲，毕竟我们就是王杰村的人。至于将来年纪大了，孩子愿意跟我们住，我们就一起住，不愿意一起住，我们就单独住。我们也会愿意去养老院，但是，我们不愿意让自己的父母去养老院。无论是对父母，还是对孩子，都希望尽到自己的责任，但是不想成为孩子的拖累，现在很多“90后”都是这样想的。

12. 受访者：LH，28岁，普通村民

访谈时间：2018年6月2日16:10—16:32

访谈地点：王杰村村委会图书室

我是1990年在王杰村出生的，我丈夫是入赘的，我们现在有两个女儿，孩子也是跟随我们家这边姓。我现在是在县城里的家具城做销售，我一年的收入大概有三万多。我丈夫是专职送家具的，一年的收入大概有四五万。村里也种着地，经常在村子里面住，在县城也有房子。我觉得跟父母之间观念差距并不是很大，没有什么所谓的代沟。就像在生孩子这件事情上，父母和我们都

没有说非得要一个男孩。

县城里的市场、生意好不好，跟农村里农民的收成好不好有很大关系的。县城里人们的工作和工资都比较稳定，生活开支受市场波动的影响并不是很大，但是农村就不一样。像今年村子里种大蒜的大部分都赔钱了，去县城里购物、买东西的自然就少了。村民就是这样，收入多了，开支就会相应多一点儿；收入少了，开支也就跟着缩减很多。但是对于孩子的开支则会比较开放，其他方面可以节省一点儿，但是该给孩子花的钱从来都不会省。即使自己的孩子是女孩，做父母的也会想方设法给孩子攒钱。

我感觉我们这些"90后"受王杰的影响不是很大，虽然小时候在村里上学也都接受这方面的教育，但是后来慢慢就淡忘了，毕竟那时候不是很重视。但是，作为英雄故乡的人，自己也还是有一份荣誉感的，出门在外还是会注意自己的言行，不想自己给王杰村丢脸。

我感觉之前的几届村干部带给村子里的变化不是很大，最近这两年比较好了，给村民办了很多实事。但是，我跟村干部接触得比较少，很多事情也不是很了解。但是，对于村里的土地政策，我觉得还是有待加强的。如果价格合适，我们是愿意将土地给集体管理的，但目前的价格并不能令我满意。另外，村民还是想留一些地在自己手里，因为这样心里更有安全感，种种地生活也过得更充实一点儿。我是不太希望自己的孩子将来种地，虽然我也知道地总是要人种的。我还是希望她们能好好上学，如果学习不好，就希望她们去当兵。将来年纪大了我还是想跟孩子们一起生活，但是也不想给孩子们增加压力和负担，心里也是有一些矛盾。

七、林屋村村民的访谈记录(7位)

访谈对象基本情况表

姓名	性别	年龄(周岁)	职业情况
LH	男	60	村书记
LJC	男	78	林屋中学退休教师

(续表)

姓名	性别	年龄(周岁)	职业情况
LSD	女	37	便利店店主
LDC	男	60	粤凯机械有限公司退休员工
LZY	男	58	粤凯机械有限公司在职员工
LCX	女	30	普通村民
LQ	女	35	粤凯机械有限公司在职员工

访谈记录

1. 受访者：LH,60岁,村书记

访谈时间：2018年8月14日13:35—14:58

访谈地点：林屋村公共服务中心大厅

我1958年出生在林屋村,1974年我从高中毕业后就一直在中山镇林机砖瓦厂工作,大概有十年,之后,我就回到林屋村机械厂工作,期间曾做过车间主任、机械工程师和副厂长。直到2009年,前任林屋村村委书记邀请我进入林屋村村委会工作,中间我曾去华南理工大学培训过一段时间,系统学习了机械制造相关知识。现在的粤凯机械有限公司,以前是林屋村的机械厂,主要生产一些用于甘蔗、甜菜以及酿酒制造的机械设备,一开始只能卖到广东后来卖到全国各地,然后慢慢出口到了非洲、东南亚。粤凯机械一开始就是全村人一起办起来的,直到现在所有资产也是林屋村集体所有,每年的收益都能达到六百余万元,这些钱主要是用于林屋村道路、医疗等公共事业。尽管这几年,机械厂的收益每年都在增加,但是村委开销还是非常紧张,主要有以下几个方面的原因：首先,机械厂有关机械设备需要保养维护,每年都要支出约50万元;其次,村民的医疗保险,除了出嫁女子与政府公职人员外,所有拥有林屋村户籍的村民都由村委出资购买医疗保险,每年支出约60万元,因重大疾病、工伤等造成的贫困户救助、路灯公共设施维护和社会保障每年也要支出七八十万元;再次,林屋村还实施农业“四免费”,种植免费、机耕免费、排灌水免费、收割免费,外加农田、房屋保险,村委每年需要支出约40万元;最后,村委针对林屋村

教育事业开展奖学、奖教措施，奖励优秀学生和教师，学生考上华南理工大学及以上层次的学校，每人都会奖励两万元，其他初高中成绩优异者，奖励几百至几千元不等，这部分费用每年有五六十万元。由于村委承担了村民许多重要的家庭开支，村民个人的生活开支就大大减少了，一年只需要一两个月的时间进行农忙，非常轻松，其他大部分时间都去打工赚钱。林屋村的粤凯机械有限公司解决了林屋村五六百人的就业问题，且每年都会有计划地对村民进行焊工、机械工培训，这就让大量林屋村村民有能力外出谋生。外出务工人员的年收入在几万至十几万元不等，村中务农人员的年收入也在两万至三万元之间。所以，林屋村现在已经是湛江市最富裕的地方之一了，而在20世纪60年代之前，林屋村却是整个湛江市最穷的。这一翻天覆地的变化完全得益于林屋村村办企业的健康发展和有效保持，它没有像其他集体企业一样在发展的过程中转向民营或私营。

随着村民收入水平和生活水平的提高，整个林屋村的精神文明状况也取得了明显的进步。以前有许多年轻人不务正业，且长期缺少家庭的管理约束，导致逃学、辍学等现象的出现，有些甚至参与赌博和吸毒，现在吸毒的现象已经彻底没有了，赌博的情况也越来越少。但是一些村里的大家族、小家族会出现明显的“拉帮结派”现象，导致村民不团结，甚至直接影响基层的民主发展进程。关于村委干部选举，村民的参与还是非常积极的，但是私下的选举情况很难控制。一般而言，村长（即村主任，下同）会担任粤凯机械有限公司的董事长，主要负责管理、经营企业，在村委挂名副书记，但基本不会参与村委会工作。所以，在村干部的选举过程中就会出现利益交换和权钱交易等行为，有些人通过利益输送或者家族势力“拉帮结派”，笼络选票当选村长或村书记，一些真正有能力、有声望名誉的人反而选不上。

普通村民平时也会经常参与讨论村务，但是真正深度关心的比较少，大部分人还是关注自己的家庭比较多，村委会选举产生的村民小组主要负责各自所属自然村的村务工作，由于各自然村集体经济收入不同，享受待遇也各有差别，但是总体上还是平衡的。村民产生矛盾或遇到纠纷一般会找村委会帮助调解，这些矛盾和纠纷范围都比较小，程度也比较轻。遇到一些严重的矛盾纠纷，村委会解决不了，也会走法律程序，但是最后真正打官司的还是比较少。大家族成员多、势力大,“小恶”还是会有的,“大恶”却还不至于,毕竟国家在打击村霸和黑恶势力的专项整治力度还是十分有力的。自然的村规民约能够发挥的效力比较小,虽然大家也会请一些有威望的人出面,但主要的制约还是依靠村委会。我们这里的大家族都是以小家庭为单位,没有族长来统一管理,以前的时候生育量大,人口多了不仅有面子,且能够形成一定势力。现在年轻人生育少了,一般只有两个,且大都外出打工赚钱,不在家种田,势力大小也就没那么重要了,但生儿子养老的观念还是相当浓厚的,村里没有建养老院,即便是有养老院也很少有人愿意去。村子里的年轻人对父母大都能履行赡养义务,但是提供的条件略有差异,这方面的好与坏很难界定,因此,即便村民会议论那些没有提供良好赡养条件的子女,最后也起不了实质性的作用。

我们村里离婚的情况很少,只有极个别现象,原因主要还是一些生活琐事。本村男女通婚的概率非常小,大都是与外地或其他村通婚,彩礼以及结婚费用在几万到十几万不等,毕竟每个家庭情况都不一样。男子结婚大都在村子里盖房子,成本比较低,到镇上、市里买房子的相对少一些。相比白事,红事更加隆重一些,但是攀比和虚荣心并没有那么重,这在一定程度上也减轻了家庭的负担。除了婚嫁、生辰之外,家庭、家族之间聚会交流的机会就比较少了,以前还有广场舞,现在跳的人也少了,空闲时间基本都是家里人自己聊天,就连“游神”这样固定的集体性的风俗活动,参加的人也比以前少了。以前“游神”是寄托了村民对生活的美好希望,不管信与不信,大家都会去讨个吉祥,现在的年轻人几乎都不参加。大多数村民对于身为林屋村人的荣誉感和自豪感还是有的,只是不太突显在言语当中。

粤凯机械有限公司主要是进行一些机械制造,对村里的自然环境和水源污染很小,即便是在生产过程中产生一些污水,也都自行处理掉了。甚至还不定期拨出专门资金维修道路、整洁村容,所以村里基本没有大型的污染源,村民在这方面的关注也就相对比较少。除了村办企业的集体收入外,上级政府对林屋村也有相应的拨款,且都及时到位。这会在每周一的村务公开会议中与各村民小组汇报交流。

我们这里的村委会叫“公共服务中心”,有些村民也称作“服务站”,不同于普遍意义上的"村两委",村干部周一到周六轮流上班,周日休息,朝九晚五。平时也会定期到各自然村中了解情况,为村民提供全方位的开放式服务。这是湛江市在我们这里开展的一个试点项目,村民与村干部可以通过电话联系等方式进行预约,进行固定地点的、面对面的服务,不再像以前那样,靠村里的文书拿着公章到处跑。这有助于普遍增强村干部的服务意识和服务质量,现在这个试点的成果正在向全市推行。

总的来说,林屋村村民的幸福指数还是很高的,村民基本的生活需求问题都得到了圆满的解决,医疗、卫生、教育等社会保障和社会服务也越来越多,村民的满意度也是越来越高。

2. 受访者:LJC,78 岁,林屋中学退休教师

访谈时间:2018 年 8 月 14 日 15:12—16:25

访谈地点:林屋村公共服务中心休息室

我 1940 年出生在林屋村。在我 6 岁时,我父亲就已经去世,母亲把我抚养长大并供我读私塾,后来一直在外婆家生活。读完小学后,我就回到了吴川市坡头中学读初中,1957 年读了高中还担任了班长。1963 年正值国家"上山下乡"政策开展,我就失去了工作,后来经朋友介绍在一所民办学校当了老师,每月工资 8 元,但是由于地方需要,会经常调换工作地点,一年之后,我每月的工资升到了 20 元。1965 年我进入公办大学学习。1966 年"文革"开始,之后我便回到家乡当了一名初中教师,现在的村书记就是在那个时候成为我的学生。我经过数次培训,最后得以在高中任教。1967 年我结婚生子,由于家中孩子较多,加上村干部挽留,我就一直留在家乡没有再出去过。从 2000 年至今一直都过着退休生活。

我家中有五个孩子,四个儿子、一个女儿。长子 1968 年出生,现在是梅川小学校长,次子在中山市电信局工作,三子在湛江二十二中当老师,小儿子在家做个小生意,女儿大学毕业后一直留在深圳工作。我现在有四个外孙、四个外孙女,他们都喜欢读书,不愿意进村办企业、工厂打工。现在已经有两个外孙、两个外孙女考上了大学,我会给他们一定的物质奖励,我希望他们多读书,多上学。村子里像我家这样考上大学的孩子越来越多了,大家

都开始注重孩子的教育问题。现在虽然只有小儿子跟我住在一起，但是每逢过年过节，其他儿女也都会回来看望我，平时偶尔也会感到孤独，但是也不要紧，因为我也会经常去孩子们家待几个月，帮忙带带孙子、孙女，照顾照顾生活。现在他们有的请了保姆，所以去的机会也少了。我自己也比较喜欢住在村子里，环境好，人际关系也比较融洽，没事串串门，跟同事、自己以前的学生聊聊天，日子过得挺开心。我老伴有头痛病，经常吃药，需要人照顾，所以我平时也不怎么种地，家里有一点儿水稻，加上我的退休金，生活算是比较充裕了。现在大部分孩子还是跟父母分开住的，有些父母身体不好了，孩子也会接到身边照顾。我现在身体不错，不需要孩子们都待在我身边照顾我，但是如果将来身体不好了，也还是要靠孩子的。现在村民看病医保都会报销至少50%以上，我是退休教师，报销会多一些。我不喜欢去养老院，更喜欢跟孩子和家人们在一起。只要生活在一起，就难免会有矛盾，但是我性格比较开朗，不喜欢多管闲事，家庭小矛盾也就没那么多，加上我有退休金，麻烦孩子们的事也少。我空闲时间喜欢做做保健操，看看电视、报纸。我不会打麻将，也不喜欢抽烟、喝酒，我觉得这些会影响家庭和睦，对孩子的成长也不好。受家庭环境影响，现在的孩子从小就养成了许多坏习惯，有时候玩手机、打游戏，晚上一两点才睡，第二天睡到十二点才起。我看不惯孙子们这样，但说了他们也不怎么听。当然，孙子们也教我使用智能手机，跟我一起锻炼。所以，良好的沟通方式很重要。

现在村里的公共娱乐活动变少了，以前村干部偶尔会组织一些乒乓球、绘画、书法比赛，还有一些奖励，现在这些活动几乎没有了，包括与村里风俗习惯有关的典礼仪式都很少了。我们小时候“游神”的很多，很热闹，现在都没什么人参加。村里人与人之间的交往确实没有以前那么多了，更多的是管住自己家庭里的活动。但是，我不认为，人际关系因此而变得冷漠了。可能是因为我村里村外的学生比较多，他们也比较尊重我，逢年过节都会来看望我，每年聚会也都会给送红包。很多外出打工、做生意的人都赚钱了，人们自然会高看他，但是人品也很重要，如果只是有钱、人际关系却处理不好，在村里一样不会受人尊重。外出打工、做生意的一般都从事与机械相关的工作，每天至少赚两三百，比在家里种田要好得多。在外面上学、工作的孩子基本都不会种田，也不愿意种田，他们想尽各种办法出去，年轻人还是比较喜欢城市生活，出去后家里人也不愿意让他们回来，村里人的观念始终还是觉得城市比农村要好。但是，现在这种情况有些变化了，有些城市的人也开始往农村走，因为农村的环境更好，且农村的交通越来越方便，生活质量也越来越高。

林屋村之所以能够成为湛江市经济发达的地区之一，我认为，村干部的带头作用是关键。一个有能力的带头人，一心为公，且不傲慢、不谋私，才会成为一个带动村民致富、村庄发展的好干部。以前可以说林屋村是湛江市经济最发达的村子，但现在比林屋村发展得好的村子已经有好几个了。我们村的村干部选举都是进行无记名投票的方式，但是有时候选举也不能够完全反映群众意见，有些人会通过利益交换等不正当手段拉票，当上村干部之后为亲属、朋友牟取私利，对这种人，村民还是另眼看待的。当然，这些是个别现象，总体上村干部都还是不错的。村民对村务的关注比较高，尤其是关系到自己的切身利益的时候，他们都会积极反映自己的意愿，但是有些素质较差的村民会不讲道理，还动手打人，虽然没有形成恶势力，但村委会有时也拿他们没办法。

3. 受访者：LSD，37 岁，便利店店主

访谈时间：2018 年 8 月 14 日 16:42—17:50

访谈地点：林屋村便利店

我是从隔壁村嫁到林屋村的媳妇，今年 37 岁了。当时是经媒人介绍与我老公相识的，那时需要给媒人介绍费，但是比较少，大概四五百块钱。现在村子里通过媒人介绍相识结婚的也有很多，但是媒人费高多了，至少要 2 000 块钱。现在婚嫁的彩礼、费用也涨了不少，我们那时候结婚彩礼几千块钱就可以，现在都要几万、十几万。我老公是焊接工人，结婚之后我就不工作了，在家带孩子、做家务，后来兼职经营这个小卖部。我有两个孩子，大的是女孩，小的是男孩。我们家算是生得少的，村里生三四个的家庭多的是，如果我第二个不是男孩子，我也会继续生。有时候不是我自己想，当地人尤其是老一辈父母的观念都是这样，必须要生一个男孩子，否则别人家就会说，父母也会催，自己心

里自然也就不舒服。我虽然生了儿子,但是我并不指望他给我养老,我希望他能多读书,长大出去工作,到城市里面去生活,不希望他回到农村里来。将来老了或许会觉得孤单,但是我想不了那么远,现在想的就是怎么把孩子养大,让他生活得好,至于将来他愿不愿意跟我们一起住,我没有太多的考虑,愿意就住在一起,不愿意也无所谓。我们现在是跟我公公婆婆住在一起的,村子里大部分家庭也都是这样,分开住的很少。住在一起多少会有一些矛盾,至于会不会产生代沟,我觉得主要在于自己管得多还是管得少的问题。我的孩子主要是我自己管,老公上班,我公公婆婆种田。我自己从来没种过田,也不会种田,忙时老公会帮公公婆婆的忙。我们家的地除了公婆种的之外,大都租给别人了,收取一些租金,所以,我很希望有工厂、企业到我们这里来租地建厂。村里种地是不需要花太多钱的,种子、排灌、收割都由村里统一出钱,所以大多数人都会种一些,尤其是老年人,不让他们种,他们自己也觉得不习惯。年轻人基本都是出去打工、做生意。

嫁到这个村我觉得挺好的,这个村的经济条件比较好一些,而且有村办企业,集体收入比较多,村民的福利也比较好。村民的娱乐活动大都集中在晚上,白天都需要上班、干活儿。我的小卖部算是一个聚集点,晚上人多的时候,有打麻将的,有聊天的,比较热闹。其他地方也有类似的聚集点,比如剧场那边、篮球场那边,有跳广场舞的,有打球的。我这边打麻将的比较多,大部分都会赌点儿钱,大小额度不定,不赌钱的很少。其他的公共娱乐活动就没有什么了,风俗类的活动就是“游神”,逢年过节村里都会组织,就是抬着菩萨在村子里面游行,村民们祭拜、祈福,但是现在参加的人也比以前少了。

我们村里的孩子大都在本村上学,村子里有幼儿园、小学、中学,还有职业高中。村里的老人都有本村出钱买的医保和社保,每个月有 80—100 块钱。年纪再大他们也基本不去养老院,都是靠儿子养,村子里生儿子养老的观念还是很重的,所以家家户户才会有那么多孩子,有的都不只生一个儿子。之前孩子多了上户也难,毕竟国家不允许,但是花点儿钱还是能够办的。有些年轻人也是不愿意生的,毕竟经济水平有限,生多了怕养不了。

村子里有钱的人很多都去城里住了,但是没工作、赚钱少的就在村里盖房子。我觉得在村里住挺好的,什么都能买到,道路、环境治理与城市里也差不多，买菜甚至还比城市里便宜。我自己也想种点儿菜，吃着方便，但是地都租出去了，没办法种了。我这个小卖部不是自己家的，地和房子都是机械厂的，我是租来用的，小卖部所在的整栋楼都是外租的。

我对村子里的村务信息不怎么关注，村干部选举会参加，也都是村民自己选，涉及切身利益的、有钱给的会关心点儿，对村子里发生的一些不好的事就很少管，私下里偶尔会跟朋友、邻居讨论一下。有些男人会到村里反映一下，我觉得女人就管不了那么多，在家带带孩子、做做家务就好了。我们这里的女孩结婚后很少出去赚钱的，基本都是在家带孩子。我也是兼职经营这个小卖部，买东西的都是周围的熟人，很少与他们讨价还价，也经常赊账给他们，做的就是熟人生意，我觉得没什么关系。

我对我现在的生活挺满意的，村里的自然环境很好，没有什么大的污染，给我们的福利也不错，跟熟人在一起也挺热闹，生活也很开心，没有觉得人们有钱了，人际关系就不好了，环境就污染了。唯一的担忧就是觉得养孩子压力大点儿，女孩子还好，儿子长大了要上学、结婚还要买房子，即便是在村里住也要盖房子，对于我们现在的家庭条件来说，压力还是很大的。

4. 受访者：LDC，60 岁，粤凯机械有限公司退休员工

访谈时间：2018 年 8 月 15 日 09：35—10：36

访谈地点：林屋村粤凯机械有限公司会晤室

我 1958 年出生在林屋村，之前是粤凯机械有限公司的装卸工，满 60 岁以后就得退休了，现在在厂里做临时工。我 1976 年初中毕业，之后主要从事与农田种植有关的水利工作，1982 年之后就外出从事土木建筑（工作），跟别人一起做工程。主要是当时改革开放了，外面的机会多了，但是当时出去的人比较少。我当时是经朋友介绍，跟着一起出去跑工程的。最早是在湖北襄樊的第二汽车制造厂干活儿，大工每天 5 块钱，小工每天 3 块钱。但是干了一年工程都没有干完，我觉得太难干了，回来过年之后就没有再去。1983 年去了海口，做塔吊机械工，主要是装卸水泥和沙子，在那里干了三年。后来吴川周边盖房子、搞工程的越来越多，加上那时候我也结婚了，就回到家乡这边来干活儿，一边种田照顾家里，一边打工赚钱。我一开始生了两个孩子，当时国家政策抓得

比较紧，所以隔了一段时间才又生了一个，三个都是儿子。当时根本就没有考虑长大如何培养和负担重不重的问题，我跟老婆感情比较好，有了也没办法，就生了。有了孩子之后老婆就专职在家带孩子、做家务、种田，我主要在外面打工。孩子逐渐长大了也就感觉到负担越来越重，只是盖房子就得花五六万，结婚彩礼之类的还没有算。三个儿子都三十多岁了，都在外面打工，大儿子和二儿子都结婚了，各有两个孩子，小儿子还没结婚。他们都没有什么固定的打工地点，一般都是哪里有活儿干就去哪里。儿媳妇在家带着孩子跟我们一起过，她们也都不工作，在家带孩子、做家务、种田。但是现在种田根本就不赚钱，长此以往下去，生活会越来越麻烦。

跟儿子、儿媳以及孙子们在一起生活没有什么大的矛盾，但小的隔阂还是会有的，毕竟儿子们长年在外打工，接触交流的机会都少，跟儿媳和孙子也都是在一些琐事上有分歧。但是我老婆常说："不要老是吵架、打骂，这样他们以后就不养你了。"所以，现在我也就管得少了。村里没有养老院，以后有的话会考虑去，到时候主要还是得看自己的家庭条件和生活水平，现在还想不了那么多。现在家里的钱是一直不够用，满 60 周岁，工厂就要求退休了，我现在在工厂做临时工，年纪大了干不了装卸，主要从事设备质量检查的工作，一个月的工资只有两千多，其他方面的家庭收入也有限，我还必须得找活干儿，不打工的话，家里的钱完全不够用。基本的日常生活开支都成问题，更别说医疗、社保什么的了。况且现在的医保大都是保大病，好多常见病或者外伤都不参保，我们这种工作外伤很普遍，报销得少，基本都是自己掏钱。所以农民不能生病，病了就是等死，根本看不起，我觉得这方面国家的政策还很不到位。我现在只要能打工就会一直干，我也知道人都想享受，尤其是年纪大了，能不干我也不想干，干活儿太累，但是没办法。有些人喜欢借钱度日，但是我不是那种人，也不会那么干。

我现在只有孙子，还没有孙女，想让自己的儿子再生个孙女，有男有女才好，没有女孩也是觉得心里不舒服。但是儿子和儿媳不想生了，他们怕养不起。两个孙子都要上学了，现在学费都很贵。我的想法虽然是这样，但是也干预不了他们，我没能力管，所以他们不生我也没办法。现在儿子成家了，我一样会给他们补贴，给孙子零花钱，一直以来的想法就是把他们养大就好，怎么培养我管不了，他们比我们要聪明，像手机什么的比我们玩得都好，将来生活肯定也比我们要好，不用我去担心。

以前儿子们也不怎么种田，现在孙子们更不会种田，我不担心将来都打工去了没人种田的问题，到那时候国家可以将大片的土地租给有能力的人种，我们也可以不种地了。最后，我还是希望你们这些有条件、有能力的人能够将我们的一些想法和状况传达给国家有关部门和领导，因为长此以往继续生活下去，我们的处境真的很糟糕。

5. 受访者：LZY，58 岁，粤凯机械有限公司在职员工

访谈时间：2018 年 8 月 15 日 10：48—12：05

访谈地点：林屋村粤凯机械有限公司设计部办公室

我们这些（20 世纪）50 年代出生在林屋村的人能够上学读书的少，那时候就算学也学不到什么东西，一周至少有两天是不上课的，要干农活儿，可以种甘蔗什么的。一般下课之后就会安排干活儿，尤其出身不好的家庭成员要与出身好的贫农和贫下中农一起劳动。那个时候上高中的人也少，整个吴川市只有一所高中，初中其实都没有几所。我们家的读书氛围还是不错的，哥哥因为当时的家庭环境需要，初中毕业就进生产队干活儿了；妹妹 1981 年考上了师范类的中专院校，国家补助师范生都不用交学费；弟弟读的也是本科。这种读书的氛围并不是父母强制管教（形成）的，而是一种潜移默化的影响，那时候父母挣工分都没有时间管孩子，但我父亲很喜欢写字，这对我们兄弟姐妹的影响很大。我父亲没怎么读过书，但是他很聪明，会演木偶戏，有什么活动老板都会请他去表演，因而接触的有文化的人也很多，每年都能有几百块钱的收入，他会用这些钱买书给我们看，比如《三国演义》《西游记》等，这让我们从小就养成了读书的习惯，剩下的钱才会用来补贴家用，但是由于家里人口比较多，生活条件并未因此有太大的改善，只是稍稍比别家好点儿。1981 年我退伍回家，很多亲戚都到外面闯荡，我也跟着他们在外跑了几年，赚了一些钱。1986 年回到村里，正值粤凯机械厂开展人才培训，我参与其中并跟随厂里组织的团队前往华沟学习机械制造技术与经验，最后还获得了技术资格证书，这种资格证书都是有有效期的，需要定期考核，这证书成为我这些年工作质量的保

障。2008年之后我开始进入管理部门，主要从事产品质量管理工作，一般来说，我们达到退休年龄之后还可以在工厂继续干两年，以满足退休家庭的基本生活保障。

我们家已经有十几年不种田了，家里的地基本都租给别人种了，基本都是一些亲戚或关系较好的邻居，也都不收租金。我们家有三个孩子，两个女儿、一个儿子，算是超生了，当时国家政策比较严，小儿子出生的时候是要缴“超生费”的。我们村的观念就是这样，家里如果没有生男孩，父母就不会安心，害怕老了没有人照顾，女儿毕竟是要嫁到别人家的，儿子可以养老。我的大女儿是大专毕业，现在已经结婚了；二女儿本科毕业，今年马上就要结婚了；小儿子也是大专毕业，现在在湛江上班，还没有结婚。我现在还没有孙子，心里也希望他们能生一个。每到周末的时候，他们也都会回来，一家人聚在一起吃吃饭、聊聊天。我退休了之后也不会到湛江跟他们一起生活，如果需要，可以去给他们带带孩子，如果不需要，也没必要去。我觉得住在村子里挺好的。或许这只是我们这些老人家的想法吧，大多数年轻人还是喜欢往城市跑，在城市里生活。但是我觉得这是他们的工作需要，等他们年纪大了，也会喜欢住在农村里的生活。

以前想的是养儿防老，结果现在孩子长大了都出去了，所以很多事能自己做就自己做，等我年纪大了，身体实在是不行了，当然还是需要他们照顾，如果他们确实回不来，也可以请人照顾我。我们村现在没有养老院，就算是有也不会有人愿意去的。镇上或市里的养老院太远，如果在村里建一个固定的场所可以跟熟人、邻居聚聚，我觉得还是比较好的。平常我跟亲戚、朋友的走动不是那么频繁，主要是现在还上班，下班之后一般就在家里看看电视，跟家里人聊聊天就休息了，很少与邻居、朋友们闲聊，也担心拉家常拉多了，说错话会招惹是非。偶尔周末或者休班的时候会跟朋友一起打打麻将，也会闲聊一下，私下碰面了也会停下来聊几分钟，但很少会刻意走动，有些事情说多了确实会有不必要的麻烦。村里的公共娱乐活动本来就不多，因为外出打工的人越来越多了，男的都喜欢打打麻将，有时候也玩点儿小钱，关系比较好的可能会聊得比较多。女的比较喜欢跳广场舞，每个村都有专门的音响，晚上聚在一起基本都能跳上一个多小时，不太喜欢跳广场舞的一般都在家看电视、带孩子。

现在村民聚在一起的聚会确实少了，我记得80年代的时候，村里经常会放电影，村里的老人、青年和小孩都聚在一起，聊得自然也多。现在放电影基本没人看了，偶尔有一些老人会看。表演粤戏是我们这里的习俗，每逢祭拜的时候都会演给菩萨看，现在除了一些喜爱粤戏的老人们看之外，年轻人、小孩子都不感兴趣，他们更喜欢在家里看电视、玩电脑和手机。有时候工厂里也会出资搞一些比赛，激励村民们参加，打球、拔河之类的活动，赢了也会有一定的物质奖励。除此之外，年轻人基本都是自己玩自己的。

我觉得现在村民的生活质量好了，思想和观念的水平却没有以前那么高了，比较明显的是，大家不像之前那么团结了。以前村里有人家结婚盖房子，村民都会相互帮忙，基本不用请外人干，现在都怕麻烦，基本都会花钱包给外人干，大家聚在一起的机会自然就少了，“你帮我、我帮你”的观念也都弱了。还有好多想做的事都不敢做，比如碰到互不相识的陌生人有困难都不敢帮忙。当然，村里的人有事叫人帮忙，大家还是会去，但是感情也明显没有以前那么深了。积极参与村集体活动、关心村务的人也少了。村干部花时间、精力、财力给村里人谋福利，依然还是有许多人不满意。现在的人都变得复杂了，工厂包地给村民种树、排灌、收割农田都免费，环境治理也越来越好。还是有人说村里这里不好、那里不好，他们也不想想，这些是其他很多村都办不到的。关于村里的土地使用问题，村委组织村代表开会讨论，村代表都是各自然村选举产生的，不满意的人总是那些感觉自己没有获得好处的人。其实，公共设施的建设对大家都有好处，村民都可以享受，他们总是会怀疑村里或厂里当官的牟私利，有时会讲一些昧良心的话。以前的老厂长把工厂管理得很好，创造的利润多，缴税也多，村里的学校、道路等公共设施都是依靠这些资金建起来的，他们的功绩是不能随意磨灭的。

我认为，粤凯机械有限公司成功的原因在于它拥有质量保障，并以此建立起了广阔的国内外市场和良好的信誉、口碑。我们生产的制糖、酒精等食品机械设备在出口东南亚、非洲等许多国家和地区的时候都是免检的，所以业绩才能保持稳定增长并受到业界的广泛认可。我们工厂里不是只有本地人，有大约40%的外地人士，他们大都是一些技术型人才、老工程师及其个体关系人群。

等到我真的退休了，我就不再找工作了，去外面到处走走，去我年轻时当兵的地方，去那些以前想去却没有去的地方。不管是穷的地方还是富的地方，都可以。以前出差坐火车经过云南、贵州的时候，发现那里的变化很大，火车沿线的景色都不一样。到广西学习的时候接触到的风土人情也是非常有趣，而且也深感西南许多地区孩子读书的困难，许多孩子都满 18 岁了，却认识不了多少字。云贵高原、黄土高原有些地方的人连被子都盖不起，我认为这对教育我们的下一代很重要。反而富裕的地方没必要去看太多，珠三角、长三角等地方看过就算了，感觉也都差不多。一个人的视野很重要，好的、坏的都需要看到，富人和穷人之间越来越难交流，两极分化也越来越严重，富的看不起穷的、穷的盲目崇拜富的。这个时代带给社会的变化确实很大，像手机、电脑这些 20 年前我们连想都不敢想的东西在今天是如此的普遍。人的思想观念和觉悟却没有赶上来，甚至在某些方面还比以前差了，见到陌生人被撞倒了都不敢扶，上下楼的邻居见到都不打招呼，这也是我不愿意去城市生活的原因。

6. 受访者：LCX，30 岁，普通村民

访谈时间：2018 年 8 月 15 日 13:38—14:52

访谈地点：受访者家中

我是 1988 年出生在林屋村的，在村子里一直上学到高中，后来考上了湛江师范学院（即岭南师范学院），就到湛江去了，毕业之后在中山、桂洲等地的培训机构当老师，后来结婚生了孩子。孩子小，需要人照顾，就把工作辞了，专心回家带孩子。我现在只有一个孩子，我们这边生孩子普遍比较多，一个家庭两三个孩子是很正常的。村子里传统的观念就是这样，不生男孩子不行。我们这一代还好，我现在只有一个男孩，我也想过再生一个。主要是考虑到将来孩子长大能有个伴，遇事可以相互商量、扶持，一个孩子的话将来在赡养父母方面压力也会很大。我的丈夫现在在广州打工，我结婚之后也在广州待过一段时间，我们并没有在那里定居，户口还都是在农村里。我有两个弟弟、一个妹妹，有一个弟弟和弟媳跟我父母一起住，另一个弟弟和妹妹在外面工作，过年的时候也都会回来，大家在一起很热闹。我过年的时候一般都在我老公家，

但是过完年就会回家来，我老公家就在隔壁村，很近，之间走动也比较多。我儿子小时候基本都是跟我妈妈一起住，所以我大部分时间也都是在这边。只要是户口在村子里，村子就会给买医保和社保，这是我们村给村民的福利，如果女儿外嫁出去了，一般都要把户口迁走，但是周围这几个村的福利差别并不是很大。我的孩子还在村子里上学，因为我的户口不在这里，所以有些福利是享受不到的，但是也不会因此多收费用。

我小时候下过田，出去上学之后就没什么机会了，现在也不怎么种田了，太累，能不种也是不想种的。当然，现在国家政策比以前好多了，有一部分人也想种田，现在播种、收割都是机械化了，都不怎么费力了。我们家现在也有田，有一部分租给别人种了，都是一些亲戚或邻居，都不会收租金，只是在收成之后他们会给我们送一些过来而已。老一辈的人在家种田的比较多，我们这一代人都喜欢在外面跑。其实，年轻的时候多在外面跑跑是好的，但是 40 岁之后就更想回到村里来，城市的生活节奏太快，压力也很大，村子里比较安心、舒适一些。亲戚之间走动得比较多，关系也比较亲密，现在各家盖的房子也是又大又漂亮，自然环境也比城市好，公共设施建设得也跟城市里差不多，娱乐活动也挺多的，比如跳广场舞、打麻将。我觉得农村人交往总归还是比城里人亲密，我在城市里住过，上下楼的或者对面的邻居在一起好几年，平时外出买菜、上班碰到都不怎么打招呼。村子里结婚盖房子、过生日、做寿宴，大家相互帮忙、彼此交往，这有许多事是在城市里做不到的。等我的孩子大了，他们如果想去城市定居也可以，但是将来还是希望他们回到农村里来。小时候把他们放在村子里抚养、上学，上到初中、高中之后再送到城市里去接受更好的教育。这些年的生活经历让我知道，不同生活层次的人之间进行交流，他们在思想观念上是有差异的，就算孩子不上大学，到外面去打工也能开阔他们的视野，接触不同层次的人群，这对他们将来的生活是有好处的。在我们村的机械厂里，90%的男生都是干焊接的，工作非常累，当然工资会稍微多一点儿，我们村靠这些工作发家致富的家庭有很多，我弟弟和我爸爸都是做这个工作的。当然，有些出去包工程、做生意的也很赚钱，但是，同样是赚钱，工作环境是不一样的，接触、交流的人群也是不一样的。所以，我觉得读书更好，我希望我的孩子将来能多读书，当然，有许多老板读书很少，创业也很成功，但是他们同样也是付出了很多艰辛劳动的。

我虽然是外嫁出去的女儿，但我还是会关心村里的状况和村委的村务。所谓的女子结婚之后就应该在家里带孩子、做家务的观点，我是不太认同的。我不认为女孩子就只能带孩子、干家务，她应该有独立的经济能力。我虽然结婚之后辞了工作也在家带孩子，但是这是家庭需要。我现在自己在做一个电商平台，而且做得还可以，有的时候一个月下来赚的钱比我老公的工资都多。当然，我们村大部分的家庭还是靠男子在外面打工赚钱，女方在家带孩子不工作，有我这样想法的已婚女子还是比较少。我们家这样的收入状况和工作性质并不妨碍我再生一个孩子，但是我还没想好这件事。我婆婆比较好相处，我生的又是儿子，所以他们也没怎么说过这件事。现在的年轻人不跟父母一起住有好处，自己会比较放松，在一起也有好处，我们家的婆媳关系处理得还是比较好的。我们村外出打工的男子比较多，但是很少出现那种男人有钱就变坏的现象，可能是因为他们都是焊接工，接触的那种所谓花花世界比较少吧，所以，我们的家庭关系都还是不错的。

我们村的机械厂对村里的自然环境影响并不大，反而企业老板赚钱了会出资把村里的道路、路灯等公共设施建设得比以前还好、还漂亮。我们村的地皮都是给到每家每户的，自己的房子一般都是想怎么盖就怎么盖，基本没有什么统一规划，邻居之间都不会管你盖得有多高，只要在地基面积上没有超出范围，别越到别家地界就行。我们村每家每户都会有这种挂在墙上、摆在高处的神台，主要是拜菩萨用的。具体的祭拜细节我不太懂，我妹妹比较相信这个，我就不太信。村里逢年过节也会组织“游神”等祭祀活动，我们也会去看，凑热闹嘛。据说我们村的林氏家族是比干的后代，族谱上记载得比较清楚，每家每户都有。每月的初一和十五，林氏宗族内部都会举行一些祭祀活动，在祠堂那边烧香、祭拜，每家每户都有林氏成员前往。至于家谱里面记载的乡约祖训，老一辈人讲得比较多一点儿，村子里一般不会统一学习这些家族历史，孩子将来长大了会讲给他们听，让他们了解自己家族的历史，毕竟他们是这个家族的人。村子里的村规民约和民俗对村民还是有一定的约束作用的，村里打架斗殴的很少，家庭之间矛盾也会有，但是村干部一般都会出面协调，有的解决不了也会上访，但是打官司的比较少。有时候也会找宗族里一些比较德高望重的人出来解决纠纷，比如说，我们村之前的老书记，是省人大代表，还是全国劳模。有时候不仅仅是因为某个人有钱或有权，当然，一些有钱的老板也会积极给村里办事，招募村里的工人、给村里修路等，同样也会受到村民的尊重。

7. 受访者：LQ，35 岁，粤凯机械有限公司在职员工

访谈时间：2018 年 8 月 15 日下午 15：28—16：45

访谈地点：受访者办公室

我是 1983 年出生在林屋村的，后来嫁到了隔壁村。2005 年大专毕业，曾先后在深圳、东莞等地打工，从事的主要是一些与资料整理、绘图设计有关的工作。后来结婚了，自己家里孩子也少，我只有一个哥哥，所以我就回到村子里来了，之后就一直在粤凯机械有限公司上班。我结婚后只生了一个孩子，是个男孩，我也不想再生了。我老公在外面打工，我基本都是在我爸妈这边住，我的儿子也在这个村子里上学，去公公婆婆那边比较少，逢年过节才去，本来也是想让孩子到城里去上学，但是家庭条件不允许。一般女孩子结婚、生了小孩之后都是在家里带孩子，很少有出去打工的。我当年回村的时候，正好厂里在招人，我就来这里上班了，孩子也在村子里上学，比较方便。村子里像我们这样两夫妻都在外面工作的比较少，我们村几乎不存在留守儿童、留守老人的问题，孩子大都是在村子里上学，村子里有小学、初中、高中。现在村子里出去读大学的孩子也越来越多，我也希望我的孩子将来能够多读书，但是现在孩子上学比较贵，我也是怕孩子生多了，将来抚养的负担太重，上学都供不起，所以想生一个就行了。将来孩子大了，一个人赡养父母压力太大这种问题我都还没有考虑，现在就只想怎么把孩子抚养好、教育好的问题。至于我父母的养老问题，我也还没有考虑到，因为我爸妈年纪都还不大，身体都还挺好，现在也不需要我们抚养和照顾。即便是将来年纪大了，我认为养老也不一定就只靠儿子。我跟我哥哥谁有钱就多出点儿，谁有时间就多照顾点儿。但是我们村子里的传统观念还是父母要跟儿子一起生活，由儿子来照顾，除非儿子的条件很不好，女儿的条件非常好，才会有女儿负责照顾父母的情况。我爸有退休金，我妈妈是家庭妇女，主要也是在家种田，带孩子。我自己以前也种过田，但是不太习惯，而且现在种田根本就不赚钱，老年人种得比较多，我们这些年轻人

还是比较喜欢打工。大部分老年人之所以还在种地,主要还是觉得只要孩子没有结婚,他们抚养的责任和义务就还没有尽到,希望通过种田给他们提供一些帮补。我们村结婚的开销还是很大的,礼金方面还好,一般女方的嫁妆会弥补一下,但是摆酒席的花费会比较大一点儿,虽然红包也会补偿一部分,但是摆酒席的钱还是会成为一些家庭的负担。普通关系的话,红包一般在100元左右,且一家人只出一份红包,吃饭则都会去。过寿的大都是有钱的人才办,他们自然也就不太在乎红包的多少,有的甚至不收红包。我们这里办白事不需要摆宴席,所以花费并不大。

村民的医保大都是由村里出钱给村民办的福利,报销比重在60%以上,但是只有住院才报,小病、小伤都不报销,所以,农民在医疗方面的花费一点儿都不少。尤其是一些上了年纪的老人,小病不断,一旦再有点儿大病就直接负担不起了,所以,村民的医疗方面的压力还是很大的。另外,在孩子教育方面的开支也很大,现在的父母在周末的时候一般都会让孩子参加各种培训班,跳舞、游泳都会学,这些培训班的费用虽然比城市里的要低,但相对于农民的收入状况来说,这已经是一笔非常大的开支了,而且这些费用在大多数父母看来,则是必须要支出的,因为每个父母都想让自己的孩子接受更好的教育。

关于重男轻女的问题,村子里的观念还是比较重的,如果第一胎生了女儿,大多数家庭都会选择再生,否则双方父母都会催,周围邻居也会有一些议论,自己心里听着当然也不舒服。我的这种观念不是很强,对我来说,生男生女、生多生少,都无所谓,也可能是我生了儿子,公公婆婆也说不了啥吧。而且我老公的收入不固定,所以,以我们现在的条件,还是决定不再生了。但是村里其他家庭就不太一样,有些就必须要儿子,有的甚至还想要两三个儿子,他们会觉得孩子多了,尤其是儿子多了,有什么事情可以一起商量、应对,将来养老方面也能分担一部分压力,现在村子里有这种想法的家庭不在少数。事实也确实如此,在我们村不尽赡养老人义务的子女很少,就算是有几个儿子,他们也会轮流照顾,一般每月都会固定给钱。也有因此而发生家庭矛盾的,但是并不多,我认为这与经济条件有关系,与整个村子的生存环境也有很大关系。别人都孝顺,就你一家不孝顺,别人就会议论、指点,这就很不好看。其实,有的时候并不是某一个子女本身就不想孝顺,而是兄弟姐妹多,相互推诿的多,一个不管，两个不管，其他人自然觉得不公平。

以前我们这个村可以说是湛江市经济最发达的地方，但是现在比我们村发展得好的已经慢慢多了起来，很多出去打工的、做生意的都赚钱了，我们村有很多人还在机械厂里上班，所以，差距也就没有以前那么大了。村里的比较大型的、集体性质的习俗活动就是“游神”，我们这一代人不是很懂，但是也都会参加，我觉得这个是必须要有的，否则，村里的人就会变得越来越疏远和冷漠。相比城市生活来说，我觉得在我们村子里生活也挺好的。我当初从外面回来，一方面是距离父母比较近，生活比较方便，另一方面就是我觉得城市里的陌生人太多，村里都是熟悉的人，更有亲切感，我们村外出打工的人逢年过节基本都会回来，过年的时候提前一个月就有回家来的，年后一直到过完元宵节才走，清明节也都会回来，扫墓是我们这里很重视的习俗，有的人一些两三天的小假期也会回来，他们都觉得跟亲人在一起很重要。我们这里的小孩子也会受到这些生活方式的影响，那些小时候就跟随父母出去生活的，这方面的意识确实比较弱一点儿，他们明显对风俗习惯的仪式感不强。

户口不在我们村的人是不能参与我们村的选举的，像我这种外嫁的女儿也就不太关注村里的选举事宜，但是我觉得我们村在村务信息公开这方面做得还是比较好的，像我老公他们村的公示栏就不那么规范，有时候都不更新。我平时也不怎么回去，户口虽然在他们村里，但选举的时候一般都是公公婆婆帮忙选的。现在大多数人的想法就是，不论选谁，不论谁当村干部，我都得工作我才有吃喝，而且一个村子里的人大家都那么熟悉，有什么信息大家也都清楚，想要哄骗村民，也不是那么容易的事。

我平时没什么娱乐活动，下班之后就是做家务，督促孩子做作业，然后就是看电视、玩手机，八九点我就睡觉了。村子里的女的有跳广场舞的，我不太喜欢去，男的就喜欢打麻将，年轻的玩手机的比较多，老年人就比较喜欢散步、做保健操。村子里的一些保健器材都有，很多老年人、小孩子都会去玩，有些人也喜欢跑步，早上村子里的空气比较好，村子里修的路也比较平坦。总的来说，大家生活得比在城市里要舒服，想买什么也都能买得到，去哪里也都很方便，因此就会觉得比较悠闲，在城市里精神就会比较紧张，生活压力也很大。

第五章

田野日志

一、西岭村田野日志

西岭村田野日志之一

5:30的闹钟把我从刚进入不久的睡眠中叫醒,我迅速起床收拾好自己。6:30,我已经在南京南站的“永和豆浆”开始吃早餐了。7:06,列车驶往湖南郴州。时隔五年,再次踏上调研之路,所以对这些时间小节点有些在意起来,仿佛每一个点都有过去的某一种回忆。

六个多小时车程,列车顺利抵达郴州。在郴州车站出站口,课题组南京小分队和湖南小分队的老师、同学们顺利“会师”了。一阵暴雨热烈地庆祝了我们的“会师”,领队李桂梅老师的好友HY先生更是热烈地接待了我们,带我们吃他自己养殖的莽山黑豚作为第一顿午餐。HY先生是个风趣的人,阅历丰富,从大学老师到二级律师,从二级律师到养猪“农夫”,他“开挂”的人生经历让我们感受到一种传奇色彩。他养殖的黑豚(一种黑猪)也有一种神奇的味道,这种味道是不加任何佐料就很香且没有一点点腥味。我觉得更为有趣的是他把自己养猪这件事称为“牧猪”,虽然只有一字之差,但一个“牧”字却尽显山野间的灵趣,以及人和猪之间的一种温馨氛围。即便这温馨之后的故事依然是将黑猪送上餐桌供人类大快朵颐,但“牧”字在前,仿佛消解了这其中许多的尖锐与暴力。

吃完午餐已是三点多,HY先生安排我们直接前往调研目的地:西岭村。一个半小时的车程后,我们顺利抵达了西岭村,入住莽山乡里的一个招待所。乡间的招待所收拾得很干净,这让我们感到惊讶,并觉得有点儿激动,因为这超乎我们的想象,我们是做了接纳所有艰苦的心理准备的。安顿好所有队员后,稍作休息,李老师便召集我们碰头,梳理了一下晚上见村支书要进行的一些沟通,也对明天正式开始的调研工作做了初步的工作安排,算是一个小型的调研前工作会议。

晚餐,李老师代表课题组请西岭村LH村支书吃了个简单的工作餐。一边吃饭,一边把我们需要村里配合和支持的具体情况向村支书做了介绍和陈述，取得了村支书的理解和信任。LH 村支书是个“70 后”，在瑶乡算是很年轻的村干部，他学过一段时间的中医，除了承担村支书的工作，还为村民们提供一些基础的医疗服务，在村里虽然年轻，但声望挺高。

结束了与村支书的沟通，回到住地已经很晚，只能匆匆写下这些，然后去好好休整我一路的疲惫与紧张。

张　燕

2017 年 7 月 8 日

西岭村田野日志之二

盼望已久的暑期调研工作于今日启动。我本着学习的心态去向各位导师和同学们取经。南京师大的三个小伙伴和湖南师大的四位老师、同学组成的调研小分队乘坐 G1113 次列车（南京—广州），于下午 1:03 抵达郴州西，李老师的同学——HY 老师亲自接站。刚出站，天空就飘下一阵雨，似乎以这种方式来欢迎我们的抵达。我们一行七人跟着东道主 H 老师来到他们在郴州市的莽山黑豚馆，品尝了最新鲜最正宗的黑豚肉，皮香肉嫩，味道鲜美，特别是肉的吃法让我们印象深刻。H 老师还带我们认识了有关莽山黑豚的文化：莽山黑豚是宜章县莽山瑶族自治乡（莽山瑶族乡）山区放牧的一种黑猪，由湘西黑猪与莽山野猪自然配种，一年出栏，用白开水涮着吃的风味猪肉。豚，泛指猪。《易·中孚》言“豚鱼吉”，豚主吉；《礼记·曲礼下》言“凡祭宗庙之礼”“豚曰腯肥”，腯肥乃膘肥体壮之意，用于祭祀牺牲的猪方可称为豚。莽山黑豚，属珍稀山猪，又产于莽山，鬃毛粗黑，故名。H 老师就是莽山黑豚的创始人，他们还成立了土里巴吉公司，公司将这种黑猪与莽山坳桀鸡一起放牧，谓鸡豚混牧，都是莽山的地方特产。莽山黑豚放牧对环境有严格要求：海拔 800 米以上，森林覆盖率 100%，四季溪水长流，周围 3 公里范围内没有居民生活污染，30 公里范围内没有工厂污染。林地面积在 500 亩以上，放牧密度为 0.5 头/亩。放牧基地不设围栏，不设猪圈，只建仿生猪窝，遮雨避风。自然本交，母猪野外生产。猪在野外嚼药苗，食泥土，喝山泉水，呼吸富氧空气。全程不种疫苗，四季不用西药，无抗生素无激素。由于放牧的高标准、严要求，此鸡豚肉都属纯天然食品，无污染。

中餐后我们驱车前往调查村——湖南省郴州市宜章县莽山瑶族乡西岭村。这儿山清水秀，风景宜人，十分凉爽，我们住在莽山瑶族乡芳香大酒店，房间设施比我们想象中好很多。晚上我们就进村开始展开工作，进村的路是盘山公路，开车的师傅技术很棒。晚饭后我们到超市购买第二天要送给村民的小礼物，回酒店已是十点多了，希望接下来几天能一切顺利，收获满满！

贺智慧

2017年7月8日

西岭村田野日志之三

7月8日我们乘坐G1113次车顺利到达郴州。从南京、长沙、株洲和衡阳出发的同伴都汇集到出站口。意想不到的是大学老同学HY亲自来火车站接我们，一眼看到的是他那标志性的打扮，一个斜挎包、一身中式休闲衣服，还有那特意蓄的胡子。因在此之前，我已把有关介绍同学的视频发到群里，大家一看到那个有特殊胡子的人，就知道是谁，不用我再介绍。好像是老天爷要给我们一个洗礼，一个特殊的欢迎仪式，一出站，瓢泼阵雨迎面而来。好在来得快，去得也快。

郴州的第一顿饭安排在郴州苏仙区土里巴吉黑豚馆。大门口同学的两幅照片特别引人注目，他自我介绍说自己是“牧猪人”，并撰写《莽山黑豚·豚名赋》和《莽山黑豚·品鉴妙法》分别刻于石碑上，立于黑豚馆前。同学在大学时就是才子，是大学时代的风云人物——我们系学生中最早的党员、党支部书记、学生会主席，有思想、有见解，文字功夫了不得，诗词歌赋俱佳。后来经历了从大学教授、金牌律师到农村致富带头人的成功转型。现在他用古法放牧的莽山黑豚已蜚声国内外。

早已耳闻莽山黑豚的名声，今天终于得以品尝，名不虚传，肉质鲜美，不油腻，有嚼劲。我们又品到了小时候在家乡尝过的野猪肉的味道。席间老同学的解读和说明，使这道菜蕴含丰富的文化意味。从牧到品，从骨肉分离到肉汤，不加任何佐料清水蒸的新鲜吃法很符合现代人的养生需求。自然哲学、畜禽伦理等在老同学这里已变成指导牧养的理论基础，完全与我们的专业融为一体。真心期待我们能有伦理学博士做这方面的博士论文，将理论和实践完美融合，为推进我国生态农业的发展作出一点贡献。

饭后经过一个多小时的冒雨行驶，终于到达我们的调研地——宜章莽山瑶族乡西岭村，我们入住已预定的宾馆稍事休息后，上跳石子黑豚馆吃晚餐。在跳石子黑豚馆 ZBH 总经理引荐下，我们与村支书 LH 书记见面，向他汇报我们此次调研的目的和安排，请求他和村委会的帮助，L 书记表示全力支持我们的工作。有老同学前期的准备，一切安排妥当，从明天起调研工作正式进行。

晚饭后 Z 总陪我们去超市，本想把调研的小礼品备齐，但当地的超市存货有限，我们先备了 90 份礼品。

李桂梅

2017 年 7 月 8 日

西岭村田野日志之四

昨天，全省普通高校马克思主义学院院长高级研修班六天的研修培训结束。今天，我已经赶到了湖南省郴州市宜章县莽山瑶族乡西岭村，参加我的导师南京师范大学王露璐教授主持的国家社科基金重大项目“中国乡村伦理研究”课题组的社会调研工作。赴西岭村调研的老师同学一行七人，湖南师范大学博士生导师李桂梅教授担任领队，课题组首席专家王露璐教授因为学校重要工作不能脱身，未能到达现场。

中午一点多，高铁到达郴州西站，南京师范大学张燕老师、芮雅进博士和我三人与湖南师范大学李桂梅教授、湖南铁道职业技术学院张翠莲老师、湖南高速铁路职业技术学院贺智慧老师、湖南师范大学柳柳博士等人会合。我们见到了李桂梅教授的同学，也是帮助我们联系协调西岭村调研工作的 HY 先生。在列车上，李桂梅老师给我们发了一条关于 HY 先生的新闻。我们大致了解 HY 先生曾经是个大学老师，后来辞职当了律师，再后来回到郴州莽山养猪。HY 先生亲自到车站迎接，令我们非常感动。随后，我们在王仙岭莽山黑豚馆吃了工作餐。饭前，HY 先生给我们简单介绍了黑豚养殖的基本情况以及蒸猪肉的独特吃法。我们还读了他的《七绝·田园归》，诗曰："夕阳西下东边照，归牧红霞看晚烟。风过竹林一碗酒，空山远望有神仙。"又曰："冬至时节读子夜，风吹水响更衣寒。莫言无路归田去，借座青山作故园。"

HY先生很健谈，他说作为一个牧猪人，他有着宏大的理想，想为中国的食品安全问题进行一些探索。我们边吃边聊，HY先生提出了畜禽养殖伦理思想，他主张养殖动物时应让它们愉悦生长。他本人在猪鸡混养中，也努力做到让两种动物愉快、和谐相处。他还提及去工业化观点等等。短短的交流，让我们认识了一个有思想、有文化的企业家。

晚上，我们在西岭村跳石子见到了湘南学院教育科学与法学学院院长周桂英教授带领的一个调研团队，他们在围绕精准扶贫进行调研。我们还见到了西岭村党支部LH书记，接下来的调研工作还需要他给予大力支持。L支书是个"赤脚医生"，通过自己的努力考取了中医执业助理证，以前是村主任，今年刚担任支书，他说自己就是为老百姓做点事。他说党的领导很关键，只有加强党的领导，国家才能稳定发展。他还对乡村伦理状况发表意见，他认为人们不相识时大多相安无事，而相识后则会有一定的矛盾冲突产生；在这种背景下，人们之间的淳朴感情则会变得淡漠。我们还见到了宜章县莽山土里巴吉跳石子生态农业有限公司总经理ZBH，土里巴吉创始人HY的妹婿，宜章的创业能人。他曾经是莽山林管局的邮政工作人员，现在放弃了稳定的工作，追随HY先生养殖黑豚，发挥了较大作用。他说莽山的民风好，农民淳朴，外地人愿意和莽山人打交道。

晚上，我们住在莽山瑶族乡茅庵街上的一个宾馆。从跳石子到西岭村村部再到莽山乡茅庵街，一路看来，这个湖南山村的经济发展状况比我们的预期情况要好很多。后来我们才知道附近就有个莽山国家森林公园。附近居民把握了赚钱的机会。景区今年被中信集团收购，目前还在过渡期，这半年游客很少。

今天大家长途跋涉，有点累，晚上得早点休息。明天，我们将正式开始在西岭村的乡村伦理状况调研工作，有点激动。

李明建

2017年7月8日

西岭村田野日志之五

今天早上 7:06 从南京南站赶往郴州西站，距离一千多公里，高铁需六个多小时。对于这两个数字，我头脑里已经没有具体的概念，只知道很远。从仙林出发时外面还下着雨，拖着行李，我内心是轻松的。在赶往南站的出租车上往外面看，南京城是那样的安静，那是早晨五点多钟的南京。

到南京南站，很巧张燕老师排在我前面正准备进站，我在后面欣喜地叫了她一下。接着，二人在车站简单地吃了些早点。一会儿工夫，便开始检票，在检票的队伍中我们遇到了李明建老师。如约，我们坐上了 G1113 次列车，前往一个很远的地方——西岭村。

六个多小时的车程虽长，但在闲聊中很快度过，一路上并没有感到无聊。到郴州西站，我们和湖南师范大学的成员会合，她们一行四人，李桂梅教授、张翠莲老师、贺智慧老师和柳柳同学。这时，李教授的大学同学 HY 先生——我们此次调研点西岭村的主要安排人，已在站台等待我们。一出站台，外面便下起了大雨，没过一会儿，天又放晴。他先接我们去他的饭店——王仙岭莽山黑豚馆吃了午饭，那时已是下午两点多了。HY 先生向我们认真介绍了黑豚的养殖方法以及独特的烹饪方法。对于黑豚的肉质，大家津津乐道。吃过午饭，我们便坐车前往莽山瑶族乡茅庵街——当地的镇上。一路上雨停停下下。

晚上我们上跳石子和当地的村支书——LH 支书一起吃了饭，向他介绍了我们课题的意义和价值以及此次调研的任务，支书表示会大力配合我们的工作。外面下着雨，在竹房子里用餐，听着雨打竹子声，气氛很特别，我内心有一种异样的轻松。下山后我们去商店买了明天调研发给村民的礼品——牙膏和肥皂。镇子沿着一条窄窄的小路延展开去，一直到昏暗处。

芮雅进

2017 年 7 月 8 日

西岭村田野日志之六

今天下午 13:20 左右，“中国乡村伦理研究”课题组一行七人在郴州西站会合，在李桂梅老师的带领下，开始了郴州市宜章县莽山瑶族乡西岭村的调研。当日中午我们来到协助此次调研的HY先生的莽山黑豚馆进餐，席间不但品尝了独特的黑豚肉，HY先生还立足于促进农村经济发展、帮助农民脱贫谈了谈他黑豚馆的发展思路。餐后，我们一行人赶往西岭村，在前往西岭村的高速公路上，突降大雨，我不由得紧张起来。湖南近日遭遇暴雨袭击，洪涝灾害严重，甚至连高铁也一度中断，幸运的是很快就雨过天晴，雨后的乡村显得更加美丽。晚上我们与西岭村村支书LH会面，请村委干部协助此次调研。L支书为人热情，有山里人的豪爽，非常支持我们工作，并约定明日上午9点在村委会集合，协助我们展开调研活动。

晚餐过后，我们决定去准备小礼物给明天来做问卷的村民。课题组计划每份小礼物价格控制在10元以内，杂货铺老板建议购买牙膏和肥皂搭配。老师们采纳了老板的建议，但是没想到杂货铺内的货物库存有限，牙膏仅能提供90支，并且西岭村地处偏远，老板要3天后才能去进货。此时天色已晚，村上原本不多的店铺都纷纷关门休息了，老师们商量后，决定暂时只准备90份小礼品，明天再寻找其他杂货铺购买。晚上我们住宿在茅庵街。

柳　柳

2017年7月8日

西岭村田野日志之七

在忙完一天的事情有时间坐下来写调研日记时已是夜里十点半，看到首席专家我"露导"在朋友圈说自己"继续假装在现场"，虽然是句玩笑话，但我知道她尽管手头工作忙碌，心里仍然牵挂着在外调研的课题组工作进展和老师同学们的调研生活。其实对我来说，真的好希望她能在现场，因为"露导"作为调研组的"大总管"，她这位首席专家不在场的时候需要我们自己去做一些决定，而做这些决定时我通常也是假装她在现场的状态。特别是遇到一些不在预料范围内的情况时，会先想象她在的话要怎么去处理，想到她一定会很淡定，所以我也学着(其实是假装)淡定，学着忙而不乱地去一件件完成要做的事情，然后在自己的朋友圈简单记录下"累并快乐的一天"。

累是调研工作的必然状态，经过五年之前的那次调研经历锻炼，我对累是早有心理准备的。今天的累也跟以往没有太多区别，就是在村民做问卷过程中帮他们读题、解释题目比较费力一些，其实与在贵州苗族做调研那次相比，今天的语言沟通困难程度要远远低于上一次，所以尽管喊得口干舌燥，喊完之后也很快恢复平静。快乐的感觉来自于超额完成任务的成就感。上午的抽样并不是特别顺利，村委会并没有能够给我们提供全村人口的花名册，而是给了我们一份全村选举名册。好在这次的调研工作计划的问卷对象是年龄在18—70岁之间的人群，所以这份选举名册仍然是有效的，它帮我们预先筛除了18岁以下的年龄群。

上午完成了抽样工作之后，下午才真正开始进入调研的那种紧张、忙碌状态。开始的时候，村民来得不是特别集中，三三两两过来，我们人手还显得比较宽裕，到四五点的时候，村民一下子来得比较集中，村委会会议室空间本来就小，座位不太够坐，就显得稍微有些忙乱。好在这种忙乱只是一小会儿，调研组队员们都用各种方式缓解了这种忙乱。凳子不够就自己站着给村民解释问卷，对自己单独完成问卷工作有困难的村民就请他们稍微等候一下，安抚好情绪等待空出位置再为他们耐心讲解问卷，以取得有效问卷。对每一个被抽样抽到前来做问卷调查的村民都非常热情、真诚地感谢他们，村民们对远道而来的我们也很尊重。在他们眼里，我们看得到对专家、学者的崇拜与敬重，这也是让我们好好做学术研究的一种动力和鼓励。

在我们做问卷调查的同时，访谈工作也推进得很顺利。桂梅教授带着贺智慧老师与张翠莲老师分两组进行，一下午共完成了4例访谈。结束了半天的访谈，桂梅老师也有些兴奋，她与不同类型的村民代表谈话时也渐渐对西岭村有了更进一步的了解和认识。

因为村民们做完下午的工之后才有时间来村委会进行问卷调查，所以下午的问卷调查工作一直到七点钟左右才结束。我和负责问卷调查的其他小伙伴们虽然已是嗓子干、喉咙哑的状态，但仍然很兴奋。特别是收工时数数已经完成的调查问卷已有70多份时，我们不禁为今天的工作效率感到欣慰，觉得所有的辛苦都很值得。

张　燕
2017年7月9日

西岭村田野日志之八

今天一大早大家就投入紧张的工作状态中,我们把调研地点选在西岭村村委会办公室和会议室,找村支书要村民名单、等额抽样、电话通知访谈对象和填写调查问卷对象。李老师和我上午就开始访谈,我们这一组上午、下午各访谈了两例,另一组今天访谈了三例,一共完成了七例访谈,他们都是有代表性的对象,也十分配合,很放松地聊了很久,每个人都聊了一个多小时。问卷调查这边也进展十分顺利,今天就回收70多份问卷。超额完成任务!

深入一线调研给人的感受深刻。我和李老师的前面几个访谈对象都表示对自己的生活现状很满意,但最后一个访谈对象对自己的婚姻家庭非常不满意。幸好她的性格开朗乐观。她46岁,有两个儿子,大儿子18岁,已去当兵;小儿子10岁。她主要对老公不满意,目前夫妻处于冷战状态,已有一年多没行夫妻之实,现是名义夫妻,但两位都没有勇气走到离婚这一步,主要顾虑是小儿子太小。她老公赚钱的能力不行,不会说话,不会心疼体贴老婆,还没有责任感,2016年只交了3 000元给她,2017年还没交一分钱,小儿子的学费都是靠她自己在家给人采摘茶叶赚到一点微薄的收入支撑,她老公在家只是玩手机,吃完饭抹了嘴就走,从不跟她聊聊天,也不在家停留,仅仅在家吃饭睡觉,向她索要性生活,但她对老公实在提不起兴趣,不愿配合他。现在的夫妻生活几乎处于僵死状态。幸好这位访谈对象性格比较乐观,她对老公已经不抱任何希望,也不再生老公的气。她的希望全放在两个儿子身上,希望儿子以后有出息,能跟儿子享点福。她自己的身体也不太好,腰椎间盘突出症,不能做重体力活。她老公也从不关心她的身体,更没带她去看过病。她对自己的婚姻生活能维持多久,完全没有信心。跟她聊完之后,我们心情都十分沉重。只能劝她自立自强,不要依靠老公太多,把自己的生活过好,管好小儿子。我们也希望能帮到她,但又无能为力。

今天两边的工作都进展顺利,得益于村干部们的大力支持,L支书的全方位协调,D主任的全天候陪同。晚餐时HY老师陪大家小酌了几杯,大家更深入地认识了这位传奇人物——HY老师,一个知名律师兼莽山黑豚牧猪人,20世纪80年代湖南师范大学政治系的高才生,跟黑豚"同吃同住"九年。他家的黑豚肉已远销北京，扬名天下，英国广播公司（BBC）对他做过专访。有了他，我们的调研工作才得以顺利推进。非常感谢所有支持我们工作的仁人志士！期待明天的工作会继续顺利推进！

贺智慧

2017 年 7 月 9 日

西岭村田野日志之九

调研工作正式开始。按约定时间我们坐 Z 总的车来到了村部，L 支书和其他村委委员已等候在此。在此之前，同学 HY 沟通和安排。我们表达了想法后，村干部按我们的要求提供名单，并安排访谈对象。我们按名单进行等距抽样，抽样工作由张燕负责，抽中的村民统一由 DSM 委员通知。

张翠莲、贺智慧和我分别做访谈。上午我访谈了两位，一位是就读湖南农业大学计算机专业的在校大学生，放假回乡；一位是 L 支书的爱人。下午访谈两位，L 支书和一位女村民，访谈顺利。一天访谈给我的总体印象是这个瑶族村庄民风朴实，受外界的冲击和影响不是很大，传统文化依然发挥较大的作用，人们仍然恪守传统的中华美德。村民对生活的满足感较强。

由于上午主要是抽样和通知村民，参与问卷调查的村民不是很多。中午去跳石子吃中餐，雨过天晴，空气格外清新，大家提议餐后上山走走。山间小路两旁郁郁葱葱，野草、蔬菜、茶园、竹林，乡村风光如此美丽，让我们倍感珍贵，频频留影，好让这美景能永远定格在我们的记忆里。美好时光总是一晃而过，下午 2:30 要继续工作，只好匆匆结束我们的乡村之旅。

下午的问卷调查工作量非常大，村民陆续来到，一下子显得我们的人手有些不够。加之部分村民不识字或者老花看不清，解读的任务较重。明建在为一位老人一字一句解读时，需要非常大声地说话，因为老人的听力不是很好。好在交流没有语言障碍，我们能听懂村民方言，村民也能听懂我们的普通话，不然工作量会更大。村子外出务工的人不多，要是村委会会议室大一些就好了，每次通知的人可以更多点。下午来的村民较多，也比较集中，共完成七十多份问卷调查。

一天下来，大家觉得还是非常辛苦，尤其是嗓子有点受不了。但对工作已经非常熟练，乐观估计，明天就可以完成调研任务。想到可以这么快完成工作，我们每个人虽累但还是非常开心。

李桂梅

2017年7月9日

西岭村田野日志之十

早上九点，我们来到西岭村村委会。首先映入眼帘的是村部外墙上的大型横幅“我最牵挂的还是困难群众”，习近平总书记在新年贺词中的这段话也提醒着基层干部要心系群众，切实解决群众的困难。另一则海报“绿化美化净化，靠你靠我靠他——提高环保意识，建设美好家园”则更加切合了乡村生态伦理的要求。

今天，村里事情比较多。L书记需要外出处理一些事情。他帮我们找到村民名单后，委托DSM支委协助我们开展调研工作。我们也体会到调研工作的任何一步都不是想象中的那么容易。L书记花了好长时间才找到一份较为全面的能够供我们抽样的名单。李桂梅教授和张燕老师确定抽样方案，并进行抽样，从569人的名册中抽取226人，确定名单后，DSM支委帮助我们通知村民到村部参加访谈、填写问卷。

上午的访谈和问卷调研工作同步进行，李桂梅教授、贺智慧老师、张翠莲老师这三位湖南的老师分两组进行访谈。第一个接受访谈的是湖南农业大学计算机专业的学生，后来得知他就是D支委的孩子。上午两组共访谈了四个人。因为寻找村民名册和抽样花了一些时间，通知填写问卷时已经接近中午，几个人来填写了问卷。

中午，我们在跳石子用餐，观看了英国广播公司（BBC）、郴州电视台、宜章电视台等媒体对莽山黑豚之父、牧猪人HY的事迹介绍，我们对HY先生的了解也更加深入，更加钦佩他投入近千万元坚持这一事业。

中午时间较短，我们没有休息，下午早早到了村部。下午来村部填写问卷的村民一批一批到来。人多时，会议室挤得满满的。村民们的配合与支持令我们感动。张燕老师、芮雅进博士、柳柳博士和我负责问卷调查工作。发放问卷、指导村民填写问卷、检查回收问卷、发放调研小礼品等各项工作有条不紊地进行着。下午有一些村民因为没带老花镜、不识字等需要我们帮助读题并解释问题，帮助填写问卷，这项工作是比较辛苦的。会议室小，人多时非常嘈杂，我们在读题时则不停地提高声音，加之不会正确发声，连续两份问卷读下来，喉咙就感觉难受了。在帮助读题填写问卷的过程中，村民对相关问题的回答有几点给我留下了较为深刻的印象：一是村民的环保意识强，他们认为加强宣传环境保护很有必要；二是公平正义在他们心目中的地位很高，他们认为公平正义当然非常重要；三是有些时候个人利益受到侵害时，忍受、观望是他们的首选。

下午，HY 先生来到西岭村，了解我们的调研工作情况。一天的访谈工作进展顺利。下午的问卷完成情况超出我们的预期，完成问卷 70 多份。大家都为西岭村调研工作的顺利推进而感到高兴。

李明建

2017 年 7 月 9 日

西岭村田野日志之十一

一早我们在街上匆匆用过早餐，便驱车赶往西岭村村委会，汽车在山路上绕来绕去，看着周围的群山，我有种莫名的喜悦。

刚到村委会门口，天又下起了雨。L 书记已在门口等待，和他一起的还有其他两名村干部——村主任和妇女主任。我们便在门口的场地上合影。旁边还有一群村娃在玩耍，他们并不怕生人，反而对我们的到来感到新奇。其中有个小女孩拿起手机朝李桂梅教授拍照。李教授便用家乡话和她攀谈起来，问她："手机是谁的？"小女孩说："我妈妈的。"随着一老一少的交流，雨也停了下来。

L 支书和村主任因为临时有事，把我们的工作任务交给了妇女主任 DSM 负责。她拿来花名册给张燕老师抽样，同时按要求请来几名访谈对象。李教授、张翠莲老师和贺智慧老师对他们进行了访谈。确定好抽样的名单，已到中午。D主任帮我们按照名单一个个打电话通知村民下午来村委会填写调查问卷。

下午我们在村委会等着,两点左右村民陆续赶来填写问卷。李桂梅教授和她的团队在里屋继续着她们的访谈,我们则安排村民坐下填写调查问卷,遇到不明白的意思让他们问我们。庆幸的是这里的村民大都能讲普通话,交流起来没有语言方面的障碍。村民们一个字一个字阅读着,十分认真。有的村民不认识字,所以我们只能读给他们听,有时读完以后他们并不明白是什么意思,我们接着解释给他们听。到三点左右一大拨村民赶来,我们显然有些忙不过来,于是我们请在场的一些年轻人帮忙给不识字的村民讲解一下,在我们一起努力下,问卷进行得井然有序。五点多,村民们差不多都填完问卷了,我们数了下,一共71份,多么使人兴奋的一个数字。这时我们大家都感觉到嗓子有点疼,身体有些累,然而内心的快乐是成倍的。

芮雅进

2017年7月9日

西岭村田野日志之十二

今天是来到西岭村的第二天。早上八点半,我们准时出发前往村委办公室。来到村委会后,我们马上展开问卷调查工作。西岭村位于莽山乡西面,有五个村民小组,共两个自然村,农户230户,其中瑶族人口占到总人口60%以上。村委会向我们提供了一份村庄人口花名册,我们选取样本,并请DSM村委员协助通知村民,来村委会办公室做调查问卷。

在我们协助张燕老师做抽样工作的时候,李桂梅老师与D委员沟通,选取了村里面一些具有代表性的村民来做访谈。D委员电话通知访谈对象并约定访谈时间,李桂梅老师、张翠莲师姐同时段在不同的办公室对他们进行了深度的访谈调查。李老师和张师姐各采访了两位村民,真是一刻都没闲下来。

12:30,完成上午的工作后,我们前往H先生位于跳石子的黑豚店进餐,路上李老师与我们谈起采访村支书妻子的内容,得知西岭村全村仅一例离婚案例,离婚的起因是妻子去赶集,搭了同村男性的摩托车(顺路),事后被丈夫得知，丈夫觉得这件事妻子做得不对，“不守妇道”，于是两人出现矛盾最终离婚。其余再无离婚案例。李老师说着访谈内容有些激动，也与我们分享了一些她的体会和感受。

午餐过后，我们稍事休息就回到村委办公室，下午2:30后陆陆续续有村民前来。李桂梅老师，张翠莲师姐继续做深度访谈，贺智慧师姐负责记录。张燕老师、李明建老师、芮雅进和我则负责做调查问卷的工作。村办公室大概能容纳十几位村民同时做问卷，我们最初计划由张燕老师负责确定做问卷人员名单，芮雅进负责回收已做问卷，李明建老师和我负责辅导村民做问卷和分发礼物，实际操作起来却困难重重。一方面是由于村民受教育程度不一，部分村民需要我们帮助他们理解完成问卷，花费时间长；另一方面是村民集中前来，工作人手不够。张燕老师及时和D委员沟通，让村民分批前来，而我们也调整工作分工。

我主要一对一帮助做问卷有障碍的村民，一字一句念题目，并把一些题目生活化处理，帮助他们理解题目从而完成问卷。比如问卷中提到对婚前性行为的态度，我发现受访者会略显尴尬，选项还没念完就很随意地选了选项。于是我换了一种方式问：“咱们村里，还没有领结婚证就住在一个屋里，您怎么看？”这样，村民就会耐心听我念完题目选项，提高问卷的有效性。连续工作几个小时下来，我的声音都已经嘶哑，等我们协助最后一位村民完成问卷时，已经下午6:40。因为一直帮助村民理解问卷，大家的嗓子都有些嘶哑，晚上回到房间，张燕老师感慨道：“下一站一定要准备一些喉宝！”

今天一共对七位访谈对象进行了采访（李桂梅老师访谈了四位，张师姐访谈了三位），共完成了70多份调查问卷，看到这样的成绩，觉得辛苦也是值得的。明天继续加油！

柳 柳

2017年7月9日

西岭村田野日志之十三

昨天中国乡村伦理研究调查组成员从南京、长沙、株洲和衡阳启程赶赴郴州会合。来迎接我们的是莽山传奇人物之一HY老师,他是莽山黑豚创始人。HY老师曾是大学教授,后辞职下海,在广州当律师。2009年,他舍弃年入百万以上的律师工作。在众人不解中,住进莽山钓鱼坑山中小屋。深入研究养殖技术,终于功夫不负有心人,培育出湘西黑猪和莽山野猪的杂交品种——莽山黑豚。莽山黑豚的养殖基地——跳石子是一个有上千年历史的瑶家寨子,在海拔八百多米的半山腰中,全组有28户人家,八十多名瑶胞,都是贫困户,HY老师采用股份制方式积极带动村里人脱贫致富,不仅如此,他还考虑如何加强当地的乡村文化建设。听说有我们这个项目,他主动邀请我们来到这里进行调查研究。HY老师非行政出身,做这些事完全是为当地发展的大局着想。因而我们到来后受到HY老师的热情招待,他带领我们品尝他的莽山黑豚。肉质细腻,肥而不腻,清淡爽口,这是我第一次尝到这种烹调方法做出的猪肉。昨天晚上在HY老师安排下我们与村里干部见面,了解村里的大体情况,商谈今后几天的调查安排。

今天调查正式开始。上午,我们主要是进行调查对象抽样,负责村民联系的是村委员DSM大姐。这里的瑶族村民利用大山优势,积极发展种植养殖和旅游类相关产业,收入都还不错,房子盖得很漂亮,外出打工的人相对较少。收到电话通知后,不少村民陆陆续续来到大队部填写调查问卷。人多起来,大家很忙。尤其是一些年岁大的人,不识字,调查组成员需要一个个问题进行讲解,一个问卷下来需要一个多小时,很辛苦。即使这样,大家还是很高兴。看到问卷后还有小礼品赠送,村民也很高兴。

张翠莲

2017年7月9日

西岭村田野日志之十四

今天是调研工作正式开始的第二天,问卷工作和访谈工作都继续推进着。与昨天不同的是,因为考虑到第五组村民集中居住在跳石子区域,离村委会还比较远,山里交通也不方便,所以调研组讨论决定下午派李明建和芮雅进两位调研员去跳石子实施问卷调查,具体地点设在跳石子的莽山黑豚餐馆。

一整天都在紧张的忙碌状态中，到下午五点左右时已经全部完成了此次调研任务，桂梅教授和张翠莲老师今天一共完成深度访谈七例，我们收回问卷70多份。这次调研组中除了我和明建师弟参加过田野调查之外，其余队员都是第一次参加田野调查工作，但他们都很快进入状态。张翠莲老师先前比较担心访谈部分自己难以驾驭，但从昨天下午开始她就很自然地进入了状态，也许是村民都很热情且语言沟通一直比较顺畅，今天她很早就完成了访谈任务，然后又加入我们问卷调研组来帮忙，非常给力。在我们问卷调研组当中，柳柳和芮雅进两位都是今年的新进博士研究生，虽然年龄不大，但做事都很沉稳，认真地给不能单独完成问卷的老年村民讲解问卷，回答他们的问题，并耐心听他们讲跟问卷调查没有直接关系的“家长里短”。忙碌之余看着他们像辛勤的小蜜蜂一样，好像看到五年前的自己。

在向首席专家汇报了今天的调研工作进度之后，首席专家宣布可以“收工”，第一阶段的具体调研工作就提前完成了。尽管问卷调查的数据处理与访谈资料的录音整理工作都需要一段时间来完成，但我很期待这次调研工作的成果能尽快展现出来。

张　燕

2017年7月10日

西岭村田野日志之十五

今天调研工作（访谈和问卷调查）都顺利完成，真心感谢L村支书和D主任对我们的大力支持！D主任为我们一个个打电话通知村民过来村委会填写调查问卷。这是一件很烦琐的事，她却毫无怨言地陪了我们两天整。她看到我们是各大高校过来的教授和博士，赶紧从家里叫来她儿子（湖南农大大二学生）与我们多交流，启发她儿子将来发奋读书。她儿子成为我们的第一个访谈对象，后来还跟我们成为朋友。我们这两天一共访谈了十位村民，完成了194份问卷，并与十位对象进行了深度访谈。

今天的访谈过程中，我与李老师配合默契。其中有两个访谈对象，令我们印象深刻。一个是“致富能手”，他年轻有为，37岁，头脑灵活，勤奋努力。他在村里经营农家乐，前两年在村里修建了一栋四层楼的房子，现在租给别人做酒店，一年房租收入就有好几万元。他有比较先进的经营理念，容易接受新生事物，特别注重环保，他还有带村民致富的想法。他不愿自己的小孩成为留守儿童，十年前举家回迁到村里发展。他有自己的想法，勤于思考致富之道，他在村里受人羡慕，大家都称呼他“致富能手”。还有一个就是支书夫人，能说会道，精明能干。她原本是村里的代课教师，自己主动创业，在邻村幼儿园租下房子与人合伙做“学生之家”。她老公是村支书，又是村里的“赤脚医生”，家里还开了个诊所，夫妻俩每天都有忙不完的事，他们都直言不讳地说，他们夫妻俩相识是一见钟情。他们家的生活让人感觉生机勃勃，蒸蒸日上，夫妻俩靠自己的双手把日子过得红红火火。

今天值得一提的是，在等待晚餐上菜时，我们抓紧时间上山去与传说中的黑豚来了一个零距离接触。坐车到半山腰，又爬山近二十分钟才看到它们。可爱极了，与山鸡和睦共处，生长环境非常优美，无污染。有幸刚好碰到今天杀猪，晚餐我们吃上了全猪宴，我们实地考察了黑豚的生长环境，更能体会它们的肉有多么珍贵，它们的高贵是有理由的。我们还欣赏了牧猪人何老师与猪共处的老宅子。想想在大山深处独自一个人待在这里，需要多大的勇气？不得不越来越敬佩！

贺智慧

2017 年 7 月 10 日

西岭村田野日志之十六

张燕调研工作经验丰富，她根据西岭村情况，把今天的问卷调查工作分成两组。因为西岭村有五个村民小组，第五组村民都在跳石子村，距离村委办公室较远，于是安排李明建和芮雅进去跳石子，以方便跳石子村民就近做问卷，我们和 Z 总说好，借他的宝地——莽山跳石子黑豚餐厅一用。我和其他人继续留在村委会做调研。

上午我和贺智慧继续做访谈。一个是当地“致富能手”，一个是女性村民。两人都非常善谈，而且熟悉国家对新农村建设的要求，如美丽乡村建设、生态文明建设、生态旅游等。“致富能手”以前在广东打工，做的是环保产业，因而对环境保护这一方面比较熟悉；现在回乡做农家乐餐馆，是当地做得比较好的一个老板。访谈中他认为一个人做得好不算什么，要带领大家一起致富。有这个想法的农民还真是了不起，到了不一般的境界。所以有人说眼界很重要，农民到城市打工，开阔了视野，眼界也就不同了，眼界决定境界，境界决定成就。我们祈祷“致富能手”的愿望成真。

下午的访谈对象是L支书的爱人。她做过教师，文化程度大专，是一个有主见的知识女性，现在已辞职，自己开“学生之家”，招收学生，效益不错。他们这一对夫妻是当地文化程度比较高的知识分子，各有专长。L支书也是大专毕业的“赤脚医生”，担任村干部后行医的时间自然少了，也大大影响家庭的收入，而且村干部的收入也较低，妻子对此有些意见也很正常。但在访谈中她认为既然村民对她丈夫如此信任，她也不能拖丈夫的后腿，要支持他做好村里的工作。从配合我们做访谈就可见她对丈夫工作的支持，她的暑假班正在招生，事情非常多，在访谈过程中不断有人打电话报名咨询。本来我们也没有把她作为访谈对象，只是说有点时间再做一个访谈也可以。D委员一个电话，她就来了。我们也非常感谢她对我们访谈工作的热心。正是由于访谈对象的热情配合，我们的访谈工作顺利完成十例。

访谈间隙，看到问卷工作有条不紊在进行，张燕、张翠莲、柳柳都在一对一进行问卷解读。更让我感动的是，一些老人带了孙子孙女来做问卷。上学已识字的孙辈帮爷爷奶奶解读问卷、填写问卷的认真样子，使我忍不住抓拍了几张照片。

正是由于西岭村村民的全力配合，HY同学和西岭村村委会的全力支持，尤其是D委员不辞辛劳一个个打电话，我们的调研工作才能够在三天时间圆满地画上句号。感谢为调研工作付出辛勤劳动的所有人，你们的情谊永远铭刻在心里。

下午结束调研后，为不虚此行，我们抓紧时间上山“看望”黑豚。尽管Z总派车送了我们一程，但那段车不能去的路程实在难爬，尤其是几位江苏同伴刚开始还有点不适应。好不容易到了跳石子黑豚基地投喂点，为让我们一睹黑豚“芳容”，饲养员敲竹筒呼唤，我们翘首以待，忽然一群黑豚从山上冲下来，我们赶忙拍照留念。平时黑豚放养在山上，饲养员每天上山到投喂点定时喂养。上山实地考察后，我们都认为黑豚肉卖一百多元一斤货真价实，喂养的过程确实很辛苦，而且所有喂养食物都是自己精心配制的纯天然的。这种生态牧猪法值得推广，尤其是郴州这片多山的地方适合这种牧养。祝愿 HY 同学的牧猪事业兴旺发达，蒸蒸日上，能造福于更多的百姓。

李桂梅

2017 年 7 月 10 日

西岭村田野日志之十七

今天早饭我吃得比较快，吃完后，便在莽山瑶族乡茅庵村街道走走看看，希望多了解一些情况。走过老街道后，远远地，我看到一处山坡上有些白色物体。我心想，这不会是垃圾吧。我不由地加快脚步，穿过一个停车场，走近这个山坡。接近山坡时，生活垃圾的臭味阵阵飘来。我屏住呼吸，看到了十多米高的小山坡从上到下形成了两三米宽的垃圾带。再看向远处，青山绿树，美丽的景色。真为大山里这一处污染而感到揪心。看到这一切，我又思考着，这些山村的生活垃圾到底该如何处理？村民们的环境保护意识到底如何？这种污染对他们的影响又有多大？距离这片垃圾带不远处有个建筑物上有“莽山瑶族乡欢迎您”几个大字，这个办公楼应该就是乡政府了。面对这些问题，基层政府又该做些什么呢？目前的状况，初步看来，对这些垃圾进行掩埋处理应该是非常有必要的。

今天，问卷调研分成两个场地。因为第五组村民都住在跳石子，我和芮雅进博士去往跳石子进行问卷调研。我们把问卷填写地放在了西岭村的莽山黑豚馆内。上午来了近 20 人回答问卷，大家就在餐桌上答题。下午来了八九个人。令我们感动的是两三个年轻人完成自己的问卷后便开始担任志愿者，帮助其他人理解题目。

在等待村民来答题的过程中，我和 HY 先生又进行了一些交流。我们也了解到跳石子是有着千年历史的瑶家寨子，这个自然村落共有 28 户人家。莽山土里巴吉公司与跳石子种养专业合作社组建土里巴吉跳石子生态农业公司，土里巴吉以技术和品牌为支撑，合作社以 3 500 亩林地提供牧猪场地，每户出资 5 000 元，土里巴吉和合作社各占 50%的股份。2016 年，跳石子生态农业公司给入股农民每户分红 4 000 元和五斤猪肉，农民投入的本金基本收回。合作社的理事长、会计、出纳等都由跳石子村民担任，村民的积极性也被真正调动起来。

晚饭前，我们抽空去跳石子黑豚养殖基地看了一下，山上的路不太好走，但是我们都不怕辛苦，大家都很好奇，都想看个究竟。到了养殖基地，工作人员带我们先看了一下饲料存放仓库。饲料作为补料，是由麦麸发酵而成，有时配加中草药防治疾病。工作人员敲击竹筒，十几头黑豚听到声音便飞奔下山，工作人员洒了一些饲料。这时附近的鸡也过来抢食。洒在猪身上的饲料，鸡也帮忙吃掉。一派和谐的景象。

今天赶上跳石子黑豚馆杀猪，晚餐吃到了猪大肠、猪血、猪肚，很美味。西岭村的问卷调研工作及访谈任务基本完成。明天收尾了。

李明建

2017 年 7 月 10 日

西岭村田野日志之十八

今天我们的任务是把接下来的调查问卷完成。我们兵分两路，一拨人还是留在村委会把接下来的访谈做完。我和李明建老师两人则前往跳石子做五组的调查问卷，因为他们住在山上，下来要 30 分钟的路程，所以我们的问卷调查选择在山上进行。等到十点左右，村民一起赶过来，我们先安排他们坐下，然后向他们说明我们此次问卷的一些填写要求。他们填得很慢、很认真。一个厨师小伙用他们当地的语言帮我们向村民讲解，一上午我们做了 25 份，剩下的几份下午很快就完成了。晚上，我们吃了全猪宴，今天村里刚好杀了一只猪。我们一起有说有笑，享受着农村的这份自然。外面突然下起了很大的雨，仿佛也在为我们工作的顺利完成而祝贺。

芮雅进

2017 年 7 月 10 日

西岭村田野日志之十九

今天是调研的第三天。昨夜张燕老师又准备了80份小礼品。早餐过后，我们就准备展开今天的调研活动。因为西岭村是由两个自然村组成，分为五个村民小组，第五组村民基本都在跳石子且距离村委办公室较远，交通非常不便。为了方便村民来做问卷，我们决定分为两组：李桂梅老师、张燕老师、张翠莲师姐、贺智慧师姐和我前往村委办公室；李明建老师和芮雅进则到跳石子，暂时借用HY先生的饭店对第五组村民进行问卷调查。

早上九点，我们到达村委办公室。昨天D委员电话通知的村民，开始陆陆续续前来做调查问卷。工作到第三天，我对于调查问卷工作已经非常熟悉，也能分辨哪些是需要我帮助的村民，能主动地去帮他们完成问卷。因为一部分村民前往跳石子做问卷，上午来的村民明显没有昨天的多，张燕老师和我也稍微轻松一些。李桂梅老师则继续做访谈，上午对两位村民进行了深度访谈，贺智慧师姐做记录。大约下午一点，我们结束了上午的工作，决定就近在村委办公室附近就餐，李明建老师和芮雅进与我们共进午餐。午餐后，我们稍事休息，又开始了下午的调研。

调研工作原本计划访谈八位村民，到今天中午已经访谈了九位村民，但是为了能尽量丰富调查内容，李桂梅老师决定下午再做一例。这是我第一次跟李老师出来调研，李老师对待调研工作的认真态度深深影响着我。在做调查问卷工作时，我一刻也不敢大意，努力认真地完成这份任务。在帮助一位不识字的村民做问卷时，我发现他非常拘谨，对陌生人戒备心很强，而且很多问题都答非所问，答题十分随便。我用聊天的方式跟他沟通，了解到他从未结婚，没有兄弟姐妹，没有朋友，父母亲也已经去世了，平时的休闲活动也是发呆与睡觉，很少与人沟通。针对这一情况，我尽量把题目融入聊天对话中——不再是一字一句念题目，希望能让他慢慢放下戒备——并且调整答题顺序。在他慢慢信任我后，才提关于婚姻家庭的问题，最后顺利完成问卷。

高强度的工作，使我们短短三天顺利地完成了149份调查问卷，十例访谈。出乎意料的调研进度，使得大家忘记了一天的辛苦。工作的顺利进行，离不开村委D委员的协助，晚上我们请她来到莽山黑豚店品尝黑豚。

柳　柳

2017年7月10日

西岭村田野日志之二十

今天是调查的第三天，昨天已经调查了近70份。我做了两个访谈，一个是负责村里妇女、计划生育工作的DSM大姐，一个是普通女性村民。两个人完全是不同的风格。D大姐受过教育，参加过酒店服务工作的培训，待人接物、做事、教育方面已经超越了普通农民的层次，有想法、有行动、有追求。她热衷于村民事务，以身作则教育儿子，把他培养成大学生，并且建议儿子主动与我们交往，为我们当向导。小伙子很懂礼貌，热情。D大姐和他儿子为我们展示乡村人民热情、淳朴、乐观的一面，他们是新型农村的代表，不等、不靠、不怨，积极融入社会的大潮之中。另外一个村民，没有读过书，对村子里的事情不积极、不主动，也不关心。嫌弃外面打工辛苦，平时有时做点短工。丈夫长期在外打工，夫妻之间感情淡薄。身体也不是很好，对改变未来没有信心，也没有能力。也许她是农村“旧女性”的代表，嫁鸡随鸡嫁狗随狗，把命运寄托在丈夫身上，一旦丈夫也没有能力，就只能听天由命了。通过他们身上体现的不同的人生追求，感觉农村女性再教育非常重要，对于她们来说，义务阶段的教育只是完成了知识层面的教育，如何自立自强有追求，并充当起家庭和社会的创造者和积极参与者将会决定她们未来的前途命运。这一块需要党和政府以及社会积极为农村女性再教育提供各种教育培训平台，帮助她们树立自立、自强、自尊的品格。

在问卷调查中，感受较深的是农村人的人情淳朴，一些村民要翻山越岭赶到调查地点，没有埋怨，积极配合我们做好调查问卷工作。其中有个奶奶七十多岁，背已经很驼，手里拿着割草的镰刀，赶来问卷地点，整个问卷过程中一直笑容满面，望着她黢黑的脸庞，我在想生活的磨难并没有让她愁容满面，而是乐观对待生活，这是农村精神中最让人感到不可思议的重要方面。由于我们是外面来的读书人，村民对我们较为敬重，愿意把他们的忧虑、担心悄悄告诉我们，因为他们期望村子在各方面做得更好。希望我们的工作不会辜负他们的期望。

张翠莲

2017 年 7 月 10 日

西岭村田野日志之二十一

今天最大收获是见到了莽山的另一位名人 CYH——湖南省莽山自然保护区“蛇博士”。他 19 岁时到莽山工作，与蛇共舞了三十多年，发现了世界上的第五十种毒蛇“莽山烙铁头”。经 HY 老师引见，我们非常激动，赶紧跟他合影留念。他是一个非常和蔼、看起来十分精干的老人，待人很谦逊。很多人在电视上见过他，对他献身毒蛇研究，不惜牺牲了自己半根中指的精神，由衷地敬佩。

贺智慧

2017 年 7 月 11 日

西岭村田野日志之二十二

今天，是我们在莽山瑶族乡西岭村进行乡村调研的第四天。早餐还是在莽山瑶族乡街道上吃的。几天的调研中，我已渐渐适应这里早餐的“粉”，湖南人爱吃辣，我们几个江苏的不行，从开始的不加一点辣，到后来加一点点，今天我已经和湖南几位老师吃的一样的“粉”了。7 元钱一碗的“粉”有猪肉、猪肝、猪大肠，真是物超所值。这几天的早饭我们大多是在 Z 总的夫人开的早餐店里吃的。

今天的任务相对轻松，我们整理一下问卷材料、访谈信息，工作完成的那一刻，很有成就感、轻松感。

下午，我们在宾馆大堂见到了一个名人。HY 老师带来一位老者，让我们相见。这位老者背着草帽，一看便是行走于大山中的人。HY 老师告诉我们他就是当地知名人士“蛇博士”CYH。“蛇博士”生于 1949 年，19 岁便到莽山自然保护区，进行蛇类研究工作，九次被毒蛇咬伤，三十多年来用他发明的治疗蛇伤的技术成功救治五百多名蛇伤病人。他还发现了世界第五十种毒蛇“莽山烙铁头蛇”，全世界仅有300—500条。1996年，莽山烙铁头蛇被国际保护组织列入红色名录。此后，他养殖了近百条这种蛇，按照当时黑市百万一条的价格，如果他卖出那些蛇，早就成为亿万富翁了。但是这位“蛇博士”没有那样做，甘守清贫，甘于奉献。正如HY先生所言，“蛇博士”身上展现的是莽山人的一种精神。也因为“蛇博士”的贡献，让莽山的知名度更高，也吸引了更多的人到莽山旅游。我们和“蛇博士”握手的那一刻，深切感到这位老者的伟大。晚上我把我们和“蛇博士”的座谈照片发了条动态，我的一个学生一眼便认出了他，原来他初中时看过电视纪录片，记住了“蛇博士”CYH。我怕蛇，所以更敬重这位与蛇共舞的“蛇博士”。

HY老师说今天乡里有人请莽山几位代言人吃饭，并讨论莽山的发展。三位代言人我们都有幸见到了：“蛇王”“蛇博士”CYH，“豚王”HY，还有一个“蜂王”$HY_2$①。HY_2是西岭村村委会主任、“瑶园蜂蜜”的法人代表，我们在调研时见过两面，他很忙，就打了个招呼。

今天的晚饭，我们是在宾馆的餐厅吃的。大家都想清淡一些，点了面条。吃完面条，我们去散步。莽山瑶族乡政府前好热闹，跳广场舞的、打球的、跳皮筋的、聊天的，人很多。我们看着热闹的场面，相信他们的幸福感都不错。我抓住机会跑到乡政府看了一下宣传栏。莽山瑶族乡是宜章县唯一的一个少数民族乡，在全县最南端，共有七个行政村，54个村民小组，紧挨莽山国家森林公园，该乡充分利用莽山旅游、瑶族文化、生态、水利等资源优势，调整产业布局，形成了乡村旅游、茶叶生产、小水电站为主导产业的循环经济格局。我也注意到一个现象，这个乡里的书记、乡长、副乡长等领导近十人，感觉人数有点多。

回来的路上，我们买了一个26斤的大西瓜，大家吃得很开心，我们还送了一小半给旅馆的工作人员吃。吃完撑得厉害还得再出去散步，大家又晃了一圈。

李明建

2017年7月11日

---

① 同一篇日志中，出现两个姓名首字母相同的人物，第二个出现的人名首字母后加数字“2”，以此类推。

西岭村田野日志之二十三

今天我们调研了H老师的土里巴吉莽山黑豚馆和黑豚繁育基地。莽山黑豚养殖合作社基地占地面积两千多亩，养殖黑豚300只左右。养殖场处在海拔八百多米的山林里，长满了密密麻麻的竹子，周围用栏杆围起。负责这个养殖场的ZYG先生向我们介绍了莽山黑豚的养殖情况，这里除了养殖黑豚之外，还养殖鸡，H老师称之为鸡豚混牧养殖方式。由于黑豚具有野猪基因，这里的黑豚会吃掉那些老弱病残的鸡，而鸡会跳到猪的身上啄猪身上的虫子，猪和鸡之间和谐相处。这里养殖的鸡和猪与市场上一般的鸡和猪的价格相差极大。猪肉要卖到一百多元一斤，而鸡卖到50元一斤。目前正处于初步盈利阶段。H老师希望能将他的黑豚做成代表中国农民的最大最强品牌。在这里再次看到湖南人敢为天下先的精神以及深厚的家国情怀，不为名不为利，只是为了折腾出一个新的事物。祝愿H老师的梦想能够早日实现。

在这里我们还见到了莽山又一位传奇人物——"蛇博士"CYH。他已近70岁，须发皆白，精神矍铄，面貌清瘦，和蔼俊朗，背上背着一个帽子，一看就是长期从事山野工作。由于C博士忙去赴宴，我们只是简单做了介绍，合个影。长了那么大第一次感受到追星的激动与快乐。

张翠莲

2017年7月11日

西岭村田野日志之二十四

为期五天的调研工作已完满结束，今天又有意外的收获：有幸遇到一群好人，他们已经成立"好人协会"，系全国首创，而且比较成熟。听了他们的介绍，让我们这群知识分子十分惭愧，也非常惊讶。一个小县城还有一群这样的人不计报酬，在积极地为社会和谐努力践行着雷锋精神。他们要把宜章打造成"宜章好人之城"。协会还免费送了我们每人一套书——他们自己编写的《大美民魂》上、下册，宣扬好人助人为乐、不计个人得失的崇高精神。此行收获满满，我们遇到的人都热情好客，特别要感谢牧豚人H老师的全程陪同，并跟我们传道，让我们一行人都惊讶于他的情怀、乐观、有思想、有感染力和敢说敢做，让我们受益匪浅！莽山的人、景、豚、茶和凉爽的天气都给我们留下了深刻的印象！希望下次能有机会再来！再次感谢各位莽山人。

贺智慧

2017 年 7 月 12 日

西岭村田野日志之二十五

西岭村的调研任务完成了，我们今天返回郴州。HY 老师早上来接我们一起去了趟村委会，和 L 书记、D 支委等人道别，感谢他们为课题组调研工作提供的方便，因为他们的大力支持和协助，我们调研工作第一站的任务才得以顺利完成。在莽山西岭村的几天调研中，我们很开心，离开时真有依依不舍之感。我们祝福西岭村未来几年能发展得更好！

返程途中，HY 先生带我们去了宜章县“好人协会”。协会的办公场所在玉溪镇南京洞社区。协会是 2016 年 12 月 28 日由宜章各界先进典型、道德模范、劳动模范和做出了一定业绩的爱心人士、爱心企业、爱心组织共同发起成立的公益性社会团体法人。该协会主要开展排忧解难、见义勇为、帮贫扶困、助学助教等公益活动。协会在发现、推介、宣传宜章好人好事和好人精神中发挥了积极作用。通过 HY 老师的简单介绍，我们对这一民间组织在乡村社会治理中的作用发挥非常感兴趣，正如 HY 老师所言，“找到基层最闪光一面”。

“好人协会”XJL 常务副会长、XB 副会长、LJS 副会长等人参加了座谈会。XB 副会长给我们详细介绍了协会工作的开展情况。XB 老师说在成立这一协会之前，他们主要通过新闻报道推出好人，从一个好人到一批好人，再到塑造宜章的好人之城形象，他们就是要营造向善向上的氛围，为打造宜章好人之城、构建和谐稳定宜章做出贡献。XB 老师还谈及他对人本文化的理解，他认为人本文化远高于西方上帝文化，内涵了人帮人的文化、人爱人的文化、人救人的文化，而民间的人帮人则是无价之宝。他们要让人本文化在好人现象、好人文化中得以传承。他说好人就是信仰，就是人们的榜样，在新时期乡村治理中培养新乡绅有点来不及,所以他们发起成立了“好人协会”。

XB老师还谈了学术研究的一些问题。他说研究中国社会就要回到中国社会之中,要采用合乎一国、一地区的方法去开展研究,要触及社会根本,要触及灵魂。学术如果离开老百姓,研究成果完成后,读这些成果的人就少了。他认为农民的伦理状况需要研究,农民表现出宗法性、灵活性特点,灵活性就是江湖性,存在没有规矩的问题。他认为伦理应该成为一种信仰。李桂梅教授在交流中谈到,XB老师从文化渊源层面分析好人,表达了“好人协会”存在的意义及价值,而在乡村治理中,协会如何担当好政府与百姓之间的协调人、代言人,如何确定入会的标准,如何解决协会发展所需的经费等问题也值得思考探索。

在宜章“好人协会”的座谈中,大家感觉收获很多,也因这些发起人的行动深受感动。

李明建

2017年7月12日

西岭村田野日志之二十六

为期五天的调研工作已完满结束,在即将结束暑假调研首站旅程时,我们有了意外的收获。早上在HY先生的陪同下,我们向村干部表达了深深的谢意并辞行,因为返程时间较宽裕,在HY先生的建议下,我们决定前往访问宜章县“好人协会”。大约十点半,课题组一行到达宜章县“好人协会”,协会发起者XB老先生介绍了该会成立的初衷和目标,并就乡村治理问题,与李桂梅老师交换了意见。“好人协会”的成立,在维护社会稳定、化解社会矛盾、扶贫济困、助人为乐等工作中起到积极的作用。协会帮助村民解决了许多实际问题,为老百姓做实事,作为一个非政府组织,架起了党和政府与老百姓之间的桥梁。“好人协会”的诞生是百姓的呼唤,是政府的需要。

老师们的谈话让我思考了许多:中国为什么需要“好人协会”?乡村的思想政治教育工作如何进行?针对乡村的实际情况,传统的课堂、书本教育是不够的,更需要多种教育形式。“好人协会”的出现,为实现老百姓的思想政治教育提供了新的形式。我们需要好人，需要榜样，需要“好人协会”这样的组织。

“一滴水到一片大海，一个好人到一群好人”，愿中国有更多的“好人协会”，让中国有更多的好人。

柳　柳

2017 年 7 月 12 日

西岭村田野日志之二十七

今天，H 老师带领我们参观访问了宜章市“好人协会”。宜章在历史上就是人文深厚、英雄辈出、英才汇聚之地。韩愈、六祖惠能、周敦颐、陆九渊、王阳明、徐霞客等人涉足、考察、书写过这方水土，明代以来的官宦以杰出的政绩、刚正的气节和卓绝的功德浸润熏染这方水土……而到了近现代，这里又产生了大量优秀杰出的人物。改革开放后又涌现了一批在全国有影响的先进典型和模范人物，如李长水、刘贤玉、李黎明、李建龙、刘真茂、袁贤光、谭兰霞、谢运良等人。“宜章好人”现象，引人注目。宜章市“好人协会”由 XB 老师发起创建。XB 是县委宣传部退休干部，长期致力于发现、挖掘和推介宜章好人，撰写好人事迹一百多篇，并在各级媒体乃至全国主流媒体报道，使得宜章好人脱颖而出，成为全国重大典型，他本人被誉为“新闻老兵”“发现好人的好人”“好人背后的好人”。XB 老师在长期的记者生涯中深深感受到好人的力量，并深受感染，希望中国好人蕴含的深厚伦理内核能够建构起中国特色社会自治和社会伦理功德的精神体系，因而希望借助于“好人协会”这个平台构筑中国治理和发展的力量源泉。他认为中国真正的好人在草根，希望在草根，只有发挥草根中的互帮互助的力量才能使好人成为社会的重要影响力量。“一滴水到一片大海，一个好人到一群好人”，最根本在于人帮人、人爱人、人救人，这样才能承担改革开放的成本。XB 老师从 2009 年起决心每年推出一个好人，2016 年 12 月协会正式挂牌成立。成立五个多月，已发展个人会员四千七百多个，团体会员五个，接待求助群众三百多人次，排解各类矛盾纠纷四十多起，帮助残疾人就业 12 人。在今后的工作中宜章“好人协会”将会大力推进农村基层“好人协会”的建立完善，并将之推广到郴州市。在参观访谈的过程中深深感受到XB老师和其他退而不休老人的担当和责任。作为一个调查研究者，应该对“好人协会”有所观察、思考、推动，以知识的力量推动“好人协会”遍地开花，成为中国社会治理的平台和文化精神的力量源泉。

张翠莲

2017年7月12日

二、赵家湾村田野日志

赵家湾村田野日志之一

今天是回乡调研的启程之日。早晨6:30，我和一个同为罗田人的调研成员开车出发了。问卷由南京的同事负责拿来，而我的车上，放了一封由南京师范大学盖章的调研函，以及三份简易的调研问卷。路上略微有些担心，不知道村民的召集情况是否理想。12:00之前，我们准时到达了县城，大哥和大嫂都在家里等着呢！晚上，我的四个高中老同学过来了，他们现在都是县里各个行业的骨干，四个人一起商量了调研事宜，先预订了宾馆(“一方山水”，一个单间、四个标间)，还联系好了调研用车。

李志祥

2017年7月10日

赵家湾村田野日志之二

大嫂今天上班去了，大哥请了一天假，在家里陪我。上午，大娘过来了，陪着我聊天，期间说到大姐。姐夫一个月前刚刚去世，大姐一个人很孤单，心情很不好，情绪很差，人也变得有些呆傻。大娘说想上去看看，但人走不动。正好我也想上去看看大姐，就说开车带她去，然后再带她回来。结果呢？大娘感觉身体不是很舒服，担心在大姐家生病，就不想去了。我呢？先去二哥家看了一下。二哥盖了三层楼房，下面两层都装修好了，自己设计，自己装修，非常漂亮。然后我一个人开车去了大姐家，后来二姐、二姐的儿子和孙子都来了，再后来大哥和姐夫也来了。其间和外甥XJ讨论了一下实业投资问题。XJ原来在网上做数字产品，现在做这方面生意的人多了，管理也严格了，赚不了多少。所以，XJ想转过来做蕲蒿（蕲春县的一种中药材）系列产品，目前正在注册商店。我还和大姐讨论了一下养老问题：现在两个女儿都远嫁了，儿子嫌家里收入低，不愿意回来开艺术培训班，而是想继续在上海做，并想把大姐接到上海去。事实上，以大姐目前的状况，如果去上海也会过得非常糟糕。那么，大姐的养老问题怎么办呢？这是一个目前还没有解决好的问题。

下午四点多钟，村里一个堂哥来了，他的老婆今年去世了，儿子也搬到县城去了，家里就剩下他一个人。听说他现在经常到处游走。聊天的时候，我们谈到一个问题：村里的红白喜事怎么弄？他告诉我，目前农村已经出现了红白喜事专业化的情况。专业团队解决一切事务，主人只需要付钱就行了。这个堂哥表明两个态度：第一，专业团队确实比较方便，而且价格也便宜；第二，与互惠型互助相比，现在人情确实淡了。至于能不能接受的问题，年近60岁的堂哥表示：能够接受，只要大家都这么做就行了。我不帮你，你也不帮我，大家都一样出钱，这样就公平了。如果有人出钱有人不出钱，就可能会引发问题。

五点多钟时，我和大哥一起去了赵家湾村村部。村主任正好在，他的兄弟目前在襄樊一所大学做副校长，已经是厅级干部了。在交谈中，我说明了调研的想法：做问卷和访谈。WYF表示没有问题，但村里明天要接待县委宣传部的检查，希望等这件事结束后再谈；另外，基本确定大规模填问卷的时间放在星期六，7月15日。如果顺利的话，基本上一天就可以做完了。我建议访谈14日就开始，因为我们访谈需要更多的时间。晚上，我的一个老乡兼同学来了，他是县国土资源局纪检书记，敲定了以下事情：第一，走正常公函流程，由县政府办处理相关事务，由县里派到镇里，镇里再派到村里；第二，争取请县人大主任和分管教育的副县长出面，在我们的调研期间专程探望。

李志祥

2017年7月11日

赵家湾村田野日志之三

根据老同学的建议，我今天去了县政府。说实在，尽管我是罗田人，还从来没有进入过县政府，以致我今天把县委和县政府都搞混淆了。县政府的门头是一个文物——看样子很有年头的古文庙。八点整，县外侨局副局长就把我带进了县政府，主要谈了两件事情。第一，给我介绍了县政府办副主任，并办妥了调研函的相关处理事务。根据公函处理流程，由分管教育的副县长和政府办主任分别签批示，然后通过办公系统发给了骆驼坳镇政府。第二，给了我一些招商引资的资料，希望我利用自己的人脉资源做一定的宣传。由于引荐人是我的老同学，所以事情进展得非常顺利。但我能明显感觉到，政府办主任对这件事并不是很热心，仅仅是看在我老同学的面子才例行公事的。

根据老同学的推荐，我们确定了调研组的住所——经纬商务宾馆，而将原先联系的“一方山水”退掉。上午，老同学还特意将我带到宾馆，进行了房间实地考察，同时还进行用餐实地考察。没想到这个老同学，办事如此认真细致！下午，还是这个老同学，将我带去了县一中运动球馆，打了一次羽毛球。

李志祥

2017 年 7 月 12 日

赵家湾村田野日志之四

上午，我和大哥去了骆驼坳镇政府，镇政府办主任说她已经接到了县里的公函，并根据公函上的要求当面给村支书打电话，要求村里认真接待。主任很热情，我们互留了一个网络聊天软件账号，并且合了一个工作照。

从镇里出来，我们回到了村部，找到了村支书。真没想到，村支书办事效率还真高，这其中可能有县政府和镇政府公函的原因。村支书迅速敲定了两件事：第一，14 号的访谈，我们两人现场就确定了代表各个方面的访谈名单，他下午就开始联系这些对象，确保这些对象 14 号能顺利接受访谈；第二，15 号的问卷，我们现场就按照等距抽样的原则在村民名单上确定了对象，他把每个村里的待访人员名单都抄写下来，准备让村里的干部一个组一个组地送过去，由各个组长负责通知到自己组的村民。事情前后不到一个小时，就已经完全定好了。

下午两点钟，接人的车来了，是在骆驼坳镇上做租车生意的。车子是新购置的商务车，装八个人稍微有些显小。四点多钟的时候，我们到了汉口火车站，停车场太乱了，好不容易才找到位置。几个方向来的人有的早就到了，稍作游玩后就闻讯聚拢过来。五点钟之前，人全部齐了。相聚在武汉，大家都很兴奋，彼此诉说着各自的路上见闻，交流着对湖北武汉的印象。七点半左右，我们顺利抵达罗田县城。

晚上，我的老同学们和调研组成员一起聚了一下，基本上谈的都是罗田的特有食谱。除了野蘑菇、千层饼等之外，最让人回味的是新鲜糍粑，现打出来的，很有儿时的味道。在罗田定位为县域生态的时候，罗田的一切文化、礼仪、生产、生活、饮食、休闲确实都与县域生态这个定位相适应了。席间，大家交流得非常愉快。比较晚了，我也懒得回家了，就在宾馆开了一个房间。从窗口看出去，灯影下的义水河夜景迷人，确实有几分罗田小外滩的风味！

李志祥

2017 年 7 月 13 日

赵家湾村田野日志之五

第二组调研的老师、同学分三路人马在汉口火车站会合，由李志祥老师亲自随车接至罗田县城。一路上，由武汉市区转入高速抵达罗田，由拥挤狭窄有些杂乱的城区转入绿色开阔的乡村，远处是蓝蓝天空映衬下的荷田、山峰和水面。乡村的味道扑面而来，与江南印象中的乡村有着相似之处。罗田县城街道整洁，道路宽敞，有些出乎意料，也好似来到了江南的小镇。落脚宾馆面对着义水河，我们入住的竟然是河景房！丰盛的晚餐，热情的接待，欣喜的心情……我们期待明天的入村行动！晚安，义水河！

夏天静

2017 年 7 月 13 日

赵家湾村田野日志之六

今天，我们转战湖北。上一组里有几位老师回家了，张翠莲老师、芮雅进博士和我继续参加国家社科基金重大项目“中国乡村伦理研究”课题组第二站的调研工作。第二组调研工作的领队是南京师范大学李志祥教授。调研点选择在湖北省黄冈市罗田县骆驼坳镇赵家湾村，这里也是李志祥教授的老家。他已提前几天回到罗田，与罗田县、骆驼坳镇、赵家湾村的相关部门的领导先后协调沟通此次调研工作。在我们到达之前，李老师已经和赵家湾村的村干部商讨确定了访谈人员，并在全体村民名单中进行了抽样，也对访谈和问卷调查的时间地点进行了安排，调研工作在充分预热后可谓是万事俱备，只欠东风了。

下午 4:30，我们到达汉口站。我们三人和提前到达汉口的课题组首席专家王露璐教授、夏天静博士、张月昕博士、刘昂博士等人会合。李志祥老师则租好了车辆到汉口接我们，满满一车人，很热闹。从武汉到罗田都是高速公路，近两个小时的车程，一路上大家有说有笑，没感觉到疲惫，只感觉时间过得很快。课题组首席专家王露璐教授在车上简单总结了第一站湖南郴州西岭村的调研工作，并对赵家湾村的调研工作提了一些要求。她希望大家克服天气炎热的困难，提高调研工作效率，把握有效的方法，保质保量地完成调研工作。王老师还特别提出在村民填写问卷时要提醒村民逐题作答，调研人员在回收问卷时要检查有无漏答题目。途中，李志祥教授还说了一些他的家乡话，让我们猜猜意思。

考虑到课题组成员在罗田的语言交流问题，在李志祥教授的努力下，课题组增加了一个南京大学 2016 级法学专业的本科学生李一鸣。

今天的交流中我们得知李志祥老师老家所在的赵家湾村李家洼是很有名的。这个洼里有三个姓氏：李、郭、郑。洼里三大家都出了人才，郭姓家大多干行政工作，李姓家出了学问做得好的教授，郑姓家生意做得不错学问也做得很好。郭家有姐弟三人在罗田县相关部门工作，还有个副县级干部。李家就是李志祥教授家。李教授是从山洼里走出的大学生，又到上海华东师范大学读了硕士，进入南京师范大学工作，还是南京大学的博士。郑家做锅炉生意挣钱不少，还有一个在美国留学，后来在美国工作搞化学研究。他们都成为赵家湾村的骄傲，也成为赵家湾村教育孩子学习的榜样。

明天，我们将正式开始赵家湾村的调研工作，心情依然激动。

李明建

2017 年 7 月 13 日

赵家湾村田野日志之七

湖北省罗田县赵家湾村，是课题组本次暑期调研的第二站。昨天，我终于结束了暑期加班工作，从南京奔赴现场。结束第一组调研的李明建、张翠莲、芮雅进从郴州出发，夏天静、刘昂、张月昕分别从常州、南京、北京出发，下午四点半，终于在汉口站胜利会师。先期前往调研点的子课题负责人李志祥老师带着租用的车辆来汉口接站。两个小时的车程，窗外蓝天白云，车内欢声笑语。一组的老师和同学丝毫没有倦意，分享着前期调研中的趣事。

晚上，李志祥老师的老同学请课题组成员共进晚餐。罗田的各种点心极有特色，一道手打糍粑，裹着厚厚的黑芝麻，实在很对我的胃口。不知不觉中把减肥大业抛到脑后，吃了一块又一块……

先期抵达的李志祥老师已经与村委会联系并获得了村庄花名册，完成了问卷抽样，确定了访谈名单，并与村委会约定今天上午八点开始进行访谈工作。看来，乡村生活依旧是早睡早起的节奏。于是，我们一早七点在附近的早点店“过早”集合。我点一份牛骨汤面，大块的牛肉，浓稠的汤汁，竟然只要十块钱一碗。唯一的遗憾是，太热了，吃完更热了……八点，我们准时到达赵家湾村村委会。村书记 LXC 已经在办公室等候，他也是我今天的第一个访谈对象。安排三个组的访谈地点时，才发现村委会的所有办公室都没有安装空调，而且，也不是所有办公室都有电扇。35 摄氏度的高温，几位村干部似乎已经习以为常。其实，这就是一个中国基层村庄的日常，也是一批中国基层村干部的日常。

一天中，我与村党支部书记、村委会副主任和村妇女主任分别进行了约一个半小时访谈。他们向我描述了赵家湾村的发展概况，也讲述了自己对农村道德状况和农民道德素质的判断和感受。一个十分有意思的细节是，三位村干部在访谈中都不约而同地谈到，比起外出打工或者做生意，在村委会的这份工作收入确实不高，但是，做了几年以后，看到村庄的变化，听到村民的认可，也体会到了成就感和满足感。

三位村干部在访谈中都提到，赵家湾村与罗田县城距离很近，只有 15 分钟左右的车程，这给近年来的村庄发展和村民就业提供了极大便利。大量原本外出务工的村民返回村里就近务工，兼顾了对家庭的照顾，在很大程度上解决了目前相当一部分欠发达村庄的留守儿童教育问题。同时，交通的便利对于农业的产业化和村庄未来生态农业的发展，也提供了十分重要的前提条件。不过，在为赵家湾的发展模式感到欣喜的同时，我依然困惑于对于大量交通不便的欠发达地区的村庄，大量农民外出务工所带来的“空心村”“留守儿童”“留守老人”，以及农业的产业化、规模化问题，又如何获得有效的解决之道呢？

下午，完成了与村妇女主任的访谈，我匆忙赶往天河机场飞往北京。高温之中，第二组的成员们将继续努力奋战。于我而言，一天的调研是短暂的，然而，再一次走近乡土的感受，依然是那般熟悉而快乐。

王露璐

2017 年 7 月 14 日

赵家湾村田野日志之八

今天是正式调研的第一天，商定的任务是进行大部分的访谈工作。早晨约定七点在宾馆大厅集中，结果我六点多就起床了，去了宾馆前面的义水河畔。这是一条河边观光休闲大道，旁边种满了柳树。站在柳下河边，吹着凉爽河风，远眺河边秀色，感觉如置画中。观光休闲大道上有不少人在锻炼身体，在一处宽阔的广场上，一边是三四个教练带二三十个小孩在练习跆拳道，与城里基本上没有两样；另一边是羽毛球爱好者在河边厮杀，很是热闹，我也忍不住上去感受了一下。给我最大的感受是：乡村小城已经慢慢迈起了大城市的步伐，就连大城市的休闲生活，也因地制宜地进来了。

我们一共九个人，先是兵分两路：七个人直奔村部，留两个人取纪念品再随后赶来。八点钟，我们准时赶到了村部，支书已经在等候了。这次访谈地点安排在村部二楼的三个小办公室或会议室中，我们分为三组：露璐带李明建和刘昂，我带张月昕和芮雅进，张翠莲带夏天静和李一鸣，访谈对象分配模式是：普通话较好的给露璐组，一般的给翠莲组（有罗田人一鸣），基本不会的给自己组。第一组将村支书给了露璐组，年轻的大学生给了翠莲组，我这一组是村里一位小店主。交流的过程是这样的：先由我简单介绍一下来意和整个流程。再请对象介绍一下自己成长和现在的基本状况。然后是就我所感兴趣的问题进行深入的交流。从总体来说，交流非常顺利，他谈了所有我们想了解的情况。有两个方面比较遗憾：一是天气比较热，办公室没有空调，只有一台电扇，访谈过程中大家都汗流浃背，颇为不堪；二是交流全程使用家乡话，张月昕基本上听不懂。第一轮访谈一个半小时左右结束，临近结束时刘昂他们就赶到了。礼品是我的一个老同学带他们在县城超市里配的：访谈的礼品控制在20元，一个凉水瓶和一块肥皂；问卷的礼品控制在10元，一包洗衣粉和一块肥皂。老同学帮他们谈下了不少费用，并亲自将他们送到了村部。下来交流的时候，张翠莲组直喊受不了，因为她们会议室里甚至连电扇都没有，汗水基本上没停过，好在三位女生都勇敢地坚持下来了。

第一轮结束后，休息一会儿就开始了第二组。露璐组的对象是村委会副主任，翠莲组的对象是村委会委员，而我的对象是村里的“五保户”。这个“五保户”就住在村里统一建造的专用房里，而且还跟我同村，相互之间很熟悉。于是，我就带着两位博士直接去“五保户”家里访谈了。“五保户”是一位女性，六十多岁，两个女儿都出嫁了，家里只有她和她老公，于是就搬到村部的集中安置房中来了。“五保户”很热情地请我们喝茶，邀请我们观看各个房间，很热情地谈论各种问题，最后还很高兴地与我们合影。当我们送出小礼品时，她高兴得合不上嘴。

第二轮张翠莲组最早结束，而露璐组始终结束得最慢，据说书记和村主任都太能讲了。后来接受访谈的书记感慨说，原来以为大教授都像鲁迅一样，高高在上，无法交流，没想到谈的都是自己最熟悉的东西，很容易就交流起来了。将近十一点半的时候，会计告诉我，有一位从教三四十年的老教师来了，他下午还有课，希望能上午谈。于是，我请张翠莲组在一个有电扇的房间访谈了老教师。结束时将近十二点半了。

中午我们返回县城宾馆休息了一下，下午两点半继续返回村部进行访谈。令人感动的是：为了给我们创造更好的条件，村里特意现买了几台风扇，确保了每一个房间都有一台电扇。第一轮访谈：露璐组的访谈对象是村妇女主任，我组的访谈对象是一个村里的“致富能手”。这次访谈，我做了一点变化，先由我进行了一个基本访谈，然后我将访谈的主控权交给月昕了，因为他要从事的是生态伦理研究，而“致富能手”老C从事的正是生态种养。我的访谈是用家乡话完成的，因为家乡话能够让他们表达得更为准确、流利，月昕的访谈是用普通话完成的，因为普通话显得更为正式，能够激起他们的交流欲望。第一轮结束的时候，露璐就坐车去武汉了，赶飞往北京的飞机。而我们呢？继续进行第二轮，我的访谈对象是我亲大哥。这一次，我把访谈控制权全部交给月昕了。事实上，他们交流得非常顺利。

这样，我们仅用一天时间就完成了11个访谈任务，所有的访谈都非常顺利，没有出现任何不愉快的情形。车子将他们送回了县城宾馆，我则留在大哥家了。访谈顺利，心情愉快！

李志祥

2017年7月14日

赵家湾村田野日志之九

因为领队李志祥老师的先期抵达，其已经完成了对村民的抽样工作，所以到村第一天就全面启动了访谈工作。因为缺少访谈的经验，我和李一鸣同学跟随张翠莲老师进行访谈。全天完成了在校大学生、退休教师、村委会委员等五位村民代表的访谈。

在与村委会H委员的访谈中，给我留下深刻印象的是，(20世纪)80年代出生的他提出，对以小学教育为代表的乡村教育质量的担忧，并明确表示在经济条件允许的情况下，一定会送自己的儿子转去镇上的小学，接受质量更高的教育。从中感受到了两点：其一是以H书记为代表的村民们对下一代学校教育是越来越重视了，丝毫不亚于城市市民；其二是村民们对教育质量的追求

(以小学教育为例)是以考试分数为标准,暂时无暇顾及和意识到课程学习之外的领域。

其实无论走到哪里,有着学龄阶段子女的父母一定会将孩子的学习教育情况作为自己择业非常重要的一个考量因素。

夏天静

2017 年 7 月 14 日

赵家湾村田野日志之十

今天是在赵家湾村调研的第一天,也是我跟着课题组正式调研的第一天。虽说从大一起就组织和参加过暑期社会实践,相继到苏州望亭镇的工厂、徐州淮海烈士陵园、邳州石匣村和街南村进行过田野调研,但相比于这次经过周密安排和严格要求的调研,之前的只能算作正规田野调研的演练。

今天的调研主要以深度访谈为主,王露璐老师、李志祥老师和张翠莲老师分别带领一支队伍对赵家湾村的 11 位村民进行了一两个小时不等时长的深度访谈。我和明建师兄跟随导师对该村的村支部书记、村委会主任以及妇女主任三位村干进行了访谈。上面之所以说以前的调研与这次调研相比更像是演练,主要原因就在于访谈。以前在导师的书和文章中多次看到过老师前期进行的访谈资料,在课堂上导师也会和我们讲述从与村民的访谈中获得的灵感与启示,这使我对访谈产生了极强的好奇心,总希望能够有机会跟随导师一起进行田野调研,学习导师与村民访谈的方法,这个愿望终于在今天得到了实现。访谈质量的好坏一方面取决于访谈对象的生活阅历与沟通表达能力,另一方面也取决于访谈者的访谈方式。好的访谈方式总能够在轻松愉悦的氛围中打开访谈对象的心扉,最短时间取得访谈对象信任,拉近与访谈对象的距离,使其愿意沟通。今天访谈的村支书事后说,在得知自己要被教授访谈时,内心是有些紧张的,但今天正式进入访谈之后,导师的提问方式和引导让他的紧张感顿时消失,之前担心听不懂教授的问题等疑虑瞬间化解,就像是和朋友聊天一般,越说越想说,力图把自己知道的都告诉访谈者,希望自己提供的信息能够对课题组有所帮助。

经过一天的访谈，既从访谈对象的讲述中更加全面地了解了乡村的基本情况和风土民俗，也从访谈过程中学习到有效的访谈方法，为以后的访谈奠定基础。

夕阳西下，在结束今天访谈任务之后，我们来到此次湖北调研领队李志祥老师的老家，参观品尝了李老师自家种植的西瓜和黄瓜，感受着乡村的宁静和朴实。

刘　昂

2017 年 7 月 14 日

赵家湾村田野日志之十一

调研完西岭村后，我们便马不停蹄地赶往下一个调研点——赵家湾。上午，王露璐教授、李志祥教授、张翠莲老师、夏天静老师、张月昕和李一鸣同学先去村里做访谈。Y 校长——李志祥教授的同学，带着我和刘昂去超市购买访谈和问卷用的礼品。考虑到课题的经费，Y 校长和超市的负责人讨价还价了好长时间，想尽量把价格压到最低。

等我们买好礼品回到村委会，老师们已经做完了几个访谈。由于村委会没有空调和电扇，这么热的夏天，老师们和访谈的村民都已汗如雨下。接下来李教授便带上我和张月昕去一户低保户家做访谈。他们的房子紧挨着村委会。老人很热情，招呼我们坐下，并给我们倒茶。李教授用家乡话很亲切地和老人交谈着，我和张月昕在一旁做着笔记，有些方言听不懂，但大概意思能听明白。上午虽热，但访谈进行得很顺利。

王露璐教授由于要去北京开一个重要会议，不得不提前离开，但是下午还依然坚持做完一个访谈才离去。我们在村委会大门口一起合了影。天气很闷热，突然下了场暴雨，很快又停了，不过还是凉快了些。接下来我们又做了几个访谈，终于在一天内把访谈结束了。晚上，我们在李教授的二哥家吃的饭，李教授的亲人都很热情，我们在一起很开心，像一家人一样。

芮雅进

2017 年 7 月 14 日

赵家湾村田野日志之十二

赵家湾村的调研活动今天正式开始。今天的主要工作是对村民的深度访谈。课题组人员分成三组，王露璐老师、李志祥老师、张翠莲老师分别负责一组。全天三组共完成了11个村民的深度访谈工作。

我和师弟刘昂跟随王露璐老师听取了王老师对三个村民的深度访谈，考虑到村民的普通话交流情况，我们小组安排的村民普通话表达能力都还不错。村党支部书记LCX、村委会副主任WYG、村妇女主任WCH三人先后接受了王露璐教授的访谈。

LCX于2000年担任村党支部支委，曾负责民兵、会计、治保等工作，2014年担任村党支部书记。2002—2004年，他参加电大培训，获得函授大专毕业证书。这位村党支部书记的学习精神，还是让我们很受感动的。L书记介绍说全村共有1 518人，其中18岁以上60岁以下（女性55岁以下）八百多人，有250人在福建、上海、广东等地打工。近年来，青年人开始返乡就业，当孩子到了上学的年龄，他们就从外地回来，有的到县城干瓦工、油漆工的活，还有近20人在附近的湖北南方家具有限公司工作。关于农业作业，该村有1 000亩土地流转给一个农业合作社，农民每亩地获得流转费用400元，自己种地每亩地也就能挣500元左右，而自己种地时有些地也就渐渐地荒了。合作社的农业生产都是机械化作业，防治病虫害时也大多是采用无人机喷洒农药的方式。在L书记看来，改革开放三十多年来，村里的面貌发生了巨大变化。其一，交通条件更好了，现在村旁边是318国道，村里通到各个山洼的路有85%是水泥路。其二，住房的变化更大，和以前相比可以说是天壤之别，现在各家各户都是两层半的洋房，政府还给“五保户”在村部旁建了楼房让他们集中居住。其三，教育条件也更好了，20世纪80年代，村民为村里的小学集资建了栋楼房；2016年，政府投资为小学建了三层抗震楼房。其四，医疗问题也有很大改善，新型农村合作医疗保险还是为老百姓减轻了不少医疗负担。

WYG，1968年生，高中毕业，他的两个孩子都读了大学，已经毕业成家并在武汉工作。W主任的父亲是1956年的义务兵，他要求WYG姐弟三人要好好读书。W主任的弟弟现在是湖北工程大学领导。W主任之前在县城干建筑工，收入不错，2000 年到村里工作。在 W 主任看来，现在农村民风还是很淳朴的，家家户户都读书，家庭矛盾很少。村民的道德素质总体上比以前好，青年人打工回家都穿戴整齐，对人客客气气的。他很希望自己的孩子能回罗田来工作，觉得孩子在武汉生活的压力太大。

下午的访谈对象是村妇女主任 WCH，今年 43 岁。她是附近村子嫁到赵家湾村的。1995 年结婚后便在外打工近十年。2008 年村两委换届时，村里找到她希望她能承担一些工作。她说找到她的原因可能是自己“根正苗红”，她的婆婆干了三十多年的村妇女主任，自己的父亲也在邻村村里干了几十年工作。她被选为村妇女主任后，最大的困难是不熟悉情况，为此她就多走访，跟着老书记学习，慢慢熟悉了工作，再次换届时，群众还是想着她。妇女主任的工资远远低于在外打工的收入。但她现在感到工作有乐趣，能帮群众办些事，自己也有成就感。

三个村干部都谈到一件有趣的事情——电影下乡。每次村里放电影时就几个人来看。而有一次县公安局、司法局组织的一场老年艺术团的演出竟然有一千多人来看。而罗田县第三届广场舞大赛启动仪式上，本村及附近村庄三千多人来观看。看来，文化部门还得深入农村了解老百姓的文化需求，采取有效措施丰富老百姓的文化生活。

访谈结束后，王露璐教授赶往北京参加两个会议。第三站、第四站的调研工作她会全程参加。真辛苦。

李明建

2017 年 7 月 14 日

赵家湾村田野日志之十三

一下子从郁郁葱葱、凉爽、清新的莽山跨入热火、干燥的湖北罗田，感觉反差好大。这里没有那么洁净的蓝天白云，没有叮叮咚咚的泉水声响，真的心理上有点不适应。好在志祥老师已经做好了住宿、接待、问卷调查的抽样等准备工作，只等我们到达，休息后就可以投入战斗。

今天我们调查的村子是湖北罗田县骆驼坳镇赵家湾村。赵家湾村地处罗田县城南部，距县城六公里、骆驼坳镇区两公里，318 国道贯穿其中，交通十分便利。全村版图面积 5.5 平方公里，辖 14 个村民小组，438 户，1 518 人，分散居住在 27 个自然垸子。全村共有党员 50 人，其中女党员 15 人，35 岁以下年轻党员 13 人，按地域就近原则共设 5 个党小组。早上七点半后我们乘车向赵家湾村进发，罗田也是依水而建，城中义水河穿流而过，水质清澈，河岸两旁景色优美，沿途常见一个个工厂一晃而过，道路两旁长满了高大笔直整齐的白杨树，大约十几分钟后我们到达赵家湾村。

一下来我们就被惊艳到了。一座新落成不久的三层大楼矗立在我们面前，“党员群众服务中心”几个大字醒目地展现在眼前。从这几个字可以看出当前农村社会治理中的思维和观念转变。大楼前是一个百姓娱乐休闲的小广场，全镇的广场舞比赛就在这里开展。楼层的墙面上都贴着醒目的标牌，比如治保调解室、谈心说事室、心理咨询室、代表工作室、精准扶贫室、网络管理室、法务前沿工作站、档案室、党员活动室等等。从标牌方面看，党员群众活动中心功能较为齐全，覆盖到当前乡村社会需要解决的一系列问题。从这个方面说，湖北调查点在党员群众服务中心基础设施保障方面优于湖南调查点。

今天的调查任务主要是进行访谈。我访谈了一个在读大学生、一个年轻的村委委员、一个前村支部书记、一个退休老教师和一个从事挖机工作的乡民。从他们的访谈中了解到，他们对于近几年来党的农村政策持较为赞同的态度，也对村子的未来和发展抱有积极的期望。村里的干部较能为百姓想事，有想法、有魄力、有作为，村子领导班子梯队较为合理。村里经济发展了，人与人的矛盾纠纷少了，家庭相对和谐。但是也需要政府和社会加大辅助力度完善一些措施和制度，比如农村孩子的学校教育和家庭教育问题，农村老年人的社会保险和商业保险问题，农村老人的健康保障制度，留守孩子的教育问题，等等。这些问题是乡村社会发展中绕不过的坎，需要认真思索应对。

张翠莲

2017 年 7 月 14 日

赵家湾村田野日志之十四

今天一早我们就到了赵家湾村村委会，正式开始了我们在罗田的调研，也正式拉开了此次暑期调研的序幕。刚一到村委会，就看到一座干净的三层小楼，周围都是村民正在建造的房屋。村支书热情地迎接了我们，提前安排了几位接受访谈的村民，所以我们的访谈十分顺利。我被安排和李志祥老师一组进行访谈。整个一上午的时间，我和李老师访谈了两位村民，李老师负责主要谈话，我负责记录和录音。因为村民年岁较大，所以李老师都是用方言和他们交流。但是李老师非常照顾我，遇到关于乡村生态的问题尽量用普通话讲，而且问我有没有需要问的问题。下午我和李老师、芮同学进到一家低保户家里进行访谈，低保户住在政府为其修建的房屋中，家中摆设都显得和普通人家无异。他们颇感于政府的扶贫政策之好。让我们感到欣慰的是，这家人家里有电扇，这可是我们今天调研过程中的“奢侈品”了，要知道在村委会的调研工作我们是忍受着室内四十多摄氏度的高温进行的。今天的调研还算是比较顺利的，除了感受到了“火炉”湖北的高温外，还是挺开心的，算是为整个暑期调研开了个好头。

张月昕

2017 年 7 月 14 日

赵家湾村田野日志之十五

今天是正式调研的第二天，预定的主要任务就是从 8:30 开始，进行问卷调查。早晨七点多钟的时候，小组组长就到家里来了，通知大哥去村里做调研问卷。组长在通知的时候，并没有说明是怎么回事，也就是通常的通知谁谁谁去村里开会的方式。7:30 的时候，二哥也来了，他正犹豫是否参加调研问卷的事情。我告诉他，你要是有时间就去填一下，大概需要半个小时，可以跟老板先说一声。7:45，我从家里开车到村部，支书已经到了，我们的大部队还没有到，但是，已经有一些村民聚集过来了，其中有很多我的熟人，如小塘对面的家里哥哥嫂嫂，还有邻村的干妹妹，另有一些德高望重的人也来了。我给他们递了支烟，简单聊了几句。八点多的时候，我们的车来了，课题组的同志将资料搬上了三楼，支书也叫来了一车西瓜，请来村里的村民吃西瓜解渴。后来，听同志们讲，村里还给搬了几箱水，支书还发了不少烟。细想一下，支书对我们这次调研的支持确实是尽心尽力了。

三楼原本是个党员学习室,估计可以坐六十多人。这几天正好有几个湖北师范大学的学生来做社会实践,给部分小学生上辅导课。他们的课程还没有结束,但是在支书的安排下,他们去了二楼,将这个很大的教室让给了我们。村民们来得先后不一,都各自找地方坐下了。等人来得差不多的时候,我们就开始统计具体的人员信息,其间还找了我读过书的干妹妹,帮忙与村民们沟通。到 8:30 的时候,教室里差不多坐满了,首先是我用家乡话简单介绍了一下这次调研的来源、形成以及意义,然后发下了调查问卷,接着由湖南铁道职业技术学院的张翠莲老师用普通话详细说明了问卷调查的注意事项。这样,调查问卷的填写工作就正式开始了。村民还在陆续进入,落座,登记信息,找卷子。先来的年轻人和有一定文化的人就开始填写了,部分人则等着能填的人先填了,再来帮自己填写。芮雅进在门口迎接村民,李明建在整理礼品,课题组其他的成员都在帮助村民解答问题,但他们发现交流很不顺畅。因为还有部分村民听不懂普通话,或者与会说普通话的人进行交流有一定障碍。而我呢? 至少接待了四拨人,用家乡话解读题目,再写上他们的回答。

先答完卷的人将答卷交给李明建,由他进行审核把关,通过后再领取一份小礼品就回去了;后来的人再进教室填写。十点多钟的时候,问题来了,答卷的人比较多,问卷是够了,但礼品不够。于是,我立即带着刘昂赶回县城,补买了 17 份礼品。等到我们返回的时候,教室里基本上已经空了。有五个人等着领小礼品,还有一个人仍然在填写问卷。至于昨天没有访谈完的两个对象,我们请支书帮忙再请来,由夏天静、李一鸣一个组,李明建、张昕月一个组,分别补充完成了访谈任务。

中午十二点多,我们返回县城经纬宾馆用餐休息。下午四点钟,支书陪我们参观了老 C 桃园和龙王水库。老 C 桃园是由村民老 C 创新出来的生态种养园:地上种着由省农科院提供的、成熟时期各不相同的桃树,以保证春、夏、秋三个季节都有可以出售的桃子;地面则养殖了不同成熟期的番鸭,以保证每个星期都有可以出售的鸭子。番鸭吃地面的草与虫子,而番鸭的粪便则作为桃树的粪肥。这样种养出来的桃子和鸭子都是完全生态绿色的。因支书带领人的影响，老C很热情地请我们每一个人都吃了一个家里贮存的桃子，味道确实非常好，又甜又脆，比市面上能买到的好吃多了。然后我们参观了黄桃园。黄桃园在一片很大的山洼里，面积很大，桃子大概得十天后才能正式成熟，能卖到十元一斤。旁边就是两排鸭舍，里面关着不足一个月的小鸭子。尽管桃子并未完全成熟，老C仍然采摘了十来个让我们尝鲜。生态黄桃就是不一样，即便是没有成熟的仍然比前面吃过的桃子味道更好。然后，老C又带着我们参观了已经成熟的桃林，桃树种得非常结实，差不多一人多高，枝头的桃子数量很多，个头很大，连桃枝都被压弯了。而地面上，番鸭已经长大，它们成群结队地四处行走、吃草、喝水，甚是逍遥。参观完老C桃园，我们又参观了龙王水库。龙王水库位于群山之间，修建于20世纪60年代，是村里河流的水源，保障着四方水田的灌溉。水库面积很大，水质清澈，倒映着四周群山，十分美丽。水库承包人还在湖心建了一个亭子，可以供人观光、钓鱼、打牌。我们五个人还很高兴地乘坐小船上亭子转了一圈，确实感觉心旷神怡。从山庄返回的时候，我们见到了一个镇上的乡村大舞台，很多人在跳广场舞。听说了我们的调研来意之后，领舞和跳舞的人都跳得更有激情了。拍了几张照片，欣赏了一阵舞蹈，还将张翠莲老师推上去跳了一会儿，我还乘着兴致打了一会儿乒乓球。

想不到乡村的生态建设发展得如此之快，完全超出了我们的想象！

李志祥

2017年7月15日

赵家湾村田野日志之十六

今天一天完成了三项任务：全体村民的问卷调查、村民代表L大叔的访谈、参观拜访老C桃园。

L大叔的访谈算是前一天访谈的补充，却给我带来了对两个问题的思考。六十出头并养育了两个女儿的L大叔在访谈一开始就自己提及了已经历时三年的女儿起诉离婚的烦恼，并在谈及生活现状时对自己无儿养老表示了深深的担忧。已经外嫁至县城的女儿，因为丈夫的出轨而经历了三年的离婚风波，L大叔也经历了反对离婚到无奈接受离婚的转变。同时，因为两个女儿均外嫁导致的养老问题，L 大叔也希望能得到国家在经济上（主要是医疗费用）和人员上的照顾。

下午在老 C 桃园的参观，对老 C 创业经历的体会有两个：一是老 C 本人对做成一件事的坚持，二是农科站对农民有机型养殖种植业技术指导的重要性。

两位老人的经历，亲眼所见、亲身经历，平凡却真实。这让我对中国的乡村建设充满了想法和希望！

夏天静

2017 年 7 月 15 日

赵家湾村田野日志之十七

今天的主要任务是指导村民填写问卷。前期李志祥老师和村支书已经根据村庄人口情况对村民进行了系统抽样，在村支书和各组组长的配合下，被抽中的村民陆续前往村支部进行问卷填写。

正式填写问卷之前，李志祥老师用家乡话向抽中的村民对我们课题组进行了介绍，并阐明我们此次调研的目的和要求，随后我们参与调研的人员对不认识字的村民进行辅导，读出问卷内容，并记录村民的答案。

由于不会讲当地的方言，而有些当地人听不懂也不会说普通话，所以这项原本应该很简单的事情，却变成了一大挑战。但所幸，村民都积极配合我们的调研，尽量把方言说慢，并且说得尽可能像普通话，加之特定的语言环境，这使我们基本能够完成这一任务。我在辅导村民填写问卷过程中，为了让他们能够更好地理解问卷内容，尽可能将问卷书面问题转化成口语和村民能够接受的词汇进行沟通，然而也许是村民太过热情，他们总是在听到某个熟悉的词汇时便进行展开。在询问村民对子女婚姻问题的看法时，一位年过花甲的老先生在听到“子女”这个词后脸上便露出了自豪的表情，开始向我讲述自己眼中的孙子是多么优秀；还有的村民在听到问卷中的“如果有可能赚钱的机会，您会如何做?”时，还没等我读出选项，就开始说“赚钱好，钱越多越好，没有钱不行……”

通常情况，人们倾向于认为村民不善于表达、不关心政治、不愿意参与乡村治理，而在田野问卷调查中的一些细节让我感觉到村民并非不善于表达，也绝非不关心政治和乡村治理，只不过在平时乡村治理过程中一些生僻的名词和专业的行政话语让他们感到陌生，从而不敢表达，长此以往也不再愿意表达。每一个村民都是乡村治理主体的组成部分，他们是乡村真正的主人，乡村的发展与他们的生活息息相关，他们愿意看到乡村逐渐变好，也具备参与乡村治理的能力，而问题是大量专业性的行政话语使他们望而生畏，逐渐产生一种错觉，认为治理都是领导干部的事情，自己只要种好一亩三分地就行，对于乡村治理这种“大”事自己不需要关心、也关心不了。

结束问卷调研，下午对赵家湾村的老 C 桃园和龙王湾水库进行了实地调研。龙王湾水库是赵家湾村配合“最美乡村”尝试打造的生态旅游产业，该水库被大别山环绕，秀色可餐。在水库中心有间人工搭建而成的红色房屋，游客可以三五成群玩着棋牌游戏，也可以带上垂钓工具，享受静谧时光。老 C 桃园是我们在访谈中了解到的一个生态农业的范例，位于村委会后面的山腰。这个桃园最大的特色是在桃树下养殖番鸭，番鸭的排泄物用于滋养种植桃树的土地，桃树周围的虫子和掉落的桃子又构成番鸭的食物，从而拒绝农药和饲料，实现生态养殖。一切看上去那么理所当然并且顺其自然，然而老 C 桃园今天年收入 20 万元的现实却是以婚姻破裂和倾家荡产换取而来的。最初承包桃园这片土地花费了老 C 大部分积蓄，并且在承包的前几年里这片土地并没有回馈任何让人有希望的财富，老 C 前妻在巨大压力之下与之离婚。在经受婚姻变故的同时，老 C 多年的积蓄也所剩无几，这使他决定向省农科院求援，将土地样本送到农科院，请求专家根据土壤质量给予专业化指导。在接受专家指导之后，老 C 才逐渐摸索出适合这片土壤的种植品种，产业开始走上正轨。老 C 桃园成功的经验绝非偶然，它代表着科技富农的方向，在经历挫折之后，老 C 并不是选择放弃而是尝试选择向专家求助，从而获得技术支持。当然，这里需要说明的是，老 C 之所以能够想到进而取得专家的帮助，应该得益于他早年在外面的经历，在承包土地之前，老 C 并不是一个长期在乡村生活的农民，他有着多年在外闯荡的经验，在乡村之外有着较为丰富的人脉关系，从而能够在他需要的时候将人脉资源转成技术支持。

无独有偶，在晚上与罗田县工会主席 W 先生交流过程中他也强调人脉资源在乡村中的重要作用。他指出乡村发展的好坏很大程度上取决于村干部背后的隐形权力。这些隐形权力有可能是本村走出去的领导，也可能是一些经济上的能人，他们虽然现在可能不在乡村，但他们对乡村发展有着重要的影响作用。如果乡村中能够走出一个在县里或者其他更高层次的领导，他必然会在同等条件下优先帮助自己家乡，在家乡遇到棘手问题时也会动用自己的人脉关系进行疏通；而经济能人更是能够直接向乡村提供经济支持，为乡村的基础设施、困难人群等提供力所能及的帮助。村庄有了这部分政治精英和经济能人的帮助，自然在发展过程中如虎添翼，有着更加优越的条件。

与 W 主席交流结束之后，调研团队开始返程。在经过村委会时，恰好赶上村民跳广场舞。在与村妇女主任访谈过程中，她就着重向我们介绍过广场舞在乡村受到村民喜爱的现象，今天有幸亲身观看，更是加深了对乡村广场舞的了解。舞台周边有一些健身器材和凳子，一方面方便孩子们玩耍，另一方面也有利于旁观者坐着聊天。以广场舞为载体的“百姓大舞台”为村民提供了一个互相倾诉的场所，并使村民在交流中对日常乡村生活发生的事情形成相对一致的价值判断，逐渐形成新时期的道德共识，增强乡村凝聚力，发挥伦理共同体的独特优势。

刘　昂

2017 年 7 月 15 日

赵家湾村田野日志之十八

根据调研工作安排，今天在赵家湾村村部进行问卷调查。昨天，L 书记已经安排各组组长通知被抽到的村民上午到村部党员学习室来做问卷。我们八点到达村部。村民到达情况比我们预想的要好，大概能容纳 80 人的教室，很快坐满了人。L 书记帮忙招呼着，还给一些村民发烟。村里还买了矿泉水，给每个村民发了一瓶。

问卷调查开始前，李志祥教授用家乡话讲话，他说自己是从赵家湾村走出去的，非常感谢父老乡亲对此次调研工作的支持。他介绍了“中国乡村伦理研究”课题调研的原因、目的及意义，总体指导了问卷的填写方法和注意事项。

参加问卷调研的村民中青年人很少，中老年人不会说普通话，这给调研工作带来很多困难。李志祥老师和李一鸣同学承担了大量的指导任务。他们一个接一个地帮助解释。其他几位老师同学也在教室里巡回指导。我承担了回收问卷、发放小礼品的工作。

因为参加调研村民的年龄问题及语言交流沟通问题，等待回收问卷的时间较长，问卷回收时，我一页一页检查看有无漏做题目的，发现漏答的情况，还得和村民沟通，指导他们再补充作答。有些语言沟通不了的村民还得请他们去和李志祥老师或李一鸣同学进一步交流。见到有位 30 岁的小伙子陪同他母亲前来答题，我赶紧请他再帮助他身边的几位村民读读题，指导他们作答问卷。

后来，教室里又陆陆续续地来了一些村民，我们请那些认识字、年龄稍微小点的村民帮助不识字的村民回答问卷题目。接近十一点时，根据问卷填写进展情况，我们发现准备的小礼品数量不够，李志祥老师、刘昂博士又去购买了一些。十一点半，问卷调研工作基本完成。

问卷调研结束后，还有两个访谈对象需要访谈。我、夏天静和张月昕一组访谈了一位。他是一个村民小组的组长，他对目前的生活状况总体上满意，不愉快、不开心的事情就是自己的大女婿和大女儿在闹离婚，女婿是个包工头，在武汉干活，挣了点钱，有了第三者，自己提出要离婚。他女儿有两个小孩，男孩 11 岁，女孩 6 岁。他也在担心这个家庭可能会解散，担心小孩的成长。我们也只能劝他看开一些，实在不能共同生活，也是要面对的。

下午，我们进行现场考察，去了村里的老 C 桃园。老 C 在当地也是一个知名人士，十多年时间投入全部家产一百多万元，从城市来到乡村，开始他的种植、养殖事业，跑了很多次省农科院，请求专家指导。十年中，一次次试验，一次次失败，妻子不能理解，来到农村两年后，选择了离婚。近年来，老 C 探索了桃树下养番鸭的模式，这两年已经取得收益，每年能有 10 万到 20 万的收入。目前共有 2 000 株黄桃、水蜜桃树，全年养殖 6 批番鸭总计 12 000 只左右，桃子采摘 6 元一斤，鸭子 10 元一斤。老 C 种养的独特之处是用水冲洗鸭圈的鸭粪，再去肥田，番鸭也会吃桃林中的一些虫子。我特意问了老 C，桃园的农药使用情况，他说目前仅是早期打药一次，明年计划用生物方法捕虫，就不再使用农药了。我给老 C 建议，这种绿色环保的桃子可以提高价钱，10 元甚至 20 元一斤。

从湖南莽山的 HY 到湖北罗田的老 C，我们总能看到一些人有着一种特殊的情怀去创业，他们多年的坚持、逐步的探索都值得我们尊敬。

李明建

2017 年 7 月 15 日

赵家湾村田野日志之十九

早上 7:30 我们在街市上匆忙吃过早餐便前往我们的调研点——赵家湾村村委会。我们今天的任务是对村民进行问卷调查。

今天天气仍然很热，到达目的地后，我们把材料和礼品搬上三楼村委会的会议大厅。会议大厅很宽敞，大概可容纳一百多人，台前配有话筒、大音响。天花板上装有风扇。因为村委会大楼是刚建的，所以设备很新很现代。大概九点左右，村民一波波赶到，我们让村民登记好姓名便安排他们坐下。李志祥教授首先向家乡的父老乡亲问好，接着说明我们此次调研的目的和工作任务，最后感谢村民的积极配合。我们把问卷和笔发给了村民，就在村民认真填写问卷的过程中，村支书给村民送来了矿泉水和西瓜。一方面我们感谢村支书对我们工作的大力支持，另一方面我们也感受到了村支书和村民之间融洽的关系。问卷调查进行得很顺利，到中午 12:00 左右，来的村民基本填完，还剩下几十份问卷。有几位妇女刚下班，趁回家吃午饭的时间过来填问卷。等到 12:30 左右，问卷都已填完，我们的主要任务也基本完成。下午我们吃过午餐，休息片刻，参观了老 C 桃园。这是当地的一位“致富能手”，姓陈，他种植的桃树不施肥，主要在桃树下养殖番鸭，靠鸭子的粪便培育桃树。这种鸭子和别的鸭子不同，不喜潮湿，喜干，所以其粪便不会让树上的桃子腐烂。由于天气实在太热，我们参观完桃园，浑身已都是汗。不过心里很快乐，因为我们的调研能如此顺利地完成。

芮雅进

2017 年 7 月 15 日

赵家湾村田野日志之二十

今天依然酷热难耐,可是调查组的成员没有埋怨,准时集合吃早餐,赶赴村里进行第二天的调查问卷工作,今天按照抽样调查的名单,由村小组长负责通知到人。我们到的时候,部分村民已经陆续来到调查问卷的地点。我们把调查问卷以及发放的小礼品带到问卷现场,从来的村民看,大多是四五十岁甚至年龄更大的村民,年轻的非常少。我们讲解好规则发放问卷后就开始指导他们填问卷。这里的乡村方言有点像四川口音,虽然我在四川待了四年,但是听起来还是吃力。尤其是一些年龄较大的村民,没有受过教育,与之交流起来困难重重,天气又热,讲得口干舌燥,汗流浃背。真心感觉文盲是这个世界上最需要解决的群体,没有受过教育,生活只能匍匐于地上,思维理解都难以跟上时代发展的趋势和潮流。还好村民较为准时到达问卷现场,我们的调查还是比较顺利。这里的村民来得较齐,但是还是感觉缺少一点什么东西。这里村子进行了一些规划,每个村民家都盖起了楼房,房子建得非常漂亮,屋里装修也比较时尚,但是在热闹的背后总有点淡漠存在,不知道这些村民把我们当成了什么。今天调查是最辛苦的一天。

张翠莲

2017 年 7 月 15 日

赵家湾村田野日志之二十一

今天我们的主要任务就是问卷调查。非常感谢李志祥老师在之前做了足够的工作,也十分感谢村支书提前通知了村民到村委会统一填答问卷。我们一行人一早到的时候,就看到部分村民已经在村委会门口聚合了。村民们统一填答问卷大概用了三个小时的时间,在这个过程中,我们的主要工作就是帮助村民解释问卷中题目的含义,遇到不识字的村民需要耐心地帮助他们读问卷的问题,帮助他们理解问卷答案的意思。整个过程比较顺利,我们在上午就完成了问卷的调查工作,达到了回收有效问卷的数量标准。问卷调研结束后,我们参观了“老 C 桃园”,亲口品尝到了生态桃。我自己做了好久的农村生态问题研究，也极力倡导生态农业的施行，可是亲自到农村看一看生态实践，这还是第一次。让我欣喜的是，生态桃子是如此之脆，如此之甜，桃林是如此之美，到桃林采摘的过程是如此之快乐。听到老C在讲解生态桃种植过程的时候，我们感觉到有些脏、臭，深深体会到了生态种植的不易。如此艰辛费力的种植，如果想大规模推广，没有足够大的市场、足够大的利润恐怕很难深入到农民心中去。

张月昕

2017年7月15日

赵家湾村田野日志之二十二

赵家湾村的调研工作基本完成。今天，夏天静博士整理了问卷，刘昂博士拷贝了访谈录音。

今天晚上，我们在骆驼坳镇燕窝垸村、燕儿谷生态观光农业有限公司举行了一个小型座谈会。骆驼坳镇XZH副镇长、赵家湾村LXC书记、燕窝垸村YCG书记、燕儿谷生态观光农业有限公司副总经理QJ等人和我们课题组座谈。

X副镇长结合自己二十多年的农村工作，谈了农村税费改革前后农村工作的变化，之前的工作重点是收税、搞计划生育，现在则是推动村民自治、精准扶贫。他说农村承包责任制解放了农村生产力，打破了地域差别，人们可以到全国各地去打工。20世纪90年代农村出现了打工热潮，罗田农村居民的打工首选地是珠三角地区。税费改革先减免农村特产税，再减免农业税，大大提升了农民生产的积极性。他认为现在有些地方的新农村建设出现误区，他个人觉得农村还是要有农村的特点。他也发现个别农民私欲过分膨胀，出现无理上访情况。

骆驼坳镇燕窝垸村也是一个有名的村子。村子共有423户，共计1 386人，村里曾经负债百万元，近五年来，村子发生了巨大变化，这源于村第一书记、燕儿谷生态观光农业有限公司董事长XZX的努力。北京市地平线律师事务所高级合伙人、律师XZX于2011年回到罗田成立了湖北省燕儿谷生态观光农业有限公司。他投入近千万元，流转土地四千多亩，从事乡村旅游、有机农业和养老服务。燕窝垸村、燕儿谷生态观光农业有限公司之所以能实现村企联建，精准扶贫，主要原因有几点。一是注重“五个结合”，即政府扶贫与企业扶贫相结合、政策扶贫与产业扶贫相结合、短期输血与长期造血相结合、扶村与扶户相结合、扶贫攻坚与企业发展相结合。二是探索“七个联合”，即联合党建、联合决策、联合规划、联合投资、联合办公、联合生态保护与环境治理、联合创造就业创业机会与条件。三是实施“六个一工程”，即建强一个支部、引进一个老板、流转一片土地、培育一个产业、打造一个景区、致富一方百姓。这样一种“村企联建、精准扶贫”的模式在不损害乡村生态环境的前提下，帮助农村脱贫，带领农民致富，值得肯定。

骆驼坳镇赵家湾村的调研工作全部完成了。明天我就要回家了。部分老师、学生还将赴甘肃定西岷县梅川镇辘辘村参加第三站的调研工作。回想十多天来的调研工作，非常充实，收获很多。我也切实体会到学术研究如果能真正面向基层，立足实际，了解实际，发现一些问题，解决一些问题，那么意义真的很大。

李明建

2017 年 7 月 16 日

赵家湾村田野日志之二十三

今天的惊喜降临在晚饭后的燕儿谷乡村晚会上。因为初涉乡村建设的理论研究，看的不多，想的也相对浅薄，但骆驼坳镇镇长和赵家湾村村支书酒后发自肺腑且真实的对中国乡村治理问题的分析让我一方面对乡村基层工作者的实践充满敬意，另一方面对中国乡村建设的问题有了直观具体的了解和认识。

正如作为学校一线教师的我，对本校学生课程学习有着最直接最地道的认识一样；乡村的镇长、村支书们直面中国农村变迁发展中的全部问题，他们对乡村治理方面有着最直接的认识，在他们的身上我看到了农民的影子、治理者的影子，甚至思想家的影子。文绉绉的我们确实需要多与乡村基层的村支书们多学习、多求教，添添身上的乡土气！

夏天静

2017 年 7 月 16 日

赵家湾村田野日志之二十四

凉风习习，晚饭后我们来到赵家湾村临近的燕儿湾村参观学习。2016 年 10 月汪洋副总理曾亲临该村进行实地考察，并在燕儿湾山庄亲手种下一颗“致富树”。据介绍，该村由北京律师 XZX 投资 1.2 亿进行改建，现已成为“国家旅游扶贫试点村”“全国旅游扶贫示范项目”，我们有幸在这里与罗田县骆驼坳镇镇长进行了长达四个小时的交流。

镇长以乡镇干部的视角对当前乡村治理中存在的问题进行了阐释。他首先认为目前村级层面没有相对稳定的资金来源和相对灵活的权力运行是其治理困境的重要原因。国家目前的一些惠农政策都是直接发放到村民手中，从而使原本能够相对集中的资金分散到每家每户，使村集体缺少能够投入乡村公共建设的资金。与此同时，一方面，村干部要按照既有程序，按部就班地完成上级交代的行政任务，疲于应付各种繁琐的公文，而无暇顾及一些村民亟待解决的一些事情；另一方面，上访的“一票否决”制，又瓜分了村干部的另一大部分精力，使得村干部为了杜绝出现上访情况，不得不在极个别村民身上浪费精力，而这部分村民有些却是自身出现问题，甚至“以上访为生”。村干部为了扼制上访有时必须向他们妥协，这便于无形中对其他村民造成一种不公，对其他村民做出不良示范。更不幸的是，有些偏激的村干部可能在受到压力的情况下采取一些不符合常规的措施，从而诱发村干部犯错。除此之外，各种程序审批和招投标过程，使原本可以直接用于改善村民生活水平的资金受到消耗。

其次，他还强调乡镇政府对村级干部的任免缺少决定权。该镇镇长承认村民选举在一定程度上能够选出相对优秀的村干部，但也经常会出现选出来的村干部无法胜任相应职责的情况。有些乡村中的“老好人”虽然缺乏相应的治理能力，但其人缘却不差，这些人极有可能被选上村干部，而这将是对乡村的不负责任。与此同时，有些想做事也能做事的村民，可能在为乡村服务过程中损害了一部分人的利益，或者一部分人由于自身的局限性不能及时理解他的做法，从而对其行为表示否定。在选举时这部分人很难选上村干部，这不能不说是乡村的一大损失。

对于上述现象，这位镇长分析一方面是由于上级政府过于强调村民个人利益，激发了村民个人意识的觉醒，使得村民不断追求个人利益，忽视村集体利益；

另一方面,上级政府过于不相信村级乃至乡镇政府,尤其是从资金和权力方面对村级层面进行严格控制,从而既降低资金使用效率,又消耗村干部有限的精力。

当然,该镇长是以乡镇干部的视角解读当前乡村治理中的问题,作为一位基层管理者,他可能更多地会从基层集体角度出发,对村民日益膨胀的个人权利意识感到担忧的同时也对自身缺乏相应自主权感到无力,这些观点可能会与乡村现实有些出入,但不失为我们理解乡村治理的另一视角。

刘 昂

2017 年 7 月 16 日

赵家湾村田野日志之二十五

今天我们参观了燕儿谷,这是一个生态旅游区。在夏日的傍晚,感受到清风习习吹来,听着欢快的音乐,喝着茶,聊着天,真是无比惬意。燕儿谷的负责人为我们讲解了燕儿谷的由来和发展过程。她说到燕儿谷是一个当地富商所投资建立的,这个项目还颇有一些慈善公益的色彩。我又一次感受到了“纸上得来终觉浅,绝知此事要躬行”的内涵。以前在书斋里畅想乡村生态旅游,现在到了乡村里会发现有很多现实阻碍。正如燕儿谷经理所说,没有政府的宣传和支持,没有农村集体土地制度的完善,乡村生态旅游不会得到很好的发展。虽然我们都向往美丽乡村的生态环境,但是现实的诸多困难,让这个美丽的愿景很难落实到乡村土地之上。晚上离开了美丽的燕儿谷,也就结束了我们此次罗田的调研之行。今天发的朋友圈有人在下面评论我们是田间学者,我想,我们就快乐地接受这个名头挺好的,把汗水洒在田间,把文字写在纸上。

张月昕

2017 年 7 月 16 日

赵家湾村田野日志之二十六

今天我们参观访问了赵家湾村的生态养殖大户老 C 以及他的生态桃园。老 C 是一个很有想法的农民,赵家湾村是一个山、土、田交织的地方,养殖什么、种植什么,他也不断探索寻求发家致富门路。后来他对所在村子的土壤进行了元素测试，根据专家指导，种植桃树。为了资源的充分利用，实现效应最大化，老C成功找到了混养的方式，即桃树下养殖番鸭，番鸭的排泄就成了桃树的肥料，由此实现了生态的轮转和脱贫致富梦。我们到达的时候，正是水蜜桃成熟的季节，桃园主人热情地邀请我们进入桃园采摘新鲜的桃子，进入桃园后那些鸭子对我们的到来无动于衷，可见已经对这种情况习以为常。树上结了不少桃子，桃子也很大，大家拿着袋子寻找自己中意的桃子。虽然番鸭是旱鸭子，不需要太多水，但是园子里湿度较大。不知道什么原因，一个个有三四两重的桃子还没摘下就已经坏掉半个，而这些桃子还没到成熟的地步，这种桃子很多，看着是一个完整的，但是桃子上的小黑点已经显示这个桃子很快就会坏掉，个人感觉这种种养混合方式还存在一定问题，是不是桃园湿度造成的，还是其他原因造成的不得而知，但是从现实情况看，桃子的收获将会大打折扣，是不是养番鸭为主，桃子成了点缀。参观完生态桃园，我们又去了龙王水库。龙王水库是大集体时代为了农业灌溉修建而成，在这样一个多石的丘陵地带，挖掘这样的水库并不容易，水库水质清澈，周围环境优美，虽然比不上一些大的水库，但也为村庄增色不少。今天参观的最后一站，就是燕窝垸村的燕儿谷养生园。2014年燕窝垸村建档贫困户132户，397人，经过这几年的发展，2016年底实现全村整体脱贫。这项成绩的取得得益于燕儿谷公司燕窝垸村实施“六个一”工程，采取“五个结合”“七个联合”的村企联建扶贫模式。燕儿谷公司是北京地平线律师事务所董事长XZX，在村支部反复邀请下，2011年毅然回到家乡带领乡亲们致富，投资成立的。通过发展乡村旅游和养生养老产业，燕儿谷成为远近闻名的赏花休闲胜地。燕窝垸村成为国家旅游扶贫试点村和湖北省绿色示范乡村，可见这个村在生态环保方面相当重视。在这里我们受到骆驼坳镇X镇长、燕窝垸村G书记以及燕儿谷总经理Q总的热情招待。X镇长还为我们详细讲述了乡村的巨大变革，以及自乡村治理过程中的难题，政府与百姓之间如何找到相处平衡点以及相应对策，需要长久的努力。这里以石头为主，植被生长相对简陋，注重生态几乎成了周围人们骨子里的认知，环保制度相对完善。

张翠莲

2017年7月16日

赵家湾村田野日志之二十七

今天是罗田调研的最后一天。早晨五点半准时醒来，我查阅了昨天的网络聊天软件上的消息，看到了露璐老师发出的、课题中期检查的通知。一方面感慨课题的过程非常不容易，另一方面也意识到，如果一切都规划好，明白什么期间要完成哪些任务，其中再艰难重大的课题也都是可以轻松完成，除非自己喜欢拖，一拖起来时间就紧张了。泡了杯茶，从六楼窗口欣赏着沿河美景，脑子里回放着这三天的过程，心里还是很有成就感的。正是在老同学、家乡父老的大力帮助下，在同事们的团结努力下，罗田调研任务才会完成得如此顺利。于是，我在群里发了一个 28 元的红包，也表达一下自己的感激之情。早晨 7：30，我们一行人又去吃了富有家乡特色的早饭，然后将同事们送上了返回武汉的火车，将李一鸣送到她妈妈处，我自己一个人回到大哥家了。这几天晚上光顾着喝酒，日志一篇也没有写，今天必须把日志全部赶出来，不然就有可能把很多精彩的东西忘了。

租车公司忘将租赁合同给刘昂了，下午五点多钟的时候，租车公司的人把合同送过来了，顺便把我送到县城，参加老同学的聚会。

李志祥

2017 年 7 月 17 日

三、辘辘村田野日志

辘辘村田野日志之一

课题组 2017 年暑期调研的第三站，是甘肃省定西市岷县梅川镇辘辘村。自 2007 年开始乡村伦理研究以来，尽管我一直希望能够选择一个地处西部的村庄为典型，但始终未能与这一区域的农村建立联系。

此次岷县列入调研计划并顺利成行，主要得益于课题组成员张燕的先生——南京中医药大学严辉副教授给予的热情推荐和友情支持。岷县是我国重要的中药材生产基地，尤其盛产当归、黄芪。作为一个中药研究工作者，严辉老师与岷县的中药材生产基地和供应商长期有着密切的合作，每年都会到岷县两到三次。在多年的观察中，他注意到当地的经济发展、民风民俗近年来都有很大的变化，且极具自身的特色。他的推荐与我的想法不谋而合，于是，在今年的暑期调研中，岷县辘辘村成为第三站。严辉老师不仅在事先做了大量联络和准备工作，还抛下自己忙碌的暑期科研任务，作为课题组的"编外"成员，担任本组领队，带领大家一同奔赴自己熟悉的岷县。

今天，是第三组老师和同学们在岷县会合的日子。刚刚结束第二组湖北赵家湾村调研的几位18号从汉口出发，两位曲阜师大的同学同日从山东出发，我与严辉、朱亚宾、曹琳琳三位今天一早从南京出发，一路辗转，终于在昨晚十一点在岷县胜利"会师"。

在严辉老师的当地朋友LJJ的联系下，我们在酒店与村主任BRA碰面，向他陈述了此次调研希望能够获得配合的主要工作，约定第二天上午八点半出发，上午完成抽样和访谈对象的确定工作，下午开始问卷与访谈。

送走主任，想起大家都已一路舟车劳顿，关照大家抓紧洗漱休息，养精蓄锐，明天开始紧张的工作。回到房间洗漱完毕，却感觉闷热无比，难以入眠。这两天，兰州的最高温度达37摄氏度，岷县的最高温度也达到30摄氏度。尽管比起火炉般的南京，这样的温度算不上高温，但由于这里的酒店都没有安装空调，房间内仍旧很闷热。其实，这里夜晚的室外温度只有14摄氏度左右，但由于白天艳阳高照，房间内既无空调也无电扇，温度依然难以下降。不得已，只好打开窗户，在窗口站立"纳凉"。夜晚的县城一片宁静，夜空中的星星似乎也离自己更近一些。每一次走近乡村，似乎都有一种莫名的兴奋和期待：这个与我的名字同音的村庄，明天会带给我新的火花吗？

王露璐

2017年7月19日

辘辘村田野日志之二

23个小时的绿皮火车，终于到达甘肃陇西，这是我目前为止坐火车时间最长的一次。由于火车晚点一个小时，前来接站的D经理已经在车站等候多时。D经理是回民，他把我们带到当地一家清真餐厅吃晚饭。这儿的清真餐厅完全不是像南京等城市那样，仅仅是一间狭小的门面，而是一家装饰考究、环境优雅的特色餐厅。服务员首先端来的是一碗八宝茶，这儿俗称“盖碗茶”。八宝茶其实哪儿都有的买，尤其是在网络和交通高度发达的今天，地方特产的地域性边界正逐渐被打破，但这儿喝到的八宝茶却从第一口就吸引了我。入口微甜，仔细一品还有山楂散发出的淡淡酸涩和荔枝特有的香气，即使是大口吃肉之后，口中依然可以保留这种甜而不腻的香气。提到大口吃肉，就不得不提这儿的羊肉。一般认为羊肉很容易有一种膻味，尤其是比较肥一点的羊肉，更是难以下咽。然而，这里吃到的羊肋和羊脖，油而不腻，丝毫没有膻味，反而因为羊油的存在而更加肥美。

短暂的晚饭过后，我们起程前往调研目的地岷县。岷县距离陇西有两个小时的车程，一路上我才真正体验到“山路十八弯”的感觉。我们的调研似乎在车里就开始了，一路上我们与D经理谈论着当地村民的婚姻家庭观、对子女的教育以及对乡村干部与治理的看法等。D经理是甘肃甘南自治州临潭人，当地藏族人偏多，他们村是当地为数不多的回民较多的村落。据D经理描述，回族人大多善于经商，当地回民对子女教育并没有太高要求，只是希望子女能认字就可以，但每个回民都会去学习几年经文，然后踏入社会。D经理1986年生，高中毕业已经是当地学历较高的了，结束学业他和当地成年男性一样选择以贩卖药材为生，刚从事这一行业时就跑过西藏多次，向当地村民收购中草药，然后卖到外地。这样一种谋生模式更多需要的是一种经验积累而不是知识积累，因此当地村民对子女教育也就不是很上心。也正由于当地成年男子大多以贩卖中草药为生，因此很少待在村庄，他们一方面对乡村治理不感兴趣，另一方面也认为凭借村干部的工资很难养家糊口。然而，当被问到年纪大时会选择留在城市还是乡村时，D经理毫不犹豫地回答：“当然是村里！”他认为，自己从小在乡村长大，虽然对乡村治理不了解、不关心，但对乡村中的人还算是熟悉，自己从小玩到大的朋友也会选择回到乡村，这样能够时常有人聊聊天。而如果到了城市，则谁都不认识谁，每天只能在一个狭小的房间里，没有乐趣。D经理强调说，他们的父辈年轻时也都是做生意的，到了中年，不管生意做得好还是不好都选择回到乡村，而村干部也大多是他们父辈这个年纪的人来担任，只有这个年纪的人经济压力相对不是很大，才能够不计较工资多少而专心为乡村做事。D经理还提到，很多回民村庄都会自发盖建清真寺，有些比较富裕的村庄可能还不止一座。伊斯兰教义规定12岁以上的成年男性必须到清真寺做礼拜，每天不同时间段共需要做五次，没有履行就是犯罪。因此，回民聚居的地方人们通常都会自发盖建清真寺，这种凭借宗教信仰将村民集结起来的行为客观上为乡村治理起到了促进作用，发挥了宗教在乡村治理中的独特作用。

经过两个小时的车程，我们顺利到达岷县，与先期抵达的部队会合。此时辘辘村的党支部书记已经来到宾馆和导师与领队讨论明天的具体调研计划，我们将行李安顿好之后，也很快赶去聆听了调研安排，我明天早上主要任务是和当地负责人一起去给参与问卷和访谈的村民准备礼物。

正在准备关上电脑的这一刻，听到了窗外的狗吠，也许这传递着岷县人们家中喜欢养狗的信息，我需要做好的就是克服自己内心怕狗这一点，迎接辘辘村的调研。

刘　昂

2017年7月19日

辘辘村田野日志之三

7月19日下午一点，经过十多个小时的火车，终于来到此次调研目的地甘肃省岷县，当地负责招待的LJJ先生给我和王璐安排了住宿房间，又招待我俩吃了午饭，回到酒店，我俩简单收拾了一下，然后等待着与即将到来的老师和师哥师姐们会合。

下午六点，王老师、严老师、朱老师和曹老师到达。我们在酒店碰头，随后，大家一起去吃晚饭。晚饭后，王老师组织大家在酒店房间开会，讨论明天调研工作的具体安排，还特意邀请到了我们此次调研最终目的地辘辘村的村主任，与我们一起进行讨论，余下的几位课题组成员也在这时候到达。会上，王老师跟村主任进行沟通交流，确认了明天的工作安排，王老师也对我们进行了分组，我是跟随朱老师和刘昂师哥进行物品采购，其余几位老师和同学先到村主任家里做前期准备工作。会后，各位老师和同学回到各自的房间休息，预祝明天的调研工作顺利进行。

孙　丹

2017 年 7 月 19 日

辘辘村田野日志之四

上午八点半，第三组的老师们在入住的酒店大堂集结，在 LJJ 和村主任的带领下，我们品尝了当地饮食文化的代表——牛肉拉面。早餐后，大家兵分两路，我、严辉等六人跟随村主任先赴辘辘村，开始抽样工作，刘昂等几个小伙在 LJJ 的带领下，去附近的超市购买问卷和访谈的礼品。

车出岷县县城，不久便走上了一条弯弯曲曲的山路。不过，虽是山路，路况却很不错。B 主任说，这条路和沿途的大部分房子都是地震后新建的，大大方便了山里几个村庄的出行。不到一小时，车停在了 B 主任家门口。主任热情地招呼大家先进屋休息一会儿。不一会儿，LJJ 一行带着买好的礼品也到了。来不及休息，我们索要了村庄花名册，扣除了其中 18 岁以下和 70 岁以上的村民，按照等距方式抽出了 148 个样本。

完成了抽样，B 主任开始帮助我们联系抽取的样本，大家这才有时间打量着屋内屋外。说起来，主任家的房子在村里算是很好的，但比起近年来我们到访的江苏、河南等地的农民住宅，依然有一定的差距。中午，村主任的儿媳给我们做了美味的手擀面，看着她怀着双胞胎行动已开始不便的样子，想起城市里孕妇到了这个阶段的尊贵待遇，心中不免也生出几分感慨。

等待过程中，巧遇一位来村里办事的女干部。看着我当天穿着的一条黑色短裤，她对着主任和几位社长嘻嘻哈哈了一番，在我表示不解后，她用普通话“翻译”了一遍。原来，之前她每次穿着短裤或裙子来村里时，几位村干部都会逗她说：“哎哟，你这简直就是‘没穿衣服’。”于是今天，她教育几个村干部说：“你看，人家都是这样穿的吧，就是你们老土又封建。”大家就这样相熟起来。闲聊中，她告诉我，山村还是很封闭，卫生条件和卫生习惯不好，大家的观念比较落后，女性地位也比较低。

午餐后，我们随主任一同前往村委会。会议室里厚厚的灰尘，表明这里并不是村民们经常聚集的地方。我和贺智慧老师及王璐、孙丹两位同学分两组，分别完成了六例访谈。在我的三位访谈对象中，两位年轻人的观点截然相反。一位二十多岁在外打工的年轻人说，种地太苦，还是打工好，如果本地有人来投资办工厂，最好就把这些地全收走别种了。而另一位三十多岁在家中种植药材的男性却认为，如果脑子活络，人勤快，种植药材的收入并不低于在外打工，还免去了打工不自由和看人脸色之苦。期间，我问起这位算起来也可以说是当地种植大户的年轻人，是否在网上商城购物，他不假思索地说买过；而当我又问，是否想过通过网络途径把自己种的当归销售出去，他笑笑说，还真没有想过……

由于当地村民以种植药材为主业，而自家的田地又往往在山里，加上一些年轻村民间或也会到附近打工，因此，样本的联络工作并不顺利，很多抽取的样本都在地里干活或是去了县城或镇上。我们只能等待他们从地里干完活回来，在镇上干活的就委托 B 主任联系请他们尽量回来一趟。问卷工作的最大困难在于，相当一部分抽取样本既无法听懂也无法说普通话，几乎每一份问卷都需要调查员读卷读题。大家在调查中充分“发动群众”，把抽样和访谈中的几位年轻人发展成了课题组的“编外成员”。在他们的帮助下，晚上七点多，终于陆续完成了 50 份问卷。

结束一天的工作，晚间七点多的村庄依然大亮，却已有几分凉意。想起上午那位女干部的玩笑，突然觉得，其实，在这样的村庄，短裤与短裙，确实是不合时宜的。

王露璐
2017 年 7 月 20 日

辘辘村田野日志之五

今天的调研从系统抽样开始，根据 18—70 岁村民总数，从每六位村民中随机抽取一位进行问卷调研。抽取结束后，有队员提议把所有抽中的村民单独列出，方便村干部通知，不过这种原本可行的方法，在乡村却行不通。记得去年我在江苏街南村调研时就是因为将每一位调研人员名字单独列出，导致村干部面对这些陌生的名字无从下手，最后只能将其还原到户，根据户主找出调研对象。转型期，乡村正在由熟人社会向半熟人社会转变，以往乡村的熟人现如今已进入中年，这些人之间通常能够互相知道名字并且熟悉，而他们的子女则更多地被贴上"谁谁谁的小孩"的标签，很少有大人直接叫晚辈的大名，再加之生活环境的改变，这些孩子也很少出现在乡村大人眼中，久而久之，他们的名字就无法被村里年长者熟知。当这些人逐渐成婚、生子之后，他们与其他村民的关系已经不像父辈那么熟悉，村庄也逐渐进入半熟人社会，从而造成村干部对一些单独列出的村民姓名表示陌生的现象。在这次抽样中村干部也强调不要将抽中的村民单独列出，只有当他们放入具体家庭时，村干部才能知道谁是谁，该怎么通知。

在村干部的通知下，被抽中的村民陆续来到村委会。在填写问卷过程中发现，当地村民的文化水平相对较低，大部分村民不认识字，无法独立完成问卷。针对这种情况，调研组成员将问卷内容一题一题地读给不认识字的村民，并将村民的答案记录在问卷上，从而尽可能地保证了问卷的客观性与真实性。我在给村民读问卷、记录答案时发现，面对"您认为最理想的职业是什么?"这一问题，有多位村民毫不犹豫地选择了"农民"。当我进一步追问理由时，他们有人表示，农民是淳朴的，自己生下来就是农民，自然也习惯做农民，和土地打交道很踏实。简单朴实的回答却是刷新了我对该村村民的认识，在我印象中村民应该迫切想脱去"农民"的帽子，选择教师或者公务员之类，而甘肃辘辘村的村民却对农民这一身份有着强大的认同感，不但不排斥，反而将其看作是最理想的职业。

按照调研安排，我们给每一位调研对象准备了一份礼物。在给调研对象发放礼物时发现，一部分村民的手上都有数量不同的黑色圆点图案，询问后才知道，这些图案大多是他们年幼时，家里人给刻印的，而具体原因他们也不是很清楚，有的村民表示可能是家族内部的一种标记，也有村民表示这是一种封建迷信的行为。说到这里不得不提一位乡镇妇女主任谈到的一件趣闻，她有一次穿着没有过膝盖的裤子来到辘辘村，村里的几位干部看到后纷纷用手捂住眼睛，连声说道："不能看，不能看，穿得太短了……"从这个玩笑的例子似乎也可以发现该村被封建文化所桎梏，从而有一些封建残余遗留在村民之中也不难理解。

刘　昂

2017 年 7 月 20 日

辘辘村田野日志之六

今天是正式调研的第一天，随着车子从岷县县城开进村庄，建筑风格也从鳞次栉比的楼房变成了林林总总的土屋。道路越来越窄，山路越来越崎岖。道路另一边，是整整齐齐的梯田，种满了大片的药材，有黄芪、当归、党参、柴胡等。岷县素有"千年药乡"之称，而这漫山遍野的药材，既是辘辘村村民的经济来源，也是他们世世代代的根基。

我们上午抵达了村主任家中。也许是位于海拔两千多米的缘故吧，村主任的房子临山而建，屋里没有空调和电扇，却一点也不热。我们在花名册的一千多人中抽取了 148 位问卷对象，下午在村委会办公室中正式开始问卷和访谈工作。一开始来的人并不多，都是靠村主任一个个打电话或者直接路过被"吼"过来的。

在问卷过程中得知，辘辘村村民多数为农民，以种植药材为生，许多人年收入 3 000 元以下(一般年收入能达到人均 1 万元就感到满意了)。少数上过小学，上过高中、大学的寥寥无几。每个人都认为读书非常有用，但实际上不是每家孩子都能上学。在他们看来，孩子能不能念得上书，是孩子自身能力问题，换言之，教育是学校的事情，与家庭家风无关。他们有出村打工的意愿，但大多不想出村，在问卷中多数人选择继续做农民(这与自愿成为新型职业农民完全不同)。从表面上看，他们认为自己不识字，出去没工可打。究其本因，大山阻隔了一切，阻隔了人际交往也妨碍了辘辘村村民的视野，在村中土生土长的他们除了务农以外不知道其他的生存方式了。因此，他们认为读书非常有用，有用之处在于多认识几个字就能出去打工了，相较于务农而言，打工能赚得更多。

我们还碰到了村里的妇女主任，从她那得知，由于山中缺水，厕所都是旱厕，用水很不方便。卫生条件的欠缺和卫生意识的薄弱，导致了村中许多妇女都患有妇科病，这也多少影响了村里夫妻感情。村里民风淳朴但并不完全封闭，处于半开放状态，这多少得益于药材买卖的对外经济交往。村里文盲虽多，但人们的观点并不封建迂腐，我们与村民可以基本沟通。比如，一般问卷人都可以接受婚前同居，有些村民认为农家乐可以赚钱，年轻人有未来出村的想法。

直到下午五点左右，在山上劳作的村民们陆陆续续回到村庄，填问卷的人逐渐多了起来，小伙伴们忙了起来但都很开心。今天最后一份问卷，是个二十多岁的年轻母亲，她在填完问卷后，热情地邀请我去她家里吃饭，令我受宠若惊，最后婉言谢绝了她。此时，傍晚山间气温陡降，天虽然大亮，但大家都感到了丝丝凉意，尤其是穿着短袖短裤的小伙伴们已经冻得哆嗦了，大家一致表示明天坚决要穿长袖。今天，最终完成了四十余份问卷，明天继续努力。

曹琳琳

2017 年 7 月 20 日

辘辘村田野日志之七

我们一行九人小分队一大早驱车来到甘肃省岷县梅川镇辘辘村村主任家里抽样、问卷编号，支书协助我们通知被抽中的村民，在等待的过程中，我们有机会在支书家里吃了中饭——主任儿媳妇自己做的手擀面。村主任执意留我们在他家吃中饭，我用南方人的思维为他们捏了一把汗：留这么多人在家吃饭，不得买菜、洗菜、切菜和炒菜，忙活两三个小时，才能有饭菜上桌？而且他儿媳正怀着七八个月身孕，我们又不禁担心。揣着这种担心，我自告奋勇地去厨房帮忙，谁知刚一进去，就听他们说中饭已做好了，只见桌上放了两大堆已经煮熟捞出来的面条，由镇妇女干部小 Z 夹到每个人的碗里，干干的手擀面，每人一碗，另外配了一点兰包丝、土豆丝和辣椒酱。整顿饭没有任何荤菜，但却是他们家最热情的招待，从这次中餐可以看出他们的生活水平并不高，可以说十分清苦。这次中餐彻底颠覆了我们的思维方式。作为南方人，我对这儿的旱厕也倍感稀奇，不得不要上厕所时就硬着头皮进去，尽快出来，还有很多队友们为了少上厕所，整天忍住不敢喝水。我不太理解的是，人们的房子修建得如此大，装修也还不错，为什么厕所如此简陋？

在这儿，我们亲眼见到他们自己种的当归、黄芪，满山遍野的中药材，这是他们的主要收入来源。这里不愧有"当归之乡"的美誉。下午的访谈进展得比较顺利，一共访谈了七个调研对象。我和孙丹一组访谈了四位。露璐老师和王璐一组访谈了三位。我们的访谈对象大多是村主任选出来的，稍年轻一点儿，能听得懂普通话，易于沟通和交流的村民。从我们调查来看，大多数村民文化程度都不高，"80后"没上过学的很多。高中毕业的村民算是村里的文化人。从我们整个调研过程中，不难看出有一定文化程度的村民明显比没文化的村民日子过得红火，生活更好。但没上过学的村民对自己的生活现状更满意，因为他们没有太多机会出去，没有比较，不知别人的生活怎么过。反而那些出过村子的人更有忧患意识。做问卷调查的伙伴们都做得很艰难，因为语言沟通有障碍，我们说的普通话，村民大多听不懂，村民的方言我们又听不懂。更艰难的是，大多数村民不识字，整套问卷全靠小伙伴们读给他们听。有时候一个题还得读几遍，再解释，他们才能将就听明白。尽管如此，下午还是做了近50份问卷。晚上出村吃完晚饭回房间已是十点整。

贺智慧

2017年7月20日

辘辘村田野日志之八

今天是正式调研的第一天。

昨天中午几经周折，终于到达岷县县城，药材公司L经理安排我和孙丹同学入住酒店并带我们品尝了当地的特色美食。下午其他老师和同学也陆续赶到，晚上我们开了一个小型的会议安排了一下第二天的工作。

今天早上吃过早饭，买完给村民的礼品我们便乘车抵达目的地辘辘村。来的路上发现沿路山坡上种满了当归、党参、黄芪等药材，村民的土地几乎都用来种植药材，几乎不种植粮食，药材也是当地村民的主要收入来源。抵达辘辘村后，我们首先来到村主任家中进行了抽样、问卷编号，村主任协助我们通知被抽中的村民来填写问卷。在等待村主任通知村民的过程中，我们吃到了村主任儿媳妇为我们做的手擀面。吃过午饭，我们来到村委办公室开始进行访谈和问卷的填写工作。我跟王露璐老师一共访谈了四位村民，一位村民经常外出打工，一位村民在家种植当归，还有一位村民在岷川镇上当幼儿园教师，第四位接受访谈的居民由于年龄比较大，听不太懂也不会讲普通话，导致访谈没有能够顺利进行下去。访谈结束后我又协助其他组员进行了问卷填写工作。

这次调研，我认为最大的困难在于语言沟通上的障碍。辘辘村的绝大多数村民的受教育程度都比较低，许多人都是没有上过学或者仅仅是小学毕业，在辘辘村，高中已经属于高学历了，上大学的人更是少之又少。这就导致很多村民根本看不懂问卷的内容，需要我们一点一点读给他们听，跟他们解释。但是，这里的许多村民又听不太懂也不会讲普通话，以至于我们的问卷填写工作进行得非常艰难。幸好有几位年轻的会讲普通话的村民热情地充当了我们的“翻译”，帮助我们进行了问卷填写工作。

今天的调研让我感触最深的就是，辘辘村的村民虽然受教育程度不高，但是他们都觉得读书很重要，并希望自己的孩子能够好好读书，我看到了他们对知识的渴望。辘辘村村民的淳朴也深深地打动了我，虽然他们看不懂问卷，但是他们都是认认真真听我们解释并且非常认真地回答每一个问题，有的村民甚至还非常热情地邀请我们去他家中吃饭。

王　璐

2017 年 7 月 20 日

辘辘村田野日志之九

劝君更尽一杯酒，西出阳关无故人。在来甘肃之前，我就跟家人说甘肃之行应该是比较艰难的。但是一下到定西火车站，来接我们的人非常热情地接待了我们，并且带我们到当地最有特色的清真餐厅吃了当地最正宗的小吃。

这让我们感受到了甘肃人民的热情好客。今天我们来到了辘辘村。我们先到了村主任家里进行问卷调查的抽样，然后由村主任和组长通知抽样到的村民到村委会进行填答问卷。上午我们获取了村民花名册，下午我们就开始了工作。访谈工作还算是顺利的，但是也出现了村民不配合的情况。问卷这边的工作就难多了，很多村民不识字，普通话也不太熟练，所以我们和村民沟通非常困难，在这样的艰难情况下，我们今天的问卷完成得比较少。当太阳渐渐落山以后，我们感受到了西北山区夏日的清凉，凉爽到我们决定明天穿长袖。

张月昕

2017 年 7 月 20 日

辘辘村田野日志之十

7 月 19 日，我们调研组经过近一天的路途来到甘肃省岷县，即将开始对岷县辘辘村的乡村伦理调研。当晚，我们与课题组严老师的岷县朋友会面，简单了解了下辘辘村的基本情况，掌握了该村地形、耕田以及人口结构与分布情况，为第二天的调研做好了身体和心理准备。

第二天一早，大家吃完早饭后干劲十足地开始准备。我们一组人员直接前往辘辘村，根据村民名单进行抽样工作；另外一组赴县城购买调研小礼品。我随着第二组去县城购买小礼品。对于农村人民来说，礼品实用性是第一位的。我们购买了脸盆和凳子，价格之便宜也是让我们体会到当地经济发展的客观情况。课题组会合后，我们集中在村主任家中开始抽样工作和调研问卷准备工作。村主任家在当地应该还是比较富裕的了，房子依山而建，内部家具设施等较为陈旧但比较整齐。我们抽样好名单后，村主任找了几个村干部一起帮我们打电话联系抽样人员。上午十一点左右，我们开始了第一个问卷调研。第一个调研问卷既让我们兴奋也让我们犯愁。兴奋的是问卷工作正式开始，可以收集相关信息了；犯愁的是语言沟通的难度远远超过了我们之前的心理准备。村民面对问卷题目，有的紧张，有的不明白相关术语，即使解释后也难以理解，理解之后又难以表达自己的思想。随着时间的推移，问卷调研工作艰难地进行着。除了语言沟通问题之外，由于很多村民都在务农，前来参与调研的人数较为有限。

这里还是要非常感谢村主任，中午不仅给我们安排了午饭，还把村委会重新打扫了一下，以便我们下午集中开展调研工作。下午四点多，抽样名单上的村民陆陆续续来到村委会。我们一边解释一边努力去理解他们所说的话，难度之大堪比四六级英语考试。充足的调研让我感触很深。这里的村民非常淳朴，或者说比较落后。家庭经济年收入在 3 000 元左右的还有好几户，有的村民甚至认为小孩子读书没有太大的用处。经济基础决定上层建筑，习惯于这种落后生活的村民对于外面世界的欲望并不是特别强。在这里，贫穷似乎不是一个问题，而是一种习惯。习惯于贫穷生活的村民，也许真的没有太多的想法。与其形成强烈反差的是我们访问的一个女大学生，也是这个村屈指可数的大学生。她对于问卷问题的选择、思考与其他村民完全是天壤之别。感叹教育之强大，对于一个青年人的影响将是深远的。她人暂且属于这个村，但思想早已驰骋在辘辘村之外的广阔大地上。我与之相约，第二天来帮我们做翻译，她欣然答应。这让人感受到她的自信而豁达，乐观而积极。

直到晚上八点，我们方才完成一半左右的问卷。大家非常疲倦，首席专家王老师提议先回县城宾馆休息，来日再战。

朱亚宾

2017 年 7 月 20 日

辘辘村田野日志之十一

上午八点半，大家在酒店大堂集结。以一碗牛肉面片为早餐，考虑到入村后餐食不便，为了不再给村主任添麻烦，在早餐店打包了牛肚、土豆丝、黄瓜等凉菜，买了两大包当地特色的馍馍，课题组一行九人再一次进村了。

按照昨天的进度，今天我们需要再完成四五例访谈，100 份问卷。访谈依然进展顺利。第一位接受访谈的是以前的村委会主任，是我的同龄人，有一儿和一女。女儿目前在兰州上大学，儿子没有考上大学，结婚后与媳妇在镇上开了家面店。对于儿子的选择，他表现出强烈的不认同。在他看来，“在镇上开个面店有啥面子？还不如回村里来种药材。”有意思的是，对于女儿上完大学后的去向，他却明确表示，肯定要在城里找工作，不会回村里来。这似乎在一定程度上说明，农民并未将城市作为理所当然的理想生活场所，在他们看来，只有具备一定学历和能力的人才具备在城市工作的竞争力。并且，在他们看来，以经营小店为代表的小生意，并不具有比务农更高的职业尊重度。

我的第二位访谈对象是一位五十多岁的大妈。进门时，她手上拿着一个吃了一半的白萝卜，并且热情地问我"吃不吃"。我注意到她满手的泥垢，心中不免有几分排斥，但依然客气地表示感谢。随着访谈的深入，大妈的艰难生活图景愈来愈清晰地显现。原来，大妈的老伴前两年动了大手术，身体一直不好，无法从事重体力劳动，家里的农活主要靠她完成。听到大妈说，刚刚还在地里干活，所以满手是泥，我心中不免对自己先前的排斥生出悔意。大妈与老伴只有一个儿子，几年前，儿子离异后再婚，儿媳妇也是再婚，带来和前夫生的男孩，又再与儿子生了个女孩，再次怀孕后想要流产，大妈与老伴阻止。于是生下这个小孙子后，媳妇便将他交给老两口。两家分开生活，儿子媳妇带着两个孩子，老两口带着小孙子，几乎完全不来往。由于丈夫体弱需要经常看病吃药，自己还要照顾小孙子，大妈只能种少量的药材，收入与村里的平均水平差距很大。我关心地问起，以后老两口年纪越来越大，孙子上学后支出也会加大，是否想过以后的生活如何应对？大妈哽咽着说，想有什么用呢？过一天算一天吧。说着，抬起手来擦去眼角的泪。我看着大妈满是裂口和污垢的双手，也无语凝噎。

结束访谈时，我塞了200块钱到大妈口袋，让她给孙子买点奶粉。她先是坚决不肯收，推托再三后，又擦着眼泪千恩万谢，临走时还没有忘记拿走自己放在桌上的半截萝卜。看着她的背影，几分心酸。毋庸置疑，农村改革进程大大改变了中国乡村的面貌，提升了农民的生活水平。几乎每一个访谈对象和问卷样本都向我们证实着农民生活水平提高这一基本事实。然而，如何让少数因各种原因失去（或欠缺）劳动能力的农民也能够在最基本的低保和医保之外，获得不断提升生活水平的可能？也许，这正是我们的课题研究应当着力探究和解决的重要问题。

与访谈相比，问卷工作进展并不顺利。样本的联络工作依然和昨天一样，出现了诸多问题。好不容易等到中午，抽取的样本终于来了几个。做完这一拨，大家啃着馍馍，一边交流着遇到的问题，一边担忧着下午究竟是否能有更多的样本出现。看着小伙伴整理的名单，我不免也担心起来。

两点多，村主任回来了，我们仿佛抓到了救命稻草。我拿着整理的名单与主任一一核对。在我的"逼迫"之下，他给每个还没有前来的抽取样本打电话。陆陆续续，终于来了一拨拨的村民。小伙伴们把三个陪父母前来做问卷的中学生发展成课题组的"编外成员"，他们帮助我们完成了大量不识字且不能说普通话的问卷样本，大大提高了问卷的成功率。

坐在村委会门口，吹着山间习习凉风，看着不断接近目标的完成问卷数量和不断减少的问卷礼品，刷刷朋友圈里满屏"40 度的南京我已经熟了"的吐槽，突然间格外满足。短短的两天，我喜欢上了这个名叫"辘辘"的村庄，喜欢头顶上碧蓝的天空和永远飘浮的几朵白云，喜欢村委会办公室对面山头上那片麦田的风吹麦浪，喜欢村民们黝黑的面孔和纯朴的笑容，甚至喜欢一位八十多岁的老大娘没有被抽样却希望得到一份礼品时的执着……然而，我也清楚知道，这些所有的喜欢，都只是作为一个过客的短暂情感而已。交通的不便，语言的不畅，以及卫生条件的诸多不适，使我无法真正爱上这样一个村庄。然而，对于这个村庄而言，最重要的是身处其中的每个村民的感受，而不是我这样一个"他者"的喜好与判断。

王露璐

2017 年 7 月 21 日

辘辘村田野日志之十二

今天的调研仍然分访谈和问卷两部分进行。在填写问卷的村民不多的时候，我去旁听了导师访谈的一位村民。刚见到访谈者时，凭借对外表的判断，我猜测这位村民应该年近 70 岁，而事实上被访者出生于 20 世纪 60 年代。

通过访谈了解到，这位村民的丈夫身体不好，没办法干重活；儿媳妇不孝顺，他们没办法和儿子与儿媳妇一起生活下去；加上还要养着孙子，她和丈夫以及孙子的日常开销仅靠自己一人种点药材，打打零工。生活的重压使得岁月在她面庞留下了不属于这个年纪的沧桑。

访谈过程中，这位村民几次掩面而泣，发出无奈的叹息。面对访谈对象的困境，导师不是仅仅将其作为一种伦理现状来分析，而是多次在访谈过程中尝试为这位村民出谋划策，希望能够帮助她解决困难，并且在访谈结束之后，从自己包中掏出现金塞到村民手中。虽然这些现金无法从根本上解决村民的生活困境，但足以使村民感受到温暖，也使我意识到，访谈并不是一种纯粹的索取，而应该是一种良性的互动，既能客观地站在研究者的立场去发现、分析问题，也应该从被访者出发，理解他们的处境，尽可能地为他们提供帮助，也许这也正是哲学改造世界的一种途径。

晚饭时间，导师对昨天我感到惊讶的问题——“农民认为最理想的职业是农民”进行了分析，认为农民之所以将最理想的职业选择为“农民”是因为他们不了解其他职业，他们的选择是一种基于自身文化水平和生活经验做出的判断，从农民回答的“生下来就是农民，自然也习惯做农民”可以看出，他们自认为自己没有权利选择职业，当农民就是自己的本分，因此在不了解其他职业特征的情况下，他们自然将“农民”作为最理想的职业，这并不同于有些人在充分了解、认识各行各业之后做出的选择。导师的这一解释也为我们分析问卷数据提供了一种思路，我们不能仅仅局限于问卷客观的数据，而是要看到数据背后的影响因素，了解村民做出这种选择的真正原因，从而才能发现当前乡村真正的伦理图景，为进一步研究做好充分准备。

刘　昂

2017 年 7 月 21 日

辘辘村田野日志之十三

今天是正式调研的第二天，汲取昨天的经验，大家很默契地统一换上了长袖长裤(除了没带的)，向辘辘村进发。由于村中识字的人不多，我们讲普通话他们虽能听懂点，但这样做问卷不仅效率低，质量也不高。因此，我们今天试着发展一些辘辘村当地的“编外人员”，帮忙翻译填问卷。

在问卷过程中，还真的找到了两位正在念小学的小姑娘，她们很热心地帮村里的乡亲们填问卷，真的是太感谢她们了。此外，我们还碰到了一位还在念高二的男生，在交流中，我们得知，他从小到大还没出过市里。我们鼓励他，要不以后报考南师大吧，走出大山，去看看完全不同的景色，他被我们说的有些心动，还加了课题组成员的网络聊天软件账号。忽然觉得，在调研过程中，我们对自己的角色定位与被调研乡村村民如何看待我们没有什么必然的关系。我们是抱着求真务实的目的而来，给村里人带来的是问卷、访谈，寻求的是实地调研的结果。而村里人则看法不一，有的会直接问我们调研的目的，一听说是学校的多会报以合作的态度；有的则会习惯性地认为我们是政府派来体察民情的，填问卷时总让人觉得表达含糊；有的尤其是年轻人会感到很新鲜、好奇。而大多数村民问卷填得相当认真，有时我们一道题目他会让我们重复三四遍，就为了选出他们想要的答案。单从调研过程的附带效应来看，我们无法给村民、乡村带来实实在在的获得感，但我也想过，也许正是我们来辘辘村调研的行动，最终能够成为某些人走出大山的契机呢。

眼看着已经三点多了，问卷还剩二十多份，原定今天结束的指标还没完成，大家伙开始急了。在村主任的帮助下，于下午七点左右，问卷份数终于突破了 100 份，我们最终收获了 106 份问卷和八例访谈，圆满完成了任务。

后来听几个做生意的当地人说，辘辘村不是最封闭的村，他们文盲虽多，但普通话多讲几遍还是多少能懂一些的。还有些村与我们这些外地人根本无法进行语言交流，更不用谈做问卷了。自此，我由衷觉得，早前认为，在经济交通如此发达的今天，“走出大山”并不困难。现在发觉，“走出大山”是个比想象中更沉重的词汇，需要“走出”的，不仅包括村民的身体，也包括村民的视野。而对于经济极其落后的地区，文盲不识字，不看电视，不看报纸，不用手机上网，除了一年忙到头没有更大的信息需求。“大山”阻隔了人的交往，也妨碍了外来信息的流入。从岷县进辘辘村有一段路是修得极好的，这得益于当年李克强的到访，但后一段山路却不太令人满意了——甚至有一段路，车子上山路只能倒行上去，因为山上没有倒车的地方，正着上去就下不来了。交通速率直观地反映了商品的流通速率，人与人之间的交往速率，文化与文化的融合速率，信息与信息的交换速率……这些无一不影响着资本的增殖速率。“要想富，先修路”，这句话不无道理。

曹琳琳

2017 年 7 月 21 日

辘辘村田野日志之十四

7 月 21 日早晨，大家吃完早饭就早早随车来到辘辘村村委会，继续进行今天的调研工作。上午，我们继续进行问卷，由于时间还早，受访谈村民还没来到，所以大家都在努力进行问卷填写工作，看着一份份问卷的成功完成，每个人脸上都洋溢着喜悦。临近中午，我与贺老师访谈了一位村民，这位村民以前是村里会计。现在，他不仅在村里有 10 亩地种植当归，并且还在村外面承包了 30 亩地种植药材。同时，他与他的父亲、哥哥都是党员。这位大叔的思想相对比较开放，交流起来也比较顺利，为我们今天的访谈开了一个好头。中午，我们在村委会进行了简单而快乐的午餐，吃着当地特色馍馍，大家围坐一起说着这两天的工作心得。吃完午饭，就有村民陆续赶来，我们又投入到紧张的工作之中，看着一份份问卷不断完成，离我们的目标也越来越近，每一位成员都很兴奋，也更有干劲。我与贺老师又对两位村民进行了访谈，工作一直持续到晚上八点，最终，我们顺利完成了此次调研的所有任务。

对于我而言，能够参与这个课题，非常荣幸，同时，能够认识这么多优秀的老师和师哥师姐，向他们学习，也让我收获成长了许多，谢谢老师能够给我们这样一个学习进步的机会。剩下的时间就是收拾东西，做好返程的准备了，吃过晚饭，回到酒店，所有成员脸上都有完成任务的喜悦笑容，今晚也一定会做一个好梦。

孙　丹

2017 年 7 月 21 日

辘辘村田野日志之十五

又是忙碌的一天，吃过晚饭回到房间已经是十一点多。今天我们依旧是一大早起床吃过早饭驱车来到辘辘村，为了不再麻烦村主任给我们准备午饭，今天我们自己带了当地特色馍馍当午饭。

上午，我跟王老师又访谈了两位村民。一位村民从 1989 年开始担任社长，1990 年开始一直在村委工作，直到 2013 年地震之后才卸任。在与他的交流过程中，我印象最深的是他说："辘辘村的村民文化水平很低，外出打工受到文化水平的限制也挣不到什么钱，跟在村里种植药材差不多。"他还说："在辘辘村，只要脑子灵活一点，家里的地比较多，人又踏实能干，种植药材的收入还是不错的，大概挣得多的一年可以有十多万的收入。而辘辘村比较贫困的居民主要是因为家中发生了变故，比如重大疾病等。"

我们的第二位访谈对象是一位五十多岁的妇女。她进入访谈房间时，我发现她的手特别脏，全都是泥土而且手上有很多的裂痕，通过询问我们知道，她刚从地里拔完草过来。通过访谈我们得知她的生活非常艰辛，丈夫患病需要常年吃药，不能干重活。儿子二婚娶的这个媳妇非常厉害，不赡养二位老人，不来看望也从来不给生活费，而且两位老人还要抚养他们的小孙子。因此，受访者家的生活重担全部压在她一个人身上。访谈的过程中她多次流下了眼泪，说着虽然儿子和儿媳妇不赡养他们老两口，但是其他村民还是非常照顾他们的，经常帮助他们，她非常感激。访谈结束后，王老师从自己口袋中掏出了一些现金塞给受访者，让她补贴一下家用。我认为我们的调研不仅是了解乡村伦理现状，更重要的是在调研中发现问题，并能够设身处地为村民着想，以实际行动帮助村民解决问题。

访谈结束后，我们匆匆吃过午饭便开始了下午的工作，下午的工作主要是填写问卷，今天的问卷工作也进行得非常顺利，虽然我们跟村民沟通起来非常困难，但是在几位会说普通话的学生的帮助下，我们顺利地完成了工作。在帮助村民填写问卷的过程中，我发现对于一些敏感问题，村民的回答经常会出乎我们的意料，所以调研一定要实事求是，才能反映最真实的情况。

王 璐

2017 年 7 月 21 日

辘辘村田野日志之十六

今天我们继续问卷调查工作。总结了昨天的经验和教训，我们考虑到辘辘村村民文化水平和普通话水平较低，有相当数量的调查对象不识字且与访问员不能有效沟通，因而在今天的实地调查中，我们一行人发动了一部分当地村中受过良好教育的青年人作为我们的“编外访问员”，由他们作为“语言中介”帮助我们完成和调查对象的访问和沟通工作。我们的访问员严格把控、监督整个问答过程，确保语言意思表达正确，调查对象的真实想法可以落实到问卷上，从而保证访问质量。

在一天的努力下，我们最终完成了有效问卷的数量，顺利结束了整个甘肃的调研。

张月昕

2017 年 7 月 21 日

辘辘村田野日志之十七

7 月 21 日，早餐吃完我们直接前往辘辘村，继续开展调研工作。今天我们到达时，已经有一些村民在村委会门口等待了。我们开始问卷调研工作时发现有些村民不是我们抽样名单上的人员。经过询问才知，这些村民是听说到我们这里参加一个什么活动就能够领取板凳或脸盆，所以就赶过来了。我再一次感受到村民的淳朴，也体会到他们对于这些“不值钱”的小礼品的渴望。

由于村主任昨天晚上的工作安排，今天人数相对比较多，我们在村委会会议室热火朝天地开展调研工作。语言不通，我们就邀请了几个村里读书的小朋友以及大学生来帮我们做翻译，效果立竿见影；人数不够，村主任不停地帮我们打电话，甚至开车去找抽样名单上的村民来。一时间，村委会门口热闹非凡，有种过节的感觉。大家从昨天的翘首以盼到今天的应接不暇，虽然累，但是很开心。我们在问卷调研的同时，另外一组在开展访谈。让我印象深刻且甚为感动的是课题组首席专家王老师在访谈村里一位特困户时，了解到其家庭困难以及遭遇，当场慷慨解囊，自费资助了那位憔悴的老母亲。我们课题组确实无法帮助他们改变目前的境状，但是我们有着与村民共同的生活体验以及对于困苦的坚定意志。随着调研工作的持续推进，我们不知不觉完成了所有的问卷调研。看着日落西山，我们彼此心里都有着一种淡淡的惆怅。当车子慢慢离开村子时，我竟有点不舍，我想起了我的老家，也是比较落后，但是比这里要强很多倍。可想而知，这里的贫困是多么的严重。

辘辘村的贫困不仅仅是自然资源的匮乏，更多还是思想的落后。在这里，也许没有太多的伦理道德，他们的生活是一种传承的习惯，一种贫困的习惯。在这贫困的生活中，伦理只有基本的元素，道德只有基本的原则。改变辘辘村落后现状的措施，不仅仅是修条路。“条条马路通罗马”，问题是他们是否知道有罗马？

朱亚宾

2017 年 7 月 21 日

四、下聂村田野日志

下聂村田野日志之一

从西北到东南，从 29 摄氏度的凉风习习到 38 摄氏度的热浪迎面，历经近 27 个小时的卧铺旅行之后顺利到达调研第四站——江西抚州。在从火车站到宾馆的路上为抚州道路的宽阔、整洁所惊叹，这儿的路面和甘肃那曲径通幽的山路截然不同，单向三车道的路面可以自由奔驰，道路两面的绿化带也为炎热的夏季增添了一丝凉意。

到达宾馆简单收拾一下便与从南京出发的老师和同学会合，一同前往东华理工大学食堂就餐。负责联络江西调研地的是东华理工大学马克思主义学院华启和老师，华老师是曹老师已经毕业的博士，在读期间已经拿过国家社科基金，之前一直都只在材料中见到过华老师的优秀事例，今天终于见到了真尊，自然激动万分。

在与两位当地的工作人员交流时发现其中一位对“新乡贤”文化极为推崇，他饶有兴趣地和曹老师聊着有关新乡贤的话题。他认为新乡贤在当今乡村治理中能够起到沟通城市与乡村的作用，既可以有效地将城市的见闻和先进的思想普及给村民，又能得到乡村村民的深切认同以及了解乡村生活样态、理解村民内心需求。

另外一位工作人员则着重从村民心理层面进行分析，认为在经济不断发展过程中，村民被资本的逻辑左右，集体主义不断恶化，落井下石的心态时有发生。这位工作人员还举了一个生动的例子：在以前相对贫穷的时候，谁家养的猪死了，一个村子里的人都会去他家买点猪肉，以这种方式缓解他们家庭死头猪所带来的经济损失。而如今，乡村中落井下石的现象却时有发生，谁家出了点事，有些人背地里都能偷着乐几天。这位工作人员所讲述的现象正好和我前段时间看的一篇文章相近，作者的父亲在家乡承包了几亩鱼塘，在鱼苗将要长成、可以上市的前夜，鱼塘被别人下了毒，所有鱼全部死掉。作者分析认为农村里的人们看不惯谁家特别富有，要富一起富、要穷一起穷的心态比较普遍。然而这一分析却和在甘肃的调研有所出入，面对问卷中“您对个人收入差距的看法是什么?”，大部分村民选择的是“很正常，做得多拿得就应该多”，不同地区、不同层级的人们对这一问题的不同看法，也许正是我们需要进一步探讨的地方。

还有一点值得注意的是，江西调研地的工作人员和湖北调研地的工作人员在谈到乡村问题时都提到了李昌平所撰写的《我向总理说实话》一书，他们承认“农民真苦、农村真穷、农业真危险”的现实，认为乡村问题值得关注。与此同时，他们也对当前国家政策大力扶植农村的方式比较担忧，认为在现有政策下有可能助长农民“等、靠、要”的惰性思维。

除此之外，今晚江西调研地的两位工作人员也对“乡愁”问题极为关注，一方面认为乡村发展不能被乡愁所限制，对于一些阻碍乡村发展、仅仅停留在情怀中的乡愁要有该断则断的勇气，否则美丽乡村将会是一个遥不可及的梦想；另一方面，也要合理借助乡愁的文化载体，注重乡愁的表达形式，努力保护富有地方特色的“特殊场景中的特定记忆”。针对乡愁载体这一范畴，一位地方官谈到一个真实案例。抚州这里的乡村有种“针蒸面”，每一个从这儿走出去的人都对小时候这种面的味道记忆犹新，一次该地招商引资过程中工作人员遇到一位本地走出到上海的商人，他原本回乡办完事情后打算立马返回上海，但这位工作人员提到了“针蒸面”并提议第二天带这位商人去品尝。一听到“针蒸面”，商人儿时的记忆瞬间被勾起，便决定为了一碗“针蒸面”在家乡多待一天。在这一天中工作人员有充足的时间详细介绍地方吸引资金的优势和特色，于是便轻松拿下了本可能失之交臂的生意。这位工作人员充分抓住商人的味蕾上的乡愁，成功进行招商引资。同样，每一个从乡村走出去的人们一定会有某种寄托乡愁的形式,如何有效利用这种乡愁载体则是每一位地方“父母官”需要思考的问题。

在进入乡村调研之前有幸聆听到工作人员们对乡村的看法,他们从自身的角度结合具体实践勾勒出乡村的一幅图景,明天我们将深入乡村,从村民视角和亲身经验来丰富或修正图景。

刘　昂

2017 年 7 月 25 日

下聂村田野日志之二

经过 26 个小时的卧铺旅程,我与其他五位完成第三阶段调研任务后从兰州出发的老师和同学们终于在昨天晚上五点半抵达抚州,入住酒店并与从南京前来的六位老师会合了。负责此段调研的华启和老师是子课题负责人曹孟勤老师的博士,在地处抚州的东华理工大学工作。他安排我们一行在东华理工大学食堂用晚餐,并商议了第二天前往下聂村的时间安排。回到酒店,洗完几日积压的衣物,处理了若干工作邮件后已近凌晨。尽管室外的温度比起甘肃高了近 20 摄氏度,但在空调的强劲冷气中,我很快进入了梦乡。

此站的调研村庄下聂村,位于江西省抚州市临川区嵩湖乡境内。聂村有九百余年历史,其后人为北宋著名礼学家聂崇义后裔,中国历史人物、兵部尚书聂昌为聂村第四世祖。下聂村是一个新型的富有文化品质的现代乡村村落。考虑到天气炎热,按照华老师的建议,大家七点半出发前往下聂村。经过临川乡政府时,华老师下车找到了事先联络好的乡长,他陪同我们一同前往下聂村。

进入村中,一排排整齐的三层民居跃入眼帘。乡长指挥我们把面包车停在一座祠堂边,引导大家下车并介绍了这座“聂氏宗祠”的由来。聂氏宗祠建成已三百余年,数年前重新修建。祠堂内悬挂着“忠孝仁义礼智信”的伦理古训,刻着“文以立族、绿以兴村”的村庄发展理念,以及“敦孝行以事父母,明友恭以和兄弟,崇礼让以睦邻族,延师传以课子孙,戒淫欲以饬名节,戒赌博以禁邪行,息争斗以桂讼端,尚勤俭以成家业”的新型道德村规。每逢春节等重要节日，聂氏后人都会在此聚集，祭拜祖先。村民们也经常聚集在此，商议村中的重大事宜。我不禁想到《白鹿原》中的祠堂，从一定意义上说，那是白鹿村族人的精神家园，也是维系村庄共同体凝聚力的重要载体。而聂氏祠堂从一个侧面反映出，在今天的部分中国乡村，祠堂依然是对增强村庄凝聚力乃至形成伦理共同体有着重要作用的公共道德平台。

看完祠堂，乡长带领我们在村内边走边看。我们注意到，这里每家每户都悬挂着一块横匾，我好奇地向乡长请教横匾的来源，得知村里向市文化局申请了专门的项目，请市里的一批书法家书写并专门制作，五百多元成本的横匾，村民只要花一两百元即可根据自己的喜好选择买回并悬挂。通过这个项目的推广，各家自建的民居有了一种相近的文化气息，也在整个村庄中营造了一种特有的道德氛围。

行走至一座牌坊，乡长向我们隆重请出目前退居二线并回到下聂村居住的临川区文化局局长 NJB，并告诉我们下聂村近年来的变化与他全身心的投入有着极大的关系。在乡长和 N 局长的带领下，我们从下聂村有着四百多年历史的梦江石桥走过。N 局长向我们绘声绘色地介绍了梦江石桥的历史、文化价值以及他如何找到造桥者留下的姓名等，N 局长对村庄的全情投入在言语之间已然显现。

在村主任和 N 局长的带领下，我们到达 N 局长自建的津达书院。在书院中，我们碰到了延安大学前来进行暑期社会实践的几名大学生，得知书院开办了暑期班，村里和附近的孩子免费入学，由几位大学生志愿者担任老师。走入教室，学生志愿者正在教唱一首“中国梦”的歌曲，听着孩子们稚嫩的歌声在书院里回响，我心中对这个村庄又增添了几分好感。

一行人通过实地考察大致了解了村庄的基本情况，回到祠堂，商议访谈对象的确定和问卷样本的获取。在了解我们希望通过等距抽样获取问卷样本的想法后，乡长和协助我们工作的一位年轻村干部表示，村里 20—50 岁的年轻劳动力基本上全部在外打工，即使抽取样本，最终这一年龄段的样本也基本无法前来答卷。由于村里有一部分年轻人白天在抚州市打工，晚上回家，他们建议，上午先进行部分访谈，并由村干部帮助我们联系一些留守在家的老人和妇女样本进行问卷答题，晚上我们再回到村里，由村干部帮助我们入户寻找 20—

50岁的中青年样本。考虑到村庄的实际情况，加之今天最高温度40摄氏度的炎热天气，我们进行访谈和问卷的祠堂既无空调也无电扇，我采纳了乡长和村干部的建议。

上午进行了五例访谈，完成问卷二十多份。确实，如同乡长和村干部们的预料，前来填写问卷的都是50岁以上的留守老人，且以女性居多，其中很多带着孩子前来。NJB局长是我的第一个访谈对象。我原本希望与他多聊一会儿，但访谈多次被电话打断。原来，N局长是一个摄影爱好者，今天抚州市摄影协会来下聂村采风，一行人已到村中，我们的交谈只能提前结束。但即便如此，我也从中获得了很多极有价值的讯息。确如乡长所言，N局长在整个村庄的发展理念、文化建设方面起到了极其关键的作用，从某种意义上说，他正是时下倡导的"新乡贤"的集中体现，而在与他的交流中，我再一次验证了自己关于"新乡贤何以可能"的认识：基于熟悉的基本信任；基于能力的个人魅力；基于道德的感召力量。

做了两例访谈，浑身大汗。再去看课题组的老师和同学们，每个人都是满脸汗水，衣衫尽湿。完成上午的工作，午餐后大家回到酒店，此时，室外的温度已经超过40摄氏度。不禁为自己适时的方案调整感到庆幸。这样的温度，如果下午继续进行调研，既不会找到多少样本和访谈对象，同时课题组成员和调研对象都有中暑的可能。

晚上七点多，我们如约再次进村。尽管太阳落山后温度略有下降，然而，祠堂内依然闷热无比。两位课题组成员随同村干部去另一处年轻人聚集地寻找合适的样本，其他成员依然在祠堂中进行访谈和问卷工作。夜晚的乡村，不仅有来自高温的挑战，又增加了蚊子的骚扰。在进行第一个访谈时，我只能通过不断地抖腿来驱避蚊子。完成第一例访谈后，全身喷洒了小伙伴的六神驱蚊水，前来骚扰的蚊子终于少了许多，但汗水已湿透衣衫。

完成访谈后，发现同学们依然在继续着问卷工作。夜晚的祠堂，灯光昏暗，他们打开手机电筒，帮助村民更好地阅卷读题。看着昏暗的环境中他们被手机电筒照亮的脸庞，流淌的汗水，敬业的目光，以及完成一份问卷后招呼样本领取礼品时欢快的神情，忽然间被自己所带领的这个团队感动了。

回到酒店，我在网络聊天软件的"朋友圈"记录了这个不寻常的日子：今天是课题组暑期调研中最为艰苦的一天。白天，超过 40 摄氏度的高温，没有空调没有电扇，汗水湿透衣衫；夜晚，蚊子不停地前来骚扰，小伙伴的六神驱蚊水成了抢手货。昏暗的灯光下，大家打开手机帮助村民读卷。奋战的一天，大家用汗水收获了 9 例访谈和 99 份问卷。此刻回到冷气十足的酒店，来两片抚州特色的大黄瓤西瓜，简直“酸爽到爆”！

王露璐

2017 年 7 月 26 日

下聂村田野日志之三

热！太热！这是今天调研最直接的感受。想想前几天还在朋友圈嘚瑟 29 摄氏度的温度，需要篝火取暖，而今天自己就在 40 摄氏度高温下进行调研，一切就在转瞬之间。

早上七点多钟，太阳已经展现出足够的实力，我们一下车就感受到太阳公公给予的充满温度的欢迎。在乡长的陪同下参观了下聂村的祠堂和村庄风貌，被这一自然村的文化底蕴所折服。下聂村有九百余年历史，其村民是北宋著名礼学家聂崇义后裔，属于临川历史文化名村，位于抚州中心城区东南城郊，距市行政中心 9 公里，是抚州古驿道通往城南方向的重要道口。进入聂氏祠堂，首先为“敦孝行以事父母，明友恭以和兄弟，崇礼让以睦邻族，延师传以课子孙，戒淫欲以饬名节，戒赌博以禁邪行，息争斗以桂讼端，尚勤俭以成家业”八句族规所震撼，我自然联想到最近热播的电视剧《白鹿原》中祠堂的形象展现出的传统礼治在自然村中的重要价值。当我们离开祠堂，进一步走进乡村时还发现，村庄中每一户人家正门上方都有一块牌匾。乡长介绍道，这是乡政府为了弘扬传统礼治，根据各家实际状况和夙愿，为村庄为每户人家所题写的，“仁厚传家”“忠勤正直”……每一块牌匾都寄托了一种美好的夙愿和责任，表现出传统道德价值对当代村民的约束作用。在参观途中偶遇退居二线的市文化局局长，N 局长还饶有兴致地带我们参观了设在自己家中的“津达书院”。这个书院是 N 局长曾祖父所创建，后来逐渐荒废。近年来，N 局长的老伴从机关单位退休，他自己也退居二线，子女在外地衣食无忧，N 局长逐渐动起了支援家乡发展,恢复书院的想法。他利用自己的人脉关系帮助村庄争取项目,并且将自己的积蓄投入到乡村传统文化发展中来,使书院在乡村中有足够的文化依托。我们进入"津达书院"时,正好遇到延安大学前来支教的学生,N局长在家中给他们免费提供住宿,他们则把乡村中的孩子聚集起来免费教授国学,在为孩子教授传统文化知识的同时,也扩大了津达书院的影响,增强了礼治等传统文化在村庄中的影响。

结束对乡村的参观,首先对N局长进行了访谈。在访谈中我更加深刻地意识到,新乡贤在乡村治理中的重要作用。N局长这些新乡贤在退休之后回到乡村首先能够将自己在外面接触的新鲜事物和思想带进乡村;其次也能够充分利用自身的社会关系为乡村谋取更加实在的利益;与此同时,他们在拥有相对丰厚退休金的同时子女也不需要他们的经济供给,在经济上相对自主;除此之外,通过参与乡村治理他们能够实现自己的价值,使自己老有所乐。

按照惯例,我们不仅要对调研村村民进行深度访谈,也需要对村民进行系统抽样。然而当我们准备按照惯例进行抽样时,村干部向我们表示了担忧。他解释道,传统文化和生态旅游虽然是下聂村打造的名片,但目前还没有带来足够收益,因此青壮年男性村民还是需要通过外出打工的方式谋取经济来源,老人和女性则耕种自己的小块土地和看养孩子。因此,如果我们按照系统抽样的方法进行抽取样本,最终能够收回的有效样本则会集中在50岁左右的女性这一群体,很难保证样本的客观性。因此,我们为了保证样本的有效性和全面性,在乡长和村社理事长的帮助下分别寻找了各个年龄段的村民进行问卷调研。

在问卷调研中让我惊异的是,相当一部分村民对祠堂中的村规民约熟视无睹,面对"您村的村规民约对村民有约束力吗?"这一问题,竟然回答"没有村规民约"或"不知道/说不清",当我进一步追问"祠堂里面不是有吗"时,他们则表示,祠堂对于他们而言只是祭拜祖宗的地方,而对祠堂里面的村规民约则没有关注。通过进一步的谈话了解到,在村民看来,当前在乡村中仍然是村干部更有威信,遇到什么事情,村民首先找的还是村干部而不是祠堂理事长。在村民看来,祠堂以及祠堂理事长仅仅是祭拜祖宗和筹划宗族活动的,而真正对村民实际利益有决定作用的仍然是村干部。当然，也有村民表示，因为他们都姓N，有着共同的祠堂和祖宗，因此相互之间比较和谐，很少出现矛盾。村民的这种解释其实说明，他们虽然不懂具体的村规民约，但共同祖先的血脉关系使得他们依然践行村规民约中的部分条款，实现相互和谐的状况，而万一出现矛盾，以村规民约为代表的祠堂或者理事长作为非正式制度或群体则缺少强制性，也无法解决矛盾。与此同时，村干部则有着正式制度赋予的权力，能够有效解决矛盾。

为了能够更加客观全面地获取样本，我们在晚上7:30再次来到村庄，以期能够找到一部分白天在外地打工或者农忙的人们，从而提升样本的代表性。晚上的下聂村并没有丝丝凉意，在桑拿般的天气里，衣服早已湿透，与此同时，我们一面与蚊虫做斗争，一面为了获得足够光亮举着手机照亮村民手中的问卷。经过一天的调研，我们最终收获9份深度访谈资料和99份调查问卷，顺利结束对下聂村的调研，回到宾馆时已经接近深夜十一点。

刘　昂

2017年7月26日

下聂村田野日志之四

今天是正式调研第一天。早晨7:30，用完早餐后，一行人准时出发，前往我们期待已久的调研地点——嵩湖乡下聂村。

我们首先到达的地点是乡办公楼，朴实的乡长忙前忙后，带领我们参观聂氏祠堂，参观村庄风貌。我从小没见过祠堂，来到聂氏祠堂，脑海中首先记起的是《白鹿原》里肃穆的祠堂，白稼轩组织乡亲开会的情景。不知下聂村的村民议事的时候，是不是也一块儿聚集到这里，在祖先的注视下进行神圣的仪式呢！

走在村子里的时候，我们注意到，每家每户的门口都挂着一块扁，上书“忠孝播美”“忠勤正直”“梦河起虹”等，这一点似乎和我们平时看到的农村并不太一样。后来听说这都是一位姓杨的部长组织完成的，让村民自行选择要写的字，然后请书法家题写，之后还有庄严的挂牌仪式等等。这一切都让这块匾变得更有价值，更寄托了村民对家庭、对自身的美好期望。

在村子里偶遇文化局局长NJB先生，他带领我们一并领略千年古村的生态美景。N局长说，“山不在高，有仙则名，水不在深，有龙则灵”这句话用来描述下聂村再恰当不过。原来，村子向来有“仙山梦水”一说，因为村里有一座七十多米高的小山，叫作“大仙山”，还有一条小河，叫作“梦河”，听了N局长的解释，这样形容确实没错。梦河上有一条窄窄的小桥，叫梦港桥，据说桥沿边有年代久远的石墩，是在偶然间发现的，上面还刻着修建人的名字。

随后我们参观了N局长家，以及他的津达书院。恰逢延安大学的大学生志愿者在村子里支教，小朋友们都聚集在书院里学国学、学唱歌，一派热闹景象。了解了村庄的基本情况后，我们的调研也正式开始了。

根据前几组的经验，我们首先应该拿到村民花名册，然后进行等距抽样，确保我们问卷调查人员的合理性。但是据小组组长介绍，这个村子里18—70岁的成年劳动力大多数外出打工，村子里以留守老人和儿童居多，那么这种情况下我们要保证抽样人员符合我们的要求就很困难。后来好在在组长的帮助下，陆续有村民前往祠堂，我们的访谈和问卷调查得以顺利开展。

我们组访谈的第一位老先生已经68岁的年龄，沟通方面让我倍感“头疼”，因为老人对很多词汇不理解，而我又对浓重的地方口音听不懂。在与贺老师和访谈对象的交谈中，我大致了解了这位老人的家庭情况。

第二位访谈对象是一位59岁的老人，他比我的父母年龄大不了几岁，但是看上去却更憔悴，更苍老一点。大叔很健谈，他的妻子患有中风、脑梗死、偏瘫等疾病，长期需要他的照料。生活给了他很多磨难，但大叔多次强调“我的责任”“我应尽的义务”让我有很多感触。从对话中不难看出，他生活艰辛，很需要钱，但是他更在意亲情，更在意老伴儿能不能好好地多活几年。这是很能触动我的地方。

另一位参与问卷调查的大叔由于语言不通，更是让我们费了很大的劲儿。他的脸上刻着深深的皱纹，身上也布满了泥土，像是刚从泥土地里赶过来。我注意到他的左脚小拇指缺失，我想象着这样一双大脚扎在土地里种水稻的画面，高温天气里他依然得为了粮食而劳作，黑黢黢的皮肤就像是他的军功章。

不知不觉就到了中午，我们吃过午饭返回酒店休息，打算晚上再来村里继续“战斗”。

晚上7:30,再次来到聂氏祠堂,工作开展得顺利多了,村民们纷纷来到祠堂,加入了访谈和问卷的队伍。祠堂的光不够亮,大家纷纷掏出手机帮村民打光,祠堂很是热闹。后来联系到了访谈对象,于是我和贺老师一起进行了两次访谈。

第一位接受访谈的小姑娘今年刚21岁,比我还小两岁,但是已经是当妈的人了。另一位访谈对象30岁,也已经是12岁孩子的母亲。这在我的生活环境中看来,简直是不可想象。而且通过访谈我们了解到,初中学历在当地就算“文化人”了,因为没钱,所以失去了读书机会;因为没有文凭,又只能干苦力赚钱混口饭吃。这似乎变成了一个死循环,村民的出路在哪里?幸好,他们都意识到了培养子女上学、读书的重要性,期望未来的下聂村能更好。

今晚说“战斗”的确不为过,高温、黑暗、蚊虫等,幸亏人多力量大,今天成功完成9例访谈和99份问卷,本站的调研任务取得阶段性胜利。

张　妍

2017年7月26日

下聂村田野日志之五

昨天下午我们到达江西抚州。Z老师很热情,帮我们安排了住宿,晚上我们一起吃的晚饭。吃完饭,我们去超市购买调研的礼品,在回酒店的车上,王老师简单地说了一下总体的安排,明天正式调研准备就绪。

在乡长的陪同下,我们首先了解了一下村庄的乡土人情。村庄生态建设很好,每家门前都种植了柚子树,每家每户都有一个牌匾。参观完村庄,我们开始了访谈。

我陪同王老师做访谈记录。上午访谈了两例。第一名访谈对象是原临川区文化局局长。在与他的交谈之中,我更加了解了乡村文化建设、生态建设的现状。他满怀感恩之情,对村子的建设尽心尽力,完全是做公益。在建设过程中,感觉乡亲之间集体观念淡薄,不注重树木,他通过自己的所作所为来告诉村民,要爱护树木,慢慢让他们知道树木的重要性。受传统文化的影响,老百姓对修建祠堂很重视，对祖宗心存敬畏。第二名访谈对象是一名普通村民。他小学毕业就出去打工，老婆平时在家帮忙带小孩。出去打工这几年，他受城市文化的熏陶，道德意识比以前有所提高，但是不喜欢城市的生活，觉得城市生活的规矩太多，喜欢农村的自由自在。

做完访谈已经中午了，基于村里大多数年轻人外出打工不在家的现状和调研的广泛性、代表性，我们晚上再来村庄。

等我们再次来到村庄，已经是晚上七点半，祠堂前已经有很多村民在等待我们，热情满满，访谈继续。第一名访谈对象是一名家庭妇女，平时在家帮忙带孩子，文化水平不高，在她们那个年代包括现在，对文化的重视程度不是很高，我们试图了解更多村民价值观念和生活方式的变化，但收获甚少。第二名访谈对象是村主任，村主任有很高的思想觉悟，知道教育的重要性，两个儿子一个在读本科、一个在读研究生。村主任希望能为村庄引进更多的企业，使村子慢慢富裕起来，但是村子的地理位置不佳，交通不便，引进企业有点困难。村子的生态建设很好，可以打造旅游形式的休闲乡村，但这需要时间。

国煜婕

2017 年 7 月 26 日

下聂村田野日志之六

今日清早我们来到抚州市临川区嵩湖乡下聂村的聂氏宗祠，乡长带领我们参观了这个村庄，该村的文化底蕴深厚，每家每户的门头都挂着牌匾，村里的新农村建设也做得很好，所到之处都是水泥地面，房子修建的大多是三、四层的小洋楼。由此可以看出，村民的生活水平比较高，村里竟然还有新乡贤自己办的书院——津达书院，该书院的主人是一名退休回乡的文化局局长，他有一腔热情，想为村民做点实事，在自己家里为孩子们免费提供学习场地，那儿还有延安大学的大学生在这儿支教，教村里孩子们读书、诵经、学国学知识、唱歌。人们还自己办了村报，送给我们每人一份。这位主人还带我们参观了他自己家里的“农耕博物馆”，都是早年农村的用具，现在很多东西都没有了，他收藏的宝贝在将来肯定会很有价值。但该村有一个特点：由于离抚州市近，大多数年轻村民都出去打工了，在家的主要是老人和孩子。正是这个原因，加上天气炎热，我们调整了方案，晚上再来找村民，乡长亲自跟了我们一天，又请来了村书记和村理事长。晚上进展十分顺利，最终如期完成任务。今晚在祠堂做问卷和访谈，经历了暑期调研四站中最热的一个晚上，这儿没有空调和风扇，连电灯都非常昏暗，村民做问卷，还得队员们开着手机的手电筒才能勉强做完，大伙儿的衣服湿透了，我们做访谈时汗流得睁不开眼睛。从此可以看出，作为学者，要想得到一手资料和数据也十分不易，我们也可以从老师和师兄妹们身上学习到严谨治学的态度！

贺智慧

2017 年 7 月 26 日

下聂村田野日志之七

上午七点左右我们一行前往此次调研点——下聂村。从车里往外眺望，一片片良田，田里有农民在忙着插秧，田埂上还有水牛，不远处有开阔的河面，再远处有丘陵，在夏日阳光的照射下，田野的风景显得格外明净。

开车大概 40 分钟，我们来到了下聂村。映入眼帘的首先是聂氏宗祠。我们先参观了一下他们的祠堂，祠堂的墙上挂着聂家历代有名的子孙。接着我们又参观了一下下聂村，村里盖的都是三层的楼房，建得很美，家家户户大门上都挂着牌匾，以此来彰显自家的家风。外面太阳很大，几乎看不到有什么村民，村组长告诉我们现在正值农忙季节，水稻刚收上来，村民又忙着插秧。有些青壮年外出打工，不在家。组长把能招呼过来的人都请到祠堂来填写问卷。王露璐教授和贺智慧老师分两组做访谈，我们负责村民的问卷，认识字的我们让他们自己填写，不认识字的我们只能读给他们听，温度达到 41 摄氏度，我们的衣服都湿了，有个赤膊的村民坐着填问卷，背上都是汗珠，我们看了心里很过意不去。到中午我们一共完成了二十几份问卷。王教授说，实在不行我们就晚上过来，这时估计下地的农民都回来了，为了保证问卷的有效性。他还建议我们晚上多找些年轻的村里人填写问卷。

下午五点我们吃过晚饭，就赶往村庄，到那里已经快六点了。我们分成两组，我和张月昕去村民家中做调查问卷，其余的人留在祠堂继续进行访谈和问卷。二组组长带着我们进村民家。村子里的路弯弯曲曲，没有路灯，很黑。看着我们走过，村里的狗朝着我们叫，因为要忙着完成任务，我们只管匆匆走路，根本没心思理会周围的一切。到了一户人家门口，看到有很多人在他家门口玩。我们走过去和村民们打招呼，向他们说明我们的来意。虽然白天在地里忙了一天，但他们都很愿意配合我们的工作，这让我们很感动。不过也有几个贫困的村民怀疑我们的工作，认为填了没用，根本不会改变他们实际的生活处境，我们对此很感慨。为了了解他们的真实想法，在我们的请求下他们还是很不情愿地填了问卷。村里又热蚊子又多，可是我们根本顾不了这些。看着我们满头是汗，那户人家的主人拿来凉水给我们喝，我们说谢谢。等村民都填完了，我们数了下，一共完成了三十多份，心里特别欢喜，这三十多份问卷多么来之不易。大概快到九点了，我们驱车离去，一路上看着月亮下白净的田野和河流，美得像是童话里的场景。

芮雅进

2017 年 7 月 26 日

下聂村田野日志之八

昨日，课题组成员从甘肃经过 26 个小时绿皮火车的长途跋涉，终于抵达江西抚州，我们调研的第四站。经过一晚的休息与调整，我们基本都满血复活。今天早早起床，吃过早饭后开赴调研地点：江西抚州下聂村。这里还是要重点感谢东华理工大学华教授的全程安排与指导。华教授是课题组专家曹教授的得意门生，看到学有所成的徒弟与功成名就的师父共同致力于本课题的研究，觉得是特别幸福的一件事，很是羡慕与向往。在华教授的安排下，我们一行人驱车来到下聂村。初到该村，第一印象是该村建筑风格竟然甚为豪华；道路整洁，然而人烟稀少。总的一个感觉是：这个村子蛮富有。乡长亲自带领我们先参观下村庄，了解下村庄基本情况。虽然天气炎热，但乡长还是热情地给我们介绍村子的发展历史。这是个以“文化”为基调的乡村发展案例。

我们在参观途中有幸遇到村中的新乡贤。这也是我们第一次接触真正意义上的新乡贤，或者说是社会主义新时代的乡贤。他很有激情地给我们介绍村中所蕴含的文化。听他娓娓道来，别有一番风味。下聂村的文化不仅仅表现在聂氏祠堂中的传统文化，也有随着社会主义市场经济发展而发展的新乡村文化，即乡村生态文化。

我们随后还参观了新乡贤自己创立的“津达书院”。这个书院专门将假期农村留守儿童集合在一起进行学习与生活，老师则是由各高校大学生志愿者担任。我们去的时候，遇到的是延安大学的志愿者。很有特色的书院，很有情怀的乡贤，令人佩服。在参观完村庄和书院后，我们来到聂氏祠堂，开始进行调研抽样，确定名单。由于村中很多年轻人都不在家，抽样名单访问率可能会受到较大影响。经过课题组专家研究，最终确定了其他较为符合村庄的调研方法。

随着乡长和村主任的陆续通知与安排，我们的调研工作拉开了序幕。相比较甘肃调研地点，这里村民的文化水平显然要高些，能够进行基本的交流，这提高了我们的调研工作的效率。由于气温过高，且很多村民不在家，乡长建议我们晚上来开展调研。特别感谢乡长的提议，我们下午回到酒店，有种重生的感觉。想想自己现在变得安逸了，当年这样的天气里，我也曾耕作于田间。那时不觉得晒，或者说没有意识到晒是什么，反正跟着爸妈去割稻就对了。安逸容易让人忘记或丢掉一些本应有的道德品质。感慨一番，晚上继续干活。终于体会到一句话：干得热火朝天。晚上村民陆陆续续到来，我们都有一种丰收的感觉。一直奋战到九点左右，终于完成了问卷调查工作。

拿着一瓶水，走出祠堂，才真正注视了夜幕下的下聂村。突然感觉很是凄凉，白天壮观的村庄与夜晚漆黑的村庄形成鲜明的对比。想起乡长白天说的话，这里的人挣钱后就喜欢回来建房子，而且要建得很壮观很豪华。这些豪华的房子里面没有其他人，只有老人和留守儿童。想起研究生期间自己写的一篇论文《“蜗居”现象的经济伦理反思》：比蜗居大“*N* 倍”的房子的伦理价值在哪里？

朱亚宾

2017 年 7 月 26 日

下聂村田野日志之九

今天是抚州调研的最后一天。课题组一行前往被誉为“千古第一村”的抚州市乐安县牛田镇的流坑村，实地考察乡土文化传承与发展。

流坑村地处乌江之畔，以规模宏大的传统建筑，风格独特的村落布局而闻名。村里80%的建筑为明清时代保存完好的古建筑。明代中叶，村子在族人的规划、营造下，形成了七横（东西向）一竖（南北向）八条街巷，族人按房派宗支分巷居住，巷道设置门楼，门楼之间以村墙连接围合的格局。巷道内鹅卵石铺地，并建有良好的排水系统。村中现有明清古建筑及遗址计260余处，其中明代建筑、遗址19处，还有重要建筑组群18处、书屋等文化建筑14处、牌坊5座、宗祠48处、庙宇8处。另有古水井、风雨亭、码头、古桥、古墓葬、古塔遗址等32处。村中古建筑均为砖木结构的楼房，高一层半，格局多为二进一天井，质朴而简洁，但建筑装饰十分讲究，集木、砖、石雕（刻）及彩画、墨绘于一体，工艺精湛。明代建筑怀德堂中的雀（爵）鹿（禄）蜂（封）猴（侯）砖雕壁画和永享堂照壁上镶嵌的“麒麟望日”堆塑，堪称精品。数以百计的屋宇，堂上有匾，门旁有联，门头、墙壁上刻有不少题榜、名额，共计682方（处）。这些匾联皆有来历，内涵丰富，意境深远，或表主人之身世，或显家族之荣耀，或体现儒家传统的道德思想，或反映“天人合一”的美好情境。流坑村古建筑具有浓厚的地方特色，代表了江西赣式民居的典型风格和特点，面积近7万平方米，基本保存完好，组群完整，街巷仍为传统风貌，有很高的历史价值、人文科学价值及环境与建筑艺术价值。

在这里，我们从“文庙”“百年戏台”“状元楼”和“大宗祠遗址”等有着浓厚传统乡村伦理文化意蕴的宗族遗存中，仿佛看到了中国传统乡土社会的一个缩影。流坑董氏家庭依靠严密的封建宗族制度和道德教化凝聚族众、维系秩序，至今，这些制度、民俗和公共道德平台依然发挥着重要作用。

不过，在考察中，我更有感触的是一个细节。进入村中，为了帮助我们一行更好地了解古村的建筑和文化，当地联系人帮我们找了一位讲解员。当这位皮肤黝黑的村妇站在我们眼前时，坦率地说，我当时心中是有几分排斥的。这不就是一个典型的农村妇女吗？她能讲解好这个村的历史与文化？还不就是背背解说词而已。然而，全程讲解结束，我彻底改变了自己先入为主的判断。40 摄氏度的高温天气，这位本土讲解员自始至终详细地讲解着每一处遗存物的内容和价值，对于我们一行提出的一些问题，也极为耐心地做更加细致的说明。更让我欣喜的是，在讲解的字里行间，她都流露出一种强烈的村庄自豪感。也正是在这种强烈的自豪感感染下，我突然间产生出一种新的认识。近年来，乡村生态旅游业、文化旅游业日渐成为乡村发展的一种新的思路。但是，发展中的“千村一面”问题，也成为学术界和管理部门关注的一大问题。如何在乡村旅游业的发展中体现村庄自身的特色？如何更好地调动村民作为这一发展的“主体”的积极性？如何使村民融入村庄的开发和发展并获得满足感和自豪感？对于这些问题而言，“村庄本土讲解员”提供了一种很好的尝试。他们生于村庄，了解村庄，能够将一般意义上的讲解词与自己对村庄的感情相融合；他们熟悉村民，受到村民的信任，因此，他们带领参观者进入村民家中，最大限度地减少了“闯入感”和村民与游客之间的隔阂。此外，他们也成为村庄与现代文明之间的交流与传播媒介，既能够将大量的传统乡土文化向外传播，又能够在与参观者的接触中获得有益的思考和补充，从而使新的文化资讯在乡村获得传播。

抚州的调研今天圆满结束。明天，课题组的老师和同学们将回到各自的家。七月，大家顶着酷暑，完成了四个村庄的田野工作，为课题的后期研究提供了大量鲜活的一手材料。我全程参与了第三、四组的调研，部分参与了第二组的调研，所有的感受可以浓缩成五个字：累并快乐着！

王露璐

2017 年 7 月 28 日

下聂村田野日志之十

下聂村，位于江西省抚州市临川区嵩湖乡的历史文化名村。与前期第二站调研的湖北赵家湾村不同，下聂村是一个自然村，隶属于上聂村这一行政村。与我们进行沟通的不是村委的干部，而是宗祠的理事长，他同时也是村民小组长。在村庄的参观调研，印证或刷新了自己对中国乡村的一些浅薄的认识。

首先是本次调研的驻地——聂氏宗祠。因为是自然村,所以调研组就只能驻扎在村中的宗祠。在家乡只是听闻住在乡镇上的大舅捐钱参与了家谱的修订,在下聂村算是第一次见到距今三百余年的宗祠。宗祠中高耸的木质立柱、四壁的先祖事迹、高悬的礼制纲目、矗立的族规民约,加上现今"文以立族、绿以兴村"的村建思路,给人以交错的历史感和时代感。

其次是村内各处彰显出来的传统文化底蕴。游走村中,每家每户的门楣上均有书法撰写的四字家训,题字篆刻的大小石头掩映在路边草丛,各处分立的古门牌坊,穿村而过的潺潺梦河水,镌刻历史痕迹的石板桥……不愧为临川的历史文化名村,处处弥漫着历史和文化的气息。

再次是村中留守的老幼妇孺。在调研抽样中得知,村中人多地少,村中及周围并无工厂,各家的中青年男子和有文化的女人们均在外打工,一般只有老人、儿童和带孩子的妇女在家中留守,村中气派的小洋楼只有逢年过节才迎回自家的主人们。暑期留在村中的孩子多为学龄前的幼儿,多数上学的孩子均被父母接去打工的城市短暂相聚。这一情况是前三组调研未曾遇到的,结合对中国进城农民工状况的了解,我们也认为下聂村的情况并非少数,中国乡村留守老人的赡养、留守儿童的教育陪伴确是我们无法忽视的问题。

最后是村中的文化名人N局长。下聂村与前几处调研村庄的不同之处还在于村中的新乡贤的影响。N局长退休后在村中办起私人书院——津达书院,书院在暑期为邻近村中的孩子免费开设国学班和补习班,定点支教的大学生带领着孩子们唱歌习字,学习带来的欣喜帮助孩子们除去夏天的炎热。书院的地下室收藏着N局长近年购买的旧式物件,均是邻近村民在村庄拆迁后变卖的。

下聂村给我们留下的印象确实可以用聂氏宗祠中悬挂的一句话概括——文以立族,绿以兴村。

夏天静

2017年7月28日

五、华宏村田野日志

华宏村田野日志之一

2007 年 1 月，我与张霄、陶涛、吕甜甜一行四人在华宏村开展了为期近十天的田野工作。三个月后，我以华宏为实证研究资料，完成了题为“乡村经济伦理的苏南图像——一种跨学科视野中的乡村道德知识探究”的博士论文。同年 6 月，我申报的国家社科基金青年项目获批立项，也是我获得的第一个国家社科基金项目。岁末，我的专著《乡土伦理——一种跨学科视野中的“乡村道德知识”探究》出版。从此，我踏上了中国乡村伦理研究的道路。

十年之后，重回华宏。我们的调研团队在原班人马基础上新增了张曦、张燕两位老师和刘昂、柳柳两位博士生。今天，团队一行八人在南京会合，驱车再访华宏村。

由于事先已经与华宏集团总经理 HPX 取得联系，她委托大学生村官 FLM 与我对接。十一点多，我们跟随导航顺利找到位于华宏生态园内的毗山湾酒店，小 F 已经在酒店等候。不一会儿，村委会 CJP 主任和 H 副书记也到了。中午，大家边吃边聊。十年前初访华宏时，C 主任便是当时的村委会主任，十年后似乎还是老样子，我们一起回忆起当年的华宏、当年的我们，说起当年的华宏宾馆和那时还没有的毗山湾，也对比起我、张霄、陶涛、吕甜甜的当年与今天。至于张燕、刘昂、柳柳，更是如那首歌中所唱：“十年之前，我不认识你，你不‘认识’我……”十年，华宏在变，我们每个人都在变，课题研究的内容和问卷也在变，似乎唯一不变的，只是我们对中国乡村伦理这一主题的关注。

中饭后，我与小 F 商定了抽样方案。考虑到华宏目前本地人口八千多而外来人口已经超过 1 万人，本地人口除华宏世纪苑外，居住极为分散，外来人口也没有完整花名册，决定在居住在世纪苑的本地人口中抽取 140 个样本，另外在农贸市场和华宏集团的外来务工人员中分别抽取 30 和 50 人。根据花名册，刘昂很快抽出了本村的 140 个样本。

下午，小 F 去进行联系，我们在酒店稍事休息。不巧的是，三点钟开始，因为变电站维修，酒店开始停电，并告知要停到半夜十二点。耐不住越来越高的温度，一行人决定找个有空调的地方喝茶、聊天、吃晚饭。一直耗到接近十二点，回到酒店，听得到房间内的空调风声，却感受不到一丝凉意。询问后得知，由于中央空调重启需要时间，至少要一个小时后才能制冷。尽管已经时至半夜，然而，屋内的燥热却让人辗转难眠。于是想起，暑期五个村庄的调研，分别体验到了：自己的课题却只能假装在现场的郁闷，参加了一天就离开赶飞机参会结果航班被取消的后悔，没地方上厕所于是怎么也不敢喝水的干渴，40 摄氏度高温天然免费桑拿中进行访谈的酸爽，以及今天，停电了半夜对空调凉风的期待。所以说，人生总有惊喜，每天都会开启新的篇章……

王露璐

2017 年 8 月 19 日

华宏村田野日志之二

十年前的华宏调研，我们采用了抽样后入户寻找样本的方法。由于样本的工作和生活时间安排等问题，寻找样本有一定的难度，找到样本后如何获得配合也常常是个问题。之后的村庄田野工作，我们采取了抽样后由村委会通知样本集中填写问卷的方式，免去了入户的困难，大大提高了工作效率。我们原本试图在此次的华宏问卷调研中采用这一方式，然而，小 F 告知，被抽取的村民都不愿意来，仍然需要入户。这样一来，几位做调查问卷的课题组成员的工作量将会大大增加，并且，样本的配合也依然是个问题。尽管心中有几分担忧，我仍觉得这一现象是符合华宏的现状的。作为一个已经完全工业化的村庄，村民们在从事着以工商业为主的职业活动，即便是一般的业务人员，日均工资往往在 200—400 元之间，对于他们而言，“时间就是金钱”已不再是一种宣传口号，而成为浸入日常的经济价值观。他们显然不会愿意花时间去填这样一份对他们来说毫无“用处”的问卷，在这一点上，他们的行为选择与城市居民对各种社会调查的排斥和拒绝十分相似。

尽管无法召集抽样样本集中填写，小 F 依然给予了最大限度的帮助。她陪同我们来到华宏世纪苑，请物管负责人召集当班的保安，由他们带领我们的几位调查员入户。尽管入户进行问卷增加了调研工作的难度，进展远远不如预想的召集填写问卷，经过一天的奔波，六位课题组成员平均每人也只能完成十份问卷。不过，从实际效果看，保安的“带领”在相当程度上打消了受访样本对陌生人的绝对排斥，尽管仍有一部分受访对象不愿意甚至拒绝填写问卷，但至少碍于保安的陪同，大多数受访对象没有将调查员拒之门外。

与问卷调查的周折和困难相比，访谈工作显得顺利得多。按照事先的沟通，小F安排的访谈对象兼顾了职业、收入、年龄、性别，其中既有十年前曾访的对象，亦有此次新安排的访谈对象。一天下来，我与张霄完成了七例访谈。我的三位访谈对象中，两位是十年前曾访的对象，我仿佛与他们继续着十年前的交谈……

晚上回到酒店，我翻看着上午一行八人在华宏世纪苑前的合影，对比电脑中保存的十年前拍摄的世纪苑照片，一切似乎并没有太大的变化，只是照片中原先的几棵树长高了，使得我们身后的背景多了几分“绿色”。是啊，十年，小树在成长，华宏在成长，我们也在成长。2006年，华宏完成工商开票销售43.1亿元；2016年，工商开票销售已达187.5亿元，华宏世纪苑已从当年的四百多户发展到今天的一千多户。2007年1月初访华宏时，我是江苏大学副教授，南京师范大学在读博士生，一同前往的张霄是中国人民大学博士生，陶涛和吕甜甜分别是南京师范大学和江苏大学硕士生；2017年7月再访华宏时，我是南京师范大学教授、博士生导师，张霄已留校成长为副教授、硕士生导师，任伦理学教研室主任，陶涛已从清华大学博士毕业后回到南师并成为副教授、硕士生导师，吕甜甜则在毕业后回到家乡的宿迁学院担任思政课老师。我们的调研所依托的课题从当年的国家社科基金青年项目到今天的国家社科基金重大项目，我们所进行的中国乡村伦理研究已从“几近空白”发展为一个有着较为丰富研究成果的应用伦理学新兴研究领域。更为重要的是，华宏的成长为中国乡村伦理研究提供了生动的对比数据和案例，而我们的成长，则为更为准确地把握和分析中国乡村社会伦理关系和道德生活的变化打下了良好的理论基础。

王露璐

2017年8月20日

华宏村田野日志之三

距离上次来到华宏村调研已有十年光阴。异时旧地，免不了感慨万千。更何况，当时的四人小组不但今日再次齐聚，队伍也更加庞大。

除了王露璐教授，我在当年的华宏之旅中初次结识了张霄师兄和甜甜，我们也迅速缔结了深厚的革命友谊。那时，我们白天顶着烈日，满身汗水地穿梭在绿野田间；傍晚喝着啤酒，畅聊一天的各种经历与感受，疲惫荡然无存。这些往事在十年间曾多次被谈起，又多次被遗忘。直到昨天，当我们再次踏上前往华宏的旅程时，它们才变得鲜活起来，而我也变得既兴奋，又伤感。

兴奋的是，我又将为自己留下一段难忘的回忆；而伤感的是，向之所欣，在俯仰之间，已为陈迹。初初踏入华宏村，我看到的只是一片陌生。我试图在记忆中找到蛛丝马迹，能够与眼前的景象相匹配，却始终徒劳无功。这种无助的感觉，直到我们今天正式开始调研，并踏入华宏世纪苑的时候，才得以缓解。

华宏世纪苑是华宏村村民集体居住的地方，也是我们当年调研的主战场之一。当时，带领我们查找村民的保安队长，如今已成为华宏世纪苑的物业经理。在他的协助下，我们这次又得到了四个保安人员的帮助，他们带领我们寻找抽样名单中的村民们。由于我们采取了严格的抽样方法，而不是随机选取村民做问卷，调研工作缓慢而艰难。幸运的是，我今天并没有遇到对调研十分抵触的调研对象，一天下来，也算完成了十余份调查问卷。而十年前，不但有人把我赶出门外，还有人把我的调查问卷撕得粉碎。

这十余份调查问卷，虽然不能帮助我全面了解现在的华宏村，但这两天的所见所闻，也让我有了一些粗浅的感受。作为苏南乡村的典型形态之一，华宏村村民很早就过上了富裕的生活。毫不夸张地说，这里一个村的经济水平，已经远远超越了我国许多地级市的经济水平。在这里，贫困并不是村民们面临的主要问题。这里的村民普遍信仰佛教，但远非宗教意义上的信仰。他们推崇高学历的教育，但却不清楚高等教育究竟能够为子女带来什么。他们多在集体经济的企业中工作，但又认为最理想的职业中一定包含着掌握政治权力的公务员。

在我看来，这些纠结不清的理念，深刻地反映出了我国改革开放以来的某些社会现状。与其说华宏村是一个乡村，不如说这里是经济改革在苏南的一片试验场，而这里的村民就是目睹、经历、享受着改革果实的见证者或当事人。他们未经深思的、朴素的感受，恰恰反映着他们对中国社会的理解，反映着苏南乡村对中国社会的理解。这种理解未必准确，但足够真实。假若我们能够深入地研究这些资料，想必会更加清晰地辨明这个时代的优与劣。

此外，十年前是华宏村高速发展的黄金期，他们在卓越企业家的领导下，乘着改革开放的浪潮，披荆斩棘。但时至今日，他们却面临着前所未有的挑战：就外部环境来说，互联网与电子商务的发展与十年前不可同日而语；就内部环境来说，企业经营理念的新旧更替与权力交接，也是华宏经济发展能否持续的重中之重。那么，一个乡村的发展究竟依赖什么？勤奋？时运？一个乡村的持续发展又依赖什么？创新？制度？鉴于此，我对王露璐教授的最终成果充满了好奇与期待。

最后值得一提的是，在我完成今天的调研之前，一位大叔叫住我，问我还记不记得他，并指着旁边一辆电动车说："我曾经就骑着它带着你找人啊。"我顿时想起了当时的情景，激动地说："是的，我记得，我记得。"

陶　涛

2017 年 8 月 20 日

华宏村田野日志之四

回到最初的起点。十年前的华宏调研历历在目，仿佛还在昨天。华宏世纪苑、抽样、入户，看到问卷一份一份完成，心中满满都是踏实感。世纪苑从原先的几十栋到现在的一百几十栋、九层的老年公寓，用最直接的感官体验告诉我们村庄这些年的不断改变。

区域个案意义

苏南是全国发展较为迅速的地区之一，这一城市化进程较快地区的乡村道德状况具有区域的代表性，虽然不可复制、不可效仿，但对不同区域会有启示意义，挖掘背后何以产生的依据，通过开放的沟通交流，促进不同区域的共同进步。

十年数据变化

十年间，乡村道德发展相关主题的比较研究，通过理论及实践验证，是否会有一些新的发现，值得思考。如十年经济的不断发展，人们的道德发展，人们对周围生活的期许、对周围人的交往信任、对于收入满意度、对于村干部、对于礼法的思考等，哪些在不断变化，怎样变化，变化的原因是什么；哪些始终没变，没变的原因又是什么。

十年产业转型定位

城市化进程下乡镇经济的转型如何？十年前的华宏上市公司，实力雄厚。不同于传统的基于农业的乡镇经济，工业是华宏村的支柱。在市场化进程中，想立于不败之地需要注重原生积累，同时根据市场导向，不断发掘内生动力、刮骨疗伤、改革创新。华宏的产业升级如何定位？这种定位是否具有可持续性？

乡村的独立与封闭

华宏村经过几次合并形成，在地理位置和村域来说比较独立而封闭。村庄有着自身的发展思路和产业类型，针对本村人有着外村、外地人无法享受的相关福利，外地人与本村人有着无法逾越的鸿沟。

乡村归属感、自豪感和依赖感

周庄镇有多家上市公司，在雄厚的经济实力基础上，村民对于区域的归属感、自豪感和依赖感逐渐增强。即便是很多接受过高等教育的大学生，毕业后回乡工作，或是进企业，或是担任村干部等，不会因为这里是乡村而不愿意回来，这和经济实力、乡村归属感紧密相连。不同于很多地区的农村，大多数青壮年劳动力都外出打工，老人和儿童长期留守在村庄，甚至有些赚钱回家的年轻人也不再希望子女继续居住在农村，而是在城市买房生活。这些地区的农民二代对于村庄的归属感和依赖感渐渐减弱。综上，经济基础不同的村庄在乡村城镇化进程中对于乡村的依赖程度不尽相同。

吕甜甜

2017 年 8 月 20 日

华宏村田野日志之五

上午九点，课题组八人来到华宏世纪苑与村委员会合，开始今天的工作。村委员是个1987年的年轻姑娘，热情、爽朗。她为王露璐老师和张霄老师联系村民进行深度访谈，陶涛老师、张燕老师、张曦老师、吕甜甜老师、刘昂和我则由不同的保安师傅带领，进行入户调查。入户调研的难度超出了我的想象，可能是因为华宏村城市化程度高，村民对于陌生人的防备心比较强。在保安师傅的带领下以及介绍调研内容后，还是有很多村民不愿意配合调查。因为我听不懂当地的方言，个别村民不愿意与我交流，甚至直接把调查问卷扔在地上。虽然不断被拒绝，但是我还是会耐着性子一次又一次地说服村民完成问卷，尽可能多地完成调研。一天下来，精疲力尽。今天我共完成11份调查问卷，明天还要继续加油啊。

柳　柳

2017年8月20日

华宏村田野日志之六

“这还是在村里吗？这还是在村里吗？”同行的省外小伙伴一遍遍地在向我确认的同时表达着惊讶。

“没错，我们现在是在村里！”

此次暑假调研的最后一个村选在了江苏省江阴市周庄镇华宏村。该村有六十多家企业和两家上市公司，大部分村民已经不再靠种地为生，村民的身份逐渐从“农民”转向“工人”。全村26个自然村，66个小组，2 263户，八千多位村民，外来务工人员七千多人，实际居住人口已超过15 000人，我们今天调研的华宏世纪苑是华宏村村民的集中居住区。

华宏世纪苑为华宏村的拆迁安置房，村民实现了从平房到楼房的跨越。村委会根据每户村民家中人口多少与宅基地面积大小计算应摊面积，对于应摊面积过多和过少的村民允许以现金的形式进行补偿和购买，在具体分配住房地址时，村民通过“抽签”的方式进行选择。

本以为从平房进入楼房会使村民以往聚在邻居家门口聊天的“道德平台”趋于衰退，然而在调研中发现，村民充分利用已有的居住条件，高度还原出以往“三五成群”的聊天样态。小区原先的规划是将一楼作为车库，而村民基本上将各自的车库都改造成厨房，每家每户都在一楼吃饭，有些人家为了乘凉干脆将饭桌搬到门口，在与邻居有说有笑中享受着晚餐。从平房到楼房，村民根据自身生活习惯和现实条件创造了新的“道德平台”，在某种程度上，这种平台因没有以往的围墙而更为开放。

但比较令人失望的是，村民的“道德平台”如今似乎不太关注村中的道德问题，以往通过“道德平台”形成的舆论压力对村民的约束越来越小，村民对不道德行为的容忍度逐渐提高，以往的“道德平台”越来越趋向于“发财致富讲台”。与此同时，村民整体上给人的感觉更加精明和商业化。晚上调研团队在聊天时也提到，相比其他经济条件较为落后的村庄，华宏村的村民对调研的配合度偏低，村民不仅不愿意集中起来接受问卷，而且更加强调实用性，有队员在向村民介绍问卷时，就被村民直接问道：“做这个问卷对我有什么好处？”此外，村民虽然在问卷中对读书表现出较高的认可度，但现实生活中似乎并不认为持续读书能为自身带来利益。我在结束一户问卷时，被“善意”提醒道：“一直读书赚不了钱的，只有做生意才能赚钱。”

对华宏世纪苑的调研刷新了我对村庄的认识，也增加了对富裕村庄的了解，对研究现代乡村的转型具有很大的启发意义。华宏的今天也许就是部分乡村的明天，那么，我们如何才能让这部分乡村早日成为华宏？如何规避如今华宏出现的道德困境？对于华宏如今的道德现状我们该如何化解？这些都是值得进一步思考的问题。

刘　昂

2017 年 8 月 20 日

华宏村田野日志之七

与昨天世纪苑入户调查本地村民相比，今天，几位调查员对外来务工人员的问卷调查显得相对顺利。

考虑到华宏村现有外来人口已超过 10 000 人，经过与小 F 的商议，我们选择了华宏集团外来务工人员和农贸市场外来务工人员两个典型项目点，分别抽取了 50 和 30 个样本。上午，在小 F 的安排下，几位问卷调查员进入农贸市场，由市场管理人员带领寻找样本进行问卷调查。由于外出、闭店等多种因素影响，实际访问样本 20 个。下午，小 F 和华宏集团人力资源部联系后，通知外来务工人员到村委会及企业会议室填写问卷。这样的方式使得效率惊人地提高，不到四点，所有外来务工人员的问卷工作全部完成。

与此同时，我与张霄的访谈工作也十分顺利。我的两位访谈对象十年前曾访。与前一天的两位曾访对象相似，十年来，他们的总体生活状况变化并不大，对村庄发展尤其是道德状况的总体评价，也与十年前没有太大的区别。与华宏经济问题的成倍增长相比，这似乎显得不相匹配。不过，仔细想来，却也合乎逻辑。对于这个十年前已经完成工业化、城市化的村庄而言，十年的变化只在于一些数量的增长：华宏世纪苑小区的房子多了，村民收入水平提高了，家用汽车数量增加了，等等。然而，更为根本的职业角色的变化、村庄发展路径和治理模式的变化在十年前已经完成。因此，村庄居民的价值观念、道德素质的变化也与之相对应地在十年前更为凸显。而近十年的发展中所带来的变化只是一种数量上的变化而非本质上的更新。

完成了访谈和外来人口的问卷，大家回到世纪苑，对前一天未能找到的样本进行“二次搜索”。在保安的帮助下，陆续又找到并完成了十来份问卷。加上之前已经完成的部分，总数达到了 130 份。

等待的过程中，我打开“大众点评”软件，想找个好点的餐馆晚上犒劳大家，意外地发现，在一两公里之外竟有一家著名的奶茶连锁店“一点点”。心中暗想，估计几个调研员做完问卷口干舌燥，一定想来一杯。果不其然，累得在车上瘫坐的几位听到“一点点”便来了精神。不到几分钟，我们便找到了奶茶店。爽爽地喝着冰奶茶，大家似乎满血复活了，又兴奋地谈起两天来的调研趣闻。看着他们说起每找到一个新样本、每完成一份问卷时的喜悦，我不免心中感慨。

田野工作是辛苦的。在近年来的乡村调研工作中，我们在贫穷的村庄体会到缺乏最基本的卫生设施的不便，在偏僻的村庄体会到交通的不便和进村的困难。对于大多数中国村庄而言，田野工作的辛苦主要是物质条件和语言交流的困难，然而，在华宏这个已然达到中国乡村中最为富裕水平的村庄中，我们的住宿和工作条件已与日常状态无异，但是，课题组成员依然在腿跑细、口说干、赔笑脸、遭冷眼中，体会着田野工作的艰辛，也感受着艰辛中的喜悦。

表面看来，这个在十年前已经没有一亩农业、没有一个真正务农的农民的村庄，村民的日常生活似乎已与城市无异：按时上下班，去菜场买菜，去超市买生活用品，家中有电视有网络，出门有私家车，年轻人打网游喝“一点点”……然而，我们也在调研中捕捉到，他们的生活依然受到传统乡村生活方式的影响：上午七点钟上班，中午十一点吃饭，晚上八点餐馆关门；楼下的车库全部改造为厨房，所有的住户都习惯于在楼下边做饭、吃饭边与邻居拉家常；我的一位访谈对象在访谈过程中咳嗽，于是打开窗户向窗外吐了口痰……在这样一幅苏南乡村道德生活的图景中，我们既会看到一些应当继续保存的“乡土特色”，同时也看到一些仍然存留的、与小农生产和生活方式相对应的陋习。这也提醒我们，与新农村、新农民相匹配的乡村“新伦理”“新道德”建设，仍然任重而道远。

王露璐

2017年8月21日

华宏村田野日志之八

因为村里上下班时间与城市略有不同，昨日张曦老师与张燕老师预约两位村民早上上班前做问卷，早上六点多她们就前往华宏世纪苑。八点半，我们到村委办公室集合，王露璐老师和张霄老师留在村办公室做访谈，陶涛老师、张燕老师、张曦老师、刘昂和我五人则前往市场做问卷。因市场较大，布局复杂，我们五个由五位市场管理工作人员领着去店面做问卷调查。带我的工作人员是一位四五十岁的师傅，他按照抽样名单带我到了理发店、鞋店、服装店以及药店找村民做问卷，村民十分配合，很快我就完成了这四份问卷。在回程路上，师傅告诉我，他负责这一片市场的管理，所以大家都很给他面子，他有点小骄傲地说：“你应该是完成得最多的人。”

在村委员的盛情邀请下，中午课题组在村委食堂用餐。下午，在村委员的帮助联系下，抽样名单中华宏企业的员工来到村委办公楼四楼村民代表会议室集中做问卷调查。员工都十分配合，几乎不需要帮助，就能独立完成整套问卷。很快我们就完成了这一部分的调研，前往龙头企业华宏化纤厂继续做问卷。王露璐老师和张霄老师留在村委办公室做访谈。在化纤厂的问卷调查也很顺利，员工集中前往车间办公室，很快就完成了问卷，此时已经下午五点，我们五人再次返回华宏世纪苑“查漏补缺”。晚上七点，我们终于完成了所有的调研工作。

柳　柳

2017 年 8 月 21 日

华宏村田野日志之九

“我没空！不想填!”农贸市场一家门店的经营者头也不抬地回道。按照调研安排，今天主要对华宏村的外来人口进行抽样调研。一个村中有将近一半的外来务工人员，这在其他乡村是很难见到的，针对华宏村的这一特色，调研组专门对该村的外来务工人员进行抽样调研，试图了解这一群体与华宏村伦理现状的关系。

我们主要选择了农贸市场和华宏集团这两个外来务工人员相对集中的区域进行田野调查。首先前往的是农贸市场，在市场管理人员的带领下，调研小组分成五组，分别前往外来经营者的店铺，开篇拒绝的话语正是我在做问卷时遇到的尴尬场景。面对这一处境，我本能地选择放弃，但转念一想，来都来了，为什么不争取下呢。于是，我便硬着头皮向这位经营者解释我前来的目的，也简要地把两天入户调研的困境向她阐释，其间看到她要搬一箱东西，便顺势帮了忙，终于这位经营者开口说道：“你问吧，我说你来填。”听到这话，我立马将问卷中的问题读给她听，生怕她反悔。

在询问到有关家庭伦理这块问题时，被访问者突然说道：“你们的问题还是蛮有意思的嘛，我还蛮感兴趣的!”当时我竟然有点不敢相信自己的耳朵，一位被访问者从最初的拒绝接受到主动夸赞我们的问题，这是对我们调研的最大肯定，立马感觉这几天的辛苦都值了。

完成农贸市场的调研后，我们到村委会对华宏集团的外来员工进行了抽样，在村委会会议室对该集团的16名外来员工进行了集中问卷调研。结束之后又前往华宏集团下属的化纤工厂对被抽到的员工进行集中问卷，当时正值上下班交接时间，年轻的外来务工人员三五成群在工厂道路上走动，俨然一幅大学课间的情景，充满生机，丝毫没有传统村庄中静止的感觉。被抽到的外来务工人员中有一位是我们所住宾馆的前台，晚上回来后顺利联系到这位前台，并完成了问卷，这也是我们在华宏村的最后一份问卷，当然，也是此次五个调研村庄中的最后一份问卷，至此顺利结束了对五个村庄的问卷调研。

在写这篇调研日志的时候，收到导师发来的信息：原定于明天下午和村支书的访谈突然提前到了明天早上，并且我可以和导师一同前往。得知这个消息万分激动，终于可以见到导师曾经在书中多次提及的这位传奇人物，正是在他的带领下华宏村才能有今天的成绩，当然如今的华宏也遇到发展转型的瓶颈，而在这期间能现场聆听导师对他的访谈更是意义非凡。

刘　昂

2017年8月21日

华宏村田野日志之十

今天是华宏调研的最后一天。由于问卷和主要的访谈任务已在昨天全部完成，上午，我与刘昂前往华宏集团，对华宏村党委书记、华宏集团董事长HSY和华宏集团副董事长、总经理HPX进行访谈。

十年前初访华宏，我曾与当时兼任村书记和华宏集团董事长的HSY、华宏集团副总经理HPX进行过交流。去年，华宏村党委换届，HSY书记再次当选。而HPX则在十年中经历了担任霞客镇镇长、辞职回到华宏担任总经理的角色变化。

上午8:30，我与刘昂按照约定的时间来到华宏集团，见到了HPX总经理。她与十年前没有太大变化，除了自身的职业角色变化以外，一个最大的变化便是：十年前在她的讲述中“丢了橡皮挨骂”的女儿，如今已经在中央美院附中学习。谈及十年前的这个小故事，她说自己现在依然教育女儿生活节俭。聊了近一个小时，她详细地讲了华宏集团十年来的发展和目前的一些问题。大约 10:30，H 书记推门而进。

与十年前相比，H 书记似乎更黑瘦了一些。我们的话题从十年前他“更喜欢村民叫自己书记说起”，十年后，他的想法并没有太大变化。在他看来，书记与董事长集于一身，更有利于村庄的发展，有利于树立自己作为村庄带头人的权威。言谈当中，他并不忌讳女儿在华宏集团担任总经理、儿子在华宏村担任副书记的事实，并且坦然地认为，无论对华宏集团还是华宏村，女儿和儿子都发挥了重要的作用。

事实上，在很多村庄的访谈中，我发现了一个很有意思的现象：村干部的家庭传承。不仅在华宏这样的富裕村庄，在湖北赵家湾村，村妇女主任在访谈中表示，自己的父亲原来是村干部，自己从小耳濡目染，受到很大影响。嫁到婆家后，婆婆是前任的妇女主任，常常在家中处理村民的家庭矛盾和计划生育问题，自己也在一旁不经意地学习到很多。作为村干部的子女，他们往往在童年和少年时期就在家庭中受到村庄事务的“浸染”，有着一般村民所不具备的协调能力和大局意识。从这一意义上说，这种村干部的代际传承并非完全是一种封建家族制的残留，而是体现了“用人唯贤”的基本思路。

结束了对 H 书记和 H 总的访谈，整个华宏的调研结束了。返回酒店的路上，我打开车上的音响，听到了那首陈奕迅的《十年》……

十年后，我们还会再访华宏吗？

王露璐

2017 年 8 月 22 日

华宏村田野日志之十一

坐下来写这篇调研日记时已经是完成本次调研所有任务后，首席专家兼司机（王露璐老师）和张师傅（张曦老师）都已经在午休，做好下午的安全驾驶准备，其他成员也都稍作休息，下午三点要离开华宏，返回南京。从 19 号抵达，到 22 号下午离开，我们在这里待了四天时间。四天来经历了从舒适到忙碌，从悠闲到紧张，从满心期待到受点打击又燃起斗志的起伏状态，在华宏村委和华宏集团的大力支持下，在首席专家和团队成员的共同努力中圆满完成了本次调研任务。

19 号中午抵达住地华宏生态园毗三湾酒店时，华宏村委的村领导和工作人员 FLM 主任已经在住地等待我们，简单的工作午餐，一边吃一边商议了下午的抽样安排。FLM 主任是村委的主要工作人员，也是村委领导安排给我们这次调研工作的协助专员，因为年龄比我们几个在职人员要小一些，所以我们都叫她小 F 主任。小 F 主任是大学生村官，也是本地人，来村里工作 5 年了，对村里情况和村委工作程序都非常了解，在她的协助下，我们顺利拿到了村里的花名册进行抽样。抽样工作主要由首席专家和刘昂完成，我们在他们抽样以及抽样结束后将抽样名单交给小 F 主任去联系的时候度过了第一段舒适的等待时光。然而，舒适之后迎来第一个坏消息：小 F 主任联系了一下午，大部分抽样名单中的人都不愿意集中到村委会来进行访谈和问卷调研。于是，首席专家决定实施入户调研方案。之所以第一时间觉得这是个坏消息是因为知道入户调研非常困难，经常会碰到村民不在家，或是在家也不让调查员进门的情况。但随后又想，十年前，首席专家带着张霄、陶涛、吕甜甜在华宏做调研时就是采取的入户调研方式，十年之后的这一次也采取同样的方式，不管是从科研方式的一致性和严谨性方面来看，还是从首席专家、张霄、陶涛、吕甜甜这几个十年前就来过华宏的调研员的情感方面来看，都是很有意义的事情，对我和张曦、刘昂、柳柳来说，也是一次全新的体验。

20 号上午，正式开始调研。第一站，本地人集中居住的华宏世纪苑。尽管我之前很多次听首席专家讲过他们十年前到华宏调研的情况，心中也曾勾勒过富裕的华宏村的样貌，但当到达世纪苑门口，看到气派的小区大门，左边超大的保安室，右边宽敞的物管办公室，以及一排排整齐排列的五层小楼楼群（类似于南京郊区那些低密度花园洋房），我心中想象的那个富裕的华宏村就瞬间被颠覆了。因为即便知道它富裕，但在我心里它仍然是个村，于是我心里勾勒的仍然是村庄的模样。然而，当我在世纪苑门口下车那一刻，我对自己说：这明明就是城市啊，我们是不是来错了地方？就在这种错愕中，开始了一天的入户调研。

事实上，这里的村庄不像村庄，这里的村民也不像传统意义上的村民。早上八点到达村里，跟物管和保安做好相关工作分配和准备。八点半左右，我们正式开始进行入户问卷调研，而这时候大部分村民都去村里的企业上班了。拿着抽样名单在保安的带领下一户户敲门，但迎接我们的要么是关着门没人在家，已经去上班了；要么是刚从厂里下夜班回来，已经睡觉了，不能在那个时间点接受我们的问卷调研。一个上午跑下来，我们几个问卷小分队成员平均一人只做了 2 份问卷。中午吃饭时，大家都感觉压力挺大，这样下去不知道什么时候才能完成抽样名单的调研任务。因为感觉“压力山大”，所以吃完饭大家也都顾不上休息，就又请保安带着我们挨家挨户敲门寻访了。俗话说，“心急吃不了热豆腐”，用在这里也许并不完全恰当，但确实有点这种意味。尽管我们内心焦急，希望能抓紧时间在中午和下午多做几户人家的问卷，但现实情况是，中午到下午四点半之前的这一段时间，是更受打击的。上午至少还有老年人在家，这段时间小区里连个老人都很难看到，门基本上都是关着的，我们在烈日下从这一栋跑到那一栋，从这一家敲到那一家，除了疲惫之外并没有什么收获。在我们深感入户调研如此艰辛的时候，下午四点半之后稍微有了些转机。很多村民陆陆续续从厂里下班了，小区里人渐渐多了起来，上门能找到人的概率也渐渐大了起来，我们问卷小分队成员真正开始进入我们想要的那种忙碌状态，在路上碰到也顾不上多说话就进入各自要做问卷调研的村民家中进行问卷调研工作。当村民们基本吃完晚饭开始在村里散步，闲适地进行各种娱乐放松活动时，我们也结束了一天的问卷调研工作。还好，功夫不负有心人，一天下来，问卷小分队总共完成了 70 份有效问卷，平均每人 11.6 份，在经历了早上的冷冷清清以及中、下午时段的普遍“闭门羹”之后，这样的“战果”算是不错的了。

21 号早上 6:00 起床，6:50 到达华宏世纪苑，开始等待上早班之前和下夜班回来的样本。随后赶往华宏农贸市场进行外来人口的问卷调研。共 30 个样本，我们五个调查员每人负责六例。我的六例，完成顺利。这部分外来人口比较配合调研工作，一方面因为去的时间比较合适，那个时间段已经过了他们最忙的时候，刚好有时间接受我们的问卷调查；另一方面也因为他们也是“外地人”，没有本地人的排外心理，互相都用普通话沟通也没有障碍，交流更为顺畅。

22号上午,我们完成所有问卷调研工作之后,首席专家的访谈工作还在进行中,我们又有了一个上午的舒适休息时间。虽然有半天时间可以出去溜达溜达,但我跟张曦却哪里也不想去,就只想窝在住地睡觉休息,静静等待首席专家的访谈工作完成之后就回南京。其他成员也都在住地休整,各自做些自己的事情,等待返程。

张 燕

2017年8月22日

华宏村田野日志之十二

早上8:30,我和导师一起准时来到华宏大厦会议室,对HPX总经理进行访谈。H总经理是华宏集团HSY书记的女儿,精明能干、性格直爽。在访谈期间也了解到她曾经在政府部门工作过,但看H书记年龄日渐增长,以及对政府工作不太适应,最终还是辞职回到华宏集团,成为家族中的新生力量。

华宏集团是20世纪90年代初创立的家族企业,依靠机械、化纤、铜合金等传统行业发家,其子公司华宏科技于2010年12月19日成功上市,2011年华宏集团突破百亿大关。伴随企业的做大做强,如今华宏集团也面临缺乏政治、区位、人才等优势的困境,为此,2015年华宏集团开始从重经营向重管理转变,对采购、质量、技术、生产、人力资源等五个环节进行管控,挖掘基层人才,打造“工匠”品质。

在访谈中H总经理提到,华宏集团员工大多是农民出身,农民自身所带有的思维模式有时会限制他们思考问题的方式,遇到问题时常会从对方身上找原因,认为对方如何不好,容易诋毁、误解他人,对他人的长处漠不关心,容易自大,从而不利于自身的成长和进步。H总经理对农民思维的分析道出了小农伦理中的狭隘特征,农民常常基于自身的视野对他人妄加判断,不容易了解问题的实质。当然,这种现象并非仅出现在农民身上,但农民的生活习惯确实暴露出其中问题。与此同时,H总经理还提到企业“发展基因”与“成长路径”的问题,强调每一个企业都会有其自身特性,只有掌握企业特殊优势、寻求差异化发展之路才能在大众化发展之中出类拔萃。其实乡村治理也是如此，每个村庄都有自身的地方性道德知识，千篇一律的发展模式并不是对村庄负责的表现，每个村庄都应该挖掘自身的优势，因地制宜地创造发展机遇，寻找发展途径。

在结束对H总经理的访谈时，H书记恰巧来到会议室，与我们开展了第二阶段的访谈。H书记不仅是华宏集团的书记兼董事长，同时也是华宏村的党支部书记。访谈中导师向H书记问了一个与十年前同样的问题：更希望别人因村支书而叫其书记还是希望别人叫其董事长？H书记生动地形容自己是“一个脑袋两个屁股”，但依然坚持十年前的信念：更看重村支书身上的责任。目前华宏集团占华宏村经济的85%以上，他认为正是华宏集团的高度决定了华宏村的高度，是华宏集团支撑着华宏村的建设，其担任村支书之所以说话有分量也正是由于华宏集团在背后的强大支撑，华宏集团对于自身而言更是一种经济优势，自身更关注的还是村支书对乡村发展的贡献，从而更喜欢别人叫他书记而不是董事长。与此同时，H书记还对当下的乡村形势进行分析，认为在转型期，乡村合并过去不久，村庄更加需要有经验、有魅力的书记带领乡村发展。然而，目前华宏村还没有出现能够替代H书记的人选，因此H书记在自身身体条件允许、村民支持下，以七十多岁的高龄继续担任村支书。

针对H书记自己提出的“拼搏、求实、创新、敬业”的华宏精神，他强调这是华宏发展到第三阶段的要求，前两个阶段华宏注重的是不拖后腿和取得更大成就，面对已经取得的成就是“歇一歇”还是“接着干”，他提出了八字华宏精神，希望华宏人能够勇担重担。当然，他也知道只靠精神不可能让华宏取得持久发展，只有围绕精神进行相关配套才能使华宏集团、华宏村得到更大发展。这也正是我们研究乡村伦理的意义所在，只靠伦理道德不足以为乡村带来明显的进步，而在正确的道德价值引领下，不断完善乡村经济、政治、文化、社会以及环境等建设，才能为乡村营造更加良好的发展环境，使村庄成为人们自由选择的场所，而不是救命的稻草。

望着窗外的华宏，感受围绕在青山绿水之中的惬意，油然产生对乡村发展的美好愿景……

刘　昂

2017年8月22日

六、王杰村田野日志

王杰村田野日志之一

导师王露璐老师已经专注中国乡村伦理研究十余年，深刻而严谨的理论阐释背后是其深入而广泛的乡村田野调查。自 2017 年跟随王露璐老师涉入乡村伦理研究以来，对乡村田野调查的方案设计和组织实施已有一定程度的了解，其艰苦与紧要自是心中有数。然而，在同导师的一次偶然的学术交谈中，我还是忍不住向导师道出了能否对山东地区的乡村展开田野调查的想法。因为，作为山东土生土长的农村孩子，我对乡村工业化大潮中山东地区的乡村演变是深有感触的，在我看来，某些演变特点是现代性遭遇浓厚齐鲁文化的结果，但是，影响的关键因素在哪里我并不知晓，希望借此向导师请教。得到导师的肯定与鼓励后，我与研究生同窗、山东省济宁市运河教育集团董事长 YMY 先生取得联系，经过多方沟通与交流，最终与山东省金乡县王杰村驻村第一书记 MRH 书记确定了日程安排，并于 2018 年 5 月 31 日的午后与课题调研组一行九人踏上前往山东省曲阜市的高铁。

高铁上，课题组成员在对调研内容做最后的梳理，我看着窗外熟悉的风景略过，不同于以往回家时满满的兴奋，心里竟透出一丝忧虑。虽然此前已与 YMY 董事长、MRH 书记一道对王杰村进行了前期的勘察工作，但仍害怕会出现什么意外状况，为本就艰辛的田野调查增添困扰。两个小时很快就过去了，走出高铁站，YMY 董事长已在出站口迎接，我们一同坐上了前往金乡县王杰村的大巴车。从曲阜市到王杰村还有两个多小时的车程，在车上，我们与 YMY 董事长再次就这次调研内容对王杰村展开进一步的了解。一番畅聊，我们于下午六点半到达宾馆，稍作休息，在 YMY 董事长的安排下，我们在宾馆与王杰村第一驻村书记 MRH、村书记 WEG、村主任 ZSX 等村委主要干部见面，并详细确定了未来三天的抽样、问卷、访谈等一系列调研工作。村委干部对我们的到来表示欢迎，并允诺一定积极配合我们开展工作。最后我们约定第二天早上八点进村，上午确定好抽样和访谈的对象，下午随即开展第一阶段的问卷和访谈工作。

送别各位村委干部之后，课题组老师根据实际情况对各成员未来三天的具体工作分配进行了适当调整。因为我是首次参加课题团队的调研工作，且对当地方言比较熟悉，所以，我除了帮助实施问卷调查工作之外，主要是跟随老师做好一对一访谈的翻译和记录工作。安排妥当之后，大家各自回房间洗漱休息，养足精神准备接下来为期三天的紧张工作。躺在床上的我久久不能入睡，既为能参与乡村田野调研工作而兴奋，也因工作内容的紧要而倍感压力。但我知道，我一直以来积聚的乡土疑惑将会随着课题组调研工作的深入而一步步解开……

杨伟荣

2018 年 5 月 31 日

王杰村田野日志之二

今天是展开王杰村调研的第一天，下午四点左右，我们一行人顺利到达曲阜东站。虽然这个时候还不是盛暑，但天气还是挺闷热的。一出站一股热气扑面而来，让我们感受到大山东的“热情欢迎”。之后我们便没做停留，坐上了杨伟荣师兄提前联系好的大巴奔赴此次调研的地点——济宁市金乡县王杰村。此时正是小麦收获的季节，一路上不断看到车窗外片片金灿灿的麦田，让人不觉有一种丰收的喜悦之情。两个多小时后，我们到了酒店，安排好住宿。吃过晚饭，张燕师姐召集大家开了个简短的会议，会议内容主要是向大家说明此次调研需要注意的事项以及解答大家的相关疑问，其中特别强调了语言沟通和对村民的态度这两方面的内容。由于这边的村民讲的是山东方言，我们讲普通话，会有沟通方面的障碍，对于问卷调查的内容，如果他们有不太懂的地方，我们一定要耐心地用最通俗易懂、接地气的语言向他们解释、描述，使他们听得懂我们的讲话，这是大师姐再三向我们强调的事情。会议结束后回到自己的房间，我把问卷拿出来认真地从头看到尾，把问卷的问题熟悉了一遍，标注了哪些问题村民可能理解不了，并组织了自己的语言来解释，期待着明天的到来。

张　梦

2018 年 5 月 31 日

王杰村田野日志之三

今天以近四个小时的车程开启了个人第一次乡土伦理调研之旅。从南京出发,从高铁转向大巴车,从城市驶向目的地的沿途中,一路平原风貌,一望无际的金黄麦田,土地间穿插着成片的村庄,广袤的麦田里能见到零星的人头在地里劳作,收割机在徐徐运行。这片景象与我成长的西南村落大有不同,但相同的是祥和的农村时光。我一边期待着探寻农村的秘密,探寻这个地方的伦理之"原",发现这里的乡村伦理特质和独特的农村问题;一边又担心着调研中是否会遇到语言不通、调研对象不配合等困难。

进入县城后,有一种与以往去过的村庄感觉不同的地方,那就是城乡间的过渡非常自然流畅。从农村到城郊,再到县城,一路整洁有序,农村不是我原本想象中的破败,城乡接合部建筑和街道也并不是破旧和脏乱无序。这一点是与去过的许多县城所不同的,这里的城乡间虽然也有城市建筑与农村风貌的差序布局,但是单从外部来看没有一种极大的城乡落差冲击感。

晚饭后,在简会上第一次拿到问卷,心里一下沉甸甸的,拿着问卷回到房间,拿起手机对金乡县进行了"百度",原来金乡县是一个"蒜乡"——"世界大蒜看中国,中国大蒜看金乡"。虽然成长于农村,曾经也做过关于乡村的调研,先是"空心化"极为严重的川东南地区,后又走进关中农村和安徽贫困村,但作为学术"小白",这次是个人第一次参与乡土伦理的实地调研,也将是一次规范的田野调查学习和体验经历,期待明天的调研。

罗 婷

2018 年 5 月 31 日

王杰村田野日志之四

本次调研目的地是山东省济宁市金乡县鱼山街道王杰村。早餐后,大约八点我们出发前往王杰村。车行驶了大约二十分钟就到了,这个村离金乡县城不远。我们原以为要半小时以上呢!一进村,就可以看到这个村的马路纵横交错,像网格,每一条都很直。每家每户都有一个小院落,院子里面都堆放了很多袋装的大蒜子，后来听向导说这是个“大蒜之乡”。

到了之后，该村的驻村第一书记 M 书记、本村 W 书记和 Z 主任热情接待了我们。M 书记向我们介绍了本村的两宝：一宝是大蒜，二宝是王杰精神。听说王杰村这个名字，就知道王杰一定是个了不起的人物。原来他是个烈士，生于 1942 年，1961 年应征入伍，1965 年 7 月 14 日在一次训练中为掩护民兵而英勇牺牲，被追认为革命烈士。2009 年 9 月 14 日，被评为 100 位新中国成立以来感动中国人物之一。2017 年 12 月 13 日，习近平总书记来到 71 集团军某旅王杰生前所在官兵连，详细了解王杰的事迹，指出“一不怕苦、二不怕死”的精神过去是、现在是、将来永远是我们宝贵的精神财富，号召所有共产党员学习王杰“在荣誉上不伸手，在待遇上不伸手，在物质上不伸手”的“三不伸手”精神。

进入村庄以后，我对王杰的了解更加深入了。村委会到处都张贴着王杰“二不怕三不伸手”精神的海报，这儿就是他出生和长大的村庄。这个村的精神文明建设得很好，村民们为了纪念王杰，改了村名，以王杰的名字来命名本村。我们在村委会议室抽了样之后，就随 M 书记来到了王杰精神大讲堂。这个讲堂布置非常讲究，舞台后面的背景有点像人民大会堂，上面还挂了横幅，写着“鱼山街道‘王杰精神在鱼山’主题演讲比赛暨王杰精神大讲堂启用仪式”。后墙是习总书记视察徐州王杰所在官兵连时的讲话内容。左面墙壁上展示了一些珍贵的老照片。

我们今天的调研非常顺利，一共做了六十多份问卷，四例访谈。我这次的任务不再是访谈，而是做问卷。今天来做问卷的调查对象，60%以上是老人，文化程度较低，他们不能独立完成问卷，需要在我们的帮助下才能完成。还有部分老人没读过书，完全不识字，我们必须把整套问卷读给他们听，并解释他们听不懂的书面语，把题目和选项转换成更生活化的口头语，让他们听明白。更严重的是他们听不懂普通话，而我们只能用普通话与他们沟通，所以一套问卷读和解释下来，口干舌燥。好在我们准备充分，带了金嗓子喉片、老花镜和水。小伙伴们都非常敬业，有村民过来，我们都非常激动，热情接待和帮助村民完成问卷。今天上午村民来得较多较齐，下午来的村民数量不多，我们都开玩笑说：“下午生意较惨淡！”

今天结束较晚，晚饭后，回到宾馆房间时，已经是十一点多了。晚上课题组的首席专家王露璐教授也加入了我们的队伍。

贺智慧

2018 年 6 月 1 日

王杰村田野日志之五

王杰村，我对它有着特殊的感情！王杰英勇救战友的故事在邳州广为流传。1965 年 7 月 14 日，王杰在组织民兵进行实爆训练时，因炸药包发生意外爆炸，为保护在场的 12 名民兵和人武干部，他临危不惧，毅然扑向炸点，英勇牺牲，年仅 23 岁。作为从小就听着王杰英雄故事长大的江苏徐州邳州人，能来到王杰出生的村庄调研，我倍感激动。

王杰出生于山东济宁金乡县城郊，也就是我们此次调研的王杰村，他在这里度过自己的少年时光，进行了中小学的学习。用当地社科联领导的话说，这里是王杰人生观、世界观、价值观形成的地方。一进入王杰村，就能看到显赫的标语“让王杰精神绽放新时代光芒”。走在村庄路上，随处可见摘录于王杰日记中的警句：“当兵是为人民、为党、为祖国而来的，不管任何工作，党指到哪里就冲到哪里，就是需要献上青春也没有怨言”“在平凡的工作岗位上，只要像雷锋一样全心全意地为人民服务，做一个永不生锈的螺丝钉，同样会做出伟大的事业”“我是甜水里长大的，没有经历艰辛的岁月，但是我绝不会忘记死去的烈士，我一定肩负重担，继续做他们没有完成的工作，把我们美丽的祖国建设得更加光辉灿烂”……这些内容时刻提醒着人们不忘王杰精神，向王杰烈士学习！在王杰烈士纪念馆，我们还看到王杰烈士牺牲时被炸毁的上衣，心中不由一惊，再次被王杰烈士的这种精神深深震撼。

据当地村干部介绍，王杰村由于地处城郊，很早就有传言说要被撤掉，所以村庄各项事业都受到制约，村民整天生活于随时会被搬迁的不确定性担忧之中。这种现象在去年 12 月份习总书记视察王杰生前部队后得到了改善，习总书记提出“王杰精神过去是、现在是、将来永远是我们的宝贵精神财富，要学习践行王杰精神，让王杰精神绽放新的时代光芒”“王杰‘在荣誉上不伸手，在待遇上不伸手，在物质上不伸手'，这'三不伸手'是一面镜子，共产党员都要好好照照这面镜子"。习总书记对王杰精神进行了高度概括和肯定，使原本逐渐被人们遗忘的王杰精神再次得到发扬光大。以此为契机，王杰村干部和村民对习总书记关于王杰精神的讲话进行了认真学习，自觉参与到乡村建设之中，修建了"王杰精神大讲堂"、修整了村庄道路，对村庄环境进行了新的整治。

通过对王杰村村民的进一步接触，以及对相关村民事迹的了解发现，王杰精神在村民中一直有着较为深入的影响，尤其是一些老党员以及王杰的亲属、同学等，他们更是将向王杰学习、继承王杰遗愿作为自身的使命。一位老党员表示，他作为王杰的亲戚，也是王杰的同学，对今天来之不易的生活特别珍惜，他们每个月 5 号会有固定的党员活动日，这一天党员们都会自觉学习，不断进步。在平时乡村治理过程中，他们也会尽己所能，为乡村发展贡献力量，主动将党给予的物质利益让给更多需要的村民，自身甘愿清贫。

刘　昂

2018 年 6 月 1 日

王杰村田野日志之六

今天，我们在阳光明媚中开始了王杰村的调研工作。早上坐车前往村子的时候，研究生师妹们在讨论手相的问题，我偶然间记得我在哪里看到过，手相也是有一定科学依据的。我想，既然星座、手相这样看似不科学的东西都有其合理性，那么我们的实地调查和研究工作更要体现我们的科学性。而这首先就体现在科学抽样上。早上一到村里，我就与刘昂师兄一起做了抽样，筛选出了名单让村干部帮忙打印了出来。回想每次我们驻村调研，给予我们最大帮助的都是当地的村干部，如果没有他们帮忙协调，我们的工作很难展开。关于这个，贺雪峰教授在他的著作和文章中有很多论述，还是熟人社会的问题，农民只相信自己周围的人，对于陌生人和他的所思所想，农民一概不闻不问。这一天的调研下来，我感到王杰村的村民文化素质是很高的，对于读书极为看重，这肯定和他们身处孔孟之乡有关系。下午我们在 M 书记的带领下逛了逛农民老乡的果园。果园一共五亩地，种有桃、苹果、西瓜和草莓等，果园非常美，水果也很好吃，但是果园主人一年的收入只有区区几千元。回来的路上我们在讨论，能不能开一个电商，把果园的水果直接销售给城市的买家，这样省去中间商赚差价和剪刀差的环节，农民的收入会高些。其实，我个人认为这是传统农耕文化和现代市场经济的矛盾与平衡问题。农民种地，这个几千年来天人合一的行为被镶嵌入现代社会的分工体系之下，如何保证农民也能够搭上工业文明的快车而实现发家致富，这是一个亟须解决的问题。

张月昕

2018 年 6 月 1 日

王杰村田野日志之七

早上七点，我和师兄起床赶到宾馆三楼吃早饭，其他老师和同学们已经在一边吃饭、一边讨论今天上午的工作安排，看着大家满脸的笑容与自信，我对接下来的工作也充满了信心。七点半左右，我们同昨晚才到达宾馆的湖南师范大学的贺智慧老师在宾馆的一楼大厅碰面，稍作交流，大家再次检查所有工作用品之后，一同坐上了进入王杰村的大巴车。

车大约行驶了 20 分钟，我们便看到村头"学习实践王杰精神，让王杰精神绽放新的时代光芒"的醒目标语。这是 2017 年 12 月习总书记视察王杰生前所在连队时发表的讲话内容，我意识到，传统性和时代性在这个村庄的交织可能会远远超出自己之前的想象。村口下车之后，我们在 YMY 董事长的带领下来到村两委院区，与诸位村委干部作了简短交流，他们将我们带到村委办公室，拿出村庄花名册给我们抽样。来不及休息，两位师兄便带领分派成员开始进行抽样工作。他们扣除了名册中 18 岁以下和 70 岁以上的村民，并按照等距方式抽出了 238 个样本。期间，张燕老师和刘昂师兄带领小组成员到附近超市为村民买了一些日用品，村主任 ZSX 和 L 会计则开始根据名册帮我们联系被抽样的村民。村里的王杰精神大讲堂空间比较宽阔，便于人流量相对较大的问卷工作的开展。赶到大讲堂接受问卷调查的村民越来越多，我们的工作也变得紧张起来。个别村民受文化程度影响，问卷填写过程需要我们稍作指导，每每问到婚姻状况，村民总会一脸疑惑，在他们看来，已婚和未婚通过年龄即可辨别，何需再问？而初婚离婚或再婚离婚等选项更是为他们所不解，他们的脑海中似乎并没有过于强烈的婚后数次离婚的观念，村里也几乎没有类似的状况。这样的婚姻观念让我再次感受到淳朴乡村与浮华城市之间的反差。

由于人数较多，我们的午餐选择在村里的一个小饭馆解决，菜量与饭量的“巨大”再一次让老师和同学们感叹了一把乡村的朴实。午餐后，大家继续为赶来的村民进行问卷调查工作，我则跟随张燕老师开始了第一阶段的访谈工作。整个下午我们完成了四例访谈，访谈中，大家对嫁娶彩礼问题表现出极高的关注和强烈的不满。从访谈对象的口中得知，这个村庄结婚彩礼高达五六万，还要在县城里买房买车，大部分家庭都表示负担过重，但也自认没有办法，因为这已经成为一种风气。我不禁暗自感叹：为何乡村的诚真与质朴没有传到城市，城市的浮夸与奢侈却得以在乡村蔓延至此？

不知不觉，夜幕已经降临，问卷调查工作也获得了六十余份的成果，每个人的脸上不是久积的倦怠，而是满满的惬意，就像傍晚扛着锄头从田间归来的乡民，茶余饭后、谈笑风生之间是对明天更美好的期盼……

杨伟荣

2018 年 6 月 1 日

王杰村田野日志之八

今天是进入王杰村的第一天。因为今天是六一儿童节，礼堂里有活动，村支书安排我们先在村委会。按事先的安排，支书拿出村里花名册，我们课题组成员刘昂和张月昕对本村村民进行等距抽样。在抽样的过程中村主任说有的村民在外打工，有的在外面读大学可能不在家。考虑到这种情况，我们把样本量做了一定比例的放大，以便抽到足够量的有效样本。抽样的过程完成得很顺利，我们把抽出的村民名单给了村主任，他负责帮我们通知村民来填问卷。这会儿十点了，村主任说礼堂的活动已经结束了，让我们先去参观一下王杰大礼堂，他通知村民上礼堂去填调查问卷。

在村支书的带领下，我们来到了大礼堂，参观了王杰大礼堂。礼堂是村里面那种老宅的样式，外墙上刷着毛泽东语录，进到里面，布置得极其庄重。主席台的背景是中间一枚“八一”徽章，两边旗帜飘扬。台下一排排座椅很整齐，座椅的两边，一面墙上贴着毛主席和王杰及其家人的老照片，一面挂满了老一辈革命家对王杰精神的题词。在村支书的带领下，我们一边参观着，一边学习着。这时被通知来填问卷的村民也陆续赶来了。年纪大点的村民大多不太认识字，在我们的讲解下，有条不紊地填写问卷。结束时已经十二点多了，一上午共完成了四十多份问卷。听到这个数字，研一的小师妹们显得很激动。这和我第一次在湖南调研时候的心情一样，一方面觉得照这样的速度任务很快就能完成了，另一面又觉得每一份问卷的取得都是如此不易。

我们没有午休，下午直接开工。张燕老师和杨伟荣在另一个房间对村民进行访谈工作。其他人员则在村委会的大厅里等着村民过来填写调查问卷。下午来的村民很少，村主任说村民们都下地干活去了。我们在等待的过程中显得有些无聊又有些疲惫。来到陌生的地方，看着时间一点点接近傍晚，外面的太阳还是不肯落去，心里默默念叨着：的确，这里不是南京了。

芮雅进

2018年6月1日

王杰村田野日志之九

5月31日，中午十二点在吃过午饭后和小伙伴们集合在学校大门口一起出发去了南京南站，乘坐G412号高铁前往曲阜东站。下午四点，调研组成员们刚下高铁就感受到了曲阜天气的炎热以及Y总的热情招待。到达金乡县时已经差不多下午六点，在前往的途中，Y总为每一个项目组的成员都分发了一个公文袋，里面从基本文具到水杯样样俱全，让大家从心底感受到了Y总对此次调研活动的尽心尽力。到达酒店办理好入住手续后，大家在酒店里进行了简单的会餐，晚上九点多调研组集体进行了第二天工作的相关部署会议。

第二天一大早，项目组成员们在Y总的带领下前往我们此次进行调研活动的主要目的地——王杰村。刚到这个村子的时候，就被这里墙上印刷的大大小小的红色标语所吸引，要说内容是什么，大多都是关于学习王杰精神的革命标语。这个时候想必会有人和我发出同样的疑问，为什么这个村子要叫“王杰村”？为什么这里随处都可见学习王杰精神的标语？这个疑问随后被村子里前来迎接我们的村委会 M 书记所解答。

在 M 书记的介绍下，我们得知王杰是一名革命烈士。1965 年 7 月 14 日，王杰在一次训练中为了掩护民兵而英勇牺牲。而这个村子之所以命名为王杰村，是因为这里就是伟大英雄王杰的出生地。在了解了王杰村的大概情况后，项目组成员和村里的干部们交接了相关工作需求，并对村里提供的人员名单进行了系统抽样，随后村干部协助进行人员通知和集中分配管理。我们项目组成员们来到村里的小超市为进行问卷调查的村民购买小礼品。

在准备工组之余，项目组成员们又在村里书记和主任们的带领下参观了王杰精神大讲堂。我们先是集体坐在讲堂里观看了关于王杰精神的视频短片，随后对讲堂进行了简短的参观。这里比较令人印象深刻的是，墙板上有对王杰过去生活照片的集中展示，讲堂最后面的墙上贴着习近平总书记对于王杰精神“一不怕苦，二不怕死”的评价标语，这使我们调研小组对王杰精神又有了更深一步的体会和思考。随后，早上十点，调研小组开始进行正式工作准备，大师姐张燕作为我们整个调研活动的大主管，负责所有工作的分配和管理，确保问卷调查有条不紊地进行，我负责村子里花名册的集中管理，勾选和登记好抽样人员名单，其他师兄师妹们则负责村民问卷调查的跟踪和解读分析。在一切工作都进行了前期认真准备的情况下，调研小组成员们除了在方言问题上有部分沟通障碍，其他相关事项差不多都顺利进行。截至中午十二点，问卷调查已经做了四十多份。中午，我们在村里的农家乐里简单就餐之后回到村委会稍作休息，很快又继续投入到下午的工作中去。本觉得依照上午工作的进展程度下午理应会更加顺利才对，但很快就发现了问卷调查工作的问题，抽样名单里的年龄 18 岁到 40 岁的村民，大多不是外出工作就是在外上学，尽管我们已经对抽样名单做了大幅度的调整，但还是无法避免现实工作中遇到瓶颈。所以下午工作的进展并没有想象中那么顺利。

下午临近四点，村子里能来参加问卷调查的人已经没有几个了，项目组成员在M书记的引导下到村进行实地考察，我们从书记这里得知村里种植的品种很多，从水果到蔬菜基本上样样都有，M书记在带我们参观的过程中还带大家走进农民爷爷自己的果园品尝了无农药无公害的新鲜水果。除此以外，我们在村子里转悠的同时可以看到每家每户门口都堆放着大量已经捆绑成袋的大蒜，它们整齐地排列在一起，显得尤为壮观。在看到这么多丰收的大蒜时，我们大家都觉得这对村民来说，一定可以换来可观的收入，但M书记却告诉我们，今年的大蒜收益并不好，基本上卖也卖不出去，更别提有什么收益，连在农地里浇水的农民都跟我们说，以后种什么也不想种蒜了，一年到头都白辛苦，提起来就觉得伤心。

面对这样的现实，我突然觉得只有走进农村走进农民的生活中，我们才能了解到农村真实的生活境况，那些我们在电视在书本里所看到的内容只是理论上的泛泛而谈，并没有依循这样一个真实可靠、可以参考的现实来进行比较和分析，由此就更加感谢导师能够给予我这样一次机会，去真正地了解乡村和现代社会农民的生活、生产活动。

周　婷

2018年6月1日

王杰村田野日志之十

一大早我们便来到了王杰村村民委员会，张燕师姐给大家分配了任务，她和杨伟荣师兄做村民访谈，因为杨师兄是山东人熟悉本地的方言，所以负责访谈记录和录音，我们余下的人去王杰精神大讲堂负责村民的问卷调查。九点半左右，陆陆续续有样本村民来，我们就开始忙了起来。来的村民很多都没受过正式教育或者只读了小学，所以他们的文化程度比较低，识字率也不高，对于这种情况我们便向村民一道一道地讲解问卷问题内容和选项，由他们来作答。对文化程度稍高点的，尽量让他们独立完成问卷调查，有理解不了的问题稍微向他们加以说明即可。其中我看到那些识字的村民像小学生一样认真地阅读每一道题目然后作答，有不太理解的向我们咨询以确保语言意思正确再作答，我不由得被这些质朴村民的认真精神感动了，感动之余亦很感激他们的平易近人，热情积极地配合我们工作的开展。

张　梦

2018 年 6 月 1 日

王杰村田野日志之十一

从县城出发，调研团队一行经过不到 30 分钟的车程来到了金乡县王杰村。汽车从整洁的大马路一转弯，我们便进入了这个村庄，这个在县城边的村庄似乎跟昨天进入县城时的“自然流畅感”有一定的反差，路面、村民房屋和村委会办公室都与昨天所感的“整洁有序”不那么贴合。或许这就是多数中国农村的内部样貌。

为什么叫王杰村？王杰何许人也？村委会办公室墙上习总书记说的王杰精神“两不怕”“三不伸手”的主人公王杰有怎样的故事呢？我似乎到这时候才对村子有了别样的认识，原来这是一个具有革命文化特色的村子。当来到“王杰大讲堂”时，红旗背景主席台、大排椅、木梁顶以及贴满革命老照片的墙，使我仿佛一下子回到了红色年代，深深地被那个年代的英雄所感染着。而这样用心的文化建设与村子的整体风貌多少又有一些反差。

就在这个肃穆的会堂里，我们随着 M 书记的讲解一边观看墙上的照片，一边聊着王杰的故事，一边等待我们调研对象的到来。随着第一个对象的到来，陆陆续续地，不知不觉间会堂人多了起来，许多调研对象不太识字，需要我们一题一题地解释，在填写问卷的过程中，我们有了与村民们对话的机会。每份问卷间有较大的普遍性特征，但也有各自特点，每份问卷背后都反映着不同经济状况、不同生活境遇、不同生活态度的人生镜像。今天有两个让人印象深刻的受访者，一位大爷悄悄而又骄傲地给我提到了其儿子的高收入，由此反映出的是大爷对收入和生活的极高满意度；而另一位农村妇女在填问卷过程中多次用了“没有权利”“没有办法”等词汇来表达个人的无奈，主要是因为客观物质条件和能力不足致使她没有选择工作、生活的权利，对于生活中的收入差距也用这种“无奈”的心态化解了，其在问卷中反映出来的是对诸多问题表现出的犹疑。这位识字不多的农村妇女使用“没有权利”一词着实有些让我惊讶,也侧面反映出来她内心对没有能力而无法实现理想生活的不甘。

村庄的午饭时间到!原本以为午饭是要凑合过了,啃啃馒头继续“干活”,真是没有想到这个村子“五脏俱全”,村口有自助银行取款机,村里竟有小饭馆,并且还可以送餐,一桌子的山东美食,绝对的量大管撑,深深感受到山东人民的大方和好客。

相较于上午问卷调研情况,下午村民们来得相对分散且稀少,只好请出村干部帮忙,有意思的是村办公室喇叭一通知,可谓一呼百应。夕阳渐落,柔和的光照让村委会小院显得温馨惬意……通过今天的问卷调研,虽然还未对数据进行统计分析,隐约中却能感受到村民“安全第一”的生存伦理法则,人们的幸福度和内心自由度与经济收入状况紧密相关。

罗 婷

2018 年 6 月 1 日

王杰村田野日志之十二

今天我们早上 8:30 进村。早上过来的村民较多,问卷和访谈都做得很顺利。露璐老师来了,我们做得更起劲了。她负责访谈,她们今天访谈了八例。

今天做问卷的过程中,有一位老人给我留下了深刻印象。她 63 岁,黑瘦黑瘦的,不识字,我便把整套问卷读给她听。在问她一些问题时,她边说边哽咽了,说不下去。我让她稍作休息,平复一下情绪。后来慢慢地问了她为什么这么激动,原来她对自己的生活状况不满意。她认为老伴找得不太理想,这辈子跟着老伴没有过上好日子。她有三个儿子,都已成家。她自己身体不太好,去年做过心脏支架手术,家里收入十分有限,老伴帮不到她任何忙。我问她当时为什么会选择现在的老伴,是看重他的人品、能力、外在条件、家庭条件还是他有手艺?她说:“他一样都不占!”当时是父母做主,自己没有说话的份,才选择了他。如果年轻一点,肯定跟他离婚了,只是现在年龄大了,没办法。她自己还有高龄的父母,她父母也有三个儿子,她也只是有时间去看看,没有能力赡养和照顾。说着说着，她就流下了心酸的泪水。我能感受到她的生活十分不易。

傍晚，我们的调研结束后，M 书记又带我们参观了王杰纪念馆。纪念馆是一栋苏联式建筑，院子里还有一座王杰雕塑。进入纪念馆，里面陈列了很多王杰当时写下的日记，还可以看到王杰的字迹。还有一些王杰曾经战斗过的场景照片，以及他的一些遗物。M 书记都给我们作了介绍。参观后我们都感觉很遗憾，这么优秀的一位青年，如果活在世上更长的时间，那不是会为社会多做很多贡献？

每次调研都能收获满满，留下美好的回忆，值得回味。我们课题组的小伙伴们也可以相互了解，跟他们在一起非常开心。每次进入乡村都能真切感受到美丽新农村建设的崭新面貌，村干部和山东人民的热情好客和村民们心酸的故事。感恩两位导师和各位小伙伴！

贺智慧

2018 年 6 月 2 日

王杰村田野日志之十三

王杰村相比于以往调研的乡村而言，最大的特色在于有“第一书记”。我查阅资料得知，所谓第一书记，通常是指从各级机关优秀年轻干部、后备干部，国有企业、事业单位的优秀人员和以往因年龄原因从领导岗位上调整下来、尚未退休的干部中选派到村（一般为软弱涣散村和贫困村）担任党组织负责人的党员。他们在乡镇党委领导和指导下，依靠村党组织、带领村“两委”成员开展工作，主要职责和任务是帮助建强基层组织、推动精准扶贫、为民办事服务、提升治理水平。第一书记任期一般为两年以上，不占村“两委”班子职数，不参加换届选举，任职期间，原则上不承担派出单位工作，原人事关系、工资和福利待遇不变，党组织关系转到村，由县（市、区、旗）党委组织部、乡镇党委和派出单位共同管理。

王杰村的第一书记 MCN 从去年年初来到王杰村，到现在已经有一年多的时间。在这段时间中，他周一到周五都需要住在村里，只有周末才能回到济宁与家人团聚。

M书记在驻村期间，借助在全省开展的“井井通”工程，解决了村民农田灌溉的用水问题。王杰村以种植大蒜和辣椒为主，有些村民还会根据市场需要种植苹果、葡萄、西瓜等水果，这些都需要村民不定期地为农田浇水。以往王杰村村民是通过柴油机泵从机井或者河流中取水，既费钱也耗力。M书记驻村之后，利用上级单位给予的扶贫款，为村里购买了四台变压器，在解决低电压的基础上，根据村民意愿在机井中安装水泵，从而解决农田的用水问题。机井安装水泵后，村民为农田浇水时只需要刷卡就行，而不是像以往一样必须用拖拉机带着水泵从机井取水，大大方便了农田灌溉。

在调研过程中，我一直在想，第一书记与大学生村官的设置，在出发点上都是希望借助外界力量为乡村发展带来活力，二者不同之处在于第一书记一般是有多年工作经验的“老人”，大学生村官则更多的是刚刚走出校园，有着满腔热血的“新人”。二者有着不同的知识结构和处事方式，他们在理论上都应该能够为乡村发展贡献力量，但在实际操作中，二者却存在诸多不同。这也成为接下来我打算探讨的一个学术点。

与此同时，在实地调研过程中我也发现了一些问题。一方面，关于第一书记的管理存在困难。虽然村委会办公室都安装上了高清摄像头，驻村干部是否真正驻村也会有专人进村调查，但仍然难以真正让第一书记“驻”在村中。通常而言，第一书记作为市县级官员，他们的职级有些明显高于乡镇主要领导，致使乡镇领导难以对第一书记进行实质性管理，对他们的违规行为也大多是睁一只眼闭一只眼。另一方面，第一书记与村庄的长期发展目标也存在偏差。第一书记的挂职时间一般是两年，两年之后他们大多返回原单位或者升迁。对于一些第一书记而言，他们主要考虑的是如何凸显他们驻村期间的“政绩”，而非真正从乡村长远利益着眼。基于这种想法，有些第一书记在治理村庄过程中仅仅注重表面工作，甚至格外注重宣传报道，希望通过媒体的力量提升“政绩”。

此外，我在此次调研过程中还发现一些值得进一步探讨的问题。第一，农民面对“如果有可能……您会怎么样……”（谈谈自己希望获得的收入、理想的职业等）这种假设性问题似乎不太敢想（但如果说将这类问题放到其晚辈身上，似乎充满希望）。他们往往表现出“这一定不可能，我何必去想”的状态。这种现象究竟是如何造成的，也许值得深入研究。（对生活的希望如何？对自己的认识怎样？）第二，农民对一些问题的程度上差异并不敏感。当问题选项只有程度上的差异时，农民常常难以区分，很难给出确切答案。第三，一些农民在做问卷时，尤其是在听问卷时，难以长时间集中注意力。这一方面要求问卷问题不能太多和过难，另一方面要求问卷问题的选项不能过多和过繁。

刘　昂

2018 年 6 月 2 日

王杰村田野日志之十四

今天一边协助村民做问卷，一边看中央二台播放的大蒜贬值农民亏损的新闻。据央视记者采访所得：大蒜一亩地三清承包要 1 300 元，一亩地刨根要 400 元，一亩地剪秆 400 元，而一亩地收获的大蒜仅仅为几百元。也就是说，农民种植大蒜今年平均一亩地亏损一千到两千元。据了解，大蒜种植有三年一小年，五年一大年的说法，而今年正好赶上小年，大蒜不值钱。其原理非常简单，就是高中政治所学的价值规律问题：当大蒜价格降低时，农民纷纷减产，过几年大蒜价格就会因供不应求而上升。当时有同学提出：那如果农民知道了这个规律，过几年等到种蒜大年的时候再种不就行了？其实，正如孟德拉斯所说，“几亿农民站在工业文明的入口处，这就是在 20 世纪下半叶，当今世界向社会科学提出的主要问题”。如果农民不掌握现代科学技术和必备的知识，那么农民只能永远处于工业文明和城市文明的入口处徘徊，纵使自己身体从“火炕床”搬到了“单元房”，他们的心灵与价值诉求也难以在现代社会找到安身立命之处。他们的外在生活境遇是工业化的，但是心中的意义世界却是前工业文明的。这让我想起了福泽谕吉在《文明论概略》中的观点：外在文明易得，而内在文明难求。

今天调研结束，挥手别离王杰村之时，我想改编一首周杰伦的《告白气球》，以表达我对王杰村的美好回忆：

村头巷口，杨柳条低垂
临街果园，沁人的芳菲，满是自然的美
雕塑巍巍，情怀梦几回
王杰精神，心中永相随，意志牢不可摧
田间地头风细碎，蒜苗迎晨光熹微
齐鲁大地多葳蕤，落霞与歌声齐飞
孔孟千年的酒杯，文化底蕴惹人醉，在这里村民被幸福包围
王杰村，遇见你，从那天起，时刻牵挂心系
王杰村，爱上你，点点滴滴，述说不尽美丽

张月昕
2018 年 6 月 2 日

王杰村田野日志之十五

简单的早餐之后，我们像昨天一样八点左右准时进村了。按照昨天的进度，今天至少需要完成六例访谈和 100 份问卷，可令人意外的是，今天早上问卷小组的成员并没有迎来像昨天那般如流的村民，中午时间已经过半，仅仅完成了 20 余份问卷，这个结果不免让人担心。村主任 ZSX 和 L 会计向我们反映，抽样涉及一些外出务工人员、出嫁女儿以及在校学生，这一部分样本的调查难度比较大。另外一部分则是外出农忙的村民，因为今年农民种植的大蒜、辣椒等经济作物市场行情不好，价格偏低，各家各户都在为农产品销售奔忙，一时半会也难以联系得上。但是，他们会尽力而为，张燕老师也给问卷小组成员们打气，并做好入户调查的准备。

与问卷小组的情况相比，我们访谈小组的进展则比较顺利，一天的时间，我跟随导师王露璐老师共进行了八例访谈。上午的访谈中有一位七十多岁的爷爷，因为家里条件不是很好，村委额外安排他在村里做一些保洁工作以增加自己的收入。这位爷爷胡子已花白，可声音却十分洪亮，从见到我们开始，慈祥的笑容就一直挂在脸上，他说他喜欢跟别人聊天，跟王老师一起觉得很“可”（方言中是“投缘、投机”的意思）。他儿子早年因车祸去世，三个女儿都已外

嫁，现在跟儿媳和上大学的孙子一起生活。访谈过程中，他一直夸赞儿媳妇孝顺，收入虽不多，却从不吝于满足他烟酒等喜好，还会帮他控制摄入的量，以免伤害身体。孙子更是懂事，每次交学费都会告诉妈妈和爷爷，自己将来一定会有出息来报答他们。每每说到感人处，我们都为之动容，他脸上却始终洋溢着满足。即使自己的生活在物质条件方面远没有他人那么丰裕，他依然对王杰村的发展充满希望，还与我们相约几年后再来，共同见证村庄的发展。访谈之后约 20 分钟，他竟再次回到村委办公室，从家里精心挑选了几头自己种植的大蒜欲带给王老师品尝，他笑言："今年大蒜不值钱，希望你们别嫌弃，如果这也算是'行贿'，那我可就不送了……"这让王老师深为感动，并称一定会将这"贵重"的礼物带回家。的确，农民身上的乐观与自足在这位爷爷身上得到了美好的诠释，他心中的幸福和快乐远不是什么物质或财富所带来的感官享受，父慈子孝、家庭和睦才是他快乐的源泉。就如王老师所说，让我们一起祝愿这位爷爷永远心情愉快、健康长寿吧！

下午的访谈对象相对都比较年轻，年龄在 30 岁左右。交谈中，他们对自己的生活和村庄的发展既有深切的希望，又有淡淡的忧虑。他们似乎对土地并没有太深的感情，更希望通过拆迁或者土地占用获得款项，用作投资或周转。当王老师向他们询问王杰精神的内在影响时，他们承认具有一种荣誉感，却无法构成生活的动力。我心中思量，乡村的发展要始终尊重农民的意愿、以农民为主体，可是，村民的发展主义意识如此浓厚，乡村主义等发展主义批判似乎只是乡村之外"他者"的喜好与坚持。"农村之外的发展伦理与农村之中的发展主义"问题是否需要解决？如何加以调和？或许应当成为"中国乡村伦理研究"课题着力探究和解决的一个重要问题。

杨伟荣

2018 年 6 月 2 日

王杰村田野日志之十六

今天是进入王杰村的第二天。一大早村支书等人就已经在门口等我们了。昨晚，我们课题组的首席专家王露璐教授下班后也从南京风尘仆仆地赶了过来与我们相聚。我们和村支书等人一起在村委会门口合了影。村主任说已经通知过村民了。这时被抽样的村民也纷纷赶了过来。我们的问卷工作开始了。王老师则开始对一些村民进行访谈。

“还是希望住到城里去，为了孩子。”一个年纪稍长的农村妇女这么说道。我问她：“为什么？”她说：“为了自己小孩的将来。自己倒无所谓，可孩子以后肯定去市里买房。”我一开始并没有过多地去想她为什么这么说。随着接下来问卷的进行，从老农们的口里我才慢慢知道原来王杰村离县城很近，周边的其他村庄都拆迁了，因为王杰村是英雄的故乡，所以迟迟未拆，政府部门也暂时没打算拆王杰村，村民们的思想一直很徘徊。我问他们：“王杰村如果拆了你们觉得可惜吗？”他们说那是肯定的。但从他们的交流中我又深深感到他们对拆迁的渴望。

到下午三点的时候，访谈已经做完，问卷也有一百二十多份。我们的任务也基本完成了。调研结束后，村支书带领我们参观了一下王杰村。村里的农民大多靠种植大蒜为生，所谓“世界大蒜看中国，中国大蒜看金乡”。可是今年大蒜市场价很不好，只有八毛钱一斤，已经是亏本的价。很多农民家里堆满了一袋袋卖不出去的大蒜。傍晚的王杰村弥漫在大蒜味之中。我们也真切地体会到了农民生活的艰辛和不易。

芮雅进

2018 年 6 月 2 日

王杰村田野日志之十七

今早在酒店简单用餐后大家集合赶往王杰村继续进行问卷调查工作。与昨天不同的是，今天的工作有导师坐镇，所以大家都信心十足、充满干劲儿。

M 书记和村里的几位主任先是帮忙联系了今天做访谈调查的几位村民，然后又叫了村小组的负责人与我核对名单，开始挨个排查，在村子里有针对性地找人来做问卷调查，这对我们第二天的工作提供了很大的帮助。

到中午的时候，我们调研组和村里的干部们在村委会的办公室分为两桌开始午餐，看着可口的农家饭菜还有富有山东特色的大馒头，大家都纷纷拿起碗筷，大快朵颐，吃得那叫一个香。饭后休息了一会儿，大家又开始投入到忙碌的工作当中。下午来的村民，好几个都是带着两个孩子来进行问卷调查的女性，这让村委会办公室好生热闹，在妈妈做问卷的时候，我们组员就陪孩子一起玩耍逗闹。而后紧接着来的，大都是四十多岁的男性，能够独立进行问卷填写，很大程度上减少了我们工作的难度。下午五点，我们的调研工作基本完成，大家伙又在 M 书记的带领下参观了王杰纪念馆，馆里有一句摘自王杰日记的标语令我印象深刻，内容是“我们要一不怕苦，二不怕死，做一个大无畏的人”。

周　婷

2018 年 6 月 2 日

王杰村田野日志之十八

今天的村民访谈工作由王露璐老师和杨伟荣师兄来做，我们其他的人继续找村民做问卷调查。有了昨天的工作经验，今天的问卷调查做起来要得心应手得多。相比较昨天，今天来做问卷的村民大部分要稍微年轻些，他们很多是带了孩子来的。部分小孩子年龄太小，他们在家长做问卷调查的时候忍不住吵闹甚至哭了起来。此时我们课题组的成员和老师就逗他们开心，和他们一起玩耍，有了小孩的加入，整个气氛变得活跃起来，整个过程进行得比较顺利。下午四点多，我们完成了问卷的调查任务，王老师那边的访谈任务也顺利结束。之后，在村支书的带领下，我们参观了王杰纪念馆和王杰精神大讲堂，每到一处村支书都很热情认真地进行讲解，我们了解到了“一不怕苦、二不怕死、三不伸手”的王杰精神。调研工作到这里基本已经接近了尾声，最后大家恋恋不舍地在大讲堂拍照留影，难忘的瞬间在相片里定格成为永恒的回忆……

张　梦

2018 年 6 月 2 日

王杰村田野日志之十九

相较昨日，今天天气清爽了些许，在村委办公室小院，洋槐树下，静谧的乡村无限美好。

早上趁着调研对象还未到，随师兄去参观了王杰纪念馆。馆内没有一人，比起城市或者景区门庭若市的纪念馆，这里相当冷清，馆内陈设物件也极为简洁，这样的冷清让人不免觉得，这个静寂的纪念馆似乎与外界隔绝，王杰精神静伫在那里，等着人们去传扬和歌颂。

作为一个村外人，我们或许会感叹这个村庄对红色革命文化的挖掘和保存非常难得而可贵，多少村庄重发展而轻传统，缺少对传统文化的保存和开发意识。但是，据了解，就革命传统文化的存留问题，本村村民与之同样存在着二元利益矛盾，作为城边村，好几年前据说就有进行拆迁的风声，这意味着村民们可以获得较为可观的拆迁补偿，所以关于王杰村的拆迁话题在村子内部存在多年。我想这就很容易解释为什么村子房屋建设方面相较滞后了。一面是村民现实利益，一面是传统传承与保存问题，在基层管理中这是极为常见的一类矛盾问题，要做出合情合理的平衡的确难度较大。显然在村民朴素的利益观里更期望获得现实的既得利益，精神文化上创造的价值在村民那里见效慢且影响小，文化传统在宝贵的精神遇到现实经济利益时该何去何从？

真是无独有偶，今天下午在村委会办公室休息的时候，中央某台刚好讲到了今年大蒜走低的行情现状，并且是在金乡县大蒜交易市场做的采访调查，蒜农们纷纷表示“谈蒜伤心”，“蒜你狠”变成了“蒜你惨”。这一现象背后，其原因在于蒜农见前两年蒜市行情好，纷纷跟进，使得大蒜供过于求，出现贱卖、卖不出等问题。很显然，今天农业发展不仅面临自然风险，更面临市场风险，而作为信息不对称和生存能力有限的弱势方，农民在这种市场化经济条件下，相较于过去风险在提高，而抗风险能力却在减弱。虽然政策有帮扶，但也只能起到缓解和兜底的作用。

在农村老百姓那里，虽然物质生活水平和精神生活状况都有提高，他们也在逐渐地了解，甚至无意识地受到一些现代价值观的影响，但相比之下，受现实生活条件和文化水平限制，他们最关注的依然是“安全第一”的生存法则，也就是说他们的“自由”依然极大地受限于物质条件。因此相较于革命精神文化传统的保留，他们更在乎现实利益，这真的无可厚非。传统文化和现实利益要兼顾，不能两张皮，需要用智慧将二者有效且合理合情地串联。

从整个问卷调研过程中，细细回忆遇到的每一个村民，虽然偶尔他们会表现出对生活的无奈，但是在无奈中透露出朴素的乐观，让我看到了质朴的村民、质朴的心愿和简单的幸福。在调研前，我对农村发展持一定的悲观态度，但实际上我从村民那里感受到的不是悲观，反倒是一种简单的幸福。通过这种感受，不得不去反思一下，作为一个农村局外人的我们是不是在给农村强加一种“不幸福”。当然不得不去承认农村存在许许多多的问题，要让中国农村整体实现乡村振兴，农村真小康，还有很长很长的路要走。

调研之旅虽然短暂，但一路旅程调研小队欢声笑语，趣味小事和动人心事相随，师门情谊渐深，带着收获和问题我们踏上回程。

罗　婷

2018 年 6 月 2 日

七、林屋村田野日志

林屋村田野日志之一

昨晚，我从广州坐高铁至吴川，张燕带领刘昂、张月昕、芮雅进从南京飞至湛江，柳柳从长沙飞至湛江。杨伟荣因高铁延误未赶上南京飞至湛江的航班，在广州住一晚后，今早高铁赶至吴川。上午，课题组一行七人终于顺利集结并进入吴川市黄坡镇林屋村。

张燕的同学 GM 近年在当地做高速公路工程，经她介绍，我们选定了林屋村作为华南地区的典型村庄。上午九点，一行人到达村委会，GM 介绍我们认识了村总支书记 LH。简单说明来意后，我们发现遇到了“调研史”上的“新鲜事”：村委会竟然没有完整的村民花名册！在之后的访谈和调研中，我们逐渐了解到，没有名册的原因是多方面的。一是村庄是由若干自然村组成，每个自然村又分若干小组，总人口数超过 7 000 人，一般上级工作都是通过每个自然村向小组下发进行推进；二是该地长期以来超生情况较为严重，一般家庭至少两个孩子，多则四五个，一些超生的无法准确统计。面对这一情况，我们从花名册中进行等距抽样的常规做法无法实行，只能改为在村委会工作人员带领下入户进行问卷。同时，我的访谈计划也遭遇严重的“语言危机”：相当一部分村民不会说普通话，而吴川方言对我而言几乎是完全无法理解，因此，访谈对象也不容易确定。

小伙伴们跟着工作人员出发去寻找样本，我原想先访谈 LH 书记。但镇里正好来了一批联系工作的同志，L 书记忙着接待，我不便打扰，只好一边在工作群中关照大家留意合适的访谈对象，一边在村委会的宣传栏中看看相关信息。一上午没有进展，心中有几分焦虑。好在小伙伴想出各种办法，问卷调查还算顺利。

中午时分，外卖的盒饭送到，每份 30 元，有烧鸭、白菜、猪杂汤。这大概是“调研史”上第一次在村里吃到现送的盒饭，也从一个侧面说明了林屋村的市场化和开放程度。吃完饭，小伙伴们急匆匆地赶去村里一家小卖部继续寻找样本，我的访谈也终于在 LH 书记回来后“开张”了。

从与 LH 书记的访谈中，我大致了解了林屋村的历史和现状。林屋村有 7 个村民小组，13 条自然村庄，总人口七千二百多人，是吴川新农村建设的典范。下辖的林屋自然村 2006 年被评为“中国十大魅力乡村”。该村林屋机械厂的机械产品畅销，年纯利润 500 万元以上，不仅安排了五百多名村民就业，还出资新建了幼儿园，改建了小学和中学。林屋村为村民提供“机耕免费、种子免费、排灌免费和收割免费”的四免费服务，并完全支付村民医保和社保金。村民年均收入 26 800 元/人，是湛江市较为发达的村庄。在 LH 书记看来，村民富了，村里的风气也明显好转，家庭矛盾、邻里矛盾少了，以前常有的吵架甚至打架的情况，现在已经非常少见。在他担任书记后，全村只有一对夫妻离婚，并且之后很快又复婚了。不过，为什么同样生活富裕了，有些地方出现了所谓“男人有钱就变坏”而导致的家庭矛盾和离婚率上升，而林屋却正好相反？原因是否在于，当地经济发展了，村民富裕了，但是大多村民依靠本地务工，与外界接触不多，加之生育数量高，家庭人口多，所以夫妻的责任感和家庭的凝聚力较强呢？

在LH书记之后，我又与已退休的村中学L校长和小卖部的L姐聊了一会儿。总体上看，他们对目前的生活状态都比较满意，表示自己已习惯村里的生活，无意改变，但仍希望儿女、孙辈去城市生活。L校长的五个孩子中，只有小儿子没有上大学留在了村里，与他们一起生活；L姐与丈夫、两个孩子与公婆一起居住。有意思的是，他们都觉得，虽然隔代人之间想法、习惯有差别，但总体上没有太大矛盾，并且都觉得年纪大了还是要跟孩子一起，不能接受养老院养老。一些有意思的细节是：L校长结束与我的访谈后，出门时跟L书记打招呼，书记很自然地拿起我们赠送的南京盐水鸭转送给林校长。在小卖部与L姐的交谈中，她不时与来往村民打招呼，用我完全不能理解的方言聊上一阵，她的语言间断地在带着吴川口音的普通话和纯粹的吴川话之间毫无障碍地切换，我只好哭笑不得地努力让自己的耳朵和大脑跟上她的节奏。

一天的调研，小伙伴们完成了100来份问卷，进度不错。我只完成了三例访谈，进展有些缓慢。结束回到吴川，外面开始雷电交加，暴雨如注。台风登陆了，明天是否能一切顺利呢？不免有些忐忑。

王露璐

2018年8月14日

林屋村田野日志之二

在村里做完一天的调研，简单吃过晚餐回到酒店已经九点多，跟以往调研一天下来嗓子冒烟不一样的是，今天嗓子不难受，坐在这里写调研日记时，腿却有点沉沉的。

今天，在GM的带领下，我们一早就抵达了本次调研的目的地广东省湛江市吴川市黄坡镇林屋村。我们习惯中的乡村基层组织机构——村委会在这边叫作“林屋村公共服务站”，紧靠着林屋小学、林屋中学，旁边稍远处还有林屋幼儿园，村民服务站门口有一颗很大的榕树，在服务站对侧还有个工厂，村民的房屋就围绕在这些主要建筑周围。这里是一个规模不小、布局又很紧凑的乡村。

跟村支书LH见面，向他表明我们的来意，并取得他的同意之后，我们开始准备调研工作的第一步，随机抽样。然后，令我们没有想到的是，L 支书说他们没有具体的村民名单。没有名单，我们就没有办法按照以往的方法进行抽样调查，只能改为随机入户调研。至于为什么没有村民名单，林支书并没有给我们详细解释，只说一直以来他们就没有全村村民的具体名册。客随主便，我们也不方便再多问。确认了随机入户调研规则之后，问卷小分队也决定分组行动。我和刘昂、柳柳一组，芮雅进、张月昕、杨伟荣一组，在两个村干部的分别带领下，我们进村了。

对于入户调研的困难，去年在江阴华宏村调研时就深有体会。这一次在吴川林屋，之前在江阴遇到的所有困难我们都会再面临一次，同时，还有一个比江阴更为突出的困难是语言问题。在江阴，虽然江阴方言也不太好懂，但毕竟是江苏省内，即便不好懂但也不完全陌生，他们语速稍微放慢一点我们还是能听得懂。然而，在吴川，听昨晚酒店服务员介绍说，这边县城讲的吴川话跟我们要去的林屋村讲的雷家话其实也是完全不一样的。吴川话我们几乎听不懂了，就不要说更有华南乡土气息的雷家话。当时柳柳同学打趣地说："没事，至少我们能听懂十分之一，比如阿拉伯数字之类。"今天到了现场，跟村支书简单交流之后发现，我们对于十分之一的估计还是太乐观了，基本上听不懂。不过，久经沙场的调研小分队成员们并没有被语言困难吓倒，淡定地跟着带领我们的村干部进了村。船到桥头自然直，至少我心里是这么想的，慢慢沟通，总能听懂一些基本意思吧。事实上，实际情况也正如我想的一样，尽管他们说话很不好懂，但请他们说慢一点，我们也说慢一点，做一些基本沟通还是没问题的。

我的第一个入户调研对象是一位 50 岁的中年大妈。去她家的时候她正在吃粥，粥上放着一条煎鲳鳊鱼，鱼下垫了些娃娃菜，看着很清爽。但因为是十点多钟，所以我一下子不能判断这是她的早饭还是午饭。大妈告诉我这是早饭，我想这里的人日子过得应该还挺惬意的。十点多吃早饭，在我们江苏并不多见，特别是在农村，基本上都起得很早，一般都早早吃过早饭赶紧各忙各的了。大妈 50 岁，认识字，所以做问卷时并不需要我协助，这样就免去了语言交流不通畅的尴尬。我在等着大妈做问卷的时候，看了看那条诱人的鲳鳊鱼，看了看家里的布局和摆设。家里有很多散落的儿童玩具，大妈说那是她两个孙子的，一个孙子 7 岁，一个孙女 5 岁。我心里想想，50 岁的人已经有两个这么大的孙辈，这在我们江苏有点少见。但在吴川这边却并不奇怪，大妈告诉我，这边基本上都跟她家模式差不多，她这个年龄有两三个孙子的情况很正常，老公和儿子在外面工作赚钱，她跟儿媳妇在家带孩子。她家的孩子还不算多的，这边孩子多的人家能生 4—6 个。于是我心里又开始嘀咕，这边难道不计划生育吗？生这么多怎么养得起啊？这么多孩子怎么带得过来呢？大妈顺利地做完问卷后开始吃她没吃完的粥和鱼，我带着心里的这些疑问开始了下一户的问卷调研。

随着问卷调研的数量越来越多，跟不同村民接触、聊天的次数也越来越多，谈得也越来越深入。在今天调研工作收尾时，渐渐对这几个疑问也有了我自己的一些理解和想法。

关于计划生育的问题，虽然涉及国家基本方针政策，但具体政策在各地施行时其实难免会有各地的特殊情况。这里的居民很早是一些邻近海岛的渔民，向来民风彪悍，而且崇尚多子多孙，人丁兴旺，所以很喜欢生孩子。一方面有重男轻女的原因，但也不是唯一原因。他们的家庭即便生到男孩，也还是会继续再生，并且男孩越多越好，长期以来便形成了家家户户都有好几个孩子的局面。因当地民风彪悍并长期受传统生育观念影响，计划生育政策在这里似乎并没有那么奏效，村里没有具体的村民名册是不是跟实际生育情况也有一定关系成了我的一种揣度。当然，这仅仅是基于直觉的一种猜测。关于如何养得起那么多孩子的问题，在璐导跟我们分享她的访谈感受时得到了解答。村里有一个效益还不错的村办企业，企业承担了村民的社保和医保负担，平常还有一定的利润分红，这里的村小学和村中学也都还能开展正常的教育教学活动，所以这里的孩子在村里就可以上学，学费生活费负担也比城里面的基础教育要小很多，所以养这些孩子的问题并不是太大。

对于一家人如何带得过来那么多小孩的问题，经过一整天在村子里转悠也渐渐看得出来答案。这里同龄的孩子会三个一群、五个一伙地在一起玩耍，小一点的在一两个大人陪同下玩玩玩具，大一点的就在一起打打扑克，有的抱着手机打打游戏。他们没有太多的作业要完成，也没有城里孩子的各种课外辅导班，所以平常的状态基本上也就是我们今天来看到的玩耍状态。看着这样的“散养”方式，虽然稍微有点羡慕这里孩子可能有个快乐的童年，但其实心里并不认同这种完全的“散养”。特别是对孩子们闲暇时光都用来打扑克、打游戏这样的状态，我认为这是不利于孩子们健康成长的。但想想还是理解了为什么一个家庭能带得过来那么多小孩，因为他们真的不太管小孩，基本上都处于“散养”状态。无论“散养”的后果是什么，这样能让他们暂时应付眼前的苟且，至于诗和远方，他们好像并不关心。

张　燕

2018 年 8 月 14 日

林屋村田野日志之三

早上从宾馆出发前，我与刘昂、芮雅进在一楼大厅就广东特色的月饼观赏了半天，调研第一天从大月饼开始，心情如同早上的天气一般明朗。到村委会后，我们方知村里没有村民的花名册。由于我们的调研拿不到花名册，所以我们只能调整策略，改用入户抽样调查的方法。这是一种全新的体验，相比于前几次调研我们的“坐等来访”，这次我们必须“主动出击”。

上午“出击”的效果还是不错的，我和芮雅进、杨伟荣组成小分队进入和平路进行入户调研。第一户人家就让我们感受到了与广东天气一样的热情。不仅招呼坐下，而且拿来牛奶和香蕉。在 L 副书记的带领下，我们成功进入了几户人家。中午时分，我和伟荣想试试在无人带领情况下能不能“单兵突进”。事实证明，我们遇到的更多是紧锁的大门和拒绝的摆手。这再一次让我们体会到了“熟人社会”。虽然之前调研也体验到了，但是这次确实是在一次次关门的砰砰声中有了不一样的心境。

难忘的是下午的时候，我与刘昂、芮雅进站在街道旁拦车填问卷的情形，我走在他俩身后，看到落日余晖下他俩忙碌的身影，我顿时想起一位乡村社会学学者的一句话:“把汗水撒在田间，把文字书写在大地上。”我们如此拼搏在林中路上，为的是乡村伦理建设这篇大文章早日书写完成。下午调研返回途中，雨正好停了，想起了苏轼的一句诗:“回首向来萧瑟处，归去，也无风雨也无晴。”虽然调研困难重重，但是让我们感动的是村民们非常友善，有很多人跟我们说即使没有礼物，也愿意帮助完成问卷。他们说，希望自己的想法，国家层面和政策研究层面会重视，他们希望可以为家乡做些事情，这让我们都非常感动。

晚上坐车回去的路上，我望着窗外的村景，回想起去年夏天和今年夏天我们的入村调研，有南方的炎热，也有西北的清凉；有顺利的喜悦，也有不顺利的苦恼。这中间，我们很多老师和同学还不断有感冒、拉肚子等不舒服的情况。但是当我们满心欢喜地完成调研任务的时候，大家都发自内心地感觉到，当克服困难完成了工作，顶住压力达到了胜利的时候，回首过去走过的路，其实没什么大不了的。

张月昕

2018 年 8 月 14 日

林屋村田野日志之四

夜晚屋外下起大雨，电视新闻持续报道着台风“贝碧嘉”登陆湛江的实况。客居于宾馆之内，只知窗外面下雨了，如不仔细去听，定不能听出风之大小和雨之大小。试想今夜之林屋村在此风此雨之中，将是如何之场景？本想推开窗户，伸手去感受这异地风雨，但终究还是放弃了。此等感觉如今日当我想走近林屋村时，却被一种陌生感挡了回来。

今晨一早，我怀着兴奋的心情去吴川的菜市场转了一圈，菜场的秩序是很混乱的，基本上是村里人赶来摆的小摊，在地上铺上塑料膜，将蔬菜和水果摆于其上，地面也极其脏乱。有一处围有多人，我便走去看热闹，原来是卖猪肉的摊子。只见一只猪一破两半，置于台上，现切现卖，此场景在别处很少能见到。

吃完早饭，我们调研组便驱车前往林屋村。村支书 LH 先生接待了我们，在王露璐教授与 L 支书的交谈过程中发现村委会并没有林屋村的花名册，故我们无法进行有效抽样，只能改成入户调查。王老师留在村委会做访谈，我们分成两组去村民家中做调查问卷，张燕、刘昂和柳柳一组，张月昕、杨伟荣和我一组。很快到十二点了，我们赶回村委会，合计上午共完成了二十多份问卷，此时张燕老师还在村里的杂货店继续工作。

下午，我们前往村里的杂货店一起完成问卷。间歇，村民渐渐少了，村里一位中年妇女便主动带我到村里入户填写问卷，在她的介绍下我又顺利地完成了十几份问卷。继而我们又去了村里的机械厂。临近傍晚,我们几个男生便在马路上拦来往的行人。此举甚为疯狂,就是在这种疯狂之下,我们一天总共完成了一百多份问卷,王老师完成了三例访谈。最后,天渐渐下起了雨,我们带着疯狂下的收获乘车返回吴川市。

外面的雨越下越大,记得在莽山调研那次,我们坐在木屋之内,外面的雨也是这般大,但那时的心情是轻松、自然而又亲切的,可不知为何今夜客居于此,望着窗外的雨,回想白天在林屋村的调研,内心感受却如此陌生。

芮雅进

2018 年 8 月 14 日

林屋村田野日志之五

"你们是不是骗子?""填这个问卷会不会给我带来什么坏处?"……诸多在其他村庄不成问题的问题在这里似乎都成了问题。

按照以往田野调查的惯例,我们需要基于村庄花名册进行系统抽样,从而确定调查对象,然而林屋村却没有花名册。迫于无奈,我们只能采取入户调研和随机抽样相结合的方式进行。

在入户调研过程中,当没有村干部带领时,村民对我们的信任度几乎为零,这也是以往在任何村庄都不曾出现的。在林屋村村民看来,陌生的我们(让他们填写的问卷)似乎是对他们现有"安全"生活的一种潜在威胁。在了解了村民的这种顾虑后,我们主动利用村庄"熟人关系",先以村中"便民服务店"为据点,让 L 姐为我们做"担保",争取更多村民;随后在村干部的带领下,深入农家和工厂,进行问卷调查。

今天问卷调查的过程,使我从另一个侧面更加真实地感受到村庄"熟人社会"的力量和村民"安全第一"的意识。虽然这些因素在一定程度上对这次田野调查造成了制约,但它们却是村庄得以有序运转的基础,同时也为我们田野调查提供了更加鲜活的案例。

刘　昂

2018 年 8 月 14 日

林屋村田野日志之六

在我的记忆当中，鲁中地区很少碰上台风过境，这次过境直接导致开往南京的高铁班次或延误、或直接取消。之前的阴雨竟也没有引起我丝毫的重视，没有做任何后备计划的我因此错过了与调研团队一同飞往湛江的航班，自责懊悔交加，我有些不知所措，导师、大师姐以及刘昂师兄却没有任何责怪，只是绞尽脑汁为我安排合适的行程计划。最后，刘昂师兄为我安排的路线是先坐飞机到广州，休息一晚，再从广州坐高铁到吴川……我亦无暇他顾，只盼早点与团队会合，以免耽误调研行程及任务。

今早九点半，终于如愿到达吴川市黄坡镇林屋村，团队其他成员正与村委有关干部商议调研的抽样事宜，姗姗来迟的我抓紧时间向刘昂师兄了解情况，原来村里没有一份统一的村民名单，这给我们的抽样造成了不小的困难。经过商议，最后决定先对每家每户进行随机抽样，入户之后再对成员进行抽样，这样虽然增加了调研的难度，却保证获得样本的科学性。所以，大师姐对之前分配好的任务稍加叮嘱之后，大家带好问卷，在村委干部的带领下，开始入户做问卷。带领我、月昕学长和芮雅进进村的是村委 L 副书记。因为语言不通，L 副书记同时也承担着为我们做翻译的任务，村民看到村委干部带我们进门也是格外热情，问卷工作开展得也很顺利，只是进度稍显缓慢，一上午我们这组只完成了十几份问卷。其中，令我印象最为深刻的是一位七十多岁的中学退休教师，戴着老花镜非常认真地完成了问卷上的每一道问题。期间我看到他的家里放了很多报纸，我就询问起他的日常生活状况。他告诉我，他每天仍会看报纸、新闻，关心国家的时事政策。他说，人要不断地学习，否则就会变得无用。在老人家面前我顿时感到羞愧无地。现在的年轻人总会埋怨工作压力太大、生活节奏太快，却从未真正反思过自己的人生目标与规划是否如己所愿、是否合理。我想，任何的压力或许都是心理上的感受，而不是生理上的承担，如果一个人从事的是自己真正喜欢的工作，即使日程满满，也应是快乐无限的吧！

借用午饭时间我们与其他小组进行了简短的工作总结和经验交流，并确定了下午的工作安排。我跟随导师开始了一对一的访谈工作，在与 LH 书记的访谈过程中，我们了解到，林屋村之所以能成为湛江市经济最发达的地区之一，一个重要的原因就是村办企业粤凯机械有限公司的带动。这一工厂解决了村里五六百人的就业问题，而该村办企业之所以能够长期经营且业绩稳定，源于多年以来良好的企业信誉形象和产品质量保证。企业的盈利为村庄基础设施建设和公共服务提供了良好的物质基础，除了村里的道路、环卫、村民基本的医保、社保之外，村民种田"四免费"政策更是极大减轻了农民的负担。种子免费、灌溉免费、机耕免费、收割免费，大大降低了农民的种地成本，也为农民拓展其他方面收入、增添精神娱乐活动提供了广阔空间。这样的村庄、这样的农民如何能不"富裕"。当然，这一切都是以充裕的集体收入为基础的。这也从侧面体现了一个良好农村基层单位的重要性，农村基层建设在强民、富民的乡村振兴道路上依然任重而道远。

夜幕渐渐降临，问卷小组已经完成了接近一百份的有效问卷，我们的访谈工作稍显"劣势"，只完成了三例，但满满的收获却是单调的数字所无法表达的，我们也期待接下来的所见所闻能继续刺激并加深我们的所感与所想。

杨伟荣

2018 年 8 月 14 日

林屋村田野日志之七

暑假来了，课题组的调研也如约而至。由王露璐老师领队，张燕老师、刘昂、芮雅进、张月昕、杨伟荣以及我一行七人，来到了广东省吴川市黄坡镇林屋村。上午大约九点，课题组来到了村委会与村干部会面。调研的第一步就是抽样。以往我们首先从村委会拿到全村人员的名单，然后按照一定的比例，选取部分人员作为调研的样本，但这次调研却出现了新的问题——村委会没有村民的名单，也就意味着我们无法通过名册进行抽样。课题组商量后，决定采取入户随机抽样的方案，张燕老师、刘昂和我一组，张月昕、芮雅进、杨伟荣一组，由村干部领我们到村民家中做问卷。王老师留在村委会做访谈。

去年在江阴也是采用的入户调研，原以为依靠上一次的调研经验这次能轻松一些，没想到这次调研的难度再次升级——不仅要克服信任问题，还要克服语言沟通障碍。对于长沙长大的我而言，粤语已经够难懂了，而林屋村使用的方言就像外星语一样，横在了我与村民中间。好在有村干部的帮助，在简单沟通后，大部分村民卸下了对陌生人的防备，能用带方言味儿的普通话与我沟通并认真填写了调查问卷。因为是随机的入户调研，王老师希望我们能多了解样本情况。在调研过几户人家后，我发现林屋村的家庭一般都有 2—3 个小孩，甚至更多，超生现象较普遍。很多年轻妇女不外出工作，而是选择留在家中带小孩。在我调研的一户家庭中，外嫁的女儿在自己还未生小孩的情况下，也会经常回到娘家帮自己的哥哥带小孩。林屋村还存在着重男轻女的情况，即使是年轻夫妻也会觉得必须生育一个男孩是件很自然的事情。超生现象如此普遍，可能这就是村委会无法提供村民名单的原因之一吧。在完成了十几份问卷后，张燕老师开发了新的战场——村口小卖部。小卖部人流量较大，而且老板 L 姐是个热心肠，帮我们与村民沟通，有个“熟人”使得我们在林屋村的调研顺利了很多。

下午七点左右，小伙伴们在村委会集合，因为台风即将要来，我们取消了晚上去操场做问卷的计划。

柳　柳

2018 年 8 月 14 日

林屋村田野日志之八

今天是林屋村调研的第二天。一天中，我完成了四例访谈，小伙伴们最终完成了 164 份问卷。

我的四位访谈对象中，三位是林屋机械厂的员工，其中一位刚刚退休。在他们的叙述中，这家 80 年代初兴办的村办企业为村庄发展做出了巨大贡献。不仅直接提高了村民收入，还改变了村庄面貌，更新修建了大量公共设施和道路，并使林屋村成为少有的拥有从幼儿园到高中的完整教育体系的村庄。另一位访谈对象是一位本村出生大学毕业后外嫁的 30 岁女性。因为孩子小，丈夫在外地工作，她暂时回到父母家居住。在她的叙述中，我一方面强烈地感受到接受高等教育后她与周围其他村民在观念、习惯等方面的差异，另一方面又非常清晰地看到她显露出的“乡土本色”。比如，她大学毕业后在培训机构担任教师，生完孩子后，她综合考虑自己的情况后辞职，但是，原本家庭条件不错且丈夫收入也不低的她，并没有像周围大多数女性一样选择成为在家做饭带娃的“家庭妇女”，而是改为利用电商平台做销售工作，目前的收入甚至比丈夫更高。但是，言谈之中，她又表现出对乡村日常生活、人际关系和文化生活的满足与留恋：更喜欢住在村里，更喜欢村里人相熟且经常走动的状态，不排斥“游神”“拜神”等传统习俗。这又完全不同于大多数生长于乡村但大学毕业后习惯于城市生活的同龄人身上所体现出的对城市生活和城市文化的向往和认同。面对她，我常常会觉得自己面对着一个乡村与城市、传统与现代、现代性与后现代性的复合体。

在与这位年青女性访谈的过程中，她提及林氏家谱。在我表达强烈的兴趣后，她找出了这本厚厚的《林氏族谱》，其中不仅有家族谱系，还记载着家族祖训、族中名流。不过，她也表示，无论是村里的中小学还是村委会，都没有举行过有关祖训或乡约的教育，因此，这本族谱究竟对家族伦理关系和村庄道德生活产生了多少影响，她也难以回答。

在入户的途中，林屋村的基本村貌也进入视野。总体的感觉是，村民的居住条件和日常消费水平较高，三层小楼是大多数人家住房的“基本配置”，最高的甚至达到五层。家中的装修、家具、家电也都与城市几乎没有差别。不过，较之之前调研的其他地区，这里的村民住宅似乎更加“自由化”和“个性化”，既没有体现出苏南地区强村富村的村庄整体规划意识，也没有体现出抚州的村落文化建设意识。村民家中显得比较凌乱，有些也不太整洁。联系到昨天村委会没有完整的村民花名册，我的基本判断是：这个村庄的治理和村民的生活更接近于一种“自由生长”的状态，村委会的职能也更多体现为“服务”而不是“管理”。这一点，从在林屋村开始试点、目前已经在湛江地区普及的村庄“公共服务站”这一设置中，亦可窥见一斑。

王露璐

2018 年 8 月 15 日

林屋村田野日志之九

今天一早八点半我们准时从住地出发，九点到达林屋村公共服务站，服务站的工作人员给我们开了门，让我们在服务站落脚。在来的路上，GM 跟我们说今天预报有台风登陆，就在湛江地区，提醒我们如果在室外活动的话要注意安全。对于老同学这样的嘱托，心里感到很温暖，但其实也并没有太重视，台风而已，有什么恐怖的啊……

上午我们的主要任务还是入户调研，王老师继续做访谈。到十点左右时，入户调研小分队感觉入户成功率太低了，基本上家家户户都关着门，没人在家，即便有人在家的人家也只有老人和孩子，年龄不符合我们的问卷要求，这样下去恐怕很难完成足够的样本数量。来的时候我们注意到村口有个小的农贸市场，估计那里人流量会大一些，于是我们就前往村口农贸市场做随机抽样调研，一上午下来，完成了将近 20 例，也算有了点收获。

中午的时候开始下雨，刚开始雨淅淅沥沥，我还到雨里走了走，感觉粤西的小雨淋在身上很是舒服。小雨下了很短的时间，就开始变得很大很密集了，我也渐渐感受到 GM 说台风要来时的那种担忧，真的不是空穴来风，也不是吓我们。她说 2015 年台风“彩虹”过境时，他们的一个工程直接损失四千万元，所以她很担心这次的台风也会给项目工程带来损失。我虽然没有她的这些忧虑，但看着这越下越猛的雨，看着道路两旁高大威猛的椰子树树头在风雨中摇晃，也渐渐紧张起来。这个时候，午饭也送来了，跟昨天一样，烧鹅饭，猪杂汤。上午在市场时，看过那里小饭馆的饭菜的人都觉得送来的盒饭简直是人间美味。

还算幸运，雨下着下着渐渐小了，下午两点钟左右，虽仍下着雨，但还是可以打伞出门的状态，小伙伴们也都按捺不住，冒着雨进村寻找问卷调研对象去了。王老师也去村办厂里找访谈对象，直接在他们的办公室进行访谈，这样一来不耽误他们工作，二来也可以了解他们的实地工作环境。我和柳柳还是去 L 姐的小店里“守株待兔”，等着来买东西的村民，看看他们有没有空帮我们填写问卷。下雨的下午，李姐的小店比昨天还热闹。两桌人在打牌，旁边还有看牌的几个人，小小的空间塞满了人。我和柳柳只能搬个凳子坐到店门外的屋檐下，看着三三两两的屁股上顶着不同颜色毛的走地鸡（我们猜是为了区分谁是谁家的鸡而涂的颜色)在路边啄食,店门口的各种小生活垃圾跟这些鸡们其实很和谐,但我还是带着工作的心情忍耐着坐在这些垃圾里看着落雨的天空和稀少的过路人,“生意”惨淡,再看看这些散落的生活垃圾,竟有些潦倒之意。

下午四点多,我们基本上完成了本次调研任务,收获164份有效问卷,7份访谈记录,带着感恩之心我们与村委领导握手道别,离开林屋村。可能是经历的调研次数多了,对于这样的离别我没有像早几年那么小有伤感。也可能是语言问题,毕竟没有遇到能真正深入交流、沟通的村民,短短两天,就我个人而言,这里与我都还是一场比较陌生的相遇。

张　燕

2018年8月15日

林屋村田野日志之十

“世事洞明皆学问,人情练达即文章。”我一直认为,做乡村研究这篇大文章,最重要的是要做好村民的小文章。一篇篇小文章汇集起来就是鸿篇巨制,正所谓“天下大事必作于细,天下难事必作于易”。面对陌生的环境,面对方言不通的村民,如何才能博得他们的信任,让他们敞开心扉跟你聊聊家常,说说心里话,是我们调研能否取得预期效果的关键所在。作为从事乡村建设研究的博士研究生,村民眼中的我们可能是中央派到村里考察的“钦差大臣”,可能是手无缚鸡之力的文弱书生,亦可能是意在窥探他们隐私、对他们怀有敌意的可怕外乡人。不管我们给他们的第一印象是什么,我们必须要具备的能力就是,在最短的时间内让他们懂得你的来意,并放下对你的戒备之心,这样后续的问卷填写和访谈就有顺利进行的可能。对此,历时一年多,通过走访七个村,我感觉到如下几点最为关键:

首先,有村干部的带领和帮助很重要。回想每次我们驻村调研,给予我们最大帮助的都是当地的村干部,如果没有他们帮忙协调,我们的工作很难展开。这次在林屋村的调研体现得最为明显。有村干部带领的时候,村干部打个招呼村民就能对我们很信任,如果没有村干部带领,我们好说歹说他们都不一定信任我们。关于这个,贺雪峰教授在他的著作和文章中有很多论述,就是熟人社会的问题,农民只相信自己周围的人,对于陌生人和他的所思所想,农民一概不闻不问。千百年来农民一直过着“只知有汉,无论魏晋”的相对封闭生活,纵使改革开放多年来村民与外界甚至国外的接触日益增多,但是他们的内心深处还是只认自己人,对于外人必须要有熟人带领才能相信。特别是南方的一些村庄,如果你不讲方言,他们就认为你是异类;如果他们不跟你讲方言,他们就觉得不自在。

其次,在无村干部带领的时候,我们自己寻找村民调研时务必充分发挥主观能动性,但是又要避免硬碰硬,遇到村民集体排斥的时候要懂得各个击破。对此,进入到一个新的村庄,应当首先快速、准确地把握该村的风土人情和风俗文化,对村民的交往和日常生活进行细致入微的观察。然后注意找村里有威望的村民或是“新乡贤”,私下做动员工作,对他们晓之以理,动之以情。“新乡贤”一般都是村里文化程度较高或者对于外界有较多交往的人,他们很多人是懂得国家课题研究是做什么、怎么做的。即使不甚了解,我们在对他们进行耐心解释后,也是大概率能够说通的。在“新乡贤”的带领和引荐下,村民大多也会配合我们的调研。

再次,如果“新乡贤”这块硬骨头啃不下,或者我们只能自己寻找村民进行调研时,那就从好说话的村民开始,一个个私下进行,当调研的人群数量达到一定程度,那么剩下的村民慢慢也就接受了。关键是一定要打开缺口,最好能够形成一定的群众聚集,这样就能让村民逐渐知晓我们的调研计划并逐渐自觉主动地进行问卷填写和访谈。对此,寻找一个公共场合是至关重要的。例如,此次林屋村的调研中,“便民服务站”就帮了我们的大忙。村中的一个小卖部是相对人群聚集之处,遇到每个来此买东西的村民都可以让他们填份问卷后送个小礼品。这样也让老板娘和村民们都有了积极性。“便民服务站”在第一天就充分发挥了效果,第二天很多村民就熟悉了我们,并主动把我们引荐给其他村民。

最后,在与村民接触的时候要注意说话的技巧和方式。村民普遍来说还是很淳朴的,他们虽然不懂什么高深莫测的理论,但是对于生活还是有着哲学家般的认识和体悟。我们的语言交流应该更多地放在村民生活上,让他们感觉到你对他的尊敬和关心是最为重要的。与青年人对谈时,赞赏一下他们的吃苦耐劳;和初为人父母的夫妇交流时,逗一逗他们可爱的小孩子;

和年长者交谈时，夸奖一下他们过去的人生经历，都是效果不错的避免“尬聊”的方式。我很欣赏苏轼的一句话：“吾上可陪玉皇大帝，下可以陪卑田院乞儿。眼前见天下无一个不好人。”玉皇大帝之位虽尊，但在苏翁眼里并不为尊；卑田院乞儿身份虽微，但在苏翁眼里并不为微，故不论是陪玉皇大帝，还是陪卑田院乞儿时，苏翁的言行举止，都可以与他们的身份相匹配。面对不同的人和事，都能在保持初心的状态下，与周遭相融合。如此才能如苏翁般，“诗意地栖息”。

我认为，乡村研究既是科学也是艺术。科学体现在，我们是科学研究，有科学的理论、科学的假设、科学的论证、科学的方法，我们的研究始终遵循一系列科学的原则。但是人文社科研究的艺术性又尤其明显，乡村研究就更为显著一些。因为我们研究的是乡村，面对的是一个个鲜活的人，一位位我们可爱的乡村同胞。人所具有的内心世界使得我们无法像对待其他事物一样遵循严苛的程序，需要在不同的情境使用不同的方法，这些方法要在不同的社会情境中具体问题具体分析。

乡村就是一幅美丽的山水画，作为欣赏这幅作品的人，必须要有艺术的手法才能领略乡村的魅力。

张月昕

2018 年 8 月 15 日

林屋村田野日志之十一

一早起来，天气晴朗，如不是见到地面是潮湿的，也绝不知昨夜风雨交加。大有“试问卷帘人，却道海棠依旧”之感叹。若细加观察，却也能看到路边被刮落的椰树叶子。人若不能活动于当下的自然情境之中，必生活于经验的思维推理之中。禅宗却很反对这样的思考反思。禅语“活在当下”，解说人应该放下过去的烦恼、舍弃未来的忧思，把全副的精神用来承担眼前的这一刻，以坦然自然的态度来面对人生。六祖曾生于此地，后又传道于此地。所以此处之人、此处之茶、此处之味、此处生活之节奏与生活之方式与禅宗之道相得益彰。

我们来到林屋，开始我们一天的工作。上午我们去林屋村的菜市场做访谈。市场上多以百货居之，有馄饨、粥、凉鞋、鸡鸭、猪肉、水果等，杂乱不堪。凡此种种卖货，大抵可分为两类，摆于案上者，置于地上者，杂言泥水之间，错落无序。我们穿梭其间，请客人和店家帮忙填写问卷，同时购买店家一些商品，以表谢意。

下午，露璐老师和杨伟荣继续做访谈。我先和张燕老师、柳柳留在杂货店继续等待村民，然后又和刘昂、月昕在村里小朋友的带领下继续前往村里入户调查。这时外面的雨下大了，林屋村里的房子建造颇有特色，家家多盖有楼房，但相互紧挨，似乎毫无方位、格局、采光之考虑。我们在小巷之中穿梭，进行着问卷调查。村民之间的相互走动便在这一道道小巷里进行着，每一道小巷似乎都联系着村里人与人之间的关系。临近傍晚，雨渐渐大起来了，我们结束了今天的工作，回到村委会，最终我们共完成 164 份问卷，7 例访谈。

芮雅进

2018 年 8 月 15 日

林屋村田野日志之十二

伴着逐渐变大的雨点，我们以 164 份问卷、7 份访谈的“战绩”结束了对林屋村的田野调查。

这次调研我的主要任务就是和小伙伴一起“刷单”——寻找合适的村民填写调研问卷，而早上我竟然把一部分问卷落在了宾馆，实在不可原谅。后来，在司机师傅的帮助下，我重新回到宾馆，拿回问卷。再次返回林屋村时，其他小伙伴已经开始在村里的农贸市场进行“刷单”了。为了弥补浪费的时间，下车后，我迅速加入了小伙伴的队伍，利用逐渐变“厚”的脸皮，和农贸市场的商户展开“博弈”。

中午回到村委会时，正好碰上村干部为村民发放“中华人民共和国农村土地承包经营权证”，我们趁机也让有意向的村民填写了问卷。当看到印有中华人民共和国国徽的农村土地承包经营权证时，我不禁想起了第一次做田野调查的情景。2016 年 7 月，在江苏省徐州市邳州市土山镇街南村做调研时，村干部正好忙着为农民进行土地确权，当时还看到了一些村民代表因为几厘土地而与村干部争辩的场景，而如今有幸亲眼看到了颁发给村民的农村土地承包经营权证。当然，土地确权难以让每一位村民满意，有些村民看到承包经营权证上具体的数字时可能会心存疑虑，但无论如何，带有国徽的凭证无疑是给农民吃上了定心丸。

午饭过后，天空开始飘雨。等雨稍微小些时，村庄中三位热心的小朋友自告奋勇带我们去寻找能够填写问卷的村民。在途中，我们遇到一户结婚的人家。最初，这户人家热情地招待我们，并邀请我们到客厅喝茶。然而，当听说我们打算让他们填写问卷后，便变得警惕起来。他们在看了问卷内容后，又询问了我们调研的意图，但最后还是以没有时间为由拒绝了我们。走出房间时，我依稀听到他们相互之间用方言说着："不知道他们到底是真是假，现在骗子越来越多，这东西填了，还不知道他们会怎么用……"在我看来，他们最初之所以热情招呼我们喝茶应该是出于好客的习惯，而冷言拒绝我们问卷则出于对自身利益的保护。这两者虽然表现形式不同，但本质上都是对"安全第一"这种生存伦理的追求。在问卷过程中，一些村民直接表示他们喜欢结交朋友，原因是朋友能够给他们带来利益，更有村民认为"人际关系"是当今社会获得成功最重要的因素。在他们看来，好客是构建良好人际关系的基础，通过好客能够为自己带来更多好处，从而保障自身生存安全。他们之所以乐于邀请我们喝茶，可能是因为对他们而言，请陌生人喝茶并不是高风险的事情，反而有可能因为喝茶而成为朋友。与此同时，填写陌生人的问卷却充满了风险，在他们看来，自身留在问卷上的印记，可能会对原本"安全"的生活造成潜在影响。

在不断被拒绝与被认可的过程中，我们的有效问卷逐渐增加。当走到村口时，回望雨中的村庄，发现一切都是那么安逸与祥和。两天的田野调查，忙碌而充实，在这里遇到了以往调研从未有过的困难与挑战，也了解了林屋村自身所具有的地方性知识。带着沉甸甸的收获，我们在雨中离开了村庄。

刘　昂

2018 年 8 月 15 日

林屋村田野日志之十三

今天问卷小组继续前往各个自然村随机抽取问卷对象，我们的访谈工作也开始频繁地转换地点，因为抽样的访谈对象因各种原因无法前往村委服务站进行访谈，有的是忙于家务、照看孩子，有的是工作繁忙无法抽身，我便跟随导师上门访谈，天上一直下着蒙蒙细雨，八月的季节，在这里却感到些许凉意，但我们的工作热情却未有减损。

今天的访谈对象中有两位女性，一位刚满 30 岁，一位接近 40 岁，但她们有一个共同的特点，那就是都只有一个孩子，这在林屋村却是非常罕见的。在之前的访谈中我们已经了解到，这个地区很注重门庭家丁的兴旺，三四个孩子的家庭很是普遍，有女儿的想要儿子，有儿子的想要女儿，有的甚至不止一个儿子或女儿，就连许多“80 后”“90 后”家庭也不例外，那么这两位女性有何特殊之处呢？通过导师对她们的访谈，我了解到：首先，她们都在城市里受到过大专以上的高等教育，具有比较现代化的婚恋和生育观念；其次，她们在结婚之后并没有像村里其他已婚妇女一样放弃工作机会，专职在家带孩子、做家务，相反，她们都把握机会并获得不低于丈夫的薪金收入。也就是说，她们都具有相对比较独立的经济条件和社会地位。这两点决定了她们没有受到当地传统婚恋、生育观念的绝对压制，从而获得了更大的生活空间与自由。另外，她们对于教育孩子和赡养父母也有许多不同于同村人的想法，她们并不希望自己的孩子过早地外出打工或者创业，而是希望他们可以尽可能地多读一些书，接受更良好的教育；她们年纪大了之后不要求一定与孩子们住在一起，指望他们养老，而是希望孩子有自己的生活，逢年过节常回家与父母相聚即可。这说明她们注重家庭的圆融与和睦，却不希望孩子因此丧失生活的独立性，这同样是她们接受现代高等教育、培养自身独立性的结果。

另外两位工厂员工的访问情况更是让我对“发达”这一字眼有了更加深入的思考。同是粤凯机械有限公司的员工，年龄也相差无几，职位及收入的差距却让他们对退休后的生活规划存在天壤之别。一个声称“活着就得干活挣钱”，因为家里钱不够用，一个还没退休就已经规划着周游全国各地、以增见闻。林屋村所在的地区被公认为广东省湛江市比较发达的地区之一，但是这种发达或许仅仅是“总量”上的，这里的贫富差距问题甚至比其他地区更加突出。所谓“好”的农村发展是一种什么样的发展？国家都已经“放弃”单纯的 GDP 追求，注重平衡效益，乡村振兴、农民富裕同样不能只是总量上的计算，而应该加入成果共享比例的比较，这样的“发达”才是真正的人民的“发达”，而不仅仅是某些人的“发达”。这涉及发展公平等发展伦理问题，也是我需要继续深入研究的方向，希望能在乡村调研的过程中，继续深化关于乡村发展伦理的思考。

杨伟荣

2018 年 8 月 15 日

林屋村田野日志之十四

虽然昨夜打雷闪电狂风大作，但台风似乎没有如约而至，早起的时候竟然还看到了雨后湛蓝的天。今天的“主战场”是位于村口的市场。在去市场的路上，我十分幸运地请到了两位“外援”——昨天在 L 姐小卖部玩耍的两名本村小学生，通过昨天一天的接触，我们似乎已经很熟悉了，孩子们对我也很热情。九点的市场已经退去了繁忙，店家都散懒地坐在摊位上，招呼零星的几个顾客。我很快进入“战场”，寻找可能帮我做问卷的村民。两位小“外援”用方言帮我与充满戒备心的村民沟通，力证我这个外村人不是“骗子”。原以为村民生意不忙外加有小“外援”的支持，能多做几份问卷，但实际上却收效不大，村民的戒备心还是很重的。中午开始下雨了，我们进入了午间休息模式。在吃过盒饭后，王老师带芮雅进与杨伟荣到村民家中做访谈，张燕老师、张月昕、刘昂与我则争取多请一些村民做问卷。通过昨天一天的调研，刘昂受到了村中大部分小朋友的喜爱，俨然成了“孩子王”。我们能感受到孩子对他的喜欢，但小孩们表达喜欢的方式却“十分独特”。这群 5—10 岁的孩子们，动不动要“骂死你”“打死你”，甚至会上手“揍人”，这种表达喜爱的方式，显然缺乏家长的正确指导。孩子们早上就聚集在一起，在没有家长看管的情况下“上天入地”地在村中玩耍，一直到晚餐时间，这场游戏才会自动结束。村民对孩子散养的方式，也使得这群孩子缺乏足够的家庭教育。孩子的教育不能单单依靠学校，在这里，家庭教育的缺失或是造成孩子“独特”表达方式的原因。

柳　柳

2018 年 8 月 15 日

后　记

本书是国家社会科学基金重大项目“中国乡村伦理研究”子课题“中国乡村伦理实证研究”和国家出版基金项目“《中国乡村伦理研究》（全七卷）”成果。

自课题立项以来，在首席专家王露璐教授、子课题负责人杨义芹研究员的带领下，课题组先后对湖南郴州西岭村、湖北黄冈赵家湾村、甘肃定西镳镳村、江西抚州下聂村、江苏无锡华宏村、山东济宁王杰村、广东湛江林屋村七个典型村庄进行了问卷调研和深度访谈相结合的田野调查。本卷呈现了调研方案、问卷以及通过 SPSS 软件分析的问卷数据和访谈记录整理，收录了课题组成员在调研中撰写的田野日志。同时，根据田野调查资料，总论课题组和四个子课题组分别撰写了调研报告，也一并收入。参与田野工作的课题组成员包括：

湖南郴州西岭村调研小组成员：李桂梅、张翠莲、张燕、李明建、贺智慧、柳柳、芮雅进。

湖北黄冈赵家湾村调研小组成员：王露璐、李志祥、张翠莲、李明建、夏天静、刘昂、张月昕、芮雅进、李一鸣。

甘肃定西镳镳村调研小组成员：王露璐、严辉、贺智慧、曹琳琳、朱亚宾、刘昂、张月昕、王璐、孙丹。

江西抚州下聂村调研小组成员：王露璐、曹孟勤、韩秀景、华启和、贺智慧、夏天静、曹琳琳、朱亚宾、刘昂、芮雅进、张月昕、张妍、国煜婕。

江苏无锡华宏村调研小组成员：王露璐、张霄、陶涛、张曦、张燕、吕甜甜、柳柳、刘昂。

山东济宁王杰村调研小组成员：王露璐、张燕、贺智慧、刘昂、张月昕、芮雅进、杨伟荣、周婷、罗婷、张政、张梦。

广东湛江林屋村调研小组成员：王露璐、张燕、刘昂、张月昕、芮雅进、杨伟荣、柳柳。

总课题调研报告由杨义芹、刘昂撰写，“中国乡村家庭伦理研究”子课题调研报告由李桂梅、贺智慧撰写，“中国乡村经济伦理研究”子课题调研报告由李志祥、芮雅进撰写，“中国乡村生态伦理研究”子课题调研报告由张月昕撰写，“中国乡村治理伦理研究”子课题调研报告由刘昂撰写。张翠莲、李明建、贺智慧、吕甜甜、曹琳琳、朱亚宾、张月昕、杨伟荣、芮雅进、王璐、史文娟、马琳、林婷婷、沈倩文、李想、黄海霞、罗婷、张政、张梦、张萌、黄雨欣、孙丹、张妍、国煜婕、李一鸣等老师和研究生参与了问卷数据、访谈记录的录入和整理等工作，张萌对全书文字做了最终校对。

在课题研究和本成果撰写成稿过程中，重大项目全体成员和学界众多专家学者在研究思路、内容、方法和最终成稿等方面给予了诸多支持，本书也参考、借鉴了国内外有关专家学者的研究成果。南京师范大学出版社徐蕾总编辑和崔兰主任在国家出版基金申报中进行了精心策划和大力推进，本书责任编辑杨佳宜对书稿进行了细致入微的编辑和校对。在此一并致谢！

“中国乡村伦理研究”课题组

王露璐

2022 年 10 月